全国科学技术名词审定委员会

公　　布

科学技术名词·自然科学卷（全藏版）

25

物 理 学 名 词

CHINESE TERMS IN PHYSICS

物理学名词审定委员会

国家自然科学基金资助项目

科 学 出 版 社

北 京

内 容 简 介

本书是全国科学技术名词审定委员会公布的物理学名词。全书包括基础物理学名词和物理学各分支学科的专业基本词，基本上覆盖了物理学的各个领域。物理学名词审定委员会着重对近 20—30 年各科出现的基本词进行深入的讨论研究，慎重定名，为自然科学名词规范统一作了认真细致的工作。全书公布基本词约 8264 条，均系科研、教学、生产、经营以及新闻出版等部门使用的规范词。为了读者使用方便，书后列有全部词条的英汉、汉英对照。

图书在版编目（CIP）数据

科学技术名词. 自然科学卷：全藏版 / 全国科学技术名词审定委员会审定.
—北京：科学出版社，2017.1
ISBN 978-7-03-051399-1

I. ①科… II. ①全… III. ①科学技术–名词术语 ②自然科学–名词术语
IV. ①N61

中国版本图书馆 CIP 数据核字 (2016) 第 314947 号

责任编辑：卢慧筠 / 责任校对：陈玉凤
责任印制：张　伟 / 封面设计：铭轩堂

科 学 出 版 社 出版
北京东黄城根北街 16 号
邮政编码：100717
http://www.sciencep.com
北京厚诚则铭印刷科技有限公司印刷
科学出版社发行　各地新华书店经销
*
2017 年 1 月第 一 版　开本：787×1092 1/16
2017 年 1 月第一次印刷　印张：30 3/4
字数：891 000
定价：5980.00 元（全 30 册）
（如有印装质量问题，我社负责调换）

全国自然科学名词审定委员会
第三届委员会委员名单

特邀顾问：　吴阶平　　　钱伟长　　　朱光亚

主　　任：　卢嘉锡

副 主 任：　路甬祥　　　章　综　　　林　泉　　　左铁镛　　　马　阳

　　　　　　孙　枢　　　许嘉璐　　　于永湛　　　丁其东　　　汪继祥

　　　　　　潘书祥

委　　员　（以下按姓氏笔画为序）：

马大猷	王　爕	王大珩	王之烈	王亚辉
王树岐	王绵之	王窝骧	方鹤春	卢良恕
叶笃正	吉木彦	师昌绪	朱照宣	仲增墉
华茂昆	刘天泉	刘瑞玉	米吉提·扎克尔	
祁国荣	孙家栋	孙儒泳	李正理	李廷杰
李行健	李　竞	李星学	李焯芬	肖培根
杨　凯	吴凤鸣	吴传钧	吴希曾	吴钟灵
吴鸿适	沈国舫	宋大祥	张　伟	张光斗
张钦楠	陆建勋	陆燕荪	陈运泰	陈芳允
范维唐	周　昌	周明煜	周定国	罗钰如
季文美	郑光迪	赵凯华	侯祥麟	姚世全
姚贤良	姚福生	夏　铸	顾红雅	钱临照
徐　傅	徐士珩	徐乾清	翁心植	席泽宗
谈家桢	黄昭厚	康景利	章　申	梁晓天
董　琨	韩济生	程光胜	程裕淇	鲁绍曾
曾呈奎	蓝　天	褚善元	管连荣	薛永兴

物理学名词审定委员会委员名单

序

　　科技名词术语是科学概念的语言符号。人类在推动科学技术向前发展的历史长河中,同时产生和发展了各种科技名词术语,作为思想和认识交流的工具,进而推动科学技术的发展。

　　我国是一个历史悠久的文明古国,在科技史上谱写过光辉篇章。中国科技名词术语,以汉语为主导,经过了几千年的演化和发展,在语言形式和结构上体现了我国语言文字的特点和规律,简明扼要,蓄意深切。我国古代的科学著作,如已被译为英、德、法、俄、日等文字的《本草纲目》、《天工开物》等,包含大量科技名词术语。从元、明以后,开始翻译西方科技著作,创译了大批科技名词术语,为传播科学知识,发展我国的科学技术起到了积极作用。

　　统一科技名词术语是一个国家发展科学技术所必须具备的基础条件之一。世界经济发达国家都十分关心和重视科技名词术语的统一。我国早在1909年就成立了科技名词编订馆,后又于1919年中国科学社成立了科学名词审定委员会,1928年大学院成立了译名统一委员会。1932年成立了国立编译馆,在当时教育部主持下先后拟订和审查了各学科的名词草案。

　　新中国成立后,国家决定在政务院文化教育委员会下,设立学术名词统一工作委员会,郭沫若任主任委员。委员会分设自然科学、社会科学、医药卫生、艺术科学和时事名词五大组,聘任了各专业著名科学家、专家,审定和出版了一批科学名词,为新中国成立后的科学技术的交流和发展起到了重要作用。后来,由于历史的原因,这一重要工作陷于停顿。

　　当今,世界科学技术迅速发展,新学科、新概念、新理论、新方法不断涌现,相应地出现了大批新的科技名词术语。统一科技名词术语,对科学知识的传播,新学科的开拓,新理论的建立,国内外科技交流,学科和行业之间的沟通,科技成果的推广、应用和生产技术的发展,科技图书文献的编纂、出版和检索,科技情报的传递等方面,都是不可缺少的。特别是计算机技术的推广使用,对统一科技名词术语提出了更紧迫的要求。

　　为适应这种新形势的需要,经国务院批准,1985年4月正式成立了全国自然科学名词审定委员会。委员会的任务是确定工作方针,拟定科技名词术语审定工作计划、实施方案和步骤,组织审定自然科学各学科名词术语,并予以公布。根据国务院授权,委员会审定公布的名词术语,科研、教学、生产、经营以及新闻出版等各部门,均应遵照使用。

全国自然科学名词审定委员会由中国科学院、国家科学技术委员会、国家教育委员会、中国科学技术协会、国家技术监督局、国家新闻出版署、国家自然科学基金委员会分别委派了正、副主任担任领导工作。在中国科协各专业学会密切配合下,逐步建立各专业审定分委员会,并已建立起一支由各学科著名专家、学者组成的近千人的审定队伍,负责审定本学科的名词术语。我国的名词审定工作进入了一个新的阶段。

这次名词术语审定工作是对科学概念进行汉语订名,同时附以相应的英文名称,既有我国语言特色,又方便国内外科技交流。通过实践,初步摸索了具有我国特色的科技名词术语审定的原则与方法,以及名词术语的学科分类、相关概念等问题,并开始探讨当代术语学的理论和方法,以期逐步建立起符合我国语言规律的自然科学名词术语体系。

统一我国的科技名词术语,是一项繁重的任务,它既是一项专业性很强的学术性工作,又涉及到亿万人使用习惯的问题。审定工作中我们要认真处理好科学性、系统性和通俗性之间的关系;主科与副科间的关系;学科间交叉名词术语的协调一致;专家集中审定与广泛听取意见等问题。

汉语是世界五分之一人口使用的语言,也是联合国的工作语言之一。除我国外,世界上还有一些国家和地区使用汉语,或使用与汉语关系密切的语言。做好我国的科技名词术语统一工作,为今后对外科技交流创造了更好的条件,使我炎黄子孙,在世界科技进步中发挥更大的作用,作出重要的贡献。

统一我国科技名词术语需要较长的时间和过程,随着科学技术的不断发展,科技名词术语的审定工作,需要不断地发展、补充和完善。我们将本着实事求是的原则,严谨的科学态度作好审定工作,成熟一批公布一批,提供各界使用。我们特别希望得到科技界、教育界、经济界、文化界、新闻出版界等各方面同志的关心、支持和帮助,共同为早日实现我国科技名词术语的统一和规范化而努力。

全国自然科学名词审定委员会主任

钱 三 强

1990 年 2 月

前 言

物理学是自然科学的基础,亦是当代科学技术中的前沿学科。它的发展与突破,标志着人类开创征服自然界的新里程。因此,作为科学技术交流和传播媒介之一的物理学名词,是自然科学基础名词的一个主要组成部分。它的审定与统一对科学发展和社会进步具有重要的意义。

我国物理学名词工作有着悠久的历史。它在物理学界历来受到高度重视。早在1932年,中国物理学会成立后就设立了物理学名词审查委员会。在国家和民族遭受困苦灾难的年代,前辈科学家仍坚持不懈,兢兢业业,艰苦工作,为统一中国物理学名词奠定了良好基础。中华人民共和国成立后,中央人民政府政务院文化教育委员会学术名词统一工作委员会出版了《物理学名词》。后来几经补充修改,1975年出版了《英汉物理学词汇》,为国际上学术交流及我国物理学名词的统一起着积极的作用。在这些工作的基础上,物理学名词审定委员会在全国自然科学名词审定委员会(以下简称全国名词委)领导下,于1985年成立,同年开始对物理学名词进行全面的审定工作。

根据全国名词委名词审定工作条例的要求,这次物理学名词的审定工作是遵循自然科学名词订名的原则与方法,从科学的概念出发,确定规范的汉文名,使其符合我国的科学体系及汉文习惯,以达到我国自然科学名词术语的统一。

我们于1988年已公布了第一批名词(基础物理学部分)2 491条,这次公布的物理学名词是包括第一批在内的全部词条,共8 264条。第一批词条公布到现在已有6年,在此期间使用的结果表明,绝大部分词条的定名是合适的,但也有个别词条不完全恰当,或规定得太死。这次稍微做了一些调整。如1988年公布的版本中"常量"与"常数"作为两个独立词条出现,常数指无量纲的常量。鉴于"常数"一词沿用很广,多数习惯于统称常数,故本次订名将它作为"常量"的又称,不再作严格的区分。对于 lattice 一词有"点阵"与"格子"双重含义,crystal lattice 一词在1975年出版的《英汉物理学词汇》中作"晶体点阵",而凝聚态物理界则习惯称"晶格",双方各强调一面。其实 crystal lattice 中既有由原子排列成的点阵,又有由化学键组成的格子。本次订名,在晶体学中,我们尊重习惯中较简短的称谓,crystal lattice 取"晶格"而废弃"晶体点阵",如晶格常量、晶格热容、晶格动力学等。近年来在统计物理及其它学科(如规范场论)中经常使用各种离散模型,那里的lattice 与晶格无关,其内涵既包含"点阵",又包含"格子",本次订名为"格点",如格点动物,格点规范等;在复合词中一般简化作"格",如格气、蜂房格、笼目格等。在某些场合强调"点阵"的含义时,如 lattice array,作"点阵列"。

新订的词条来自物理学的各个分支领域。由于各领域之间概念有较多的交叉,在词条的分类和编排上是有相当大的困难,这方面我们未作太多的推敲。读者可利用中、英文索引去寻找所要的词条。本书内所审定的词条并不是包揽无遗的。对于那些未在本书中订名的物理概念,读者可按本书中已有的基本词或相关词条,自行复合恰当的名称。

科学名词是要统一的。一般说来,一个概念订一个名词的原则也是对的。但根据我们近年来审定名词的经验看来,有些名词不宜统得过死。因为一件事物往往有不同的侧面,有时需要用不同的名词去刻画它们。按照原体例,注释栏内"又称"为不推荐用名。但有的"又称"是为了反映同一事物的不同侧面而设的,在一定的范围内仍为规范名。对不同子学科中汉文名相同而涵义不同的词条,一般都加了简短注释说明。

多年来物理学名词审定工作得到我国物理学界同行的支持,广大物理学工作者和教师为几次讨论、修订给予了关注,提出了详尽的宝贵意见;同时王大珩先生、马大猷先生受全国名词委的委托,对本批名词进行了复审,也提出了衷恳的意见,在此我们谨致以衷心的感谢。

物理学名词审定委员会

1996 年 2 月

编 排 说 明

一、 本书公布的物理学名词系物理学各专业学科的基本词。

二、 本书正文按物理学概念体系分为 10 大部分。每部分内汉文词按学科的相关概念排列，并附与该词概念对应的英文词。为了检索方便，书末附有索引(见第九条)。

三、 一个汉文词对应几个英文同义词时，一般只取最常用的两个，用","分开。对应的外文词为非英文时(如俄文、法文等)，用"( )"注明文种。

四、 凡英文词的首字母大、小写均可时，一律小写。英文词除必须用复数者，一般用单数。

五、 对概念易混淆的及作过较大更改的词给出简明的定义性注释。

六、 "简称"、"又称"、"曾用名"列在注释栏内。"又称"为不推荐用名；"曾用名"为被淘汰的用名。

七、 条目中的[ ]内为可省略部分。

八、 常用的物理量单位及 SI 词头分别列于附录。

九、 附录中英汉索引，按英文字母顺序排列；汉英索引按汉语拼音顺序排列。所示号码为该词在正文中的序码。索引中带"＊"者为注释栏内的条目。

目　　录

01. 通 类

序　号	汉　文　名	英　文　名	注　释
01.0001	物理[学]	physics	
01.0002	普通物理[学]	general physics	
01.0003	实验物理[学]	experimental physics	
01.0004	理论物理[学]	theoretical physics	
01.0005	应用物理[学]	applied physics	
01.0006	经典物理[学]	classical physics	
01.0007	近代物理[学]	modern physics	
01.0008	数理物理[学]	mathematical physics	
01.0009	天体物理[学]	astrophysics	
01.0010	地球物理[学]	geophysics	
01.0011	化学物理[学]	chemical physics	
01.0012	电子学	electronics	
01.0013	电子光学	electron optics	
01.0014	生物物理[学]	biophysics	
01.0015	时间	time	
01.0016	频率	frequency	
01.0017	周期	period	
01.0018	空间	space	
01.0019	取向	orientation	
01.0020	长度	length	
01.0021	面积	area	
01.0022	体积	volume	
01.0023	物质	matter	
01.0024	质量	mass	
01.0025	能量	energy	
01.0026	真空	vacuum	
01.0027	参考系	reference frame, reference system	
01.0028	坐标系	coordinate system, frame of axes	
01.0029	物理量	physical quantity	
01.0030	标量	scalar	
01.0031	标积	scalar product	
01.0032	矢量	vector	
01.0033	矢积	vector product	

序　号	汉　文　名	英　文　名	注　释
01.0034	张量	tensor	
01.0035	常量	constant	又称"常数"。
01.0036	基本物理常量	fundamental physical constant	
01.0037	普适常量	universal constant	
01.0038	变量	variable	
01.0039	参量	parameter	
01.0040	系数	coefficient	
01.0041	模量	modulus	
01.0042	因子	factor	
01.0043	因数	factor	
01.0044	单位	unit	
01.0045	单位制	system of units	
01.0046	国际单位制	SI(法)，Le Système International d'Unités(法)	
01.0047	量纲	dimension	
01.0048	量纲分析	dimensional analysis	
01.0049	无量纲化	nondimensionalization	
01.0050	决定论	determinism	
01.0051	现象	phenomenon	
01.0052	唯象理论	phenomenological theory	
01.0053	实验	experiment	
01.0054	理想实验	gedanken experiment	
01.0055	理论	theory	
01.0056	观察	observation	
01.0057	测定	determination	
01.0058	检测	detection	
01.0059	修正	correction	理论中用。
01.0060	校正	correction	实验中用。
01.0061	估计	estimation	
01.0062	模拟	simulation	
01.0063	类比	analogy	
01.0064	证认	identification	
01.0065	鉴别	discrimination	
01.0066	表述	formulation	
01.0067	推理	reasoning	
01.0068	论证	argumentation	
01.0069	验证	verification	

序　号	汉　文　名	英　文　名	注　释
01.0070	推广	generalization	
01.0071	原理	principle	
01.0072	定律	law	
01.0073	定理	theorem	
01.0074	守恒律	conservation law	
01.0075	定则	rule	
01.0076	假设	assumption, hypothesis	
01.0077	拟设	ansatz	
01.0078	假说	hypothesis	
01.0079	判据	criterion	
01.0080	疑难	puzzle	
01.0081	佯谬	paradox	
01.0082	步骤	procedure	
01.0083	尝试法	trial-and-error method	
01.0084	调节	adjustment	
01.0085	细调	fine adjustment	
01.0086	粗调	coarse adjustment	
01.0087	灵敏度	sensitivity	
01.0088	校准	calibration	
01.0089	标定	scaling	
01.0090	内插	interpolation	
01.0091	外推	extrapolation	
01.0092	数据	data	
01.0093	数据处理	data processing	
01.0094	测量	measurement	
01.0095	直接测量	direct measurement	
01.0096	间接测量	indirect measurement	
01.0097	误差	error	
01.0098	偶然误差	accidental error	
01.0099	随机误差	stochastic error	
01.0100	系统误差	systematic error	
01.0101	统计误差	statistical error	
01.0102	理论误差	theoretical error	
01.0103	疏失误差	blunder error	
01.0104	概然误差	probable error	
01.0105	平均误差	average error, mean error	
01.0106	标准误差	standard error	

序 号	汉 文 名	英 文 名	注 释
01.0107	方均根误差	root-mean-square error	
01.0108	绝对误差	absolute error	
01.0109	相对误差	relative error	
01.0110	最大误差	maximum error	
01.0111	偏差	deviation	
01.0112	标准偏差	standard deviation	
01.0113	最大偏差	maximum deviation	
01.0114	平均偏差	mean deviation	
01.0115	真值	true value	
01.0116	最概然值	most probable value	
01.0117	算术平均	arithmetic mean	
01.0118	权[重]	weight	
01.0119	加权平均	weighted mean	
01.0120	准确度	accuracy	
01.0121	精密度	precision	
01.0122	保真性	fidelity	
01.0123	不确定度	uncertainty	
01.0124	分辨率	resolution	
01.0125	仪器	apparatus, instrument	
01.0126	器件	device	
01.0127	元件	element	
01.0128	量程	range	
01.0129	级别	level	
01.0130	装置	equipment	
01.0131	二项分布	binomial distribution	
01.0132	泊松分布	Poisson distribution	
01.0133	高斯分布	Gaussian distribution	又称"正态分布（normal distrbution）"。
01.0134	χ^2 分布	chi square distribution	
01.0135	t 分布	Student's t distribution	Student 是论文作者 W.S.Gossett 的笔名。
01.0136	直方图	histogram	
01.0137	有效数字	significant figure	
01.0138	置信水平	confidence level	
01.0139	置信限	confidence limit	
01.0140	数据舍弃	rejection of data	
01.0141	肖维涅舍弃判据	Chauvenet criterion for rejection	

序　号	汉　文　名	英　文　名	注　释
01.0142	曲线拟合	curve fitting	
01.0143	数据光滑[化]	data smoothing	
01.0144	最小二乘法	least square method	
01.0145	最大似然法	maximum likelihood method	
01.0146	χ^2 检验	chi square test	
01.0147	t 检验	Student's t test	
01.0148	误差传递	propagation of error	
01.0149	图解法	graphical method	
01.0150	关联系数	correlation coefficient	
01.0151	本底	background	
01.0152	信噪比	signal-to-noise ratio	
01.0153	国际纯粹物理与应用物理联合会	International Union of Pure and Applied Physics, IUPAP	
01.0154	符号、单位、术语、原子质量和基本常量委员会	Commission on Symbols, Units, Nomenclature, Atomic Masses and Fundamental Constants; SUNAMCO Commission	IUPAP 下属的一个工作委员会。
01.0155	中国物理学会	Chinese Physical Society, CPS	

02. 力　学

序　号	汉　文　名	英　文　名	注　释
02.0001	力学	mechanics	
02.0002	运动学	kinematics	
02.0003	动力学	dynamics	
02.0004	静力学	statics	
02.0005	经典力学	classical mechanics	
02.0006	分析力学	analytical mechanics	
02.0007	质点	mass point, material point, particle	
02.0008	机械运动	mechanical motion	又称"力学运动"。
02.0009	位置矢量	position vector	简称"位矢"。
02.0010	位移	displacement	
02.0011	径矢	radius vector	
02.0012	路程	path	

序　号	汉　文　名	英　文　名	注　释
02.0013	路径	path	
02.0014	轨道	orbit，trajectory	
02.0015	弹道	ballistic curve	
02.0016	速度	velocity	
02.0017	速率	speed	
02.0018	平均速度	average velocity, mean velocity	
02.0019	瞬时速度	instantaneous velocity	
02.0020	径向速度	radial velocity	
02.0021	横向速度	transverse velocity	
02.0022	掠面速度	areal velocity	又称"扇形速度(sector velocity)"。
02.0023	绝对速度	absolute velocity	
02.0024	牵连速度	convected velocity	
02.0025	相对速度	relative velocity	
02.0026	初[始]条件	initial condition	
02.0027	初速[度]	initial velocity	
02.0028	末速[度]	final velocity	
02.0029	加速度	acceleration	
02.0030	径向加速度	radial acceleration	
02.0031	横向加速度	transverse acceleration	
02.0032	切向加速度	tangential acceleration	
02.0033	法向加速度	normal acceleration	
02.0034	向心加速度	centripetal acceleration	
02.0035	绝对加速度	absolute acceleration	
02.0036	牵连加速度	convected acceleration	
02.0037	相对加速度	relative acceleration	
02.0038	科里奥利加速度	Coriolis acceleration	
02.0039	内禀方程	intrinsic equation	
02.0040	运动学方程	kinematical equation	
02.0041	匀速运动	uniform motion	
02.0042	加速运动	accelerated motion	
02.0043	绝对运动	absolute motion	
02.0044	牵连运动	convected motion	
02.0045	相对运动	relative motion	
02.0046	直线运动	rectilinear motion	
02.0047	曲线运动	curvilinear motion	
02.0048	圆周运动	circular motion	

序　号	汉　文　名	英　文　名	注　释
02.0049	螺旋运动	helical motion	
02.0050	惯性	inertia	
02.0051	惯性质量	inertial mass	
02.0052	引力质量	gravitational mass	
02.0053	质量守恒定律	law of conservation of mass	
02.0054	密度	density	
02.0055	比重	specific gravity, specific weight	
02.0056	力	force	
02.0057	力场	force field	
02.0058	牛顿第一定律	Newton first law	又称"惯性定律(law of inertia)"。
02.0059	牛顿第二定律	Newton second law	
02.0060	牛顿第三定律	Newton third law	
02.0061	平行四边形定则	parallelogram rule	
02.0062	惯性[参考]系	inertial [reference] system, inertial [reference] frame	
02.0063	伽利略变换	Galilean transformation	
02.0064	伽利略相对性原理	Galilean principle of relativity	
02.0065	伽利略不变性	Galilean invariance	
02.0066	作用力	acting force	
02.0067	反作用力	reacting force	
02.0068	离心力	centrifugal force	
02.0069	向心力	centripetal force	
02.0070	约束力	constraining force	
02.0071	保守力	conservative force	
02.0072	有势力	potential force	
02.0073	耗散力	dissipative force	
02.0074	弹[性]力	elastic force	
02.0075	胡克定律	Hooke law	
02.0076	劲度[系数]	[coefficient of] stiffness	又称"刚度系数(rigidity)"。曾用名"倔强系数"。
02.0077	引力	gravitation	
02.0078	万有引力定律	law of universal gravitation	
02.0079	引力常量	gravitational constant	
02.0080	引力场	gravitational field	

序 号	汉 文 名	英 文 名	注 释
02.0081	吸引	attraction	
02.0082	吸引力	attractive force, attraction	
02.0083	重量	weight	
02.0084	重力加速度	acceleration of gravity	
02.0085	重力	gravity	
02.0086	重力场	gravity field	
02.0087	摩擦力	friction force	
02.0088	滑动摩擦	sliding friction	
02.0089	滚动摩擦	rolling friction	
02.0090	静摩擦	static friction	
02.0091	滑动摩擦系数	coefficient of sliding friction	
02.0092	静摩擦系数	coefficient of static friction	
02.0093	摩擦角	angle of friction	
02.0094	接触力	contact force	
02.0095	超距作用	action at a distance	
02.0096	集中力	concentrated force	
02.0097	分布力	distributed force	
02.0098	张力	tension	
02.0099	恒力	constant force	
02.0100	运动常量	constant of motion	
02.0101	第一积分	first integral	
02.0102	动量	momentum	
02.0103	径向动量	radial momentum	
02.0104	冲量	impulse	
02.0105	动量定理	theorem of momentum	又称"冲量定理(theorem of impulse)"。
02.0106	动量守恒定律	law of conservation of momentum	
02.0107	角[向]运动	angular motion	
02.0108	角动量	angular momentum	又称"动量矩(moment of momentum)"。
02.0109	角动量定理	theorem of angular momentum	
02.0110	力矩	moment of force	
02.0111	角动量守恒定律	law of conservation of angular momentum	又称"动量矩守恒定律(law of conservation of moment of momentum)"。
02.0112	动能	kinetic energy	

序　号	汉　文　名	英　文　名	注　释
02.0113	动能定理	theorem of kinetic energy	
02.0114	功	work	
02.0115	机械功	mechanical work	
02.0116	元功	elementary work	
02.0117	功率	power	
02.0118	势	potential	
02.0119	有效势	effective potential	
02.0120	势能	potential energy	
02.0121	势函数	potential function	
02.0122	机械能	mechanical energy	
02.0123	等势面	equipotential surface	
02.0124	等势线	equipotential line	
02.0125	能量守恒定律	law of conservation of energy	曾用名"能量守恒与转化定律"。
02.0126	机械能守恒定律	law of conservation of mechanical energy	
02.0127	力学系[统]	mechanical system	
02.0128	保守系	conservative system	
02.0129	孤立系	isolated system	
02.0130	摆	pendulum	
02.0131	单摆	simple pendulum	又称"数学摆(mathematical pendulum)"。
02.0132	复摆	compound pendulum	又称"物理摆(physical pendulum)"。
02.0133	球面摆	spherical pendulum	
02.0134	等时摆	isochronous pendulum	
02.0135	傅科摆	Foucault pendulum	
02.0136	冲击摆	ballistic pendulum	
02.0137	耦合摆	coupled pendulums	
02.0138	阿特伍德机	Atwood machine	
02.0139	加速度计	accelerometer	
02.0140	抛体	projectile	
02.0141	抛体运动	projectile motion	
02.0142	极限速度	limiting velocity	
02.0143	终极速度	terminal velocity	物体在粘性流体中下落时能达到的极限

序　号	汉　文　名	英　文　名	注　释
			速度。
02.0144	速度[的]合成	composition of velocities	
02.0145	分速度	component velocity	
02.0146	合速度	resultant velocity	
02.0147	速度[的]分解	resolution of velocity	
02.0148	力的合成	composition of forces	
02.0149	分力	component force	
02.0150	分量	component	
02.0151	合力	resultant force	
02.0152	力的分解	resolution of force	
02.0153	平衡	equilibrium	
02.0154	力的平衡	equilibrium of forces	
02.0155	平衡位置	equilibrium position	
02.0156	平衡条件	equilibrium condition	
02.0157	稳定性	stability	
02.0158	稳定平衡	stable equilibrium	
02.0159	不稳定平衡	unstable equilibrium	
02.0160	中性平衡	neutral equilibrium	
02.0161	随遇平衡	indifferent equilibrium	专指物体在重力作用下的中性平衡。
02.0162	稳定性判据	stability criterion	
02.0163	摄动	perturbation	
02.0164	振动	vibration, oscillation	
02.0165	机械振动	mechanical vibration	
02.0166	简谐运动	simple harmonic motion, SHM	
02.0167	非谐振动	anharmonic vibration	
02.0168	周期性	periodicity	
02.0169	非周期性	aperiodicity	
02.0170	阻尼	damping	
02.0171	阻尼振动	damped vibration	
02.0172	阻尼力	damping force	
02.0173	受迫振动	forced vibration	
02.0174	驱动力	driving force	
02.0175	振幅	amplitude	
02.0176	固有频率	natural frequency	
02.0177	角频率	angular frequency	又称"圆频率(circular frequency)"。

序 号	汉 文 名	英 文 名	注 释
02.0178	参考圆	circle of reference	
02.0179	相[位]	phase	曾用名"位相"。
02.0180	相角	phase angle	
02.0181	相矢量	phasor, phase vector	
02.0182	相[位]差	phase difference	
02.0183	共振	resonance	
02.0184	共振频率	resonant frequency	
02.0185	位移共振	displacement resonance	
02.0186	速度共振	velocity resonance	
02.0187	临界阻尼	critical damping	
02.0188	过阻尼	overdamping	
02.0189	欠阻尼	underdamping	
02.0190	暂态运动	transient motion	曾用名"瞬态运动"。
02.0191	品质因数	quality factor	
02.0192	有心力	central force	又称"辏力"。
02.0193	有心力场	central field	又称"辏力场"。
02.0194	力心	center of force	
02.0195	开普勒定律	Kepler law	
02.0196	散射	scattering	
02.0197	散射角	scattering angle	
02.0198	散射截面	scattering cross-section	
02.0199	微分散射截面	differential scattering cross-section	
02.0200	碰撞参量	impact parameter	
02.0201	逃逸速度	velocity of escape	
02.0202	第一宇宙速度	first cosmic velocity	
02.0203	第二宇宙速度	second cosmic velocity	
02.0204	第三宇宙速度	third cosmic velocity	
02.0205	非惯性系	noninertial system	
02.0206	惯性力	inertial force	
02.0207	惯性离心力	inertial centrifugal force	
02.0208	科里奥利力	Coriolis force	
02.0209	牵连惯性力	convected inertial force	
02.0210	失重	weightlessness	
02.0211	超重	overweight	
02.0212	质点系	system of particles	
02.0213	二体问题	two-body problem	
02.0214	三体问题	three-body problem	

序　号	汉　文　名	英　文　名	注　释
02.0215	内力	internal force	
02.0216	外力	external force	
02.0217	中心	center	
02.0218	质心	center of mass	
02.0219	质心系	center-of-mass system, CMS	
02.0220	重心	center of gravity	
02.0221	自然坐标	natural coordinates	
02.0222	实验室[坐标]系	laboratory [coordinate] system	
02.0223	约化质量	reduced mass	
02.0224	碰撞	collision	
02.0225	弹性碰撞	elastic collision	
02.0226	非弹性碰撞	inelastic collision	
02.0227	完全非弹性碰撞	perfect inelastic collision	
02.0228	非完全弹性碰撞	imperfect elastic collision	
02.0229	压缩冲量	impulse of compression	
02.0230	恢复冲量	impulse of restitution	
02.0231	恢复系数	coefficient of restitution	
02.0232	正碰	direct impact	
02.0233	斜碰	oblique impact	
02.0234	撞击中心	center of percussion	
02.0235	反冲	recoil	
02.0236	反弹	bounce	
02.0237	变质量系	variable-mass system	
02.0238	火箭	rocket	
02.0239	刚体	rigid body	
02.0240	角位移	angular displacement	
02.0241	角速度	angular velocity	
02.0242	角加速度	angular acceleration	
02.0243	平移	translation	
02.0244	转动	rotation	
02.0245	转动角	angle of rotation	
02.0246	自转	rotation	
02.0247	自转角	angle of rotation	
02.0248	定轴转动	fixed-axis rotation	
02.0249	平面平行运动	plane-parallel motion	专指刚体的一类运动。
02.0250	定点转动	rotation around a fixed point	

序　号	汉　文　名	英　文　名	注　释
02.0251	刚体自由运动	free motion of rigid body	
02.0252	[转动]瞬轴	instantaneous axis [of rotation]	
02.0253	[转动]瞬心	instantaneous center [of rotation]	
02.0254	本体瞬心迹	polhode	
02.0255	空间瞬心迹	herpolhode	
02.0256	欧拉角	Eulerian angle	
02.0257	基点	base point	
02.0258	章动	nutation	
02.0259	章动角	angle of nutation	
02.0260	进动	precession	又称"旋进"。
02.0261	进动角	angle of precession	
02.0262	规则进动	regular precession	
02.0263	赝规则进动	pseudoregular precession	
02.0264	轴矢[量]	axial vector	
02.0265	极矢[量]	polar vector	
02.0266	瞬时螺旋轴	instantaneous screw axis	
02.0267	有限转动	finite rotation	
02.0268	无限小转动	infinitesimal rotation	
02.0269	欧拉运动学方程	Euler kinematical equations	
02.0270	轴向加速度	axial acceleration	
02.0271	转动惯量	moment of inertia	
02.0272	惯量张量	inertia tensor	
02.0273	惯量椭球	ellipsoid of inertia	
02.0274	主转动惯量	principal moment of inertia	
02.0275	惯量积	product of inertia	
02.0276	惯量主轴	principal axis of inertia	
02.0277	平行轴定理	parallel axis theorem	
02.0278	垂直轴定理	perpendicular axis theorem	
02.0279	回旋半径	radius of gyration	指刚体的。
02.0280	潘索运动	Poinsot motion	
02.0281	陀螺	top	
02.0282	陀螺仪	gyroscope	
02.0283	拉莫尔进动	Larmor precession	又称"拉莫尔旋进"。
02.0284	拉莫尔频率	Larmor frequency	
02.0285	静定问题	statically determinate problem	
02.0286	静不定问题	statically indeterminate problem	又称"超静定问题"。
02.0287	刚化原理	principle of rigidization	

序　号	汉 文 名	英 文 名	注　释
02.0288	力系	system of forces	
02.0289	滑移矢[量]	sliding vector	
02.0290	自由矢[量]	free vector	
02.0291	主矢[量]	principal vector	
02.0292	共点力	concurrent force	
02.0293	共点力系	system of concurrent forces	
02.0294	共面力	coplanar force	
02.0295	共面力系	system of coplanar forces	
02.0296	零力系	null-force system	
02.0297	等效力系	equivalent force system	
02.0298	平行力系	system of parallel forces	
02.0299	力偶	couple	
02.0300	力偶系	system of couples	
02.0301	力偶矩	moment of couple	
02.0302	合力偶	resultant couple	
02.0303	主矩	principal moment	
02.0304	转矩	torque	
02.0305	约化中心	center of reduction	
02.0306	力螺旋	force screw	
02.0307	虚位移	virtual displacement	
02.0308	虚功	virtual work	
02.0309	虚功原理	principle of virtual work	又称"虚位移原理(principle of virtual displacement)"。
02.0310	约束	constraint	
02.0311	约束运动	constrained motion	
02.0312	单侧约束	unilateral constraint	曾用名"可解约束(освобождающая связь)"。
02.0313	双侧约束	bilateral constraint	曾用名"不可解约束(неосвобождающая связь)"。
02.0314	定常约束	scleronomic constraint, steady constraint	
02.0315	非定常约束	rheonomic constraint, unsteady constraint	
02.0316	完整约束	holonomic constraint	又称"位置约束

序　号	汉 文 名	英 文 名	注　释
			(constraint of position)"、"几何约束 (geometrical constraint)"。
02.0317	完整系	holonomic system	
02.0318	非完整约束	nonholonomic constraint	又称"速度约束 (constraint of velocity)"、"微分约束 (differential constraint)"。
02.0319	非完整系	nonholonomic system	
02.0320	理想约束	ideal constraint	
02.0321	解除约束原理	principle of removal of constraint	
02.0322	自由度	degree of freedom	
02.0323	广义坐标	generalized coordinate	
02.0324	广义力	generalized force	
02.0325	广义速度	generalized velocity	
02.0326	广义动量	generalized momentum	
02.0327	达朗贝尔原理	d'Alembert principle	
02.0328	达朗贝尔惯性力	d'Alembert inertial force	
02.0329	拉格朗日[量]	Lagrangian	
02.0330	拉格朗日函数	Lagrangian function	
02.0331	[第二类]拉格朗日方程	Lagrange equation	
02.0332	第一类拉格朗日方程	Lagrange equation of the first kind	
02.0333	拉格朗日乘子	Lagrange multiplier	
02.0334	可遗坐标	ignorable coordinates	又称"循环坐标 (cyclic coordinates)"。
02.0335	正则坐标	canonical coordinates	
02.0336	正则动量	canonical momentum	
02.0337	正则方程	canonical equation	
02.0338	正则共轭变量	canonical conjugate variable	
02.0339	正则变换	canonical transformation	
02.0340	哈密顿[量]	Hamiltonian	
02.0341	哈密顿函数	Hamiltonian function	
02.0342	哈密顿原理	Hamilton principle	
02.0343	作用量	action	

序　号	汉　文　名	英　文　名	注　释
02.0344	最小作用[量]原理	principle of least action	
02.0345	哈密顿－雅可比方程	Hamilton-Jacobi equation	
02.0346	均位力积	virial	简称"位力"。曾用名"维里"。均位力积定义为－$(1/2)\Sigma r_i \cdot F_i$ 其中 r_i 为粒子 i 的位矢，F_i 为作用在粒子 i 上的力。
02.0347	位力定理	virial theorem	曾用名"维里定理"。
02.0348	广义动量积分	integral of generalized momentum	
02.0349	广义能量积分	integral of generalized energy	
02.0350	浸渐不变量	adiabatic invariant	曾用名"绝热式不变量"。在外界参量缓慢变化中,近似保持不变的物理量。
02.0351	泊松括号	Poisson bracket	
02.0352	小振动	small vibration	
02.0353	本征振动	eigenvibration	
02.0354	振动模[式]	mode of vibration	
02.0355	简正坐标	normal coordinate	
02.0356	简正模[式]	normal mode	
02.0357	简正振动	normal mode of vibration, normal vibration	
02.0358	本征矢[量]	eigenvector	
02.0359	简正频率	normal frequency	
02.0360	波	wave	
02.0361	纵波	longitudinal wave	
02.0362	横波	transverse wave	
02.0363	行波	travelling wave	
02.0364	驻波	standing wave	
02.0365	平面波	plane wave	
02.0366	球面波	spherical wave	
02.0367	机械波	mechanical wave	
02.0368	前进波	advancing wave, progressive wave	
02.0369	简谐波	simple harmonic wave	

序 号	汉 文 名	英 文 名	注 释
02.0370	表面张力波	capillary wave	
02.0371	波峰	[wave] crest	
02.0372	波谷	[wave] trough	
02.0373	波腹	[wave] loop	
02.0374	波节	[wave] node	
02.0375	波前	wave front	
02.0376	波阵面	wave front	
02.0377	波面	wave surface	
02.0378	波长	wavelength	
02.0379	波数	wave number	
02.0380	波矢[量]	wave vector	又称"传播矢量(propagation vector)"。
02.0381	子波	wavelet	
02.0382	次级子波	secondary wavelet	
02.0383	波包	wave packet	
02.0384	相速	phase velocity	
02.0385	群速	group velocity	
02.0386	惠更斯原理	Huygens principle	
02.0387	多普勒效应	Doppler effect	
02.0388	多普勒频移	Doppler shift	
02.0389	能流	energy flux	
02.0390	能流密度	energy flux density	
02.0391	声学	acoustics	
02.0392	声[音]	sound	
02.0393	声源	sound source	
02.0394	声波	sound wave	
02.0395	超声波	supersonic wave, ultrasound wave	
02.0396	次声波	infrasonic wave	频率低于听觉音调下限(在20赫兹以下)的声波。
02.0397	声速	sound velocity	
02.0398	亚声速	subsonic speed	低于声速的速度。
02.0399	超声速	supersonic speed	
02.0400	声强	intensity of sound	
02.0401	声强计	phonometer	
02.0402	声级	sound level	
02.0403	声压[强]	sound pressure	

序 号	汉 文 名	英 文 名	注 释
02.0404	声阻抗	acoustic impedance	
02.0405	声阻	acoustic resistance	
02.0406	声抗	acoustic reactance	
02.0407	声导纳	acoustic admittance	声阻抗的倒数。
02.0408	声导	acoustic conductance	
02.0409	声纳	acoustic susceptance	
02.0410	声呐	sonar	
02.0411	共鸣	resonance	
02.0412	声共振	acoustic resonance	
02.0413	声调	intonation	
02.0414	音调	pitch	
02.0415	泛音	overtone	
02.0416	音色	musical quality	
02.0417	拍	beat	
02.0418	拍频	beat frequency	
02.0419	回波	echo	
02.0420	回声	echo	
02.0421	谐音	harmonic [sound]	
02.0422	谐波	harmonic [wave]	
02.0423	形变	deformation	
02.0424	[可]变形体	deformable body	
02.0425	弹性	elasticity	
02.0426	弹性体	elastic body	
02.0427	塑性	plasticity	
02.0428	塑性形变	plastic deformation	
02.0429	屈服	yield	
02.0430	屈服点	yield point	
02.0431	应力	stress	
02.0432	切向应力	tangential stress	
02.0433	法向应力	normal stress	
02.0434	应力张量	stress tensor	
02.0435	应变	strain	
02.0436	拉伸应变	tensile strain	
02.0437	延伸率	extensibility	
02.0438	杨氏模量	Young modulus	
02.0439	泊松比	Poisson ratio	
02.0440	弯曲	bending	

序　号	汉　文　名	英　文　名	注　释
02.0441	弯[曲]应力	bending stress	
02.0442	弯[曲]应变	bending strain	
02.0443	抗弯强度	bending strength	
02.0444	剪切	shear	
02.0445	剪应力	shear stress	
02.0446	剪应变	shearing strain	
02.0447	剪切角	angle of shear	
02.0448	剪[切]模量	shear modulus	
02.0449	扭转	torsion	
02.0450	扭矩	torsional moment	
02.0451	扭摆	torsional pendulum	
02.0452	扭秤	torsion balance	
02.0453	抗扭劲度	torsional rigidity	
02.0454	连续介质	continuous medium	
02.0455	各向同性	isotropy	
02.0456	各向异性	anisotropy	
02.0457	流体	fluid	
02.0458	流体力学	fluid mechanics	
02.0459	流体动力学	fluid dynamics	
02.0460	流体静力学	hydrostatics	
02.0461	流线	streamline	
02.0462	迹线	path line	
02.0463	流管	stream tube	
02.0464	定常流[动]	steady flow	
02.0465	压缩	compression	
02.0466	压缩率	compressibility	
02.0467	可压缩性	compressibility	
02.0468	不可压缩性	incompressibility	
02.0469	理想流体	ideal fluid	
02.0470	黏性流体	viscous fluid	
02.0471	黏性	viscosity	
02.0472	黏[性]力	viscous force	
02.0473	黏度	viscosity	又称"黏性系数(coefficient of viscosity)"。
02.0474	运动黏度	kinematic viscosity	
02.0475	动力黏度	kinetic viscosity	
02.0476	压强	pressure	

序　号	汉　文　名	英　文　名	注　释
02.0477	压力	pressure	
02.0478	静压	static pressure	
02.0479	动压	dynamical pressure	
02.0480	[彻]体力	body force	
02.0481	运流	convection	
02.0482	环流	circulation	
02.0483	层流	laminar flow	
02.0484	湍流	turbulence, turbulent flow	
02.0485	湍流阻力	turbulent resistance	
02.0486	雷诺数	Reynolds number	
02.0487	涡流	eddy current	
02.0488	涡旋	vortex	
02.0489	涡线	vortex line	
02.0490	浮力	buoyancy force	
02.0491	阿基米德原理	Archimedes principle	
02.0492	帕斯卡定律	Pascal law	
02.0493	泊肃叶定律	Poiseuille law	
02.0494	伯努利方程	Bernoulli equation	
02.0495	欧拉流体力学方程	Euler equations for hydrodynamics	
02.0496	连续[性]方程	continuity equation	
02.0497	纳维－斯托克斯方程	Navier-Stokes equation	
02.0498	气体动力学	gas dynamics	
02.0499	空气阻力	air resistance	
02.0500	升力	ascensional force, lift force	
02.0501	虹吸	siphon, syphon	
02.0502	[冲]击波	shock wave	
02.0503	[冲]击波前	shock front	
02.0504	马赫数	Mach number	
02.0505	气压计	barometer	
02.0506	米尺	meter rule	
02.0507	游标	vernier	
02.0508	游标卡尺	vernier caliper	
02.0509	螺旋测微器	micrometer caliper	
02.0510	球径计	spherometer	
02.0511	天平	balance	

序　号	汉　文　名	英　文　名	注　释
02.0512	物理天平	physical balance	
02.0513	分析天平	analytical balance	
02.0514	弹簧秤	spring balance	
02.0515	约利弹簧秤	Jolly spring balance	
02.0516	浮力秤	flotation balance	
02.0517	气垫导轨	air track	
02.0518	气垫桌	air table	
02.0519	测高仪	altimeter	
02.0520	光杠杆	optical lever	
02.0521	气体比重计	aerometer	
02.0522	液体比重计	areometer, hydrometer	
02.0523	比重瓶	pycnometer	
02.0524	水准器	level	
02.0525	流量计	flowmeter	
02.0526	无液气压计	aneroid, aneroid barometer	
02.0527	福丁气压计	Fortin barometer	
02.0528	压强计	piezometer	
02.0529	流体压强计	manometer	
02.0530	滑轮	pulley	
02.0531	滑轮组	pulley blocks	
02.0532	频闪仪	stroboscope	
02.0533	频闪测速计	strobotach	
02.0534	定时器	timer	
02.0535	计时器	timer	
02.0536	停表	stop watch	
02.0537	数字计时器	digital timer	
02.0538	火花计时器	spark timer	
02.0539	应变规	strain gauge	
02.0540	音叉	tuning fork	
02.0541	弦音计	sonometer	
02.0542	开管	open pipe	
02.0543	闭管	closed pipe	
02.0544	共鸣管	resonance tube	
02.0545	孔特管	Kundt tube	
02.0546	黏度计	visco[si]meter	

03. 电 磁 学

序 号	汉 文 名	英 文 名	注 释
03.0001	电学	electricity	
03.0002	电	electricity	
03.0003	电磁学	electromagnetics, electromagnetism	
03.0004	电荷	electric charge	
03.0005	电量	electric quantity	
03.0006	正电荷	positive charge	
03.0007	负电荷	negative charge	
03.0008	点电荷	point charge	
03.0009	感生电荷	induced charge	
03.0010	体电荷密度	volume charge density	
03.0011	面电荷密度	surface charge density	
03.0012	线电荷密度	linear charge density	
03.0013	带电体	electrified body, charged body	
03.0014	带电粒子	charged particle	
03.0015	导体	conductor	
03.0016	孤立导体	isolated conductor	
03.0017	绝缘导体	insulated conductor	
03.0018	导线	wire	
03.0019	绝缘体	insulator	
03.0020	半导体	semiconductor	
03.0021	电中性	electric neutrality, electroneutrality	
03.0022	电子	electron	
03.0023	电子云	electron cloud	
03.0024	电场	electric field	
03.0025	静电学	electrostatics	
03.0026	静电场	electrostatic field	
03.0027	静电力	electrostatic force	
03.0028	库仑力	Coulomb force	
03.0029	库仑场	Coulomb field	
03.0030	电场强度	electric field intensity, electric field strength	

序 号	汉 文 名	英 文 名	注 释
03.0031	场点	field point	
03.0032	源点	source point	
03.0033	场源	field source	
03.0034	电通量	electric flux	
03.0035	电场线	electric field line	又称"电力线(electric line of force)"。
03.0036	电势	electric potential	
03.0037	电势差	electric potential difference	
03.0038	电压	voltage	
03.0039	库仑定律	Coulomb law	
03.0040	叠加原理	superposition principle	
03.0041	高斯定理	Gauss theorem	
03.0042	静电场的环路定理	circuital theorem of electrostatic field	
03.0043	电能	electric energy	
03.0044	自能	self-energy	
03.0045	[相]互作用能	interaction energy	
03.0046	互能	mutual energy	
03.0047	静电能	electrostatic energy	
03.0048	能量密度	energy density	
03.0049	偶极子	dipole	
03.0050	偶极矩	dipole moment	
03.0051	四极子	quadrupole	
03.0052	四极矩	quadrupole moment	
03.0053	电偶极子	electric dipole	
03.0054	电[偶极]矩	electric [dipole] moment	
03.0055	电偶层	electric double layer	
03.0056	电四极子	electric quadrupole	
03.0057	电四极矩	electric quadrupole moment	
03.0058	电多极子	electric multipole	
03.0059	电多极矩	electric multipole moment	
03.0060	多极展开	multipole expansion	
03.0061	放电	discharge	
03.0062	充电	charging	
03.0063	接地	earth, ground	
03.0064	尖端放电	point discharge	
03.0065	电晕	corona	

序　号	汉　文　名	英　文　名	注　　释
03.0066	电风	electric wind	
03.0067	静电屏蔽	electrostatic screening, electrostatic shielding	
03.0068	静电感应	electrostatic induction	
03.0069	静电聚焦	electrostatic focusing	
03.0070	静电平衡	electrostatic equilibrium	
03.0071	起电	electrification	
03.0072	摩擦起电	electrification by friction	
03.0073	中和	neutralization	
03.0074	击穿	breakdown	
03.0075	漏电	electric leakage	
03.0076	雪崩击穿	avalanche breakdown	
03.0077	击穿场强	breakdown field strength	
03.0078	电容	capacitance, capacity	
03.0079	电容器	capacitor, condenser	
03.0080	串联	connection in series, series connection	
03.0081	并联	connection in parallel, parallel connection	
03.0082	边值关系	boundary relation	
03.0083	边界条件	boundary condition	
03.0084	唯一性定理	uniqueness theorem	
03.0085	镜象法	method of images	又称"电象法"。
03.0086	电象	electric image	
03.0087	边值问题	boundary-value problem	
03.0088	场致发射	field emission	
03.0089	[基]元电荷	elementary charge	
03.0090	边缘效应	edge effect	
03.0091	介电体	dielectric	又称"电介质"。
03.0092	介质	medium	
03.0093	均匀电介质	uniform dielectric	
03.0094	极化	polarization	
03.0095	退极化	depolarization	
03.0096	退极化因子	depolarization factor	
03.0097	[电]极化强度	[electric] polarization	
03.0098	有极分子	polar molecule	
03.0099	无极分子	nonpolar molecule	

序 号	汉 文 名	英 文 名	注 释
03.0100	位移极化	displacement polarization	
03.0101	取向极化	orientation polarization	
03.0102	极化率	polarizability, electric susceptibility	
03.0103	原子极化率	atomic polarizability	
03.0104	电容率	permittivity	IUPAP 的 SUNAMCO 委员会推荐术语。又称"介电常量（dielectric constant）"。
03.0105	相对电容率	relative permittivity	IUPAP 的 SUNAMCO 委员会推荐术语。又称"相对介电常量（relative dielectric constant）"。
03.0106	真空电容率	permittivity of vacuum	IUPAP 的 SUNAMCO 委员会推荐术语。又称"真空介电常量（dielectric constant of vacuum）"。
03.0107	电容率张量	permittivity tensor	IUPAP 的 SUNAMCO 委员会推荐术语。又称"介电张量（dielectric tensor）"。
03.0108	克劳修斯－莫索提方程	Clausius-Mossotti equation	
03.0109	极化电荷	polarization charge	
03.0110	极化电流	polarization current	
03.0111	自由电荷	free charge	
03.0112	束缚电荷	bound charge	
03.0113	电位移	electric displacement	
03.0114	电位移线	electric displacement line	
03.0115	介电强度	dielectric strength	
03.0116	铁电性	ferroelectricity	
03.0117	铁电体	ferroelectrics	
03.0118	压电效应	piezoelectric effect	
03.0119	压电体	piezoelectrics	
03.0120	永电体	electret	又称"驻极体"。

序　号	汉　文　名	英　文　名	注　释
03.0121	电滞效应	electric hysteresis effect	
03.0122	电致伸缩	electrostriction	
03.0123	电流	electric current	
03.0124	电流[强度]	electric current [strength]	
03.0125	电流密度	current density	
03.0126	面电流密度	surface current density	
03.0127	恒定电流	steady current	
03.0128	直流	direct current, dc	
03.0129	电路	electric circuit	
03.0130	电流元	current element	
03.0131	电荷守恒定律	law of conservation of charge	
03.0132	电源	power source, power supply	
03.0133	电动势	electromotive force, emf	
03.0134	内阻	internal resistance	
03.0135	端[电]压	terminal voltage	
03.0136	恒压源	[constant] voltage source	
03.0137	恒流源	[constant] current source	
03.0138	电阻	resistance	
03.0139	电阻率	resistivity	
03.0140	电导	conductance	
03.0141	电导率	conductivity	
03.0142	负载	load	
03.0143	欧姆定律	Ohm law	
03.0144	焦耳热	Joule heat	
03.0145	电功率	electric power	
03.0146	电势降[落]	potential drop	
03.0147	电极	electrode	
03.0148	阴极	cathode	
03.0149	阳极	anode	
03.0150	正极板	positive plate	
03.0151	负极板	negative plate	
03.0152	回路	loop	
03.0153	支路	branch	
03.0154	节点	node	电路中三条或三条以上支路的会聚点。
03.0155	分路	shunt	
03.0156	旁路	by-pass	

序　号	汉　文　名	英　文　名	注　释
03.0157	分流器	shunt	
03.0158	分压器	voltage divider	
03.0159	基尔霍夫方程组	Kirchhoff equations	
03.0160	开路	open circuit	
03.0161	短路	short circuit	
03.0162	网络	network	
03.0163	二端网络	two-terminal network	
03.0164	戴维南定理	Thevenin theorem	
03.0165	电流线	electric streamline	
03.0166	传导电流	conduction current	
03.0167	运流电流	convection current	
03.0168	经典金属电子论	classical electron theory of metal	
03.0169	良导体	good conductor	
03.0170	不良导体	poor conductor	
03.0171	电解质	electrolyte	
03.0172	自由电子	free electron	
03.0173	束缚电子	bound electron	
03.0174	正离子	positive ion, cation	
03.0175	负离子	negative ion, anion	
03.0176	电子束	electron beam	
03.0177	离子束	ion beam	
03.0178	电子气	electron gas	
03.0179	电离	ionization	
03.0180	碰撞电离	impact ionization, ionization by collision	
03.0181	电解	electrolysis	
03.0182	迁移率	mobility	
03.0183	接触电势差	contact potential difference	
03.0184	逸出功	work function	
03.0185	温差电效应	thermoelectric effect	
03.0186	温差电偶	thermocouple	
03.0187	温差电堆	thermopile	
03.0188	超导体	superconductor	
03.0189	超导[电]性	superconductivity	
03.0190	磁学	magnetism, magnetics	
03.0191	静磁学	magnetostatics	
03.0192	磁场	magnetic field	

序　号	汉 文 名	英 文 名	注 释
03.0193	磁感[应]强度	magnetic induction	
03.0194	磁感[应]线	magnetic induction line	又称"磁力线(magnetic line of force)"。
03.0195	磁场强度	magnetic field intensity, magnetic field strength	
03.0196	磁场线	magnetic field line	
03.0197	磁通量	magnetic flux	
03.0198	磁链	magnetic flux linkage	
03.0199	自由磁荷	free magnetic charge	
03.0200	线圈	coil	
03.0201	螺线管	solenoid	
03.0202	螺绕环	torus	曾用名"罗兰环(Rowland ring)"。
03.0203	洛伦兹力	Lorentz force	
03.0204	比荷	specific charge	又称"荷质比(charge-mass ratio)"。
03.0205	安培定律	Ampère law	
03.0206	安培力	Ampère force	
03.0207	右手定则	right-hand rule	
03.0208	左手定则	left-hand rule	
03.0209	右手螺旋定则	right-handed screw rule	
03.0210	毕奥－萨伐尔定律	Biot-Savart law	
03.0211	安培环路定理	Ampère circuital theorem	
03.0212	磁标势	magnetic scalar potential	
03.0213	矢势	vector potential	
03.0214	磁能	magnetic energy	
03.0215	磁能密度	magnetic energy density	
03.0216	霍尔效应	Hall effect	
03.0217	磁聚焦	magnetic focusing	
03.0218	磁透镜	magnetic lens	
03.0219	电子显微镜	electron microscope	
03.0220	亥姆霍兹线圈	Helmholtz coils	
03.0221	磁介质	magnetic medium	
03.0222	磁性材料	magnetic material	
03.0223	磁体	magnet	
03.0224	永磁体	permanent magnet	

序　号	汉　文　名	英　文　名	注　释
03.0225	电磁体	electromagnet	
03.0226	磁极	magnetic pole	
03.0227	[指]北极	north pole, N pole	
03.0228	[指]南极	south pole, S pole	
03.0229	磁针	magnetic needle	
03.0230	磁荷	magnetic charge	
03.0231	分子电流	molecular current	
03.0232	安培[分子电流]假说	Ampère hypothesis	
03.0233	磁矩	magnetic moment	
03.0234	分子磁矩	molecular magnetic moment	
03.0235	磁偶极子	magnetic dipole	
03.0236	磁偶极矩	magnetic dipole moment	
03.0237	磁化	magnetization	
03.0238	磁化强度	magnetization [intensity]	
03.0239	磁极化强度	magnetic polarization	
03.0240	安培天平	Ampère balance	
03.0241	磁化电流	magnetization current	
03.0242	磁化率	[magnetic] susceptibility	
03.0243	磁导率	[magnetic] permeability	
03.0244	相对磁导率	relative permeability	
03.0245	真空磁导率	permeability of vacuum	又称"磁常量(magnetic constant)"。
03.0246	顺磁性	paramagnetism	
03.0247	抗磁性	diamagnetism	
03.0248	铁磁性	ferromagnetism	
03.0249	磁化曲线	magnetization curve	
03.0250	磁滞回线	[magnetic] hysteresis loop	
03.0251	磁滞损耗	[magnetic] hysteresis loss	
03.0252	饱和磁化强度	saturation magnetization	
03.0253	剩余磁化强度	remanent magnetization	简称"剩磁"。
03.0254	矫顽力	coercive force	
03.0255	磁畴	magnetic domain	
03.0256	居里点	Curie point	
03.0257	软磁材料	soft magnetic material	
03.0258	硬磁材料	hard magnetic material	
03.0259	磁库仑定律	magnetic Coulomb law	

序　号	汉　文　名	英　文　名	注　释
03.0260	磁路	magnetic circuit	
03.0261	磁路定律	magnetic circuit law	
03.0262	磁阻	[magnetic] reluctance, magnetic resistance	
03.0263	磁阻率	reluctivity	
03.0264	安[培]匝数	ampere-turns	
03.0265	磁通势	magnetomotive force	曾用名"磁动势"。磁路中的安匝数。
03.0266	磁壳	magnetic shell	
03.0267	磁屏蔽	magnetic shielding	
03.0268	拉莫尔半径	Larmor radius	
03.0269	电磁感应	electromagnetic induction	
03.0270	感应电流	induction current	
03.0271	感应电动势	induction electromotive force	
03.0272	动生电动势	motional electromotive force	
03.0273	感生电动势	induced electromotive force	
03.0274	法拉第电磁感应定律	Faraday law of electromagnetic induction	
03.0275	楞次定律	Lenz law	
03.0276	位移电流	displacement current	
03.0277	感生电场	induced electric field	
03.0278	有旋电场	curl electric field	
03.0279	自感[应]	self-induction	
03.0280	自感[系数]	self-inductance	
03.0281	互感[应]	mutual induction	
03.0282	互感[系数]	mutual inductance	
03.0283	感应圈	induction coil	
03.0284	互感器	mutual inductor	
03.0285	涡[电]流	eddy current	
03.0286	涡流损耗	eddy current loss	
03.0287	电磁阻尼	electromagnetic damping	
03.0288	电磁场	electromagnetic field	
03.0289	定常态	steady state	不随时间改变的运动状态。
03.0290	暂态过程	transient state process	
03.0291	时间常量	time constant	
03.0292	反电动势	back electromotive force	

序　号	汉　文　名	英　文　名	注　释
03.0293	浮环实验	suspended ring experiment	
03.0294	交[变电]流	alternating current, ac	
03.0295	交流电路	alternating circuit	
03.0296	脉动电流	pulsating current	
03.0297	正弦式电流	sinusoidal current	
03.0298	峰值	peak [value]	曾用名"巅值"。
03.0299	有效值	effective value, virtual value	
03.0300	电感	inductance	
03.0301	电感器	inductor	
03.0302	阻抗	impedance	
03.0303	电抗	reactance	
03.0304	容抗	capacitive reactance	
03.0305	感抗	inductive reactance	
03.0306	阻抗匹配	impedance matching	
03.0307	阻抗角	angle of impedance	
03.0308	阻抗三角形	triangle of impedance	
03.0309	导纳	admittance	
03.0310	电纳	susceptance	
03.0311	复阻抗	complex impedance	
03.0312	功率因数	power factor	
03.0313	有功电流	active current	
03.0314	无功电流	reactive current	
03.0315	有功功率	active power	
03.0316	无功功率	reactive power	
03.0317	表观功率	apparent power	
03.0318	并联共振	parallel resonance	
03.0319	串联共振	series resonance	
03.0320	三相[交变]电流	three-phase alternating current	
03.0321	相电压	phase voltage	
03.0322	线电压	line voltage	
03.0323	中[性]线	neutral line	
03.0324	零线	zero line	
03.0325	三角[形]接法	delta connection	
03.0326	星形接法	star connection	
03.0327	电动力学	electrodynamics	
03.0328	经典电动力学	classical electrodynamics	
03.0329	麦克斯韦方程组	Maxwell equations	

序　号	汉　文　名	英　文　名	注　释
03.0330	波动方程	wave equation	
03.0331	亥姆霍兹方程	Helmholtz equation	
03.0332	电磁波	electromagnetic wave	
03.0333	微波	microwave	
03.0334	波模	wave mode	
03.0335	横电磁波	transverse electromagnetic wave, TEM wave	
03.0336	横电波	transverse electric wave, TE wave	
03.0337	横磁波	transverse magnetic wave, TM wave	
03.0338	时谐波	time-harmonic wave	又称"定态波（stationary wave）"。
03.0339	单色波	monochromatic wave	
03.0340	坡印亭矢量	Poynting vector	
03.0341	电磁动量	electromagnetic momentum	
03.0342	动量密度	momentum density	
03.0343	动量流密度	momentum flow density	
03.0344	电磁[场]应力张量	electromagnetic stress tensor, Maxwell stress tensor	
03.0345	无界空间	unbounded space	
03.0346	有界空间	bounded space	
03.0347	自由空间	free space	
03.0348	绝缘介质	insulating medium	
03.0349	导电介质	conducting medium	
03.0350	理想导体	perfect conductor	
03.0351	反射系数	reflection coefficient	
03.0352	折射系数	refraction coefficient	
03.0353	传播常量	propagation constant	
03.0354	相位常量	phase constant	
03.0355	衰减常量	attenuation constant	
03.0356	趋肤效应	skin effect	
03.0357	趋肤深度	skin depth	
03.0358	穿透深度	penetration depth	
03.0359	表面电阻	surface resistance	
03.0360	标势	scalar potential	
03.0361	规范变换	gauge transformation	
03.0362	洛伦兹规范	Lorentz gauge	

序　号	汉　文　名	英　文　名	注　释
03.0363	库仑规范	Coulomb gauge	
03.0364	规范不变性	gauge invariance	
03.0365	洛伦兹条件	Lorentz condition	
03.0366	横场	transverse field	
03.0367	纵场	longitudinal field	
03.0368	达朗贝尔方程	d'Alembert equation	
03.0369	推迟势	retarded potential	
03.0370	推迟效应	retarded effect	
03.0371	电磁辐射	electromagnetic radiation	
03.0372	电磁多极辐射	electromagnetic multipole radiation	
03.0373	电偶极辐射	electric dipole radiation	
03.0374	电四极辐射	electric quadrupole radiation	
03.0375	赫兹振子	Hertzian oscillator	
03.0376	辐射	radiation	
03.0377	磁偶极辐射	magnetic dipole radiation	
03.0378	辐射[方向]图	radiation pattern	
03.0379	辐射角分布	radiation angular distribution	
03.0380	辐射功率	radiation power	
03.0381	辐射强度	radiation intensity	
03.0382	辐射频谱	radiation frequency spectrum	
03.0383	电磁波谱	electromagnetic wave spectrum	
03.0384	辐射电阻	radiation resistance	
03.0385	辐射阻抗	radiation impedance	
03.0386	天线	antenna	
03.0387	半波天线	half-wave antenna	
03.0388	天线阵	antenna array	
03.0389	标量衍射理论	scalar diffraction theory	
03.0390	基尔霍夫公式	Kirchhoff formula	
03.0391	李纳－维谢尔势	Lienard-Wiechert potential	
03.0392	自场	self-field	
03.0393	辐射场	radiation field	
03.0394	电磁质量	electromagnetic mass	
03.0395	力学质量	mechanical mass	
03.0396	经典电子半径	classical electron radius	
03.0397	辐射阻尼	radiation damping	
03.0398	自反[作用]力	self-reaction force	
03.0399	起电盘	electrophorus	

序　号	汉　文　名	英　文　名	注　释
03.0400	范德格拉夫起电机	Van de Graaff generator	
03.0401	法拉第[圆]筒	Faraday cylinder	
03.0402	莱顿瓶	Leyden jar	
03.0403	避雷针	lightning rod	
03.0404	验电器	electroscope	
03.0405	静电计	electrometer	
03.0406	象限静电计	quadrant electrometer	
03.0407	静电伏特计	electrostatic voltmeter	
03.0408	静电透镜	electrostatic lens	
03.0409	电键	key	
03.0410	开关	switch	
03.0411	电池	cell	
03.0412	干电池	dry cell	
03.0413	伏打电池	voltaic cell	
03.0414	丹聂耳电池	Daniell cell	
03.0415	标准电池	standard cell	
03.0416	太阳能电池	solar cell	
03.0417	电池[组]	battery	
03.0418	蓄电池	accumulator, [storage] battery	
03.0419	电池充电器	battery charger	
03.0420	稳压电源	stabilized voltage supply	
03.0421	稳流电源	stabilized current supply	
03.0422	电阻[器]	resistor	
03.0423	变阻器	rheostat	
03.0424	电阻箱	resistance box	
03.0425	十进电阻箱	decade resistance box	
03.0426	热敏电阻	thermistor	
03.0427	镇流[电阻]器	ballast resistor, barretter	
03.0428	扼流[线]圈	choking coil	
03.0429	电流计	galvanometer	
03.0430	灵敏电流计	galvanometer	又称"检流计"。
03.0431	冲击电流计	ballistic galvanometer	
03.0432	临界[阻尼]电阻	critical [damping] resistance	
03.0433	伏安法	voltmeter-ammeter method	
03.0434	安培计	ammeter	
03.0435	伏特计	voltmeter	

序　号	汉　文　名	英　文　名	注　释
03.0436	数字伏特计	digital voltmeter	
03.0437	欧姆计	ohmmeter	
03.0438	兆欧计	megohmmeter	
03.0439	多用[电]表	multimeter, universal meter	
03.0440	数字多用表	digital multimeter	
03.0441	瓦特计	wattmeter	
03.0442	瓦时计	watthour meter	
03.0443	频率计	frequency meter	
03.0444	数字频率计	digital frequency meter	
03.0445	库仑计	coulombmeter	
03.0446	电势差计	potentiometer	
03.0447	电桥	[electric] bridge	
03.0448	直流电桥	direct current bridge	
03.0449	惠斯通电桥	Wheatstone bridge	
03.0450	开尔文双电桥	Kelvin double bridge	
03.0451	交流电桥	alternating current bridge	
03.0452	海氏电桥	Hay bridge	
03.0453	麦克斯韦电桥	Maxwell bridge	
03.0454	谢林电桥	Sherring bridge	
03.0455	奥温电桥	Owen bridge	
03.0456	示零器	null indicator	
03.0457	电流天平	current balance	
03.0458	磁导计	permeameter	
03.0459	磁通计	fluxmeter	
03.0460	高斯计	gaussmeter	
03.0461	特斯拉计	teslameter	
03.0462	磁倾计	inclinometer	
03.0463	探察线圈	search coil	
03.0464	拾波线圈	pick-up coil	
03.0465	传感器	sensor	
03.0466	触发器	trigger	
03.0467	变压器	transformer	
03.0468	自耦变压器	autotransformer	
03.0469	主磁通	main flux	
03.0470	漏磁通	leakage flux	
03.0471	耦合系数	coupling coefficient	
03.0472	发电机	generator	

序　号	汉　文　名	英　文　名	注　释
03.0473	电动机	motor	
03.0474	旋转磁场	rotating magnetic field	
03.0475	额定电压	rated voltage	
03.0476	阴极射线	cathode ray	
03.0477	阴极射线管	cathode-ray tube	
03.0478	示波器	oscillograph, oscilloscope	
03.0479	电子枪	electron gun	
03.0480	偏转板	deflecting plate	
03.0481	电偏转	electric deflection	
03.0482	磁偏转	magnetic deflection	
03.0483	扫描器	scanner	
03.0484	线性元件	linear element	
03.0485	非线性元件	nonlinear element	
03.0486	伏安特性曲线	volt-ampere characteristics	
03.0487	真空管	vacuum tube	
03.0488	晶体管	transistor	
03.0489	二极管	diode	
03.0490	三极管	triode	
03.0491	热电子发射	thermionic emission	
03.0492	丝极	filament	
03.0493	板极	plate	
03.0494	栅极	grid	
03.0495	基极	base	
03.0496	集电极	collector	
03.0497	发射极	emitter	
03.0498	偏置	bias	
03.0499	输入	input	
03.0500	输出	output	
03.0501	增益	gain	
03.0502	反馈	feedback	
03.0503	负反馈	negative feedback	
03.0504	正反馈	positive feedback	
03.0505	滤波器	filter	
03.0506	移相器	phase shifter	
03.0507	整流	rectification	
03.0508	整流器	rectifier	
03.0509	桥式整流器	bridge rectifier	

序 号	汉 文 名	英 文 名	注 释
03.0510	放大	amplification	
03.0511	放大器	amplifier	
03.0512	线性放大器	linear amplifier	
03.0513	锁定放大器	lock-in amplifier	
03.0514	振荡	oscillation	
03.0515	振荡器	oscillator	
03.0516	声频振荡器	audio oscillator	
03.0517	射频振荡器	radio-frequency oscillator	
03.0518	共振器	resonator	
03.0519	共振腔	resonant cavity	
03.0520	共振[波]模	resonant mode	
03.0521	本征振荡	eigen oscillation	
03.0522	本征频率	eigenfrequency	
03.0523	波导	waveguide	
03.0524	矩形波导	rectangular waveguide	
03.0525	传输线	transmission line	
03.0526	同轴线	coaxial cable	
03.0527	截止频率	cutoff frequency	
03.0528	截止波长	cutoff wavelength	
03.0529	衰减器	attenuator	
03.0530	速调管	klystron	
03.0531	磁控管	magnetron	
03.0532	空间凝集	agglomeration in space	
03.0533	防静电剂	antistatic agent	
03.0534	防静电措施	antistatic countermeasure	
03.0535	防静电材料	antistatic material	
03.0536	防静电纤维	antistatic fiber	
03.0537	非对称摩擦	asymmetrical friction	
03.0538	负效电晕	back corona	
03.0539	负效放电	back discharge	静电技术中引起一系列负效应的放电。
03.0540	负效放电消失温度	back discharge vanishing temperature	
03.0541	负效放电再散	back discharge reentrant	静电技术中沉积在电极上的粒子重返气相。
03.0542	负效放电消失电	back discharge extinguishing vol-	

序　号	汉　文　名	英　文　名	注　释
	压	tage	
03.0543	负效放电蔓延	back discharge propagation	
03.0544	破裂起电	break electrification	
03.0545	泡胀击穿	bubbling breakdown	
03.0546	静电泄漏通道	channel of electrostatic leakage	
03.0547	荷电时间常量	charging time constant	
03.0548	碰撞起电	collision electrification	
03.0549	导电纤维	conductive fiber	
03.0550	电晕猝灭效应	corona quenching effect	
03.0551	介电电泳	dielectrophoresis	
03.0552	介电电泳力	dielectrophoresis force	
03.0553	扩散荷电	diffusional charging	
03.0554	放电时间常量	discharge time constant	
03.0555	放电电阻	discharge resistance	
03.0556	有效电导率	effective conductivity	
03.0557	电帘	electric curtain	指电浮置的。
03.0558	驻波电帘	electric curtain of standing wave	
03.0559	电流体力学	electrohydrodynamics, EHD	
03.0560	静电积累	electrostatic accumulation	
03.0561	静电消散	electrostatic dissipation	
03.0562	静电泄漏	electrostatic leakage	
03.0563	静电导体	electrostatic conductor	电阻率不很高的绝缘体。
03.0564	静电非导体	electrostatic non-conductor	
03.0565	静电亚导体	electrostatic subconductor	
03.0566	静电灾害	electrostatic hazard	
03.0567	静电二次事故	electrostatic secondary accident	
03.0568	人体静电	static electricity on human body	
03.0569	空间静电凝集	electrostatic agglomeration in space	
03.0570	静电雾化	electrostatic atomization	
03.0571	电黏性效应	electroviscous effect	
03.0572	流动[起]电势	electrokinetic potential	又称"ζ 电势(ζ-potential)"。
03.0573	虚拟电荷	fictitious charge	
03.0574	场致荷电	field charging	
03.0575	泄电半值时间	half-value discharging time	

序　号	汉　文　名	英　文　名	注　释
03.0576	增湿	humidification	
03.0577	亲水性绝缘材料	hydrophilic insulant	
03.0578	点火能	ignition energy	
03.0579	点火源	incendiary source	
03.0580	喷注起电	jet electrification	
03.0581	先导电击	leader stroke	
03.0582	漏电阻	leakage resistance	
03.0583	气泡浮置	levitation of air bubble	
03.0584	最小点火能	minimum ignition energy	
03.0585	着火氧浓度限	oxygen concentration of inflammability limit	
03.0586	剩余极化	residual polarization	
03.0587	淀积起电	sedimentation electrification	
03.0588	淀积电势差	sedimentation potential [difference]	
03.0589	空间电荷	space charge	
03.0590	空间电荷云	space charge cloud	
03.0591	空间电荷效应	space charge effect	
03.0592	喷溅起电	splash electrification	
03.0593	喷雾起电	spray electrification	
03.0594	静电导率	static conductivity	静止不带电的介质的电导率。
03.0595	冲流起电	streaming electrification	
03.0596	剥离起电	stripping electrification	
03.0597	空吸式法拉第筒	suction-type Faraday cylinder	
03.0598	静置时间	time of repose	
03.0599	行波电帘	electric curtain of travelling wave	
03.0600	冲流电压	streaming potential	
03.0601	电渗现象	electroosmosis	
03.0602	静电[起电]序列	electrostatic [electrification] series	
03.0603	消静电电极	charge removing electrodes	
03.0604	除尘[用消静电]电极	electrodes for removing dust	
03.0605	静电测定装置	electrostatic measuring device	
03.0606	振动静电计	vibrating electrometer	
03.0607	振簧静电计	vibrating-reed electrometer	

序　号	汉　文　名	英　文　名	注　释
03.0608	旋转静电计	rotational electrometer	
03.0609	转子式静电计	rotor-type electrometer	
03.0610	集电[式]静电计	collector-type electrometer	指利用放射源电极的。
03.0611	场强计	electrometer of field strength	全称"电场强度计"。

04.　光　学

序　号	汉　文　名	英　文　名	注　释
04.0001	光学	optics	
04.0002	几何光学	geometrical optics	
04.0003	物理光学	physical optics	
04.0004	波动光学	wave optics	
04.0005	经典光学	classical optics	
04.0006	量子光学	quantum optics	
04.0007	统计光学	statistical optics	
04.0008	应用光学	applied optics	
04.0009	线性光学	linear optics	
04.0010	非线性光学	nonlinear optics	
04.0011	天文光学	astronomical optics	
04.0012	大气光学	atmospheric optics	
04.0013	薄膜光学	[thin] film optics	
04.0014	分子光学	molecular optics	
04.0015	仪器光学	instrumental optics	
04.0016	生理光学	physiological optics	
04.0017	眼科光学	ophthalmic optics	
04.0018	照相光学	photo-optics	
04.0019	电光学	electro-optics	
04.0020	磁光学	magneto-optics	
04.0021	时空光学	spacetime optics	
04.0022	光	light	
04.0023	光源	light source	
04.0024	光速	velocity of light, light velocity	
04.0025	可见光	visible light	
04.0026	不可见光	invisible light	
04.0027	紫外线	ultraviolet ray	

序　号	汉　文　名	英　文　名	注　释
04.0028	红外线	infrared ray	
04.0029	波动说	undulatory theory, wave theory	
04.0030	微粒说	corpuscular theory	
04.0031	光的电磁理论	electromagnetic theory of light	
04.0032	点光源	point source	
04.0033	扩展[光]源	extended source	
04.0034	标准[光]源	standard [light] source	
04.0035	原光源	primary source	
04.0036	光辐射	optical radiation	
04.0037	原辐射	primary radiation	
04.0038	次级辐射	secondary radiation	
04.0039	光场	optical field, light field	
04.0040	光能	luminous energy	
04.0041	光量子	light quantum	
04.0042	光脉冲	light pulse, optical pulse	
04.0043	光发射率	luminous emissivity	
04.0044	单色光	monochromatic light	
04.0045	白光	white light	
04.0046	光学介质	optical medium	
04.0047	光学常数	optical constant	
04.0048	光学元件	optical element	
04.0049	光学器件	optical device	
04.0050	光学仪器	optical instrument	

04.01　几何光学、光学仪器、生理光学、光度学、色度学

序号	汉文名	英文名	注释
04.0051	光线	light ray	
04.0052	反射	reflection	
04.0053	折射	refraction	
04.0054	偏转	deflection	
04.0055	入射线	incident ray	
04.0056	反射线	reflected ray	
04.0057	折射线	refracted ray	
04.0058	入射角	incident angle	
04.0059	反射角	reflection angle	
04.0060	折射角	refraction angle	
04.0061	出射角	emergence angle	
04.0062	反射定律	reflection law	

序 号	汉 文 名	英 文 名	注 释
04.0063	折射定律	refraction law	曾用名"斯涅耳定律(Snell law)"。
04.0064	光程	optical path	
04.0065	光程差	optical path difference	
04.0066	极端光程	extreme path	
04.0067	费马原理	Fermat principle	
04.0068	光路可逆性	reversibility of optical path	
04.0069	光学长度	optical length	
04.0070	折射率	refractive index	
04.0071	相对折射率	relative index of refraction	
04.0072	绝对折射率	absolute index of refraction	
04.0073	光疏介质	optically thinner medium	
04.0074	光密介质	optically denser medium	
04.0075	正入射	normal incidence	
04.0076	掠入射	glancing incidence	
04.0077	掠射角	glancing angle	
04.0078	临界角	critical angle	
04.0079	全反射	total reflection	
04.0080	外反射	external reflection	
04.0081	内反射	internal reflection	
04.0082	镜[面]反射	mirror reflection, specular reflection	
04.0083	漫射	diffusion	
04.0084	漫射光	diffused light	
04.0085	漫反射	diffuse reflection	
04.0086	朗伯余弦定律	Lambert cosine law	
04.0087	[反射]镜	mirror	
04.0088	球面镜	spherical mirror	
04.0089	凸面镜	convex mirror	
04.0090	凹面镜	concave mirror	
04.0091	柱面镜	cylindrical mirror	
04.0092	角[反射]镜	angle mirror	
04.0093	抛物面镜	paraboloidal mirror	
04.0094	潜望镜	periscope	
04.0095	阿贝折射计	Abbe refractometer	
04.0096	分光镜	spectroscope	
04.0097	棱镜	prism	

序　号	汉　文　名	英　文　名	注　释
04.0098	直视棱镜	direct vision prism	
04.0099	倒象棱镜	inverting prism	
04.0100	正象棱镜	erecting prism	
04.0101	反象棱镜	reversing prism	
04.0102	双象棱镜	double-image prism	
04.0103	叠象棱镜	coincidence prism	
04.0104	屋脊棱镜	roof prism	
04.0105	方块棱镜	block prism	
04.0106	隅角棱镜	corner cube, corner prism	
04.0107	角规	angle gauge	
04.0108	偏向棱镜	deviating prism	
04.0109	恒偏[向]棱镜	constant deviation prism	
04.0110	偏向角	angle of deviation	
04.0111	最小偏向角	angle of minimum deviation	
04.0112	角色散	angular dispersion	
04.0113	[光]谱仪	spectrometer	
04.0114	棱镜摄谱仪	prism spectrograph	
04.0115	自准直谱仪	autocollimating spectrometer	
04.0116	成象	imagery, imaging	
04.0117	针孔成象	pinhole imaging	
04.0118	物	object	
04.0119	象	image	
04.0120	正象	erect image	
04.0121	倒象	inverted image	
04.0122	反象	reversed image	奇次反射所成之象。
04.0123	实物	real object	
04.0124	实象	real image	
04.0125	虚物	virtual object	
04.0126	虚象	virtual image	
04.0127	影	shadow	
04.0128	本影	umbra	
04.0129	半影	penumbra	
04.0130	透镜	lens	
04.0131	会聚透镜	convergent lens	
04.0132	发散透镜	divergent lens	
04.0133	凸透镜	convex lens	
04.0134	凹透镜	concave lens	

序　号	汉　文　名	英　文　名	注　释
04.0135	双凹透镜	biconcave lens, double concave lens	
04.0136	双凸透镜	biconvex lens, double convex lens	
04.0137	平凹透镜	plane-concave lens	
04.0138	平凸透镜	plane-convex lens	
04.0139	弯月[形]透镜	meniscus lens	
04.0140	等凹透镜	equiconcave lens	
04.0141	球面透镜	spherical lens	
04.0142	柱面透镜	cylindrical lens	
04.0143	薄透镜	thin lens	
04.0144	厚透镜	thick lens	
04.0145	双焦透镜	bifocal lens	
04.0146	同心透镜	concentric lens	
04.0147	球透镜	globe lens	
04.0148	复合透镜	compound lens	
04.0149	双合透镜	doublet	
04.0150	三合透镜	triplet [lens]	
04.0151	胶合双透镜	cemented doublet	
04.0152	镀膜透镜	coated lens	
04.0153	[主]光轴	[principal] optical axis	
04.0154	副[光]轴	secondary [optical] axis	
04.0155	光心	optical center	薄透镜的。
04.0156	透镜中心	lens center	
04.0157	透镜公式	lens formula	
04.0158	焦点	focus	
04.0159	焦距	focal length	
04.0160	焦散线	caustics	
04.0161	焦散点	diacaustic point, diapoint	
04.0162	焦面	focal plane	
04.0163	调焦	focusing	
04.0164	聚焦	focusing	
04.0165	散焦	defocusing	
04.0166	焦距计	focometer	
04.0167	[光]焦度	focal power, power	
04.0168	屈光度	diopter	
04.0169	物距	object distance	
04.0170	象距	image distance	

序　号	汉　文　名	英　文　名	注　释
04.0171	物高	object height	
04.0172	象高	image height	
04.0173	物平面	object plane	
04.0174	象平面	image plane	
04.0175	物[方]空间	object space	
04.0176	象[方]空间	image space	
04.0177	物方焦点	focus in object space	曾用名"第一焦点"。
04.0178	象方焦点	focus in image space	曾用名"第二焦点"。
04.0179	放大率	magnification	
04.0180	横向放大率	lateral magnification	
04.0181	纵向放大率	longitudinal magnification	又称"轴向放大率(axial magnification)"。
04.0182	角放大率	angular magnification	
04.0183	合轴组	centered system	
04.0184	共轴性	coaxiality	
04.0185	透镜组	lens combination, combination of lenses	
04.0186	高斯光学	Gaussian optics	
04.0187	傍轴近似	paraxial approximation	
04.0188	傍轴区	paraxial region	
04.0189	傍轴条件	paraxial condition	
04.0190	傍轴光线	paraxial ray	又称"近轴光线(near axial ray)"。
04.0191	光学不变量	optical invariant	几何光学、高斯光学中物与象双方保持不变的量。
04.0192	阿贝不变量	Abbe invariant	
04.0193	亥姆霍兹－拉格朗日定理	Helmholtz-Lagrange theorem	
04.0194	共轭光线	conjugate ray	
04.0195	共轭面	conjugate plane	
04.0196	共轭象	conjugate image	
04.0197	光线追迹	ray tracing	
04.0198	子午光线	meridional ray	
04.0199	斜光线	oblique ray	
04.0200	偏轴角	off-axis angle	
04.0201	斜错光线	skew ray	又称"不交轴光线"。

序　号	汉　文　名	英　文　名	注　释
04.0202	边缘光线	marginal ray	
04.0203	光学系统	optical system	
04.0204	理想光学系统	perfect optical system	
04.0205	消[象]散成象	stigmatic imaging	又称"共点成象"。
04.0206	理想成象	perfect imaging	
04.0207	[麦克斯韦]鱼眼	fish-eye [of Maxwell]	
04.0208	瑞利限	Rayleigh limit	光具组性能接近理想的条件。
04.0209	射影变换	projective transformation	
04.0210	直射变换	collinear transformation, collineation	
04.0211	远焦变换	telescopic transformation	又称"仿射变换(affine transformation)"。
04.0212	基点	cardinal point	理想光学系统中代表该系统特性的三对共轭点(两主点、两节点、两焦点)的总称。
04.0213	主点	principal point	
04.0214	节点	nodal point	
04.0215	测节器	nodal slide	
04.0216	基面	cardinal plane	
04.0217	主面	principal plane	
04.0218	求象[作图]法	image construction	
04.0219	光具座	optical bench	
04.0220	光学玻璃	optical glass	
04.0221	冕牌玻璃	crown glass	
04.0222	火石玻璃	flint glass	
04.0223	远视	far sight	
04.0224	近视	short sight	
04.0225	明视距离	distance of distinct vision	
04.0226	眼镜	spectacles	
04.0227	散光镜	astigmatoscope	
04.0228	放大镜	magnifier	
04.0229	物镜	objective	
04.0230	目镜	eyepiece, ocular	
04.0231	测微目镜	micrometer eyepiece	
04.0232	高斯目镜	Gauss eyepiece	

序 号	汉 文 名	英 文 名	注 释
04.0233	惠更斯目镜	Huygens eyepiece	
04.0234	拉姆斯登目镜	Ramsden eyepiece	
04.0235	[色差]补偿目镜	compensating eyepiece	
04.0236	转向目镜	cranked eyepiece	
04.0237	[向]场镜	field lens	
04.0238	接目镜	eye lens	
04.0239	眼点距	eye-point distance, eye relief	
04.0240	叉丝	cross-hairs	
04.0241	分划板	graticle, graticule, reticule	
04.0242	显微镜	microscope	
04.0243	移测显微镜	travelling microscope	曾用名"读数显微镜"。
04.0244	复显微镜	compound microscope	
04.0245	望远镜	telescope	
04.0246	照相机	camera	
04.0247	照相镜头	photographic lens	
04.0248	广角镜头	wide-angle lens	
04.0249	摄远镜头	telephoto lens	
04.0250	变焦	zooming	
04.0251	变焦镜头	zoom [lens]	
04.0252	孔径	aperture	
04.0253	相对孔径	relative aperture	
04.0254	孔径角	aperture angle	又称"角孔径(angular aperture)"。
04.0255	数值孔径	numerical aperture	
04.0256	f 数	f-number	即光圈数。
04.0257	聚光本领	light-gathering power	
04.0258	有效孔径	effective aperture	
04.0259	全孔径	full aperture	
04.0260	环孔径	annular aperture	
04.0261	投影仪	projector	
04.0262	聚光器	condenser	
04.0263	聚光[透]镜	condenser [lens]	
04.0264	准直	collimation	
04.0265	准直[光]束	collimated beam	
04.0266	准直管	collimator	
04.0267	内调焦	interior focusing	

序　号	汉　文　名	英　文　名	注　　释
04.0268	光阑	diaphragm, stop	
04.0269	可变光阑	iris	
04.0270	视线	line of sight	
04.0271	视场	viewing field, field of view	
04.0272	视角	viewing angle	
04.0273	视场角	field angle	又称"角视场(angular field)"。
04.0274	接收角	acceptance angle	
04.0275	全景	full view, panoramic view	
04.0276	孔[径光]阑	aperture stop	
04.0277	视场光阑	field stop, view stop	简称"场阑"。
04.0278	焦阑	telecentric stop	曾用名"远心光阑"。
04.0279	焦阑系统	telecentric system	
04.0280	渐晕光阑	vignetting stop	光具组成渐晕象用的光阑。
04.0281	渐晕效应	vignetting effect	
04.0282	光瞳	pupil	
04.0283	入[射光]瞳	entrance pupil	
04.0284	出[射光]瞳	exit pupil	
04.0285	入[射]窗	entrance window	
04.0286	出[射]窗	exit window	
04.0287	观察窗	view window	
04.0288	视直径	visual diameter	
04.0289	象差	aberration	
04.0290	三级象差	third order aberration	又称"初级象差(primary aberration)"，"赛德尔象差(Seidel aberration)"。
04.0291	纵[向]象差	longitudinal aberration	又称"轴向象差(axial aberration)"。
04.0292	横[向]象差	lateral aberration	
04.0293	轴外象差	off-axis aberration	
04.0294	象差曲线	aberration curve	
04.0295	赛德尔光学	Seidel optics	
04.0296	赛德尔变量	Seidel variable	
04.0297	几何象差	geometrical aberration	
04.0298	球[面象]差	spherical aberration	

序 号	汉 文 名	英 文 名	注 释
04.0299	消球差透镜	aplanat	
04.0300	彗[形象]差	coma, comatic aberration	
04.0301	阿贝正弦条件	Abbe sine condition	
04.0302	赫歇尔条件	Herschel condition	
04.0303	齐明点	aplanatic point	
04.0304	齐明镜	aplanat	曾用名"不晕镜"。
04.0305	象散	astigmatism	
04.0306	子午焦线	meridional focal line	
04.0307	弧矢焦线	sagittal focal line	
04.0308	最小模糊圆	circle of least confusion	
04.0309	消象散透镜	anastigmat	
04.0310	畸变	distortion	
04.0311	枕形畸变	pincushion distortion	
04.0312	桶形畸变	barrel distortion	
04.0313	象场	image field	
04.0314	象场弯曲	curvature of field	简称"场曲"。
04.0315	象场平度	flatness of field	
04.0316	佩茨瓦尔条件	Petzval condition	
04.0317	色[象]差	chromatic aberration	
04.0318	多色差透镜	hyperchromatic lens	
04.0319	放大率色差	chromatism of magnification	
04.0320	位置色差	chromatism of position	
04.0321	消色差透镜	achromat	
04.0322	复消色差透镜	apochromat, apochromatic lens	
04.0323	消色差棱镜	achromatic prism	
04.0324	消象差系统	aberration-free system	
04.0325	剩余象差	aberration residuals, residual aberration	
04.0326	象差校正	aberration correction	
04.0327	五级象差	fifth-order aberration	又称"次级象差(secondary aberration)"。
04.0328	容限	tolerance	工程上又称"公差"。
04.0329	象差容限	tolerance for aberration	
04.0330	焦点容限	focal tolerance	
04.0331	光学容限	optical tolerance	
04.0332	校正板	correction plate, corrector plate	
04.0333	施密特校正板	Schmidt corrector [plate]	

序 号	汉 文 名	英 文 名	注 释
04.0334	象场校正器	field corrector	
04.0335	平[象]场透镜	field flattening lens	
04.0336	校正透镜	correcting lens	
04.0337	光学设计	optical design	
04.0338	无畸变象	orthoscopic image	
04.0339	无畸变目镜	orthoscopic eyepiece	
04.0340	照相术	photography	
04.0341	景深	depth of field	
04.0342	焦深	depth of focus	
04.0343	光波	light wave, optical wave	
04.0344	时谐光波	time-harmonic light wave	
04.0345	光束	[light] beam	
04.0346	元光束	elementary beam	
04.0347	会聚波	convergent wave	
04.0348	发散波	divergent wave	
04.0349	平行光束	parallel beam	
04.0350	同系光线	homologous ray	
04.0351	同心光束	concentric beam, homocentric beam	
04.0352	散焦光束	defocused beam	
04.0353	定向光束	directed-beam	
04.0354	远心光束	telecentric beam	
04.0355	光束孔径角	beam angle	
04.0356	扩束器	beam expander	
04.0357	光束[飞点]扫描	beam [flying-spot] scanning	
04.0358	浸没物镜	immersion objective	
04.0359	油浸物镜	oil immersion objective	
04.0360	光度学	photometry	
04.0361	光度计	photometer	
04.0362	色度计	colorimeter, chromometer, chromatometer	
04.0363	色度学	colorimetry	
04.0364	辐射度量学	radiometry	
04.0365	辐射通量	radiation flux	
04.0366	辐照度	irradiance	
04.0367	视觉函数	vision function	
04.0368	光通量	luminous flux	

序 号	汉 文 名	英 文 名	注 释
04.0369	[光]照度	illuminance, illumination	
04.0370	照度计	illuminometer, luxmeter	
04.0371	曝光量	exposure	
04.0372	发光强度	luminous intensity	
04.0373	光发射度	luminous emittance	
04.0374	亮度	brightness, luminance	
04.0375	余弦发射体	cosine emitter	
04.0376	定向发射体	directional emitter	
04.0377	主观亮度	subjective luminance	
04.0378	光视效率	luminous efficiency	
04.0379	光视效能	luminous efficacy	
04.0380	陆末－布洛洪光度计	Lummer-Brodhun photometer	
04.0381	光功当量	mechanical equivalent of light	
04.0382	视差	parallax	
04.0383	光具组	optical system	
04.0384	针孔照相机	pinhole camera	
04.0385	感光计	sensitometer	
04.0386	比长仪	comparator	
04.0387	[光学]测角计	[optical] goniometer	
04.0388	光学校直	optical alignment	
04.0389	内窥镜	endoscope, introscope	
04.0390	刀口检验	knife-edge test	
04.0391	叠象测距仪	coincidence range finder	
04.0392	有象差光学部件	aberrated optics	
04.0393	致象差介质	aberrating medium	
04.0394	[致]畸变介质	distorting medium	
04.0395	有源成象系统	active imaging system	
04.0396	无源成象系统	passive imaging system	
04.0397	无焦成象系统	afocal imaging system	
04.0398	变形[光学]系统	anamorphic [optical] system	
04.0399	图象变形	anamorphose	
04.0400	图象变形法	anamorphosis	
04.0401	变形镜头	anamorphote lens	
04.0402	程函	eikonal [function]	
04.0403	角程函	angle eikonal	
04.0404	哈密顿特征函数	Hamiltonian characteristic function	

序 号	汉 文 名	英 文 名	注 释
04.0405	点特征函数	point characteristic function	
04.0406	角特征函数	angular characteristic function	
04.0407	非球面[反射]镜	aspheric mirror	
04.0408	椭[球]面镜	ellipsoidal mirror	
04.0409	抛物柱面镜	parabolic mirror	
04.0410	离轴椭球面镜	off-axis ellipsoidal mirror	
04.0411	非球面透镜	non-spherical lens	
04.0412	自准直	autocollimation	
04.0413	自[动]调焦	autofocusing	现代照相机等器件的一种功能。
04.0414	自返反射	autoreflection	如隅角棱镜反射的情况。
04.0415	返射	retroreflection	
04.0416	背反射	backreflection	
04.0417	反射望远镜	reflecting telescope	
04.0418	主镜	primary mirror	指反射望远镜的。
04.0419	副镜	secondary mirror	指反射望远镜的。
04.0420	伽利略望远镜	Galileo telescope	
04.0421	体视望远镜	relief telescope, stereo-telescope, telestereoscope	
04.0422	地面望远镜	terrestrial telescope	
04.0423	天文望远镜	astronomical telescope	
04.0424	双目望远镜	binocular telescope	
04.0425	生物显微镜	biological microscope	
04.0426	明[视]场	bright field	
04.0427	暗[视]场	dark field	
04.0428	天体照相术	celestial photography	
04.0429	反射折射光学系统	catadioptric system	简称"反折系统"。
04.0430	反射成象	catoptric imaging	
04.0431	反射光学	catoptrics	
04.0432	折射光学	dioptrics	
04.0433	光[线]锥	light pencil, pencil of rays	
04.0434	中央光线	central ray	
04.0435	主光线	chief ray, principal ray	
04.0436	大孔径透镜	high-aperture lens, wide-aperture lens	

序 号	汉 文 名	英 文 名	注 释
04.0437	多元透镜	multielement lens	
04.0438	环面透镜	toric lens	
04.0439	蝇眼透镜	fly's-eye lens	
04.0440	小透镜	lenslet	
04.0441	欠校[正]透镜	undercorrected lens	
04.0442	镜象	mirror image	
04.0443	离焦象	defocused image, out-of-focus image	
04.0444	原象	primary image	
04.0445	居间象	intermediate image	
04.0446	鬼象	ghost image	又称"伪象(spurious image)","寄生象(parasitic image)"。
04.0447	微光成象	low-light-level imaging	
04.0448	体视镜	stereoscope	
04.0449	幻视镜	pseudoscope	一种成象凹凸反转的光学仪器。
04.0450	幻视象	pseudoscopic image	
04.0451	超体视象	hyperstereoscopic image	
04.0452	亚体视象	hypostereoscopic image	
04.0453	高清晰度图象	high-definition picture	
04.0454	高速照相机	high-speed camera	又称"高速摄影机"。
04.0455	高速扫描照相机	streak camera	又称"高速扫描摄影机"。
04.0456	照明	illumination	
04.0457	照明装置	lighting device	
04.0458	中肯照明[方式]	critical illumination	
04.0459	均匀照明	uniform illumination	
04.0460	等晕条件	isoplanatic condition	
04.0461	等晕区	isoplanatic region	
04.0462	投影	projection	
04.0463	投影象	projection image	
04.0464	投影物镜	projection objective	
04.0465	目视[光学]系统	visual system	
04.0466	精密光学[系统]	precision optics	
04.0467	反射比	reflectance	
04.0468	透射比	transmittance	

序 号	汉 文 名	英 文 名	注 释
04.0469	辐射亮度	radiance	
04.0470	广义辐射亮度	generalized radiance	
04.0471	辐射发射度	radiant emittance	
04.0472	辐射出射度	radiant exitance	
04.0473	积分球	integrating sphere	指光度学的。
04.0474	比影光度计	shadow photometer	
04.0475	火焰光度计	flame photometer	
04.0476	差示光度术	differential photometry	
04.0477	目测光度计	visual photometer	
04.0478	测微光度计	microphotometer, photomicrometer	
04.0479	视觉	vision	
04.0480	瞳孔	pupil	
04.0481	视网膜	retina	
04.0482	调焦	accommodation	指眼睛的。
04.0483	视觉敏锐度	[visual] acuity	
04.0484	适应[能力]	adaptation	
04.0485	后效	after effect	
04.0486	余留象	after image, residual image	
04.0487	散光	astigmia	
04.0488	双目视觉	binocular vision	
04.0489	盲点	blind spot	
04.0490	色[视]觉	color vision	
04.0491	色[视]觉仪	chromatometer	又称"色盘(color disc)"。
04.0492	复眼	compound eye	
04.0493	晶状体	crystalline lens	指眼睛的。
04.0494	边缘增强效应	edge enhancement	指视觉的。
04.0495	海丁格刷	Haidinger brush	偏振光对视网膜的效应。
04.0496	光渗	irradiation	指视觉的。
04.0497	视觉暂留	persistence of vision, visual persistence	
04.0498	光适应	photopia	
04.0499	适亮视觉	photopic vision	
04.0500	适暗视觉	scotopic vision	
04.0501	光感受体	photoreceptor	

序　号	汉 文 名	英 文 名	注　　释
04.0502	色盲	anopia, color blindness	
04.0503	体视效应	stereoscopic effect	
04.0504	三色视觉	trichromatic vision	
04.0505	色光	colored light	
04.0506	色品	chromaticity	
04.0507	色品图	chromaticity diagram	
04.0508	色品坐标	chromaticity coordinates	
04.0509	配色	color matching	
04.0510	混色	color mixing	
04.0511	色标	color scale	
04.0512	色温	color temperature	
04.0513	色度	chrominance	
04.0514	色调	color tone	
04.0515	色原	chromogen	
04.0516	[原]色三角	color triangle	
04.0517	互补色	complementary colors	
04.0518	组分色	component color	
04.0519	芒塞尔色系	Munsell color system	一种标色的方法。
04.0520	[光]谱色	spectral color	
04.0521	非谱色	non-spectral color	又称"谱外色(extra-spectral color)"。
04.0522	彰色	saturated color	
04.0523	非彰色	unsaturated color	曾用名"不饱和色"。
04.0524	彰度	saturation	曾用名"[色]饱和度"。色度学的。
04.0525	耀度	brilliance	
04.0526	三原色	three primary colors	
04.0527	三[原]色系统	trichromatic system	
04.0528	副色	secondary color	如三原色两两合成之色。
04.0529	加法混色	additive color mixing	
04.0530	减法混色	substractive color mixing	
04.0531	分部混色	partitive color mixing	
04.0532	相加色	additive color	
04.0533	混合色	color mixture	
04.0534	表面色	surface color	
04.0535	加性定律	additivity law	

序 号	汉 文 名	英 文 名	注 释
04.0536	体色	body color	
04.0537	滤色片	color filter	
04.0538	滤色器	color filter	
04.0539	色[层]谱图	chromatogram	
04.0540	色[层]谱仪	chromatograph	
04.0541	色[层]谱法	chromatography	
04.0542	[自]适应光学	adaptive optics	
04.0543	[自]适应光学系统	adaptive optical system, adaptive optics	
04.0544	弧光灯	arc lamp	
04.0545	氩气闪光灯	argon flash	
04.0546	斩光器	[light] chopper	
04.0547	毛玻璃	frosted glass	
04.0548	光胶	optical cement	
04.0549	鬼面	ghost surface	因两侧折射率相同而隐去的面。
04.0550	半镀银镜	half-silvered mirror	
04.0551	定日镜	heliostat	
04.0552	全聚反光装置	holophote	如灯塔所用。
04.0553	[导]光管	light pipe	
04.0554	蜃景	mirage	曾用名"海市蜃楼"。
04.0555	中性反射镜	neutral mirror	
04.0556	中性阶梯滤光器	neutral step filter	
04.0557	光延迟线	optical delay line	
04.0558	光制导	optical guidance	
04.0559	光学集成	optical integration	
04.0560	光学测距仪	optical range finder	
04.0561	杂光	parasitic light, stray light	
04.0562	旋[转]镜	rotating mirror	
04.0563	镜用合金	speculum metal	
04.0564	立体光学	stereoptics	
04.0565	虹霓	rainbow	
04.0566	虹	primary rainbow	
04.0567	霓	secondary rainbow	
04.0568	照相底板	photoplate, photographic plate	
04.0569	全色[胶]片	panchromatic film	
04.0570	正全色[胶]片	orthopanchromatic film	

序　号	汉　文　名	英　文　名	注　　释
04.0571	[照相]感光层	photographic layer	
04.0572	[照相]乳胶	emulsion	
04.0573	高衬比[胶]片	high-contrast film	
04.0574	曝光	exposure	
04.0575	潜象	latent image	
04.0576	显影	development	
04.0577	显影剂	developer	
04.0578	定影	fixing	
04.0579	定影剂	fixer	
04.0580	[光]密度	[optical] density	
04.0581	测微[光]密度计	micro[photo]densitometer	
04.0582	[感光]密度计	densitometer	
04.0583	感光特性	sensitometric characteristic	
04.0584	赫特－德里菲尔德曲线	Hurter-Driffield curve	简称"HD 曲线(HD curve)"。
04.0585	密度曝光量曲线	density-exposure curve	
04.0586	透射比曝光量曲线	transmittance-exposure curve	
04.0587	动态范围	dynamic range	
04.0588	欠曝[光]	underexposure	
04.0589	过度曝光	overexposure	简称"过曝"。
04.0590	欠显[影]	underdevelopment	
04.0591	单次曝光	single exposure	
04.0592	多次曝光	multiexposure, multiple exposure	
04.0593	防[光]晕衬底	antihalation backing	指胶片的。
04.0594	本底灰雾	background fog	指感光底片的。
04.0595	本底[灰雾]密度	background density	

04.02　波动光学、信息光学

序　号	汉　文　名	英　文　名	注　　释
04.0596	非单色波	nonmonochromatic wave	
04.0597	非单色光	nonmonochromatic light	
04.0598	单色光源	monochromatic source	
04.0599	准单色光	quasi-monochromatic light	
04.0600	准单色场	quasi-monochromatic field	
04.0601	复振幅	complex amplitude	
04.0602	惠更斯－菲涅耳原理	Huygens-Fresnel principle	

序　号	汉　文　名	英　文　名	注　释
04.0603	标量波理论	scalar wave theory	
04.0604	光强	intensity of light	
04.0605	菲涅耳公式	Fresnel formula	
04.0606	反射率	reflectivity	
04.0607	振幅反射率	amplitude reflectivity	
04.0608	强度反射率	intensity reflectivity	
04.0609	透射率	transmissivity	
04.0610	振幅透射率	amplitude transmissivity	
04.0611	强度透射率	intensity transmissivity	
04.0612	相位跃变	phase jump	
04.0613	半波损失	half-wave loss	
04.0614	隐失波	evanescent wave	曾用名"倏逝波"，"衰逝波"。在空域中衰减的波。
04.0615	干涉	interference	
04.0616	杨[氏]实验	Young experiment	
04.0617	劳埃德镜	Lloyd mirror	
04.0618	菲涅耳双镜	Fresnel bimirror	
04.0619	菲涅耳双棱镜	Fresnel biprism	
04.0620	比耶对切透镜	Billet split lens	
04.0621	牛顿环	Newton ring	
04.0622	劈形膜	wedge film	
04.0623	干涉条纹	interference fringe	
04.0624	主极大	principal maximum	
04.0625	中央极大	central maximum	
04.0626	次极大	secondary maximum	
04.0627	光学厚度	optical thickness	
04.0628	干涉级	order of interference	
04.0629	干涉仪	interferometer	
04.0630	迈克耳孙干涉仪	Michelson interferometer	
04.0631	分束器	beam splitter	
04.0632	补偿板	compensating plate	
04.0633	波阵面分割	division of wavefront	
04.0634	振幅分割	division of amplitude	
04.0635	定域条纹	localized fringe	
04.0636	非定域条纹	nonlocalized fringe	
04.0637	等厚干涉	equal thickness interference	

序　号	汉　文　名	英　文　名	注　释
04.0638	等厚条纹	equal thickness fringes	
04.0639	等倾干涉	equal inclination interference	
04.0640	等倾条纹	equal inclination fringes	
04.0641	薄膜干涉	film interference	
04.0642	半透[明]膜	semi-transparent film	
04.0643	减反射膜	antireflecting film	
04.0644	高反射膜	high-reflecting film	
04.0645	多光束干涉	multiple-beam interference	
04.0646	法布里－珀罗干涉仪	Fabry-Perot interferometer	
04.0647	法布里－珀罗标准具	Fabry-Perot etalon	
04.0648	法布里－珀罗滤波器	Fabry-Perot filter	
04.0649	滤光片	[optical] filter	
04.0650	干涉滤光片	interference filter	
04.0651	补色	complementary color	
04.0652	相干性	coherence	
04.0653	相干波	coherent wave	
04.0654	相干光	coherent light	
04.0655	相干光源	coherent source	
04.0656	相干条件	coherent condition	
04.0657	时间相干性	temporal coherence	
04.0658	空间相干性	spatial coherence	
04.0659	相干时间	coherence time	
04.0660	相干长度	coherent length	
04.0661	相干面积	coherent area	
04.0662	相干体积	volume of coherence	
04.0663	部分相干性	partial coherence	
04.0664	完全相干性	full coherence	
04.0665	相干度	degree of coherence	
04.0666	衬比度	contrast	工程上称"反差"。
04.0667	可见度	visibility	
04.0668	干涉项	interference term	
04.0669	干涉图样	interference pattern	
04.0670	干涉显微镜	interference microscope	
04.0671	衍射	diffraction	

序　号	汉　文　名	英　文　名	注　释
04.0672	衍射图样	diffraction pattern	
04.0673	菲涅耳衍射	Fresnel diffraction	
04.0674	夫琅禾费衍射	Fraunhofer diffraction	
04.0675	狭缝	slit	
04.0676	单缝衍射	single-slit diffraction	
04.0677	考纽螺线	Cornu spiral	
04.0678	双缝衍射	double-slit diffraction	
04.0679	圆孔衍射	circular hole diffraction	
04.0680	圆盘衍射	circular disk diffraction	
04.0681	矩孔衍射	rectangular aperture diffraction	
04.0682	直边衍射	straight edge diffraction	
04.0683	衍射仪	diffractometer	
04.0684	艾里斑	Airy disk	
04.0685	衍射角	angle of diffraction, diffraction angle	
04.0686	衍射级	order of diffraction	
04.0687	衍射屏	diffraction screen	
04.0688	半周期带	half-period zone	
04.0689	波带片	zone plate	
04.0690	基尔霍夫积分定理	Kirchhoff integral theorem	
04.0691	菲涅耳–基尔霍夫公式	Fresnel-Kirchhoff formula	
04.0692	光栅	grating	
04.0693	光栅常量	grating constant	
04.0694	反射光栅	reflection grating	
04.0695	透射光栅	transmission grating	
04.0696	三维光栅	three dimensional grating	
04.0697	三维衍射	three dimensional diffraction	
04.0698	X 射线衍射	X-ray diffraction	
04.0699	布拉格定律	Bragg law	
04.0700	布拉格条件	Bragg condition	
04.0701	阶梯光栅	echelon grating	
04.0702	相[位型]光栅	phase grating	
04.0703	幅光栅	amplitude grating	全称"振幅型光栅"。
04.0704	凹面光栅	concave grating	
04.0705	叠栅条纹	moiré fringe	曾用名"莫阿条纹"。

序　号	汉　文　名	英　文　名	注　释
04.0706	闪耀光栅	blazed grating	
04.0707	闪耀角	blazing angle	
04.0708	瑞利判据	Rayleigh criterion	
04.0709	分辨本领	resolving power	
04.0710	角分辨率	angular resolution	
04.0711	线分辨率	linear resolution	
04.0712	最小分辨角	angle of minimum resolution	
04.0713	自然光	natural light	
04.0714	偏振光	polarized light	
04.0715	偏振面	plane of polarization	
04.0716	线偏振	linear polarization	又称"平面偏振(plane polarization)"。
04.0717	圆偏振	circular polarization	
04.0718	椭圆偏振	elliptic polarization	
04.0719	部分偏振	partial polarization	
04.0720	偏振度	degree of polarization	
04.0721	起偏器	polarizer	
04.0722	检偏器	analyzer	
04.0723	马吕斯定律	Malus law	
04.0724	布儒斯特角	Brewster angle	又称"起偏角(polarizing angle)"。
04.0725	偏[振]光镜	polariscope	
04.0726	双折射	birefringence	
04.0727	寻常光	ordinary light	
04.0728	非[寻]常光	extraordinary light	
04.0729	寻常折射率	ordinary refractive index	
04.0730	非[寻]常折射率	extraordinary refractive index	
04.0731	各向同性介质	isotropic medium	
04.0732	各向异性介质	anisotropic medium	
04.0733	折射率椭球	[refractive] index ellipsoid	
04.0734	二向色性	dichroism	
04.0735	正晶体	positive crystal	
04.0736	负晶体	negative crystal	
04.0737	单轴晶体	uniaxial crystal	
04.0738	双轴晶体	biaxial crystal	
04.0739	光轴	optical axis	
04.0740	晶体主截面	principal section of crystal	

序 号	汉 文 名	英 文 名	注 释
04.0741	晶体主平面	principal plane of crystal	
04.0742	半波片	half-wave plate	
04.0743	1/4 波片	quarter-wave plate	
04.0744	偏振片	polaroid	
04.0745	尼科耳棱镜	Nicol prism	
04.0746	沃拉斯顿棱镜	Wollaston prism	
04.0747	色偏振	chromatic polarization	
04.0748	偏光显微镜	polarizing microscope	
04.0749	巴比涅补偿器	Babinet compensator	
04.0750	光[测]弹性	photoelasticity	
04.0751	旋光性	optical activity, optical rotation, opticity	
04.0752	旋光本领	rotation power	
04.0753	右旋晶体	right-handed crystal	
04.0754	左旋晶体	left-handed crystal	
04.0755	[旋光]糖量计	saccharimeter	
04.0756	磁致旋光	magnetic opticity, magnetic rotation	
04.0757	法拉第旋转	Faraday rotation	
04.0758	克尔效应	Kerr effect	
04.0759	克尔盒	Kerr cell	
04.0760	信息光学	information optics	
04.0761	傅里叶光学	Fourier optics	
04.0762	全息术	holography	
04.0763	全息照相	holograph	
04.0764	全息图	hologram	
04.0765	体全息图	volume hologram	
04.0766	阿贝成象原理	Abbe principle of image formation	
04.0767	空间频率	spatial frequency	
04.0768	相干成象	coherent imaging	
04.0769	非相干成象	incoherent imaging	
04.0770	相[位]衬	phase contrast	
04.0771	光频	optical frequency	
04.0772	约化波长	reduced wavelength	又称"真空波长(wavelength in vacuum)"。
04.0773	等相面	cophasal surface, surface of	

序　号	汉　文　名	英　文　名	注　释
		constant phase	
04.0774	光学平行性	optical parallelism	
04.0775	基波	fundamental wave	
04.0776	复[合]波	complex wave	
04.0777	连续波	continuous wave, CW	
04.0778	对传波	counterpropagating waves	
04.0779	同传波	copropagating waves	
04.0780	柱面波	cylindrical wave	
04.0781	衰减波	decaying wave	
04.0782	均匀波	homogeneous wave	
04.0783	非均匀波	inhomogeneous wave	
04.0784	畸变波	distorted wave	
04.0785	入射波	incident wave	
04.0786	反向波	backward wave, back wave	
04.0787	出射波	outgoing wave	
04.0788	表面波	surface wave	
04.0789	持续波	sustained wave	
04.0790	同相[位]	in-phase	
04.0791	反相[位]	antiphase	
04.0792	异相[位]	out-of-phase	
04.0793	90 度相移	quadrature [shift]	
04.0794	无规相位	random phase	
04.0795	相位超前	phase advance	
04.0796	相位延迟	phase delay, phase retardation	
04.0797	相位滞后	phase lag	
04.0798	波群	wave group	
04.0799	波列	wave train	
04.0800	相[位]慢度	phase slowness	
04.0801	惠更斯作图法	Huygens construction	
04.0802	左[旋]圆偏振	left-hand circular polarization	
04.0803	右[旋]圆偏振	right-hand circular polarization	
04.0804	正交偏振	cross polarization	
04.0805	非偏振光	nonpolarized light, unpolarized light	
04.0806	庞加莱球	Poincaré sphere	偏振态的几何表示法。
04.0807	透射	transmission	

序 号	汉 文 名	英 文 名	注 释
04.0808	透射系数	transmission coefficient	
04.0809	消光定理	extinction theorem	
04.0810	片堆起偏器	pile-of-plate polarizer	
04.0811	硒堆	selenium pile	红外偏振器。
04.0812	菲涅耳菱体	Fresnel rhombus	
04.0813	折射计	refractometer	
04.0814	衰减全反射	attenuated total reflection, ATR	
04.0815	受抑全反射	frustrated total reflection, suppressed total reflection	
04.0816	光导纤维	[optical] fiber	简称"光纤"。
04.0817	包层光纤	clad[ded] optical fiber	
04.0818	纤维光导	fiber light guide	
04.0819	光缆	optical cable	
04.0820	纤维光学	fiber optics	
04.0821	缓变折射率	graded [refractive] index	
04.0822	抛物型折射率光纤	parabolic index fiber	
04.0823	阶跃折射率光纤	step-index fiber	
04.0824	光纤[观察]镜	fibrescope	
04.0825	[光纤]面板	[optical fiber] face plate	
04.0826	模[式]	mode	
04.0827	单模光纤	single-mode fiber	
04.0828	多模光纤	multimode optical fiber	
04.0829	模色散	modal dispersion	
04.0830	模态	modality	
04.0831	相长干涉	constructive interference	
04.0832	相消干涉	destructive interference	
04.0833	双[光]束干涉	double-beam interference	
04.0834	双缝干涉	double-slit interference	
04.0835	中央条纹	central fringe	
04.0836	条纹衬比度	fringe contrast	
04.0837	条纹可见度	fringe visibility	
04.0838	光劈	[optical] wedge	
04.0839	菲佐[干涉]条纹	Fizeau fringe	
04.0840	平面干涉仪	flat interferometer	
04.0841	光学平面	optical flat	俗称"平晶"。
04.0842	光学平面度	optical flatness	

序 号	汉 文 名	英 文 名	注 释
04.0843	光学接触	optical contact	
04.0844	[光学]平行平面板	[plane] parallel plate	
04.0845	干涉测量术	interferometry	
04.0846	差分干涉测量术	differential interferometry	
04.0847	双[光]束干涉测量术	two-beam interferometry	
04.0848	光[学]臂	optical arm	
04.0849	迈克耳孙测星干涉仪	Michelson stellar interferometer	
04.0850	马赫－曾德尔干涉仪	Mach-Zehnder interferometer	
04.0851	剪切干涉仪	shearing interferometer	
04.0852	横向剪切干涉仪	lateral shearing interferometer	
04.0853	径向剪切干涉仪	radial-shearing interferometer	
04.0854	多波干涉	multiple-wave interference	
04.0855	多缝干涉	multislit interference	
04.0856	平面光栅	plane grating	
04.0857	级的交叠	overlapping of orders	指光栅光谱的。
04.0858	前置棱镜	fore-prism	
04.0859	线[光]栅	wire grating	
04.0860	光栅装置[法]	mounting for grating	
04.0861	交叉光栅	crossed grating	又称"二维光栅(two-dimensional grating)"。
04.0862	刻划光栅	ruling grating	
04.0863	闪耀波长	blaze wavelength	
04.0864	龙基光栅	Ronchi grating	
04.0865	塔尔博特效应	Talbot effect	
04.0866	小阶梯光栅	echelette grating	又称"红外光栅"。
04.0867	中阶梯光栅	echelle grating	
04.0868	复[式]光栅	multiple grating	
04.0869	复式法布里－珀罗干涉仪	compound Fabry-Perot interferometer	
04.0870	陆末－格尔克板	Lummer-Gehrcke plate	
04.0871	锐度	sharpness	指干涉条纹的。
04.0872	细度	finesse(法)	指法布里－珀罗干

序　号	汉　文　名	英　文　名	注　释
			涉条纹的。
04.0873	衍射效率	diffraction efficiency	
04.0874	无规叠栅条纹	random moiré fringe	
04.0875	母光栅	master grating	
04.0876	复制光栅	replica grating	
04.0877	敷霜	blooming	减少镜面反射的一种处理。
04.0878	减反射	antireflection	
04.0879	光学敷层	optical coating	
04.0880	光学薄膜	optical thin-film	
04.0881	分层介质	stratified medium	
04.0882	介电膜	dielectric film	又称"介质膜"。具有介电性质的膜。
04.0883	单层膜	single layer	
04.0884	多层介电膜	multilayer dielectric film	又称"多层介质膜"。
04.0885	全通滤光片	all-pass [optical] filter	
04.0886	长波通滤光片	long wave pass filter	
04.0887	短波通滤光片	short wave pass filter	
04.0888	带通滤光片	band filter, bandpass filter	
04.0889	截止滤光片	cutoff filter	
04.0890	经典相干性	classical coherence	
04.0891	多色光	polychromatic light	
04.0892	杂色光	heterochromatic light, heterogeneous light	
04.0893	解析信号	analytic signal	
04.0894	互相干[性]	mutual coherence	又称"交叉相干[性](cross coherence)"。
04.0895	复相干度	complex degree of coherence	
04.0896	完全相干光	completely coherent light	
04.0897	部分相干光	partially coherent light	
04.0898	非相干光	incoherent light	
04.0899	非相干性	incoherence, noncoherence	
04.0900	横向相干性	lateral coherence, transverse coherence	
04.0901	自相干[函数]	self-coherence [function]	
04.0902	互关联	mutual correlation	
04.0903	频谱分解	spectral decomposition	

序　号	汉　文　名	英　文　名	注　释
04.0904	[频]谱密度	spectral density	
04.0905	互谱密度	mutual spectral density	又称"交叉谱密度(cross-spectral density)"。
04.0906	交叉谱纯	cross-spectral purity	
04.0907	交叉对称条件	cross-symmetry condition	
04.0908	互强度	mutual intensity	
04.0909	强度关联	intensity correlation	
04.0910	强度干涉仪	intensity interferometer	
04.0911	二级相干性	second-order coherence	
04.0912	混合级关联函数	mixed-order correlation function	
04.0913	范西泰特－策尼克定理	Van Cittert-Zernike theorem	
04.0914	基尔霍夫衍射理论	Kirchhoff diffraction theory	
04.0915	瑞利－索末菲[衍射]公式	Rayleigh-Sommerfeld formula	
04.0916	倾斜因子	inclination factor	
04.0917	亥姆霍兹互易性定理	Helmholtz reciprocity theorem, Helmholtz reversion theorem	
04.0918	互补[衍射]屏	complementary [diffracting] screens	
04.0919	巴比涅原理	Babinet principle	
04.0920	屏函数	screen function	
04.0921	近场	near field	
04.0922	近场图样	near field pattern	
04.0923	菲涅耳波带[法]	Fresnel zone [construction]	
04.0924	菲涅耳数	Fresnel number	
04.0925	远场	far field	
04.0926	远场条件	far field condition	
04.0927	远场图样	far field pattern	
04.0928	发散角	angle of divergence	
04.0929	光学傅里叶变换	optical Fourier transform	
04.0930	点扩展函数	point spread function	
04.0931	[光]瞳函数	pupil function	
04.0932	光斑大小	spot size	
04.0933	分辨[率极]限	resolution limit	

序　号	汉　文　名	英　文　名	注　释
04.0934	衍[射置]限透镜	diffraction-limited lens	
04.0935	切趾[法]	apodisation	降低衍射次极大。
04.0936	超分辨率	super-resolution	
04.0937	等强度线	isophote	又称"等照度线"。 isophote 即为 lines of equal intensity。
04.0938	角谱	angular spectrum	
04.0939	相干照明	coherent illumination	
04.0940	非相干照明	incoherent illumination	
04.0941	中心暗场法	central dark ground method	
04.0942	纹影法	schlieren method	
04.0943	相[位]板	phase aberrator, phase plate	
04.0944	棱[边]波	edge wave	指直边衍射的。
04.0945	边界[衍射]波	boundary [diffraction] wave	
04.0946	衍射晕	diffraction halo	
04.0947	米氏散射	Mie scattering	
04.0948	多次衍射	multiple diffraction	
04.0949	退偏振	depolarization	
04.0950	布拉格衍射	Bragg diffraction	
04.0951	超声光栅	ultrasonic grating	
04.0952	背散射光	backscattered light	
04.0953	声光偏转	acoustooptic deflection	
04.0954	声光调制	acoustooptic modulation	
04.0955	声光学	acoustooptics	
04.0956	漫射体	diffuser	
04.0957	晶体光学	crystal optics	
04.0958	主折射率	principal refractive index	
04.0959	轴的色散	dispersion of axes	晶体光学中的概念。
04.0960	离分角	walk-off angle	晶体中光线与法线 的夹角。
04.0961	快轴	fast axis	
04.0962	慢轴	slow axis	指晶片的。
04.0963	[起]偏振棱镜	polarizing prism	
04.0964	正交偏振器	crossed polarizers	
04.0965	正交尼科耳[棱镜]	cross Nicols	
04.0966	加拿大胶	Canada balsam	

序　号	汉　文　名	英　文　名	注　释
04.0967	锥光偏振仪	conoscope	
04.0968	二向色性偏振器	dichroic polarizer	
04.0969	二向色[反射]镜	dichroic mirror	又称"分色镜"。指 反射、透射异色的镜。
04.0970	半影器件	half-shade device	
04.0971	全波片	whole-wave plate, full-wave plate	
04.0972	内锥折射	internal conical refraction	
04.0973	外锥折射	external conical refraction	
04.0974	干涉色	interference color	
04.0975	等色线	isochromatic line, isochromate	
04.0976	同消色线	isogyre	
04.0977	等厚线	isopach	
04.0978	感生各向异性	induced anisotropy	
04.0979	应力双折射	piezobirefringence, stress birefrin- gence	
04.0980	形序双折射	form birefringence	双折射起因于各向 同性微粒的有序排列。
04.0981	取向双折射	orientation birefringence	
04.0982	电致双折射	electric birefringence	
04.0983	声致双折射	acoustic birefringence	
04.0984	弹光系数	elasto-optic coefficient	
04.0985	电光系数	electrooptical coefficient	
04.0986	电光偏转	electrooptical deflection	
04.0987	电光调制	electrooptical modulation	
04.0988	椭[圆]偏[振]计	ellipsometer	
04.0989	椭[圆]偏[振]测 　　量术	ellipsometry	
04.0990	[相位]延迟板	retardation plate	
04.0991	科顿效应	Cotton effect	
04.0992	科顿－穆顿效应	Cotton-Mouton effect	
04.0993	消光	extinction	
04.0994	消光系数	extinction coefficient	又称"消光率(ex- tinction index)"。
04.0995	消光比	extinction ratio	
04.0996	旋光物质	optical active substance	
04.0997	圆双折射	circular birefringence	
04.0998	旋光率	specific rotation	

序 号	汉 文 名	英 文 名	注 释
04.0999	偏振计	polarimeter	
04.1000	旋光对映体	optical antimer, optical antipode	
04.1001	旋光异构体	optical isomer	
04.1002	双异旋光	bi-rotation	
04.1003	变异旋光	multi-rotation, muta-rotation	
04.1004	旋光色散	rotatory dispersion	
04.1005	韦尔代常数	Verdet constant	
04.1006	阶式减光板	stepped attenuator	
04.1007	地面[大气]折射	terrestrial refraction	
04.1008	光调制	optical modulation	
04.1009	调幅	amplitude modulation	
04.1010	调相	phase modulation	
04.1011	调幅光	amplitude modulated light	
04.1012	幅物体	amplitude object	全称"振幅型物体"。
04.1013	相[位型]物体	phase object	
04.1014	频谱	frequency spectrum	
04.1015	[频]带	band	
04.1016	带宽	bandwidth	
04.1017	带宽置限脉冲	bandwidth-limited pulse	简称"宽限脉冲"。
04.1018	带限信号	bandlimited signal	
04.1019	宽带信号	broadband signal	
04.1020	时间带宽积	time-bandwidth product	
04.1021	频域	frequency domain	
04.1022	空[间]域	space domain, spatial domain	
04.1023	空间频谱	spatial frequency spectrum	
04.1024	空间－带宽积	space-bandwidth product	
04.1025	空间不变性	space invariance	
04.1026	空间载波	spatial carrier	
04.1027	空间滤波	spatial filtering	
04.1028	针孔滤波器	pinhole filter	
04.1029	频谱面	frequency plane	
04.1030	光学变换	optical transform	
04.1031	变换光学	transform optics	
04.1032	脉冲响应	impulse response	
04.1033	线扩展函数	line spread function	
04.1034	振幅扩展函数	amplitude spread function	
04.1035	振幅脉冲响应	amplitude impulse response	

序 号	汉 文 名	英 文 名	注 释
04.1036	光学传递函数	optical transfer function	
04.1037	振幅传递函数	amplitude transfer function	
04.1038	相位传递函数	phase transfer function	
04.1039	强度传递函数	intensity transfer function	
04.1040	调制传递函数	modulation transfer function	
04.1041	容量速率积	capacity-speed product	
04.1042	信道容量	channel capacity	
04.1043	信息容量	information capacity	
04.1044	信[息通]道	information channel	
04.1045	数据采集	data acquisition	
04.1046	数据容量	data capacity	
04.1047	混淆误差	aliasing error	
04.1048	含混[度]函数	ambiguity function	
04.1049	光学数据处理	optical data processing	
04.1050	光学信息处理	optical information processing	
04.1051	光学处理	optical processing	
04.1052	并行处理	parallel processing	
04.1053	相干光[学]信息处理	coherent optical information processing	
04.1054	非相干光[学]信息处理	incoherent optical information processing	
04.1055	线性空间不变系统	linear space-invariant system	
04.1056	光闸	light gate, optical gate, optical shutter	
04.1057	掩模	mask	
04.1058	光学掩模	optical mask	
04.1059	编码掩模	encoding mask	
04.1060	匹配滤波器	matched filter	
04.1061	逆滤波器	inverse filter	
04.1062	复合滤波器	complex filter	
04.1063	象元	image element, picture element, pixel	
04.1064	全色图象	full-color image	又称"四色图(four-color image)"。
04.1065	扫描成象	scanned imagery	
04.1066	多重成象	multiple imaging	

序 号	汉 文 名	英 文 名	注 释
04.1067	浮雕象	relief image	
04.1068	离散图象	discrete picture	
04.1069	编码图象	coded image	
04.1070	模糊图象	blurred image	
04.1071	图象模糊	image blurring	
04.1072	色模糊	color blurring	
04.1073	象质	image quality	
04.1074	象质判据	image quality criterion	
04.1075	象质评价	image quality evaluation	
04.1076	图象清晰度	image definition	
04.1077	图象劣化	image degradation	
04.1078	图象处理	image processing	
04.1079	图象数字化	image digitization	
04.1080	图象编码	image encoding	
04.1081	图象转换	image conversion	
04.1082	图象增强	image enhancement	
04.1083	象增强器	image intensifier	
04.1084	图象去模糊	image deblurring	
04.1085	图象重建	image reconstruction	
04.1086	图象复原	image restoration	
04.1087	图象综合	image synthesis	
04.1088	图象相减	image subtraction	
04.1089	图象变换	image transform	
04.1090	图象存储	image storage	
04.1091	光学存储	optical memory, optical storage	信息的。
04.1092	半色调	half-tone	
04.1093	假彩色图象处理	pseudocolor image processing	
04.1094	显微照相术	micro[photo]graphy, photomicro-graphy	
04.1095	缩微照相术	micro[photo]graphy	
04.1096	显微照片	microphoto[graph]	
04.1097	缩微照片	microphoto[graph]	
04.1098	缩微象存储	microimage storage	
04.1099	折叠谱	folded spectrum	
04.1100	混合处理	hybrid processing	
04.1101	关联	correlation	
04.1102	关联谱	correlation spectrum	

序　号	汉　文　名	英　文　名	注　释
04.1103	解卷积	deconvolution	
04.1104	字符识别	character recognition	
04.1105	光[学]全息术	optical holography	
04.1106	物波	object wave	
04.1107	物光束	object beam	
04.1108	参考波	reference wave	
04.1109	参考光束	reference beam	
04.1110	参考角	reference angle	参考光束与全息图法线的夹角。
04.1111	束强比	beam ratio	物光束与参考光束强度之比。
04.1112	波前重建	wavefront reconstruction	
04.1113	重建波	reconstructing wave	
04.1114	重建象	reconstructed image	
04.1115	孪[生]象	twin image	
04.1116	伽博法	Gabor method	
04.1117	背景波	background wave	
04.1118	同轴全息术	in-line holography	
04.1119	伽博全息图	Gabor hologram	
04.1120	载频全息图	carrier-frequency hologram	
04.1121	偏置全息术	biasing holography	
04.1122	离轴全息术	off-axis holography	
04.1123	利思－乌帕特尼克斯全息图	Leith-Upatnieks hologram	
04.1124	凹凸正常象	orthoscopic image	全息术的。
04.1125	凹凸反转象	pseudoscopic image	全息术的。
04.1126	基元全息图	elementary hologram	
04.1127	平面全息图	plane hologram	
04.1128	透射全息图	transmission hologram	
04.1129	反射全息图	reflection hologram	
04.1130	纵深[记录]全息术	deep holography	
04.1131	连带存储	associative storage	
04.1132	吸收[型]全息图	absorption hologram	
04.1133	振幅[型]全息图	amplitude hologram	
04.1134	相位[型]全息图	phase hologram	
04.1135	布拉格[效应]全	Bragg[-effect] hologram	

序　号	汉 文 名	英 文 名	注 　释
	息图		
04.1136	夫琅禾费全息图	Fraunhofer hologram	
04.1137	菲涅耳全息图	Fresnel hologram	
04.1138	傅里叶[变换]全息图	Fourier [transform] hologram	
04.1139	无透镜傅里叶全息图	lensless Fourier hologram	
04.1140	李普曼–布拉格全息图	Lippmann-Bragg hologram	
04.1141	编址全息图	address hologram	
04.1142	复合全息图	composite hologram	
04.1143	离散载体全息图	discrete-carrier hologram	
04.1144	柱面全息图	cylindrical hologram	
04.1145	多重全息图	multiplex hologram	
04.1146	柱面全息立体图	cylindrical holographic stereograms	
04.1147	合成全息图	integral hologram	
04.1148	综合全息图	synthetic hologram	
04.1149	模压全息图	embossed hologram	
04.1150	白光全息图	white-light hologram	
04.1151	漂白全息图	bleached hologram	
04.1152	相[全]息图	kinoform	
04.1153	夹层[式]全息图	sandwich hologram	
04.1154	热塑全息图	thermally engraved hologram, thermoplastic hologram	
04.1155	勒曼全息图	Lohmann hologram	
04.1156	类光栅全息图	grating-like hologram	
04.1157	闪耀全息图	blazed hologram	
04.1158	全景全息图	full view hologram	
04.1159	外差全息图	heterodyne hologram	
04.1160	二色全息图	two-color hologram	
04.1161	计算机[制作]全息图	computer-generated hologram	
04.1162	二元全息图	binary hologram	
04.1163	数字全息图	digital hologram	
04.1164	子全息图	subhologram	
04.1165	象面全息术	image plane holography	
04.1166	多色全息术	multicolor holography	

序　号	汉　文　名	英　文　名	注　释
04.1167	多色象	multicolor image	
04.1168	彩色全息术	color holography	
04.1169	彩虹全息术	rainbow holography	
04.1170	时间平均全息术	time-averaged holography	
04.1171	实时全息术	real-time holography	
04.1172	暂态全息术	transient holography	
04.1173	两次曝光全息术	double-exposure holography	
04.1174	多道全息术	multichannel holography	
04.1175	电影全息术	cineholography	
04.1176	同步脉冲全息术	synchronous pulsed holography	
04.1177	计算机全息术	computer holography	
04.1178	超声全息术	ultrasonic holography, ultrasound holography	
04.1179	显微全息术	microscopic holography	
04.1180	全息显微术	holographic microscopy	
04.1181	全息滤波器	holographic filter	又称"全息掩模（holographic mask）"。
04.1182	全息光栅	holographic grating	
04.1183	全息透镜	holographic lens, hololens	
04.1184	全息光学	holographic optics	
04.1185	全息干涉测量术	holographic interferometry	
04.1186	全息无损检验	holographic nondestructive testing, HNDT	
04.1187	全息存储	holographic memory, holographic storage	
04.1188	分块全息存储	block-organized holographic memory	
04.1189	防震台	isolation table	
04.1190	全息胶片	holofilm	
04.1191	存储介质	storage medium	
04.1192	可擦除存储[器]	erasable memory	
04.1193	读出光束	reading optical beam	
04.1194	随机光学存取	random optical access	
04.1195	激光[束信息]扫描	laser [beam information] scanning	
04.1196	光学逻辑	optical logic	
04.1197	光选通	light gating	

序　号	汉　文　名	英　文　名	注　释
04.1198	光启[动]开关	light activated switch	
04.1199	光学多道分析	optical multichannel analysis	
04.1200	光[学]多路传输	optical multiplexing	
04.1201	录象盘	video disk	
04.1202	摄象管	camera tube	
04.1203	视频带宽	video bandwidth	
04.1204	电子散斑干涉仪	electronic speckle interferometer	
04.1205	光学遥感	remote optical sensing	
04.1206	相干光[雷]达	coherent optical radar	
04.1207	光导	light guide	
04.1208	光[学]通信	optical communication	
04.1209	编码孔径	coded aperture	
04.1210	综合孔径	synthetic aperture	
04.1211	孔径综合	aperture synthesis	
04.1212	后处理	aftertreatment	
04.1213	快速傅里叶变换	fast Fourier transform, FFT	
04.1214	沃尔什变换	Walsh transform	
04.1215	相位恢复法	phase retrieval method	
04.1216	光[学]外差	optical heterodyne	
04.1217	光[学]零差	optical homodyne	
04.1218	光学传感器	optical sensor	
04.1219	微透镜屏	lenticular screen	一种透射式投影屏。
04.1220	光色材料	photochromic material, phototropic material	
04.1221	类透镜介质	lens-like medium	
04.1222	光学模拟计算机	optical analogue computer	
04.1223	灰阶	gray level	
04.1224	冗余度	redundance, redundancy	
04.1225	冗余信息	redundant information	
04.1226	闪烁	scintillation	

04.03　光和物质的相互作用——光谱学、激光、非线性光学、量子光学

04.1227	洛伦兹－洛伦茨公式	Lorentz-Lorenz formula	
04.1228	分子折射度	molecular refraction	
04.1229	散射光	scattered light	
04.1230	分子散射	molecular scattering	

序　号	汉　文　名	英　文　名	注　释
04.1231	瑞利散射	Rayleigh scattering	
04.1232	瑞利翼散射	Rayleigh-wing scattering	
04.1233	拉曼散射	Raman scattering	
04.1234	布里渊散射	Brillouin scattering	
04.1235	反常散射	anomalous scattering	
04.1236	乳光	opalescence	
04.1237	混浊介质	turbid medium	
04.1238	浊度	turbidity	
04.1239	发射	emission	
04.1240	发射率	emissivity	
04.1241	发射本领	emissive power	
04.1242	吸收	absorption	
04.1243	复折射率	complex index of refraction	
04.1244	选择吸收	selective absorption	
04.1245	体吸收	bulk absorption	
04.1246	反常吸收	anomalous absorption	
04.1247	吸收率	absorptivity	
04.1248	吸收度	absorbance	$\log_{10}(I_0/I)$。
04.1249	吸收系数	absorption coefficient	
04.1250	透明性	transparency	
04.1251	透明度	transparency	
04.1252	不透明性	opacity	
04.1253	不透明度	opacity	
04.1254	不透明体	opaque body	
04.1255	半透明玻璃	translucent glass	
04.1256	布格定律	Bouguer law	又称"朗伯－布格定律(Lambert-Bouguer law)"。
04.1257	比尔－朗伯[吸收]定律	Beer-Lambert law	
04.1258	吸收本领	absorptive power	
04.1259	吸收凹陷	absorption dip	
04.1260	色散	dispersion	
04.1261	正常色散	normal dispersion	
04.1262	反常色散	anomalous dispersion	
04.1263	正交棱镜	cross prisms	
04.1264	色散本领	dispersion power	

序　号	汉　文　名	英　文　名	注　释
04.1265	色散曲线	dispersion curve	
04.1266	色散方程	dispersion equation	
04.1267	柯西色散公式	Cauchy dispersion formula	
04.1268	色散介质	dispersive medium	
04.1269	色散棱镜	dispersing prism	
04.1270	棱镜光谱	prismatic spectrum	
04.1271	摄谱学	spectrography	
04.1272	摄谱仪	spectrograph	
04.1273	分光光度计	spectrophotometer	
04.1274	多道分光计	multichannel spectrometer	
04.1275	光栅摄谱仪	grating spectrograph	
04.1276	光谱	[optical] spectrum	
04.1277	线状谱	line spectrum	
04.1278	带状谱	band spectrum	
04.1279	连续谱	continuous spectrum	
04.1280	[光]谱线	spectral line	
04.1281	[光]谱带	spectral band	
04.1282	明线	bright line	
04.1283	暗线	dark line	
04.1284	发射[谱]线	emission line	
04.1285	吸收线	absorption line	
04.1286	暗带	dark band	
04.1287	吸收带	absorption band	
04.1288	宽[谱]带	broadband	
04.1289	伴线	satellite line, [line] satellite	
04.1290	发射光谱	emission spectrum	
04.1291	吸收光谱	absorption spectrum	
04.1292	吸收峰	absorption peak	
04.1293	弧光谱	arc spectrum	
04.1294	火花光谱	spark spectrum	
04.1295	增强谱线	enhanced line	
04.1296	光谱范围	spectral range	
04.1297	可见[光谱]区	visible range, visible region	
04.1298	近红外	near infrared	
04.1299	近紫外	near ultraviolet	
04.1300	远红外	far infrared	
04.1301	真空紫外	vacuum ultraviolet	

序　号	汉　文　名	英　文　名	注　释
04.1302	极端紫外	extreme ultraviolet	
04.1303	放电管	discharge tube	
04.1304	汞[汽]灯	mercury vapor lamp	
04.1305	钠灯	sodium lamp	
04.1306	白炽灯	incandescent lamp	
04.1307	氢弧灯	hydrogen arc lamp	
04.1308	碳弧灯	carbon arc lamp	
04.1309	空心阴极灯	hollow-cathode lamp	
04.1310	单色仪	monochromator	
04.1311	前置单色仪	premonochromator	
04.1312	双程单色仪	double-pass monochromator	
04.1313	利特罗单色仪	Littrow monochromator	
04.1314	双光栅摄谱仪	dual-grating spectrograph	
04.1315	双束分光光度计	double-beam spectrophotometer	
04.1316	吸收盒	absorption cell	
04.1317	哈特曼光阑	Hartmann diaphragm	
04.1318	红外分光光度计	infrared spectrophotometer	
04.1319	测微分光光度计	microspectrophotometer	
04.1320	荧光分光光度计	spectrofluorophotometer	
04.1321	目镜分光镜	eyepiece spectroscope	
04.1322	真空摄谱仪	vacuum spectrograph	
04.1323	光谱级	spectral order	指光栅的。
04.1324	一级光谱	primary spectrum, spectrum of first order	
04.1325	缺级	missing order	
04.1326	光栅伴线	grating satellite	
04.1327	罗兰圆	Rowland circle	
04.1328	鬼线	ghost line	又称"伪线(spurious line)"。
04.1329	光谱学	spectroscopy	
04.1330	光谱术	spectroscopy	
04.1331	[光]谱线系	spectral series	
04.1332	[谱]线系	line series	
04.1333	里德伯[线]系	Rydberg series	
04.1334	锐线系	sharp series	
04.1335	主线系	principal series	
04.1336	漫线系	diffuse series	

序　号	汉　文　名	英　文　名	注　　释
04.1337	基线系	fundamental series	
04.1338	辅线系	subordinate series	
04.1339	连续区	continuum	
04.1340	组合[谱]线	combination line	
04.1341	巡项	running term	
04.1342	收敛限	convergence limit	指里德伯线系的。
04.1343	单线	singlet	
04.1344	双重线	doublet	
04.1345	三重线	triplet	
04.1346	多重线	multiplet	
04.1347	态际组合线	intercombination line	三重态和单态间跃迁产生的谱线。
04.1348	复光谱	complex spectrum	
04.1349	位移律	displacement law	
04.1350	倒谱项	inverted spectral term	
04.1351	Γ因子	Γ-factor	
04.1352	求和定则	sum rule	
04.1353	量子数亏损	quantum defect	
04.1354	原子谱线	atomic spectral line	
04.1355	转动[谱]线	rotational line	
04.1356	转动[谱]带	rotational band	
04.1357	振动[谱]线	vibrational line	
04.1358	转振[谱]带	rotation-vibration band	又称"振转[谱]带"。
04.1359	光谱特性	spectral characteristic	
04.1360	夫琅禾费谱线	Fraunhofer line	
04.1361	特征光谱	characteristic spectrum	
04.1362	滞留谱线	persistent line	
04.1363	共振线	resonance line	
04.1364	光谱分析	spectral analysis	
04.1365	同系对	homologous pair	
04.1366	正常塞曼效应	normal Zeeman effect	
04.1367	反常塞曼效应	anomalous Zeeman effect	
04.1368	塞曼分裂	Zeeman splitting	
04.1369	斯塔克分裂	Stark splitting	
04.1370	拉曼[光]谱	Raman spectrum	
04.1371	斯托克斯线	Stokes line	
04.1372	反斯托克斯线	anti-Stokes line	

序　号	汉　文　名	英　文　名	注　释
04.1373	谱线移位	line shift	
04.1374	频移	frequency shift	
04.1375	红移	red shift	
04.1376	蓝移	blue shift	
04.1377	斯托克斯频移	Stokes shift	
04.1378	布里渊频移	Brillouin shift	
04.1379	压致频移	pressure shift	
04.1380	光致频移	light shift	指光泵实验的。
04.1381	光谱[强度]分布	spectral distribution	
04.1382	光谱强度	spectral intensity	
04.1383	谱线强度	line strength	
04.1384	线形	line shape	全称"谱线形状"。又称"谱线轮廓(line profile)"。
04.1385	多普勒线形	Doppler profile	
04.1386	线形函数	line shape function	
04.1387	谱线宽度	line width, line breadth	简称"线宽"。
04.1388	积分线宽	integral line-breadth	
04.1389	半峰全宽	full width at half maximum, half-peak width	
04.1390	半峰半宽	half width at half maximum	
04.1391	固有线宽	natural [line] width	又称"自然线宽"。
04.1392	内禀线宽	intrinsic linewidth	
04.1393	谱线增宽	line broadening	
04.1394	固有[谱线]增宽	natural broadening	
04.1395	多普勒[谱线]增宽	Doppler broadening	
04.1396	均匀[谱线]增宽	homogeneous broadening	
04.1397	非均匀[谱线]增宽	inhomogeneous broadening	
04.1398	洛伦兹[谱线]增宽	Lorentz broadening	
04.1399	碰撞[谱线]增宽	collision broadening, impact broadening	
04.1400	功率[谱线]增宽	power broadening	
04.1401	压致[谱线]增宽	pressure broadening	
04.1402	斯塔克[谱线]增	Stark broadening	

序　号	汉　文　名	英　文　名	注　释
	宽		
04.1403	[光]谱线自蚀	reversal of spectral line	
04.1404	自蚀[光谱]线	reversed line	
04.1405	自蚀	self-reversal	指光谱线的。
04.1406	光谱图	spectrogram	
04.1407	比较光谱	comparison spectrum	
04.1408	标准波长	standard wavelength	
04.1409	光谱纯度	spectral purity	
04.1410	沟槽光谱	channeled spectrum	
04.1411	符合光谱	coincidence spectrum	
04.1412	激子光谱	exciton spectrum	
04.1413	晶体光谱	crystal spectrum	
04.1414	固体光谱	solid state spectrum	
04.1415	吸收限	absorption edge, absorption limit	光谱的。
04.1416	直接吸收	direct absorption	
04.1417	间接吸收	indirect absorption	
04.1418	内禀吸收	intrinsic absorption	
04.1419	外赋吸收	extrinsic absorption	
04.1420	剩余射线	residual ray, reststrahlen	
04.1421	选择反射	selective reflection	
04.1422	拍谱	beat spectrum	
04.1423	光拍光谱术	light beating spectroscopy	
04.1424	天体光谱学	astrospectroscopy	
04.1425	原子吸收光谱学	atomic absorption spectroscopy	
04.1426	自电离光谱学	autoionization spectroscopy	
04.1427	束箔光谱学	beam-foil spectroscopy	
04.1428	消多普勒[增宽]光谱学	Doppler-free spectroscopy	
04.1429	傅里叶[变换]光谱学	Fourier [transform] spectroscopy	
04.1430	高分辨光谱学	high-resolution spectroscopy	
04.1431	调制[光]谱学	modulation spectroscopy	
04.1432	分子光谱学	molecular spectroscopy	
04.1433	红外光谱学	infrared spectroscopy, IR spectroscopy	
04.1434	共振拉曼光谱学	resonance Raman spectroscopy	
04.1435	光声光谱学	photoacoustic spectroscopy, optoa-	

序　号	汉　文　名	英　文　名	注　释
		coustic spectroscopy	
04.1436	时间分辨[光]谱学	time-resolved spectroscopy	
04.1437	电光效应	electrooptical effect	
04.1438	二次电光张量	quadratic electrooptical tensor	
04.1439	磁光效应	magneto-optic effect	
04.1440	光生伏打效应	photovoltaic effect	
04.1441	声光效应	acoustooptic effect	
04.1442	泡克耳斯效应	Pockels effect	
04.1443	电致反[射改]变效应	electro-reflectance effect	
04.1444	压致反[射改]变	piezoreflectance	
04.1445	发光	luminescence	
04.1446	自发光	self-luminescence	
04.1447	热致发光	thermoluminescence	
04.1448	电致发光	electroluminescence	
04.1449	光致发光	photoluminescence	
04.1450	声致发光	sonoluminescence	
04.1451	热激发	thermal excitation	
04.1452	荧光	fluorescence	
04.1453	磷光	phosphorescence	
04.1454	荧光镜	fluoroscope	
04.1455	荧光学	fluoroscopy	
04.1456	长余辉荧光屏	long persistence screen	
04.1457	磷光体	phosphor	
04.1458	电化学发光	electrochemiluminescence	
04.1459	气辉	airglow	全称"大气辉光"。
04.1460	极光	aurora, auroral light	
04.1461	光电效应	photoelectric effect	
04.1462	光子	photon	
04.1463	光电导效应	photo-conductive effect	又称"内光电效应 (internal photoelectric effect)"。
04.1464	光电子	photoelectron	
04.1465	光电流	photocurrent	
04.1466	光电池	photoelectric cell, photocell	
04.1467	光电管	photoelectric tube, photocell	

序　号	汉　文　名	英　文　名	注　释
04.1468	光电倍增管	photomultiplier	
04.1469	光敏阴极	light-sensitive cathode	
04.1470	硒光电池	selenium cell	
04.1471	次级光电效应	secondary photoelectric effect	
04.1472	负光电效应	photonegative effect	因电子复合而使光电子减少的效应。
04.1473	光电导体	photoconductor	
04.1474	光[致]电流效应	optogalvanic effect, photogalvanic effect	
04.1475	光电变换器	optical-to-electrical transducer	
04.1476	光电二极管	photodiode	
04.1477	光控电致发光	photoelectroluminescence	
04.1478	光声效应	optoacoustic effect, photoacoustic effect	
04.1479	光声调制	optoacoustic modulation	
04.1480	康普顿效应	Compton effect	
04.1481	逆康普顿散射	inverse Compton scattering	
04.1482	光压	light pressure	
04.1483	迈克耳孙－莫雷实验	Michelson-Morley experiment	
04.1484	切连科夫辐射	Cherenkov radiation	
04.1485	轫致辐射	bremsstrahlung	
04.1486	偶极辐射	dipole radiation	
04.1487	四极辐射	quadrupole radiation	
04.1488	自发辐射	spontaneous radiation	
04.1489	受激辐射	stimulated radiation	
04.1490	爱因斯坦系数	Einstein coefficient	
04.1491	抽运	pumping	
04.1492	抽运过程	pumping process	
04.1493	光抽运	optical pumping	
04.1494	光泵	light pump	
04.1495	粒子数布居反转	population inversion	简称"粒子数反转"，"布居反转"。
04.1496	激活介质	active medium	
04.1497	增益系数	gain coefficient	
04.1498	放大系数	amplification coefficient	
04.1499	光学共振腔	optical resonant cavity, optical	

序　号	汉　文　名	英　文　名	注　释
		resonator	
04.1500	吸收损耗	absorption loss	
04.1501	阈值条件	threshold condition	
04.1502	振荡阈值	oscillation threshold	
04.1503	激光	laser	
04.1504	激光器	laser	
04.1505	气体激光器	gas laser	
04.1506	固体激光器	solid state laser	
04.1507	液体激光器	liquid laser	
04.1508	染料激光器	dye laser	
04.1509	半导体激光器	semiconductor laser	
04.1510	红宝石激光器	ruby laser	
04.1511	氦氖激光器	He-Ne laser	
04.1512	氩[离子]激光器	argon [ion] laser	
04.1513	激光[共振]腔	laser resonator, laser cavity	
04.1514	开[共振]腔	open cavity, open resonator	
04.1515	闭[共振]腔	closed resonator	
04.1516	光[学]腔	optical cavity	
04.1517	[空]腔	cavity	
04.1518	平行平面[共振]腔	plane-parallel resonator	
04.1519	球面镜[共振]腔	spherical mirror resonator	
04.1520	光束波导	beam waveguide	
04.1521	有耗腔	lossy cavity	
04.1522	低耗[共振]腔	low-loss resonator	
04.1523	布儒斯特窗	Brewster window	
04.1524	高耗[共振]腔	high-loss resonator	
04.1525	稳定[共振]腔	stable resonator	
04.1526	亚稳[共振]腔	metastable resonator	
04.1527	稳定性图	stability diagram	
04.1528	不稳定腔	unstable cavity	
04.1529	负吸收	negative absorption	
04.1530	负色散	negative dispersion	
04.1531	稳定比	stabilization ratio	
04.1532	激光[振荡]条件	laser [oscillation] condition	
04.1533	法布里－珀罗共振腔	Fabry-Perot resonator	

序　号	汉　文　名	英　文　名	注　　释
04.1534	环形腔	ring cavity	
04.1535	折叠腔	folded cavity	
04.1536	复[合]共振腔	complex resonator	
04.1537	耦合[共振]腔	coupled resonators	
04.1538	内[共振]腔	in-cavity, intra-cavity	
04.1539	激活腔	active cavity	
04.1540	有源腔	active cavity	
04.1541	无源腔	passive cavity	
04.1542	小信号增益	small-signal gain	
04.1543	单程增益	single-pass gain	
04.1544	往返增益	round-trip gain	指法布里－珀罗共振腔内的增益。
04.1545	环行增益	round-trip gain	指环行腔内的增益。
04.1546	净增益	net gain	
04.1547	增益[谱线]变窄	gain narrowing	
04.1548	光放大	light amplification	
04.1549	激光放大器	laser amplifier	
04.1550	激光振荡器	laser oscillator	
04.1551	腔振荡	cavity oscillation	
04.1552	腔模	cavity mode	
04.1553	模结构	mode configuration	
04.1554	模图样	mode pattern	
04.1555	厄米－高斯模	Hermite-Gauss mode	
04.1556	模序列	mode sequence	
04.1557	模数	mode number	
04.1558	激光束	laser beam	
04.1559	高斯光束	Gaussian beam	
04.1560	厄米－高斯光束	Hermite-Gauss beam	
04.1561	复光束参量	complex beam parameter	高斯光束的。
04.1562	[光]束腰	beam waist	
04.1563	[光]束腰半径	waist radius	
04.1564	[光]束斑	beam spot	
04.1565	[光]束半径	beam radius	
04.1566	束宽[度]	beam width	
04.1567	[光]束发散角	beam divergence angle	
04.1568	共心[共振]腔	concentric resonator	又称"球面[共振]腔(spherical resonator)"。

序　号	汉　文　名	英　文　名	注　释
04.1569	共焦[共振]腔	confocal resonator	
04.1570	半共心[共振]腔	half-concentric resonator, hemi-concentric resonator	
04.1571	半共焦[共振]腔	half-confocal resonator, hemiconfocal resonator	
04.1572	半对称[共振]腔	half-symmetric resonator	
04.1573	半球面[共振]腔	hemispherical resonator	
04.1574	准共焦[共振]腔	quasi-confocal resonator	
04.1575	椭球腔	ellipsoidal cavity	
04.1576	椭圆柱面腔	elliptical cylindrical cavity	
04.1577	双椭圆腔	double-elliptical cavity	
04.1578	激光模[式]	mode of laser	
04.1579	基模	fundamental mode	
04.1580	纵模	longitudinal mode	又称"轴模(axial mode)"。
04.1581	横模	transverse mode, lateral mode	
04.1582	纵模间距	longitudinal mode spacing	又称"轴模间距(axial mode spacing)"。
04.1583	环形模	ring mode	
04.1584	动态模	dynamic mode	
04.1585	增益饱和	gain saturation	
04.1586	饱和增益	saturated gain	
04.1587	不饱和增益	unsaturated gain	
04.1588	饱和强度	saturation intensity	
04.1589	增益[线]轮廓	gain profile	
04.1590	饱和凹陷	saturation dip	
04.1591	多模腔	multimode cavity	
04.1592	多模振荡	multimode oscillation	
04.1593	选模	mode selection	
04.1594	模抑制	mode suppression	
04.1595	单模	single mode	
04.1596	单频	single-frequency	
04.1597	腔内调制	intracavity modulation	
04.1598	调 Q	Q-modulation	
04.1599	调频激光器	frequency modulation laser	
04.1600	锁模	mode locking	

序　号	汉　文　名	英　文　名	注　释
04.1601	强制锁模	forced mode-locking	
04.1602	主动锁模	active mode-locking	
04.1603	被动锁模	passive mode-locking	
04.1604	模竞争	mode competition	
04.1605	模牵引效应	mode pulling effect	
04.1606	模推斥效应	mode pushing effect	
04.1607	兰姆半经典理论	Lamb semiclassical theory	
04.1608	烧孔[效应]	hole burning [effect]	
04.1609	兰姆凹陷	Lamb dip	
04.1610	频率牵引	frequency pulling	
04.1611	频率推斥	frequency pushing	
04.1612	Q 开关	Q-switching	
04.1613	Q 突变	Q-spoiling	
04.1614	主动[式]Q 开关	active Q-switching	
04.1615	被动[式]Q 开关	passive Q-switching	
04.1616	染料 Q 开关	dye Q-switching	
04.1617	超声 Q 开关	ultrasonic Q-switching	
04.1618	脉冲反射模	pulse reflection mode	
04.1619	脉冲透射模	pulse transmission mode	
04.1620	超短激光脉冲	ultrashort laser pulse	
04.1621	倾腔器	[cavity] dumper	
04.1622	倾腔激光器	cavity dumped laser	
04.1623	巨脉冲激光器	giant-pulse laser	
04.1624	饱和吸收	saturated absorption	
04.1625	[可]饱和吸收器	saturable absorber	
04.1626	稳频	frequency stabilization	
04.1627	稳频激光器	frequency stabilized laser	
04.1628	锁相激光器	phase-locking laser	
04.1629	碘稳频激光器	iodine stabilized laser	
04.1630	甲烷稳频激光器	methane-stabilized laser	
04.1631	倒兰姆凹陷	inverted Lamb dip	
04.1632	腔内扫描	intracavity scanning	
04.1633	声光腔	acoustooptic cavity	
04.1634	声光偏转器	acoustooptic deflector	
04.1635	[光]隔离器	[optical] isolator	
04.1636	脉冲氙灯	pulse xenon lamp	
04.1637	抽运灯	pumping lamp	

序　号	汉　文　名	英　文　名	注　释
04.1638	扫描干涉仪	scanning interferometer	
04.1639	光阀	light valve	
04.1640	激光功率计	laser powermeter	
04.1641	激光能量计	laser energy meter	
04.1642	激光物理[学]	laser physics	
04.1643	二能级激光器	two-level laser	
04.1644	三能级激光器	three-level laser	
04.1645	四能级系统	four-level system	
04.1646	多能级激光器	multilevel laser	
04.1647	激光[器]基质	laser host	
04.1648	激光过程	laser process	
04.1649	抽运光	pumping light	
04.1650	共振抽运	resonance pumping	
04.1651	饱和反转	saturated inversion	
04.1652	阈值功率	threshold power	
04.1653	工作频率	frequency of operation	
04.1654	激光光谱	laser spectrum	
04.1655	模间拍[频]	intermode beat	
04.1656	光拍	light beat, photo-beat	
04.1657	集体拍	collective beating	
04.1658	激光尖峰	laser spiking, spike	
04.1659	热透镜效应	thermal lensing effect	
04.1660	光波导	optical waveguide	
04.1661	集成光学	integrated optics	
04.1662	集成光路	integrated optical circuit	
04.1663	受导波	guided wave	
04.1664	耦合模	coupled modes	
04.1665	模匹配	mode matching	
04.1666	连续波激光器	continuous wave laser, CW laser	
04.1667	二氧化碳激光器	carbon dioxide laser	
04.1668	TEA CO$_2$ 激光器	TEA CO$_2$ laser	全称"横向激发大气压二氧化碳气体激光器(transversely exited atmospheric pressure CO$_2$ laser)"。
04.1669	气动激光器	[gas] dynamic laser	
04.1670	激基分子激光器	excimer laser, exciplex laser	又称"准分子激光

序　号	汉　文　名	英　文　名	注　释
			器"。
04.1671	金属蒸气激光器	metal-vapor laser	
04.1672	氦镉激光器	helium-cadmium laser	
04.1673	多色激光器	multicolor laser	
04.1674	氩 Z 箍缩激光器	argon Z-pinch laser	
04.1675	脉冲激光器	pulsed laser	
04.1676	重复频率	repetition frequency	
04.1677	高功率激光器	high-power laser	
04.1678	自脉冲激光器	self-pulsing laser	
04.1679	扫描激光器	scanned laser	
04.1680	可调谐激光器	tunable laser	
04.1681	塞曼调谐激光器	Zeeman-tuned laser	
04.1682	磁调谐激光器	magnetic tuning laser	
04.1683	自由电子激光器	free-electron laser	
04.1684	等离[子]体激光器	plasma laser	
04.1685	断续调谐红外激光器	discretely tunable infrared laser	
04.1686	氰激光器	cyanic laser	
04.1687	YAG 激光器	YAG laser	全称"钇铝石榴石激光器"。YAG 为 yttrium aluminium garnet 的缩写词。
04.1688	Nd:YAG 激光器	Nd:YAG laser	全称"掺钕的钇铝石榴石激光器"。
04.1689	[掺]钕玻璃激光器	Nd[-doped] glass laser	
04.1690	双掺[杂]激光器	double-doped laser	
04.1691	多掺激光器	alphabet laser	
04.1692	色心激光器	color center laser	
04.1693	孤子激光器	soliton laser	
04.1694	拉曼激光器	Raman laser	
04.1695	自旋反转拉曼激光器	spin-flip Raman laser	
04.1696	砷化镓激光器	GaAs laser	
04.1697	pn 结激光器	p-n junction laser	

序　号	汉　文　名	英　文　名	注　释
04.1698	注入式激光器	injection laser	
04.1699	同质结激光器	homojunction laser	
04.1700	异质结激光器	heterojunction laser, heterolaser	
04.1701	分布反馈激光器	DFB laser, distributed-feedback laser	
04.1702	埋置面	buried surface	等折射率异色散界面。
04.1703	化学激光器	chemical laser	
04.1704	离解激光器	dissociative laser	
04.1705	复合激光器	recombination laser	
04.1706	再生激光器	regenerative laser	
04.1707	束缚－束缚激光器	bound-bound laser	
04.1708	束缚－自由激光器	bound-free laser	
04.1709	级联激光器	cascade laser, staged laser	
04.1710	分节棒激光器	segmented rod laser	
04.1711	折叠[腔]激光器	folded laser	
04.1712	双腔激光器	dual-cavity laser	
04.1713	叠片激光器	disk laser	
04.1714	孪激光器	twin laser	
04.1715	环形激光器	ring laser	
04.1716	光纤激光器	fiber laser	
04.1717	多路激光[器]系统	multichannel laser system	
04.1718	多模激光器	multimode laser	
04.1719	行波激光器	travelling-wave laser	
04.1720	分时激光器	time-sharing laser	
04.1721	谐波激光器	harmonic-generator laser	
04.1722	频扫激光器	sweep laser	
04.1723	双频激光器	two-frequency laser	
04.1724	红外激光器	infrared laser, iraser	
04.1725	X 射线激光器	xaser, X-ray laser	
04.1726	γ[射线]激光器	gamma-ray laser, graser	
04.1727	合作发射	cooperative emission	
04.1728	混沌激光	chaotic laser light	
04.1729	[激光]散斑	[laser] speckle	

序 号	汉 文 名	英 文 名	注 释
04.1730	光猝灭	optical quenching	
04.1731	去激活[作用]	deactivation	
04.1732	激光光谱学	laser spectroscopy	
04.1733	激光打孔	laser boring	
04.1734	激光切割	laser cutting	
04.1735	激光焊接	laser bonding	
04.1736	激光致冷	laser cooling	
04.1737	激光显示	laser display	
04.1738	激光通信	lasercom, laser communication	
04.1739	光纤通信	optical fiber communication	
04.1740	激光陀螺[仪]	laser gyroscope	
04.1741	激光制导	laser guidance	
04.1742	制导激光束	guiding laser beam	
04.1743	激光校直	laser aligning	
04.1744	激光抽运	laser pumping	
04.1745	激光激发	laser excitation	
04.1746	激光感生荧光	laser induced fluorescence	
04.1747	激光同位素分离	laser isotope separation	
04.1748	激光裂变	laser fission	
04.1749	激光聚变	laser fusion	
04.1750	激光加速器	laser accelerator	
04.1751	多普勒速度计	Doppler velocimeter	
04.1752	激光测距仪	laser range finder	
04.1753	激光长度基准	laser length standard	
04.1754	[激]光雷达	lidar, light detection and ranging	
04.1755	激光[器]阵列	laser array	
04.1756	光盘	optical disc	
04.1757	灾变性激光损伤阈	catastrophic laser-damage threshold	
04.1758	非线性介质	nonlinear medium	
04.1759	时间响应	time response	
04.1760	非线性[光学]极化率	nonlinear [optical] susceptibility	
04.1761	三级非线性	third-order nonlinearity	
04.1762	三级非线性极化率	third-order nonlinear susceptibility	
04.1763	置换对称	permutation symmetry	

序　号	汉　文　名	英　文　名	注　释
04.1764	结构[性]对称	structural symmetry	
04.1765	超极化率	hyperpolarizability	
04.1766	缓变幅近似	slowly varying amplitude approximation	
04.1767	耦合波	coupled waves	
04.1768	耦合波理论	coupled wave theory	
04.1769	纵向弛豫	longitudinal relaxation	
04.1770	横向弛豫	transverse relaxation	
04.1771	碰撞弛豫	collision relaxation	
04.1772	退[定]相时间	dephasing time	
04.1773	逆磁光效应	inverse magnetooptical effect	
04.1774	逆拉曼效应	inverse Raman effect	
04.1775	逆斯塔克效应	inverse Stark effect	
04.1776	逆塞曼效应	inverse Zeeman effect	
04.1777	光学整流	optical rectification	
04.1778	和频	sum frequency	
04.1779	[二]倍频	frequency doubling	
04.1780	二次谐波	second harmonic	
04.1781	相位匹配	phase matching	
04.1782	波矢匹配	wave vector matching	
04.1783	匹配角	matching angle	
04.1784	相位失配	phase mismatch	
04.1785	转换效率	conversion efficiency	
04.1786	差频	difference frequency	
04.1787	三次谐波	third harmonic	
04.1788	光学参变放大	optical parametric amplification	
04.1789	光学参变振荡	optical parametric oscillation	
04.1790	参变上转换	parametric upconversion	
04.1791	升频转换	frequency upconversion	
04.1792	参变下转换	parametric downconversion	
04.1793	降频转换	frequency downconversion	
04.1794	分谐波发生[效应]	subharmonic generation	
04.1795	抽运波	pumping wave	
04.1796	探测波	probing wave	
04.1797	抽运功率	pump power	
04.1798	抽运消耗	pump depletion	

序 号	汉 文 名	英 文 名	注 释
04.1799	受激拉曼散射	stimulated Raman scattering	
04.1800	受激布里渊散射	stimulated Brillouin scattering	
04.1801	前向散射	forward scattering	
04.1802	双光子吸收	two-photon absorption	
04.1803	饱和光谱学	saturation spectroscopy	
04.1804	偏振光谱学	polarization spectroscopy	
04.1805	偏振标记光谱术	polarization labeling spectroscopy	
04.1806	混频	frequency mixing	
04.1807	光混频	optical mixing, photomixing	
04.1808	四波混合	four-wave mixing	
04.1809	简并四波混合	degenerate four-wave mixing	
04.1810	光学相位共轭	optical phase conjugation	
04.1811	波前反转	wavefront reversal	
04.1812	共轭波	conjugate wave	
04.1813	共轭分数	conjugation fraction	
04.1814	自抽运	self-pumping	
04.1815	受迫光散射	forced light scattering	
04.1816	相干拉曼散射	coherent Raman scattering	
04.1817	相干反斯托克斯－拉曼散射	CARS, coherent anti-Stokes Raman scattering	
04.1818	光折变效应	photorefractive effect	光致折射率改变的效应。
04.1819	光场克尔效应	optical Kerr effect	
04.1820	光[学]双稳性	optical bistability	
04.1821	光[学]双稳态	optical bistability	
04.1822	光[学]双稳器	optical bistability	
04.1823	吸收[型]光双稳器	absorptive optical bistability	
04.1824	色散[型]光双稳器	dispersive optical bistability	
04.1825	光[学]多稳性	optical multistability	
04.1826	光[学]多稳态	optical multistability	
04.1827	自聚焦	self-focusing	
04.1828	自聚焦[光]丝	self-focused filament	
04.1829	自调相	self-phase modulation	
04.1830	自陡化	self-steepening	
04.1831	自陷俘	self-trapping	

序　号	汉　文　名	英　文　名	注　释
04.1832	自衍射	self-diffraction	
04.1833	自散焦	self-defocusing	
04.1834	多光子激发	multiphoton excitation	
04.1835	多光子离解	multiphoton dissociation	
04.1836	多光子光谱学	multiphoton spectroscopy	
04.1837	光致分离	photodetachment	
04.1838	光致离解	photodissociation	
04.1839	光致预离解	photopredissociation	
04.1840	光学致冷	optical cooling	
04.1841	光[学]陷俘	optical trapping	指原子和离子的。
04.1842	光阱	light trap	
04.1843	光[学]浮[置]	optical levitation	
04.1844	暂态相干光学效应	transient coherent optical effect	
04.1845	定相	phasing	
04.1846	退[定]相	dephasing	
04.1847	旋[转]波近似	rotating wave approximation	
04.1848	拉比频率	Rabi frequency	
04.1849	光子回波	photon echo	
04.1850	光学章动	optical nutation	
04.1851	自感生透明	self-induced transparency	
04.1852	自由感应衰减	free-induction decay	
04.1853	浸渐跟随	adiabatic following	
04.1854	浸渐反转	adiabatic inversion	
04.1855	碰[撞]致排列	collision-induced alignment	
04.1856	碰[撞]致相干性	collision-induced coherence	
04.1857	圆锥发射	cone emission	
04.1858	汉勒效应	Hanle effect	
04.1859	激发探测实验	excite-probe experiment	
04.1860	超快过程	ultrafast process	
04.1861	激活光纤	active optical fiber	
04.1862	光脉冲压缩	light pulse compression	
04.1863	光孤子	optical soliton	
04.1864	光学击穿	optical breakdown	
04.1865	[电子]雪崩电离	[electron] avalanche ionization	
04.1866	超阈电离	above threshold ionization	
04.1867	量子电子学	quantum electronics	

序 号	汉 文 名	英 文 名	注 释
04.1868	量子相干性	quantum coherence	
04.1869	相干态表象	coherent-state representation	
04.1870	相干辐射	coherent radiation	
04.1871	非相干辐射	noncoherent radiation	
04.1872	因子分解条件	factorization condition	
04.1873	反关联	anticorrelation	
04.1874	交叉关联	cross correlation	
04.1875	编序算符	ordering operator	
04.1876	反正规编序	antinormal ordering	
04.1877	HBT 效应	HBT effect, Hanbury-Brown-Twiss effect	
04.1878	强度谱	intensity spectrum	
04.1879	[时间]积分强度	[time] integrated intensity	
04.1880	光子统计学	photon statistics	
04.1881	光[电]探测	photodetection, photoelectric detection	
04.1882	光子探测器	photon detector	
04.1883	光子计数	photocounting, photon counting	
04.1884	光子符合	photon coincidence	
04.1885	符合计数	coincidence counting	
04.1886	符合率	coincidence rate	
04.1887	光子群聚	photon bunching	
04.1888	光子反群聚	photon antibunching	
04.1889	寂静光	quiet light	
04.1890	寄生计数	spurious count	
04.1891	光子数	photon number	
04.1892	光子简并度	photon degeneracy	
04.1893	光子通量	photon flux	
04.1894	光子态	photon state	
04.1895	[光子]数态	number state	
04.1896	福克态	Fock state	
04.1897	P 表象	P-representation	量子光学的。
04.1898	热光	thermal light	
04.1899	准热光	quasi-thermal light	又称"赝热光(pseudothermal light)"。
04.1900	高斯光	Gauss light	
04.1901	混沌场	chaotic field	

序　号	汉　文　名	英　文　名	注　　释
04.1902	广义相干态	generalized coherent state	
04.1903	全[局]福克态	global Fock state	
04.1904	全[局]相干态	global coherent state	
04.1905	真空场	vacuum field	
04.1906	真空稳定性	vacuum stability	
04.1907	压缩态	squeezed state	
04.1908	光子数压缩态	photon number squeezed state	
04.1909	压缩相干态	squeezed coherent state	又称"双光子相干态 (two photon coherent state)"。
04.1910	亚泊松光	sub-Poisson light	
04.1911	超泊松光	super-Poisson light	
04.1912	模密度	mode density	
04.1913	偶极近似	dipole approximation	
04.1914	阻尼振子	damped oscillator	
04.1915	受驱阻尼振子	driven damped oscillator	
04.1916	感生发射	induced emission	
04.1917	感生吸收	induced absorption	
04.1918	级联发射	cascade emission	
04.1919	禁戒发射	forbidden emission	
04.1920	光子雪崩	photon avalanche	
04.1921	量子拍	quantum beat	
04.1922	动态斯塔克分裂	dynamic Stark splitting	又称"光场斯塔克效应（optical Stark effect)"。
04.1923	量子坍缩	quantum collapse	
04.1924	量子恢复	quantum revival	
04.1925	坍[缩恢]复现象	collapses-revivals	能级布居反转的。
04.1926	放大自发发射	amplified spontaneous emission, ASE	
04.1927	超荧光	superfluorescence	
04.1928	超发光	superluminescence	
04.1929	超辐射	superradiance, superradiation	
04.1930	超拉曼散射	hyper-Raman scattering	
04.1931	超辐射态	superradiant state	
04.1932	光子涨落	photon fluctuation	
04.1933	光子噪声	photon noise	

序　号	汉　文　名	英　文　名	注　释
04.1934	耗散	dissipation	
04.1935	布罗塞尔－比特实验	Brossel-Bitter experiment	
04.1936	双共振	double-resonance	
04.1937	量子非破坏性测量	quantum nondemolition measurement, QND measurement	该测量过程消除了待测量的共轭量和测量装置反作用对待测量的干扰，可以获得一系列完全精确的测量值。
04.1938	光电子学	optoelectronics, optronics	
04.1939	红外电子学	infranics	
04.1940	光子学	photonics	
04.1941	冷光	cold light	
04.1942	辉光	glow	
04.1943	白炽	incandescence	
04.1944	戈莱盒	Golay cell	一种红外热辐射探测装置。
04.1945	光敏传感器	light sensor	
04.1946	光敏电阻	photoresistance	
04.1947	光敏性	photosensitivity	
04.1948	光敏面	photosurface	
04.1949	光化性	actinicity	
04.1950	光化辐射	actinic radiation	
04.1951	光化作用	photochemical action	
04.1952	本质色性	idiochromatism	
04.1953	掺质色性	allochromatism	
04.1954	发色团	chromophore	
04.1955	助色团	auxochrome	
04.1956	二色性	dichromatism	
04.1957	光[赋]色效应	photochromic effect	
04.1958	光[赋]色性	photochromism	
04.1959	光致二向色性	photodichroism	
04.1960	脱色	decoloration	
04.1961	褪色	discoloration	
04.1962	光致褪色	photobleaching	
04.1963	光解作用	photolysis	

序　号	汉　文　名	英　文　名	注　释
04.1964	光塑效应	photoplastic effect	
04.1965	光[致]聚合作用	photopolymerization	
04.1966	光生物学	photobiology	
04.1967	光合作用	photosynthesis	
04.1968	热色性	thermochromatism	
04.1969	光泳	photophoresis	
04.1970	光测高温计	optical pyrometer	

05．热学、统计物理学、非线性物理学

序　号	汉　文　名	英　文　名	注　释

05.01 热　学

序　号	汉　文　名	英　文　名	注　释
05.0001	热学	heat	
05.0002	热	heat	
05.0003	热量	heat	
05.0004	热平衡	thermal equilibrium	
05.0005	温度	temperature	
05.0006	测温性质	thermometric property	
05.0007	温标	thermometric scale	
05.0008	摄氏温标	Celsius thermometric scale	
05.0009	华氏温标	Fahrenheit thermometric scale	
05.0010	理想气体温标	ideal gas thermometric scale	
05.0011	国际实用温标 (1968)	international practical temperature scale 1968, IPTS-68	
05.0012	国际温标(1990)	international temperature scale 1990, ITS-90	
05.0013	热力学温标	thermodynamic scale [of temperature]	
05.0014	热力学温度	thermodynamic temperature	
05.0015	绝对温度	absolute temperature	
05.0016	绝对零度	absolute zero	
05.0017	负[绝对]温度	negative temperature	
05.0018	冰点	ice point	
05.0019	汽点	steam point	
05.0020	三相点	triple point	

序　号	汉　文　名	英　文　名	注　释
05.0021	临界温度	critical temperature	
05.0022	反转温度	inversion temperature	焦耳－汤姆孙系数等于零时的温度。
05.0023	物性	properties of matter	
05.0024	气体	gas	
05.0025	液体	liquid	
05.0026	固体	solid	
05.0027	比体积	specific volume	曾用名"比容"。
05.0028	摩尔体积	molar volume	
05.0029	大气	atmosphere	
05.0030	大气压	atmosphere	
05.0031	标准大气压	standard atmospheric pressure	
05.0032	理想气体	ideal gas	
05.0033	完全气体	perfect gas	
05.0034	真实气体	real gas	
05.0035	混合气体	mixed gas	
05.0036	玻意耳定律	Boyle law	
05.0037	查理定律	Charles law	
05.0038	盖吕萨克定律	Gay-Lussac law	
05.0039	焦耳定律	Joule law	理想气体内能仅仅是温度的函数。
05.0040	道尔顿[分压]定律	Dalton law [of partial pressure]	
05.0041	阿伏伽德罗定律	Avogadro law	
05.0042	阿伏伽德罗常量	Avogadro constant, Avogadro number	
05.0043	洛施密特常量	Loschmidt constant, Loschmidt number	
05.0044	[普适]气体常量	[universal] gas constant	
05.0045	物态方程	equation of state	
05.0046	范德瓦耳斯方程	van der Waals equation	
05.0047	狄特里奇方程	Dieterici equation	
05.0048	卡末林－昂内斯方程	Kamerlingh-Onnes equation	
05.0049	位力系数	virial coefficient	曾用名"维里系数"。
05.0050	膨胀	expansion	
05.0051	膨胀率	expansivity	

序 号	汉 文 名	英 文 名	注 释
05.0052	体膨胀率	volume expansivity	又称"体胀系数(volume expansion coefficient)"。
05.0053	线膨胀率	linear expansivity	
05.0054	表面张力	surface tension	
05.0055	表面张力系数	surface tension coefficient	
05.0056	毛细现象	capillarity	
05.0057	毛细管	capillary tube	
05.0058	内聚力	cohesion	
05.0059	附着力	adhesion	
05.0060	量热学	calorimetry	
05.0061	热功当量	mechanical equivalent of heat	
05.0062	热容[量]	heat capacity	
05.0063	摩尔热容	molar heat capacity	
05.0064	比热[容]	specific heat [capacity]	
05.0065	定体[积]比热	specific heat at constant volume	
05.0066	定压比热	specific heat at constant pressure	
05.0067	温度计	thermometer	
05.0068	电阻温度计	resistance thermometer	
05.0069	气体温度计	gas thermometer	
05.0070	高温计	pyrometer	
05.0071	比色高温计	colorimetric pyrometer	
05.0072	恒温器	thermostat	
05.0073	低温恒温器	cryostat	
05.0074	混合量热法	calorimetric method of mixture	
05.0075	量热器	calorimeter	
05.0076	能斯特真空量热器	Nernst vacuum calorimeter	
05.0077	辐射热计	bolometer	
05.0078	林德液化机	Linde liquefier	
05.0079	瑟尔热导仪	Searle conduction apparatus	
05.0080	湿度计	hygrometer	
05.0081	干湿球湿度计	psychrorheter	
05.0082	毛发湿度计	hair hygrometer	
05.0083	真空规	vacuum gauge	
05.0084	皮拉尼真空规	Pirani gauge	
05.0085	麦克劳德真空规	McLeod vacuum gauge	

序　号	汉　文　名	英　文　名	注　释
05.0086	电离真空规	ionization [vacuum] gauge	
05.0087	温差电偶真空规	thermocouple [vacuum] gauge	
05.0088	抽气机	air pump	又称"抽气泵"。
05.0089	扩散泵	diffusion pump	
05.0090	旋转泵	rotary pump	
05.0091	冷阱	cold trap	
05.0092	热力学	thermodynamics	
05.0093	热力学系统	thermodynamic system	
05.0094	组分	component	
05.0095	态	state	
05.0096	态变量	state variable	
05.0097	[物]态参量	state parameter, state property	
05.0098	广延量	extensive quantity	
05.0099	强度量	intensive quantity	
05.0100	热力学平衡	thermodynamic equilibrium	
05.0101	平衡态	equilibrium state	
05.0102	非平衡态	nonequilibrium state	
05.0103	[热力学]过程	[thermodynamic] process	
05.0104	初态	initial state	
05.0105	末态	final state	
05.0106	准静态过程	quasi-static process	
05.0107	非静态过程	non-static process	
05.0108	可逆过程	reversible process	
05.0109	不可逆过程	irreversible process	
05.0110	自发过程	spontaneous process	
05.0111	自由膨胀	free expansion	
05.0112	等温过程	isothermal process	
05.0113	等体[积]过程	isochoric process	又称"等容过程"。
05.0114	等压过程	isobaric process	
05.0115	多方过程	polytropic process	
05.0116	多方指数	polytropic exponent	
05.0117	绝热过程	adiabatic process	
05.0118	绝热方程	adiabatic equation	
05.0119	绝热指数	adiabatic exponent	
05.0120	绝热线	adiabat	
05.0121	等温线	isotherm[al]	
05.0122	等体[积]线	isochore	又称"等容线"。

序　号	汉　文　名	英　文　名	注　释
05.0123	等压线	isobar	
05.0124	焦耳实验	Joule experiment	
05.0125	热源	heat source	
05.0126	热库	heat reservoir	
05.0127	[热力学]循环	[thermodynamic] cycle	
05.0128	卡诺循环	Carnot cycle	
05.0129	卡诺定理	Carnot theorem	
05.0130	热机效率	efficiency of heat engine	
05.0131	克劳修斯等式	Clausius equality	
05.0132	克劳修斯不等式	Clausius inequality	
05.0133	热力学第零定律	zeroth law of thermodynamics	
05.0134	热力学第一定律	first law of thermodynamics	
05.0135	热力学第二定律	second law of thermodynamics	
05.0136	热力学第三定律	third law of thermodynamics	
05.0137	能斯特定理	Nernst theorem	
05.0138	喀拉氏定理	Caratheodory theorem	
05.0139	热寂	heat death	
05.0140	热质说	caloric theory of heat	
05.0141	第一类永动机	perpetual motion machine of the first kind	
05.0142	第二类永动机	perpetual motion machine of the second kind	
05.0143	吉布斯佯谬	Gibbs paradox	
05.0144	麦克斯韦妖	Maxwell demon	
05.0145	热力学函数	thermodynamic function	
05.0146	态函数	state function	
05.0147	特性函数	characteristic function	
05.0148	内能	internal energy	
05.0149	焓	enthalpy	
05.0150	熵	entropy	
05.0151	绝对熵	absolute entropy	
05.0152	自由能	[Helmholtz] free energy	
05.0153	自由焓	free enthalpy	又称"吉布斯函数(Gibbs function),吉布斯自由能(Gibbs free energy)"。
05.0154	巨[热力学]势	grand potential	

序　号	汉　文　名	英　文　名	注　　释
05.0155	马休－普朗克函数	Massieu-Planck function	
05.0156	化学势	chemical potential	
05.0157	热力学势	thermodynamic potential	
05.0158	勒让德变换	Legendre transformation	
05.0159	麦克斯韦关系	Maxwell relation	
05.0160	吉布斯－杜安关系	Gibbs-Duhem relation	
05.0161	熵增加原理	principle of entropy increase	
05.0162	混合熵	mixing entropy	
05.0163	最大功原理	principle of maximum work	
05.0164	相	phase	热力学中指系统内物理性质均匀的部分。
05.0165	[吉布斯]相律	[Gibbs] phase rule	
05.0166	相图	phase diagram	
05.0167	相平衡	phase equilibrium	
05.0168	相变	phase transition	
05.0169	一级相变	first-order phase transition	
05.0170	二级相变	second-order phase transition	
05.0171	热力学判据	thermodynamic criterion	
05.0172	熵判据	entropy criterion	
05.0173	自由能判据	free energy criterion	
05.0174	自由焓判据	free enthalpy criterion	
05.0175	热平衡条件	thermal equilibrium condition	
05.0176	力学平衡条件	mechanical equilibrium condition	
05.0177	相变平衡条件	equilibrium condition of phase transition	
05.0178	化学平衡条件	chemical equilibrium condition	
05.0179	热力学稳定性	thermodynamic stability	
05.0180	临界现象	critical phenomenon	
05.0181	临界乳光	critical opalescence	
05.0182	临界点	critical point	
05.0183	临界态	critical state	
05.0184	临界参量	critical parameter	临界态下的态参量。
05.0185	临界压强	critical pressure	
05.0186	亚稳平衡	metastable equilibrium	
05.0187	亚稳态	metastable state	

序　号	汉　文　名	英　文　名	注　释
05.0188	饱和	saturation	
05.0189	过饱和	supersaturation	
05.0190	蒸气	vapor	简称"汽"。
05.0191	蒸气压	vapor pressure	
05.0192	过饱和蒸气压	supersaturation vapor pressure	
05.0193	过热液体	superheated liquid	
05.0194	过冷蒸气	supercooled vapor	
05.0195	汽化	vaporization	
05.0196	蒸发	evaporation	
05.0197	沸腾	boiling	
05.0198	升华	sublimation	
05.0199	液化	liquefaction	
05.0200	凝结	condensation	
05.0201	凝结核	nucleus of condensation	
05.0202	熔化	melting, fusion	
05.0203	凝固	solidification	
05.0204	溶解	solvation	
05.0205	离解	dissociation	
05.0206	沸点	boiling point	
05.0207	液化点	liquefaction point	
05.0208	熔点	melting point	
05.0209	凝固点	solidifying point	
05.0210	露点	dew point	
05.0211	湿度	humidity	
05.0212	潜热	latent heat	
05.0213	蒸发热	heat of evaporation	
05.0214	汽化热	heat of vaporization	
05.0215	升华热	heat of sublimation	
05.0216	熔化热	melting heat, heat of fusion	
05.0217	溶解热	heat of solution	
05.0218	离解热	heat of dissociation	
05.0219	[克劳修斯－]克拉珀龙方程	[Clausius-]Clapeyron equation	
05.0220	节流过程	throttling process	
05.0221	焦耳－汤姆孙效应	Joule-Thomson effect	
05.0222	焦耳－汤姆孙系	Joule-Thomson coefficient	

序　号	汉　文　名	英　文　名	注　释
	数		
05.0223	对应态	corresponding state	
05.0224	对应态[定]律	law of corresponding states	
05.0225	质量作用[定]律	mass action law	
05.0226	[化学]平衡常量	[chemical] equilibrium constant	
05.0227	勒夏特列原理	Le Chatelier principle	
05.0228	非平衡热力学	nonequilibrium thermodynamics	
05.0229	不可逆[过程]热力学	irreversible thermodynamics	
05.0230	闭系	closed system	
05.0231	开系	open system	
05.0232	熵流	entropy flux	
05.0233	熵产生	entropy production	
05.0234	局域平衡	local equilibrium	
05.0235	平衡方程	balance equation	
05.0236	熵平衡方程	entropy balance equation	
05.0237	熵产生率	rate of entropy production	
05.0238	[热力学]流	[thermodynamic] flux	
05.0239	[热力学]力	[thermodynamic] force	
05.0240	流密度矢量	flux-density vector	
05.0241	化学亲和势	chemical affinity	
05.0242	线性[非平衡]热力学	linear [nonequilibrium] thermodynamics	
05.0243	唯象关系	phenomenological relation	
05.0244	唯象输运方程	phenomenological transport equation	
05.0245	昂萨格倒易关系	Onsager reciprocal relation	
05.0246	非平衡定态	nonequilibrium stationary state	
05.0247	最小熵产生定理	theorem of minimum entropy production	
05.0248	主动输运	active transport	
05.0249	非线性热力学	nonlinear thermodynamics	
05.0250	普适演化判据	universal evolution criterion	
05.0251	逾力	excess force	
05.0252	逾流	excess flux	
05.0253	逾熵	excess entropy	
05.0254	逾熵产生	excess entropy production	

序 号	汉 文 名	英 文 名	注 释
05.0255	逾熵平衡方程	excess entropy balance equation	

05.02 统 计 物 理 学

序 号	汉 文 名	英 文 名	注 释
05.0256	统计物理[学]	statistical physics	
05.0257	统计力学	statistical mechanics	
05.0258	热运动	thermal motion	
05.0259	无规运动	random motion	
05.0260	微观态	microscopic state	
05.0261	微观量	microscopic quantity	
05.0262	动力学变量	dynamical variable	简称"力学量"。
05.0263	宏观态	macroscopic state	
05.0264	宏观量	macroscopic quantity	
05.0265	微观可逆性	microscopic reversibility	
05.0266	宏观不可逆性	macroscopic irreversibility	
05.0267	庞加莱复现	Poincaré recurrence	
05.0268	[洛施密特]可逆性佯谬	[Loschmidt] reversibility paradox	
05.0269	[策梅洛]复现佯谬	[Zermelo] recurrence paradox	
05.0270	可重复性	reproducibility	
05.0271	统计规律性	statistical regularity	
05.0272	统计平衡	statistical equilibrium	
05.0273	统计权重	statistical weight	
05.0274	位形空间	configuration space	
05.0275	相空间	phase space	
05.0276	子相空间	phase subspace	
05.0277	Γ 空间	Γ-space	
05.0278	μ 空间	μ-space	
05.0279	相体积	phase volume	
05.0280	代表点	representative point	
05.0281	相格	phase cell	
05.0282	特定相	specific phase	
05.0283	类分相	generic phase	
05.0284	系综	ensemble	
05.0285	细粒密度	fine-grained density	
05.0286	粗粒密度	coarse-grained density	
05.0287	粗粒化	coarse-graining	

序　号	汉　文　名	英　文　名	注　释
05.0288	可及态	accessible state	
05.0289	配容	complexion	
05.0290	达尔文－福勒方法	Darwin-Fowler method	
05.0291	概率	probability	曾用名"几率"。
05.0292	等概率假设	postulate of equal *a priori* probabilities	
05.0293	无规相位假设	postulate of random *a priori* phases	
05.0294	统计平均	statistical average	
05.0295	分布	distribution	
05.0296	分布函数	distribution function	
05.0297	密度矩阵	density matrix	
05.0298	统计算符	statistical operator	
05.0299	信息熵	information entropy	
05.0300	最大熵原理	principle of maximum entropy, PME	
05.0301	系综理论	ensemble theory	
05.0302	刘维尔定理	Liouville theorem	
05.0303	遍历假说	ergodic hypothesis	
05.0304	遍历性	ergodicity	
05.0305	混沌	chaos	
05.0306	微正则系综	microcanonical ensemble	
05.0307	微正则分布	microcanonical distribution	
05.0308	正则系综	canonical ensemble	
05.0309	正则分布	canonical distribution	
05.0310	巨正则系综	grand canonical ensemble	
05.0311	巨正则分布	grand canonical distribution	
05.0312	压强系综	pressure ensemble	
05.0313	布洛赫方程	Bloch equation	
05.0314	配分函数	partition function	
05.0315	巨配分函数	grand partition function	
05.0316	路径积分	path integral	
05.0317	温度倒数	inverse temperature	
05.0318	活度	activity	
05.0319	绝对活度	absolute activity	
05.0320	积和式	permanent	行列式展开中各项

序　号	汉　文　名	英　文　名	注　释
			全取正号。
05.0321	定域系	localized system	
05.0322	非定域系	nonlocalized system	
05.0323	半经典近似	semiclassical approximation	
05.0324	统计势	statistical potential	
05.0325	热波长	thermal wavelength	
05.0326	热力学极限	thermodynamic limit	
05.0327	态密度	density of states	
05.0328	能量均分定理	equipartition theorem	
05.0329	杜隆－珀蒂定律	Dulong-Petit law	
05.0330	热力学概率	thermodynamic probability	
05.0331	最概然分布	most probable distribution	
05.0332	速度空间	velocity space	
05.0333	麦克斯韦速度分布	Maxwell velocity distribution	
05.0334	麦克斯韦速率分布	Maxwell speed distribution	
05.0335	平均速率	mean speed	
05.0336	方均根速率	root-mean-square speed	
05.0337	最概然速率	most probable speed	
05.0338	经典统计法	classical statistics	
05.0339	量子统计法	quantum statistics	
05.0340	［麦克斯韦－］玻尔兹曼统计法	[Maxwell-]Boltzmann statistics	
05.0341	［麦克斯韦－］玻尔兹曼分布	[Maxwell-]Boltzmann distribution	
05.0342	玻尔兹曼因子	Boltzmann factor	
05.0343	玻尔兹曼关系	Boltzmann relation	
05.0344	玻尔兹曼常量	Boltzmann constant	
05.0345	逸度	fugacity	
05.0346	费米［－狄拉克］统计法	Fermi[-Dirac] statistics	
05.0347	费米［－狄拉克］分布	Fermi[-Dirac] distribution	
05.0348	费米－狄拉克积分	Fermi-Dirac integral	
05.0349	费米能级	Fermi level	

序　号	汉　文　名	英　文　名	注　释
05.0350	费米动量	Fermi momentum	
05.0351	费米温度	Fermi temperature	
05.0352	费米球	Fermi sphere	
05.0353	费米面	Fermi surface	
05.0354	费米海	Fermi sea	
05.0355	费米子	fermion	
05.0356	玻色[－爱因斯坦]统计法	Bose[-Einstein] statistics	
05.0357	玻色[－爱因斯坦]分布	Bose[-Einstein] distribution	
05.0358	玻色－爱因斯坦积分	Bose-Einstein integral	
05.0359	玻色－爱因斯坦凝聚	Bose-Einstein condensation	
05.0360	玻色子	boson	
05.0361	经典极限	classical limit	
05.0362	经典自由度	classical degree of freedom	
05.0363	内部自由度	internal degree of freedom	
05.0364	平动自由度	translational degree of freedom	
05.0365	转动自由度	rotational degree of freedom	
05.0366	振动自由度	vibrational degree of freedom	
05.0367	电子自由度	electronic degree of freedom	
05.0368	未激发自由度	unexcited degree of freedom	
05.0369	自由度冻结	freezing of degree of freedom	
05.0370	简并系统	degenerate system	
05.0371	简并量子气体	degenerate quantum gas	
05.0372	简并性判据	degeneracy criterion	
05.0373	简并温度	degeneracy temperature	
05.0374	正态	ortho state	
05.0375	仲态	para state	
05.0376	正仲转换	ortho-para conversion	
05.0377	正仲平衡	ortho-para equilibrium	
05.0378	正仲比	ortho-para ratio	
05.0379	仲统计法	parastatistics	
05.0380	仲玻色子	paraboson	
05.0381	仲费米子	parafermion	
05.0382	黑体	black body	

序　号	汉　文　名	英　文　名	注　释
05.0383	黑体辐射	black-body radiation	
05.0384	辐射能密度	radiant energy density	
05.0385	斯特藩－玻尔兹曼定律	Stefan-Boltzmann law	
05.0386	斯特藩常量	Stefan constant	
05.0387	普朗克[辐射]公式	Planck [radiation] formula	
05.0388	瑞利－金斯公式	Rayleigh-Jeans formula	
05.0389	维恩公式	Wien formula	
05.0390	维恩位移律	Wien displacement law	
05.0391	辐射压[强]	radiation pressure	
05.0392	多体理论	many-body theory	
05.0393	[相]互作用系统	interacting system	
05.0394	迈耶函数	Mayer function	
05.0395	位形	configuration	
05.0396	位形积分	configuration integral	
05.0397	集团	cluster	
05.0398	集团展开	cluster expansion	
05.0399	经典集团化	classical clustering	
05.0400	量子集团化	quantum clustering	
05.0401	累积[量]展开	cumulant expansion	
05.0402	集团积分	cluster integral	
05.0403	不可约集团积分	irreducible cluster integral	
05.0404	集团函数	cluster function	
05.0405	乌泽尔算法	Ursell algorithm	集团展开法的。
05.0406	相连[乘]积	connected product	
05.0407	位力展开	virial expansion	
05.0408	按对相加性	pairwise additivity	
05.0409	非加性修正	nonadditivity correction	
05.0410	硬球势	hard-sphere potential	
05.0411	排斥指数势	repulsive exponential potential	
05.0412	伦纳德－琼斯势	Lennard-Jones potential	简称"LJ 势（LJ potential）"。
05.0413	硬旋转椭球势	hard ellipsoid of revolution type potential	
05.0414	斯托克迈耶势	Stockmayer potential	
05.0415	经验物态方程	empirical equation of state	

序　号	汉　文　名	英　文　名	注　释
05.0416	萨哈方程	Saha equation	
05.0417	德拜－休克尔方程	Debye-Hückel equation	
05.0418	帕德逼近式	Padé approximant	
05.0419	量子修正	quantum correction	
05.0420	单粒子分布函数	one-particle distribution function	
05.0421	对分布函数	pair distribution function	
05.0422	径向分布函数	radial distribution function	
05.0423	奥恩斯坦－策尼克关系	Ornstein-Zernike relation	简称"OZ 关系(OZ relation)"。
05.0424	总关联	total correlation	
05.0425	直接关联	direct correlation	
05.0426	自关联	auto correlation	
05.0427	关联长度	correlation length	
05.0428	[柯克伍德]叠加近似	[Kirkwood] superposition approximation	
05.0429	玻恩－格林方程	Born-Green equation	
05.0430	柯克伍德方程	Kirkwood equation	
05.0431	珀卡斯－耶维克积分方程	Percus-Yevick integral equation	简称"PY 方程(PY equation)"。
05.0432	超网链方程	hypernetted chain equation, HNC equation	
05.0433	不可约图	irreducible graph	
05.0434	关节点	articulation point	
05.0435	根点	root point	指图论的。
05.0436	场点	field point	指图论的。
05.0437	集团图	cluster graph	
05.0438	星[形]图	star graph	
05.0439	r 根点星图	r-rooted star graph	
05.0440	链图	chain [graph]	
05.0441	丛图	bundle [graph]	
05.0442	元团图	elementary cluster [graph]	
05.0443	[李政道－杨振宁]二体碰撞法	binary collision method [of Lee and Yang]	
05.0444	赝势法	method of pseudopotential	
05.0445	占有数	occupation number	
05.0446	占有数表象	occupation number representation	

序 号	汉 文 名	英 文 名	注 释
05.0447	福克空间	Fock space	
05.0448	粒子数算符	[particle] number operator	
05.0449	场算符	field operator	
05.0450	动量空间成序	momentum-space ordering	
05.0451	基态满溢效应	ground-state depletion effect	0 K 时玻色子由于互作用而溢出基态。
05.0452	博戈子	Bogolon	
05.0453	准粒子谱	quasi-particle spectrum	
05.0454	元激发	elementary excitation	
05.0455	准粒子	quasi-particle	
05.0456	激子	exciton	
05.0457	准电子	quasi-electron	
05.0458	螺旋振子	helicon	
05.0459	声子	phonon	
05.0460	声子谱	phonon spectrum	
05.0461	声频声子	acoustic phonon	
05.0462	光频声子	optical phonon	
05.0463	虚束缚态	virtual bound state	
05.0464	共振态	resonance state	
05.0465	量子固体	quantum solid	
05.0466	凝胶模型	jellium model	
05.0467	自洽重正化	self-consistent renormalization, SCR	
05.0468	准粒子寿命	quasi-particle lifetime	
05.0469	动理学	kinetics	曾用名"动力学"。专指研究稀薄流体微观粒子运动机理的学科。
05.0470	气体动理[学理]论	kinetic theory of gases, gas kinetics	曾用名"气体分子运动论"。
05.0471	碰撞频率	collision frequency	
05.0472	碰撞时间	collision time	
05.0473	自由程	free path	
05.0474	平均自由程	mean free path	
05.0475	泻流	effusion	
05.0476	克努森效应	Knudsen effect	曾用名"克努曾效应"。

序　号	汉　文　名	英　文　名	注　释
05.0477	玻尔兹曼[积分微分]方程	Boltzmann [integro-differential] equation	
05.0478	动理[学]方程	kinetic equation	
05.0479	碰撞守恒量	collisionally conserved quantity	
05.0480	索宁多项式	Sonine polynomial	又称"广义拉盖尔多项式(generalized Laguerre polynomial)"。
05.0481	查普曼－恩斯库格展开法	Chapman-Enskog expansion method	
05.0482	克努森数	Knudsen number	
05.0483	[玻尔兹曼]H函数	[Boltzmann] H-function	
05.0484	[玻尔兹曼]H定理	[Boltzmann] H-theorem	
05.0485	分子混沌拟设	molecular chaos hypothesis, stosszahlansatz	
05.0486	细致平衡	detailed balancing	
05.0487	输运方程	transport equation	
05.0488	输运现象	transport phenomenon	
05.0489	扩散	diffusion	
05.0490	自扩散	self-diffusion	
05.0491	热扩散	thermal diffusion	
05.0492	扩散率	diffusivity	
05.0493	扩散系数	coefficient of diffusion	
05.0494	菲克定律	Fick law	
05.0495	热传导	heat conduction	
05.0496	热导率	thermal conductivity	
05.0497	傅里叶定律	Fourier law	
05.0498	热辐射	heat radiation, thermal radiation	
05.0499	[热]对流	[heat] convection	
05.0500	传热	heat transfer, thermal transmission	
05.0501	传质	mass transfer	
05.0502	传导	conduction	
05.0503	渗透	osmosis	
05.0504	渗透压[强]	osmotic pressure	
05.0505	弛豫	relaxation	

序　号	汉　文　名	英　文　名	注　释
05.0506	弛豫时间	relaxation time	
05.0507	弛豫时间近似	relaxation time approximation	
05.0508	维德曼－弗兰兹 定律	Wiedemann-Franz law	
05.0509	洛伦茨常量	Lorenz constant, Lorenz number	
05.0510	涨落	fluctuation	
05.0511	相对涨落	relative fluctuation	
05.0512	布朗运动	Brown[ian] motion	
05.0513	无规行走	random walk	
05.0514	方均位移	mean square displacement	
05.0515	噪声	noise	
05.0516	热噪声	thermo-noise	又称"约翰孙噪声 (Johnson noise)"。
05.0517	散粒噪声	shot noise	又称"肖特基噪声 (Schottky noise)"。
05.0518	密度涨落	density fluctuation	
05.0519	爱因斯坦－斯莫 卢霍夫斯基理 论	Einstein-Smoluchowski theory	
05.0520	爱因斯坦关系	Einstein relation	
05.0521	朗之万方程	Langevin equation	
05.0522	涨落耗散定理	fluctuation-dissipation theorem	
05.0523	关联函数	correlation function	
05.0524	主方程	master equation	
05.0525	福克尔－普朗克 方程	Fokker-Planck equation	
05.0526	广义朗之万方程	generalized Langevin equation	
05.0527	涨落力	fluctuating force	
05.0528	保守流	conservative flow	
05.0529	耗散流	dissipative flow	
05.0530	马尔可夫近似	Markovian approximation	
05.0531	广义主方程	generalized master equation	
05.0532	投影算符	projection operator	
05.0533	涨落项	fluctuation term	
05.0534	漂移项	drift term	
05.0535	集体振荡	collective oscillation, mass oscillation	

序 号	汉 文 名	英 文 名	注 释
05.0536	集体频率	collective frequency	
05.0537	后效函数	after-effect function	
05.0538	记忆函数	memory function	
05.0539	广义福克尔－普朗克方程	generalized Fokker-Planck equation	
05.0540	漂移矢量	drift vector	
05.0541	扩散核函	diffusion kernel	
05.0542	长时尾	long time tail	
05.0543	祖巴列夫统计算符	Zubarev statistical operator	
05.0544	非平衡统计力学	nonequilibrium statistical mechanics	
05.0545	配分泛函	partition functional	
05.0546	拉格朗日乘函	Lagrange multiplier function	
05.0547	熵泛函	entropy functional	
05.0548	局域平衡理论	local equilibrium theory	
05.0549	动力学响应理论	dynamical response theory	
05.0550	动力学扰动	dynamical perturbation	
05.0551	热力学扰动	thermodynamic perturbation	
05.0552	浸渐启闭	adiabatic switching	
05.0553	响应函数	response function	
05.0554	响应泛函	response functional	
05.0555	弛豫函数	relaxation function	
05.0556	线性输运理论	linear transport theory	
05.0557	线性响应	linear response	
05.0558	响应率	[generalized] susceptibility	
05.0559	非线性响应	nonlinear response	
05.0560	时间关联	time correlation	
05.0561	空间关联	space correlation	
05.0562	时空关联	spacetime correlation	
05.0563	久保公式	Kubo formula	
05.0564	因果函数	causal function	
05.0565	因果变换	causal transform	
05.0566	变率过程	rate process	
05.0567	定态系综	stationary ensemble	
05.0568	流体[动]力学极限	hydrodynamics limit	

序 号	汉 文 名	英 文 名	注 释
05.0569	模耦合	mode coupling	
05.0570	涨落回归	regression of fluctuation	
05.0571	梯度展开	gradient expansion	
05.0572	时间方向性	time direction	
05.0573	博戈留波夫三阶段	three stages of Bogoliubov	按时间标度划分的。
05.0574	力学阶段	mechanics stage	
05.0575	多粒子分布函数	multiparticle distribution function	
05.0576	动理学阶段	kinetics stage	
05.0577	单粒子分布泛函	one-particle distribution functional	
05.0578	流体力学阶段	hydrodynamics stage	
05.0579	分布函数矩量	moment of distribution function	
05.0580	局域守恒量	locally conserved quantity	
05.0581	刘维尔方程	Liouville equation	
05.0582	刘维尔算符	Liouville operator	
05.0583	约化密度矩阵	reduced density matrix	
05.0584	约化统计算符	reduced statistical operator	
05.0585	BBGKY 级列 [方程]	BBGKY hierarchy, Bogoliubov-Born-Green-Kirkwood-Yvon hierarchy	
05.0586	截止近似	cutoff approximation	
05.0587	维格纳分布函数	Wigner distribution function	
05.0588	非平衡统计算符	nonequilibrium statistical operator	
05.0589	粗粒统计算符	coarse-grained statistical operator	
05.0590	关联衰减原理	principle of attenuation of correlation, PAC	
05.0591	子动力学	subdynamics	
05.0592	分子动力学法	molecular dynamics method	简称"MD 法(MD method)"。
05.0593	蒙特卡罗法	Monte-Carlo method	
05.0594	格林函数	Green function	
05.0595	推迟格林函数	retarded Green function	
05.0596	超前格林函数	advanced Green function	
05.0597	因果格林函数	causal Green function	
05.0598	温度格林函数	temperature Green function	又称"松原函数(Matsubara function)", "虚时格林函数

序　号	汉　文　名	英　文　名	注　　释
			(imaginary time Green function)"。
05.0599	热力学格林函数	thermodynamical Green function	
05.0600	双时格林函数	double-time Green function	
05.0601	双粒子格林函数	two-particle Green function	
05.0602	极化格林函数	polarization Green function	
05.0603	反常格林函数	anomalous Green function	
05.0604	闭[时]路格林函数	close [time] path Green function	
05.0605	格林算符	Greenian	
05.0606	莱曼表示	Lehmann representation	
05.0607	威克定理	Wick theorem	
05.0608	编时算符	chronological operator	
05.0609	编时序	chronological order	
05.0610	时序[乘]积	chronological product	
05.0611	正规编序	normal ordering	指算符的。
05.0612	正规[乘]积	normal product, N product	
05.0613	算符缩并	contraction of operators	
05.0614	图解展开	graphical expansion	
05.0615	图解规则	diagram rule	
05.0616	费恩曼图	Feynman diagram	
05.0617	粒子线	particle line	
05.0618	[相]互作用线	interaction line	
05.0619	闭[合]回路	closed loop	
05.0620	相连图	connected diagram	
05.0621	相连图展开	connected diagram expansion	
05.0622	戴森方程	Dyson equation	
05.0623	真自能	proper self energy	
05.0624	真极化	proper polarization	
05.0625	真顶角	proper vertex	
05.0626	温序[乘]积	temperature-ordered product	
05.0627	谱函数	spectral function	
05.0628	图形部分求和	partial summation of diagrams	
05.0629	自能修正	self-energy correction	
05.0630	有效互作用	effective interaction	
05.0631	自洽哈特里－福克近似	self-consistent Hartree-Fock approximation	简称"自洽 HF 近似 (SCHF approximation)"。

序 号	汉 文 名	英 文 名	注 释
05.0632	无规相[位]近似	random phase approximation, RPA	
05.0633	单圈图近似	single-loop [diagram] approximation	
05.0634	红外发散	infrared divergence	
05.0635	梯图	ladder diagram	
05.0636	蝌蚪图	tadpole diagram	
05.0637	贝特－萨佩特方程	Bethe-Salpeter equation	
05.0638	凯尔迪什图	Keldysh diagram	
05.0639	涨落场论	fluctuation field theory	
05.0640	热场动力学	thermo-field dynamics	
05.0641	连续相变	continuous phase transition	
05.0642	λ 相变	λ-transition	
05.0643	铁磁相变	ferromagnetic phase transition	
05.0644	气液连续性	gas-liquid continuity	
05.0645	格[点]	lattice	
05.0646	格气模型	lattice gas model	
05.0647	格点动物	lattice animal	
05.0648	有序	order	
05.0649	无序	disorder	
05.0650	有序无序转变	order-disorder transition	
05.0651	合作现象	cooperative phenomenon	
05.0652	序参量	order parameter	
05.0653	临界指数	critical exponent	
05.0654	布拉格－威廉斯近似	Bragg-Williams approximation	
05.0655	无规混合近似	random mixing approximation	
05.0656	贝特近似	Bethe approximation	
05.0657	准化学近似	quasi-chemical approximation	
05.0658	长程序	long-range order, LRO	
05.0659	短程序	short-range order, SRO	
05.0660	三相临界点	tricritical point	
05.0661	多相临界点	multicritical point	
05.0662	平均场理论	mean field theory	
05.0663	标度假设	scaling hypothesis	
05.0664	标度律	scaling law	

序　号	汉　文　名	英　文　名	注　释
05.0665	标度维数	scaling dimensionality	
05.0666	普适性	universality	
05.0667	普适[性]类	universality class	
05.0668	对称破缺	symmetry-broken	
05.0669	结构相变	structural phase transition	
05.0670	软晶格	soft lattice	
05.0671	零频	zero frequency	
05.0672	戈德斯通模	Goldstone mode	
05.0673	广义软模	generalized soft mode	
05.0674	金兹堡判据	Ginzburg criterion	
05.0675	重正化群	renormalization group	
05.0676	自相似变换	self-similarity transformation	
05.0677	半群	semigroup	
05.0678	经典自旋模型	classical spin model	
05.0679	元胞自旋	cell spin	
05.0680	块区自旋	block spin	
05.0681	多数规则	majority rule	
05.0682	抽取规则	decimation rule	
05.0683	伊辛模型	Ising model	
05.0684	XY 模型	XY model	
05.0685	海森伯模型	Heisenberg model	
05.0686	球模型	spherical model	
05.0687	φ^4 模型	φ^4-model	
05.0688	权[重]函数	weight function	
05.0689	金兹堡－朗道模型	Ginzburg-Landau model	
05.0690	标度不变性	scaling invariance	
05.0691	高斯模型	Gauss model	
05.0692	ε 展开	ε-expansion	$\varepsilon = 4 - d$, d 为空间的维数。
05.0693	1/n 展开	1/n expansion	n 为序参量分量数。
05.0694	参量空间	parameter space	
05.0695	重标度	rescaling	
05.0696	有关参量	relevant parameter	
05.0697	无关参量	irrelevant parameter	
05.0698	边缘参量	marginal parameter	
05.0699	临界面	critical surface	

序　号	汉　文　名	英　文　名	注　释
05.0700	跨接效应	crossover [effect]	
05.0701	跨接临界指数	crossover critical exponent	
05.0702	红外渐近自由	infrared asymptotic freedom	
05.0703	严格解模型	exactly solved model	
05.0704	渐近简并性	asymptotic degeneracy	
05.0705	贝特拟设	Bethe ansatz	
05.0706	贝特格[点]	Bethe lattice	
05.0707	韦尔斯家族树	Wells family tree	
05.0708	级联过程	cascade process	
05.0709	凯莱树	Cayley tree	
05.0710	笼目格	Kagomé lattice	
05.0711	传递矩阵	transfer matrix	
05.0712	对偶性	duality	
05.0713	自对偶性	self-duality	
05.0714	对偶格[点]	dual lattice	
05.0715	强标度律	hyperscaling law, strong scaling law	
05.0716	阿什金－特勒模型	Ashkin-Teller model	
05.0717	八顶点模型	eight-vertex model	
05.0718	六顶点模型	six-vertex model	
05.0719	冰模型	ice model	
05.0720	冰式模型	ice-type model	
05.0721	冰熵	ice entropy	
05.0722	冰条件	ice condition	又称"冰定则(ice rule)"。
05.0723	冰式晶[体]	ice crystal	
05.0724	骨架图	skeleton diagram	
05.0725	波茨模型	Potts model	
05.0726	n 维矢量模型	n-vector model	
05.0727	三自旋模型	three-spin model	最近邻三自旋积模型。
05.0728	空间维数	space dimensionality	
05.0729	边缘维数	marginal dimension	
05.0730	上边缘维数	upper marginal dimension	
05.0731	下边缘维数	lower marginal dimension	
05.0732	相位涨落	phase fluctuation	

序　号	汉　文　名	英　文　名	注　释
05.0733	准长程序	quasi-long range order	
05.0734	非线性元激发	nonlinear elementary excitation	
05.0735	拓扑[性]元激发	topological elementary excitation	
05.0736	拓扑[性]相变	topological phase transition	
05.0737	非平衡相变	nonequilibrium phase transition	
05.0738	临界慢化	critical slowing-down	
05.0739	慢模	slow mode	
05.0740	长波涨落	long wave fluctuation	
05.0741	序参量弛豫	order parameter relaxation	
05.0742	相变动理学	kinetics of phase transition	

05.03　非线性物理学

序　号	汉　文　名	英　文　名	注　释
05.0743	耗散结构	dissipative structure	
05.0744	自组织	self-organization	
05.0745	相干行为	coherent behavior	
05.0746	热力学分支	thermodynamic branch	
05.0747	热力学阈	thermodynamic threshold	
05.0748	耗散系统	dissipative system	
05.0749	反应扩散方程	reaction-diffusion equation	
05.0750	稳定性理论	stability theory	
05.0751	李雅普诺夫函数	Lyapunov function	
05.0752	李雅普诺夫泛函	Lyapunov functional	
05.0753	李雅普诺夫稳定性	Lyapunov stability	
05.0754	渐近稳定性	asymptotic stability	
05.0755	轨道稳定性	orbital stability	
05.0756	结构稳定性	structural stability	
05.0757	线性[化]稳定性分析	linearized stability analysis	
05.0758	奇异性	singularity	
05.0759	奇点	singularity	
05.0760	结点	node	一种奇点。
05.0761	单切结点	one-tangent node	
05.0762	鞍点	saddle point	一种奇点。
05.0763	焦点	focus	一种奇点。
05.0764	分界线	separatrix	鞍点的渐近线。
05.0765	中心[点]	center	一种奇点。

序　号	汉　文　名	英　文　名	注　　释
05.0766	简单奇点	simple singularity	
05.0767	多重奇点	multiple singularity	
05.0768	极限环	limit cycle	
05.0769	分岔	bifurcation	
05.0770	分岔理论	bifurcation theory	
05.0771	布鲁塞尔模型	Brusselator	又称"三分子模型 (trimolecular model)"。
05.0772	标度变换	scale transformation	
05.0773	耗散算符	dissipative operator	
05.0774	软模	soft mode	
05.0775	硬模	hard mode	
05.0776	软激发	soft excitation	
05.0777	硬激发	hard excitation	
05.0778	次级分岔	secondary bifurcation	
05.0779	临界长度	critical length	指耗散结构的。
05.0780	保守振荡	conservative oscillation	
05.0781	猎食模型	predator-prey model	又称"洛特卡－沃尔 泰拉模型(Lotka- Volterra model)"。
05.0782	洛特卡－沃尔泰 拉方程	Lotka-Volterra equation	
05.0783	虫口模型	insect-population model	
05.0784	多重定态	multiple steady state	
05.0785	全或无跃迁	all-or-none transition	
05.0786	殆周期振荡	almost periodic oscillation	
05.0787	奇异扰动	singular perturbation	
05.0788	快过程	fast process	
05.0789	慢过程	slow process	
05.0790	快变量	fast variable	
05.0791	慢变量	slow variable	
05.0792	浸渐消去法	adiabatic elimination	
05.0793	随机矩阵	stochastic matrix	
05.0794	马尔可夫过程	Markovian process	
05.0795	科尔莫戈罗夫－ 查普曼方程	Kolmogorov-Chapman equation	
05.0796	动理势	kinetic potential	
05.0797	生灭过程	birth-and-death process	

序 号	汉 文 名	英 文 名	注 释
05.0798	生成函数法	generating-function method	
05.0799	矩方程	moment equation	
05.0800	多变量主方程	multivariate master equation	
05.0801	非线性主方程	nonlinear master equation	
05.0802	亚稳定性	metastability	
05.0803	BZ 反应	BZ reaction, Belousov-Zhabotinski reaction	
05.0804	俄勒冈模型	Oregonator	
05.0805	涨落化学	fluctuation chemistry	
05.0806	化学钟	chemical clock	
05.0807	化学波	chemical wave	
05.0808	协同学	synergetics	
05.0809	[托姆]突变论	[Thom] catastrophe theory	
05.0810	突变集合	ensemble de catastrophes(法)	
05.0811	突变	catastrophe	
05.0812	突弹跳变	snap-through	
05.0813	突跳	jump	
05.0814	滞后[效应]	hysteresis	
05.0815	折叠[型突变]	fold	
05.0816	开折[型突变]	unfolding	
05.0817	尖拐[型突变]	cusp	
05.0818	燕尾[型突变]	swallow tail	
05.0819	蝴蝶[型突变]	butterfly	
05.0820	双曲脐[型突变]	hyperbolic umbilic	
05.0821	椭圆脐[型突变]	elliptic umbilic	
05.0822	抛物脐[型突变]	parabolic umbilic	
05.0823	贝纳尔对流	Bénard convection	
05.0824	瑞利－贝纳尔不稳定性	Rayleigh-Bénard instability	
05.0825	六角[形]图样	hexagon pattern	
05.0826	拉格朗日湍流	Lagrange turbulence	
05.0827	椭圆余弦波	cnoidal wave	
05.0828	卷筒图样	roll pattern	
05.0829	瑞利数	Rayleigh number	
05.0830	普朗特数	Prandtl number	
05.0831	动力学系统	dynamical system	又称"动态系统"。
05.0832	态空间	state space	

序　号	汉　文　名	英　文　名	注　释
05.0833	控制参量	control parameter	
05.0834	映射	mapping	
05.0835	[映]象	image	
05.0836	原象	preimage	映射的。
05.0837	逻辑斯谛映射	logistic map[ping]	
05.0838	洛伦茨模型	Lorenz model	
05.0839	单峰映射	single-hump mapping	
05.0840	圆[周]映射	circle mapping	
05.0841	拓扑共轭映射	topological conjugate mapping	
05.0842	帐篷[形]映射	tent mapping	
05.0843	庞加莱映射	Poincaré mapping	
05.0844	庞加莱截面	Poincaré section	
05.0845	吸引域	basin of attraction	
05.0846	排斥子	repellor	
05.0847	不动点	fixed point	
05.0848	吸引子	attractor	
05.0849	奇怪吸引子	strange attractor	
05.0850	洛伦茨吸引子	Lorenz attractor	
05.0851	埃农吸引子	Hénon attractor	
05.0852	混沌吸引子	chaotic attractor	
05.0853	含混吸引子	vague attractor [of Kolmogorov]	
05.0854	自治系统	autonomous system	不显含时间的动力学系统。
05.0855	同宿点	homoclinic point	
05.0856	异宿点	heteroclinic point	
05.0857	同宿轨道	homoclinic orbit	
05.0858	异宿轨道	heteroclinic orbit	
05.0859	叉式分岔	pitchfork bifurcation	
05.0860	鞍结分岔	saddle-node bifurcation	
05.0861	霍普夫分岔	Hopf bifurcation	
05.0862	n 倍周期分岔	period-n-tupling bifurcation	
05.0863	倍周期分岔	period doubling bifurcation	
05.0864	倒倍周期分岔	inverse period-doubling bifurcation	
05.0865	切分岔	tangential bifurcation	
05.0866	跨临界分岔	transcritical bifurcation	
05.0867	全局分岔	global bifurcation	
05.0868	分岔集	bifurcation set	

序　号	汉　文　名	英　文　名	注　释
05.0869	混沌运动	chaotic motion	
05.0870	李雅普诺夫指数	Lyapunov exponent	
05.0871	超混沌	hyperchaos	
05.0872	初态敏感性	sensitivity to initial state	
05.0873	蝴蝶效应	butterfly effect	指天气预报的。
05.0874	内禀随机性	intrinsic stochasticity	
05.0875	赝随机运动	pseudostochastic motion	
05.0876	阵发混沌	intermittency chaos	
05.0877	通向混沌之路	route to the chaos	
05.0878	吕埃勒－塔肯斯道路	Ruelle-Takens route	指通向混沌的。
05.0879	兰登机理	Landen mechanism	
05.0880	斯梅尔马蹄	Smale horseshoe	
05.0881	梅利尼科夫积分	Mel'nikov integral	
05.0882	符号动力学	symbolic dynamics	
05.0883	MSS 序列	Metropolis-Stein-Stein sequence, MSS sequence	
05.0884	内部相似性	internal similarity	
05.0885	沙尔科夫斯基序列	Sharkovskii sequence	
05.0886	普适周期轨道序列	universal periodic orbit sequence	简称"U 序列"。
05.0887	施瓦茨导数	Schwarz derivative	
05.0888	功率[密度]谱	power [density] spectrum	
05.0889	雷尼信息	Renyi information	
05.0890	雷尼熵	Renyi entropy	
05.0891	拓扑熵	topological entropy	
05.0892	KS 熵	KS entropy, Kolmogorov-Sinai entropy	又称"K 熵（K entropy）"，"测度熵（metric entropy）"。
05.0893	芒德布罗集[合]	Mandelbrot set	
05.0894	茹利亚集[合]	Julia set	
05.0895	混沌测度	chaotic measure	
05.0896	白谱	white spectrum	
05.0897	白噪声	white noise	
05.0898	分岔图骨架	skeleton of bifurcation graph	
05.0899	暂态混沌	transient chaos	

序　号	汉　文　名	英　文　名	注　释
05.0900	危机	crisis	指混沌运动的。
05.0901	高斯映射	Gaussian mapping	
05.0902	欣钦数	Khinchin number	
05.0903	费根鲍姆数	Feigenbaum number	
05.0904	标准映射	standard mapping	
05.0905	转数	rotation number	
05.0906	有理转数	rational rotation number	
05.0907	无理转数	irrational rotation number	
05.0908	同步	synchronization	
05.0909	锁相	phase-locking	
05.0910	锁频	frequency-locking	
05.0911	阿诺德舌[头]	Arnol'd tongue	
05.0912	法里树	Farey tree	
05.0913	法里序列	Farey sequence	
05.0914	拓扑度	topological degree	
05.0915	拓扑度定理	theorem of topological degree	
05.0916	黄金分割数	golden mean	
05.0917	斐波那契数	Fibonacci numbers	
05.0918	阶梯结构	staircase structure	
05.0919	魔[鬼楼]梯	devil's staircase	
05.0920	康托尔集[合]	Cantor set	
05.0921	谢尔平斯基海绵	Sierpinski sponge	
05.0922	谢尔平斯基镂垫	Sierpinski gasket	
05.0923	面包师变换	baker's transformation	
05.0924	揉面变换	kneading transformation	
05.0925	自相似解	self-similar solution	
05.0926	自相似性	self-similarity	
05.0927	台球问题	billiard ball problem	
05.0928	分形	fractal	指传统欧氏几何不能描述的复杂无规几何对象。
05.0929	分形子	fracton	
05.0930	分形体	fractal	具有分形的物体。
05.0931	多重分形	multifractal	
05.0932	胖分形	fat fractal	
05.0933	标度指数	scaling exponent	
05.0934	欧几里得维数	Euclidean dimension	

序　号	汉　文　名	英　文　名	注　释
05.0935	豪斯多夫维数	Hausdorff dimension	
05.0936	拓扑维数	topological dimension	
05.0937	余维[数]	codimension	
05.0938	豪斯多夫余维	Hausdorff codimension	
05.0939	分形维数	fractal dimension	简称"分维"。
05.0940	分形测度	fractal measure	
05.0941	信息维数	information dimension	
05.0942	关联维数	correlation dimension	
05.0943	李雅普诺夫维数	Lyapunov dimension	
05.0944	覆盖维数	covering dimension	
05.0945	卡普兰－约克猜想	Kaplan-Yorke conjecture	
05.0946	李[天岩]－约克定理	Lee-Yorke theorem	
05.0947	李[天岩]－约克混沌	Lee-Yorke chaos	
05.0948	勒斯勒尔方程	Rössler equation	
05.0949	费根鲍姆[重正化群]方程	Feigenbaum [renormalization group] equation	
05.0950	埃农映射	Hénon mapping	
05.0951	费根鲍姆标度律	Feigenbaum scaling law	
05.0952	扭曲映射	twist mapping	
05.0953	康托尔环面	Cantorus	
05.0954	猫脸映射	cat map [of Arnosov]	
05.0955	量子混沌	quantum chaos	
05.0956	奴役原理	slaving principle	
05.0957	逾渗	percolation	曾用名"渗流"。
05.0958	座逾渗	site percolation	
05.0959	键逾渗	bond percolation	
05.0960	实座	filled site	
05.0961	空座	empty site	
05.0962	连通键	connected bond, unblocked bond	
05.0963	闭锁键	blocked bond	
05.0964	长程连通性	long-range connectivity	
05.0965	逾渗转变	percolation transition	
05.0966	逾渗阈值	percolation threshold	
05.0967	逾渗团主干	backbone of percolation cluster	

序　号	汉　文　名	英　文　名	注　释
05.0968	跨越集团	spanning cluster	
05.0969	逾渗通路	percolation path	
05.0970	逾渗概率	percolation probability	
05.0971	跨越长度	spanning length	
05.0972	座键逾渗	site-bond percolation	
05.0973	连续区逾渗	continuum percolation	
05.0974	多色逾渗	percoloration, polychromatic percolation	
05.0975	临界体积分数	critical volume fraction	
05.0976	扩程逾渗	extended-range percolation	
05.0977	高密度逾渗	high-density percolation	
05.0978	维间跨接	dimension crossover	
05.0979	维数不变量	dimensionality invariant	
05.0980	入侵逾渗	invasion percolation	
05.0981	侵入物	invader	
05.0982	退守物	defender	
05.0983	窘组	frustration	自旋玻璃或其它制约优化问题中的概念。
05.0984	窘组函数	frustration function	
05.0985	窘组网络	frustration network	
05.0986	窘组嵌板	frustration plaquette	
05.0987	窘组位形	frustrating configuration	
05.0988	FPU 问题	FPU problem, Fermi-Pasta-Ulam problem	
05.0989	扎布斯基方程	Zabusky equation	
05.0990	KdV 方程	KdV equation, Korteweg-de Vries equation	
05.0991	正弦戈登方程	sine-Gordon equation	
05.0992	非线性薛定谔方程	nonlinear Schrödinger equation	
05.0993	逆散射法	inverse scattering method	
05.0994	KAM 定理	KAM theorem, Kolmogorov-Arnold-Moser theorem	
05.0995	KAM 环面	KAM torus	
05.0996	可积系统	integrable system	
05.0997	近可积系统	nearly integrable system	
05.0998	动力系统理论	theory of dynamic system	

序　号	汉　文　名	英　文　名	注　　释
05.0999	伯克霍夫定理	Birkhoff theorem	
05.1000	科赫曲线	Koch curve	
05.1001	科赫岛	Koch island	
05.1002	度规传递性	metric transitivity	
05.1003	混合性	mixing	遍历理论中的。
05.1004	弱混[合]性	weak mixing	遍历理论中的。
05.1005	非线性振动	nonlinear vibration	
05.1006	自激振动	autovibration, self-excited oscilla-tion	
05.1007	准周期振动	quasi-oscillation	
05.1008	范德波尔方程	van der Pol equation	
05.1009	达芬方程	Duffing equation	
05.1010	离散流体[模型]	discrete fluid [model]	
05.1011	元胞自动机	cellular automaton	
05.1012	演化规则	evolution rule	
05.1013	概率性规则	probabilistic rule	
05.1014	决定论性规则	deterministic rule	
05.1015	算法复杂性	algorithm complexity	个别轨道不可预测性的度量。
05.1016	不可预测性	unpredictability	
05.1017	能量景貌	energy landscape	简称"能景"。
05.1018	扩散置限聚集	diffusion-limited aggregation, DLA	
05.1019	指进	fingering	又称"爪进"。
05.1020	黏性指进	viscous fingering	

06．相对论、量子理论

序　号	汉　文　名	英　文　名	注　释

06.01 相　对　论

06.0001	相对论	relativity [theory]	
06.0002	相对性	relativity	
06.0003	相对论性[的]	relativistic	
06.0004	狭义相对论	special relativity	
06.0005	相对性原理	relativity principle	

序　号	汉　文　名	英　文　名	注　　释
06.0006	狭义相对性原理	principle of special relativity	
06.0007	光信号	light signal	
06.0008	光速不变原理	principle of constancy of light velocity	
06.0009	时空	spacetime	
06.0010	时空均匀性	homogeneity of spacetime, uniformity of spacetime	
06.0011	绝对空间	absolute space	
06.0012	绝对时间	absolute time	
06.0013	以太	ether	
06.0014	以太漂移	ether drift	
06.0015	以太风	ether wind	
06.0016	漂移速度	drift velocity	
06.0017	光以太	luminiferous ether	
06.0018	以太曳引	ether drag	
06.0019	曳引效应	drag effect	
06.0020	曳引系数	drag coefficient	
06.0021	绝对参考系	absolute reference frame	
06.0022	事件	event	
06.0023	时空点	spacetime point	
06.0024	世界线	world line	
06.0025	世界管	world tube	
06.0026	事件排序	ordering of events	
06.0027	[事件]间隔	interval of events	
06.0028	线元	line element	
06.0029	洛伦兹变换	Lorentz transformation	
06.0030	洛伦兹群	Lorentz group	
06.0031	洛伦兹因子	Lorentz factor	
06.0032	洛伦兹度规	Lorentz metric	
06.0033	洛伦兹变换的双曲形式	hyperbolic form of Lorentz transformation	
06.0034	相对论性协变量	relativistic covariant	
06.0035	洛伦兹协变量	Lorentz covariant	
06.0036	相对论性协变式	relativistic covariant	
06.0037	洛伦兹协变式	Lorentz covariant	
06.0038	相对论性协变性	relativistic covariance	
06.0039	洛伦兹协变性	Lorentz covariance	

序　号	汉　文　名	英　文　名	注　释
06.0040	相对论性不变量	relativistic invariant	
06.0041	洛伦兹不变量	Lorentz invariant	
06.0042	相对论性不变式	relativistic invariant	
06.0043	洛伦兹不变式	Lorentz invariant	
06.0044	相对论性不变性	relativistic invariance	
06.0045	洛伦兹不变性	Lorentz invariance	
06.0046	庞加莱变换	Poincaré transformation	
06.0047	庞加莱群	Poincaré group	
06.0048	标准钟	standard clock	
06.0049	理想钟	ideal clock	
06.0050	同步[性]	synchronism	
06.0051	钟的同步	synchronization of clocks	
06.0052	爱因斯坦同步	Einstein synchronization	
06.0053	慢移钟同步	slow clock synchronization	
06.0054	固有时	proper time	
06.0055	固有时间隔	proper time interval	
06.0056	同时事件	simultaneous events	
06.0057	同时性	simultaneity	
06.0058	同时性的相对性	relativity of simultaneity	
06.0059	时间延缓	time dilation	
06.0060	双生子佯谬	twin paradox	
06.0061	刚性杆	rigid rod	在相对论中用作度量空间距离的标准。
06.0062	长度收缩	length contraction	
06.0063	固有长度	proper length	
06.0064	菲佐实验	Fizeau experiment	
06.0065	光行差	aberration	
06.0066	闵可夫斯基空间	Minkowski space, Minkowski world	
06.0067	闵可夫斯基几何	Minkowski geometry	
06.0068	纯虚时间	purely imaginary time	
06.0069	闵可夫斯基坐标系	Minkowski coordinate system	
06.0070	闵可夫斯基度规	Minkowski metric	
06.0071	时空连续统	spacetime continuum	
06.0072	时空流形	spacetime manifolds	
06.0073	四维时空	four dimensional spacetime	

序 号	汉 文 名	英 文 名	注 释
06.0074	时空坐标	spacetime coordinates	
06.0075	时空图	spacetime diagram	
06.0076	闵可夫斯基图	Minkowski diagram, Minkowski map	
06.0077	光锥	light cone	又称"零锥(null cone)"。
06.0078	因果性	causality	
06.0079	未来	future	
06.0080	现在	present	
06.0081	过去	past	
06.0082	绝对未来	absolute future	又称"因果未来 (causal future)"。
06.0083	绝对过去	absolute past	又称"因果过去 (causal past)"。
06.0084	绝对异地	[absolute] elsewhere	
06.0085	类光[的]	lightlike, null	
06.0086	类光线	lightlike line	
06.0087	类光矢量	lightlike vector	又称"零[模]矢 (null vector)"。
06.0088	类光间隔	lightlike interval	
06.0089	类光事件	lightlike event	
06.0090	类时	timelike	
06.0091	类时矢量	timelike vector	
06.0092	类时线	timelike line	
06.0093	类时事件	timelike event	
06.0094	类时间隔	timelike interval	
06.0095	类空	spacelike	
06.0096	类空矢量	spacelike vector	
06.0097	类空线	spacelike line	
06.0098	类空事件	spacelike event	
06.0099	类空间隔	spacelike interval	
06.0100	时间方向	time orientation	
06.0101	指向未来的	future pointing	
06.0102	指向过去的	past pointing	
06.0103	类空截面	spacelike section	
06.0104	四维矢量	four-vector	
06.0105	四维张量	four-tensor	

序　号	汉　文　名	英　文　名	注　释
06.0106	重复指标	repeated index	
06.0107	四维速度	four-velocity	
06.0108	四维加速度	four-acceleration	
06.0109	四维力	four-force	
06.0110	四维动量	four-momentum	
06.0111	四维流[密度]	four-current [density]	
06.0112	频率四维矢[量]	frequency four-vector	
06.0113	傀标	dummy index	
06.0114	巡标	running index	
06.0115	固定指标	fixed index	
06.0116	自由指标	free index	
06.0117	度规张量	metric tensor	
06.0118	爱因斯坦求和约定	Einstein summation convention	
06.0119	固有速度	proper velocity	
06.0120	固有加速度	proper acceleration	
06.0121	相对论[性]速度加法公式	relativistic velocity addition formula	
06.0122	表观形状	apparent shape	
06.0123	相对论[性]物理学	relativistic physics	
06.0124	相对论[性]力学	relativistic mechanics	
06.0125	相对论[性]动力学	relativistic dynamics	
06.0126	相对论[性]运动学	relativistic kinematics	
06.0127	横向多普勒效应	transverse Doppler effect	
06.0128	相对论性粒子	relativistic particle	
06.0129	固有质量	proper mass	
06.0130	静质量	rest mass	
06.0131	相对论[性]质量	relativistic mass	
06.0132	横质量	transverse mass	
06.0133	纵质量	longitudinal mass	
06.0134	质能关系	mass-energy relation	
06.0135	质能等价性	mass-energy equivalence	
06.0136	静[质]能	rest [mass] energy	
06.0137	能量动量张量	energy-momentum tensor	简称"能动张量"。

序 号	汉 文 名	英 文 名	注 释
06.0138	相对论[性]校正	relativistic correction	
06.0139	非相对论性极限	non-relativistic limit	
06.0140	相对论[性]效应	relativistic effect	
06.0141	相对论性场方程	relativistic field equation	
06.0142	麦克斯韦方程的四维形式	four-dimensional form of Maxwell equations	
06.0143	电磁场张量	electromagnetic field tensor	
06.0144	相对论[性]热力学	relativistic thermodynamics	
06.0145	相对论[性]流体力学	relativistic hydrodynamics	
06.0146	广义相对论	general relativity	
06.0147	爱因斯坦等效原理	Einstein equivalence principle	
06.0148	广义相对性原理	principle of general relativity	
06.0149	广义协变[性]原理	principle of general covariance	
06.0150	爱因斯坦场方程	Einstein field equation	
06.0151	万有引力	universal gravitation	
06.0152	引力场强度	intensity of a gravitational field	
06.0153	引力势	gravitational potential	
06.0154	局域参考系	local frame of reference	
06.0155	厄特沃什实验	Eötvös experiment	
06.0156	等效原理	equivalence principle	
06.0157	弱等效原理	weak equivalence principle	
06.0158	强等效原理	strong equivalence principle	
06.0159	马赫原理	Mach principle	
06.0160	度规场	metric field	
06.0161	平直时空	flat spacetime	
06.0162	弯曲时空	curved spacetime	
06.0163	坐标钟	coordinate clock	
06.0164	坐标时	coordinate time	
06.0165	比安基恒等式	Bianchi identity	
06.0166	宇宙项	cosmological term	
06.0167	能动赝张量	energy-momentum pseudotensor	
06.0168	施瓦氏解	Schwarzschild solution	
06.0169	施瓦氏坐标	Schwarzschild coordinates	

序 号	汉 文 名	英 文 名	注 释
06.0170	施瓦氏半径	Schwarzschild radius	
06.0171	克鲁斯卡尔坐标	Kruskal coordinates	
06.0172	克尔解	Kerr solution	
06.0173	静[态]场	static field	
06.0174	定态场	stationary field	
06.0175	爱因斯坦－麦克斯韦方程	Einstein-Maxwell equation	
06.0176	恩斯特方程	Ernst equation	
06.0177	恩斯特势	Ernst potential	
06.0178	几何化单位	geometrized units	
06.0179	普朗克单位	Planck unit	
06.0180	普朗克长度	Planck length	
06.0181	彼得罗夫分类	Petrov classification	
06.0182	内禀几何	intrinsic geometry	
06.0183	时空几何	spacetime geometry	
06.0184	协变张量	covariant tensor	
06.0185	反变张量	contravariant tensor	
06.0186	混变张量	mixed tensor	
06.0187	符号差	signature	
06.0188	缩并	contraction	
06.0189	赝张量	pseudotensor	
06.0190	张量密度	tensor density	
06.0191	共动参考系	comoving reference frame	
06.0192	谐和坐标系	harmonic coordinate system	
06.0193	从尤参考系	preferred frame	
06.0194	坐标条件	coordinate condition	
06.0195	莱维－齐维塔平移	Levi-Civita parallel displacement	
06.0196	费米－沃克迁移	Fermi-Walker transport	
06.0197	协变导数	covariant derivative	
06.0198	协变微分	covariant differential	
06.0199	克里斯托费尔符号	Christoffel symbol	
06.0200	时空曲率	curvature of spacetime	
06.0201	曲率张量	curvature tensor	
06.0202	黎曼[曲率]张量	Riemannian [curvature] tensor	
06.0203	里奇[曲率]张量	Ricci [curvature] tensor	

序　号	汉　文　名	英　文　名	注　释
06.0204	爱因斯坦[曲率]张量	Einstein [curvature] tensor	
06.0205	高斯曲率	Gaussian curvature	
06.0206	曲率标量	curvature scalar	
06.0207	外尔张量	Weyl tensor	又称"共形张量（conformal tensor）"。
06.0208	外[延]曲率	extrinsic curvature	
06.0209	内[禀]曲率	intrinsic curvature	
06.0210	挠率张量	torsion tensor	
06.0211	扭量	twistor	
06.0212	仿射空间	affine space	
06.0213	仿射联络	affine connection	
06.0214	仿射参量	affine parameter	
06.0215	李导数	Lie derivative	
06.0216	纤维丛	fiber bundle	
06.0217	时空拓扑	topology of spacetime	
06.0218	彭罗斯图	Penrose diagram	
06.0219	包容图	embedding diagram	
06.0220	编时条件	chronology condition	
06.0221	正能定理	positive energy theorem	
06.0222	奇异边界	singular boundary	
06.0223	类光四维标架	null tetrad	
06.0224	基灵矢量场	Killing vector field	
06.0225	基灵方程	Killing equation	
06.0226	测地完备性	geodesic completeness	
06.0227	共形不变性	conformal invariance	
06.0228	共形变换	conformal transformation	
06.0229	等度规	isometry	
06.0230	测地线	geodesic line, geodesics	
06.0231	渐近平时空	asymptotically flat spacetime	
06.0232	裸奇异性	naked singularity	
06.0233	宇宙监督假设	cosmic censorship hypothesis	
06.0234	引力红移	gravitational redshift	
06.0235	宇宙学红移	cosmological redshift	
06.0236	引力透镜	gravitational lens	
06.0237	引力时间延缓	gravitational time dilation	
06.0238	黑洞	black hole	

序　号	汉　文　名	英　文　名	注　释
06.0239	引力坍缩	gravitational collapse	
06.0240	视界	horizon	
06.0241	事件视界	event horizon	
06.0242	粒子视界	particle horizon	
06.0243	视界面积	area of horizon	
06.0244	面积定理	area theorem	指黑洞视界的。
06.0245	无毛定理	no-hair theorem	黑洞的。
06.0246	陷俘面	trapped surface	
06.0247	能层	ergosphere	
06.0248	黑洞辐射	black hole radiation	
06.0249	引力波	gravitational wave	
06.0250	引力辐射	gravitational radiation	
06.0251	宇宙学	cosmology	
06.0252	量子宇宙学	quantum cosmology	
06.0253	暴胀宇宙	inflationary universe	
06.0254	微波背景辐射	microwave background radiation	
06.0255	大爆炸	big bang	
06.0256	爱因斯坦静态宇宙	Einstein static universe	
06.0257	弗里德曼宇宙	Friedmann universe	
06.0258	宇宙演化	universe evolution	
06.0259	宇宙年龄	universe age	
06.0260	哈勃定律	Hubble law	
06.0261	宇宙学原理	cosmological principle	
06.0262	原初核合成	primordial nucleosynthesis	
06.0263	定态宇宙理论	steady-state theory of the universe	
06.0264	罗伯逊－沃克度规	Robertson-Walker metric	
06.0265	后牛顿近似	post-Newtonian approximation	
06.0266	TOV 方程	TOV equation, Tolman-Oppenheimer-Volkoff equation	
06.0267	博戈留波夫变换	Bogoliubov transformation	
06.0268	卡西米尔效应	Casimir effect	
06.0269	量子引力	quantum gravity	
06.0270	非度规理论	non-metric theories	
06.0271	递升	boost	指广义相对论中的。
06.0272	人存原理	anthropic principle	

序　号	汉　文　名	英　文　名	注　释
06.0273	暗物质	dark matter	
06.0274	克罗内克符号	Kronecker symbol	
06.0275	莱维－齐维塔张量	Levi-Civita tensor	
06.0276	重子产生	baryongenesis	
06.0277	引力半径	gravitational radius	
06.0278	空间反演	space inversion	

06.02　量子理论

序　号	汉　文　名	英　文　名	注　释
06.0279	量子理论	quantum theory	
06.0280	量子力学	quantum mechanics	
06.0281	前期量子论	old quantum theory	
06.0282	粒子	particle	
06.0283	微观粒子	microscopic particle	
06.0284	粒子性	corpuscular property	
06.0285	波动性	undulatory property	
06.0286	波粒二象性	wave-particle dualism	
06.0287	不可分辨性	indistinguishability	
06.0288	普朗克常量	Planck constant	
06.0289	德布罗意关系	de Broglie relation	
06.0290	德布罗意波	de Broglie wave	
06.0291	德布罗意波长	de Broglie wavelength	
06.0292	量子	quantum	
06.0293	量子数	quantum number	
06.0294	轨道量子数	orbital quantum number	
06.0295	角量子数	azimuthal quantum number, angular quantum number	
06.0296	径量子数	radial quantum number	
06.0297	磁量子数	magnetic quantum number	
06.0298	自旋量子数	spin quantum number	
06.0299	主量子数	total quantum number, principal quantum number	
06.0300	好量子数	good quantum number	
06.0301	量子化	quantization	
06.0302	矢量模型	vector model	
06.0303	空间量子化	space quantization	
06.0304	组合原理	combination principle	

序 号	汉 文 名	英 文 名	注 释
06.0305	对应原理	correspondence principle	
06.0306	互补原理	complementary principle	曾用名"并协原理"。
06.0307	康普顿散射	Compton scattering	
06.0308	康普顿波长	Compton wavelength	
06.0309	能级	energy level	
06.0310	能带	energy band	
06.0311	能谱	energy spectrum	
06.0312	玻尔原子模型	Bohr atom model	
06.0313	玻尔量子化条件	Bohr quantization condition	
06.0314	索末菲椭圆轨道	Sommerfeld elliptic orbit	
06.0315	泡利不相容原理	Pauli exclusion principle	
06.0316	受激发射	stimulated emission	
06.0317	受激吸收	stimulated absorption	
06.0318	自发发射	spontaneous emission	
06.0319	玻尔半径	Bohr radius	
06.0320	磁子	magneton	
06.0321	玻尔磁子	Bohr magneton	
06.0322	轨道磁矩	orbital magnetic moment	
06.0323	自旋磁矩	spin magnetic moment	
06.0324	旋磁比	gyromagnetic ratio	
06.0325	磁旋比	magnetogyric ratio	
06.0326	波动力学	wave mechanics	
06.0327	矩阵力学	matrix mechanics	
06.0328	[量子]态	[quantum] state	
06.0329	本征态	eigenstate	
06.0330	定态	stationary state	哈密顿算符的本征态。
06.0331	基态	ground state	
06.0332	激发态	excited state	
06.0333	束缚态	bound state	
06.0334	纯态	pure state	
06.0335	混合态	mixed state	
06.0336	相干态	coherent state	
06.0337	波函数	wave function	
06.0338	核[函]	kernel	
06.0339	概率密度	probability density	
06.0340	概率幅	probability amplitude	

序　号	汉　文　名	英　文　名	注　释
06.0341	概率流	probability current	
06.0342	归一化	normalization	
06.0343	归一[化]条件	normalizing condition	
06.0344	归一[化]因子	normalizing factor	
06.0345	相[位]因子	phase factor	
06.0346	正交归一系	orthonormal system	
06.0347	态叠加原理	principle of superposition of states	
06.0348	可观察量	observable	
06.0349	c 数	c-number	
06.0350	q 数	q-number	
06.0351	算符	operator	
06.0352	对易	commutation	
06.0353	对易式	commutator	
06.0354	对易关系	commutation relation	
06.0355	反对易式	anticommutator	
06.0356	反对易关系	anticommutation relation	
06.0357	可对易性	commutability	
06.0358	不可对易性	noncommutability	
06.0359	本征值	eigenvalue	
06.0360	离散本征值	discrete eigenvalue	曾用名"分立本征值"。
06.0361	连续本征值	continuous eigenvalue	
06.0362	本征函数	eigenfunction	
06.0363	本征[值]方程	eigen[value] equation	
06.0364	克莱因－戈尔登方程	Klein-Gordon equation	
06.0365	期望值	expectation value	曾用名"期待值"。
06.0366	幺正[的]	unitary	
06.0367	厄米[的]	Hermitian	
06.0368	厄米性	hermiticity	
06.0369	厄米共轭	Hermitian conjugate	
06.0370	右矢	ket	曾用名"刃"。
06.0371	左矢	bra	曾用名"刁"。
06.0372	基右矢	base ket	
06.0373	基左矢	base bra	
06.0374	希尔伯特空间	Hilbert space	
06.0375	[狄拉克]δ 函数	[Dirac] δ-function	

序　号	汉　文　名	英　文　名	注　　释
06.0376	空间平移	spatial translation	
06.0377	空间转动	spatial rotation	
06.0378	时间平移	time displacement, time translation	
06.0379	平移算符	translation operator	
06.0380	转动算符	rotation operator	
06.0381	宇称算符	parity operator	
06.0382	置换算符	permutation operator	
06.0383	幺正算符	unitary operator	
06.0384	幺正变换	unitary transformation	
06.0385	厄米算符	Hermitian operator	在数学中称埃尔米特算符。
06.0386	时间反演	time reversal	
06.0387	镜象反射	[mirror] reflection	一种对称操作。
06.0388	表象	representation	
06.0389	位置表象	position representation	
06.0390	动量表象	momentum representation	
06.0391	能量表象	energy representation	
06.0392	表示	representation	指群的表示。
06.0393	薛定谔绘景	Schrödinger picture	
06.0394	海森伯绘景	Heisenberg picture	
06.0395	[相]互作用绘景	interaction picture	
06.0396	哈密顿[算符]	Hamiltonian [operator]	
06.0397	简并性	degeneracy	
06.0398	简并度	degeneracy	
06.0399	久期方程	secular equation	
06.0400	迹	trace	指矩阵或算符的迹。
06.0401	演化算符	evolution operator	
06.0402	对称[性]	symmetry	
06.0403	对称性群	symmetry group	
06.0404	置换群	permutation group, symmetric group	
06.0405	反对称[性]	antisymmetry	
06.0406	交换对称性	exchange symmetry	
06.0407	不确定[度]关系	uncertainty relation	又称"测不准关系"。
06.0408	不确定[性]原理	uncertainty principle	又称"测不准原理"。
06.0409	薛定谔方程	Schrödinger equation	

序 号	汉 文 名	英 文 名	注 释
06.0410	定态薛定谔方程	stationary Schrödinger equation	
06.0411	含时薛定谔方程	time-dependent Schrödinger equation	
06.0412	微扰	perturbation	
06.0413	微扰论	perturbation theory	
06.0414	不含时微扰	time-independent perturbation	
06.0415	含时微扰	time-dependent perturbation	
06.0416	微扰势	perturbing potential	
06.0417	势阱	potential well	
06.0418	势垒	potential barrier	
06.0419	势垒穿透	barrier penetration	
06.0420	隧道效应	tunnel effect	
06.0421	振子	oscillator	
06.0422	谐振子	harmonic oscillator	
06.0423	非谐振子	anharmonic oscillator	
06.0424	零点能	zero-point energy	
06.0425	激发	excitation	
06.0426	[相]互作用	interaction	
06.0427	变分原理	variational principle	
06.0428	准经典近似	quasi-classical approximation	
06.0429	WKB 近似	WKB approximation	
06.0430	浸渐近似	adiabatic approximation	曾用名"绝热式近似"。
06.0431	跃迁	transition	
06.0432	容许跃迁	allowed transition	
06.0433	禁戒跃迁	forbidden transition	
06.0434	跃迁概率	transition probability	
06.0435	选择定则	selection rule	
06.0436	弹性散射	elastic scattering	
06.0437	非弹性散射	inelastic scattering	
06.0438	玻恩近似	Born approximation	
06.0439	S 矩阵	S-matrix	
06.0440	散射矩阵	scattering matrix	
06.0441	非对角元	off-diagonal element	
06.0442	截面	cross section	
06.0443	散射体	scatterer	
06.0444	分波法	method of partial waves	

序　号	汉　文　名	英　文　名	注　释
06.0445	相移	phase shift	
06.0446	传播函数	propagator	
06.0447	预解式	resolvent	
06.0448	自旋	spin	
06.0449	电子自旋	electron spin	
06.0450	旋量	spinor	
06.0451	内禀角动量	intrinsic angular momentum	
06.0452	自旋角动量	spin angular momentum	
06.0453	自旋轨道分裂	spin-orbit splitting	
06.0454	自旋轨道耦合	spin-orbit coupling	
06.0455	轨道角动量	orbital angular momentum	
06.0456	泡利矩阵	Pauli matrix	
06.0457	泡利方程	Pauli equation	
06.0458	不可约表示	irreducible representation	
06.0459	不可约张量算符	irreducible tensor operator	
06.0460	约化矩阵元	reduced matrix element	
06.0461	CG 矢量耦合系数	Clebsch-Gordan vector coupling coefficient	简称"CG[矢耦]系数"。
06.0462	宇称	parity	
06.0463	宇称守恒	parity conservation	
06.0464	宇称不守恒	parity nonconservation	
06.0465	全同粒子	identical particles	
06.0466	[微观粒子]全同性原理	identity principle [of microparticles]	
06.0467	对称波函数	symmetric wave function	
06.0468	反对称波函数	antisymmetric wave function	
06.0469	斯莱特行列式	Slater determinant	
06.0470	二次量子化	second quantization	
06.0471	产生	creation	
06.0472	湮没	annihilation	
06.0473	产生算符	creation operator	
06.0474	湮没算符	annihilation operator	又称"消灭算符(destruction operator)"。
06.0475	自洽性	self-consistency	
06.0476	自洽场	self-consistent field	
06.0477	自洽解	self-consistent solution	
06.0478	交换能	exchange energy	

序 号	汉 文 名	英 文 名	注 释
06.0479	关联能	correlation energy	
06.0480	相对论[性]量子力学	relativistic quantum mechanics	
06.0481	狄拉克方程	Dirac equation	
06.0482	γ矩阵	γ-matrix	
06.0483	空穴	hole	
06.0484	正电子	positron	
06.0485	颤动	zitterbewegung	

07. 原子、分子物理学

序 号	汉 文 名	英 文 名	注 释
07.0001	原子物理[学]	atomic physics	
07.0002	分子物理[学]	molecular physics	
07.0003	原子	atom	
07.0004	原子序数	atomic number	
07.0005	原子结构	atomic structure	
07.0006	原子光谱	atomic spectrum	
07.0007	原子单位	atomic unit	
07.0008	原子模型	atomic model	
07.0009	壳[层]模型	shell model	
07.0010	玻尔频率条件	Bohr frequency condition	
07.0011	氢原子	hydrogen atom	
07.0012	类氢原子	hydrogen-like atom	
07.0013	莱曼系	Lyman series	
07.0014	巴耳末系	Balmer series	
07.0015	帕邢系	Paschen series	
07.0016	布拉开系	Brackett series	
07.0017	普丰德系	Pfund series	
07.0018	离散谱	discrete spectrum	曾用名"分立谱"。
07.0019	谱	spectrum	
07.0020	谱项	spectral term	
07.0021	线系极限	series limit	
07.0022	里德伯常量	Rydberg constant	
07.0023	电离能	ionization energy	
07.0024	碱金属原子	alkali-metal atom	

序 号	汉 文 名	英 文 名	注 释
07.0025	原子实	atomic kernel	
07.0026	价电子	valence electron	
07.0027	等效电子	equivalent electron	曾用名"同科电子"。
07.0028	组态	configuration	
07.0029	洪德定则	Hund rule	
07.0030	精细结构	fine structure	
07.0031	精细结构常数	fine structure constant	
07.0032	超精细结构	hyperfine structure	
07.0033	兰姆移位	Lamb shift	
07.0034	玻尔单位	Bohr unit	
07.0035	玻尔对应原理	Bohr correspondence principle	
07.0036	弗兰克－赫兹实验	Franck-Hertz experiment	
07.0037	施特恩－格拉赫实验	Stern-Gerlach experiment	
07.0038	密立根油滴实验	Millikan oil-drop experiment	
07.0039	朗德 g 因子	Landé g-factor	
07.0040	单态	singlet state	
07.0041	三重态	triplet [state]	
07.0042	斯塔克效应	Stark effect	
07.0043	塞曼效应	Zeeman effect	
07.0044	帕邢－巴克效应	Paschen-Back effect	
07.0045	X 射线	X-ray	
07.0046	莫塞莱定律	Moseley law	
07.0047	莫塞莱图	Moseley diagram	
07.0048	不相容性	incompatibility	
07.0049	相容性	compatibility	
07.0050	互补性	complementarity	
07.0051	基函数	basis function	
07.0052	本征态全集	complete set of eigenstates	
07.0053	完全性关系	completeness relation	
07.0054	倒多重线	inverted multiplet	
07.0055	倒多重态	inverted multiplet	
07.0056	物质波	matter wave	
07.0057	非定态	nonstationary state	
07.0058	能级宽度	width of energy level	
07.0059	着衣态	dressed state	

序　号	汉　文　名	英　文　名	注　释
07.0060	着衣电子	dressed electron	
07.0061	轨函[数]	orbital	曾用名"轨道"。
07.0062	里德伯原子	Rydberg atom	
07.0063	动力学对称	dynamical symmetry	
07.0064	同位素移位	isotope shift	
07.0065	耦合方式	coupling scheme	
07.0066	朗德间隔定则	Landé interval rule	
07.0067	能级交叉效应	level-crossiong effect	
07.0068	抗交叉效应	anti-crossing effect	原子能级的。
07.0069	自电离态	autoionization state	
07.0070	自分离[过程]	autodetachment	
07.0071	壳层坍缩	collapse of shell	
07.0072	u 态	ungerade state, u-state	
07.0073	g 态	gerade state, g-state	
07.0074	碰撞过程	collision process	
07.0075	碰撞强度	collision strength	
07.0076	散射长度	scattering length	
07.0077	原子束	atomic beam	
07.0078	原子碰撞	atomic collision	
07.0079	分子结构	molecular structure	
07.0080	分子光谱	molecular spectrum	
07.0081	正氢	orthohydrogen	
07.0082	仲氢	parahydrogen	
07.0083	弯键	bent bond	
07.0084	杂化轨函	hybrid orbital	
07.0085	背成键	back bonding	
07.0086	键长	bond distance	
07.0087	键能	bond energy	
07.0088	前沿轨函	frontier orbital	
07.0089	键序	bond order	
07.0090	桥键	bridge bond	
07.0091	分子间力	intermolecular force	
07.0092	奇特分子	exotic molecule	
07.0093	化学电离	chemi-ionization	
07.0094	手征化合物	chiral compound	
07.0095	非谐校正	anharmonic correction	
07.0096	连带电离[作用]	associative ionization	

序　号	汉　文　名	英　文　名	注　释
07.0097	莫尔斯势	Morse potential	
07.0098	里德伯分子	Rydberg molecule	
07.0099	浸渐演化	adiabatic evolution	
07.0100	角因数	angular factor	
07.0101	屏蔽势	screened potential	
07.0102	原子分离极限	separate-atom limit	
07.0103	势形共振	shape resonance	
07.0104	震激	shake-up	
07.0105	震离	shake-off	
07.0106	对称适化系数	symmetry-adapted coefficient	
07.0107	对称适化波函数	symmetry-adapted wave function	
07.0108	三心键	three-center bond	
07.0109	二能级系统	two-level system	
07.0110	有效算符	effective operator	
07.0111	本征通道	eigenchannel	
07.0112	电子欠缺	electron deficiency	
07.0113	亲电体	electrophile	
07.0114	增强因数	enhancement factor	
07.0115	受驱振荡	driven oscillation	
07.0116	激活电子	active electron	
07.0117	浸渐条件	adiabatic condition	
07.0118	非局域响应	nonlocal response	
07.0119	电荷转移过程	charge transfer process	
07.0120	离解复合[过程]	dissociative recombination	
07.0121	离解态	dissociative state	
07.0122	内屏蔽	inner screening	
07.0123	通道间[相]互作用	interchannel interaction	
07.0124	通道内[相]互作用	intrachannel interaction	
07.0125	不变嵌入法	invariant imbedding method	
07.0126	退定域键	delocalized bond	
07.0127	分离过程	detachment process	
07.0128	运送电子	convey electron	
07.0129	芯电子	core electron	
07.0130	疾[速]交叉	diabatic crossing	
07.0131	双电子复合	dielectronic recombination	指共振辐射复合。

序　号	汉　文　名	英　文　名	注　释
07.0132	冻结芯近似	frozen-core approximation	
07.0133	水合能	hydration energy	
07.0134	冲激近似	impulse approximation	
07.0135	自电离	autoionization	
07.0136	多能级系统	multilevel system	
07.0137	不相交定则	non-crossing rule	
07.0138	原子联合极限	united-atom limit	
07.0139	振动能带	vibrational band	
07.0140	振动激发	vibrational excitation	
07.0141	虚跃迁	virtual transition	
07.0142	维格纳阈值定律	Wigner threshold law	
07.0143	零程近似	zero-range approximation	
07.0144	最高已占分子轨道	highest occupied molecular orbit, HOMO	
07.0145	最低未占分子轨道	lowest unoccupied molecular orbit, LUMO	
07.0146	振子强度	oscillator strength	
07.0147	等电子序	isoelectronic sequence	
07.0148	局域交换势	local exchange potential	
07.0149	宏观极化	macroscopic polarization	
07.0150	磁弛豫	magnetic relaxation	
07.0151	消除点	cancellation point	
07.0152	双稳性	bistability	
07.0153	萃取势	extraction potential	
07.0154	同核分子	homonuclear molecule	
07.0155	洪德耦合方式	Hund case	
07.0156	回避交叉	avoided crossing	
07.0157	光频饴	optical molasses	
07.0158	光学势	optical potential	
07.0159	对耦合	pair coupling	
07.0160	参变混合	parametric mixing	
07.0161	祖源	parentage	
07.0162	彭宁电离	Penning ionization	
07.0163	相位约定	phase convention	
07.0164	势脊	potential ridge	
07.0165	准分子	quasi-molecule	
07.0166	电偶极跃迁	electric dipole transition	

序　号	汉　文　名	英　文　名	注　释
07.0167	无辐射跃迁	radiationless transition	
07.0168	射频[波]谱	radio-frequency spectrum	
07.0169	变[化]率方程	rate equation	
07.0170	反应矩阵	reaction matrix	

08．凝聚体物理学

序　号	汉　文　名	英　文　名	注　释
08.0001	凝聚体物理[学]	condensed matter physics	又称"凝聚态物理[学]"。
08.0002	固体物理[学]	solid state physics	又称"固态物理[学]"。
08.0003	晶体物理[学]	crystal physics	
08.0004	非晶体物理[学]	physics of amorphous matter	
08.0005	金属物理[学]	metal physics	
08.0006	半导体物理[学]	semiconductor physics	
08.0007	介电体物理[学]	physics of dielectrics	
08.0008	液晶物理[学]	physics of liquid crystals	
08.0009	表面物理[学]	surface physics	
08.0010	低温物理[学]	low temperature physics	
08.0011	高压物理[学]	high pressure physics	
08.0012	介观物理[学]	mesoscopic physics	
08.0013	物性学	properties of matter	
08.0014	发光学	luminescence	
08.0015	低维物理[学]	low dimensional physics	
08.0016	高分子物理[学]	polymer physics	
08.0017	材料科学	material science	
08.0018	凝聚体	condensed matter	
08.0019	凝聚态	condensed state	
08.0020	物质结构	structure of matter	
08.0021	微结构	microstructure	
08.0022	宏[观]结构	macrostructure	
08.0023	介观结构	mesoscopic structure, mesostructure	

序 号	汉 文 名	英 文 名	注 释

08.01 结 构

序号	汉文名	英文名	注释
08.0024	晶体学	crystallography	
08.0025	几何晶体学	geometrical crystallography	
08.0026	结构晶体学	structural crystallography	
08.0027	X 射线晶体学	X-ray crystallography	
08.0028	晶态	crystalline state	
08.0029	晶体	crystal	
08.0030	准晶态	quasi-crystalline state	
08.0031	准晶	quasi-crystal	
08.0032	周期性排列	periodic arrangement	
08.0033	均匀性	homogeneity	
08.0034	自限性	self-limitation	
08.0035	单晶[体]	single crystal, monocrystal	
08.0036	孪晶[体]	twin [crystal], bicrystal	
08.0037	多晶[体]	polycrystal	
08.0038	半晶态	semi-crystalline state	
08.0039	多型性	polytypism	
08.0040	微晶[体]	microcrystal, crystallite	
08.0041	宏晶[体]	macrocrystal	
08.0042	纳米晶体	nano-crystal	
08.0043	晶粒	[crystalline] grain	
08.0044	亚晶粒	subgrain	
08.0045	晶[粒间]界	grain boundary	
08.0046	亚晶界	sub-boundary	
08.0047	晶体多面体	crystal polyhedron	
08.0048	晶棱	crystal edge	
08.0049	晶列	crystal column	
08.0050	晶面	crystal face, crystallographic plane	
08.0051	晶形	crystal form	
08.0052	单形	simple form	
08.0053	二形性	dimorphism	
08.0054	开形	open form	
08.0055	闭形	closed form	
08.0056	对映单形	enantiomorphous form	
08.0057	晶面指数	indices of crystal plane	
08.0058	米勒指数	Miller indices	

序 号	汉 文 名	英 文 名	注 释
08.0059	晶面矢	crystal plane vector	
08.0060	晶向	crystal direction	
08.0061	晶向指数	indices of crystal direction	
08.0062	晶向矢	crystal direction vector	
08.0063	面间角恒定[定]律	law of constancy of interfacial angles	
08.0064	有理指数[定]律	law of rational indices	
08.0065	对称定律	law of symmetry	
08.0066	晶带	crystal zone	
08.0067	晶带轴	zone axis	
08.0068	晶带指数	zone index	
08.0069	晶带定律	zone law	
08.0070	晶体结构	crystal structure	
08.0071	晶格	[crystal] lattice	
08.0072	格点	lattice point	
08.0073	格矢	lattice vector	
08.0074	格面	lattice plane	
08.0075	格面网	lattice plane net	
08.0076	二维格	two-dimensional lattice	
08.0077	格点行	lattice [point] row	
08.0078	空间格点	space lattice	
08.0079	布拉维格	Bravais lattice	
08.0080	初基格	primitive lattice	
08.0081	底心格	base-centered lattice	
08.0082	体心格	body-centered lattice	
08.0083	面心格	face-centered lattice	
08.0084	菱面体格	rhombohedral lattice	
08.0085	晶胞	cell	
08.0086	原胞	primitive cell	
08.0087	单胞	unit cell	
08.0088	晶胞参量	crystal cell parameter	
08.0089	晶格常量	lattice constant	
08.0090	维格纳－塞茨单胞	Wigner-Seitz unit cell	
08.0091	[结构]基元	basis	
08.0092	约化胞	reduced cell	
08.0093	超晶格	superlattice	

序　号	汉　文　名	英　文　名	注　释
08.0094	亚晶格	sublattice	
08.0095	三轴坐标系	three-axis coordinate system	
08.0096	四轴坐标系	four-axis coordinate system	
08.0097	晶轴	crystallographic axis	
08.0098	晶轴角	crystallographic axial angle	
08.0099	晶系	crystal system, syngony	
08.0100	三斜晶系	triclinic system	
08.0101	单斜晶系	monoclinic system	
08.0102	正交晶系	orthorhombic system	
08.0103	三角晶系	trigonal system	
08.0104	四角晶系	tetragonal system	
08.0105	六角晶系	hexagonal system	
08.0106	立方晶系	cubic system	
08.0107	晶体学对称	crystallographic symmetry	
08.0108	非晶体学对称	noncrystallographic symmetry	
08.0109	点对称	point symmetry	
08.0110	空间对称	space symmetry	
08.0111	平移对称	translation symmetry	
08.0112	色对称	color symmetry	
08.0113	对称操作	symmetry operation	
08.0114	对称元素	symmetry element	
08.0115	点对称操作	point symmetry operation	
08.0116	转动轴	rotation axis	
08.0117	n重轴	n-fold axis	
08.0118	对称轴	axis of symmetry	
08.0119	反映	reflection	镜象映射。
08.0120	反映面	reflection plane	
08.0121	对称面	plane of symmetry	
08.0122	反演	inversion	
08.0123	反演中心	inversion center	
08.0124	反演对称性	inversion symmetry	
08.0125	空间对称操作	space symmetry operation	
08.0126	平移矢[量]	translation vector	
08.0127	滑移面	glide plane	
08.0128	滑移反射	glide reflection	
08.0129	螺旋[旋转]	screw [rotation]	
08.0130	螺旋轴	screw axis	

序 号	汉 文 名	英 文 名	注 释
08.0131	对称操作群	group of symmetry operations	
08.0132	恒等操作	identity operation	
08.0133	单位操作	unit operation	
08.0134	逆操作	inverse operation	
08.0135	点群	point group	
08.0136	晶类	crystal class	
08.0137	单轴群	monad group	
08.0138	二面体群	dihedral group	
08.0139	四面体群	tetrahedral group	
08.0140	八面体群	octahedral group	
08.0141	劳厄对称群	Laue-symmetry group	
08.0142	极限群	limiting group	
08.0143	十二面体群	dodecahedral group	
08.0144	二十面体群	icosahedral group	
08.0145	全面体对称	holosymmetry, holohedral symmetry	
08.0146	申夫利斯符号	Schönflies symbol	一种旧的表示点群和空间群的符号。曾用名"熊夫利符号"。
08.0147	国际[晶体]符号	international [crystal] symbol	一种通用的表示点群和空间群的符号。
08.0148	特征标	character	
08.0149	特征标表	character table	
08.0150	平移群	translation group	
08.0151	布拉维群	Bravais group	
08.0152	空间群	space group	
08.0153	反对称群	antisymmetry group	
08.0154	磁群	magnetic group	
08.0155	色群	color group	又称"舒布尼科夫群(Shubnikov group)"。
08.0156	黑白群	black-and-white group	
08.0157	灰[色]群	gray group	
08.0158	球面投影	spherical projection	
08.0159	极射赤面投影	stereographic projection	
08.0160	乌尔夫网	Wulff net	
08.0161	倒易空间	reciprocal space	
08.0162	倒[易]格	reciprocal lattice	

序　号	汉　文　名	英　文　名	注　释
08.0163	倒易[单]胞	reciprocal [unit] cell	
08.0164	倒格矢	reciprocal-lattice vector	
08.0165	倒格点	reciprocal-lattice point	
08.0166	主轴	principal axis	
08.0167	孪晶律	twin law	
08.0168	密堆积	close packing	
08.0169	立方密[堆]积	cubic close packing	
08.0170	六角密[堆]积	hexagonal close packing	
08.0171	配位多面体	coordination polyhedron	
08.0172	配位数	coordination number	
08.0173	布拉格矢量	Bragg vector	
08.0174	指标化	indexing	
08.0175	原子散射因子	atomic scattering factor	
08.0176	相干散射	coherent scattering	
08.0177	相干散射长度	coherent scattering length	
08.0178	吸收校正	absorption correction	
08.0179	消光校正	extinction correction	
08.0180	德拜－沃勒因子	Debye-Waller factor	
08.0181	劳厄法	Laue method	
08.0182	回摆照相	oscillation photograph	
08.0183	粉末衍射仪	powder diffractometer	
08.0184	四圆衍射仪	four-circle diffractometer	
08.0185	结构分析	structure analysis	
08.0186	结构因子	structure factor	
08.0187	傅里叶综合[法]	Fourier synthesis	
08.0188	差分傅里叶综合[法]	difference Fourier synthesis	
08.0189	帕特森法	Patterson method	
08.0190	同形置换法	isomorphous replacement	
08.0191	直接法	direct method	
08.0192	结构细化	structure refinement	
08.0193	积分强度	integrated intensity	
08.0194	理想晶体	ideal crystal	
08.0195	近完美晶体	nearly perfect crystal	
08.0196	含水晶体	hydrated crystal	
08.0197	晶须	[crystal] whisker	
08.0198	形貌术	topography	

序　号	汉　文　名	英　文　名	注　　释
08.0199	X 射线衍射形貌术	X-ray diffraction topography	
08.0200	同步辐射形貌术	synchrotron radiation topography	
08.0201	嵌镶晶体	mosaic crystal	
08.0202	热漫散射	thermal diffuse scattering	
08.0203	黄昆散射	Huang scattering	
08.0204	小角散射	small angle scattering	
08.0205	晶体结合	crystal binding	
08.0206	原子间力	interatomic force	
08.0207	电子亲和势	electron affinity	
08.0208	共价键合	covalent bonding	
08.0209	键杂化[作用]	bond hybridization	
08.0210	离子键合	ionic bonding	
08.0211	居间键	intermediate bond	
08.0212	范德瓦耳斯互作用	van der Waals interaction	
08.0213	分子晶体	molecular crystal	
08.0214	离子晶体	ionic crystal	
08.0215	马德隆能[量]	Madelung energy	
08.0216	玻恩－迈耶势	Born-Mayer potential	
08.0217	马德隆常数	Madelung constant	
08.0218	玻恩－哈伯循环	Born-Haber cycle	
08.0219	共价晶体	covalent crystal	
08.0220	金属键合	metallic bonding	
08.0221	氢键	hydrogen bond	
08.0222	成键态	bonding state	
08.0223	反键态	antibonding state	
08.0224	成键电子	bonding electron	
08.0225	内聚能	cohesive energy	
08.0226	体积弹性模量	bulk modulus	简称"体弹模量"。
08.0227	格点和	lattice sum	
08.0228	色心	color center	
08.0229	固体离子学	solid state ionics	
08.0230	快离子导体	fast ionic conductor	
08.0231	离子电导率	ionic conductivity	
08.0232	自由离子模型	free-ion model	
08.0233	离子器件	ionic device	

序　号	汉　文　名	英　文　名	注　释
08.0234	路径概率法	path probability method	
08.0235	缺陷	defect	
08.0236	晶体缺陷	crystal defect	
08.0237	点缺陷	point defect	
08.0238	肖特基缺陷	Schottky defect	
08.0239	弗仑克尔缺陷	Frenkel defect	
08.0240	可动缺陷	mobile defect	
08.0241	反位缺陷	antistructure defect	
08.0242	位错	dislocation	
08.0243	位错堆积	pile-up of dislocations	
08.0244	位错割阶	jog of dislocation	
08.0245	位错扭折	kink of dislocation	
08.0246	伯格斯矢[量]	Burgers vector	
08.0247	弗兰克－里德[位错]源	Frank-Read [dislocation] source	
08.0248	巴丁－赫林[位错]源	Bardeen-Herring [dislocation] source	
08.0249	反相畴	antiphase domain	
08.0250	堆垛层错	stacking fault	
08.0251	向错	disclination	
08.0252	位错滑移	slip of dislocation	
08.0253	位错攀移	climb of dislocation	
08.0254	包裹体	inclusion	
08.0255	缀饰法	decoration	
08.0256	向位错	dispiration	
08.0257	晶体生长	crystal growth	
08.0258	单晶生长	growth of single crystal	
08.0259	熔盐生长	flux growth	
08.0260	水热法生长	hydrothermal growth	
08.0261	水溶液生长	aqueous solution growth	
08.0262	焰熔法	flame fusion method	
08.0263	溶质分凝	solute segregation	
08.0264	枝晶生长	dendritic growth	
08.0265	生长动理学	growth kinetics	
08.0266	小面生长	facet growth	
08.0267	成核	nucleation	
08.0268	晶核	crystal nucleus	

序 号	汉 文 名	英 文 名	注 释
08.0269	晶格动力学	lattice dynamics	
08.0270	简谐近似	harmonic approximation	
08.0271	非谐力	anharmonic force	
08.0272	声学模	acoustic mode	
08.0273	光学模	optical mode	
08.0274	格波	lattice wave	
08.0275	格波动量	lattice wave momentum, crystal momentum	
08.0276	爱因斯坦模型	Einstein model	
08.0277	德拜模型	Debye model	
08.0278	动力学矩阵	dynamical matrix	
08.0279	埃瓦尔德变换	Ewald transformation	
08.0280	定域模	localized mode	
08.0281	晶格弛豫	lattice relaxation	
08.0282	晶格热导率	lattice thermal conductivity	
08.0283	多声子过程	multiphonon process	
08.0284	零点振动	zero-point vibration	
08.0285	非晶态	amorphous state	
08.0286	非晶体	amorphous matter, noncrystal	
08.0287	玻璃	glass	
08.0288	玻璃化转变	glass transition, vitrification	
08.0289	玻璃化[转变]温度	glass transition temperature	
08.0290	时温转变图	time-temperature-transformation diagram	非晶体形成时的。简称"3T 图(3T diagram)"。
08.0291	急冷	rapid cooling	
08.0292	熔态旋凝法	melt-spinning method	
08.0293	熔态淬火法	melt-quenching method	
08.0294	冷底板淬火法	splat-quenching method	
08.0295	激光玻璃化法	laser glazing method	
08.0296	气相沉积法	vapor-deposition method	
08.0297	尺寸效应	size effect	
08.0298	晶性	crystallinity	
08.0299	固体性	solidity	
08.0300	流体性	fluidity	
08.0301	中程序	medium-range-order, MRO	

序 号	汉文名	英文名	注 释
08.0302	几何短程序	geometrical short-range-order, GSRO	
08.0303	化学短程序	chemical short-range-order, CSRO	
08.0304	替代[式]无序	substitutional disorder	
08.0305	结构无序	structural disorder	
08.0306	拓扑无序	topological disorder	
08.0307	混晶	mixed crystal	指成分混合的。
08.0308	成分无序	compositional disorder	
08.0309	塑性晶体	plastic crystal	
08.0310	取向无序	orientational disorder	
08.0311	格座	lattice site	
08.0312	座无序	site disorder	
08.0313	键无序	bond disorder	
08.0314	淬致无序	quenched disorder	
08.0315	声子回波	phonon echo	
08.0316	虚晶[体]近似	virtual crystal approximation, VCA	
08.0317	平均 t 矩阵近似	average t-matrix approximation, ATA	
08.0318	相干势近似	coherent potential approximation, CPA	
08.0319	密耦[合]近似	close-coupling approximation	
08.0320	微晶模型	microcrystalline model	
08.0321	聚合物位形模型	polymer-configuration model	
08.0322	自由体积模型	free-volume model	
08.0323	氧化物玻璃	oxide glass	
08.0324	有机玻璃	organic glass	
08.0325	有机聚合物	organic polymer	
08.0326	硫属玻璃	chalcogenide glass	
08.0327	非晶半导体	amorphous semiconductor	
08.0328	非晶硅	amorphous silicon	
08.0329	金属玻璃	metallic glass, metglass	
08.0330	铁磁玻璃	ferromagnetic glass	
08.0331	超导[电]玻璃	superconducting glass	
08.0332	无规网络	random network	
08.0333	连续无规网络	continuous-random network, CRN	
08.0334	无规密堆积	dense random packing, random	

序　号	汉　文　名	英　文　名	注　释
		close packing, RCP	
08.0335	无规线团模型	random coil model	
08.0336	随机几何学	stochastic geometry	
08.0337	配位层	coordination shell	
08.0338	干涉函数	interference function	
08.0339	[部]分干涉函数	partial interference function	
08.0340	[部]分径向分布 函数	partial radial distribution function, partial RDF	
08.0341	扩展 X 射线吸 收精细结构	extended X-ray absorption fine structure, EXAFS	
08.0342	固态镶嵌	solid tesselation	
08.0343	沃罗努瓦多面体	Voronoi polyhedron	
08.0344	沃罗努瓦泡沫	Voronoi froth	
08.0345	重构	reconstruction	
08.0346	统计蜂房[格]	statistical honeycomb [lattice]	
08.0347	几何近邻	geometric neighbor	
08.0348	邻接	contiguity	
08.0349	邻接对	contiguous pair	
08.0350	邻接数	contiguity number	
08.0351	局域密堆积	local close packing	
08.0352	短程密度	short-range density	
08.0353	长程密度	long-range density	
08.0354	单纯图	simplicial graph	
08.0355	对偶图	dual graph	
08.0356	沃罗努瓦分割	Voronoi division	
08.0357	德洛奈分割	Delaunay division	
08.0358	共价键网络	covalent[ly bonded] network	
08.0359	共价图	covalent graph	
08.0360	子图	subgraph	
08.0361	共价玻璃	covalent glass	
08.0362	缀饰变换	decoration transformation	
08.0363	缀饰格	decorated lattice	
08.0364	缀饰蜂房[格]	decorated honeycomb [lattice]	
08.0365	悬键	dangling bond	
08.0366	环统计[分布]	ring statistics	逾渗中 n 元环出现 的频度分布。
08.0367	波尔克模型	Polk model	

序　号	汉　文　名	英　文　名	注　释
08.0368	二面角统计[分布]	dihedral angle statistics	
08.0369	遮掩[键]位形	eclipsed [bond] configuration	
08.0370	交错[键]位形	staggered [bond] configuration	
08.0371	椅位形	chair configuration	
08.0372	船位形	boat configuration	
08.0373	键弯[振动]模	bond-bending [vibration] mode	
08.0374	键伸[振动]模	bond-stretching [vibration] mode	
08.0375	桥接原子	bridging atom	
08.0376	分子固体	molecular solid	
08.0377	最大共价键	maximally covalent bond	
08.0378	网络维数	network dimensionality	
08.0379	零维网络固体	zero-dimensional network solid	
08.0380	一维网络固体	one-dimensional network solid	
08.0381	二维网络固体	two-dimensional network solid	
08.0382	三维网络固体	three-dimensional network solid	
08.0383	聚合度	degree of polymerization	
08.0384	键开关	bond switching	
08.0385	键重构	bond reconstruction	
08.0386	光致结晶	photocrystallization	
08.0387	成分自由度	compositional [degree of] freedom	
08.0388	扩展链	extended chain	
08.0389	几何无序	geometrical disorder	
08.0390	网络形成物	network former	
08.0391	网络调节物	network modifier	
08.0392	理想玻璃	ideal glass	
08.0393	8−n 定则	eight-minus-n rule, 8−n rule	
08.0394	内部未满足键	interior unsatisfied bond	
08.0395	拓扑缺陷	topological defect	
08.0396	变价	valence alternation	
08.0397	变价对	valence alternation pair, VAP	
08.0398	拓扑变换	topological transformation	
08.0399	共轭缺陷	conjugate defect	
08.0400	三重分支点	threefold branch point	
08.0401	拓扑奇点	topological singularity	
08.0402	紧密变价对	intimate valence alternation pair, IVAP	

序　号	汉　文　名	英　文　名	注　　释
08.0403	链悬环	pendant	
08.0404	循链长度	contour length	
08.0405	球粒	nodule	
08.0406	自回避无规行走	self-avoiding random walk, SARW	
08.0407	柔链位形	flexible chain configuration	
08.0408	端距长度	end-to-end length	
08.0409	醉鸟飞行	drunken bird flight	三维无规行走。
08.0410	溶胀线团	swollen coil	
08.0411	交叠线团	overlapping coil	
08.0412	体斥效应	excluded volume effect	
08.0413	逾渗模型	percolation model	
08.0414	无规电阻网络	random resistor network	
08.0415	溶胶	sol	
08.0416	凝胶	gel	
08.0417	凝胶化	gelation	
08.0418	凝胶化点	gelation point	
08.0419	溶胶凝胶转变	sol-gel transition	
08.0420	硅胶	silica gel	
08.0421	枝状聚合	dendritic polymerization	
08.0422	定域态	localized state	
08.0423	扩展态	extended state	
08.0424	定域化	localization	
08.0425	退定域	delocalization	
08.0426	安德森转变	Anderson transition	
08.0427	缺陷定域态	defect localized state	
08.0428	安德森定域	Anderson localization	
08.0429	安德森判据	Anderson criterion	
08.0430	定域态区	localized state regime	
08.0431	扩展态区	extended state regime	
08.0432	迁移率边	mobility edge	扩展态和定域态的分界。
08.0433	迁移率隙	mobility gap	两迁移率边之间的能隙。
08.0434	定域带尾态	localized band-tail state	
08.0435	安德森模型	Anderson model	
08.0436	定域子	locator	

序　号	汉　文　名	英　文　名	注　释
08.0437	响应率跳变	susceptibility jump	
08.0438	莫特转变	Mott transition	
08.0439	莫特绝缘体	Mott insulator	
08.0440	定域长度	localization length	
08.0441	布洛赫转变	Bloch transition	
08.0442	金属绝缘体转变	metal-insulator transition	
08.0443	压淬	pressure quenching	
08.0444	扩散游移	diffusive excursion	
08.0445	稠密相	dense phase	
08.0446	类固元胞	solidlike cell	
08.0447	类液元胞	liquidlike cell	
08.0448	类液集团	liquidlike cluster	
08.0449	公有熵	communal entropy	
08.0450	位形熵	configuration entropy	
08.0451	局域有序	local order	
08.0452	键结构	bond structure	
08.0453	化学成键	chemical bonding	
08.0454	杂化[作用]	hybridization	
08.0455	成键	bonding	
08.0456	反[成]键	antibonding	
08.0457	反键成键分裂	antibonding-bonding splitting	
08.0458	非[成]键电子	nonbonding electron	
08.0459	孤对电子	lone-pair electron	
08.0460	变程跳跃	variable-range hopping	
08.0461	弥散输运	dispersive transport	
08.0462	电流谱	current spectrum	
08.0463	反应场	reaction field	
08.0464	可靠性	reliability	

08.02　固体及其性质

序　号	汉　文　名	英　文　名	注　释
08.0465	金属	metal	
08.0466	碱金属	alkaline metal	
08.0467	碱土金属	alkali-earth metal	
08.0468	贵金属	noble metal	
08.0469	过渡金属	transition metal	
08.0470	稀有金属	rare metal	
08.0471	稀土金属	rare-earth metal	

序　号	汉　文　名	英　文　名	注　　释
08.0472	锕系金属	actinide metals	
08.0473	合金	alloy	
08.0474	坡莫合金	permalloy	又称"高导磁合金"。
08.0475	罗斯合金	Rose metal	一种低熔合金。
08.0476	形状记忆合金	shape-memory alloy	
08.0477	超微颗粒	ultrafine particle	
08.0478	纤维增强复合材料	fiber reinforced composite material	
08.0479	金属陶瓷	metallic ceramics	
08.0480	储氢材料	hydrogen-storage material	
08.0481	固溶体	solid solution	
08.0482	居间相	intermediate phase	
08.0483	居间价化合物	intermediate-valence compound	
08.0484	电子[性]化合物	electron compound	指合金结构。
08.0485	填隙式合金	interstitial alloy	
08.0486	多型体	polytype	
08.0487	休姆-罗瑟里定则	Hume-Rothery rule	
08.0488	费伽德定律	Vegard law	
08.0489	刚[能]带模型	rigid band model	
08.0490	超结构	superstructure	
08.0491	卡斯珀[配位]多面体	Kasper [coordination] polyhedron	
08.0492	亚稳相	metastable phase	
08.0493	杠杆定则	lever rule	
08.0494	共晶转变	eutectic transformation	
08.0495	共晶停点	rest of eutectic	
08.0496	偏晶转变	monotectic transformation	
08.0497	包晶转变	peritectic transformation	
08.0498	包晶停点	rest of peritectic	
08.0499	同成分熔化	congruent melting	
08.0500	异成分熔化	incongruent melting	
08.0501	液[相]线	liquidus [line]	
08.0502	固[相]线	solidus [line]	
08.0503	溶线	solubility curve, solvus	
08.0504	烧结	sintering	
08.0505	偏析	segregation	

序　号	汉　文　名	英　文　名	注　　释
08.0506	偏析系数	segregation coefficient	
08.0507	脱溶[作用]	precipitation	
08.0508	腐蚀	corrosion	
08.0509	失稳分解	spinodal decomposition	
08.0510	失稳[分解]点	spinodal decomposition point	
08.0511	马氏体	martensite	
08.0512	珠光体	pearlite	
08.0513	贝氏体	bainite	
08.0514	奥氏体	austenite	
08.0515	渗炭体	cementite	
08.0516	铁素体	ferrite	在生铁或钢中未与碳结合的铁。
08.0517	择尤分凝	preferential partition	
08.0518	退火	annealing	
08.0519	淬火	quenching	
08.0520	回火	tempering	
08.0521	老化	aging	
08.0522	时效硬化	age-hardening	
08.0523	时效沉积	age-deposition	
08.0524	共格界面	coherent interface	
08.0525	非共格界面	incoherent interface	
08.0526	半共格界面	semicoherent interface	
08.0527	弹性应力	elastic stress	
08.0528	弹性模量	elastic modulus, modulus of elasticity	
08.0529	弹性能	elastic energy	
08.0530	逆弹性	dielasticity	
08.0531	弹性后效	elastic after-effect	
08.0532	赝弹性	pseudoelasticity	
08.0533	滞弹性	anelasticity	
08.0534	黏弹性	viscoelasticity	
08.0535	铁弹性	ferroelasticity	
08.0536	内耗	internal friction	
08.0537	蠕变	creep	
08.0538	葛庭燧扭摆	Ke torsion pendulum	
08.0539	疲劳	fatigue	
08.0540	疲劳限[度]	fatigue limit	

序　号	汉　文　名	英　文　名	注　释
08.0541	包辛格效应	Bauschinger effect	
08.0542	硬度	hardness	
08.0543	刚度	rigidity	
08.0544	微塑性	microplasticity	
08.0545	黏塑性	viscoplasticity	
08.0546	超塑性	superplasticity	
08.0547	屈服强度	yield strength	
08.0548	断裂强度	fracture strength	
08.0549	极限强度	ultimate strength	
08.0550	理论强度	theoretical strength	
08.0551	滑移带	slip band	
08.0552	扭折带	kink band	
08.0553	多边形化	polygonization	
08.0554	再结晶	recrystallization	
08.0555	织构	texture	
08.0556	加工硬化	work hardening	
08.0557	解理	cleavage	
08.0558	脆[性断]裂	brittle fracture	
08.0559	延性[断]裂	ductile fracture	
08.0560	微裂纹萌生	microcrack initiation	
08.0561	热脆性	hot shortness, red shortness	
08.0562	延脆转变	ductile-brittle transition	
08.0563	氢脆	hydrogen embrittlement	
08.0564	裂纹扩展	crack propagation	
08.0565	辐照效应	irradiation effect	
08.0566	沟道效应	channel[ing] effect	
08.0567	金相技术	metallographic technique	
08.0568	声发射	acoustic emission	
08.0569	结构弛豫	structural relaxation	
08.0570	径向结构函数	radial structure function	
08.0571	能[量色]散 X 射线衍射	energy dispersion X-ray diffraction, EDXD	
08.0572	复型技术	replica technique	
08.0573	电子衍射技术	electron diffraction technique	
08.0574	菊池图样	Kikuchi pattern	
08.0575	衍射衬比度	diffraction contrast	
08.0576	电子探针微区分	electron probe microanalysis,	

序 号	汉 文 名	英 文 名	注 释
	析	EPMA	
08.0577	电子能耗谱仪	electron energy loss spectrometer, EELS	
08.0578	p 型半导体	p-type semiconductor	
08.0579	n 型半导体	n-type semiconductor	
08.0580	内禀半导体	intrinsic semiconductor	
08.0581	外赋半导体	extrinsic semiconductor	
08.0582	简并半导体	degeneracy semiconductor	
08.0583	载流子	charge carrier, [current] carrier	
08.0584	内禀载流子	intrinsic carrier	
08.0585	光生载流子	photocarrier	
08.0586	多[数载流]子	majority carrier	
08.0587	少[数载流]子	minority carrier	
08.0588	非平衡载流子	nonequilibrium carrier	
08.0589	内建场	built-in field	
08.0590	受主	acceptor	
08.0591	施主	donor	
08.0592	多子浓度	majority carrier density	
08.0593	少子浓度	minority carrier density	
08.0594	复合率	recombination rate	
08.0595	产生率	generation rate	
08.0596	施主浓度	donor density	
08.0597	受主浓度	acceptor density	
08.0598	内禀载流子浓度	intrinsic carrier density	
08.0599	施主电离能	donor ionization energy	
08.0600	受主电离能	acceptor ionization energy	
08.0601	能隙	energy gap	
08.0602	直接带隙	direct band gap	
08.0603	间接带隙	indirect band gap	
08.0604	激活能	activation energy	
08.0605	杂质	impurity	
08.0606	杂质能级	impurity level	
08.0607	自旋简并性	spin degeneracy	
08.0608	双性杂质	amphoteric impurity	
08.0609	中性杂质	neutral impurity	
08.0610	致命杂质	deathnium	
08.0611	除杂区	denuded zone	

序　号	汉　文　名	英　文　名	注　释
08.0612	基区掺杂	base doping	
08.0613	晶格散射	lattice scattering	
08.0614	谷际散射	intervalley scattering	
08.0615	谷内散射	intravalley scattering	
08.0616	回旋共振	cyclotron resonance	
08.0617	多谷模型	many valley model	
08.0618	谷分裂	valley splitting	
08.0619	埃廷斯豪森效应	Ettingshausen effect	
08.0620	能斯特效应	Nernst effect	
08.0621	泽贝克效应	Seebeck effect	
08.0622	汤姆孙效应	Thomson effect	
08.0623	里吉－勒迪克效应	Righi-Leduc effect	
08.0624	等温霍尔效应	isothermal Hall effect	
08.0625	绝热霍尔效应	adiabatic Hall effect	
08.0626	带尾	band tail	
08.0627	隙能级	gap level	
08.0628	隙[内]态	state in gap	
08.0629	跳跃电导性	hopping conductivity	
08.0630	反常霍尔效应	anomalous Hall effect	
08.0631	压电晶体	piezoelectric crystal, piezocrystal	
08.0632	声电效应	acoustoelectric effect	
08.0633	载流子注入	carrier injection	
08.0634	载流子复合	carrier recombination	
08.0635	复合中心	recombination center	
08.0636	俘获截面	capture cross-section	
08.0637	陷阱	trap	
08.0638	扩散长度	diffusion length	
08.0639	漂移迁移率	drift mobility	
08.0640	双极扩散系数	ambipolar diffusion coefficient	
08.0641	双极[漂移]迁移率	ambipolar [drift] mobility	
08.0642	浅能级	shallow level	
08.0643	深能级	deep level	
08.0644	分界能级	demarcation level	
08.0645	深能级暂态谱学	deep level transient spectroscopy, DLTS	

序　号	汉　文　名	英　文　名	注　释
08.0646	电子包	packet of electrons	
08.0647	空穴包	packet of holes	
08.0648	空位团	vacancy cluster	
08.0649	暗噪声	dark noise	
08.0650	能带变窄	band narrowing	
08.0651	pn 结	p-n junction	
08.0652	突变结	abrupt junction	
08.0653	缓变结	graded junction	
08.0654	超突变结	hyperabrupt junction	
08.0655	肖特基势垒	Schottky barrier	
08.0656	莫特势垒	Mott barrier	
08.0657	空间电荷区	space charge region	
08.0658	表面积累层	surface accumulation layer	
08.0659	表面耗尽层	surface depletion layer	
08.0660	表面复合	surface recombination	
08.0661	反型层	inversion layer	
08.0662	场效应	field effect	
08.0663	金属－半导体接触	metal-semiconductor contact	
08.0664	光电导[性]	photoconductivity	
08.0665	半导体材料	semiconductor material	
08.0666	氧化物半导体	oxide semiconductor	
08.0667	有机半导体	organic semiconductor	
08.0668	聚合物半导体	polymer semiconductor	
08.0669	半导体陶瓷	semiconductor ceramics	
08.0670	玻璃半导体	glass semiconductor	
08.0671	液态半导体	liquid semiconductor	
08.0672	磁性半导体	magnetic semiconductor	
08.0673	硅	silicon	
08.0674	锗	germanium	
08.0675	砷化镓	gallium arsenide, GaAs	
08.0676	锑化铟	indium antimonide, InSb	
08.0677	磷化镓	gallium phosphide, GaP	
08.0678	磷化铟	indium phosphide, InP	
08.0679	硫化镉	cadmium sulfide, CdS	
08.0680	碲化镉	cadmium telluride, CdTe	
08.0681	硫化锌	zinc sulphide, ZnS	

序　号	汉　文　名	英　文　名	注　释
08.0682	氧化锡	tin oxide, SnO_2	
08.0683	氧化亚铜	cuprous oxide, Cu_2O	
08.0684	氧化钛	titanium dioxide, TiO_2	
08.0685	Ⅲ－Ⅴ族化合物半导体	Ⅲ-Ⅴ compound semiconductor	
08.0686	Ⅱ－Ⅵ族化合物半导体	Ⅱ-Ⅵ compound semiconductor	
08.0687	多硅结构	polycide	多晶硅(polysilicon)和硅化物(silicide)的复合结构。
08.0688	浮区法	float-zone method	
08.0689	固相外延	solid phase epitaxy	
08.0690	液相外延	liquid phase epitaxy, LPE	
08.0691	区域精炼	zone refining	
08.0692	微缺陷	microdefect	
08.0693	中子嬗变掺杂	neutron transmutation doping, NTD	
08.0694	自掺杂	autodoping	
08.0695	晶格失配	lattice mismatch	
08.0696	层状材料	layer material	
08.0697	净化	cleaning	又称"清洁处理"。
08.0698	刻蚀	etching	
08.0699	原子力显微镜	atomic force microscope	
08.0700	侵蚀	etching	
08.0701	沉积	deposition	
08.0702	镀膜	coating	
08.0703	光刻[术]	photolithography	
08.0704	平面工艺	planar technology	
08.0705	植入	implantation	
08.0706	离子植入	ion implantation	又称"离子注入"。
08.0707	外延	epitaxy	
08.0708	真空蒸发	vacuum evaporation	
08.0709	电子束蒸发	electron-beam evaporation	
08.0710	化学气相沉积	chemical vapor deposition, CVD	
08.0711	调制掺杂	modulation doping	
08.0712	激光退火	laser annealing	
08.0713	分子束外延	molecular beam epitaxy, MBE	

序 号	汉 文 名	英 文 名	注 释
08.0714	外延沉积	epitaxial deposition	
08.0715	同质外延	homoepitaxy	
08.0716	异质外延	heteroepitaxy	
08.0717	同质结	homojunction	
08.0718	异质结	heterojunction	
08.0719	异质结结构	heterostructure	
08.0720	组织	tissue	
08.0721	突变异质结	abrupt heterojunction	
08.0722	缓变异质结	graded heterojunction	
08.0723	量子阱	quantum well	
08.0724	量子线	quantum line	
08.0725	量子围栏	quantum corral	
08.0726	量子点	quantum dot	
08.0727	超注入	superinjection	
08.0728	固体电子学	solid state electronics	
08.0729	半导体电子学	semiconductor electronics	
08.0730	微电子学	microelectronics	
08.0731	可控硅整流器	silicon controlled rectifier, SCR	
08.0732	齐纳击穿	Zener breakdown	
08.0733	齐纳二极管	Zener diode	
08.0734	稳压二极管	voltage stabilizing diode	
08.0735	变容二极管	varactor	
08.0736	隧道二极管	tunnel diode	
08.0737	限累二极管	limited space-charge accumulation diode, LSA	
08.0738	激光二极管	laser diode	
08.0739	耿氏效应	Gunn effect	
08.0740	穿通效应	punch-through effect	
08.0741	箍断效应	pinch off effect	
08.0742	准费米能级	quasi Fermi level	
08.0743	欧姆接触	ohmic contact	
08.0744	电荷耦合器件	charge-coupled device, CCD	
08.0745	空间电荷置限电流	space-charge-limited current, SCLC	
08.0746	场效[应]管	field effect transistor, FET	
08.0747	结型场效[应]管	junction field effect transistor, JFET	

序　号	汉　文　名	英　文　名	注　释
08.0748	场效应器件	field effect device, FED	
08.0749	MOS 结构	MOS structure	全称"金属－氧化物－半导体结构(metal-oxide-semiconductor structure)"。
08.0750	MOS 场效管	MOS field effect transistor, MOS-FET	全称"金属－氧化物－半导体场效应晶体管"。
08.0751	MIS 结构	MIS structure	全称"金属－绝缘体－半导体结构(metal-insulator-semiconductor structure)"。
08.0752	绝缘栅场效[应]管	insulated-gate field effect transistor, IGFET	
08.0753	双栅场效[应]管	double-gate field effect transistor, double-gate FET	
08.0754	晶闸管	thyristor	
08.0755	电荷转移器件	charge transfer device, CTD	
08.0756	电荷注入器件	charge injection device, CID	
08.0757	功率半导体器件	power semiconductor device	
08.0758	光子器件	photonic device	
08.0759	光电子器件	optoelectronic device	
08.0760	磁敏器件	magnetosensitive sensor	
08.0761	温度敏感器件	temperature sensor	
08.0762	气敏器件	gas sensing device, gas sensor	
08.0763	光敏器件	photosensitive device	
08.0764	热敏器件	thermosensitive device	
08.0765	集成电路	integrated circuit, IC	
08.0766	大规模集成电路	large scale integrated circuit, LSI	
08.0767	超大规模集成电路	very large scale integrated circuit, VLSI	
08.0768	能带论	[energy] band theory	
08.0769	电子能谱	electronic energy spectrum	
08.0770	偶然简并性	accidental degeneracy	
08.0771	玻恩－奥本海默近似	Born-Oppenheimer approximation	
08.0772	独立电子近似	independent electron approximation	

序　号	汉　文　名	英　文　名	注　释
08.0773	布洛赫波函数	Bloch wave function	
08.0774	玻恩－冯卡门边界条件	Born-von Karman boundary condition	
08.0775	相容关系	compatibility relation	
08.0776	布里渊区	Brillouin zone	
08.0777	琼斯区	Jones zone	
08.0778	元胞法	cellular method	
08.0779	LCAO 法	LCAO method	全称"原子轨函线性组合法(linear combination of atomic orbital method)"。
08.0780	正交化平面波法	orthogonalized plane wave method	简称"OPW 法(OPW method)"。
08.0781	紧束缚近似	tight-binding approximation, TBA	
08.0782	正交紧束缚法	orthogonalized tight-binding method	简称"OTB 法(OTB method)"。
08.0783	自由电子模型	free-electron model	
08.0784	KKR 法	KKR method, Korringa-Kohn-Rostoker method	
08.0785	$\mathbf{k} \cdot \mathbf{p}$ 法	$\mathbf{k} \cdot \mathbf{p}$ method	
08.0786	波矢群	wave vector group	
08.0787	增广平面波法	augmented plane wave method	简称"APW 法(APW method)"。
08.0788	增广球面波法	augmented spherical wave method	简称"ASW 法(ASW method)"。
08.0789	原子球近似	atomic sphere approximation, ASA	
08.0790	线性[化]增广平面波法	linearized augmented plane wave method	简称"LAPW 法(LAPW method)"。
08.0791	线性[化]糕模轨函法	linearized muffin-tin orbital method	简称"LMTO 法(LMTO method)"。
08.0792	有效质量	effective mass	
08.0793	哈特里近似	Hartree approximation	
08.0794	哈特里－福克近似	Hartree-Fock approximation, HF approximation	
08.0795	托马斯－费米模型	Thomas-Fermi model	简称"TF 模型(TF model)"。

序 号	汉 文 名	英 文 名	注 释
08.0796	托马斯－费米－ 狄拉克模型	Thomas-Fermi-Dirac model	简称"TFD 模型 （TFD model）"。
08.0797	糕模势	muffin-tin potential	
08.0798	糕模近似	muffin-tin approximation	
08.0799	霍恩伯格－科恩 －沈[吕九]定 理	Hohenberg-Kohn-Sham theorem	简称"HKS 定理 （HKS theorem）"。
08.0800	密度泛函法	density functional method, DF method	
08.0801	自旋极化泛函	spin-polarized functional	
08.0802	局域密度泛函	local density functional, LDF	
08.0803	库普曼斯定理	Koopmans theorem	
08.0804	赫尔曼－费恩曼 定理	Hellmann-Feynman theorem	
08.0805	朗道能级	Landau level	
08.0806	克勒尼希－彭尼 模型	Kronig-Penney model	
08.0807	万尼尔函数	Wannier function	
08.0808	芯态	core state	
08.0809	能带结构	energy-band structure	
08.0810	导带	conduction band	
08.0811	价带	valence band	
08.0812	满带	filled band	
08.0813	禁带	forbidden band	
08.0814	带隙	band gap	
08.0815	多电子效应	many-electron effect	
08.0816	X 射线边问题	X-ray edge problem	
08.0817	极性介电体	polar dielectrics	
08.0818	介电极化	dielectric polarization	
08.0819	介电极化率	dielectric susceptibility	
08.0820	复电容率	complex permittivity	
08.0821	科尔－科尔图	Cole-Cole plot	
08.0822	介电吸收	dielectric absorption	
08.0823	介电损耗	dielectric loss	
08.0824	介电顺度	dielectric compliance	
08.0825	介电阻隔率	dielectric impermeability	
08.0826	介电频散	dielectric dispersion	

序　号	汉　文　名	英　文　名	注　释
08.0827	介电谱学	dielectric spectroscopy	
08.0828	介电弛豫	dielectric relaxation	
08.0829	德拜弛豫	Debye relaxation	
08.0830	洛伦兹场	Lorentz field	
08.0831	永偶极子	permanent dipole	
08.0832	克拉默斯－克勒尼希关系	Kramers-Kronig relation	又称"KK 关系(KK relation)"。
08.0833	弹性自由焓	elastic free enthalpy	
08.0834	电自由焓	electric free enthalpy	
08.0835	介电体击穿	dielectric breakdown	
08.0836	介电老化	dielectric aging	
08.0837	顺电性	paraelectricity	
08.0838	顺电共振	paraelectric resonance	
08.0839	非本征铁电体	improper ferroelectrics	
08.0840	反铁电体	antiferroelectrics	
08.0841	亚铁电体	ferrielectrics	
08.0842	自发极化	spontaneous polarization	
08.0843	[铁]电滞回线	ferroelectric hysteresis loop	
08.0844	电饱和	electric saturation	
08.0845	饱和极化强度	saturated polarization	
08.0846	剩余极化强度	remanent polarization	
08.0847	矫顽电场	coercive electric field	
08.0848	极化反转	polarization reversal	
08.0849	铁电畴	ferroelectric domain	
08.0850	铁电畴壁	ferroelectric domain wall	
08.0851	扬－特勒效应	Jahn-Teller effect	
08.0852	铁电相变	ferroelectric phase transition	
08.0853	铁电软模	ferroelectric soft mode	
08.0854	赝自旋机理	pseudospin mechanism	
08.0855	铁电隧道模	ferroelectric tunnel mode	
08.0856	铁弹体	ferroelastics	
08.0857	自发应变	spontaneous strain	
08.0858	矫顽应力	coercive stress	
08.0859	铁弹畴	ferroelastic domain	
08.0860	铁电铁磁体	ferroelectric ferromagnet	
08.0861	非晶介电体	amorphous dielectrics	
08.0862	铁电维度模型	ferroelectric dimension model	

序　号	汉　文　名	英　文　名	注　释
08.0863	铁性体	ferroic	铁电体与铁弹体的通称。
08.0864	同极电荷	homocharge	
08.0865	异极电荷	heterocharge	
08.0866	摩擦电	triboelectricity	
08.0867	压电常量	piezoelectric constant	
08.0868	电－力耦合	electromechanical coupling	
08.0869	力学品质因数	mechanical quality factor	
08.0870	电弹常量	electroelastic constant	
08.0871	压电振子	piezoelectric vibrator	
08.0872	压电换能器	piezoelectric transducer	
08.0873	压电传感器	piezoelectric sensor	
08.0874	电声倒易定理	electro-acoustical reciprocity theorem	
08.0875	压电增劲速度	piezoelectric stiffened velocity	
08.0876	热激电流	thermally stimulated current, TSC	
08.0877	热释电效应	pyroelectric effect	因温度改变使材料显现极化。
08.0878	压热效应	piezocaloric effect	
08.0879	压致电阻效应	piezoresistive effect	简称"压阻效应"。
08.0880	热弹效应	thermoelastic effect	
08.0881	电热效应	electrocaloric effect	
08.0882	光弹效应	photoelastic effect	
08.0883	光致介电效应	photodielectric effect	
08.0884	光致铁电体	photoferroelectrics	
08.0885	光损伤	optical damage	
08.0886	压电陶瓷	piezoelectric ceramics	
08.0887	介电陶瓷	dielectric ceramics	
08.0888	旋电效应	gyroelectric effect	
08.0889	晶格热容	lattice heat capacity	
08.0890	爱因斯坦频率	Einstein frequency	
08.0891	爱因斯坦温度	Einstein temperature	
08.0892	德拜频率	Debye frequency	
08.0893	德拜温度	Debye temperature	
08.0894	德拜 T^3 律	Debye cube law, Debye T^3 law	
08.0895	电子比热	electronic specific heat	
08.0896	比热反常	specific heat anomaly	

序 号	汉 文 名	英 文 名	注 释
08.0897	磁比热	magnetic specific heat	
08.0898	热导	thermal conductance	
08.0899	热阻率	thermal resistivity	
08.0900	热阻	thermal resistance	
08.0901	N 过程	N-process	又称"正常过程 (normal process)"。
08.0902	U 过程	U-process	又称"倒逆过程 (umklapp process)"。
08.0903	边界散射	boundary scattering	
08.0904	热开关	thermal switch	
08.0905	卡皮查[界面]热阻	Kapitza [thermal boundary] resistance	
08.0906	热膨胀	thermal expansion	
08.0907	非[简]谐性	anharmonicity	
08.0908	格林艾森常数	Grüneisen constant	
08.0909	热膨胀反常	thermal expansion anomaly	
08.0910	马西森定则	Matthiessen rules	
08.0911	剩余电阻率	residual resistivity	
08.0912	杂质电阻率	impurity resistivity	
08.0913	内禀电阻率	intrinsic resistivity	
08.0914	T^5电阻率	T^5 resistivity [law]	
08.0915	T^2电阻率	T^2 resistivity [law]	
08.0916	U 过程电阻率	U-process resistivity	
08.0917	纵声子	longitudinal phonon	
08.0918	成序效应	ordering effect	
08.0919	反常趋肤效应	anomalous skin effect	
08.0920	表层电阻率	skin resistivity	
08.0921	杂质态导电	impurity state conduction	
08.0922	带导电	band conduction	
08.0923	电子空穴[液]滴	electron-hole droplet	
08.0924	磁性	magnetism	
08.0925	朗之万顺磁性	Langevin paramagnetism	
08.0926	泡利顺磁性	Pauli paramagnetism	
08.0927	范弗莱克顺磁性	Van Vleck paramagnetism	
08.0928	超顺磁性	superparamagnetism	
08.0929	朗道抗磁性	Landau diamagnetism	
08.0930	亚铁磁性	ferrimagnetism	

序 号	汉 文 名	英 文 名	注 释
08.0931	螺[旋]磁性	helimagnetism	
08.0932	反铁磁性	antiferromagnetism	
08.0933	散磁性	speromagnetism	散铁磁性、散反铁磁性、散亚铁磁性通称散磁性。
08.0934	散铁磁性	asperomagnetism	
08.0935	散亚铁磁性	sperimagnetism	
08.0936	散反铁磁性	speromagnetism	
08.0937	顺磁磁化率	paramagnetic susceptibility	
08.0938	零场电子[性]分裂	zero-field electronic splitting	
08.0939	磁场电流效应	galvanomagnetic effect	
08.0940	巴尼特效应	Barnett effect	
08.0941	费尔韦效应	Verwey effect	
08.0942	爱因斯坦－德哈斯效应	Einstein-de Haas effect	
08.0943	德哈斯－范阿尔芬效应	de Haas-van Alphen effect	
08.0944	磁声效应	magnetoacoustic effect	
08.0945	磁弹效应	magnetoelastic effect	
08.0946	磁－力效应	magnetomechanical effect	
08.0947	磁电效应	magnetoelectric effect	
08.0948	磁[致]电阻效应	magnetoresistance effect	曾用名"磁阻效应"。
08.0949	磁热效应	magnetothermal effect	
08.0950	磁[致]变温效应	magnetocaloric effect	
08.0951	磁场热流效应	thermomagnetic effect	
08.0952	热释磁效应	pyromagnetism	因温度改变使材料显现磁化。
08.0953	压磁效应	piezomagnetic effect	
08.0954	核磁性	nuclear magnetism	
08.0955	核磁矩	nuclear magnetic moment	
08.0956	非自旋[的]磁矩	extra-spin magnetic moment	
08.0957	原子磁矩	atomic magnetic moment	
08.0958	玻尔－范莱文定理	Bohr-Van Leeuwin theorem	
08.0959	居里定律	Curie law	
08.0960	居里－外斯定律	Curie-Weiss law	

序　号	汉　文　名	英　文　名	注　释
08.0961	朗之万－德拜公式	Langevin-Debye formula	
08.0962	朗之万函数	Langevin function	
08.0963	布里渊函数	Brillouin function	
08.0964	晶[体]场	crystal field	
08.0965	轨道角动量冻结	freezing of orbital angular momentum	
08.0966	自旋冻结	spin freezing	
08.0967	自发磁化	spontaneous magnetization	
08.0968	自发磁化强度	spontaneous magnetization	
08.0969	内禀磁化强度	intrinsic magnetization	
08.0970	磁波子	magnon	
08.0971	顺磁波子	paramagnon	
08.0972	铁磁波子	ferromagnon	
08.0973	抵消点	compensation point	
08.0974	巡游电子	itinerant electron	
08.0975	巡游电子磁性	itinerant electron magnetism	
08.0976	局域电子磁性	local electron magnetism	
08.0977	混合价	mixed valence	
08.0978	价涨落	valence fluctuation	
08.0979	价不稳定性	valence instability	
08.0980	磁各向异性	magnetic anisotropy	
08.0981	磁格点	magnetic lattice	
08.0982	磁相变	magnetic phase transition	
08.0983	电磁耦[合波]子	polariton	
08.0984	极化子	polaron	
08.0985	磁极化子	magnetic polaron	
08.0986	磁结构	magnetic structure	
08.0987	磁对称性	magnetic symmetry	
08.0988	交换作用	exchange interaction	
08.0989	直接交换作用	direct exchange interaction	
08.0990	间接交换作用	indirect exchange interaction	
08.0991	超交换作用	superexchange interaction	
08.0992	分子场理论	molecular field theory	
08.0993	外斯分子场	Weiss molecular field	
08.0994	铁磁居里点	ferromagnetic Curie point	
08.0995	小口理论	Oguchi theory	

序　号	汉　文　名	英　文　名	注　释
08.0996	BPW 方法	BPW method, Bethe-Peierls-Weiss method	
08.0997	恒耦近似	constant coupling approximation	
08.0998	RKKY 模型	RKKY model, Ruderman-Kittel-Kasuya-Yosida model	
08.0999	自旋玻璃	spin glass	
08.1000	开关时间	switching time	
08.1001	莫林相变	Morin transition	
08.1002	奈尔温度	Néel temperature	
08.1003	自旋波	spin wave	
08.1004	临界涨落	critical fluctuation	
08.1005	近藤效应	Kondo effect	
08.1006	畴壁	domain wall	
08.1007	磁晶各向异性	magneto-crystalline anisotropy	
08.1008	易[磁化方]向	easy direction [for magnetization]	
08.1009	易[磁化]轴	easy axis [of magnetization]	
08.1010	难[磁化方]向	hard direction [for magnetization]	
08.1011	难[磁化]轴	hard axis [of magnetization]	
08.1012	磁致伸缩	magnetostriction	
08.1013	类磁通	fluxoid	
08.1014	退磁	demagnetization	
08.1015	巴克豪森跳变	Barkhausen jump	
08.1016	布洛赫线	Bloch line	
08.1017	布洛赫[畴]壁	Bloch [domain] wall	
08.1018	退磁因数	demagnetization factor	
08.1019	减落	disaccommodation	
08.1020	畴转过程	domain rotation process	
08.1021	畴壁能	domain wall energy	
08.1022	钉扎	pinning	
08.1023	畴壁钉扎	domain wall pinning	
08.1024	畴壁共振	domain wall resonance	
08.1025	铁损	iron loss	
08.1026	漏泄因子	leakage factor	
08.1027	磁后效	magnetic aftereffect	
08.1028	磁泡	magnetic bubble	
08.1029	硬[磁]泡	hard [magnetic] bubble	
08.1030	磁滞	[magnetic] hysteresis	

序　号	汉　文　名	英　文　名	注　释
08.1031	磁记录	magnetic recording	
08.1032	磁存储	magnetic storage	
08.1033	磁谱	magnetic spectrum	
08.1034	磁粘性	magnetic viscosity	
08.1035	最大磁能积	maximum magnetic energy product	
08.1036	微磁学	micromagnetics	
08.1037	混磁性	mictomagnetism	
08.1038	自然磁共振	natural magnetic resonance	
08.1039	奈尔[畴]壁	Néel wall	
08.1040	反磁化	reversal magnetization	
08.1041	转动磁滞	rotation hysteresis	
08.1042	剩余损耗	residual loss	
08.1043	单[磁]畴	single domain	
08.1044	技术磁化	technical magnetization	
08.1045	复磁导率	complex permeability	
08.1046	[磁]芯损耗	core loss	
08.1047	有效线宽	effective line width	
08.1048	电子－核双共振	electron-nuclear double resonance, ENDOR	
08.1049	电子自旋共振	electron spin resonance, ESR	
08.1050	电子顺磁共振	electron paramagnetic resonance, EPR	
08.1051	铁磁共振	ferromagnetic resonance, FMR	
08.1052	旋磁效应	gyromagnetic effect	
08.1053	超精细场	hyperfine field	
08.1054	同质异能移位	isomer shift	
08.1055	磁共振	magnetic resonance	
08.1056	磁弹波	magnetoelastic wave	
08.1057	静磁波	magnetostatic wave	
08.1058	穆斯堡尔谱	Mössbauer spectrum	
08.1059	核四极[矩]共振	nuclear quadrupole resonance, NQR	
08.1060	顺磁弛豫	paramagnetic relaxation	
08.1061	自旋－晶格弛豫	spin-lattice relaxation	
08.1062	共振线宽	resonance line-width	
08.1063	自旋回波	spin echo	

序　号	汉　文　名	英　文　名	注　释
08.1064	自旋温度	spin temperature	
08.1065	自旋波散射	spin wave scattering	
08.1066	自旋波共振	spin wave resonance, SWR	
08.1067	张量磁导率	tensor permeability	
08.1068	非晶磁性材料	amorphous magnetic material	
08.1069	铁氧体	ferrite	
08.1070	亚铁磁材料	ferrimagnetic material	
08.1071	旋磁材料	gyromagnetic material	
08.1072	永磁材料	permanent magnetic material	
08.1073	稀土永磁体	rare-earth permanent magnet	
08.1074	矩磁材料	magnetic material with rectangular hysteresis loop	
08.1075	压磁材料	piezomagnetic material	
08.1076	磁信息材料	magnetic information material	
08.1077	磁[性]流体	magnetic fluid	
08.1078	无定向磁强计	astatic magnetometer	
08.1079	比特粉纹图样	Bitter powder pattern	
08.1080	法拉第效应	Faraday effect	
08.1081	法拉第磁秤	Faraday balance	
08.1082	磁通门磁强计	flux-gate magnetometer	
08.1083	μ子自旋旋进	muon spin rotation, muon spin precession	
08.1084	中子衍射	neutron diffraction	
08.1085	极化中子技术	polarized neutron technique	
08.1086	中子形貌术	neutron topography	
08.1087	SQUID 磁强计	SQUID magnetometer	又称"超导量子干涉磁强计(superconducting quantum interference magnetometer)"。
08.1088	振动样品磁强计	vibrating sample magnetometer, VSM	
08.1089	旋磁器件	gyromagnetic device	
08.1090	磁声转换器件	magneto-acoustic transfer device	
08.1091	阴极射线[致]发光	cathodoluminescence	
08.1092	辐射[致]发光	radioluminescence	
08.1093	化学发光	chemiluminescence	

序 号	汉 文 名	英 文 名	注 释
08.1094	生物发光	bioluminescence	
08.1095	红外受激发光	infrared stimulated luminescence, IR stimulated luminescence	
08.1096	晶溶发光	lyoluminescence	
08.1097	施主-受主对发光	donor-acceptor pair luminescence	
08.1098	摩擦发光	triboluminescence	
08.1099	力致发光	mechanoluminescence	
08.1100	压致发光	piezoluminescence	因摩擦、挤压、撕裂而发出闪光。
08.1101	发光二极管	light emitting diode, LED	
08.1102	等电子陷阱	isoelectron trap	
08.1103	发光中心	luminescent center	
08.1104	发光体	luminophor	
08.1105	长余辉磷光体	long-after-glow phosphor	
08.1106	升频转换磷光体	upconversion phosphor	
08.1107	荧光分析	fluorescence analysis	
08.1108	孪生复合	geminate recombination	
08.1109	辉光曲线	glow curve	
08.1110	过热发光	hot luminescence	
08.1111	过热电子	hot electron	
08.1112	多光子过程	multiphoton process	
08.1113	发光猝灭	quenching of luminescence	
08.1114	余辉	after glow	
08.1115	带间跃迁	interband transition, band-to-band transition	
08.1116	双分子复合	bimolecular recombination	
08.1117	电荷补偿	charge compensation	
08.1118	电荷转移态	charge transfer state	
08.1119	合作发光	cooperative luminescence	
08.1120	发光体劣化	deterioration of luminophor	
08.1121	发光效率	luminescence efficiency	
08.1122	高阶弛豫	high order relaxation	
08.1123	交叉弛豫	cross relaxation	
08.1124	热能化	thermalization	
08.1125	共振荧光	resonance fluorescence	
08.1126	声[子]助跃迁	phonon-assisted transition	

序　号	汉　文　名	英　文　名	注　释
08.1127	边发射	edge emission	
08.1128	激活剂	activator	
08.1129	矩阵显示	matrix display	
08.1130	参变荧光	parametric fluorescence	
08.1131	光磁效应	photomagnetic effect	
08.1132	光磁[致]电效应	photomagnetoelectric effect, photoelectromagnetic effect	
08.1133	消旋性	racemism	
08.1134	光化[学]效应	photochemical effect	
08.1135	旋光效应	roto-optic effect	
08.1136	激光材料	laser material	
08.1137	微波激射	maser	
08.1138	微波激射器	maser	
08.1139	激声	phaser, phonon maser	
08.1140	吸收比	absorptance	
08.1141	吸收边	absorption edge	
08.1142	带边跃迁	band edge transition	
08.1143	晶格振动吸收	lattice vibrational absorption	
08.1144	单声子吸收	one-phonon absorption	
08.1145	多声子吸收	multiphonon absorption	
08.1146	光学带隙	optical band gap	
08.1147	自吸收	self-absorption	
08.1148	选择激发	selective excitation	
08.1149	共振吸收	resonance absorption	
08.1150	共振激发	resonance excitation	
08.1151	迂回激发	Umweganregung(德)	
08.1152	压光效应	piezo-optic effect	
08.1153	弹光效应	elasto-optic effect	
08.1154	旋声性	acoustical activity	
08.1155	反向扩散	back diffusion	
08.1156	舒布尼科夫－德哈斯效应	Shubnikov-de Haas effect	
08.1157	佩尔捷效应	Peltier effect	
08.1158	声曳引	sound drag	
08.1159	阿兹贝尔－卡纳共振	Azbel-Kaner resonance	
08.1160	超声衰减	ultrasonic attenuation	

序 号	汉 文 名	英 文 名	注 释
08.1161	铁电传感器	ferroelectric sensor, ferroelectric transducer	

08.03 特殊物相与极端条件

序 号	汉 文 名	英 文 名	注 释
08.1162	液晶	liquid crystal	
08.1163	液晶相	liquid crystal phase	又称"中介相(meso-phase)"。
08.1164	介晶性	mesomorphism	
08.1165	热致液晶	thermotropic liquid crystal	
08.1166	清亮点	cleaning point	
08.1167	溶致液晶	lyotropic liquid crystal	
08.1168	凝胶相	gel phase	
08.1169	溶致相	lyophase	
08.1170	两亲分子	amphiphile, amphiphilic molecule	
08.1171	指向矢	director	
08.1172	聚合物液晶	polymer liquid crystal	
08.1173	单变型液晶	monotropic liquid crystal	
08.1174	互变型液晶	enantiotropic liquid crystal	
08.1175	丝状相	nematic phase	曾用名"向列相"。
08.1176	手征性	chirality	化学中称"手性"。
08.1177	手征丝状相	chiral nematic phase	
08.1178	再入丝状相	reentrant nematic phase	
08.1179	螺状相	cholesteric phase	曾用名"胆甾相"。
08.1180	蓝相	blue phase	具有稳定点格缺陷的螺状相。
08.1181	层状相	smectic phase	曾用名"近晶相","脂状相"。
08.1182	层状 A 相	smectic A phase	
08.1183	层状 C 相	smectic C phase	
08.1184	盘形分子液晶	discotic liquid crystal	
08.1185	碗形分子液晶	bowlic liquid crystal	
08.1186	棒形分子液晶	rodic liquid crystal	
08.1187	液晶盒	liquid crystal cell	
08.1188	液晶显示	liquid crystal display	
08.1189	沃尔泰拉过程	Volterra process	指产生向错的。
08.1190	点向错	point disclination	
08.1191	线向错	line disclination	

序号	汉文名	英文名	注释
08.1192	劈形向错	wedge disclination	又称"轴向向错 (radial disclination)"。
08.1193	扭曲向错	twist disclination	又称"垂向向错 (perpendicular disclination)"。
08.1194	λ向错	λ-disclination	
08.1195	τ向错	τ-disclination	
08.1196	χ向错	χ-disclination	
08.1197	纹影织构	schlieren texture	
08.1198	向错回线	disclination loop	
08.1199	液晶劈	liquid crystal wedge	
08.1200	格朗让－喀诺劈	Grandjean-Cano wedge	
08.1201	喀诺条纹	Cano fringe	
08.1202	格朗让织构	Grandjean texture	
08.1203	取向涨落	orientation fluctuation	
08.1204	蓝相液晶	blue phase liquid crystal	
08.1205	可混性	mixability	
08.1206	可混定则	mixability rule	
08.1207	焦锥织构	focal conic texture	
08.1208	迪潘四次圆纹曲面	Dupin cyclide	
08.1209	反转壁	inversion wall	
08.1210	黑尔弗里希形变	Helfrich deformation	
08.1211	鬼转变	ghost transition	
08.1212	磁致双折射	magnetic birefringence	
08.1213	方格栅图样	square grid pattern	
08.1214	介电各向异性	dielectric anisotropy	
08.1215	弯电效应	flexoelectric effect	
08.1216	宾主效应	guest-host effect	
08.1217	奇偶效应	odd-even effect	
08.1218	相变前效应	pretransition effect	
08.1219	沙特－黑尔弗里希效应	Schadt-Helfrich effect	
08.1220	曲率弹性理论	curvature elasticity theory	
08.1221	展曲	splay	
08.1222	扭曲	twist	
08.1223	弹性转矩密度	elastic torque density	

序　号	汉　文　名	英　文　名	注　释
08.1224	弗里德里克斯转变	Freedericksz transition	
08.1225	平行[基片]排列	planar alignment	
08.1226	垂直[基片]排列	homeotropic alignment	
08.1227	取向致流[效应]	backflow [effect]	指向矢转动引起液晶流动的效应。
08.1228	磁相干长度	magnetic coherence length	
08.1229	扭曲丝状液晶盒	twisted nematic cell	
08.1230	锚泊	anchoring	
08.1231	梅索维奇主黏性系数	Miesowicz principal viscosity coefficient	
08.1232	帕罗迪关系	Parodi relation	
08.1233	莱曼转动	Lehmann rotation	
08.1234	黑尔弗里希渗透机理	Helfrich permeation mechanism	
08.1235	有核畴	nucleated domain	
08.1236	动态散射	dynamic scattering	
08.1237	导电方式区	conduction regime	
08.1238	介电方式区	dielectric regime	
08.1239	人字形图样	chevron pattern	
08.1240	速失方式	fast turn-off mode	指导电方式区内。
08.1241	费利奇不稳定性	Felici instability	
08.1242	均匀不稳定性	homogeneous instability	
08.1243	滚流不稳定性	roll instability	
08.1244	昂萨格分子场理论	Onsager molecular field theory	
08.1245	朗道－德让纳模型	Landau-de Gennes model	
08.1246	梅尔－绍珀平均场理论	Maier-Saupe mean field theory	
08.1247	表面	surface	
08.1248	界面	interface	
08.1249	单层	monolayer	
08.1250	原子单层	atomic monolayer	
08.1251	双层	double layer	
08.1252	偶极层	dipole layer	
08.1253	覆盖层	overlayer	

序　号	汉　文　名	英　文　名	注　　释
08.1254	薄膜	thin film	
08.1255	死层	dead layer	表面或界面处无净磁矩原子层。
08.1256	插层	intercalation	
08.1257	次表面原子	subsurface atom	
08.1258	非弹性能量损耗界面	inelastic energy loss interface	
08.1259	表面结构	surface structure	
08.1260	表面重构	surface reconstruction	
08.1261	表面弛豫	surface relaxation	
08.1262	表面形貌学	surface topography	
08.1263	符合结构	coincidence structure	
08.1264	构型分析	conformational analysis	
08.1265	多层超薄共格结构	layered ultrathin coherent structure, LUCS	
08.1266	台面台阶扭折结构	terrace-ledge-kink structure, TLK structure	
08.1267	台阶表面	ledge surface	
08.1268	台阶结构	ledge structure	
08.1269	表面合金	surface alloy	
08.1270	表面分凝	fractional condensation on surface	
08.1271	表面偏析	surface segregation	
08.1272	表面净化	surface cleaning	
08.1273	氩离子溅射净化	argon ion sputtering cleaning	
08.1274	洁净表面	clean surface	
08.1275	附着	adhesion	
08.1276	吸附	adsorption	
08.1277	吸附座	adsorption site	
08.1278	吸附原子	adatom	
08.1279	物理吸附	physisorption	
08.1280	化学吸附	chemisorption	
08.1281	表面吸附	surface adsorption	
08.1282	多层吸附	multilayer adsorption	
08.1283	朗缪尔吸附	Langmuir adsorption	
08.1284	离子交换吸附	ion exchange adsorption	
08.1285	共吸附	co-adsorption	
08.1286	吸附热	heat of adsorption	

序　号	汉　文　名	英　文　名	注　释
08.1287	粘附系数	sticking coefficient	
08.1288	脱附	desorption	
08.1289	束助脱附	beam-assisted desorption	
08.1290	电子受激脱附	electron stimulated desorption	
08.1291	表面格波	surface lattice wave	
08.1292	[瑞利]表面波	[Rayleigh] surface wave	
08.1293	寻常瑞利波	ordinary Rayleigh wave	
08.1294	广义瑞利波	generalized Rayleigh wave	
08.1295	赝表面波	pseudosurface wave	
08.1296	布勒斯坦－古利亚耶夫波	Bleustein-Gulyaev wave	
08.1297	表面电磁耦合振荡	surface electromagnetic coupled oscillation	
08.1298	表面声子	surface phonon	
08.1299	表面等离波子	surface plasmon	
08.1300	表面电磁耦子	surface polariton	
08.1301	表面极化子	surface polaron	
08.1302	表面势	surface potential	
08.1303	表面势垒	surface barrier	
08.1304	表面光电压	surface photovoltage	
08.1305	表面相	surface phase	
08.1306	表面畴	domain on surface	
08.1307	表面态	surface state	
08.1308	表面应力	surface stress	
08.1309	表面熵	surface entropy	
08.1310	表面自由能	surface free energy	
08.1311	表面电荷	surface charge	
08.1312	表面背键	surface back bond	
08.1313	表面电子态	surface electronic state	
08.1314	电子定域态	electronic localized state	
08.1315	塔姆[表面]能级	Tamm [surface] energy level	
08.1316	肖克利[表面]能级	Shockley [surface] energy level	
08.1317	表面悬键能级	surface dangling bond energy level	
08.1318	表面桥键能级	surface bridge bond energy level	
08.1319	表面共振态	surface resonance state	
08.1320	界面态	interface state	

序 号	汉 文 名	英 文 名	注 释
08.1321	表面态密度	surface density of states	
08.1322	局域态密度	local density of states	
08.1323	表面散射	surface scattering	
08.1324	背散射	backward scattering, backscattering	
08.1325	卢瑟福背散射	Rutherford backscattering	
08.1326	多重散射	multiple scattering	
08.1327	阻塞效应	blocking effect	
08.1328	表面催化	surface catalysis	
08.1329	场[致]蒸发	field evaporation	
08.1330	表面击穿	surface breakdown	
08.1331	表面电导	surface conductance	
08.1332	表面迁移率	surface mobility	
08.1333	表面离解	dissociation on surface	
08.1334	俄歇中和	Auger neutralization	
08.1335	阈频[率]	threshold frequency	
08.1336	光电[子]发射	photoemission	
08.1337	角分辨光电发射	angular resolved photoemission	
08.1338	逃逸深度	escape depth	
08.1339	阴影效应	shadow effect	
08.1340	光致电离	photoionization	
08.1341	质子诱发 X 射线	proton-induced X-ray, PIX	
08.1342	低能电子衍射	low-energy electron diffraction, LEED	
08.1343	高能电子衍射	high-energy electron diffraction, HEED	
08.1344	电子能量分析器	electron energy analyzer	
08.1345	柱面分析器	cylinder analyzer	一种表面电子能量分析器。
08.1346	简镜分析器	cylindrical mirror analyzer	一种表面电子能量分析器。
08.1347	半球分析器	hemispherical analyzer	一种表面电子能量分析器。
08.1348	减速电势分析器	retarding potential analyzer	
08.1349	电子能谱学	electron spectroscopy	
08.1350	俄歇电子[能]谱	Auger electron spectroscopy, AES	

序　号	汉　文　名	英　文　名	注　释
	学		
08.1351	电子微探针	electron microprobe	
08.1352	紫外光电子能谱学	ultraviolet photoelectron spectroscopy, UPS	
08.1353	X 射线光电子能谱学	X-ray photoelectron spectroscopy, XPS	
08.1354	光电子能谱学	photoelectron spectroscopy	
08.1355	逆光电效应能谱学	inverse photoelectric spectroscopy, IPS	
08.1356	电子能耗谱学	electron energy loss spectroscopy	
08.1357	始现电势	appearence potential	
08.1358	始现电势谱学	appearence potential spectroscopy, APS	
08.1359	消失电势谱学	disappearence potential spectroscopy	
08.1360	场电子显微镜	field electron microscope	
08.1361	扫描电子显微镜	scanning electron microscope, SEM	
08.1362	扫描隧穿显微镜	scanning tunnelling microscope, STM	
08.1363	电离谱学	ionization spectroscopy	
08.1364	彭宁电离谱学	Penning ionization spectroscopy	
08.1365	场离子显微镜	field ion microscope	
08.1366	四极质谱仪	quadrupole mass spectroscope	
08.1367	次级离子质谱学	secondary ion mass spectroscopy, SIMS	
08.1368	离子微探针	ion microprobe	
08.1369	离子中和谱学	ion neutralization spectroscopy	
08.1370	离子散射谱学	ion scattering spectroscopy, ISS	
08.1371	热脱附谱学	thermal desorption spectroscopy, TDS	
08.1372	场脱附谱学	field desorption spectroscopy	
08.1373	X 射线近吸收边精细结构	near edge X-ray absorption fine structure, NEXAFS	
08.1374	表面扩展 X 射线吸收精细结构	surface extended X-ray absorption fine structure, SEXAFS	

序 号	汉 文 名	英 文 名	注 释
08.1375	部分产额谱学	partial yield spectroscopy	
08.1376	正电子湮没技术	positron-annihilation technique	
08.1377	表面增强拉曼谱仪	surface enhanced Raman spectroscope, SERS	
08.1378	表面光学	surface optics	
08.1379	表面化学	surface chemistry	
08.1380	兰德空位模型	Lander vacancy model	
08.1381	查迪模型	Chadi model	
08.1382	库珀最小	Cooper minimum	
08.1383	伴线结构	satellite structure	
08.1384	小面化	faceting	
08.1385	氩离子刻蚀	argon ion etching	
08.1386	低维固体	low dimensional solid	
08.1387	链状结构	chain structure	
08.1388	层状结构	layer structure	
08.1389	派尔斯相变	Peierls phase transition	
08.1390	科恩反常	Kohn anomaly	
08.1391	超格点	superlattice	
08.1392	孤[立]波	solitary wave	
08.1393	孤[立]子	soliton	
08.1394	双极化子	bipolaron	
08.1395	呼吸子	breather	
08.1396	电荷密度波	charge density wave, CDW	
08.1397	自旋密度波	spin density wave, SDW	
08.1398	相[位]子	phason	
08.1399	幅子	amplituton	
08.1400	锁定转变	lock-in transition	
08.1401	有公度相	commensurate phase	
08.1402	无公度相	incommensurate phase	
08.1403	公度有无转变	commensurate-incommensurate transition	
08.1404	无理数自旋	irrational spin	
08.1405	赝对称性	pseudosymmetry	
08.1406	超空间群	superspace group	
08.1407	窄带噪声	narrow band noise	
08.1408	量子霍尔效应	quantum Hall effect	
08.1409	分数量子霍尔效	fractional quantum Hall effect	

序 号	汉 文 名	英 文 名	注 释
	应		
08.1410	表面子能带	surface subband	
08.1411	二维电子气	two-dimensional electron gas	
08.1412	维格纳格[点]	Wigner lattice	
08.1413	涟[波]子	ripplon	
08.1414	调制相	modulation phase	
08.1415	分层化合物	layered compound	
08.1416	插层化合物	intercalation compound	
08.1417	涡线对	vortex pair	
08.1418	涡度	vorticity	
08.1419	KT 相变	Kosterlitz-Thouless phase transition, KT phase transition	
08.1420	拓扑序	topological order	
08.1421	量子尺寸效应	quantum size effect	
08.1422	零维系统	zero-dimensional system	
08.1423	户田格[点]	Toda lattice	
08.1424	户田链	Toda chain	
08.1425	格孤子	lattice soliton	
08.1426	公度错	discommensuration	
08.1427	量子流体	quantum fluid	
08.1428	量子液体	quantum liquid	
08.1429	液氦	liquid helium	
08.1430	[液]氦 I	[liquid] He I	
08.1431	[液]氦 II	[liquid] He II	
08.1432	λ 点	λ-point	
08.1433	超流相	superfluid phase	
08.1434	超流体	superfluid	
08.1435	超流[动]性	superfluidity	
08.1436	伦敦定则	London rule	
08.1437	伦敦超流理论	London theory of superfluidity	
08.1438	二流体模型	two-fluid model	
08.1439	元激发谱	elementary excitation spectrum	
08.1440	临界速度	critical velocity	
08.1441	朗道[超流]判据	Landau criterion [of superfluidity]	
08.1442	朗道超流理论	Landau theory of superfluidity	
08.1443	旋子	roton	
08.1444	零声	zero sound	

序　号	汉　文　名	英　文　名	注　　释
08.1445	第一声	first sound	
08.1446	第二声	second sound	
08.1447	第三声	third sound	
08.1448	第四声	fourth sound	
08.1449	第五声	fifth sound	
08.1450	爬膜效应	creeping film effect	
08.1451	力热效应	mechanocaloric effect	
08.1452	热分子压强效应	thermomolecular pressure effect	
08.1453	喷泉效应	fountain effect	
08.1454	环流量子化	quantization of circulation	
08.1455	超流湍态	superfluid turbulent state	
08.1456	超漏	superleak	
08.1457	各向异性超流体	anisotropic superfluid	
08.1458	费米液体理论	Fermi-liquid theory	
08.1459	自旋涨落交换	spin fluctuation exchange	
08.1460	自旋三重配对	spin triplet pairing	
08.1461	同[向]自旋配对态	equal-spin-pairing state, ESP state	
08.1462	矢量 d	vector d	
08.1463	ABM 态	Anderson-Brinkman-Morel state, ABM state	
08.1464	BW 态	Balian-Werthamer state, BW state	
08.1465	自旋涨落反馈	spin fluctuation feedback	
08.1466	核磁共振频移	nuclear magnetic resonance frequency shift, NMR frequency shift	
08.1467	正常态	normal state	
08.1468	超导态	superconducting state	
08.1469	零电阻现象	zero-resistance phenomenon	
08.1470	迈斯纳效应	Meissner effect	
08.1471	完全抗磁性	perfect diamagnetism	
08.1472	超导－正常相变	superconducting-normal transition	
08.1473	[超导]转变温度	[superconducting] transition temperature	
08.1474	马蒂亚斯定则	Matthias rules	
08.1475	转变宽度	width of transition	
08.1476	临界磁场	critical magnetic field	

序　号	汉　文　名	英　文　名	注　释
08.1477	临界电流[密度]	critical current [density]	
08.1478	西尔斯比定则	Silsbee rule	
08.1479	同位素效应	isotope effect	
08.1480	伦敦方程	London equation	
08.1481	伦敦穿透深度	London penetration depth	
08.1482	类磁通守恒	fluxoid conservation	
08.1483	磁通量子化	[magnetic] flux quantization	
08.1484	磁通量子	fluxon, [magnetic] flux quantum	
08.1485	准磁通量子	quasi-fluxon	
08.1486	持续电流	persistent current	
08.1487	伦敦刚性	London rigidity	
08.1488	宏观量子现象	macroscopic quantum phenomenon	
08.1489	皮帕德[非定域]理论	Pippard [nonlocal] theory	
08.1490	皮帕德相干长度	Pippard coherent length	
08.1491	皮帕德核函	Pippard kernel	
08.1492	居间态	intermediate state	
08.1493	界面能	interfacial energy	
08.1494	金兹堡－朗道方程	Ginzburg-Landau equation	
08.1495	金兹堡－朗道参数	Ginzburg-Landau parameter	
08.1496	脏超导体	dirty superconductor	
08.1497	过冷现象	supercooling phenomenon	
08.1498	过热现象	superheating phenomenon	
08.1499	第一类超导体	type Ⅰ superconductor	
08.1500	第二类超导体	type Ⅱ superconductor	
08.1501	上临界[磁]场	upper critical [magnetic] field	
08.1502	下临界[磁]场	lower critical [magnetic] field	
08.1503	第三临界[磁]场	third critical [magnetic] field	又称"超导鞘临界[磁]场(superconductive sheath critical field)"。即第Ⅱ类超导体表面临界磁场。
08.1504	超导海绵[模型]	superconducting sponge	
08.1505	超导鞘	superconductive sheath	
08.1506	阿布里科索夫理	Abrikosov theory	

序 号	汉 文 名	英 文 名	注 释
	论		
08.1507	涡旋结构	vortex structure	
08.1508	硬超导体	hard superconductor	
08.1509	磁通陷俘	flux trapping	
08.1510	磁通钉扎	flux pinning	
08.1511	比恩模型	Bean model	
08.1512	磁通蠕变	flux creep	
08.1513	磁通流动	flux flow	
08.1514	[磁通]流阻	[flux] flow resistance	
08.1515	磁通跳变	flux jumping	
08.1516	表面超导电性	surface superconductivity	
08.1517	表面鞘	surface sheath	
08.1518	邻近效应	proximity effect	
08.1519	BCS 理论	Bardeen-Cooper-Schrieffer theory, BCS theory	
08.1520	电子声子互作用	electron-phonon interaction	
08.1521	库珀对	Cooper pair	
08.1522	库珀不稳定性	Cooper instability	
08.1523	BCS 基态	BCS ground state	
08.1524	[超导]凝聚能	[superconducting] condensation energy	
08.1525	[超导]能隙	[superconducting] energy gap	
08.1526	超导判据	criterion for superconductivity	
08.1527	博戈留波夫-瓦拉京变换	Bogoliubov-Valatin transformation	
08.1528	相干效应	coherence effect	
08.1529	戈里科夫方程	Gor'kov equation	
08.1530	无能隙超导电性	gapless superconductivity	
08.1531	强耦合超导体	strong-coupling superconductor	
08.1532	库仑赝势	Coulomb pseudopotential	
08.1533	高 Tc 超导体	high Tc superconductor	
08.1534	带间电子散射机理	interband electron scattering mechanism	
08.1535	共振价键理论	resonating valence bond theory	
08.1536	A-15 超导体	A-15 superconductor	
08.1537	谢弗雷尔相	Chevrel phase	
08.1538	多芯复合超导体	multifilamentary composite super-	

序 号	汉 文 名	英 文 名	注 释
		conductor	
08.1539	超导膜	superconducting film	
08.1540	超导磁体	superconducting magnet	
08.1541	超导磁屏蔽	superconducting magnetic shiel-ding	
08.1542	超导磁浮	superconducting magnetic levita-tion	
08.1543	低温磁体	cryogenic magnet	
08.1544	磁体退降	degradation of magnet	
08.1545	磁体失超	magnet quenching	指超导磁体。
08.1546	正常电子隧穿	normal electron tunneling	
08.1547	光[子]助隧穿	photon-assisted tunneling	
08.1548	声[子]助隧穿	phonon-assisted tunneling	
08.1549	双粒子隧穿	two particle tunneling	
08.1550	多粒子隧穿	multiparticle tunneling	
08.1551	隧道结	tunnel junction	
08.1552	约瑟夫森[隧道]结	Josephson [tunnel] junction	
08.1553	约瑟夫森效应	Josephson effect	
08.1554	约瑟夫森器件	Josephson device	
08.1555	微波感生台阶	microwave-induced step	
08.1556	弱连结	weak link [junction]	
08.1557	点接触结	point contact junction	
08.1558	超导微桥	superconducting microbridge	
08.1559	焊滴结	solder drop junction	
08.1560	SNS 结	SNS junction	
08.1561	超导[量子]电子学	superconducting [quantum] electronics	
08.1562	超导量子干涉现象	superconducting quantum interfe-rence phenomenon	
08.1563	超导量子干涉器件	superconducting quantum interfe-rence device, SQUID	
08.1564	电阻分路结模型	resistively shunted junction model, RSJ model	
08.1565	噪声温度计	noise thermometer	
08.1566	冷子管	cryotron	
08.1567	超导热开关	superconductor thermal switch	

序　号	汉 文 名	英 文 名	注　释
08.1568	低温工程	cryogenic engineering	
08.1569	液化器	liquefier	
08.1570	冷剂	cryogen	
08.1571	液化率	liquefied fraction	
08.1572	林德循环	Linde cycle	
08.1573	克洛德循环	Claude cycle	
08.1574	卡皮查液化器	Kapitza liquefier	
08.1575	柯林斯液化器	Collins liquefier	
08.1576	斯特林循环	Stirling cycle	
08.1577	热交换器	heat exchanger	
08.1578	蓄冷器	regenerator	一种储热式热交换器。
08.1579	氦制冷机	helium refrigerator	
08.1580	低温实验法	cryogenics	
08.1581	杜瓦瓶	Dewar flask	
08.1582	液氮温度	liquid nitrogen temperature	
08.1583	液氢温度	liquid hydrogen temperature	
08.1584	液氦温度	liquid helium temperature	
08.1585	超低温	ultralow temperature	
08.1586	稀释致冷	dilution refrigeration	
08.1587	波梅兰丘克致冷	Pomeranchuk refrigeration	
08.1588	绝热退磁	adiabatic demagnetization	
08.1589	顺磁绝热退磁	paramagnetic adiabatic demagne-tization	
08.1590	核[绝热]退磁	nuclear [adiabatic] demagne-tization	
08.1591	核自旋温度	nuclear spin temperature	
08.1592	核取向	nuclear orientation	
08.1593	核冷却	nuclear cooling	
08.1594	核致冷	nuclear refrigeration	
08.1595	磁致冷	magnetic refrigeration	
08.1596	级联冷却	cascade cooling	
08.1597	热汇	heat sink, thermal anchoring	
08.1598	低温泵	cryopump	
08.1599	高真空隔热	high vacuum insulation	
08.1600	粉末隔热	powder insulation	
08.1601	泡沫材料隔热	foam insulation	

序　号	汉　文　名	英　文　名	注　释
08.1602	多层隔热	multilayer insulation	
08.1603	辐射屏蔽	radiation shield	
08.1604	核沸腾	nuclear boiling	
08.1605	膜沸腾	film boiling	
08.1606	超临界氦	supercritical helium	
08.1607	热声振荡	thermal acoustic oscillation	
08.1608	有效声子谱	effective phonon spectrum	
08.1609	声子寿命	phonon lifetime	
08.1610	冻结磁通	frozen-in flux	
08.1611	重费米子	heavy fermion	
08.1612	感生巨磁矩	induced giant moment	
08.1613	低温吸附	cryosorption	
08.1614	低温[温度]计	cryometer, low temperature thermometer	
08.1615	蒸气压低温计	vapor pressure thermometer	
08.1616	声学低温计	acoustic thermometer	
08.1617	磁低温计	magnetic thermometer	
08.1618	低温电子学	cryo[elec]tronics	
08.1619	低温雪崩开关	cryosar	
08.1620	低温晶体管	cryosistor	
08.1621	流体静压[强]	hydrostatic pressure	
08.1622	准静压强	quasi-hydrostatic pressure	
08.1623	基准压[强]	base pressure	
08.1624	传压介质	pressure transmitting medium	
08.1625	压力密封	pressure seal	
08.1626	无支撑面积原理	unsupported-area principle	
08.1627	无支撑面积密封	unsupported-area seal	
08.1628	布里奇曼密封	Bridgman seal	
08.1629	液压密封	hydraulic seal	
08.1630	活塞圆筒装置	piston-cylinder apparatus	
08.1631	对顶砧	opposed anvils	
08.1632	布里奇曼[压]砧	Bridgman anvil	
08.1633	大质量支撑原理	massive support principle	
08.1634	金刚石[压]砧室	diamond anvil cell, DAC	
08.1635	多砧装置	multiple-anvil apparatus	
08.1636	四面体装置	tetrahedral apparatus	
08.1637	六面体装置	hexahedral apparatus	

序　号	汉　文　名	英　文　名	注　释
08.1638	分割球装置	split-sphere apparatus	
08.1639	压强标定	pressure calibration	
08.1640	初级压标	primary pressure standard	
08.1641	次级压标	secondary pressure standard	
08.1642	电阻压强计	electrical resistance gauge	
08.1643	击波压强	shock pressure	
08.1644	击波温度	shock temperature	
08.1645	于戈尼奥方程	Hugoniot equation	
08.1646	绝热压缩	adiabatic compression	
08.1647	平面[击]波发生器	plane [shock] wave generator	又称"平面波透镜 (plane wave lens)"。
08.1648	鼠夹装置	mousetrap apparatus	化爆高压装置中的一种平面波发生器。
08.1649	炸药透镜装置	explosive lens apparatus	化爆高压装置中的一种平面波发生器。
08.1650	飞片增压装置	driver plate apparatus	
08.1651	轻气炮	light-gas gun	
08.1652	等熵压缩	isentropic compression	
08.1653	磁[场]压缩	magnetic compression	
08.1654	击波管	shock tube	
08.1655	自由表面近似	free surface approximation	
08.1656	探针技术	probe technique	
08.1657	压力传感器	pressure transducer	
08.1658	零温物态方程	zero-temperature equation of state	
08.1659	高压物态方程	high pressure equation of state	
08.1660	[米－]格林艾森物态方程	[Mie-]Grüneisen equation of state	
08.1661	布里奇曼[物态]方程	Bridgman equation [of state]	
08.1662	默纳汉方程	Murnaghan equation	
08.1663	伯奇方程	Birch equation	
08.1664	修正泰特方程	modified Tait equation	
08.1665	西蒙方程	Simon equation	
08.1666	压致软模相变	pressure-induced soft mode phase transition	
08.1667	压致结晶	pressure-induced crystallization	
08.1668	电子相变	electron phase transition	

序 号	汉 文 名	英 文 名	注 释
08.1669	s-d 相变	s-d transition	
08.1670	f-d 相变	f-d transition	
08.1671	压致磁[性]相变	pressure-induced magnetic phase transition	
08.1672	压致超导相变	pressure-induced superconducting phase transition	
08.1673	绝缘体－金属相变	insulator-metal phase transition	
08.1674	莫特－哈伯德相变	Mott-Hubbard phase transition	
08.1675	合作性扬－特勒相变	cooperative Jahn-Teller phase transition	
08.1676	压[强]温[度]相图	pressure-temperature phase diagram	
08.1677	临界行为压强效应	pressure effect of critical behavior	
08.1678	人构材料	artificially structured material	
08.1679	人工金刚石	artificial diamond	
08.1680	金属氢	metallic hydrogen	
08.1681	固态分子氢	solid state molecular-hydrogen	
08.1682	石英	quartz	
08.1683	科氏石英	coesite	
08.1684	斯氏石英	stishovite	
08.1685	保护气体	blanket gas	
08.1686	类体结构	bulklike structure	
08.1687	致密化	densification	
08.1688	尺度共振	dimensional resonance	
08.1689	磁控溅射	magnetron sputtering	
08.1690	可动平衡	mobile equilibrium	
08.1691	优化	optimization	
08.1692	工作点	working point	
08.1693	零场能	zero-field energy	

09．原子核物理学、粒子物理学

序　号	汉　文　名	英　文　名	注　释
		09．01　原子核物理学	
09.0001	原子核物理[学]	atomic nuclear physics	简称"核物理[学] (nuclear physics)"。
09.0002	原子核理论	nuclear theory	
09.0003	原子核	atomic nucleus	
09.0004	质子	proton	
09.0005	中子	neutron	
09.0006	核子	nucleon	
09.0007	质子数	proton number	
09.0008	中子数	neutron number	
09.0009	核子数	nucleon number	
09.0010	质量数	mass number	
09.0011	原子质量	atomic mass	
09.0012	原子质量单位	atomic mass unit	
09.0013	元素	element	
09.0014	核素	nuclide	
09.0015	同位素	isotope	
09.0016	同中子[异位]素	isotone	
09.0017	同量异位素	isobar	
09.0018	[同]核异能素	isomer	
09.0019	核半径	nuclear radius	
09.0020	核物质	nuclear matter	
09.0021	核电荷	nuclear charge	
09.0022	核电荷数	nuclear charge number	
09.0023	核成分	nuclear composition	
09.0024	核自旋	nuclear spin	
09.0025	核磁子	nuclear magneton	
09.0026	核统计法	nuclear statistics	
09.0027	质量亏损	mass defect	
09.0028	质量过剩	mass excess	
09.0029	核子分离能	nucleon separation energy	
09.0030	结合能	binding energy	

序　号	汉　文　名	英　文　名	注　释
09.0031	比结合能	specific binding energy	
09.0032	β稳定线	β-stability line	
09.0033	中子质子比	neutron-proton ratio	简称"中质比"。
09.0034	丰中子核素	neutron-rich nuclide	
09.0035	丰质子核素	proton-rich nuclide	
09.0036	缺中子核素	neutron-deficient nuclide	
09.0037	缺质子核素	proton-deficient nuclide	
09.0038	铀后元素	transuranic element	
09.0039	超重元素	superheavy element	
09.0040	超重核	superheavy nucleus	
09.0041	稳定岛	island of stability	
09.0042	超重原子	superheavy atom	
09.0043	核质量	nuclear mass	
09.0044	体积能	volume energy	
09.0045	表面能	surface energy	
09.0046	库仑能	Coulomb energy	
09.0047	对称能	symmetry energy	
09.0048	对能	pairing energy	
09.0049	偶偶核	even-even nucleus	
09.0050	奇A核	odd-A nucleus	奇质量数核。
09.0051	奇奇核	odd-odd nucleus	
09.0052	质量公式	mass formula	
09.0053	核素图	chart of nuclides	
09.0054	核力	nuclear force	
09.0055	短程力	short-range force	
09.0056	长程力	long-range force	
09.0057	非有心力	non-central force	
09.0058	交换力	exchange force	
09.0059	自旋有关力	spin dependent force	
09.0060	张量力	tensor force	
09.0061	有效力程	effective range	
09.0062	氘核	deuteron	
09.0063	氚核	triton	
09.0064	排斥芯	repulsive core	
09.0065	卢瑟福散射	Rutherford scattering	
09.0066	卢瑟福[α散射]实验	Rutherford [α-particle scattering] experiment	

序 号	汉 文 名	英 文 名	注 释
09.0067	汤川势	Yukawa potential	
09.0068	电荷无关性	charge independence	
09.0069	电荷对称性	charge symmetry	
09.0070	同位旋	isobaric spin, isospin, isotopic spin	
09.0071	同位旋空间	isospin space	
09.0072	同位旋多重态	isospin multiplet	
09.0073	同位旋相似态	isospin analog state	
09.0074	镜象核	mirror nuclei	
09.0075	单 π[介子]交换势	one-pion exchange potential, OPEP	
09.0076	单玻色子交换势	one-boson exchange potential, OBEP	
09.0077	放射性	radioactivity	
09.0078	天然放射性	natural radioactivity	
09.0079	人工放射性	artificial radioactivity	
09.0080	α放射性	α-radioactivity	
09.0081	β放射性	β-radioactivity	
09.0082	γ放射性	γ-radioactivity	
09.0083	α粒子	α-particle	
09.0084	α射线	α-ray	
09.0085	β射线	β-ray	
09.0086	γ射线	γ-ray	
09.0087	衰变	decay	在原子核物理中又称"蜕变(disintegration)"。
09.0088	α衰变	α-decay	
09.0089	β衰变	β-decay	
09.0090	γ衰变	γ-decay	
09.0091	γ跃迁	γ-transition	
09.0092	衰变率	decay rate	
09.0093	衰变定律	decay law	
09.0094	半衰期	half life, half life period	
09.0095	平均寿命	mean lifetime	
09.0096	衰变常量	decay constant	
09.0097	衰变链	decay chain	
09.0098	衰变纲图	decay scheme	
09.0099	衰变能	decay energy	

序 号	汉 文 名	英 文 名	注 释
09.0100	分支比	branching ratio	
09.0101	放射性平衡	radioactive equilibrium	
09.0102	暂态平衡	transient equilibrium	
09.0103	长期平衡	secular equilibrium	
09.0104	放射性活度	activity, radioactivity	
09.0105	比活度	specific activity	
09.0106	活性	activity	
09.0107	放射性核素	radioactive nuclide	
09.0108	放射性同位素	radioactive isotope	
09.0109	放射系	radioactive series	
09.0110	系列衰变	serial decay	
09.0111	稳定核	stable nucleus	
09.0112	辐射源	radiation source	
09.0113	钍系	thorium series	
09.0114	铀系	uranium series	
09.0115	锕系	actinium series	
09.0116	镎系	neptunium series	
09.0117	放射性鉴年法	radioactive dating	
09.0118	母核	parent nucleus	
09.0119	子核	daughter nucleus	
09.0120	盖革－努塔尔定律	Geiger-Nuttall law	
09.0121	库仑势垒	Coulomb barrier	
09.0122	伽莫夫因子	Gamow factor	
09.0123	阻碍因子	hindrance factor	
09.0124	形成因子	formation factor	
09.0125	质子放射性	proton radioactivity	
09.0126	重离子放射性	heavy-ion radioactivity	
09.0127	缓发中子	delayed neutron	
09.0128	缓发质子	delayed proton	
09.0129	中微子	neutrino	
09.0130	反中微子	antineutrino	
09.0131	双 β 衰变	double β-decay	
09.0132	轨道电子	orbital electron	
09.0133	壳层电子	shell electron	
09.0134	K 俘获	K-capture	
09.0135	轨道电子俘获	orbital electron capture	

序　号	汉　文　名	英　文　名	注　释
09.0136	特征 X 射线	characteristic X-ray	
09.0137	俄歇电子	Auger electron	
09.0138	弱相互作用	weak interaction	
09.0139	电磁相互作用	electromagnetic interaction	
09.0140	强相互作用	strong interaction	
09.0141	黄金定则	golden rule	
09.0142	跃迁矩阵	transition matrix	
09.0143	库仑修正因子	Coulomb correction factor	又称"费米函数 (Fermi function)"。
09.0144	伽莫夫－特勒相互作用	Gamow-Teller interaction	
09.0145	费米相互作用	Fermi interaction	
09.0146	库里厄图	Kurie plot	
09.0147	比较半衰期	comparative half-life	
09.0148	形状修正因子	shape correction factor	
09.0149	萨金特定律	Sargent law	
09.0150	超容许跃迁	superallowed transition	
09.0151	唯一型禁戒跃迁	unique forbidden transition	
09.0152	电跃迁	electric transition	
09.0153	磁跃迁	magnetic transition	
09.0154	单极跃迁	monopole transition	
09.0155	磁四极辐射	magnetic quadrupole radiation	
09.0156	多极级	multipole order	
09.0157	多极性	multipolarity	
09.0158	多极辐射	multipole radiation	
09.0159	多极跃迁	multipole transition	
09.0160	约化跃迁概率	reduced transition probability	
09.0161	普适时间常量	universal time constant	
09.0162	内禀宇称	intrinsic parity	
09.0163	极化度	polarization	
09.0164	二分量中微子理论	two-component neutrino theory	
09.0165	内转换	internal conversion	
09.0166	内转换系数	internal conversion coefficient	
09.0167	内转换电子	internal conversion electron	
09.0168	内转换电子对	internal conversion pair	
09.0169	形状同核异能素	shape isomer	

序　号	汉 文 名	英 文 名	注　释
09.0170	同核异能素岛	island of isomerism	
09.0171	能级图	energy level diagram	
09.0172	核谱学	nuclear spectroscopy	
09.0173	角分布	angular distribution	
09.0174	角关联	angular correlation	
09.0175	极化关联	polarization correlation	
09.0176	受扰角关联	perturbed angular correlation	
09.0177	混合比	mixing ratio	
09.0178	级联辐射	cascade radiation	
09.0179	级联跃迁	cascade transition	
09.0180	级联衰变	cascade decay	
09.0181	各向异性度	anisotropy	
09.0182	穆斯堡尔效应	Mössbauer effect	
09.0183	超精细分裂	hyperfine splitting	
09.0184	超精细相互作用	hyperfine interaction	
09.0185	核磁共振	nuclear magnetic resonance, NMR	
09.0186	核磁共振成象	nuclear magnetic resonance imaging	
09.0187	衰减系数	attenuation coefficient	
09.0188	质量衰减系数	mass-attenuation coefficient	
09.0189	辐射剂量	radiation dose	
09.0190	比释动能	kerma, kinetic energy released in matter	
09.0191	照射量	exposure	
09.0192	剂量当量	dose equivalent	
09.0193	辐射防护	radiation protection	
09.0194	放射治疗	radiation therapy, radiotherapy	
09.0195	辐射危害	radiation hazard	
09.0196	辐射安全	radiation safety	
09.0197	辐照	irradiation	
09.0198	辐照损伤	irradiation damage	
09.0199	辐照生长	irradiation growth	
09.0200	多重性	multiplicity	
09.0201	嬗变	transmutation	一种核素到另一种核素的转变。
09.0202	核结构	nuclear structure	
09.0203	核模型	nuclear model	

序 号	汉 文 名	英 文 名	注 释
09.0204	液滴模型	liquid-drop model	
09.0205	单粒子模型	single-particle model	
09.0206	原子核壳模型	nuclear shell model	又称"独立粒子模型(independent-particle model)"。
09.0207	集体模型	collective model	
09.0208	玻尔－莫特尔松模型	Bohr-Mottelson model	
09.0209	光学模型	optical model	
09.0210	综合模型	unified model	
09.0211	变形壳模型	deformed shell model	
09.0212	集团模型	cluster model	
09.0213	超流模型	superfluid model	
09.0214	无旋流模型	irrotational flow model	
09.0215	［相］互作用玻色子模型	interaction boson model, IBM	
09.0216	［相］互作用玻色子费米子模型	interaction boson fermion model, IBFM	
09.0217	推转模型	cranking model	
09.0218	激发能	excitation energy	
09.0219	退激［发］	deexcitation	
09.0220	单粒子激发	single-particle excitation	
09.0221	集体激发	collective excitation	
09.0222	准粒子激发	quasi-particle excitation	
09.0223	少体问题	few-body problem	
09.0224	多体问题	many-body problem	
09.0225	同位素丰度	isotopic abundance	
09.0226	幻数	magic number	
09.0227	幻核	magic nucleus	
09.0228	平均场	mean field	
09.0229	平均场近似	mean field approximation	
09.0230	伍兹－萨克森势	Woods-Saxon potential	
09.0231	谐振子势	harmonic-oscillator potential	
09.0232	矩阱势	rectangular-well potential	
09.0233	单粒子态	single-particle state	
09.0234	韦斯科普夫单位	Weisskopf unit	
09.0235	双幻核	double-magic nucleus	

序　号	汉　文　名	英　文　名	注　释
09.0236	组态混合	configuration mixing	
09.0237	施密特线	Schmidt lines	
09.0238	剩余相互作用	residual interaction	
09.0239	对力	pairing force	
09.0240	对能隙	pairing gap	
09.0241	对效应	pairing effect	
09.0242	对关联	pairing correlation	
09.0243	芯激发	core excitation	
09.0244	芯极化	core polarization	
09.0245	准粒子对	quasi-particle pair	
09.0246	空穴态	hole state	
09.0247	高位数	seniority	
09.0248	磁刚度	magnetic rigidity	
09.0249	集体转动	collective rotation	
09.0250	集体振动	collective vibration	
09.0251	集体相互作用	collective interaction	
09.0252	核形变	nuclear deformation	
09.0253	形变参量	deformation parameter	
09.0254	形变能	deformation energy	
09.0255	球形核	spherical nucleus	
09.0256	变形核	deformed nucleus	
09.0257	轴对称变形核	axially symmetric deformed nucleus	
09.0258	平衡形变	equilibrium deformation	
09.0259	过渡核	transition nucleus	
09.0260	表面振动	surface vibration	
09.0261	四极振动	quadrupole vibration	
09.0262	八极振动	octopole vibration	
09.0263	β 振动	β-vibration	
09.0264	γ 振动	γ-vibration	
09.0265	转动能级	rotational energy level	
09.0266	振动能级	vibrational energy level	
09.0267	尼尔逊能级	Nilsson energy level	
09.0268	简并能级	degenerate energy level	
09.0269	渐近量子数	asymptotic quantum number	
09.0270	旋称	signature	一种量子数,定义为 $e^{-i\pi J}$ 或 $e^{-i\pi}(J+1/2)$,

序　号	汉　文　名	英　文　名	注　　释
			J 为总角动量。
09.0271	内禀电四极矩	intrinsic electric quadrupole moment	
09.0272	K 选择定则	K-selection rule	
09.0273	高自旋态	high-spin state	
09.0274	回弯	backbending	
09.0275	转晕线	yrast line	
09.0276	转晕能级	yrast level	
09.0277	次转晕能级	yrare level	
09.0278	带交叉	band crossing	
09.0279	带结构	band structure	
09.0280	形状因子	form factor, shape factor	
09.0281	形状跃迁	shape transition	
09.0282	形状共存	shape coexistence	
09.0283	强耦合	strong coupling	
09.0284	弱耦合	weak coupling	
09.0285	中等耦合	intermediate coupling	
09.0286	转振耦合	rotation-vibration coupling	
09.0287	退耦带	decoupled band	
09.0288	退耦参量	decoupling parameter	
09.0289	旁馈	side feeding	
09.0290	核反应	nuclear reaction	
09.0291	低能核反应	low-energy nuclear reaction	
09.0292	中能核反应	intermediate-energy nuclear reaction	
09.0293	高能核反应	high-energy nuclear reaction	
09.0294	带电粒子反应	charged particle reaction	
09.0295	中子反应	neutron [induced] reaction	
09.0296	光[致]核反应	photonuclear reaction	
09.0297	重离子反应	heavy-ion reaction	
09.0298	轻核	light nucleus	
09.0299	中重核	intermediate nucleus	
09.0300	重核	heavy nucleus	
09.0301	核散射	nuclear scattering	
09.0302	反应道	reaction channel	
09.0303	靶核	target nucleus	
09.0304	轰击粒子	bombarding particle	

序　号	汉　文　名	英　文　名	注　　释
09.0305	出射粒子	outgoing particle	
09.0306	剩余核	residual nucleus	
09.0307	入射粒子	incident particle	
09.0308	入射束	incoming beam	
09.0309	入射道	incoming channel	
09.0310	出射道	outgoing channel	
09.0311	出射角	outgoing angle	指粒子的。
09.0312	电荷守恒	charge conservation	
09.0313	质量数守恒	mass-number conservation	
09.0314	能量守恒	energy conservation	
09.0315	动量守恒	momentum conservation	
09.0316	角动量守恒	angular-momentum conservation	
09.0317	反应能	reaction energy	
09.0318	反应 Q 值	reaction Q-value	
09.0319	实验 Q 值	experimental Q-value	
09.0320	放能反应	exothermic reaction	
09.0321	吸能反应	endothermic reaction	
09.0322	阈能	threshold energy	
09.0323	核反应阈	nuclear reaction threshold	
09.0324	圆锥效应	cone effect	
09.0325	反应截面	reaction cross-section	
09.0326	弹性散射截面	elastic scattering cross-section	
09.0327	非弹性散射截面	inelastic scattering cross-section	
09.0328	去弹[性散射]截面	nonelastic scattering cross-section	
09.0329	总截面	total cross-section	
09.0330	分截面	partial cross-section	
09.0331	有效截面	effective cross-section	
09.0332	积分截面	integrated cross-section	
09.0333	微分截面	differential cross-section	
09.0334	双微分截面	double-differential cross-section	
09.0335	平均截面	average cross-section	
09.0336	宏观截面	macroscopic cross-section	
09.0337	微观截面	microscopic cross-section	
09.0338	激发函数	excitation function	
09.0339	激发曲线	excitation curve	
09.0340	薄靶	thin target	

序　号	汉　文　名	英　文　名	注　释
09.0341	厚靶	thick target	
09.0342	质量厚度	mass thickness	
09.0343	束流强度	beam intensity	
09.0344	反应率	reaction rate	
09.0345	衰变产物	decay product	
09.0346	反应产物	reaction product	
09.0347	反应产额	reaction yield	
09.0348	绝对截面	absolute cross-section	
09.0349	绝对产额	absolute yield	
09.0350	分波分析	partial-wave analysis	
09.0351	分波截面	partial-wave cross-section	
09.0352	散射振幅	scattering amplitude	
09.0353	共振散射	resonance scattering	
09.0354	势散射	potential scattering	
09.0355	细致平衡原理	detailed balance principle	又称"倒易定理(reciprocity theorem)"。
09.0356	离心势垒	centrifugal barrier	
09.0357	谱因子	spectroscopic factor	
09.0358	巨共振	giant resonance	
09.0359	复势	complex potential	
09.0360	共振峰	resonance peak	
09.0361	共振能量	resonance energy	
09.0362	共振截面	resonance cross-section	
09.0363	共振积分	resonance integral	
09.0364	辐射宽度	radiation width	
09.0365	中子宽度	neutron width	
09.0366	分宽度	partial width	
09.0367	强度函数	strength function	
09.0368	布雷特－维格纳公式	Breit-Wigner formula	
09.0369	核温度	nuclear temperature	
09.0370	道自旋	channel spin	
09.0371	复合核理论	compound-nucleus theory	
09.0372	复合核	compound nucleus	
09.0373	复合系统	compound system	
09.0374	复合核衰变	compound-nucleus decay	

序　号	汉　文　名	英　文　名	注　释
09.0375	形状弹性散射	shape-elastic scattering	
09.0376	复合[核]弹性散射	compound-elastic scattering	
09.0377	虚能级	virtual level	
09.0378	硬球散射	hard-sphere scattering	
09.0379	吸收截面	absorption cross-section	
09.0380	平衡前过程	pre-equilibration process	
09.0381	平衡前发射	pre-equilibration emission	
09.0382	激子模型	exciton model	
09.0383	门态	doorway state	
09.0384	蒸发模型	evaporation model	
09.0385	能级密度	level density	
09.0386	蒸发谱	evaporation spectrum	
09.0387	几何截面	geometrical cross-section	
09.0388	直接反应	direct reaction	
09.0389	削裂反应	stripping reaction	
09.0390	拾取反应	pick-up reaction	
09.0391	敲出反应	knock-out reaction	
09.0392	电荷交换反应	charge exchange reaction	
09.0393	平面波玻恩近似	plane wave Born approximation, PWBA	
09.0394	扭曲波[玻恩]近似	distorted wave Born approximation, DWBA	
09.0395	光致裂变	photofission	
09.0396	辐射俘获	radiative capture	
09.0397	辐射吸收	radiative absorption	
09.0398	齐拉－却尔曼斯效应	Szilard-Chalmers effect	
09.0399	莫特散射	Mott scattering	
09.0400	转移反应	transfer reaction	
09.0401	准弹性散射	quasi-elastic scattering	
09.0402	深度非弹性散射	deep inelastic scattering	
09.0403	深度非弹性碰撞	deep inelastic collision	
09.0404	阻尼碰撞	damped collision	
09.0405	对头碰撞	head-on collision	
09.0406	擦边碰撞	grazing collision	
09.0407	擦边角动量	grazing angular momentum	

序号	汉文名	英文名	注释
09.0408	抛物线近似	parabola approximation	
09.0409	偏转函数	deflection function	
09.0410	库仑激发	Coulomb excitation	
09.0411	重取向效应	reorientation effect	
09.0412	索末菲参量	Sommerfeld parameter	
09.0413	折叠势	folded potential	
09.0414	熔合反应	fusion reaction	一种重离子核反应。
09.0415	[完]全熔合	complete fusion	
09.0416	非[完]全熔合	incomplete fusion	
09.0417	锐截止模型	sharp cut-off model	
09.0418	临界角动量	critical angular momentum	
09.0419	临界距离	critical distance	
09.0420	准分子态	quasi-molecular state	
09.0421	虹模型	rainbow model	
09.0422	准裂变	quasi-fission	
09.0423	核影散射	shadow scattering	
09.0424	核火球模型	nuclear fireball model	
09.0425	中子源	neutron source	
09.0426	冷中子	cold neutron	
09.0427	热中子	thermal neutron	
09.0428	慢中子	slow neutron	
09.0429	中能中子	intermediate neutron	
09.0430	快中子	fast neutron	
09.0431	特快中子	ultrafast neutron	
09.0432	中子注量	neutron fluence	
09.0433	中子扩散	neutron diffusion	
09.0434	勒	lethargy	对数能降。
09.0435	慢化	slowing-down	
09.0436	增殖因数	multiplication factor	
09.0437	核能	nuclear energy	
09.0438	临界质量	critical mass	
09.0439	临界体积	critical volume	
09.0440	原子能	atomic energy	
09.0441	原子弹	atomic bomb	
09.0442	核动力	nuclear power	
09.0443	核电站	nuclear power station	
09.0444	核武器	nuclear weapon	

序　号	汉　文　名	英　文　名	注　释
09.0445	核聚变	nuclear fusion	
09.0446	热核反应	thermonuclear reaction	
09.0447	氢弹	hydrogen bomb	
09.0448	核裂变	nuclear fission	
09.0449	自发裂变	spontaneous fission	
09.0450	诱发裂变	induced fission	
09.0451	三分裂变	ternary fission	
09.0452	二分裂变	binary fission	
09.0453	裂变势垒	fission barrier	
09.0454	裂变截面	fission cross-section	
09.0455	裂变碎片	fission fragment	
09.0456	裂变阈	fission threshold	
09.0457	裂变产物	fission product	
09.0458	裂变产额	fission yield	
09.0459	对称裂变	symmetrical fission	
09.0460	不对称裂变	asymmetrical fission	
09.0461	裂变中子	fission neutron	
09.0462	瞬发中子	prompt neutron	
09.0463	前驱核	precursor	
09.0464	裂变参量	fission parameter	
09.0465	势能面	potential energy surface	
09.0466	断点	scission point	
09.0467	裂变能	fission energy	
09.0468	壳修正	shell correction	
09.0469	斯特鲁金斯基方法	Strutinsky method	
09.0470	双峰势垒	double-humped barrier	
09.0471	中间结构	intermediate structure	
09.0472	裂变[产物]链	fission [product] chain	
09.0473	链式反应	chain reaction	
09.0474	可裂变核	fissile nucleus, fissionable nucleus	
09.0475	核燃料	nuclear fuel	
09.0476	阻止本领	stopping power	
09.0477	质量阻止本领	mass stopping power	
09.0478	电子阻止本领	electronic stopping power	
09.0479	核阻止本领	nuclear stopping power	
09.0480	原子阻止截面	atomic stopping cross-section	

序　号	汉　文　名	英　文　名	注　释
09.0481	射程	range	
09.0482	平均射程	mean range	
09.0483	外推射程	extrapolated range	
09.0484	射程歧离	range straggling	
09.0485	射程能量关系	range-energy relation	简称"能程关系"。
09.0486	平均电离势	mean ionization potential	
09.0487	比电离[度]	specific ionization	
09.0488	有效电荷	effective charge	
09.0489	康普顿电子	Compton electron	
09.0490	能量损失	energy loss	
09.0491	贝特方程	Bethe equation	
09.0492	克莱因－仁科公式	Klein-Nishina formula	
09.0493	对产生	pair creation, pair production	
09.0494	正负电子对产生	electron-position pair creation	
09.0495	湮没辐射	annihilation radiation	
09.0496	放射源	radioactive source	
09.0497	靶室	target chamber	
09.0498	定标器	scaler	
09.0499	计数器	counter	
09.0500	正比计数器	proportional counter	
09.0501	固体计数器	solid state counter	
09.0502	切连科夫计数器	Cherenkov counter	
09.0503	盖革－米勒计数器	Geiger-Müller counter	
09.0504	自猝灭计数器	self-quenching counter	
09.0505	闪烁计数器	scintillation counter	
09.0506	符合法	coincidence method	
09.0507	反符合	anticoincidence	
09.0508	延时符合	delayed coincidence	
09.0509	符合电路	coincidence circuit	
09.0510	反符合电路	anticoincidence circuit	
09.0511	快慢符合装置	fast-slow coincidence assembly	
09.0512	死时间	dead time	
09.0513	单道分析器	single-channel analyzer	
09.0514	多道分析器	multichannel analyzer	
09.0515	电离电流	ionization current	

序 号	汉 文 名	英 文 名	注 释
09.0516	电离室	ionization chamber	
09.0517	脉冲电离室	pulse ionization chamber	
09.0518	屏栅电离室	grid ionization chamber	
09.0519	电流电离室	current ionization chamber	
09.0520	[气]泡室	bubble chamber	
09.0521	火花室	spark chamber	
09.0522	分辨时间	resolving time	
09.0523	能量分辨率	energy resolution	
09.0524	光阴极	photocathode	
09.0525	闪烁晶体	scintillation crystal	
09.0526	闪烁谱仪	scintillation spectrometer	
09.0527	液体闪烁体	liquid scintillator	
09.0528	探测	detection	
09.0529	探测器	detector	
09.0530	探测效率	detection efficiency	
09.0531	探测灵敏度	detection sensitivity	
09.0532	半导体探测器	semiconductor detector	
09.0533	硅面垒探测器	silicon surface barrier detector	
09.0534	锂漂移探测器	lithium drift detector	
09.0535	锗探测器	germanium detector	
09.0536	同轴型探测器	coaxial type detector	
09.0537	平面型探测器	planar type detector	
09.0538	中子探测器	neutron detector	
09.0539	辐射损伤	radiation damage	
09.0540	核乳胶	nuclear emulsion	
09.0541	云室	cloud chamber	
09.0542	威耳逊云室	Wilson cloud chamber	
09.0543	固体径迹探测器	solid state track detector	
09.0544	多丝室	multiple-wire chamber	
09.0545	热释光剂量仪	thermoluminescent dosimeter	
09.0546	全能峰	full energy peak	
09.0547	光电峰	photopeak	
09.0548	单逃逸峰	single-escape peak	
09.0549	双逃逸峰	double-escape peak	
09.0550	粒子鉴别	particle identification	
09.0551	脉冲形状甄别	pulse-shape discrimination	
09.0552	飞行时间法	time-of-flight method	

序　号	汉　文　名	英　文　名	注　释
09.0553	望远镜探测器	telescope detector	
09.0554	微通道板	microchannel plate	
09.0555	多普勒频移衰减法	Doppler shift attenuation method, DSAM	
09.0556	中子活化分析	neutron activation analysis, NAA	
09.0557	离子束分析	ion-beam analysis, IBA	
09.0558	核反应分析	nuclear reaction analysis	
09.0559	深度剖析	depth profiling	
09.0560	锐共振反应	sharp resonance reaction	
09.0561	X 射线荧光分析	X-ray fluorescence analysis	
09.0562	粒子诱发 X[射线]发射	particle induced X-ray emission, PIXE	
09.0563	背散射分析	backscattering analysis, BSA	
09.0564	正电子[发射]层析术	positron-emission tomography, PET	
09.0565	核磁共振层析术	nuclear magnetic resonance tomography	简称"NMR 层析术（NMR tomography）"。
09.0566	辐射改性	radiation modification	
09.0567	离子束混合	ion-beam mixing	
09.0568	在束 γ 谱学	in-beam γ-spectroscopy	
09.0569	反康普顿屏蔽	anti-Compton shield	
09.0570	溅射	sputtering	
09.0571	真空镀膜	vacuum coating	
09.0572	德拜－谢勒法	Debye-Scherrer method	
09.0573	X 射线摄谱仪	X-ray spectrograph	
09.0574	X 射线衍射仪	X-ray diffractometer	
09.0575	电子衍射仪	electron diffractometer	
09.0576	穆斯堡尔谱仪	Mössbauer spectrometer	
09.0577	质谱仪	mass spectrometer	
09.0578	磁谱仪	magnetic spectrometer	
09.0579	半圆谱仪	semicircular spectrometer	
09.0580	双聚焦谱仪	double-focusing spectrometer	
09.0581	透镜谱仪	lens spectrometer	
09.0582	正电子湮没装置	positron-annihilation apparatus	
09.0583	加速器	accelerator	
09.0584	高压倍加器	Cockcroft-Walton accelerator	
09.0585	范德格拉夫加速	Van de Graaff accelerator	又称"静电加速器"。

序　号	汉　文　名	英　文　名	注　释
	器		
09.0586	串列[式]加速器	tandem accelerator	
09.0587	中子发生器	neutron generator	
09.0588	电子感应加速器	betatron	
09.0589	回旋加速器	cyclotron	
09.0590	同步加速器	synchrotron	
09.0591	同步[加速器]辐射	synchrotron radiation	
09.0592	同步回旋加速器	synchrocyclotron	
09.0593	同步稳相加速器	synchrophasotron	
09.0594	扇形聚焦加速器	sector-focusing accelerator	
09.0595	重离子加速器	heavy-ion accelerator	
09.0596	核反应堆	nuclear reactor	
09.0597	久期项	secular term	

09.02 粒子物理学

序　号	汉　文　名	英　文　名	注　释
09.0598	粒子物理[学]	particle physics	
09.0599	高能物理[学]	high-energy physics	
09.0600	高能核物理[学]	high-energy nuclear physics	
09.0601	高能天体物理	high-energy astrophysics	
09.0602	粲粒子物理[学]	charmphysics	
09.0603	重味物理[学]	heavy flavor physics	
09.0604	宇宙物理[学]	cosmophysics	
09.0605	正则量子化	canonical quantization	
09.0606	猜想	conjecture	
09.0607	自然单位	natural unit	
09.0608	接触相互作用	contact interaction	
09.0609	荷	charge	
09.0610	电荷算符	charge operator	
09.0611	电荷半径	charge radius	
09.0612	电荷不对称性	charge asymmetry	
09.0613	手征场	chiral field	
09.0614	手征荷	chiral charge	
09.0615	手征流	chiral current	
09.0616	手征粒子	chiral particle	
09.0617	手征对称性	chiral symmetry	
09.0618	分数电荷	fractional [electric] charge	

序　号	汉　文　名	英　文　名	注　释
09.0619	碎裂反应	fragmentation reaction	
09.0620	规范场	gauge field	
09.0621	规范势	gauge potential	
09.0622	代	generation	夸克和轻子的。
09.0623	鬼态	ghost state	又称"伪态（spu-rious state）"。
09.0624	整体对称[性]	global symmetry	
09.0625	重离子	heavy ion	
09.0626	单举[反应]截面	inclusive cross-section	
09.0627	非相干产生	incoherent production	
09.0628	无关性	independence	
09.0629	独立振幅	independent amplitude	
09.0630	指数定理	index theorem	
09.0631	非弹性	inelasticity	
09.0632	内部对称性	internal symmetry	
09.0633	内禀自由度	intrinsic degree of freedom	
09.0634	不变振幅	invariant amplitude	
09.0635	不变质量	invariant mass	
09.0636	纵[向]动量	longitudinal momentum	
09.0637	长寿命粒子	long-lived particle	
09.0638	长程关联	long-range correlation	
09.0639	圈[图]	loop [diagram]	
09.0640	下界	lower bound	
09.0641	下限	lower limit	
09.0642	宏观因果性	macrocausality	
09.0643	微观因果性	microcausality	
09.0644	微观过程	microprocess	
09.0645	微观世界	microworld	
09.0646	宏观系统	macrosystem	
09.0647	马约拉纳粒子	Majorana particle	
09.0648	有质量粒子	massive particle	
09.0649	无质量粒子	massless particle	
09.0650	质量算符	mass operator	
09.0651	丢失质量	missing mass	
09.0652	质壳	mass shell	
09.0653	机理	mechanism	
09.0654	度规	metric	

序 号	汉 文 名	英 文 名	注 释
09.0655	混合角	mixing angle	
09.0656	多重边缘链	multiperipheral chain	
09.0657	多重数	multiplicity	
09.0658	负度规	negative metric	
09.0659	中微子振荡	neutrino oscillation	
09.0660	ν[致产]生	neutrino induced production	
09.0661	非轻子衰变	nonleptonic decay	
09.0662	非物理粒子	nonphysical particle, unphysical particle	
09.0663	[类]点粒子	point[-like] particle	
09.0664	快度	rapidity	相对论性粒子的。
09.0665	共振宽度	resonance width	
09.0666	右手流	right-handed current	
09.0667	软过程	soft process	
09.0668	类空区	spacelike region	
09.0669	强[作用]衰变	strong decay	
09.0670	类时区	timelike region	
09.0671	T 矩阵	T-matrix	
09.0672	拓扑截面	topological cross-section	
09.0673	横动量	transverse momentum	
09.0674	树图近似	tree [diagram] approximation	
09.0675	幺正极限	unitarity limit	
09.0676	幺旋	unitary spin	
09.0677	上下不对称性	up-down asymmetry	
09.0678	上下对称性	up-down symmetry	
09.0679	上界	upper bound	
09.0680	真空涨落	vacuum fluctuation	
09.0681	真空态	vacuum state	
09.0682	矢量场	vector field	
09.0683	矢量流	vector current	
09.0684	矢量耦合	vector coupling	
09.0685	弱[作用]衰变	weak decay	
09.0686	弱[作用]流	weak [interaction] current	
09.0687	弱中性流	weak neutral current	
09.0688	粲数改变流	charm changing current	
09.0689	弱超荷	weak hypercharge	
09.0690	电性流	charged current, CC	

序 号	汉 文 名	英 文 名	注 释
09.0691	正常磁矩	normal magnetic moment	
09.0692	反常磁矩	anomalous magnetic moment, abnormal magnetic moment	
09.0693	重子数	baryon number	
09.0694	奇异数	strangeness number	
09.0695	底数	bottom number	高能物理中的。
09.0696	弱同位旋	weak isospin	
09.0697	色	color	
09.0698	彩[色]	technicolor	
09.0699	衰变方式	decay modes	
09.0700	赝势	pseudopotential	
09.0701	赝标量	pseudoscalar	
09.0702	赝快度	pseudorapidity	
09.0703	物理区域	physical region	
09.0704	耦合常数	coupling constant	
09.0705	多重产生	multiproduction	
09.0706	单举过程	inclusive process	
09.0707	半举过程	semi-inclusive process	
09.0708	双举过程	double inclusive process	
09.0709	遍举过程	exclusive process	
09.0710	μ[子型]中微子	mutrino	
09.0711	横能量	transverse energy	
09.0712	[相]互作用长度	interaction length	
09.0713	吸收长度	absorption length	
09.0714	亮度	luminosity	描述对撞机中粒子束性能的量。
09.0715	道	channel	
09.0716	组分质量	constituent mass	
09.0717	CPT 定理	CPT theorem	
09.0718	流质量	current mass	
09.0719	半轻子型衰变	semileptonic decay	
09.0720	外晕	outer halo	
09.0721	参量化	parametrization	
09.0722	因子化	factorization	
09.0723	极端相对论性粒子	ultrarelativistic particle	
09.0724	宇宙线	cosmic ray	

序　号	汉　文　名	英　文　名	注　释
09.0725	重离子碰撞	heavy-ion collision	
09.0726	衰变分支比	decay fraction	
09.0727	衰变宽度	decay width	
09.0728	有效半径	effective radius	
09.0729	弹性道	elastic channel	
09.0730	电磁衰变	electromagnetic decay	
09.0731	电磁半径	electromagnetic radius	
09.0732	电磁簇射	electromagnetic shower	
09.0733	演化	evolution	
09.0734	形成时间	formation time	
09.0735	费米[子]弦	fermionic string	
09.0736	费恩曼规范	Feynman gauge	
09.0737	费恩曼规则	Feynman rule	
09.0738	普朗克质量	Planck mass	
09.0739	基本长度	fundamental length	
09.0740	第一性原理	first principle	
09.0741	场流关系	field-current relation	
09.0742	第一类流	first-class current	
09.0743	从头计算	ab initio calculation	
09.0744	树[图]	tree [diagram]	
09.0745	反厄米算符	antihermitian operator	
09.0746	反对称化	antisymmetrization	
09.0747	反幺正性	antiunitarity	
09.0748	阿贝尔规范场	Abelian gauge field	
09.0749	非阿贝耳规范场	nonabelian gauge field	
09.0750	反常流	abnormal current	
09.0751	反常量纲	anomalous dimension	
09.0752	轴矢流	axial current, axial-vector current	
09.0753	裸电荷	bare charge	
09.0754	裸耦合	bare coupling	
09.0755	双线性耦合	bilinear coupling	
09.0756	双局域算符	bilocal operator	
09.0757	正反共轭	charge conjugation	
09.0758	C 宇称	C-parity	全称"正反共轭宇称"。
09.0759	C 对称性	C-symmetry	全称"正反共轭对称性"。

序　号	汉　文　名	英　文　名	注　释
09.0760	C 不变性	C-invariance	全称"正反共轭不变性"。
09.0761	CP 不变性	CP invariance	
09.0762	CP 对称	CP symmetry	
09.0763	CP 破坏	CP violation	
09.0764	CPT 不变性	CPT invariance	
09.0765	相干产生	coherent generation	
09.0766	色荷	color charge	
09.0767	色空间	color space	
09.0768	共轭场	conjugate field	
09.0769	组分夸克	constituent quark	
09.0770	全反对称	complete antisymmetry	
09.0771	全对称	complete symmetry	
09.0772	流夸克	current quark	
09.0773	流－流耦合	current-current coupling	
09.0774	流对易式	current commutator	
09.0775	流代数	current algebra	
09.0776	光锥[流]代数	light-cone [current] algebra	
09.0777	组合宇称	combined parity	
09.0778	玻色[子]弦	bosonic string	
09.0779	校正场	correcting field	
09.0780	计数定则	counting rule	
09.0781	交叉道	cross channel	
09.0782	交叉束	crossing beam	
09.0783	交叉对称[性]	crossing symmetry	
09.0784	截断	cut	
09.0785	多重态	multiplet	
09.0786	十重态	decimet, decuplet	
09.0787	退禁闭	deconfinement	
09.0788	衍射分解	diffractive dissociation	
09.0789	量纲计数规则	dimensional counting rule	
09.0790	维数约化	dimensional reduction	
09.0791	维数正规化	dimensional regularization	
09.0792	对偶场	dual field	
09.0793	双关共振	dual resonance	
09.0794	对偶空间	dual space	
09.0795	对偶张量	dual tensor	

序　号	汉　文　名	英　文　名	注　释
09.0796	八正法	eightfold way	
09.0797	程函模型	eikonal model	
09.0798	味	flavor	一种量子数。
09.0799	味空间	flavor space	
09.0800	味对称性	flavor symmetry	
09.0801	四费米子相互作用	four-fermion interaction	
09.0802	G 宇称	G-parity	
09.0803	强子动力学	hadrodynamics	
09.0804	强子型衰变	hadronic decay	
09.0805	强子化	hadronization	
09.0806	硬光子	hard photon	
09.0807	硬过程	hard process	
09.0808	隐对称[性]	hidden symmetry	
09.0809	隐变量	hidden variable	
09.0810	级列问题	hierarchy problem	
09.0811	水平对称性	horizontal symmetry	
09.0812	超荷	hypercharge	
09.0813	超色	hypercolor	
09.0814	无限大动量系	infinite momentum frame	
09.0815	红外奴役	infrared slavery	
09.0816	三喷注	three jet	
09.0817	喷注模型	jet model	
09.0818	喷注簇射	jet shower	
09.0819	小林－利川混合矩阵	Kobayashi-Masukawa mixing matrix	
09.0820	梯图近似	ladder approximation	
09.0821	格点规范	lattice gauge	
09.0822	主导对数项	leading logarithm	
09.0823	主导粒子	leading particle	
09.0824	主导极点	leading pole	
09.0825	主导项	leading term	
09.0826	左手流	left-handed current	
09.0827	极限碎裂	limiting fragmentation	
09.0828	定域场论	local field theory	
09.0829	定域性	locality	
09.0830	算符代数	operator algebra	

序　号	汉　文　名	英　文　名	注　释
09.0831	宇称破坏	parity violation	
09.0832	夸克禁闭	quark confinement	
09.0833	准玻色子	quasi-boson	
09.0834	准平衡	quasi-equilibrium	
09.0835	雷杰割线	Regge cut	
09.0836	雷杰极点	Regge poles	
09.0837	雷杰轨迹	Regge trajectory	
09.0838	巡行耦合常数	running coupling constant	
09.0839	电弱[相互]作用	electro-weak interaction	
09.0840	海鸥效应	sea gull effect	
09.0841	规范相互作用	gauge interaction	
09.0842	引力相互作用	gravitational interaction	
09.0843	自相互作用	self-interaction	
09.0844	半经典方法	semiclassical approach	
09.0845	半举[的]反应	semi-inclusive reaction	
09.0846	σ 模型	sigma model	
09.0847	空间反射	space reflection	
09.0848	时空反演	spacetime inversion, spacetime reversal	
09.0849	一次球度	sphericity	多粒子产生事件中角分布球对称性(以动量分量平方定义)的量度。
09.0850	二次球度	spherocity	多粒子产生事件中角分布球对称性(以动量分量绝对值定义)的量度。
09.0851	乱真子	spurion	
09.0852	随机量子化	stochastic quantization	
09.0853	结构函数	structure function	
09.0854	超场	superfield	
09.0855	超对称[性]	supersymmetry	
09.0856	超统一	superunification	
09.0857	超规范	supergauge	
09.0858	超引力	supergravity	
09.0859	超选择定则	superselection rule	
09.0860	超空间	superspace	

序 号	汉 文 名	英 文 名	注 释
09.0861	超弦	superstring	
09.0862	超流液体	superfluid liquid	
09.0863	超强相互作用	superstrong interaction	
09.0864	超弱相互作用	superweak interaction	
09.0865	彩对称性	technicolor symmetry	
09.0866	$\theta-\tau$ 疑难	theta-tau puzzle	
09.0867	拓扑荷	topological charge	
09.0868	拓扑孤子	topological soliton	
09.0869	汤川相互作用	Yukawa interaction	
09.0870	ABJ 反常	ABJ anomaly, Adler-Bell-Jackiw anomaly	
09.0871	守恒矢量流	conserved vector current, CVC	
09.0872	守恒轴矢流	conserved axial current, CAC	
09.0873	部分守恒轴矢流	partial conserved axial current, PCAC	
09.0874	正反共轭和空间反射	charge conjugation-parity, CP	
09.0875	正反共轭时空反演	charge conjugation-parity-time reversal, CPT	
09.0876	中性流	neutral current, NC	
09.0877	CP 宇称	CP parity	
09.0878	时空对称性	spacetime symmetry	
09.0879	动力学对称破缺	dynamical symmetry breaking	
09.0880	GIM 机理	GIM mechanism	
09.0881	真空极化	vacuum polarization	
09.0882	发散困难	divergence difficulty	
09.0883	重正化	renormalization	
09.0884	幺正性	unitarity	
09.0885	色散关系	dispersion relation	
09.0886	阿德勒反常	Adler anomaly	
09.0887	θ 真空	θ-vacuum	
09.0888	谱理论	spectral theory	
09.0889	对称[性]自发破缺	spontaneous symmetry breaking	
09.0890	弗里定理	Furry theorem	
09.0891	盖尔曼－西岛关系式	Gell-Mann-Nishijima relation	

序　号	汉　文　名	英　文　名	注　释
09.0892	基本粒子	elementary particle	
09.0893	反粒子	antiparticle	
09.0894	稳定粒子	stable particle	
09.0895	规范粒子	gauge particle	
09.0896	规范玻色子	gauge boson	
09.0897	色粒子	colored particle	
09.0898	反费米子	antifermion	
09.0899	矢量玻色子	vector boson	
09.0900	反玻色子	antiboson	
09.0901	强子	hadron	
09.0902	介子	meson	
09.0903	赝标介子	pseudoscalar meson	
09.0904	矢量介子	vector meson	
09.0905	标量介子	scalar meson	
09.0906	轴矢介子	axial-vector meson	
09.0907	隐粲介子	hidden charm meson	
09.0908	重子	baryon	
09.0909	反重子	antibaryon	
09.0910	重子偶素	baryonium	
09.0911	双重子	dibaryon	
09.0912	裸核子	nucleor	
09.0913	核子偶素	nucleonium	
09.0914	轻子	lepton	
09.0915	反轻子	antilepton	
09.0916	双轻子	bilepton	
09.0917	重轻子	heavy lepton	
09.0918	电子偶素	positronium	
09.0919	电[子型]中微子	electrino	
09.0920	正态电子偶素	orthopositronium	
09.0921	仲电子偶素	parapositronium	
09.0922	左[旋]中微子	left neutrino	
09.0923	轻子数	leptonic charge, leptonic number	
09.0924	轻子型衰变	leptonic decay	
09.0925	μ[轻]子	muon	
09.0926	反μ子	antimuon	
09.0927	μ子素	muonium	
09.0928	双μ[子]	dimuon	

序 号	汉 文 名	英 文 名	注 释
09.0929	μ 原子	muonic atom	
09.0930	μ 子数	muon[ic] number	
09.0931	μ 俘获	muon capture	
09.0932	τ 轻子	tau lepton	
09.0933	τ[子型]中微子	tau neutrino	
09.0934	π 介子	pion	
09.0935	π 介子素	pionium	
09.0936	π 原子	pionic atom	
09.0937	π 介子化	pionization	
09.0938	π 介子工厂	pion factory	
09.0939	K 介子	kaon	
09.0940	反 K 介子	antikaon	
09.0941	K 介子再生	kaon regeneration	
09.0942	K 介原子	kaon[ic] atom	
09.0943	K 介子工厂	kaon factory	
09.0944	反质子	antiproton	
09.0945	质子偶素	protonium	
09.0946	反中子	antineutron	
09.0947	奇异粒子	strange particle	
09.0948	价核子	valence nucleon	
09.0949	超子	hyperon	
09.0950	粲粒子	charmed particle	
09.0951	粲偶素	charmonium	
09.0952	正粲偶素	orthocharmonium	
09.0953	仲粲偶素	paracharmonium	
09.0954	J/ψ 粒子	J/psi particle	
09.0955	χ 介子	chi meson	
09.0956	胶球	glueball	
09.0957	混杂子	hybrid	正反夸克与胶子组成的粒子。
09.0958	奇特态	exotic state	
09.0959	奇特原子	exotic atom	
09.0960	中间玻色子	intermediate boson	
09.0961	胶子	gluon	
09.0962	标量光子	scalar photon	
09.0963	引力子	graviton	
09.0964	重光子	heavy photon	

序　号	汉　文　名	英　文　名	注　释
09.0965	W 玻色子	W-boson	
09.0966	轻夸[玻色]子	leptoquark	
09.0967	夸克	quark	
09.0968	反夸克	antiquark	
09.0969	夸克偶素	quarkonium	
09.0970	双夸克	diquark	
09.0971	价夸克	valence quark	
09.0972	轻夸克	light quark	
09.0973	海夸克	sea quark	
09.0974	重夸克	heavy quark	
09.0975	微夸克	wee quark	
09.0976	色夸克	colored quark	
09.0977	层子	straton	
09.0978	上夸克	up quark, u-quark	
09.0979	d 夸克	down quark, d-quark	又称"下夸克"。
09.0980	s 夸克	strange quark, s-quark	又称"奇异夸克"。
09.0981	c 夸克	charm quark, c-quark	又称"粲夸克"。
09.0982	b 夸克	bottom quark, b-quark	又称"底夸克"。曾用名"美夸克(beauty quark)"。
09.0983	底偶素	bottonium	
09.0984	t 夸克	top quark, t-quark	又称"顶夸克"。
09.0985	顶偶素	topponium	
09.0986	配偶子	partner	
09.0987	部分子	parton	
09.0988	超[对称]粒子	sparticle	
09.0989	标量电子	scalar electron, selectron	
09.0990	标量轻子	scalar lepton, slepton	
09.0991	标量 μ 子	scalar muon, smuon	
09.0992	标量中微子	scalar neutrino, sneutrino	
09.0993	标量夸克	scalar quark, squark	
09.0994	规范微子	gaugino	
09.0995	光微子	photino	
09.0996	引力微子	gravitino	
09.0997	胶微子	gluino	
09.0998	中性微子	neutralino	
09.0999	带电微子	chargino	

序　号	汉　文　名	英　文　名	注　释
09.1000	[磁]单极子	[magnetic] monopole	
09.1001	反单极子	antimonopole	
09.1002	双荷子	dyon	
09.1003	反双荷子	antidyon	
09.1004	双荷子偶素	dyonium	
09.1005	任意子	anyon	
09.1006	轴子	axion	
09.1007	半子	meron	
09.1008	前子	preon	
09.1009	前夸克	prequark	
09.1010	初子	rishon	
09.1011	亚场	subfield	
09.1012	亚轻子	sublepton	
09.1013	亚夸克	subquark	
09.1014	瞬子	instanton	
09.1015	快子	tachyon	
09.1016	戈德斯通粒子	Goldstone particle	
09.1017	希格斯粒子	Higgs particle	
09.1018	坡密子	pomeron	
09.1019	反氘核	antideuteron	
09.1020	反核	antinucleus	
09.1021	反[物质]元素	antielement	
09.1022	反物质	antimatter	
09.1023	反[物质]星系	antigalaxy	
09.1024	反[物质]世界	antiworld	
09.1025	计算物理[学]	computational physics	
09.1026	场论	field theory	
09.1027	量子场论	quantum field theory	
09.1028	统一场论	unified field theory	
09.1029	量子色动力学	quantum chromodynamics, QCD	
09.1030	量子电动力学	quantum electrodynamics, QED	
09.1031	规范场论	gauge field theory	
09.1032	量子味动力学	quantum flavor dynamics, QFD	
09.1033	量子引力动力学	quantum gravitational dynamics, QGD	
09.1034	前色动力学	pre-chromodynamics	
09.1035	电弱统一理论	electro-weak unified theory	

序 号	汉 文 名	英 文 名	注 释
09.1036	大统一	grand unification	
09.1037	大统一理论	grand unified theory, GUT	
09.1038	非线性场论	nonlinear field theory	
09.1039	非定域场论	nonlocal field theory	
09.1040	费米－杨[振宁]模型	Fermi-Yang model	
09.1041	杨[振宁]－米尔斯场	Yang-Mills field	
09.1042	夸克模型	quark model	
09.1043	部分子模型	parton model	
09.1044	格拉肖－温伯格－萨拉姆模型	Glashow-Weinberg-Salam model	
09.1045	标度无关律	scaling law	
09.1046	费恩曼标度无关性	Feynman scaling	
09.1047	标度无关性	scaling	
09.1048	标度无关行为	scaling behavior	
09.1049	标度无关变量	scaling variable	
09.1050	标度无关性破坏	scaling violation	
09.1051	渐近行为	asymptotic behavior	
09.1052	渐近自由	asymptotic freedom	
09.1053	[口]袋模型	bag model	
09.1054	靴袢模型	bootstrap model	
09.1055	复合粒子模型	composite model	
09.1056	复合粒子	composite particle	
09.1057	复合性	compositeness	
09.1058	火球模型	fireball model	
09.1059	双关模型	dual model	
09.1060	希格斯场	Higgs field	
09.1061	希格斯机理	Higgs mechanism	
09.1062	希格斯模型	Higgs model	
09.1063	希格斯区	Higgs sector	
09.1064	李[政道]模型	Lee model	
09.1065	戈德斯通定理	Goldstone theorem	
09.1066	超弦理论	superstring theory	
09.1067	巴格曼－维格纳方程	Bargmann-Wigner equation	

序　号	汉　文　名	英　文　名	注　释
09.1068	坂田模型	Sakata model	
09.1069	萨拉姆－温伯格模型	Salam-Weinberg model	
09.1070	层子模型	straton model	
09.1071	弦模型	string model	
09.1072	离[质]壳粒子	off mass shell particle	
09.1073	加速机理	acceleration mechanism	
09.1074	离去边喷注	away side jet	宇宙线的。
09.1075	束流冷却	beam cooling	
09.1076	对撞机	collider	
09.1077	对撞束	colliding beam	
09.1078	对撞环	collision ring	
09.1079	δ 电子	delta electron	
09.1080	δ 电子损失	delta loss	
09.1081	探测器分辨率	detector resolution	
09.1082	双臂谱仪	double-arm spectrometer	
09.1083	双芯簇射	double-core shower	
09.1084	漂移室	drift chamber	
09.1085	正负电子对撞机	electron-positron collider	
09.1086	正负电子[存储]环	electron-positron ring	
09.1087	直线加速器	linac, linear accelerator	
09.1088	固定靶	fixed target	
09.1089	质量分辨率	mass resolution	
09.1090	多芯结构	multicore structure	
09.1091	离线分析	off-line analysis	
09.1092	在线分析	on-line analysis	
09.1093	初现	onset	
09.1094	程长	path length	
09.1095	簇射计数器	shower counter	
09.1096	存储环	storage ring	
09.1097	强聚焦	strong focusing	
09.1098	流光室	streamer chamber	
09.1099	径迹室	track chamber	
09.1100	径迹重建	track reconstruction	
09.1101	渡越辐射	transition radiation	
09.1102	渡越时间	transit time	

序　号	汉　文　名	英　文　名	注　释
09.1103	弱聚焦	weak focusing	
09.1104	喷注	jet	
09.1105	广延大气簇射	extensive airshower	
09.1106	辐射长度	radiation length	
09.1107	乳胶室	emulsion chamber	
09.1108	多丝正比室	multiwire proportional chamber	
09.1109	晶体球	crystal ball	
09.1110	渡越辐射探测器	transition radiation detector	
09.1111	强子量能器	hadron calorimeter	
09.1112	单臂谱仪	single-arm spectrometer	
09.1113	电子同步加速器	electron synchrotron	
09.1114	质子同步加速器	proton synchrotron	
09.1115	稳相加速器	phasotron	
09.1116	超导加速器	superconducting accelerator	
09.1117	交叉存储环	intersecting storage ring, ISR	
09.1118	增强器	booster	
09.1119	注入器	injector	
09.1120	预注入器	preinjector	
09.1121	触发	trigger	
09.1122	靶	target	
09.1123	径迹	track	
09.1124	量能器	calorimeter	指高能物理中的。
09.1125	天文单位	astronomical unit, AU	等于日地平均距离。
09.1126	哈勃常数	Hubble constant	
09.1127	半人马事例	Centauro event	指宇宙线的。
09.1128	大爆炸宇宙论	big-bang cosmology	
09.1129	闭宇宙	closed universe	
09.1130	坍缩星	collapsar	
09.1131	坍缩	collapse	
09.1132	致密星系	compact galaxy	
09.1133	致密天体	compact object	
09.1134	伴星	companion star	
09.1135	伴星系	companion galaxy	
09.1136	总星系	metagalaxy	
09.1137	相接双星	contact binary	
09.1138	收缩模型	contracting model	指宇宙的。
09.1139	宇宙丰度	cosmic abundance, universe abun-	

序　号	汉　文　名	英　文　名	注　释
		dance	
09.1140	宇宙尘	cosmic dust	
09.1141	宇宙中微子	cosmic neutrino	
09.1142	宇宙噪声	cosmic noise	
09.1143	宇宙[演化]论	cosmism	
09.1144	双重星系	double galaxy	
09.1145	爆发星系	explosive galaxy	
09.1146	X 射线星	extar	
09.1147	河外星系	external galaxy	
09.1148	银心	galactic center	
09.1149	银道面	galactic plane	
09.1150	银极	galactic pole	
09.1151	银河系	Galactic System, Galaxy	
09.1152	星系	galaxy	
09.1153	星系体	galaxoid	
09.1154	引力凝聚	gravitational condensation	
09.1155	光年	light year, ly	
09.1156	聚星	multiple star	
09.1157	中子星	neutron star	
09.1158	新星	nova	
09.1159	新星爆发	nova outburst	
09.1160	疏散星团	open cluster	
09.1161	类星体	quasar	
09.1162	脉冲星	pulsar	
09.1163	射电星云	radio nebula	
09.1164	射电新星	radio nova	
09.1165	超巨星	supergiant	
09.1166	超密[恒]星	superdense star	
09.1167	超新星	supernova	
09.1168	超星系	supergalaxy	
09.1169	白矮星	white dwarf	
09.1170	白洞	white hole	
09.1171	电[致产]生	electroproduction	
09.1172	螺旋性	helicity	
09.1173	螺旋度	helicity	

10. 等离子体物理学

序　号	汉　文　名	英　文　名	注　　释
10.0001	等离[子]体物理学	plasma physics	
10.0002	等离[子]体	plasma	
10.0003	准中性	quasi-neutrality	
10.0004	德拜屏蔽	Debye shielding	
10.0005	德拜半径	Debye radius	又称"德拜长度(Debye length)"。
10.0006	德拜球	Debye sphere	
10.0007	等离[子]体参量	plasma parameter	
10.0008	低温等离[子]体	low-temperature plasma	
10.0009	高温等离[子]体	high-temperature plasma	
10.0010	热核等离[子]体	thermonuclear plasma	
10.0011	冷等离[子]体	cold plasma	
10.0012	热等离[子]体	hot plasma	
10.0013	稀薄等离[子]体	rarefied plasma	
10.0014	无碰撞等离[子]体	collisionless plasma	
10.0015	有界等离[子]体	bounded plasma	
10.0016	弱电离等离[子]体	weakly ionized plasma	
10.0017	全电离等离[子]体	fully ionized plasma	
10.0018	全剥等离[子]体	stripped plasma	
10.0019	单组分等离[子]体	one-component plasma, single-component plasma	
10.0020	多组分等离[子]体	multicomponent plasma	
10.0021	合成等离[子]体	synthesis plasma	
10.0022	各向同性等离[子]体	isotropic plasma	
10.0023	磁化等离[子]体	magnetized plasma	
10.0024	磁旋等离[子]体	magnetoactive plasma	
10.0025	宁静等离[子]体	Q-plasma, quiescent plasma	

序 号	汉 文 名	英 文 名	注 释
10.0026	非中性等离[子]体	nonneutral plasma	
10.0027	固态等离[子]体	solid state plasma	
10.0028	简并等离[子]体	degenerate plasma	
10.0029	激光致等离[子]体	laser-produced plasma	用激光产生的等离体。
10.0030	空间等离[子]体	space plasma	
10.0031	等离[子]体振荡	plasma oscillation	
10.0032	等离[子]体频率	plasma frequency	
10.0033	等离体子	plasmon	
10.0034	等离[子]体波	plasma wave	
10.0035	等离[子]体波导	plasmaguide	
10.0036	等离[子]体枪	plasma gun	
10.0037	双等离[子]体源	douplasmatron	
10.0038	三等离[子]体源	triplasmatron	
10.0039	等离[子]体发电机	plasma generator	
10.0040	等离[子]体加速器	plasma accelerator	
10.0041	等离[子]体团	plasmoid	
10.0042	等离[子]体焦点	plasma focus	
10.0043	等离[子]体鞘	plasma sheath	
10.0044	等离[子]体羽	plasma plume	
10.0045	天体物理学等离[子]体	astrophysical plasma	简称"天体等离体"。
10.0046	等离[子]体炬	plasma torch	
10.0047	气体放电	gas discharge	
10.0048	辉光放电	glow discharge	
10.0049	弧光放电	arc discharge	
10.0050	火花放电	spark discharge	
10.0051	电晕放电	corona discharge	
10.0052	高频放电	high-frequency discharge	
10.0053	空心放电	hollow discharge	
10.0054	放电清洗	discharge cleaning	
10.0055	受激导电	stimulated conduction	
10.0056	自持放电	self-maintained discharge, self-sustained discharge	

序　号	汉　文　名	英　文　名	注　释
10.0057	电离度	degree of ionization	
10.0058	复合	recombination	
10.0059	复合截面	recombination cross-section	
10.0060	簇射	shower	
10.0061	级联簇射	cascade shower	
10.0062	电荷交换	charge exchange	
10.0063	等离[子]体理论	plasma theory	
10.0064	粒子轨道理论	particle orbit theory	
10.0065	回旋半径	cyclotron radius, gyroradius	
10.0066	回旋频率	cyclotron frequency	
10.0067	导[向中]心	guiding center	
10.0068	漂移	drift	
10.0069	漂移近似	drift approximation	
10.0070	漂移动理方程	drift kinetic equation	
10.0071	电漂移	electric drift	指 E×B 漂移。
10.0072	[磁力线]曲率漂移	curvature drift	
10.0073	磁场梯度漂移	gradient B drift	
10.0074	压强梯度漂移	pressure gradient drift	
10.0075	重力漂移	gravitational drift	
10.0076	极化漂移	polarization drift	
10.0077	纵向浸渐不变量	longitudinal adiabatic invariant	
10.0078	磁通浸渐不变量	flux adiabatic invariant	
10.0079	陷俘	trapping	
10.0080	消陷俘	detrapping	
10.0081	弹跳	bounce	
10.0082	弹跳频率	bounce frequency	
10.0083	环效应	toroidal effect	
10.0084	环漂移	toroidal drift	
10.0085	电荷分离	charge separation	
10.0086	磁流[体动]力学	magnetohydrodynamics, MHD	
10.0087	广义欧姆定律	generalized Ohm law	
10.0088	单流体理论	one-fluid description, single-fluid theory	
10.0089	二流体描述	two-fluid description	
10.0090	浸渐绝热近似	double adiabatic approximation	无碰撞等离体在时空缓变磁场中的绝热

序　号	汉　文　名	英　文　名	注　释
			过程。
10.0091	CGL 方程	CGL equation, Chew-Goldberger-Low equation	
10.0092	磁压	magnetic pressure	
10.0093	压比[值]	beta [value]	又称"β值"。流体压力与磁压之比。
10.0094	磁场冻结	magnetic field freezing	
10.0095	冻结场	frozen[-in] field	
10.0096	磁力线重联	reconnection of magnetic field lines	
10.0097	磁场扩散	diffusion of magnetic field	
10.0098	磁扩散系数	magnetic diffusion coefficient	
10.0099	磁黏性系数	magnetic viscosity coefficient	
10.0100	磁雷诺数	magnetic Reynolds number	
10.0101	无力场	force-free field	
10.0102	箍缩	pinch	
10.0103	直线箍缩	linear pinch	
10.0104	环形箍缩	toroidal pinch	
10.0105	角向箍缩	azimuthal pinch	又称"θ 箍缩(θ-pinch)"。
10.0106	Z 箍缩	Z-pinch	
10.0107	带状箍缩	belt pinch	
10.0108	螺旋箍缩	screw pinch	
10.0109	弥散箍缩	diffuse pinch	
10.0110	哈特曼流	Hartmann flow	
10.0111	磁流体发电	magnetohydrodynamic generation, MHD generation	
10.0112	等离[子]体动理论	kinetic theory of plasma	全称"等离子体动理学理论"。
10.0113	动理温度	kinetic temperature	
10.0114	弗拉索夫方程	Vlasov equation	
10.0115	巴列斯库－莱纳尔碰撞项	Balescu-Lenard collision term	
10.0116	克利蒙托维奇方程	Klimontovich equation	
10.0117	约化分布函数	reduced distribution function	
10.0118	双麦克斯韦分布	bi-Maxwellian distribution	
10.0119	有质动力	ponderomotive force	

序　号	汉　文　名	英　文　名	注　释
10.0120	等离[子]体色散函数	plasma dispersion function	
10.0121	无碰撞阻尼	collisionless damping	
10.0122	朗道阻尼	Landau damping	
10.0123	波粒共振	wave-particle resonance	
10.0124	切连科夫共振	Cherenkov resonance	
10.0125	抗磁共振	diamagnetic resonance, DMR	
10.0126	共振粒子	resonant particle	
10.0127	等离[子]体输运	plasma transport	
10.0128	试探粒子	test particle	
10.0129	场粒子	field particle	
10.0130	碰撞积分	collision integral	
10.0131	碰撞截面	collision cross-section	
10.0132	二体碰撞	binary collision	
10.0133	三体碰撞	ternary collision, triple collision	
10.0134	远碰撞	distant collision	
10.0135	库仑碰撞	Coulomb collision	
10.0136	库仑对数	Coulomb logarithm	
10.0137	脱逸电子	runaway electron	
10.0138	[投]掷角散射	pitch-angle scattering	
10.0139	双极扩散	ambipolar diffusion	
10.0140	[电]阻性扩散	resistive diffusion	
10.0141	横越磁场扩散	cross-field diffusion	
10.0142	泄漏扩散	drain diffusion	
10.0143	反扩散	antidiffusion	
10.0144	经典输运	classical transport	
10.0145	反常输运	anomalous transport	
10.0146	反常扩散	anomalous diffusion	
10.0147	博姆扩散	Bohm diffusion	
10.0148	反常电阻	anomalous resistance	
10.0149	反常热导率	anomalous thermal conductivity	
10.0150	新经典理论	neoclassical theory	
10.0151	新经典输运	neoclassical transport	
10.0152	香蕉[形]轨道	banana orbit	
10.0153	香蕉宽度	banana width	
10.0154	香蕉区	banana regime	
10.0155	香蕉区扩散	banana regime diffusion	

序　号	汉　文　名	英　文　名	注　释
10.0156	香蕉[轨道]粒子	banana particle	
10.0157	香蕉旋成体	bananoid	
10.0158	超香蕉[形轨道]	superbanana	
10.0159	坪区	plateau	
10.0160	坪区扩散	plateau diffusion	
10.0161	自举电流	bootstrap current	
10.0162	碰撞[为主]区	collision[-dominated] regime	
10.0163	陷俘粒子	trapped particle	
10.0164	通行粒子	transit particle	
10.0165	陷俘香蕉[形轨道]	trapped banana	
10.0166	通行香蕉[形轨道]	transit banana	
10.0167	赝经典输运	pseudoclassical transport	
10.0168	等离[子]体辐射	plasma radiation	
10.0169	回旋辐射	cyclotron radiation	
10.0170	磁轫致辐射	magneto-bremsstrahlung	
10.0171	轫致辐射逆过程	inverse bremsstrahlung	
10.0172	非热辐射	nonthermal radiation	
10.0173	前驱辐射	precursor radiation	
10.0174	同步吸收逆过程	inverse synchrotron absorption	
10.0175	反常吸收	abnormal absorption	指等离体的。
10.0176	汤姆孙散射	Thomson scattering	
10.0177	本征模	eigenmode	
10.0178	磁流力学波	MHD wave	
10.0179	CMA 图	CMA diagram, Clemmov-Mullaly-Allis diagram	
10.0180	正能波	positive energy wave	
10.0181	负能波	negative energy wave	
10.0182	静电振荡	electrostatic oscillation	
10.0183	静电波	electrostatic wave	
10.0184	朗缪尔振荡	Langmuir oscillation	
10.0185	朗缪尔波	Langmuir wave	
10.0186	离子声波	ion-acoustic wave, ion sound wave	
10.0187	离子声速	ion sound speed	
10.0188	阿尔文波	Alfvén wave	
10.0189	阿尔文速度	Alfvén velocity	

序 号	汉 文 名	英 文 名	注 释
10.0190	快阿尔文波	fast Alfvén wave	
10.0191	压缩阿尔文波	compressional Alfvén wave	
10.0192	磁声波	magneto-acoustic wave, magne-tosonic wave	
10.0193	慢阿尔文波	slow Alfvén wave	
10.0194	剪切阿尔文波	shear Alfvén wave	
10.0195	斜阿尔文波	oblique Alfvén wave	
10.0196	动力阿尔文波	dynamic Alivén wave	
10.0197	离子回旋波	ion cyclotron wave	
10.0198	哨声	whistler	
10.0199	螺旋波 ·	helicon wave	
10.0200	电子回旋波	electron cyclotron wave	
10.0201	寻常波	ordinary wave	
10.0202	非常波	extraordinary wave	
10.0203	低混杂波	lower hybrid wave	
10.0204	低混杂频率	lower hybrid frequency	
10.0205	高混杂波	upper hybrid wave	
10.0206	高混杂频率	upper hybrid frequency	
10.0207	快模	fast mode	
10.0208	动理模	kinetic mode	
10.0209	伯恩斯坦波	Bernstein wave	
10.0210	漂移波	drift wave	
10.0211	BGK 模	BGK mode, Bernstein-Greene-Kruskal mode	
10.0212	气球模	ballooning mode	
10.0213	差拍模	beat mode	
10.0214	爆炸波	blast wave	
10.0215	束缚波	bound wave	
10.0216	熵波	entropy wave	
10.0217	高阻尼波	heavy-damped wave	
10.0218	交换模	interchange mode	
10.0219	扭曲模	kink mode	
10.0220	前导波	leading wave	
10.0221	局域模	local mode	
10.0222	相邻模	neighbouring mode	
10.0223	特异波	peculiar wave	
10.0224	准模	quasi-mode	

序　号	汉　文　名	英　文　名	注　　释
10.0225	稀疏波	rarefaction wave	
10.0226	涟[波]模	rippling mode	
10.0227	剪切模	shear mode	
10.0228	辅模	subsidiary mode	
10.0229	撕裂模	tearing mode	
10.0230	扭转模	torsional mode	
10.0231	尾迹波	trailing wave	
10.0232	遍布模	ubiquitous mode	
10.0233	Z模	Z-mode	
10.0234	磁流力学击波	MHD shock	
10.0235	无碰撞击波	collisionless shock	
10.0236	包络击波	envelope shock	
10.0237	色散击波	dispersion shock	
10.0238	层流击波	laminar shock	
10.0239	湍动击波	turbulent shock	
10.0240	耗散击波	dissipative shock	
10.0241	正击波	normal shock	
10.0242	准击波	quasi-shock	
10.0243	亚击波	sub-shock	
10.0244	锥形击波	cone shock	
10.0245	爆震波	detonation wave	
10.0246	雪耙模型	snow-plow model	
10.0247	不稳定性	instability, unstability	
10.0248	磁流力学不稳定性	MHD instability	
10.0249	宏观不稳定性	macroinstability	
10.0250	动理学不稳定性	kinetic instability	
10.0251	微观不稳定性	microinstability	
10.0252	对流不稳定性	convective instability	
10.0253	绝对不稳定性	absolute instability	
10.0254	整体不稳定性	global instability	
10.0255	局域不稳定性	local instability	
10.0256	静电不稳定性	electrostatic instability	
10.0257	电磁不稳定性	electromagnetic instability	
10.0258	无碰撞不稳定性	collisionless instability	
10.0259	爆炸不稳定性	explosive instability	
10.0260	边缘不稳定性	marginal instability	

序　号	汉　文　名	英　文　名	注　释
10.0261	腊肠[形]不稳定性	bulge instability, sausage instability	
10.0262	交换不稳定性	interchange instability	
10.0263	扭曲不稳定性	kink instability, wriggling instability	
10.0264	槽纹不稳定性	flute instability	
10.0265	螺旋不稳定性	helical instability, screw instability	
10.0266	水龙带不稳定性	[fire-]hose instability, [garden-]hose instability	
10.0267	瑞利－泰勒不稳定性	Rayleigh-Taylor instability	
10.0268	开尔文－亥姆霍兹不稳定性	Kelvin-Helmholtz instability	
10.0269	重力不稳定性	gravitational instability	
10.0270	离子声不稳定性	ion-acoustic instability	
10.0271	离子－波不稳定性	ion-wave instability	
10.0272	回旋不稳定性	cyclotron instability	
10.0273	哨声不稳定性	whistler instability	
10.0274	混杂不稳定性	hybrid instability	
10.0275	漏失锥不稳定性	loss cone instability	
10.0276	磁镜不稳定性	mirror instability	
10.0277	尾隆不稳定性	bump-in-tail instability	
10.0278	缓隆不稳定性	gentle-bump instability	
10.0279	冲流不稳定性	streaming instability	
10.0280	双流不稳定性	two-stream instability	
10.0281	比内曼不稳定性	Buneman instability	
10.0282	束－等离[子]体不稳定性	beam-plasma instability	
10.0283	交叉流不稳定性	cross-stream instability	
10.0284	发电机不稳定性	dynamo instability	
10.0285	交叉场不稳定性	cross-field instability	
10.0286	漂移不稳定性	drift instability	
10.0287	普适不稳定性	universal instability	
10.0288	陷俘粒子不稳定性	trapped particle instability	
10.0289	熵不稳定性	entropy instability	

序　号	汉 文 名	英 文 名	注 释
10.0290	撕裂不稳定性	tearing instability	
10.0291	[电]阻性撕裂不稳定性	resistive tearing instability	
10.0292	无碰撞撕裂不稳定性	collisionless tearing instability	
10.0293	崩裂不稳定性	breakup instability	
10.0294	破裂不稳定性	disruptive instability	
10.0295	气球不稳定性	ballooning instability	
10.0296	丝状不稳定性	filamentary instability, filamentation instability	
10.0297	退稳	destabilization	
10.0298	稳定化	stabilization	
10.0299	自稳定性	autostability	
10.0300	过稳定性	overstability	
10.0301	准线性理论	quasi-linear theory	
10.0302	非线性效应	nonlinear effect	
10.0303	腔子	caviton	
10.0304	等离[子]体回波	plasma echo	
10.0305	相混合	phase mixing	
10.0306	三波过程	three wave process	
10.0307	入[射]波	incoming wave	
10.0308	出[射]波	outgoing wave	
10.0309	母波	parent wave	
10.0310	子波	daughter wave	
10.0311	闲波	idler wave	
10.0312	伴波	satellite wave	
10.0313	上频移	upshift	
10.0314	下频移	downshift	
10.0315	频率匹配	frequency matching	
10.0316	非线性朗道阻尼	nonlinear Landau damping	
10.0317	参变过程	parametric process	参量变化引起的过程。
10.0318	参变耦合	parametric coupling	
10.0319	参变衰减	parametric decay	
10.0320	参变激发	parametric excitation	
10.0321	参变不稳定性	parametric instability	
10.0322	调制不稳定性	modulational instability	

序 号	汉 文 名	英 文 名	注 释
10.0323	包络不稳定性	envelope instability	
10.0324	衰变不稳定性	decay instability	
10.0325	等离[子]体湍动	plasma turbulence	
10.0326	湍动谱	turbulent spectrum	
10.0327	弱湍动	weak turbulence	
10.0328	强湍动	strong turbulence	
10.0329	群聚	bunch	
10.0330	群聚压缩	bunch compression	
10.0331	弹道群聚	ballistic bunching	
10.0332	反群聚	antibunch	
10.0333	凝团	clump	
10.0334	热核聚变	thermonuclear fusion	
10.0335	受控热核聚变	controlled thermonuclear fusion	
10.0336	等离[子]体约束	plasma confinement	
10.0337	约束时间	confinement time	
10.0338	点火	ignition	
10.0339	点火条件	ignition condition	
10.0340	劳森判据	Lawson criterion	
10.0341	得失相当	break-even	核聚变中能量的。
10.0342	磁约束	magnetic confinement	
10.0343	磁场位形	magnetic configuration	
10.0344	平衡位形	equilibrium configuration	
10.0345	开端几何位形	open-ended geometry	
10.0346	磁阱	magnetic well, magnetic trap	
10.0347	磁瓶	magnetic bottle	
10.0348	磁镜	magnetic mirror	
10.0349	串级磁镜	tandem mirror	
10.0350	磁镜比	mirror ratio	
10.0351	端漏失	end-loss	
10.0352	漏失锥	loss cone	
10.0353	漏失[锥]角	loss cone angle	
10.0354	端塞	end plug, end-stopper	
10.0355	高频堵漏	high-frequency plugging	
10.0356	热垒	heat barrier	
10.0357	不漏失概率	non-leakage probability	
10.0358	最小磁场位形	min-B configuration	
10.0359	约费棒	Ioffe bar	

序　号	汉　文　名	英　文　名	注　释
10.0360	棒球[缝线型]线圈	baseball[-seam] coil	
10.0361	阴阳线圈	yin-yang coil	
10.0362	会切[磁]场	cusp field	
10.0363	点会切	point cusp	
10.0364	线会切	line cusp	
10.0365	多会切	multicusp	
10.0366	堵缝会切	caulked cusp, stuffed cusp	
10.0367	双锥[形]会切	biconical cusp	
10.0368	纺锤[形]会切	spindle cusp	
10.0369	会切漏失	cusp loss	
10.0370	反场位形	reversed-field configuration	
10.0371	环[状]几何位形	toroidal geometry	
10.0372	纵横比	aspect ratio	
10.0373	环向磁场	toroidal magnetic field	
10.0374	角向磁场	poloidal magnetic field, azimuthal magnetic field	
10.0375	磁轴	magnetic axis	
10.0376	磁面	magnetic surface	
10.0377	有理磁面	rational magnetic surface	
10.0378	旋转变换	rotational transform	
10.0379	旋转变换角	rotational transform angle	
10.0380	安全因数	safety factor	
10.0381	剪切[磁]场	shearing field	
10.0382	垂直磁场	vertical magnetic field	
10.0383	托卡马克	tokamak	
10.0384	仿星器	stellarator	
10.0385	波纹环	bumpy torus	
10.0386	紧凑环	compact torus	
10.0387	皱折环	corrugated torus	
10.0388	胖环	fat torus	
10.0389	高压比环	high-beta torus	又称"高 β 环"。
10.0390	浮环	floating ring	
10.0391	非圆截面等离[子]体	non-circular plasma	简称"非圆等离体"。
10.0392	球型马克	spheromak	一种托卡马克装置。
10.0393	最大马克	Maximak	一种托卡马克装置。

序　号	汉　文　名	英　文　名	注　释
10.0394	偏滤器	divertor	
10.0395	多极位形	multipole configuration	
10.0396	混合堆	hybrid reactor	聚变裂变混合型的 反应堆。
10.0397	惯性约束	inertial confinement	
10.0398	惯性[约束]聚变	inertial-confinement fusion, ICF	
10.0399	带电粒子束聚变	charged particle beam fusion	
10.0400	靶丸	pellet	
10.0401	爆聚	implosion	
10.0402	壳[层]爆聚	shell implosion	
10.0403	微聚变	microfusion	
10.0404	射频电流驱动	radio-frequency current drive, rf current drive	
10.0405	中性束电流驱动	neutral beam current drive	
10.0406	等离[子]体加热	plasma heating	
10.0407	焦耳加热	Joule heating	
10.0408	非欧姆加热	non-ohmic heating	
10.0409	辅助加热	auxiliary heating	
10.0410	中性[粒子]注入	neutral injection	
10.0411	绝热压缩加热	adiabatic compression heating	
10.0412	磁抽运	magnetic pumping	
10.0413	角向箍缩加热	poloidal pinch heating	
10.0414	回旋共振加热	cyclotron-resonance heating	
10.0415	[偏]离共振加热	off-resonant heating	
10.0416	射频加热	radio-frequency heating, rf heating	
10.0417	击波加热	shock wave heating	
10.0418	磁撞加热	collisional heating	
10.0419	湍动加热	turbulent heating	
10.0420	爆聚加热	implosion heating	
10.0421	等离[子]体诊断	plasma diagnostics	
10.0422	光学诊断	optical diagnostics	
10.0423	微波诊断	microwave diagnostics	
10.0424	等离[子]体吞食 器	plasma eater	
10.0425	抗磁回路	diamagnetic loop	
10.0426	罗戈夫斯基线圈	Rogowsky coil	
10.0427	磁探针	magnetic probe	

序　号	汉　文　名	英　文　名	注　　释
10.0428	朗缪尔探针	Langmuir probe	
10.0429	双探针	twin probe	
10.0430	差作用探针	differential probe	
10.0431	多栅探头	multigrid probe	
10.0432	非聚变中子	false neutron	
10.0433	电离层	ionosphere	
10.0434	磁层	magnetosphere	
10.0435	磁层顶	magnetopause	
10.0436	等离[子]体层	plasmasphere	
10.0437	等离[子]体层顶	plasmapause	
10.0438	磁[层]尾	magnetic tail	
10.0439	范艾仑带	Van Allen belt	
10.0440	太阳风	solar wind	
10.0441	艏[击]波	bow shock	超波速物体形成的击波。

常用物理量单位

表1 SI[1]基本单位

量的名称	单位名称		符号
	汉文	英文	
长度	米	metre	m
质量	千克,公斤	kilogram	kg
时间	秒	second	s
电流	安[培]	ampere	A
热力学温度	开[尔文]	kelvin	K
物质的量	摩[尔]	mole	mol
发光强度	坎[德拉]	candela	cd

注:1)SI 是国际单位制的法文(Le Système International d'Unités)缩写。国际单位制及其法文缩写于 1960 年在第 11 届国际计量大会(CGPM)通过。

表2 SI 词头

因数	词头名称		符号
	英文	汉文	
10^{24}	yotta	尧[它]	Y
10^{21}	zetta	泽[它]	Z
10^{18}	exa	艾[可萨]	E
10^{15}	peta	拍[它]	P
10^{12}	tera	太[拉]	T
10^{9}	giga	吉[咖]	G
10^{6}	mega	兆	M
10^{3}	kilo	千	k
10^{2}	hecto	百	h
10^{1}	deca	十	da
10^{-1}	deci	分	d
10^{-2}	centi	厘	c
10^{-3}	milli	毫	m
10^{-6}	micro	微	μ
10^{-9}	nano	纳[诺]	n
10^{-12}	pico	皮[可]	p
10^{-15}	femto	飞[母托]	f
10^{-18}	atto	阿[托]	a
10^{-21}	zepto	仄[普托]	z
10^{-24}	yocto	幺[科托]	y

表3 具有专门名称的 SI 导出单位

量的名称	SI 导出单位			
	单位名称		符号	由基本单位表示的关系式
	汉文	英文		
[平面]角	弧度	radian	rad	$1\ \text{rad} = 1\ \text{m/m} = 1$
立体角	球面度	steradian	sr	$1\ \text{sr} = 1\ \text{m}^2/\text{m}^2 = 1$
频率	赫[兹]	hertz	Hz	$1\ \text{Hz} = 1\ \text{s}^{-1}$
力	牛[顿]	newton	N	$1\ \text{N} = 1\ \text{kg} \cdot \text{m/s}^2$
压强	帕[斯卡]	pascal	Pa	$1\ \text{Pa} = 1\ \text{N/m}^2$
能[量],功,热量	焦[耳]	joule	J	$1\ \text{J} = 1\ \text{N} \cdot \text{m}$
功率,辐射[能]通量	瓦[特]	watt	W	$1\ \text{W} = 1\ \text{J/s}$
电量,电荷	库[仑]	coulomb	C	$1\ \text{C} = 1\ \text{A} \cdot \text{s}$
电势,电势差,电压,电动势	伏[特]	volt	V	$1\ \text{V} = 1\ \text{W/A}$
电容	法[拉]	farad	F	$1\ \text{F} = 1\ \text{C/V}$
电阻	欧[姆]	ohm	Ω	$1\ \Omega = 1\ \text{V/A}$
电导	西[门子]	siemens	S	$1\ \text{S} = 1\ \Omega^{-1}$
磁通[量]	韦[伯]	weber	Wb	$1\ \text{Wb} = 1\ \text{V} \cdot \text{s}$
磁通[量]密度	特[斯拉]	tesla	T	$1\ \text{T} = 1\ \text{Wb/m}^2$
电感	亨[利]	henry	H	$1\ \text{H} = 1\ \text{Wb/A}$
摄氏温度	摄氏度	degree Celsius	℃	$1\ ℃ = 1\ \text{K}$
光通量	流[明]	lumen	1m[1]	$1\ \text{lm} = 1\ \text{cd} \cdot \text{sr}$
[光]照度	勒[克斯]	lux	1x	$1\ \text{lx} = 1\ \text{lm/m}^2$
[放射性]活度	贝可[勒尔]	becquerel	Bq	$1\ \text{Bq} = 1\ \text{s}^{-1}$
吸收剂量[2]	戈[瑞]	gray	Gy	$1\ \text{Gy} = 1\ \text{J/kg}$
剂量当量[2]	希[沃特]	sievert	Sv	$1\ \text{Sv} = 1\ \text{J/kg}$

注:1)发光强度(坎德拉)和光通量(流明)有区别,光通量多球面度 sr。
　　2)剂量当量等于吸收剂量乘以无量纲因数。

表 4 非 SI 单位

量的名称	单位			
	单位名称		符号	定 义
	汉 文	英 文		
[平面]角	度*	degree	°	$1° = \dfrac{\pi}{180} rad$
	[角]分*	minute [of angle]	′	$1′ = \dfrac{1°}{60} = \dfrac{\pi}{10\ 800} rad$
	[角]秒*	second [of angle]	″	$1′ = \dfrac{1′}{60} = \dfrac{\pi}{648\ 000} rad$
时间[1]	分*	minute	min	1 min = 60 s
	[小]时*	hour	h	1 h = 60 min = 3 600 s
	日*,天*	day	d	1 d = 24 h = 86 400 s
体积	升*	litre	L, l	$1L = 1\ dm^3 = 10^{-3}\ m^3$
质量	吨*	tonne	t	1 t = 1 Mg = 1 000 kg
	原子质量单位*	(unified) atomic mass unit	u	$1\ u \approx 1.660\ 540 \times 10^{-27}\ kg$
能[量]	电子伏[特]*	electronvolt	eV	$1\ eV \approx 1.602\ 177 \times 10^{-19}\ J$
长度	埃**	angstrom	Å	$1\ Å = 10^{-10}\ m$
截面	靶[恩]**	barn	b	$1\ b = 10^{-28}\ m^2$
压强	巴**	bar	bar	$1\ bar = 10^5 Pa$
	托***	torr	Torr	1 Torr = 133.322 4 Pa
热量	卡**	calorie	cal	
放射源的活度	居里**	curie	Ci	$1\ Ci = 3.7 \times 10^{10} Bq$
X 或 γ 辐射的照射量	伦琴**	roentgen	R	$1\ R = 2.58 \times 10^{-4} C/kg$
吸收剂量	拉德**	rad	rad	$1\ rad = 10^{-2} Gy$
剂量当量	雷姆**	rem	rem	$1\ rem = 10^{-2} Sv$

注:1)时间单位'年'的一般符号为 a,法文 année。
    *   可与 SI 单位并用的和属于国家法定计量单位的非 SI 单位。
    **   专门领域中使用的非国家法定计量单位。
    ***   不推荐使用单位。

英 汉 索 引

A

Abbe invariant　阿贝不变量　04.0192

Abbe principle of image formation　阿贝成象原理　04.0766

Abbe refractometer　阿贝折射计　04.0095

Abbe sine condition　阿贝正弦条件　04.0301

Abelian gauge field　阿贝尔规范场　09.0748

aberrated optics　有象差光学部件　04.0392

aberrating medium　致象差介质　04.0393

aberration　象差　04.0289，　光行差　06.0065

aberration correction　象差校正　04.0326

aberration curve　象差曲线　04.0294

aberration-free system　消象差系统　04.0324

aberration residuals　剩余象差　04.0325

ab initio calculation　从头计算　09.0743

ABJ anomaly　ABJ 反常　09.0870

ABM state　ABM 态　08.1463

abnormal absorption　反常吸收　10.0175

abnormal current　反常流　09.0750

abnormal magnetic moment　反常磁矩　09.0692

above threshold ionization　超阈电离　04.1866

Abrikosov theory　阿布里科索夫理论　08.1506

abrupt heterojunction　突变异质结　08.0721

abrupt junction　突变结　08.0652

absolute acceleration　绝对加速度　02.0035

absolute activity　绝对活度　05.0319

absolute cross-section　绝对截面　09.0348

[absolute] elsewhere　绝对异地　06.0084

absolute entropy　绝对熵　05.0151

absolute error　绝对误差　01.0108

absolute future　绝对未来　06.0082

absolute index of refraction　绝对折射率　04.0072

absolute instability　绝对不稳定性　10.0253

absolute motion　绝对运动　02.0043

absolute past　绝对过去　06.0083

absolute reference frame　绝对参考系　06.0021

absolute space　绝对空间　06.0011

absolute temperature　绝对温度　05.0015

absolute time　绝对时间　06.0012

absolute velocity　绝对速度　02.0023

absolute yield　绝对产额　09.0349

absolute zero　绝对零度　05.0016

absorbance　吸收度　04.1248

absorptance　吸收比　08.1140

absorption　吸收　04.1242

absorption band　吸收带　04.1287

absorption cell　吸收盒　04.1316

absorption coefficient　吸收系数　04.1249

absorption correction　吸收校正　08.0178

absorption cross-section　吸收截面　09.0379

absorption dip　吸收凹陷　04.1259

absorption edge　吸收限　04.1415，　吸收边　08.1141

absorption hologram　吸收[型]全息图　04.1132

absorption length　吸收长度　09.0713

absorption limit　吸收限　04.1415

absorption line　吸收线　04.1285

absorption loss　吸收损耗　04.1500

absorption peak　吸收峰　04.1292

absorption spectrum　吸收光谱　04.1291

absorptive optical bistability　吸收[型]光双稳器　04.1823

absorptive power　吸收本领　04.1258

absorptivity　吸收率　04.1247

ac　交[变电]流　03.0294

accelerated motion　加速运动　02.0042

acceleration　加速度　02.0029

acceleration mechanism　加速机理　09.1073

acceleration of gravity　重力加速度　02.0084

accelerator　加速器　09.0583

accelerometer　加速度计　02.0139

acceptance angle　接收角　04.0274

acceptor　受主　08.0590

acceptor density 受主浓度 08.0597

acceptor ionization energy 受主电离能 08.0600

accessible state 可及态 05.0288

accidental degeneracy 偶然简并性 08.0770

accidental error 偶然误差 01.0098

accommodation 调焦 04.0482

accumulator 蓄电池 03.0418

accuracy 准确度 01.0120

achromat 消色差透镜 04.0321

achromatic prism 消色差棱镜 04.0323

acoustic admittance 声导纳 02.0407

acoustical activity 旋声性 08.1154

acoustic birefringence 声致双折射 04.0983

acoustic conductance 声导 02.0408

acoustic emission 声发射 08.0568

acoustic impedance 声阻抗 02.0404

acoustic mode 声学模 08.0272

acoustic phonon 声频声子 05.0461

acoustic reactance 声抗 02.0406

acoustic resistance 声阻 02.0405

acoustic resonance 声共振 02.0412

acoustics 声学 02.0391

acoustic susceptance 声纳 02.0409

acoustic thermometer 声学低温计 08.1616

acoustoelectric effect 声电效应 08.0632

acoustooptic cavity 声光腔 04.1633

acoustooptic deflection 声光偏转 04.0953

acoustooptic deflector 声光偏转器 04.1634

acoustooptic effect 声光效应 04.1441

acoustooptic modulation 声光调制 04.0954

acoustooptics 声光学 04.0955

acting force 作用力 02.0066

actinicity 光化性 04.1949

actinic radiation 光化辐射 04.1950

actinide metals 锕系金属 08.0472

actinium series 锕系 09.0115

action 作用量 02.0343

action at a distance 超距作用 02.0095

activation energy 激活能 08.0604

activator 激活剂 08.1128

active cavity 有源腔 04.1540, 激活腔 04.1539

active current 有功电流 03.0313

active electron 激活电子 07.0116

active imaging system 有源成象系统 04.0395

active medium 激活介质 04.1496

active mode-locking 主动锁模 04.1602

active optical fiber 激活光纤 04.1861

active power 有功功率 03.0315

active Q-switching 主动[式]Q开关 04.1614

active transport 主动输运 05.0248

activity 活度 05.0318, 活性 09.0106, 放射性活度 09.0104

adaptation 适应[能力] 04.0484

adaptive optical system [自]适应光学系统 04.0543

adaptive optics [自]适应光学 04.0542, [自]适应光学系统 04.0543

adatom 吸附原子 08.1278

additive color 相加色 04.0532

additive color mixing 加法混色 04.0529

additivity law 加性定律 04.0535

address hologram 编址全息图 04.1141

adhesion 附着力 05.0059, 附着 08.1275

adiabat 绝热线 05.0120

adiabatic approximation 浸渐近似, ＊绝热式近似 06.0430

adiabatic compression 绝热压缩 08.1646

adiabatic compression heating 绝热压缩加热 10.0411

adiabatic condition 浸渐条件 07.0117

adiabatic demagnetization 绝热退磁 08.1588

adiabatic elimination 浸渐消去法 05.0792

adiabatic equation 绝热方程 05.0118

adiabatic evolution 浸渐演化 07.0099

adiabatic exponent 绝热指数 05.0119

adiabatic following 浸渐跟随 04.1853

adiabatic Hall effect 绝热霍尔效应 08.0625

adiabatic invariant 浸渐不变量, ＊绝热式不变量 02.0350

adiabatic inversion 浸渐反转 04.1854

adiabatic process 绝热过程 05.0117

adiabatic switching 浸渐启闭 05.0552

adjustment 调节 01.0084

Adler anomaly 阿德勒反常 09.0886

Adler-Bell-Jackiw anomaly ABJ反常 09.0870

admittance 导纳 03.0309

adsorption 吸附 08.1276

adsorption site 吸附座 08.1277

advanced Green function 超前格林函数 05.0596

advancing wave 前进波 02.0368

aerometer 气体比重计 02.0521

AES 俄歇电子[能]谱学 08.1350

affine connection 仿射联络 06.0213

affine parameter 仿射参量 06.0214

affine space 仿射空间 06.0212

affine transformation *仿射变换 04.0211

afocal imaging system 无焦成象系统 04.0397

after effect 后效 04.0485

after-effect function 后效函数 05.0537

after glow 余辉 08.1114

after image 余留象 04.0486

aftertreatment 后处理 04.1212

age-deposition 时效沉积 08.0523

age-hardening 时效硬化 08.0522

agglomeration in space 空间凝集 03.0532

aging 老化 08.0521

airglow 气辉, *大气辉光 04.1459

air pump 抽气机, *抽气泵 05.0088

air resistance 空气阻力 02.0499

air table 气垫桌 02.0518

air track 气垫导轨 02.0517

Airy disk 艾里斑 04.0684

Alfvén velocity 阿尔文速度 10.0189

Alfvén wave 阿尔文波 10.0188

algorithm complexity 算法复杂性 05.1015

aliasing error 混淆误差 04.1047

alkali-earth metal 碱土金属 08.0467

alkali-metal atom 碱金属原子 07.0024

alkaline metal 碱金属 08.0466

allochromatism 掺质色性 04.1953

all-or-none transition 全或无跃迁 05.0785

allowed transition 容许跃迁 06.0432

alloy 合金 08.0473

all-pass [optical] filter 全通滤光片 04.0885

almost periodic oscillation 殆周期振荡 05.0786

alphabet laser 多掺激光器 04.1691

alternating circuit 交流电路 03.0295

alternating current 交[变电]流 03.0294

alternating current bridge 交流电桥 03.0451

altimeter 测高仪 02.0519

ambiguity function 含混[度]函数 04.1048

ambipolar diffusion 双极扩散 10.0139

ambipolar diffusion coefficient 双极扩散系数 08.0640

ambipolar [drift] mobility 双极[漂移]迁移率 08.0641

ammeter 安培计 03.0434

amorphous dielectrics 非晶介电体 08.0861

amorphous magnetic material 非晶磁性材料 08.1068

amorphous matter 非晶体 08.0286

amorphous semiconductor 非晶半导体 08.0327

amorphous silicon 非晶硅 08.0328

amorphous state 非晶态 08.0285

ampere-turns 安[培]匝数 03.0264

amphiphile 两亲分子 08.1170

amphiphilic molecule 两亲分子 08.1170

amphoteric impurity 双性杂质 08.0608

amplification 放大 03.0510

amplification coefficient 放大系数 04.1498

amplified spontaneous emission 放大自发发射 04.1926

amplifier 放大器 03.0511

amplitude 振幅 02.0175

amplitude grating 幅光栅, *振幅型光栅 04.0703

amplitude hologram 振幅[型]全息图 04.1133

amplitude impulse response 振幅脉冲响应 04.1035

amplitude modulated light 调幅光 04.1011

amplitude modulation 调幅 04.1009

amplitude object 幅物体, *振幅型物体 04.1012

amplitude reflectivity 振幅反射率 04.0607

amplitude spread function 振幅扩展函数 04.1034

amplitude transfer function 振幅传递函数 04.1037

amplitude transmissivity 振幅透射率 04.0610

amplituton 幅子 08.1399

Ampère balance 安培天平 03.0240

Ampère circuital theorem　安培环路定理　03.0211

Ampère force　安培力　03.0206

Ampère hypothesis　安培[分子电流]假说　03.0232

Ampère law　安培定律　03.0205

analogy　类比　01.0063

analytical balance　分析天平　02.0513

analytical mechanics　分析力学　02.0006

analytic signal　解析信号　04.0893

analyzer　检偏器　04.0722

anamorphic [optical] system　变形[光学]系统　04.0398

anamorphose　图象变形　04.0399

anamorphosis　图象变形法　04.0400

anamorphote lens　变形镜头　04.0401

anastigmat　消象散透镜　04.0309

anchoring　锚泊　08.1230

Anderson-Brinkman-Morel state　ABM 态　08.1463

Anderson criterion　安德森判据　08.0429

Anderson localization　安德森定域　08.0428

Anderson model　安德森模型　08.0435

Anderson transition　安德森转变　08.0426

anelasticity　滞弹性　08.0533

aneroid　无液气压计　02.0526

aneroid barometer　无液气压计　02.0526

angle eikonal　角程函　04.0403

angle gauge　角规　04.0107

angle mirror　角[反射]镜　04.0092

angle of deviation　偏向角　04.0110

angle of diffraction　衍射角　04.0685

angle of divergence　发散角　04.0928

angle of friction　摩擦角　02.0093

angle of impedance　阻抗角　03.0307

angle of minimum deviation　最小偏向角　04.0111

angle of minimum resolution　最小分辨角　04.0712

angle of nutation　章动角　02.0259

angle of precession　进动角　02.0261

angle of rotation　转动角　02.0245,　自转角　02.0247

angle of shear　剪切角　02.0447

angular acceleration　角加速度　02.0242

angular aperture　*角孔径　04.0254

angular characteristic function　角特征函数　04.0406

angular correlation　角关联　09.0174

angular dispersion　角色散　04.0112

angular displacement　角位移　02.0240

angular distribution　角分布　09.0173

angular factor　角因数　07.0100

angular field　*角视场　04.0273

angular frequency　角频率　02.0177

angular magnification　角放大率　04.0182

angular momentum　角动量　02.0108

angular-momentum conservation　角动量守恒　09.0316

angular motion　角[向]运动　02.0107

angular quantum number　角量子数　06.0295

angular resolution　角分辨率　04.0710

angular resolved photoemission　角分辨光电发射　08.1337

angular spectrum　角谱　04.0938

angular velocity　角速度　02.0241

anharmonic correction　非谐校正　07.0095

anharmonic force　非谐力　08.0271

anharmonicity　非[简]谐性　08.0907

anharmonic oscillator　非谐振子　06.0423

anharmonic vibration　非谐振动　02.0167

anion　负离子　03.0175

anisotropic medium　各向异性介质　04.0732

anisotropic superfluid　各向异性超流体　08.1457

anisotropy　各向异性　02.0456,　各向异性度　09.0181

annealing　退火　08.0518

annihilation　湮没　06.0472

annihilation operator　湮没算符　06.0474

annihilation radiation　湮没辐射　09.0495

annular aperture　环孔径　04.0260

anode　阳极　03.0149

anomalous absorption　反常吸收　04.1246

anomalous diffusion　反常扩散　10.0146

anomalous dimension　反常量纲　09.0751

anomalous dispersion　反常色散　04.1262

anomalous Green function　反常格林函数　05.0603

anomalous Hall effect　反常霍尔效应　08.0630

anomalous magnetic moment　反常磁矩　09.0692

anomalous resistance　反常电阻　10.0148

anomalous scattering　反常散射　04.1235

anomalous skin effect　反常趋肤效应　08.0919

anomalous thermal conductivity　反常热导率　10.0149

anomalous transport　反常输运　10.0145

anomalous Zeeman effect　反常塞曼效应　04.1367

anopia　色盲　04.0502

ansatz　拟设　01.0077

antenna　天线　03.0386

antenna array　天线阵　03.0388

anthropic principle　人存原理　06.0272

antibaryon　反重子　09.0909

antibonding　反[成]键　08.0456

antibonding-bonding splitting　反键成键分裂　08.0457

antibonding state　反键态　08.0223

antiboson　反玻色子　09.0900

antibunch　反群聚　10.0332

anticoincidence　反符合　09.0507

anticoincidence circuit　反符合电路　09.0510

anticommutation relation　反对易关系　06.0356

anticommutator　反对易式　06.0355

anti-Compton shield　反康普顿屏蔽　09.0569

anticorrelation　反关联　04.1873

anti-crossing effect　抗交叉效应　07.0068

antideuteron　反氘核　09.1019

antidiffusion　反扩散　10.0143

antidyon　反双荷子　09.1003

antielement　反[物质]元素　09.1021

antifermion　反费米子　09.0898

antiferroelectrics　反铁电体　08.0840

antiferromagnetism　反铁磁性　08.0932

antigalaxy　反[物质]星系　09.1023

antihalation backing　防[光]晕衬底　04.0593

antihermitian operator　反厄米算符　09.0745

antikaon　反K介子　09.0940

antilepton　反轻子　09.0915

antimatter　反物质　09.1022

antimonopole　反单极子　09.1001

antimuon　反μ子　09.0926

antineutrino　反中微子　09.0130

antineutron　反中子　09.0946

antinormal ordering　反正规编序　04.1876

antinucleus　反核　09.1020

antiparticle　反粒子　09.0893

antiphase　反相[位]　04.0791

antiphase domain　反相畴　08.0249

antiproton　反质子　09.0944

antiquark　反夸克　09.0968

antireflecting film　减反射膜　04.0643

antireflection　减反射　04.0878

antistatic agent　防静电剂　03.0533

antistatic countermeasure　防静电措施　03.0534

antistatic fiber　防静电纤维　03.0536

antistatic material　防静电材料　03.0535

anti-Stokes line　反斯托克斯线　04.1372

antistructure defect　反位缺陷　08.0241

antisymmetric wave function　反对称波函数　06.0468

antisymmetrization　反对称化　09.0746

antisymmetry　反对称[性]　06.0405

antisymmetry group　反对称群　08.0153

antiunitarity　反幺正性　09.0747

antiworld　反[物质]世界　09.1024

anyon　任意子　09.1005

aperiodicity　非周期性　02.0169

aperture　孔径　04.0252

aperture angle　孔径角　04.0254

aperture stop　孔[径光]阑　04.0276

aperture synthesis　孔径综合　04.1211

aplanat　消球差透镜　04.0299，齐明镜，*不晕镜　04.0304

aplanatic point　齐明点　04.0303

apochromat　复消色差透镜　04.0322

apochromatic lens　复消色差透镜　04.0322

apodisation　切趾[法]　04.0935

apparatus　仪器　01.0125

apparent power　表观功率　03.0317

apparent shape　表观形状　06.0122

appearence potential　始现电势　08.1357

appearence potential spectroscopy　始现电势谱学　08.1358

applied optics　应用光学　04.0008

applied physics　应用物理[学]　01.0005

APS　始现电势谱学　08.1358

APW method　*APW法　08.0787

aqueous solution growth　水溶液生长　08.0261

arc discharge　弧光放电　10.0049

Archimedes principle　阿基米德原理　02.0491

arc lamp　弧光灯　04.0544

arc spectrum　弧光谱　04.1293

area　面积　01.0021

areal velocity　掠面速度　02.0022

area of horizon　视界面积　06.0243

area theorem　面积定理　06.0244

areometer　液体比重计　02.0522

argon flash　氩气闪光灯　04.0545

argon ion etching　氩离子刻蚀　08.1385

argon [ion] laser　氩[离子]激光器　04.1512

argon ion sputtering cleaning　氩离子溅射净化
　08.1273

argon Z-pinch laser　氩 Z 箍缩激光器　04.1674

argumentation　论证　01.0068

arithmetic mean　算术平均　01.0117

Arnol'd tongue　阿诺德舌[头]　05.0911

articulation point　关节点　05.0434

artificial diamond　人工金刚石　08.1679

artificially structured material　人构材料　08.1678

artificial radioactivity　人工放射性　09.0079

ASA　原子球近似　08.0789

ascensional force　升力　02.0500

ASE　放大自发发射　04.1926

Ashkin-Teller model　阿什金－特勒模型
　05.0716

aspect ratio　纵横比　10.0372

asperomagnetism　散铁磁性　08.0934

aspheric mirror　非球面[反射]镜　04.0407

associative ionization　连带电离[作用]　07.0096

associative storage　连带存储　04.1131

assumption　假设　01.0076

astatic magnetometer　无定向磁强计　08.1078

astigmatism　象散　04.0305

astigmatoscope　散光镜　04.0227

astigmia　散光　04.0487

astronomical optics　天文光学　04.0011

astronomical telescope　天文望远镜　04.0423

astronomical unit　天文单位　09.1125

astrophysical plasma　天体物理学等离[子]体，＊天
体等离体　10.0045

astrophysics　天体物理[学]　01.0009

astrospectroscopy　天体光谱学　04.1424

ASW method　＊ASW 法　08.0788

asymmetrical fission　不对称裂变　09.0460

asymmetrical friction　非对称摩擦　03.0537

asymptotically flat spacetime　渐近平时空　06.0231

asymptotic behavior　渐近行为　09.1051

asymptotic degeneracy　渐近简并性　05.0704

asymptotic freedom　渐近自由　09.1052

asymptotic quantum number　渐近量子数　09.0269

asymptotic stability　渐近稳定性　05.0754

ATA　平均 t 矩阵近似　08.0317

atmosphere　大气　05.0029，大气压　05.0030

atmospheric optics　大气光学　04.0012

atom　原子　07.0003

atomic absorption spectroscopy　原子吸收光谱学
　04.1425

atomic beam　原子束　07.0077

atomic bomb　原子弹　09.0441

atomic collision　原子碰撞　07.0078

atomic energy　原子能　09.0440

atomic force microscope　原子力显微镜　08.0699

atomic kernel　原子实　07.0025

atomic magnetic moment　原子磁矩　08.0957

atomic mass　原子质量　09.0011

atomic mass unit　原子质量单位　09.0012

atomic model　原子模型　07.0008

atomic monolayer　原子单层　08.1250

atomic nuclear physics　原子核物理[学]　09.0001

atomic nucleus　原子核　09.0003

atomic number　原子序数　07.0004

atomic physics　原子物理[学]　07.0001

atomic polarizability　原子极化率　03.0103

atomic scattering factor　原子散射因子　08.0175

atomic spectral line　原子谱线　04.1354

atomic spectrum　原子光谱　07.0006

atomic sphere approximation　原子球近似　08.0789

atomic stopping cross-section　原子阻止截面
　09.0480

atomic structure　原子结构　07.0005

atomic unit　原子单位　07.0007

ATR　衰减全反射　04.0814

attenuated total reflection　衰减全反射　04.0814

attenuation coefficient　衰减系数　09.0187

attenuation constant　衰减常量　03.0355

attenuator　衰减器　03.0529

attraction　吸引　02.0081，吸引力　02.0082

attractive force　吸引力　02.0082

attractor　吸引子　05.0848

Atwood machine　阿特伍德机　02.0138

AU　天文单位　09.1125

audio oscillator　声频振荡器　03.0516

Auger electron　俄歇电子　09.0137

Auger electron spectroscopy　俄歇电子［能］谱学　08.1350

Auger neutralization　俄歇中和　08.1334

augmented plane wave method　增广平面波法　08.0787

augmented spherical wave method　增广球面波法　08.0788

aurora　极光　04.1460

auroral light　极光　04.1460

austenite　奥氏体　08.0514

autocollimating spectrometer　自准直谱仪　04.0115

autocollimation　自准直　04.0412

auto correlation　自关联　05.0426

autodetachment　自分离［过程］　07.0070

autodoping　自掺杂　08.0694

autofocusing　自［动］调焦　04.0413

autoionization　自电离　07.0135

autoionization spectroscopy　自电离光谱学　04.1426

autoionization state　自电离态　07.0069

autonomous system　自治系统　05.0854

autoreflection　自返反射　04.0414

autostability　自稳定性　10.0299

autotransformer　自耦变压器　03.0468

autovibration　自激振动　05.1006

auxiliary heating　辅助加热　10.0409

auxochrome　助色团　04.1955

avalanche breakdown　雪崩击穿　03.0076

average cross-section　平均截面　09.0335

average error　平均误差　01.0105

average t-matrix approximation　平均 t 矩阵近似　08.0317

average velocity　平均速度　02.0018

Avogadro constant　阿伏伽德罗常量　05.0042

Avogadro law　阿伏伽德罗定律　05.0041

Avogadro number　阿伏伽德罗常量　05.0042

avoided crossing　回避交叉　07.0156

away side jet　离去边喷注　09.1074

axial aberration　＊轴向象差　04.0291

axial acceleration　轴向加速度　02.0270

axial current　轴矢流　09.0752

axially symmetric deformed nucleus　轴对称变形核　09.0257

axial magnification　＊轴向放大率　04.0181

axial mode　＊轴模　04.1580

axial mode spacing　＊轴模间距　04.1582

axial vector　轴矢［量］　02.0264

axial-vector current　轴矢流　09.0752

axial-vector meson　轴矢介子　09.0906

axion　轴子　09.1006

axis of symmetry　对称轴　08.0118

Azbel-Kaner resonance　阿兹贝尔－卡纳共振　08.1159

azimuthal magnetic field　角向磁场　10.0374

azimuthal pinch　角向箍缩　10.0105

azimuthal quantum number　角量子数　06.0295

A-15 superconductor　A-15 超导体　08.1536

B

Babinet compensator　巴比涅补偿器　04.0749

Babinet principle　巴比涅原理　04.0919

backbending　回弯　09.0274

back bonding　背成键　07.0085

backbone of percolation cluster　逾渗团主干　05.0967

back corona　负效电晕　03.0538

back diffusion　反向扩散　08.1155

back discharge　负效放电　03.0539

back discharge extinguishing voltage　负效放电消失电压　03.0542

back discharge propagation　负效放电蔓延

03.0543

back discharge reentrant　负效放电再散　03.0541

back discharge vanishing temperature　负效放电消失温度　03.0540

back electromotive force　反电动势　03.0292

backflow [effect]　取向致流[效应]　08.1227

background　本底　01.0151

background density　本底[灰雾]密度　04.0595

background fog　本底灰雾　04.0594

background wave　背景波　04.1117

backreflection　背反射　04.0416

backscattered light　背散射光　04.0952

backscattering　背散射　08.1324

backscattering analysis　背散射分析　09.0563

backward scattering　背散射　08.1324

backward wave　反向波　04.0786

back wave　反向波　04.0786

bag model　[口]袋模型　09.1053

bainite　贝氏体　08.0513

baker's transformation　面包师变换　05.0923

balance　天平　02.0511

balance equation　平衡方程　05.0235

Balescu-Lenard collision term　巴列斯库－莱纳尔碰撞项　10.0115

Balian-Werthamer state　BW 态　08.1464

ballast resistor　镇流[电阻]器　03.0427

ballistic bunching　弹道群聚　10.0331

ballistic curve　弹道　02.0015

ballistic galvanometer　冲击电流计　03.0431

ballistic pendulum　冲击摆　02.0136

ballooning instability　气球不稳定性　10.0295

ballooning mode　气球模　10.0212

Balmer series　巴耳末系　07.0014

banana orbit　香蕉[形]轨道　10.0152

banana particle　香蕉[轨道]粒子　10.0156

banana regime　香蕉区　10.0154

banana regime diffusion　香蕉区扩散　10.0155

banana width　香蕉宽度　10.0153

bananoid　香蕉旋成体　10.0157

band　[频]带　04.1015

band conduction　带导电　08.0922

band crossing　带交叉　09.0278

band edge transition　带边跃迁　08.1142

band filter　带通滤光片　04.0888

band gap　带隙　08.0814

bandlimited signal　带限信号　04.1018

band narrowing　能带变窄　08.0650

bandpass filter　带通滤光片　04.0888

band spectrum　带状谱　04.1278

band structure　带结构　09.0279

band tail　带尾　08.0626

band-to-band transition　带间跃迁　08.1115

bandwidth　带宽　04.1016

bandwidth-limited pulse　带宽置限脉冲，＊宽限脉冲　04.1017

Bardeen-Cooper-Schrieffer theory　BCS 理论　08.1519

Bardeen-Herring [dislocation] source　巴丁－赫林[位错]源　08.0248

bare charge　裸电荷　09.0753

bare coupling　裸耦合　09.0754

Bargmann-Wigner equation　巴格曼－维格纳方程　09.1067

Barkhausen jump　巴克豪森跳变　08.1015

Barnett effect　巴尼特效应　08.0940

barometer　气压计　02.0505

barrel distortion　桶形畸变　04.0312

barretter　镇流[电阻]器　03.0427

barrier penetration　势垒穿透　06.0419

baryon　重子　09.0908

baryongenesis　重子产生　06.0276

baryonium　重子偶素　09.0910

baryon number　重子数　09.0693

base　基极　03.0495

baseball[-seam] coil　棒球[缝线型]线圈　10.0360

base bra　基左矢　06.0373

base-centered lattice　底心格　08.0081

base doping　基区掺杂　08.0612

base ket　基右矢　06.0372

base point　基点　02.0257

base pressure　基准压[强]　08.1623

basin of attraction　吸引域　05.0845

basis　[结构]基元　08.0091

basis function　基函数　07.0051

battery　电池[组]　03.0417

battery charger　电池充电器　03.0419

Bauschinger effect　包辛格效应　08.0541

BBGKY hierarchy　BBGKY 级列[方程]
　05.0585

BCS ground state　BCS 基态　08.1523

BCS theory　BCS 理论　08.1519

beam angle　光束孔径角　04.0355

beam-assisted desorption　束助脱附　08.1289

beam cooling　束流冷却　09.1075

beam divergence angle　[光]束发散角　04.1567

beam expander　扩束器　04.0356

beam [flying-spot] scanning　光束[飞点]扫描
　04.0357

beam-foil spectroscopy　束箔光谱学　04.1427

beam intensity　束流强度　09.0343

beam-plasma instability　束－等离[子]体不稳定性
　10.0282

beam radius　[光]束半径　04.1565

beam ratio　束强比　04.1111

beam splitter　分束器　04.0631

beam spot　[光]束斑　04.1564

beam waist　[光]束腰　04.1562

beam waveguide　光束波导　04.1520

beam width　束宽[度]　04.1566

Bean model　比恩模型　08.1511

beat　拍　02.0417

beat frequency　拍频　02.0418

beat mode　差拍模　10.0213

beat spectrum　拍谱　04.1422

beauty quark　*美夸克　09.0982

Beer-Lambert law　比尔－朗伯[吸收]定律
　04.1257

Belousov-Zhabotinski reaction　BZ 反应　05.0803

belt pinch　带状箍缩　10.0107

Bénard convection　贝纳尔对流　05.0823

bending　弯曲　02.0440

bending strain　弯[曲]应变　02.0442

bending strength　抗弯强度　02.0443

bending stress　弯[曲]应力　02.0441

bent bond　弯键　07.0083

Bernoulli equation　伯努利方程　02.0494

Bernstein-Greène-Kruskal mode　BGK 模　10.0211

Bernstein wave　伯恩斯坦波　10.0209

betatron　电子感应加速器　09.0588

beta [value]　压比[值]，*β值　10.0093

Bethe ansatz　贝特拟设　05.0705

Bethe approximation　贝特近似　05.0656

Bethe equation　贝特方程　09.0491

Bethe lattice　贝特格[点]　05.0706

Bethe-Peierls-Weiss method　BPW 方法　08.0996

Bethe-Salpeter equation　贝特－萨佩特方程
　05.0637

BGK mode　BGK 模　10.0211

Bianchi identity　比安基恒等式　06.0165

bias　偏置　03.0498

biasing holography　偏置全息术　04.1121

biaxial crystal　双轴晶体　04.0738

biconcave lens　双凹透镜　04.0135

biconical cusp　双锥[形]会切　10.0367

biconvex lens　双凸透镜　04.0136

bicrystal　李晶[体]　08.0036

bifocal lens　双焦透镜　04.0145

bifurcation　分岔　05.0769

bifurcation set　分岔集　05.0868

bifurcation theory　分岔理论　05.0770

big bang　大爆炸　06.0255

big-bang cosmology　大爆炸宇宙论　09.1128

bilateral constraint　双侧约束　02.0313

bilepton　双轻子　09.0916

bilinear coupling　双线性耦合　09.0755

Billet split lens　比耶对切透镜　04.0620

billiard ball problem　台球问题　05.0927

bilocal operator　双局域算符　09.0756

bi-Maxwellian distribution　双麦克斯韦分布
　10.0118

bimolecular recombination　双分子复合　08.1116

binary collision　二体碰撞　10.0132

binary collision method [of Lee and Yang]　[李政
　道－杨振宁]二体碰撞法　05.0443

binary fission　二分裂变　09.0452

binary hologram　二元全息图　04.1162

binding energy　结合能　09.0030

binocular telescope　双目望远镜　04.0424

binocular vision　双目视觉　04.0488

binomial distribution　二项分布　01.0131

biological microscope　生物显微镜　04.0425

bioluminescence　生物发光　08.1094

biophysics 生物物理[学] 01.0014

Biot-Savart law 毕奥－萨伐尔定律 03.0210

bipolaron 双极化子 08.1394

Birch equation 伯奇方程 08.1663

birefringence 双折射 04.0726

Birkhoff theorem 伯克霍夫定理 05.0999

bi-rotation 双异旋光 04.1002

birth-and-death process 生灭过程 05.0797

bistability 双稳性 07.0152

Bitter powder pattern 比特粉纹图样 08.1079

black-and-white group 黑白群 08.0156

black body 黑体 05.0382

black-body radiation 黑体辐射 05.0383

black hole 黑洞 06.0238

black hole radiation 黑洞辐射 06.0248

blanket gas 保护气体 08.1685

blast wave 爆炸波 10.0214

blazed grating 闪耀光栅 04.0706

blazed hologram 闪耀全息图 04.1157

blaze wavelength 闪耀波长 04.0863

blazing angle 闪耀角 04.0707

bleached hologram 漂白全息图 04.1151

Bleustein-Gulyaev wave 布勒斯坦－古利亚耶夫波
08.1296

blind spot 盲点 04.0489

Bloch [domain] wall 布洛赫[畴]壁 08.1017

Bloch equation 布洛赫方程 05.0313

Bloch line 布洛赫线 08.1016

Bloch transition 布洛赫转变 08.0441

Bloch wave function 布洛赫波函数 08.0773

blocked bond 闭锁键 05.0963

blocking effect 阻塞效应 08.1327

block-organized holographic memory 分块全息存储
04.1188

block prism 方块棱镜 04.0105

block spin 块区自旋 05.0680

blooming 敷霜 04.0877

blue phase 蓝相 08.1180

blue phase liquid crystal 蓝相液晶 08.1204

blue shift 蓝移 04.1376

blunder error 疏失误差 01.0103

blurred image 模糊图象 04.1070

boat configuration 船位形 08.0372

body-centered lattice 体心格 08.0082

body color 体色 04.0536

body force [彻]体力 02.0480

Bogoliubov-Born-Green-Kirkwood-Yvon hierarchy
BBGKY 级列[方程] 05.0585

Bogoliubov transformation 博戈留波夫变换
06.0267

Bogoliubov-Valatin transformation 博戈留波夫－瓦
拉京变换 08.1527

Bogolon 博戈子 05.0452

Bohm diffusion 博姆扩散 10.0147

Bohr atom model 玻尔原子模型 06.0312

Bohr correspondence principle 玻尔对应原理
07.0035

Bohr frequency condition 玻尔频率条件 07.0010

Bohr magneton 玻尔磁子 06.0321

Bohr-Mottelson model 玻尔－莫特尔松模型
09.0208

Bohr quantization condition 玻尔量子化条件
06.0313

Bohr radius 玻尔半径 06.0319

Bohr unit 玻尔单位 07.0034

Bohr-Van Leeuwin theorem 玻尔－范莱文定理
08.0958

boiling 沸腾 05.0197

boiling point 沸点 05.0206

bolometer 辐射热计 05.0077

Boltzmann constant 玻尔兹曼常量 05.0344

Boltzmann factor 玻尔兹曼因子 05.0342

[Boltzmann] H-function [玻尔兹曼]H 函数
05.0483

[Boltzmann] H-theorem [玻尔兹曼]H 定理
05.0484

Boltzmann [integro-differential] equation 玻尔兹曼
[积分微分]方程 05.0477

Boltzmann relation 玻尔兹曼关系 05.0343

bombarding particle 轰击粒子 09.0304

bond-bending [vibration] mode 键弯[振动]模
08.0373

bond disorder 键无序 08.0313

bond distance 键长 07.0086

bond energy 键能 07.0087

bond hybridization 键杂化[作用] 08.0209

bonding 成键 08.0455

bonding electron 成键电子 08.0224

bonding state 成键态 08.0222

bond order 键序 07.0089

bond percolation 键逾渗 05.0959

bond reconstruction 键重构 08.0385

bond-stretching [vibration] mode 键伸[振动]模 08.0374

bond structure 键结构 08.0452

bond switching 键开关 08.0384

boost 递升 06.0271

booster 增强器 09.1118

bootstrap current 自举电流 10.0161

bootstrap model 靴袢模型 09.1054

Born approximation 玻恩近似 06.0438

Born-Green equation 玻恩－格林方程 05.0429

Born-Haber cycle 玻恩－哈伯循环 08.0218

Born-Mayer potential 玻恩－迈耶势 08.0216

Born-Oppenheimer approximation 玻恩－奥本海默近似 08.0771

Born-von Karman boundary condition 玻恩－冯卡门边界条件 08.0774

Bose-Einstein condensation 玻色－爱因斯坦凝聚 05.0359

Bose[-Einstein] distribution 玻色[－爱因斯坦]分布 05.0357

Bose-Einstein integral 玻色－爱因斯坦积分 05.0358

Bose[-Einstein] statistics 玻色[－爱因斯坦]统计法 05.0356

boson 玻色子 05.0360

bosonic string 玻色[子]弦 09.0778

bottom number 底数 09.0695

bottom quark b夸克，＊底夸克 09.0982

bottonium 底偶素 09.0983

Bouguer law 布格定律 04.1256

bounce 反弹 02.0236，弹跳 10.0081

bounce frequency 弹跳频率 10.0082

boundary condition 边界条件 03.0083

boundary [diffraction] wave 边界[衍射]波 04.0945

boundary relation 边值关系 03.0082

boundary scattering 边界散射 08.0903

boundary-value problem 边值问题 03.0087

bound-bound laser 束缚－束缚激光器 04.1707

bound charge 束缚电荷 03.0112

bounded plasma 有界等离[子]体 10.0015

bounded space 有界空间 03.0346

bound electron 束缚电子 03.0173

bound-free laser 束缚－自由激光器 04.1708

bound state 束缚态 06.0333

bound wave 束缚波 10.0215

bowlic liquid crystal 碗形分子液晶 08.1185

bow shock 艏[击]波 10.0441

Boyle law 玻意耳定律 05.0036

BPW method BPW方法 08.0996

b-quark b夸克，＊底夸克 09.0982

bra 左矢，＊匇 06.0371

Brackett series 布拉开系 07.0016

Bragg condition 布拉格条件 04.0700

Bragg diffraction 布拉格衍射 04.0950

Bragg[-effect] hologram 布拉格[效应]全息图 04.1135

Bragg law 布拉格定律 04.0699

Bragg vector 布拉格矢量 08.0173

Bragg-Williams approximation 布拉格－威廉斯近似 05.0654

branch 支路 03.0153

branching ratio 分支比 09.0100

Bravais group 布拉维群 08.0151

Bravais lattice 布拉维格 08.0079

breakdown 击穿 03.0074

breakdown field strength 击穿场强 03.0077

break electrification 破裂起电 03.0544

break-even 得失相当 10.0341

breakup instability 崩裂不稳定性 10.0293

breather 呼吸子 08.1395

Breit-Wigner formula 布雷特－维格纳公式 09.0368

bremsstrahlung 轫致辐射 04.1485

Brewster angle 布儒斯特角 04.0724

Brewster window 布儒斯特窗 04.1523

bridge bond 桥键 07.0090

bridge rectifier 桥式整流器 03.0509

bridging atom 桥接原子 08.0375

Bridgman anvil 布里奇曼[压]砧 08.1632

Bridgman equation [of state] 布里奇曼[物态]方程
08.1661

Bridgman seal 布里奇曼密封 08.1628

bright field 明[视]场 04.0426

bright line 明线 04.1282

brightness 亮度 04.0374

brilliance 耀度 04.0525

Brillouin function 布里渊函数 08.0963

Brillouin scattering 布里渊散射 04.1234

Brillouin shift 布里渊频移 04.1378

Brillouin zone 布里渊区 08.0776

brittle fracture 脆[性断]裂 08.0558

broadband 宽[谱]带 04.1288

broadband signal 宽带信号 04.1019

Brossel-Bitter experiment 布罗塞尔－比特实验
04.1935

Brown[ian] motion 布朗运动 05.0512

Brusselator 布鲁塞尔模型 05.0771

BSA 背散射分析 09.0563

bubble chamber [气]泡室 09.0520

bubbling breakdown 泡胀击穿 03.0545

built-in field 内建场 08.0589

bulge instability 腊肠[形]不稳定性 10.0261

bulk absorption 体吸收 04.1245

bulklike structure 类体结构 08.1686

bulk modulus 体积弹性模量，＊体弹模量
08.0226

bump-in-tail instability 尾隆不稳定性 10.0277

bumpy torus 波纹环 10.0385

bunch 群聚 10.0329

bunch compression 群聚压缩 10.0330

bundle [graph] 丛图 05.0441

Buneman instability 比内曼不稳定性 10.0281

buoyancy force 浮力 02.0490

Burgers vector 伯格斯矢[量] 08.0246

buried surface 埋置面 04.1702

butterfly 蝴蝶[型突变] 05.0819

butterfly effect 蝴蝶效应 05.0873

BW state BW 态 08.1464

by-pass 旁路 03.0156

BZ reaction BZ 反应 05.0803

C

CAC 守恒轴矢流 09.0872

cadmium sulfide 硫化镉 08.0679

cadmium telluride 碲化镉 08.0680

calibration 校准 01.0088

caloric theory of heat 热质说 05.0140

calorimeter 量热器 05.0075，量能器 09.1124

calorimetric method of mixture 混合量热法
05.0074

calorimetry 量热学 05.0060

camera 照相机 04.0246

camera tube 摄象管 04.1202

Canada balsam 加拿大胶 04.0966

cancellation point 消除点 07.0151

Cano fringe 喀诺条纹 08.1201

canonical conjugate variable 正则共轭变量
02.0338

canonical coordinates 正则坐标 02.0335

canonical distribution 正则分布 05.0309

canonical ensemble 正则系综 05.0308

canonical equation 正则方程 02.0337

canonical momentum 正则动量 02.0336

canonical quantization 正则量子化 09.0605

canonical transformation 正则变换 02.0339

Cantor set 康托尔集[合] 05.0920

Cantorus 康托尔环面 05.0953

capacitance 电容 03.0078

capacitive reactance 容抗 03.0304

capacitor 电容器 03.0079

capacity 电容 03.0078

capacity-speed product 容量速率积 04.1041

capillarity 毛细现象 05.0056

capillary tube 毛细管 05.0057

capillary wave 表面张力波 02.0370

capture cross-section 俘获截面 08.0636

Caratheodory theorem 喀拉氏定理 05.0138

carbon arc lamp 碳弧灯 04.1308

carbon dioxide laser 二氧化碳激光器 04.1667

cardinal plane 基面 04.0216

cardinal point 基点 04.0212

Carnot cycle 卡诺循环 05.0128

Carnot theorem 卡诺定理 05.0129

carrier-frequency hologram 载频全息图 04.1120

carrier injection 载流子注入 08.0633

carrier recombination 载流子复合 08.0634

CARS 相干反斯托克斯－拉曼散射 04.1817

cascade cooling 级联冷却 08.1596

cascade decay 级联衰变 09.0180

cascade emission 级联发射 04.1918

cascade laser 级联激光器 04.1709

cascade process 级联过程 05.0708

cascade radiation 级联辐射 09.0178

cascade shower 级联簇射 10.0061

cascade transition 级联跃迁 09.0179

Casimir effect 卡西米尔效应 06.0268

catadioptric system 反射折射光学系统，＊反折系统 04.0429

catastrophe 突变 05.0811

catastrophic laser-damage threshold 灾变性激光损伤阈 04.1757

cathode 阴极 03.0148

cathode ray 阴极射线 03.0476

cathode-ray tube 阴极射线管 03.0477

cathodoluminescence 阴极射线[致]发光 08.1091

cation 正离子 03.0174

cat map [of Arnosov] 猫脸映射 05.0954

catoptric imaging 反射成象 04.0430

catoptrics 反射光学 04.0431

Cauchy dispersion formula 柯西色散公式 04.1267

caulked cusp 堵缝会切 10.0366

causal function 因果函数 05.0564

causal future ＊因果未来 06.0082

causal Green function 因果格林函数 05.0597

causality 因果性 06.0078

causal past ＊因果过去 06.0083

causal transform 因果变换 05.0565

caustics 焦散线 04.0160

caviton 腔子 10.0303

cavity [空]腔 04.1517

cavity dumped laser 倾腔激光器 04.1622

[cavity] dumper 倾腔器 04.1621

cavity mode 腔模 04.1552

cavity oscillation 腔振荡 04.1551

Cayley tree 凯莱树 05.0709

CC 电性流 09.0690

CCD 电荷耦合器件 08.0744

CdS 硫化镉 08.0679

CdTe 碲化镉 08.0680

CDW 电荷密度波 08.1396

celestial photography 天体照相术 04.0428

cell 电池 03.0411，晶胞 08.0085

cell spin 元胞自旋 05.0679

cellular automaton 元胞自动机 05.1011

cellular method 元胞法 08.0778

Celsius thermometric scale 摄氏温标 05.0008

cemented doublet 胶合双透镜 04.0151

cementite 渗炭体 08.0515

Centauro event 半人马事例 09.1127

center 中心 02.0217，中心[点] 05.0765

centered system 合轴组 04.0183

center of force 力心 02.0194

center of gravity 重心 02.0220

center of mass 质心 02.0218

center-of-mass system 质心系 02.0219

center of percussion 撞击中心 02.0234

center of reduction 约化中心 02.0305

central dark ground method 中心暗场法 04.0941

central field 有心力场，＊辏力场 02.0193

central force 有心力，＊辏力 02.0192

central fringe 中央条纹 04.0835

central maximum 中央极大 04.0625

central ray 中央光线 04.0434

centrifugal barrier 离心势垒 09.0356

centrifugal force 离心力 02.0068

centripetal acceleration 向心加速度 02.0034

centripetal force 向心力 02.0069

CGL equation CGL 方程 10.0091

Chadi model 查迪模型 08.1381

chain [graph] 链图 05.0440

chain reaction 链式反应 09.0473

chain structure 链状结构 08.1387

chair configuration 椅位形 08.0371

chalcogenide glass 硫属玻璃 08.0326

channel 道 09.0715

channel capacity 信道容量 04.1042

channel of electrostatic leakage 静电泄漏通道 03.0546

channeled spectrum 沟槽光谱 04.1410

channel[ing] effect 沟道效应 08.0566

channel spin 道自旋 09.0370

chaos 混沌 05.0305

chaotic attractor 混沌吸引子 05.0852

chaotic field 混沌场 04.1901

chaotic laser light 混沌激光 04.1728

chaotic measure 混沌测度 05.0895

chaotic motion 混沌运动 05.0869

Chapman-Enskog expansion method 查普曼-恩斯库格展开法 05.0481

character 特征标 08.0148

characteristic function 特性函数 05.0147

characteristic spectrum 特征光谱 04.1361

characteristic X-ray 特征 X 射线 09.0136

character recognition 字符识别 04.1104

character table 特征标表 08.0149

charge 荷 09.0609

charge asymmetry 电荷不对称性 09.0612

charge carrier 载流子 08.0583

charge compensation 电荷补偿 08.1117

charge conjugation 正反共轭 09.0757

charge conjugation-parity 正反共轭和空间反射 09.0874

charge conjugation-parity-time reversal 正反共轭时空反演 09.0875

charge conservation 电荷守恒 09.0312

charge-coupled device 电荷耦合器件 08.0744

charged body 带电体 03.0013

charged current 电性流 09.0690

charge density wave 电荷密度波 08.1396

charged particle 带电粒子 03.0014

charged particle beam fusion 带电粒子束聚变 10.0399

charged particle reaction 带电粒子反应 09.0294

charge exchange 电荷交换 10.0062

charge exchange reaction 电荷交换反应 09.0392

charge independence 电荷无关性 09.0068

charge injection device 电荷注入器件 08.0756

charge-mass ratio *荷质比 03.0204

charge operator 电荷算符 09.0610

charge radius 电荷半径 09.0611

charge removing electrodes 消静电电极 03.0603

charge separation 电荷分离 10.0085

charge symmetry 电荷对称性 09.0069

charge transfer device 电荷转移器件 08.0755

charge transfer process 电荷转移过程 07.0119

charge transfer state 电荷转移态 08.1118

charging 充电 03.0062

charging time constant 荷电时间常量 03.0547

chargino 带电微子 09.0999

Charles law 查理定律 05.0037

charm changing current 粲数改变流 09.0688

charmed particle 粲粒子 09.0950

charmonium 粲偶素 09.0951

charmphysics 粲粒子物理[学] 09.0602

charm quark c 夸克，*粲夸克 09.0981

chart of nuclides 核素图 09.0053

Chauvenet criterion for rejection 肖维涅舍弃判据 01.0141

chemical affinity 化学亲和势 05.0241

chemical bonding 化学成键 08.0453

chemical clock 化学钟 05.0806

chemical equilibrium condition 化学平衡条件 05.0178

[chemical] equilibrium constant [化学]平衡常量 05.0226

chemical laser 化学激光器 04.1703

chemical physics 化学物理[学] 01.0011

chemical potential 化学势 05.0156

chemical short-range-order 化学短程序 08.0303

chemical vapor deposition 化学气相沉积 08.0710

chemical wave 化学波 05.0807

chemi-ionization 化学电离 07.0093

chemiluminescence 化学发光 08.1093

chemisorption 化学吸附 08.1280

Cherenkov counter 切连科夫计数器 09.0502

Cherenkov radiation 切连科夫辐射 04.1484

Cherenkov resonance 切连科夫共振 10.0124

Chevrel phase 谢弗雷尔相 08.1537

chevron pattern 人字形图样 08.1239

Chew-Goldberger-Low equation CGL 方程 10.0091

chief ray 主光线 04.0435

chi meson　χ介子　09.0955

Chinese Physical Society　中国物理学会　01.0155

chiral charge　手征荷　09.0614

chiral compound　手征化合物　07.0094

chiral current　手征流　09.0615

chiral field　手征场　09.0613

chirality　手征性，*手性　08.1176

chiral nematic phase　手征丝状相　08.1177

chiral particle　手征粒子　09.0616

chiral symmetry　手征对称性　09.0617

chi square distribution　χ²分布　01.0134

chi square test　χ²检验　01.0146

choking coil　扼流[线]圈　03.0428

cholesteric phase　螺状相，*胆甾相　08.1179

Christoffel symbol　克里斯托费尔符号　06.0199

chromatic aberration　色[象]差　04.0317

chromaticity　色品　04.0506

chromaticity coordinates　色品坐标　04.0508

chromaticity diagram　色品图　04.0507

chromatic polarization　色偏振　04.0747

chromatism of magnification　放大率色差　04.0319

chromatism of position　位置色差　04.0320

chromatogram　色[层]谱图　04.0539

chromatograph　色[层]谱仪　04.0540

chromatography　色[层]谱法　04.0541

chromatometer　色度计　04.0362，色[视]觉仪
　04.0491

chrominance　色度　04.0513

chromogen　色原　04.0515

chromometer　色度计　04.0362

chromophore　发色团　04.1954

chronological operator　编时算符　05.0608

chronological order　编时序　05.0609

chronological product　时序[乘]积　05.0610

chronology condition　编时条件　06.0220

CID　电荷注入器件　08.0756

cineholography　电影全息术　04.1175

C-invariance　C 不变性，*正反共轭不变性
　09.0760

circle mapping　圆[周]映射　05.0840

circle of least confusion　最小模糊圆　04.0308

circle of reference　参考圆　02.0178

circuital theorem of electrostatic field　静电场的环路
定理　03.0042

circular birefringence　圆双折射　04.0997

circular disk diffraction　圆盘衍射　04.0680

circular frequency　*圆频率　02.0177

circular hole diffraction　圆孔衍射　04.0679

circular motion　圆周运动　02.0048

circular polarization　圆偏振　04.0717

circulation　环流　02.0482

clad[ded] optical fiber　包层光纤　04.0817

classical clustering　经典集团化　05.0399

classical coherence　经典相干性　04.0890

classical degree of freedom　经典自由度　05.0362

classical electrodynamics　经典电动力学　03.0328

classical electron radius　经典电子半径　03.0396

classical electron theory of metal　经典金属电子论
03.0168

classical limit　经典极限　05.0361

classical mechanics　经典力学　02.0005

classical optics　经典光学　04.0005

classical physics　经典物理[学]　01.0006

classical spin model　经典自旋模型　05.0678

classical statistics　经典统计法　05.0338

classical transport　经典输运　10.0144

Claude cycle　克洛德循环　08.1573

[Clausius-]Clapeyron equation　[克劳修斯-]克拉
珀龙方程　05.0219

Clausius equality　克劳修斯等式　05.0131

Clausius inequality　克劳修斯不等式　05.0132

Clausius-Mossotti equation　克劳修斯-莫索提方程
03.0108

cleaning　净化，*清洁处理　08.0697

cleaning point　清亮点　08.1166

clean surface　洁净表面　08.1274

cleavage　解理　08.0557

Clebsch-Gordan vector coupling coefficient　CG 矢量
耦合系数，*CG[矢耦]系数　06.0461

Clemmov-Mullaly-Allis diagram　CMA 图　10.0179

climb of dislocation　位错攀移　08.0253

close-coupling approximation　密耦[合]近似
08.0319

closed form　闭形　08.0055

closed loop　闭[合]回路　05.0619

closed pipe　闭管　02.0543

closed resonator 闭[共振]腔 04.1515

closed system 闭系 05.0230

closed universe 闭宇宙 09.1129

close packing 密堆积 08.0168

close [time] path Green function 闭[时]路格林函数 05.0604

cloud chamber 云室 09.0541

clump 凝团 10.0333

cluster 集团 05.0397

cluster expansion 集团展开 05.0398

cluster function 集团函数 05.0404

cluster graph 集团图 05.0437

cluster integral 集团积分 05.0402

cluster model 集团模型 09.0212

CMA diagram CMA 图 10.0179

CMS 质心系 02.0219

cnoidal wave 椭圆余弦波 05.0827

c-number c 数 06.0349

co-adsorption 共吸附 08.1285

coarse adjustment 粗调 01.0086

coarse-grained density 粗粒密度 05.0286

coarse-grained statistical operator 粗粒统计算符 05.0589

coarse-graining 粗粒化 05.0287

coated lens 镀膜透镜 04.0152

coating 镀膜 08.0702

coaxial cable 同轴线 03.0526

coaxiality 共轴性 04.0184

coaxial type detector 同轴型探测器 09.0536

Cockcroft-Walton accelerator 高压倍加器 09.0584

coded aperture 编码孔径 04.1209

coded image 编码图象 04.1069

codimension 余维[数] 05.0937

coefficient 系数 01.0040

coefficient of diffusion 扩散系数 05.0493

coefficient of restitution 恢复系数 02.0231

coefficient of sliding friction 滑动摩擦系数 02.0091

coefficient of static friction 静摩擦系数 02.0092

[coefficient of] stiffness 劲度[系数] 02.0076, *倔强系数 02.0076

coefficient of viscosity *黏性系数 02.0473

coercive electric field 矫顽电场 08.0847

coercive force 矫顽力 03.0254

coercive stress 矫顽应力 08.0858

coesite 科氏石英 08.1683

coherence 相干性 04.0652

coherence effect 相干效应 08.1528

coherence time 相干时间 04.0659

coherent anti-Stokes Raman scattering 相干反斯托克斯－拉曼散射 04.1817

coherent area 相干面积 04.0661

coherent behavior 相干行为 05.0745

coherent condition 相干条件 04.0656

coherent generation 相干产生 09.0765

coherent illumination 相干照明 04.0939

coherent imaging 相干成象 04.0768

coherent interface 共格界面 08.0524

coherent length 相干长度 04.0660

coherent light 相干光 04.0654

coherent optical information processing 相干光[学]信息处理 04.1053

coherent optical radar 相干光[雷]达 04.1206

coherent potential approximation 相干势近似 08.0318

coherent radiation 相干辐射 04.1870

coherent Raman scattering 相干拉曼散射 04.1816

coherent scattering 相干散射 08.0176

coherent scattering length 相干散射长度 08.0177

coherent source 相干光源 04.0655

coherent state 相干态 06.0336

coherent-state representation 相干态表象 04.1869

coherent wave 相干波 04.0653

cohesion 内聚力 05.0058

cohesive energy 内聚能 08.0225

coil 线圈 03.0200

coincidence circuit 符合电路 09.0509

coincidence counting 符合计数 04.1885

coincidence method 符合法 09.0506

coincidence prism 叠象棱镜 04.0103

coincidence range finder 叠象测距仪 04.0391

coincidence rate 符合率 04.1886

coincidence spectrum 符合光谱 04.1411

coincidence structure 符合结构 08.1263

cold light 冷光 04.1941

cold neutron 冷中子 09.0426

cold plasma　冷等离[子]体　10.0011

cold trap　冷阱　05.0091

Cole-Cole plot　科尔－科尔图　08.0821

collapsar　坍缩星　09.1130

collapse　坍缩　09.1131

collapse of shell　壳层坍缩　07.0071

collapses-revivals　坍[缩恢]复现象　04.1925

collective beating　集体拍　04.1657

collective excitation　集体激发　09.0221

collective frequency　集体频率　05.0536

collective interaction　集体相互作用　09.0251

collective model　集体模型　09.0207

collective oscillation　集体振荡　05.0535

collective rotation　集体转动　09.0249

collective vibration　集体振动　09.0250

collector　集电极　03.0496

collector-type electrometer　集电[式]静电计　03.0610

collider　对撞机　09.1076

colliding beam　对撞束　09.1077

collimated beam　准直[光]束　04.0265

collimation　准直　04.0264

collimator　准直管　04.0266

collinear transformation　直射变换　04.0210

collineation　直射变换　04.0210

Collins liquefier　柯林斯液化器　08.1575

collision　碰撞　02.0224

collisional heating　磁撞加热　10.0418

collisionally conserved quantity　碰撞守恒量　05.0479

collision broadening　碰撞[谱线]增宽　04.1399

collision cross-section　碰撞截面　10.0131

collision[-dominated] regime　碰撞[为主]区　10.0162

collision electrification　碰撞起电　03.0548

collision frequency　碰撞频率　05.0471

collision-induced alignment　碰[撞]致排列　04.1855

collision-induced coherence　碰[撞]致相干性　04.1856

collision integral　碰撞积分　10.0130

collisionless damping　无碰撞阻尼　10.0121

collisionless instability　无碰撞不稳定性　10.0258

collisionless plasma　无碰撞等离[子]体　10.0014

collisionless shock　无碰撞击波　10.0235

collisionless tearing instability　无碰撞撕裂不稳定性　10.0292

collision process　碰撞过程　07.0074

collision relaxation　碰撞弛豫　04.1771

collision ring　对撞环　09.1078

collision strength　碰撞强度　07.0075

collision time　碰撞时间　05.0472

color　色　09.0697

color blindness　色盲　04.0502

color blurring　色模糊　04.1072

color center　色心　08.0228

color center laser　色心激光器　04.1692

color charge　色荷　09.0766

color disc　* 色盘　04.0491

colored light　色光　04.0505

colored particle　色粒子　09.0897

colored quark　色夸克　09.0976

color filter　滤色器　04.0538，　滤色片　04.0537

color group　色群　08.0155

color holography　彩色全息术　04.1168

colorimeter　色度计　04.0362

colorimetric pyrometer　比色高温计　05.0071

colorimetry　色度学　04.0363

color matching　配色　04.0509

color mixing　混色　04.0510

color mixture　混合色　04.0533

color scale　色标　04.0511

color space　色空间　09.0767

color symmetry　色对称　08.0112

color temperature　色温　04.0512

color tone　色调　04.0514

color triangle　[原]色三角　04.0516

color vision　色[视]觉　04.0490

coma　彗[形象]差　04.0300

comatic aberration　彗[形象]差　04.0300

combination line　组合[谱]线　04.1340

combination of lenses　透镜组　04.0185

combination principle　组合原理　06.0304

combined parity　组合宇称　09.0777

commensurate-incommensurate transition　公度有无转变　08.1403

commensurate phase　有公度相　08.1401

Commission on Symbols, Units, Nomenclature, Atomic Masses and Fundamental Constants　符号、单位、术语、原子质量和基本常量委员会　01.0154

communal entropy　公有熵　08.0449

commutability　可对易性　06.0357

commutation　对易　06.0352

commutation relation　对易关系　06.0354

commutator　对易式　06.0353

comoving reference frame　共动参考系　06.0191

compact galaxy　致密星系　09.1132

compact object　致密天体　09.1133

compact torus　紧凑环　10.0386

companion galaxy　伴星系　09.1135

companion star　伴星　09.1134

comparative half-life　比较半衰期　09.0147

comparator　比长仪　04.0386

comparison spectrum　比较光谱　04.1407

compatibility　相容性　07.0049

compatibility relation　相容关系　08.0775

compensating eyepiece　[色差]补偿目镜　04.0235

compensating plate　补偿板　04.0632

compensation point　抵消点　08.0973

complementarity　互补性　07.0050

complementary color　补色　04.0651

complementary colors　互补色　04.0517

complementary [diffracting] screens　互补[衍射]屏　04.0918

complementary principle　互补原理, *并协原理　06.0306

complete antisymmetry　全反对称　09.0770

complete fusion　[完]全熔合　09.0415

completely coherent light　完全相干光　04.0896

completeness relation　完全性关系　07.0053

complete set of eigenstates　本征态全集　07.0052

complete symmetry　全对称　09.0771

complex amplitude　复振幅　04.0601

complex beam parameter　复光束参量　04.1561

complex degree of coherence　复相干度　04.0895

complex filter　复合滤波器　04.1062

complex impedance　复阻抗　03.0311

complex index of refraction　复折射率　04.1243

complexion　配容　05.0289

complex permeability　复磁导率　08.1045

complex permittivity　复电容率　08.0820

complex potential　复势　09.0359

complex resonator　复[合]共振腔　04.1536

complex spectrum　复光谱　04.1348

complex wave　复[合]波　04.0776

component　分量　02.0150, 组分　05.0094

component color　组分色　04.0518

component force　分力　02.0149

component velocity　分速度　02.0145

composite hologram　复合全息图　04.1142

composite model　复合粒子模型　09.1055

compositeness　复合性　09.1057

composite particle　复合粒子　09.1056

compositional [degree of] freedom　成分自由度　08.0387

compositional disorder　成分无序　08.0308

composition of forces　力的合成　02.0148

composition of velocities　速度[的]合成　02.0144

compound-elastic scattering　复合[核]弹性散射　09.0376

compound eye　复眼　04.0492

compound Fabry-Perot interferometer　复式法布里－珀罗干涉仪　04.0869

compound lens　复合透镜　04.0148

compound microscope　复显微镜　04.0244

compound nucleus　复合核　09.0372

compound-nucleus decay　复合核衰变　09.0374

compound-nucleus theory　复合核理论　09.0371

compound pendulum　复摆　02.0132

Ⅱ-Ⅵ compound semiconductor　Ⅱ－Ⅵ族化合物半导体　08.0686

Ⅲ-Ⅴ compound semiconductor　Ⅲ－Ⅴ族化合物半导体　08.0685

compound system　复合系统　09.0373

compressibility　可压缩性　02.0467, 压缩率　02.0466

compression　压缩　02.0465

compressional Alfvén wave　压缩阿尔文波　10.0191

Compton effect　康普顿效应　04.1480

Compton electron　康普顿电子　09.0489

Compton scattering　康普顿散射　06.0307

Compton wavelength 康普顿波长 06.0308

computational physics 计算物理[学] 09.1025

computer-generated hologram 计算机[制作]全息图 04.1161

computer holography 计算机全息术 04.1177

concave grating 凹面光栅 04.0704

concave lens 凹透镜 04.0134

concave mirror 凹面镜 04.0090

concentrated force 集中力 02.0096

concentric beam 同心光束 04.0351

concentric lens 同心透镜 04.0146

concentric resonator 共心[共振]腔 04.1568

concurrent force 共点力 02.0292

condensation 凝结 05.0200

condensed matter 凝聚体 08.0018

condensed matter physics 凝聚体物理[学], ＊凝聚态物理[学] 08.0001

condensed state 凝聚态 08.0019

condenser 聚光器 04.0262, 电容器 03.0079

condenser [lens] 聚光[透]镜 04.0263

conductance 电导 03.0140

conducting medium 导电介质 03.0349

conduction 传导 05.0502

conduction band 导带 08.0810

conduction current 传导电流 03.0166

conduction regime 导电方式区 08.1237

conductive fiber 导电纤维 03.0549

conductivity 电导率 03.0141

conductor 导体 03.0015

cone effect 圆锥效应 09.0324

cone emission 圆锥发射 04.1857

cone shock 锥形击波 10.0244

confidence level 置信水平 01.0138

confidence limit 置信限 01.0139

configuration 位形 05.0395, 组态 07.0028

configuration entropy 位形熵 08.0450

configuration integral 位形积分 05.0396

configuration mixing 组态混合 09.0236

configuration space 位形空间 05.0274

confinement time 约束时间 10.0337

confocal resonator 共焦[共振]腔 04.1569

conformal invariance 共形不变性 06.0227

conformal tensor ＊共形张量 06.0207

conformal transformation 共形变换 06.0228

conformational analysis 构型分析 08.1264

congruent melting 同成分熔化 08.0499

conjecture 猜想 09.0606

conjugate defect 共轭缺陷 08.0399

conjugate field 共轭场 09.0768

conjugate image 共轭象 04.0196

conjugate plane 共轭面 04.0195

conjugate ray 共轭光线 04.0194

conjugate wave 共轭波 04.1812

conjugation fraction 共轭分数 04.1813

connected bond 连通键 05.0962

connected diagram 相连图 05.0620

connected diagram expansion 相连图展开 05.0621

connected product 相连[乘]积 05.0406

connection in parallel 并联 03.0081

connection in series 串联 03.0080

conoscope 锥光偏振仪 04.0967

conservation law 守恒律 01.0074

conservative flow 保守流 05.0528

conservative force 保守力 02.0071

conservative oscillation 保守振荡 05.0780

conservative system 保守系 02.0128

conserved axial current 守恒轴矢流 09.0872

conserved vector current 守恒矢量流 09.0871

constant 常量, ＊常数 01.0035

constant coupling approximation 恒耦近似 08.0997

[constant] current source 恒流源 03.0137

constant deviation prism 恒偏[向]棱镜 04.0109

constant force 恒力 02.0099

constant of motion 运动常量 02.0100

[constant] voltage source 恒压源 03.0136

constituent mass 组分质量 09.0716

constituent quark 组分夸克 09.0769

constrained motion 约束运动 02.0311

constraining force 约束力 02.0070

constraint 约束 02.0310

constraint of position ＊位置约束 02.0316

constraint of velocity ＊速度约束 02.0318

constructive interference 相长干涉 04.0831

contact binary 相接双星 09.1137

contact force 接触力 02.0094

contact interaction 接触相互作用 09.0608

contact potential difference 接触电势差 03.0183

contiguity 邻接 08.0348

contiguity number 邻接数 08.0350

contiguous pair 邻接对 08.0349

continuity equation 连续[性]方程 02.0496

continuous eigenvalue 连续本征值 06.0361

continuous medium 连续介质 02.0454

continuous phase transition 连续相变 05.0641

continuous-random network 连续无规网络 08.0333

continuous spectrum 连续谱 04.1279

continuous wave 连续波 04.0777

continuous wave laser 连续波激光器 04.1666

continuum 连续区 04.1339

continuum percolation 连续区逾渗 05.0973

contour length 循链长度 08.0404

contracting model 收缩模型 09.1138

contraction 缩并 06.0188

contraction of operators 算符缩并 05.0613

contrast 衬比度, *反差 04.0666

contravariant tensor 反变张量 06.0185

controlled thermonuclear fusion 受控热核聚变 10.0335

control parameter 控制参量 05.0833

convected acceleration 牵连加速度 02.0036

convected inertial force 牵连惯性力 02.0209

convected motion 牵连运动 02.0044

convected velocity 牵连速度 02.0024

convection 运流 02.0481

convection current 运流电流 03.0167

convective instability 对流不稳定性 10.0252

convergence limit 收敛限 04.1342

convergent lens 会聚透镜 04.0131

convergent wave 会聚波 04.0347

conversion efficiency 转换效率 04.1785

convex lens 凸透镜 04.0133

convex mirror 凸面镜 04.0089

convey electron 运送电子 07.0128

cooperative emission 合作发射 04.1727

cooperative Jahn-Teller phase transition 合作性扬－特勒相变 08.1675

cooperative luminescence 合作发光 08.1119

cooperative phenomenon 合作现象 05.0651

Cooper instability 库珀不稳定性 08.1522

Cooper minimum 库珀最小 08.1382

Cooper pair 库珀对 08.1521

coordinate clock 坐标钟 06.0163

coordinate condition 坐标条件 06.0194

coordinate system 坐标系 01.0028

coordinate time 坐标时 06.0164

coordination number 配位数 08.0172

coordination polyhedron 配位多面体 08.0171

coordination shell 配位层 08.0337

cophasal surface 等相面 04.0773

coplanar force 共面力 02.0294

copropagating waves 同传波 04.0779

core electron 芯电子 07.0129

core excitation 芯激发 09.0243

core loss [磁]芯损耗 08.1046

core polarization 芯极化 09.0244

core state 芯态 08.0808

Coriolis acceleration 科里奥利加速度 02.0038

Coriolis force 科里奥利力 02.0208

corner cube 隅角棱镜 04.0106

corner prism 隅角棱镜 04.0106

Cornu spiral 考纽螺线 04.0677

corona 电晕 03.0065

corona discharge 电晕放电 10.0051

corona quenching effect 电晕猝灭效应 03.0550

corpuscular property 粒子性 06.0284

corpuscular theory 微粒说 04.0030

correcting field 校正场 09.0779

correcting lens 校正透镜 04.0336

correction 修正 01.0059, 校正 01.0060

correction plate 校正板 04.0332

corrector plate 校正板 04.0332

correlation 关联 04.1101

correlation coefficient 关联系数 01.0150

correlation dimension 关联维数 05.0942

correlation energy 关联能 06.0479

correlation function 关联函数 05.0523

correlation length 关联长度 05.0427

correlation spectrum 关联谱 04.1102

correspondence principle 对应原理 06.0305

corresponding state 对应态 05.0223

corrosion 腐蚀 08.0508

corrugated torus 皱折环 10.0387

cosine emitter 余弦发射体 04.0375

cosmic abundance 宇宙丰度 09.1139

cosmic censorship hypothesis 宇宙监督假设 06.0233

cosmic dust 宇宙尘 09.1140

cosmic neutrino 宇宙中微子 09.1141

cosmic noise 宇宙噪声 09.1142

cosmic ray 宇宙线 09.0724

cosmism 宇宙[演化]论 09.1143

cosmological principle 宇宙学原理 06.0261

cosmological redshift 宇宙学红移 06.0235

cosmological term 宇宙项 06.0166

cosmology 宇宙学 06.0251

cosmophysics 宇宙物理[学] 09.0604

Cotton effect 科顿效应 04.0991

Cotton-Mouton effect 科顿-穆顿效应 04.0992

Coulomb barrier 库仑势垒 09.0121

Coulomb collision 库仑碰撞 10.0135

Coulomb correction factor 库仑修正因子 09.0143

Coulomb energy 库仑能 09.0046

Coulomb excitation 库仑激发 09.0410

Coulomb field 库仑场 03.0029

Coulomb force 库仑力 03.0028

Coulomb gauge 库仑规范 03.0363

Coulomb law 库仑定律 03.0039

Coulomb logarithm 库仑对数 10.0136

coulombmeter 库仑计 03.0445

Coulomb pseudopotential 库仑赝势 08.1532

counter 计数器 09.0499

counterpropagating waves 对传波 04.0778

counting rule 计数定则 09.0780

couple 力偶 02.0299

coupled modes 耦合模 04.1664

coupled pendulums 耦合摆 02.0137

coupled resonators 耦合[共振]腔 04.1537

coupled waves 耦合波 04.1767

coupled wave theory 耦合波理论 04.1768

coupling coefficient 耦合系数 03.0471

coupling constant 耦合常数 09.0704

coupling scheme 耦合方式 07.0065

covalent bonding 共价键合 08.0208

covalent crystal 共价晶体 08.0219

covalent glass 共价玻璃 08.0361

covalent graph 共价图 08.0359

covalent[ly bonded] network 共价键网络 08.0358

covariant derivative 协变导数 06.0197

covariant differential 协变微分 06.0198

covariant tensor 协变张量 06.0184

covering dimension 覆盖维数 05.0944

CP 正反共轭和空间反射 09.0874

CPA 相干势近似 08.0318

C-parity C字称，*正反共轭字称 09.0758

CP invariance CP不变性 09.0761

CP parity CP字称 09.0877

CPS 中国物理学会 01.0155

CP symmetry CP对称 09.0762

CPT 正反共轭时空反演 09.0875

CPT invariance CPT不变性 09.0764

CPT theorem CPT定理 09.0717

CP violation CP破坏 09.0763

c-quark c夸克，*粲夸克 09.0981

crack propagation 裂纹扩展 08.0564

cranked eyepiece 转向目镜 04.0236

cranking model 推转模型 09.0217

creation 产生 06.0471

creation operator 产生算符 06.0473

creep 蠕变 08.0537

creeping film effect 爬膜效应 08.1450

crisis 危机 05.0900

criterion 判据 01.0079

criterion for superconductivity 超导判据 08.1526

critical angle 临界角 04.0078

critical angular momentum 临界角动量 09.0418

critical current [density] 临界电流[密度] 08.1477

critical damping 临界阻尼 02.0187

critical [damping] resistance 临界[阻尼]电阻 03.0432

critical distance 临界距离 09.0419

critical exponent 临界指数 05.0653

critical fluctuation 临界涨落 08.1004

critical illumination 中肯照明[方式] 04.0458

critical length 临界长度 05.0779

critical magnetic field 临界磁场 08.1476

critical mass 临界质量 09.0438

critical opalescence 临界乳光 05.0181

critical parameter 临界参量 05.0184

critical phenomenon 临界现象 05.0180

critical point 临界点 05.0182

critical pressure 临界压强 05.0185

critical slowing-down 临界慢化 05.0738

critical state 临界态 05.0183

critical surface 临界面 05.0699

critical temperature 临界温度 05.0021

critical velocity 临界速度 08.1440

critical volume 临界体积 09.0439

critical volume fraction 临界体积分数 05.0975

CRN 连续无规网络 08.0333

cross channel 交叉道 09.0781

cross coherence ＊交叉相干[性] 04.0894

cross correlation 交叉关联 04.1874

crossed grating 交叉光栅 04.0861

crossed polarizers 正交偏振器 04.0964

cross-field diffusion 横越磁场扩散 10.0141

cross-field instability 交叉场不稳定性 10.0285

cross-hairs 叉丝 04.0240

crossing beam 交叉束 09.0782

crossing symmetry 交叉对称[性] 09.0783

crossover critical exponent 跨接临界指数 05.0701

crossover [effect] 跨接效应 05.0700

cross polarization 正交偏振 04.0804

cross prisms 正交棱镜 04.1263

cross relaxation 交叉弛豫 08.1123

cross section 截面 06.0442

cross-spectral density ＊交叉谱密度 04.0905

cross-spectral purity 交叉谱纯 04.0906

cross-stream instability 交叉流不稳定性 10.0283

cross-symmetry condition 交叉对称条件 04.0907

crown glass 冕牌玻璃 04.0221

cryo[elec]tronics 低温电子学 08.1618

cryogen 冷剂 08.1570

cryogenic engineering 低温工程 08.1568

cryogenic magnet 低温磁体 08.1543

cryogenics 低温实验法 08.1580

cryometer 低温[温度]计 08.1614

cryopump 低温泵 08.1598

cryosar 低温雪崩开关 08.1619

cryosistor 低温晶体管 08.1620

cryosorption 低温吸附 08.1613

cryostat 低温恒温器 05.0073

cryotron 冷子管 08.1566

crystal 晶体 08.0029

crystal ball 晶体球 09.1109

crystal binding 晶体结合 08.0205

crystal cell parameter 晶胞参量 08.0088

crystal class 晶类 08.0136

crystal column 晶列 08.0049

crystal defect 晶体缺陷 08.0236

crystal direction 晶向 08.0060

crystal direction vector 晶向矢 08.0062

crystal edge 晶棱 08.0048

crystal face 晶面 08.0050

crystal field 晶[体]场 08.0964

crystal form 晶形 08.0051

crystal growth 晶体生长 08.0257

[crystal] lattice 晶格 08.0071

[crystalline] grain 晶粒 08.0043

crystalline lens 晶状体 04.0493

crystalline state 晶态 08.0028

crystallinity 晶性 08.0298

crystallite 微晶[体] 08.0040

crystallographic axial angle 晶轴角 08.0098

crystallographic axis 晶轴 08.0097

crystallographic plane 晶面 08.0050

crystallographic symmetry 晶体学对称 08.0107

crystallography 晶体学 08.0024

crystal momentum 格波动量 08.0275

crystal nucleus 晶核 08.0268

crystal optics 晶体光学 04.0957

crystal physics 晶体物理[学] 08.0003

crystal plane vector 晶面矢 08.0059

crystal polyhedron 晶体多面体 08.0047

crystal spectrum 晶体光谱 04.1413

crystal structure 晶体结构 08.0070

crystal system 晶系 08.0099

[crystal] whisker 晶须 08.0197

crystal zone 晶带 08.0066

CSRO 化学短程序 08.0303

C-symmetry C 对称性，＊正反共轭对称性

09.0759

CTD 电荷转移器件 08.0755

cubic close packing 立方密[堆]积 08.0169

cubic system 立方晶系 08.0106

cumulant expansion 累积[量]展开 05.0401

Cu_2O 氧化亚铜 08.0683

cuprous oxide 氧化亚铜 08.0683

Curie law 居里定律 08.0959

Curie point 居里点 03.0256

Curie-Weiss law 居里－外斯定律 08.0960

curl electric field 有旋电场 03.0278

current algebra 流代数 09.0775

current balance 电流天平 03.0457

[current] carrier 载流子 08.0583

current commutator 流对易式 09.0774

current-current coupling 流－流耦合 09.0773

current density 电流密度 03.0125

current element 电流元 03.0130

current ionization chamber 电流电离室 09.0519

current mass 流质量 09.0718

current quark 流夸克 09.0772

current spectrum 电流谱 08.0462

curvature drift [磁力线]曲率漂移 10.0072

curvature elasticity theory 曲率弹性理论 08.1220

curvature of field 象场弯曲，*场曲 04.0314

curvature of spacetime 时空曲率 06.0200

curvature scalar 曲率标量 06.0206

curvature tensor 曲率张量 06.0201

curved spacetime 弯曲时空 06.0162

curve fitting 曲线拟合 01.0142

curvilinear motion 曲线运动 02.0047

cusp 尖拐[型突变] 05.0817

cusp field 会切[磁]场 10.0362

cusp loss 会切漏失 10.0369

cut 截断 09.0784

cutoff approximation 截止近似 05.0586

cutoff filter 截止滤光片 04.0889

cutoff frequency 截止频率 03.0527

cutoff wavelength 截止波长 03.0528

CVC 守恒矢量流 09.0871

CVD 化学汽相沉积 08.0710

CW 连续波 04.0777

CW laser 连续波激光器 04.1666

cyanic laser 氰激光器 04.1686

cyclic coordinates *循环坐标 02.0334

cyclotron 回旋加速器 09.0589

cyclotron frequency 回旋频率 10.0066

cyclotron instability 回旋不稳定性 10.0272

cyclotron radiation 回旋辐射 10.0169

cyclotron radius 回旋半径 10.0065

cyclotron resonance 回旋共振 08.0616

cyclotron-resonance heating 回旋共振加热 10.0414

cylinder analyzer 柱面分析器 08.1345

cylindrical hologram 柱面全息图 04.1144

cylindrical holographic stereograms 柱面全息立体图 04.1146

cylindrical lens 柱面透镜 04.0142

cylindrical mirror 柱面镜 04.0091

cylindrical mirror analyzer 简镜分析器 08.1346

cylindrical wave 柱面波 04.0780

D

DAC 金刚石[压]砧室 08.1634

d'Alembert equation 达朗贝尔方程 03.0368

d'Alembert inertial force 达朗贝尔惯性力 02.0328

d'Alembert principle 达朗贝尔原理 02.0327

Dalton law [of partial pressure] 道尔顿[分压]定律 05.0040

damped collision 阻尼碰撞 09.0404

damped oscillator 阻尼振子 04.1914

damped vibration 阻尼振动 02.0171

damping 阻尼 02.0170

damping force 阻尼力 02.0172

dangling bond 悬键 08.0365

Daniell cell 丹聂耳电池 03.0414

dark band 暗带 04.1286

dark field 暗[视]场 04.0427

dark line 暗线 04.1283

dark matter 暗物质 06.0273

dark noise 暗噪声 08.0649

Darwin-Fowler method 达尔文 - 福勒方法 05.0290

data 数据 01.0092

data acquisition 数据采集 04.1045

data capacity 数据容量 04.1046

data processing 数据处理 01.0093

data smoothing 数据光滑［化］ 01.0143

daughter nucleus 子核 09.0119

daughter wave 子波 10.0310

dc 直流 03.0128

deactivation 去激活［作用］ 04.1731

dead layer 死层 08.1255

dead time 死时间 09.0512

deathnium 致命杂质 08.0610

de Broglie relation 德布罗意关系 06.0289

de Broglie wave 德布罗意波 06.0290

de Broglie wavelength 德布罗意波长 06.0291

Debye cube law 德拜 T^3 律 08.0894

Debye frequency 德拜频率 08.0892

Debye-Hückel equation 德拜 - 休克尔方程 05.0417

Debye length ＊德拜长度 10.0005

Debye model 德拜模型 08.0277

Debye radius 德拜半径 10.0005

Debye relaxation 德拜弛豫 08.0829

Debye-Scherrer method 德拜 - 谢勒法 09.0572

Debye shielding 德拜屏蔽 10.0004

Debye sphere 德拜球 10.0006

Debye temperature 德拜温度 08.0893

Debye T^3 law 德拜 T^3 律 08.0894

Debye-Waller factor 德拜 - 沃勒因子 08.0180

decade resistance box 十进电阻箱 03.0425

decay 衰变 09.0087

α-decay α 衰变 09.0088

β-decay β 衰变 09.0089

γ-decay γ 衰变 09.0090

decay chain 衰变链 09.0097

decay constant 衰变常量 09.0096

decay energy 衰变能 09.0099

decay fraction 衰变分支比 09.0726

decaying wave 衰减波 04.0781

decay instability 衰变不稳定性 10.0324

decay law 衰变定律 09.0093

decay modes 衰变方式 09.0699

decay product 衰变产物 09.0345

decay rate 衰变率 09.0092

decay scheme 衰变纲图 09.0098

decay width 衰变宽度 09.0727

decimation rule 抽取规则 05.0682

decimet 十重态 09.0786

decoloration 脱色 04.1960

deconfinement 退禁闭 09.0787

deconvolution 解卷积 04.1103

decorated honeycomb［lattice］ 缀饰蜂房［格］ 08.0364

decorated lattice 缀饰格 08.0363

decoration 缀饰法 08.0255

decoration transformation 缀饰变换 08.0362

decoupled band 退耦带 09.0287

decoupling parameter 退耦参量 09.0288

decuplet 十重态 09.0786

deep holography 纵深［记录］全息术 04.1130

deep inelastic collision 深度非弹性碰撞 09.0403

deep inelastic scattering 深度非弹性散射 09.0402

deep level 深能级 08.0643

deep level transient spectroscopy 深能级暂态谱学 08.0645

deexcitation 退激［发］ 09.0219

defect 缺陷 08.0235

defect localized state 缺陷定域态 08.0427

defender 退守物 05.0982

deflecting plate 偏转板 03.0480

deflection 偏转 04.0054

deflection function 偏转函数 09.0409

defocused beam 散焦光束 04.0352

defocused image 离焦象 04.0443

defocusing 散焦 04.0165

deformable body ［可］变形体 02.0424

deformation 形变 02.0423

deformation energy 形变能 09.0254

deformation parameter 形变参量 09.0253

deformed nucleus 变形核 09.0256

deformed shell model 变形壳模型 09.0211

degeneracy 简并性 06.0397，简并度 06.0398

degeneracy criterion 简并性判据 05.0372

degeneracy semiconductor 简并半导体 08.0582

degeneracy temperature 简并温度 05.0373

degenerate energy level 简并能级 09.0268

degenerate four-wave mixing 简并四波混合 04.1809

degenerate plasma 简并等离[子]体 10.0028

degenerate quantum gas 简并量子气体 05.0371

degenerate system 简并系统 05.0370

degradation of magnet 磁体退降 08.1544

degree of coherence 相干度 04.0665

degree of freedom 自由度 02.0322

degree of ionization 电离度 10.0057

degree of polarization 偏振度 04.0720

degree of polymerization 聚合度 08.0383

de Haas-van Alphen effect 德哈斯－范阿尔芬效应 08.0943

Delaunay division 德洛奈分割 08.0357

delayed coincidence 延时符合 09.0508

delayed neutron 缓发中子 09.0127

delayed proton 缓发质子 09.0128

delocalization 退定域 08.0425

delocalized bond 退定域键 07.0126

delta connection 三角[形]接法 03.0325

delta electron δ电子 09.1079

delta loss δ电子损失 09.1080

demagnetization 退磁 08.1014

demagnetization factor 退磁因数 08.1018

demarcation level 分界能级 08.0644

dendritic growth 枝晶生长 08.0264

dendritic polymerization 枝状聚合 08.0421

dense phase 稠密相 08.0445

dense random packing 无规密堆积 08.0334

densification 致密化 08.1687

densitometer [感光]密度计 04.0582

density 密度 02.0054

density-exposure curve 密度曝光量曲线 04.0585

density fluctuation 密度涨落 05.0518

density functional method 密度泛函法 08.0800

density matrix 密度矩阵 05.0297

density of states 态密度 05.0327

denuded zone 除杂区 08.0611

dephasing 退[定]相 04.1846

dephasing time 退[定]相时间 04.1772

depolarization 退极化 03.0095, 退偏振 04.0949

depolarization factor 退极化因子 03.0096

deposition 沉积 08.0701

depth of field 景深 04.0341

depth of focus 焦深 04.0342

depth profiling 深度剖析 09.0559

desorption 脱附 08.1288

destabilization 退稳 10.0297

destruction operator ＊消灭算符 06.0474

destructive interference 相消干涉 04.0832

detachment process 分离过程 07.0127

detailed balance principle 细致平衡原理 09.0355

detailed balancing 细致平衡 05.0486

detection 检测 01.0058, 探测 09.0528

detection efficiency 探测效率 09.0530

detection sensitivity 探测灵敏度 09.0531

detector 探测器 09.0529

detector resolution 探测器分辨率 09.1081

deterioration of luminophor 发光体劣化 08.1120

determination 测定 01.0057

determinism 决定论 01.0050

deterministic rule 决定论性规则 05.1014

detonation wave 爆震波 10.0245

detrapping 消陷俘 10.0080

deuteron 氘核 09.0062

developer 显影剂 04.0577

development 显影 04.0576

deviating prism 偏向棱镜 04.0108

deviation 偏差 01.0111

device 器件 01.0126

devil's staircase 魔[鬼楼]梯 05.0919

Dewar flask 杜瓦瓶 08.1581

dew point 露点 05.0210

DFB laser 分布反馈激光器 04.1701

DF method 密度泛函法 08.0800

diabatic crossing 疾[速]交叉 07.0130

diacaustic point 焦散点 04.0161

diagram rule 图解规则 05.0615

diamagnetic loop 抗磁回路 10.0425

diamagnetic resonance 抗磁共振 10.0125

diamagnetism 抗磁性 03.0247

diamond anvil cell 金刚石[压]砧室 08.1634

diaphragm 光阑 04.0268

diapoint 焦散点 04.0161

dibaryon 双重子 09.0911

dichroic mirror 二向色[反射]镜，＊分色镜 04.0969

dichroic polarizer 二向色性偏振器 04.0968

dichroism 二向色性 04.0734

dichromatism 二色性 04.1956

dielasticity 逆弹性 08.0530

dielectric 介电体，＊电介质 03.0091

dielectric absorption 介电吸收 08.0822

dielectric aging 介电老化 08.0836

dielectric anisotropy 介电各向异性 08.1214

dielectric breakdown 介电体击穿 08.0835

dielectric ceramics 介电陶瓷 08.0887

dielectric compliance 介电顺度 08.0824

dielectric constant ＊介电常量 03.0104

dielectric constant of vacuum ＊真空介电常量 03.0106

dielectric dispersion 介电频散 08.0826

dielectric film 介电膜，＊介质膜 04.0882

dielectric impermeability 介电阻隔率 08.0825

dielectric loss 介电损耗 08.0823

dielectric polarization 介电极化 08.0818

dielectric regime 介电方式区 08.1238

dielectric relaxation 介电弛豫 08.0828

dielectric spectroscopy 介电谱学 08.0827

dielectric strength 介电强度 03.0115

dielectric susceptibility 介电极化率 08.0819

dielectric tensor ＊介电张量 03.0107

dielectronic recombination 双电子复合 07.0131

dielectrophoresis 介电电泳 03.0551

dielectrophoresis force 介电电泳力 03.0552

Dieterici equation 狄特里奇方程 05.0047

difference Fourier synthesis 差分傅里叶综合[法] 08.0188

difference frequency 差频 04.1786

differential constraint ＊微分约束 02.0318

differential cross-section 微分截面 09.0333

differential interferometry 差分干涉测量术 04.0846

differential photometry 差示光度术 04.0476

differential probe 差作用探针 10.0430

differential scattering cross-section 微分散射截面 02.0199

diffraction 衍射 04.0671

diffraction angle 衍射角 04.0685

diffraction contrast 衍射衬比度 08.0575

diffraction efficiency 衍射效率 04.0873

diffraction halo 衍射晕 04.0946

diffraction-limited lens 衍[射置]限透镜 04.0934

diffraction pattern 衍射图样 04.0672

diffraction screen 衍射屏 04.0687

diffractive dissociation 衍射分解 09.0788

diffractometer 衍射仪 04.0683

diffused light 漫射光 04.0084

diffuse pinch 弥散箍缩 10.0109

diffuser 漫射体 04.0956

diffuse reflection 漫反射 04.0085

diffuse series 漫线系 04.1336

diffusion 漫射 04.0083，扩散 05.0489

diffusional charging 扩散荷电 03.0553

diffusion kernel 扩散核函 05.0541

diffusion length 扩散长度 08.0638

diffusion-limited aggregation 扩散置限聚集 05.1018

diffusion of magnetic field 磁场扩散 10.0097

diffusion pump 扩散泵 05.0089

diffusive excursion 扩散游移 08.0444

diffusivity 扩散率 05.0492

digital frequency meter 数字频率计 03.0444

digital hologram 数字全息图 04.1163

digital multimeter 数字多用表 03.0440

digital timer 数字计时器 02.0537

digital voltmeter 数字伏特计 03.0436

dihedral angle statistics 二面角统计[分布] 08.0368

dihedral group 二面体群 08.0138

dilution refrigeration 稀释致冷 08.1586

dimension 量纲 01.0047

dimensional analysis 量纲分析 01.0048

dimensional counting rule 量纲计数规则 09.0789

dimensionality invariant 维数不变量 05.0979

dimensional reduction 维数约化 09.0790

dimensional regularization 维数正规化 09.0791

dimensional resonance 尺度共振 08.1688

dimension crossover 维间跨接 05.0978

dimorphism 二形性 08.0053

dimuon 双 μ[子] 09.0928

diode 二极管 03.0489

diopter 屈光度 04.0168

dioptrics 折射光学 04.0432

dipole 偶极子 03.0049

dipole approximation 偶极近似 04.1913

dipole layer 偶极层 08.1252

dipole moment 偶极矩 03.0050

dipole radiation 偶极辐射 04.1486

diquark 双夸克 09.0970

Dirac equation 狄拉克方程 06.0481

[Dirac] δ-function [狄拉克]δ 函数 06.0375

direct absorption 直接吸收 04.1416

direct band gap 直接带隙 08.0602

direct correlation 直接关联 05.0425

direct current 直流 03.0128

direct current bridge 直流电桥 03.0448

directed-beam 定向光束 04.0353

direct exchange interaction 直接交换作用 08.0989

direct impact 正碰 02.0232

directional emitter 定向发射体 04.0376

direct measurement 直接测量 01.0095

direct method 直接法 08.0191

director 指向矢 08.1171

direct reaction 直接反应 09.0388

direct vision prism 直视棱镜 04.0098

dirty superconductor 脏超导体 08.1496

disaccommodation 减落 08.1019

disappearence potential spectroscopy 消失电势谱学 08.1359

discharge 放电 03.0061

discharge cleaning 放电清洗 10.0054

discharge resistance 放电电阻 03.0555

discharge time constant 放电时间常量 03.0554

discharge tube 放电管 04.1303

disclination 向错 08.0251

χ-disclination χ 向错 08.1196

λ-disclination λ 向错 08.1194

τ-disclination τ 向错 08.1195

disclination loop 向错回线 08.1198

discoloration 褪色 04.1961

discommensuration 公度错 08.1426

discotic liquid crystal 盘形分子液晶 08.1184

discrete-carrier hologram 离散载体全息图 04.1143

discrete eigenvalue 离散本征值，＊分立本征值 06.0360

discrete fluid [model] 离散流体[模型] 05.1010

discretely tunable infrared laser 断续调谐红外激光器 04.1685

discrete picture 离散图象 04.1068

discrete spectrum 离散谱，＊分立谱 07.0018

discrimination 鉴别 01.0065

disintegration ＊蜕变 09.0087

disk laser 叠片激光器 04.1713

dislocation 位错 08.0242

disorder 无序 05.0649

dispersing prism 色散棱镜 04.1269

dispersion 色散 04.1260

dispersion curve 色散曲线 04.1265

dispersion equation 色散方程 04.1266

dispersion of axes 轴的色散 04.0959

dispersion power 色散本领 04.1264

dispersion relation 色散关系 09.0885

dispersion shock 色散击波 10.0237

dispersive medium 色散介质 04.1268

dispersive optical bistability 色散[型]光双稳器 04.1824

dispersive transport 弥散输运 08.0461

dispiration 向位错 08.0256

displacement 位移 02.0010

displacement current 位移电流 03.0276

displacement law 位移律 04.1349

displacement polarization 位移极化 03.0100

displacement resonance 位移共振 02.0185

disruptive instability 破裂不稳定性 10.0294

dissipation 耗散 04.1934

dissipative flow 耗散流 05.0529

dissipative force 耗散力 02.0073

dissipative operator 耗散算符 05.0773

dissipative shock 耗散击波 10.0240

dissipative structure 耗散结构 05.0743

dissipative system 耗散系统 05.0748

dissociation 离解 05.0205

dissociation on surface 表面离解 08.1333

dissociative laser 离解激光器 04.1704

dissociative recombination 离解复合[过程] 07.0120

dissociative state 离解态 07.0121

distance of distinct vision 明视距离 04.0225

distant collision 远碰撞 10.0134

distorted wave 畸变波 04.0784

distorted wave Born approximation 扭曲波[玻恩]近似 09.0394

distorting medium [致]畸变介质 04.0394

distortion 畸变 04.0310

distributed-feedback laser 分布反馈激光器 04.1701

distributed force 分布力 02.0097

distribution 分布 05.0295

distribution function 分布函数 05.0296

divergence difficulty 发散困难 09.0882

divergent lens 发散透镜 04.0132

divergent wave 发散波 04.0348

divertor 偏滤器 10.0394

division of amplitude 振幅分割 04.0634

division of wavefront 波阵面分割 04.0633

DLA 扩散置限聚集 05.1018

DLTS 深能级暂态谱学 08.0645

DMR 抗磁共振 10.0125

dodecahedral group 十二面体群 08.0143

domain on surface 表面畴 08.1306

domain rotation process 畴转过程 08.1020

domain wall 畴壁 08.1006

domain wall energy 畴壁能 08.1021

domain wall pinning 畴壁钉扎 08.1023

domain wall resonance 畴壁共振 08.1024

donor 施主 08.0591

donor-acceptor pair luminescence 施主-受主对发光 08.1097

donor density 施主浓度 08.0596

donor ionization energy 施主电离能 08.0599

doorway state 门态 09.0383

Doppler broadening 多普勒[谱线]增宽 04.1395

Doppler effect 多普勒效应 02.0387

Doppler-free spectroscopy 消多普勒[增宽]光谱学 04.1428

Doppler profile 多普勒线形 04.1385

Doppler shift 多普勒频移 02.0388

Doppler shift attenuation method 多普勒频移衰减法 09.0555

Doppler velocimeter 多普勒速度计 04.1751

dose equivalent 剂量当量 09.0192

double adiabatic approximation 浸渐绝热近似 10.0090

double-arm spectrometer 双臂谱仪 09.1082

double-beam interference 双[光]束干涉 04.0833

double-beam spectrophotometer 双束分光光度计 04.1315

double concave lens 双凹透镜 04.0135

double convex lens 双凸透镜 04.0136

double-core shower 双芯簇射 09.1083

double β-decay 双 β 衰变 09.0131

double-differential cross-section 双微分截面 09.0334

double-doped laser 双掺[杂]激光器 04.1690

double-elliptical cavity 双椭圆腔 04.1577

double-escape peak 双逃逸峰 09.0549

double-exposure holography 两次曝光全息术 04.1173

double-focusing spectrometer 双聚焦谱仪 09.0580

double galaxy 双重星系 09.1144

double-gate FET 双栅场效[应]管 08.0753

double-gate field effect transistor 双栅场效[应]管 08.0753

double-humped barrier 双峰势垒 09.0470

double-image prism 双象棱镜 04.0102

double inclusive process 双举过程 09.0708

double layer 双层 08.1251

double-magic nucleus 双幻核 09.0235

double-pass monochromator 双程单色仪 04.1312

double-resonance 双共振 04.1936

double-slit diffraction 双缝衍射 04.0678

double-slit interference 双缝干涉 04.0834

doublet 双合透镜 04.0149, 双重线 04.1344

double-time Green function 双时格林函数 05.0600

douplasmatron 双等离[子]体源 10.0037

down quark　d 夸克，＊下夸克　09.0979

downshift　下频移　10.0314

d-quark　d 夸克，＊下夸克　09.0979

drag coefficient　曳引系数　06.0020

drag effect　曳引效应　06.0019

drain diffusion　泄漏扩散　10.0142

dressed electron　着衣电子　07.0060

dressed state　着衣态　07.0059

drift　漂移　10.0068

drift approximation　漂移近似　10.0069

drift chamber　漂移室　09.1084

drift instability　漂移不稳定性　10.0286

drift kinetic equation　漂移动理方程　10.0070

drift mobility　漂移迁移率　08.0639

drift term　漂移项　05.0534

drift vector　漂移矢量　05.0540

drift velocity　漂移速度　06.0016

drift wave　漂移波　10.0210

driven damped oscillator　受驱阻尼振子　04.1915

driven oscillation　受驱振荡　07.0115

driver plate apparatus　飞片增压装置　08.1650

driving force　驱动力　02.0174

drunken bird flight　醉鸟飞行　08.0409

dry cell　干电池　03.0412

DSAM　多普勒频移衰减法　09.0555

dual-cavity laser　双腔激光器　04.1712

dual field　对偶场　09.0792

dual graph　对偶图　08.0355

dual-grating spectrograph　双光栅摄谱仪　04.1314

duality　对偶性　05.0712

dual lattice　对偶格[点]　05.0714

dual model　双关模型　09.1059

dual resonance　双关共振　09.0793

dual space　对偶空间　09.0794

dual tensor　对偶张量　09.0795

ductile-brittle transition　延脆转变　08.0562

ductile fracture　延性[断]裂　08.0559

Duffing equation　达芬方程　05.1009

Dulong-Petit law　杜隆－珀蒂定律　05.0329

dummy index　傀标　06.0113

Dupin cyclide　迪潘四次圆纹曲面　08.1208

DWBA　扭曲波[玻恩]近似　09.0394

dye laser　染料激光器　04.1508

dye Q-switching　染料 Q 开关　04.1616

dynamic Alivén wave　动力阿尔文波　10.0196

dynamical matrix　动力学矩阵　08.0278

dynamical perturbation　动力学扰动　05.0550

dynamical pressure　动压　02.0479

dynamical response theory　动力学响应理论　05.0549

dynamical symmetry　动力学对称　07.0063

dynamical symmetry breaking　动力学对称破缺　09.0879

dynamical system　动力学系统，＊动态系统　05.0831

dynamical variable　动力学变量，＊力学量　05.0262

dynamic mode　动态模　04.1584

dynamic range　动态范围　04.0587

dynamics　动力学　02.0003

dynamic scattering　动态散射　08.1236

dynamic Stark splitting　动态斯塔克分裂　04.1922

dynamo instability　发电机不稳定性　10.0284

dyon　双荷子　09.1002

dyonium　双荷子偶素　09.1004

Dyson equation　戴森方程　05.0622

E

earth　接地　03.0063

easy axis [of magnetization]　易[磁化]轴　08.1009

easy direction [for magnetization]　易[磁化方]向　08.1008

echelette grating　小阶梯光栅，＊红外光栅　04.0866

echelle grating　中阶梯光栅　04.0867

echelon grating　阶梯光栅　04.0701

echo　回波　02.0419，回声　02.0420

eclipsed [bond] configuration　遮掩[键]位形　08.0369

eddy current 涡流 02.0487, 涡[电]流 03.0285

eddy current loss 涡流损耗 03.0286

edge effect 边缘效应 03.0090

edge emission 边发射 08.1127

edge enhancement 边缘增强效应 04.0494

edge wave 棱[边]波 04.0944

EDXD 能[量色]散 X 射线衍射 08.0571

EELS 电子能耗谱仪 08.0577

effective aperture 有效孔径 04.0258

effective charge 有效电荷 09.0488

effective conductivity 有效电导率 03.0556

effective cross-section 有效截面 09.0331

effective interaction 有效互作用 05.0630

effective line width 有效线宽 08.1047

effective mass 有效质量 08.0792

effective operator 有效算符 07.0110

effective phonon spectrum 有效声子谱 08.1608

effective potential 有效势 02.0119

effective radius 有效半径 09.0728

effective range 有效力程 09.0061

effective value 有效值 03.0299

efficiency of heat engine 热机效率 05.0130

effusion 泻流 05.0475

EHD 电流体力学 03.0559

eigenchannel 本征通道 07.0111

eigenfrequency 本征频率 03.0522

eigenfunction 本征函数 06.0362

eigenmode 本征模 10.0177

eigen oscillation 本征振荡 03.0521

eigenstate 本征态 06.0329

eigenvalue 本征值 06.0359

eigen[value] equation 本征[值]方程 06.0363

eigenvector 本征矢[量] 02.0358

eigenvibration 本征振动 02.0353

eightfold way 八正法 09.0796

eight-minus-n rule 8－n 定则 08.0393

eight-vertex model 八顶点模型 05.0717

eikonal [function] 程函 04.0402

eikonal model 程函模型 09.0797

Einstein coefficient 爱因斯坦系数 04.1490

Einstein [curvature] tensor 爱因斯坦[曲率]张量 06.0204

Einstein-de Haas effect 爱因斯坦－德哈斯效应 08.0942

Einstein equivalence principle 爱因斯坦等效原理 06.0147

Einstein field equation 爱因斯坦场方程 06.0150

Einstein frequency 爱因斯坦频率 08.0890

Einstein-Maxwell equation 爱因斯坦－麦克斯韦方程 06.0175

Einstein model 爱因斯坦模型 08.0276

Einstein relation 爱因斯坦关系 05.0520

Einstein-Smoluchowski theory 爱因斯坦－斯莫卢霍夫斯基理论 05.0519

Einstein static universe 爱因斯坦静态宇宙 06.0256

Einstein summation convention 爱因斯坦求和约定 06.0118

Einstein synchronization 爱因斯坦同步 06.0052

Einstein temperature 爱因斯坦温度 08.0891

elastic after-effect 弹性后效 08.0531

elastic body 弹性体 02.0426

elastic channel 弹性道 09.0729

elastic collision 弹性碰撞 02.0225

elastic energy 弹性能 08.0529

elastic force 弹[性]力 02.0074

elastic free enthalpy 弹性自由焓 08.0833

elasticity 弹性 02.0425

elastic modulus 弹性模量 08.0528

elastic scattering 弹性散射 06.0436

elastic scattering cross-section 弹性散射截面 09.0326

elastic stress 弹性应力 08.0527

elastic torque density 弹性转矩密度 08.1223

elasto-optic coefficient 弹光系数 04.0984

elasto-optic effect 弹光效应 08.1153

electret 永电体, ＊驻极体 03.0120

electrical resistance gauge 电阻压强计 08.1642

electric birefringence 电致双折射 04.0982

[electric] bridge 电桥 03.0447

electric charge 电荷 03.0004

electric circuit 电路 03.0129

electric current 电流 03.0123

electric current [strength] 电流[强度] 03.0124

electric curtain 电帘 03.0557

electric curtain of standing wave　驻波电帘
　　03.0558

electric curtain of travelling wave　行波电帘
　　03.0599

electric deflection　电偏转　03.0481

electric dipole　电偶极子　03.0053

electric [dipole] moment　电[偶极]矩　03.0054

electric dipole radiation　电偶极辐射　03.0373

electric dipole transition　电偶极跃迁　07.0166

electric displacement　电位移　03.0113

electric displacement line　电位移线　03.0114

electric double layer　电偶层　03.0055

electric drift　电漂移　10.0071

electric energy　电能　03.0043

electric field　电场　03.0024

electric field intensity　电场强度　03.0030

electric field line　电场线　03.0035

electric field strength　电场强度　03.0030

electric flux　电通量　03.0034

electric free enthalpy　电自由焓　08.0834

electric hysteresis effect　电滞效应　03.0121

electric image　电象　03.0086

electricity　电学　03.0001，电　03.0002

electric leakage　漏电　03.0075

electric line of force　*电力线　03.0035

electric multipole　电多极了　03.0058

electric multipole moment　电多极矩　03.0059

electric neutrality　电中性　03.0021

[electric] polarization　[电]极化强度　03.0097

electric potential　电势　03.0036

electric potential difference　电势差　03.0037

electric power　电功率　03.0145

electric quadrupole　电四极子　03.0056

electric quadrupole moment　电四极矩　03.0057

electric quadrupole radiation　电四极辐射　03.0374

electric quantity　电量　03.0005

electric saturation　电饱和　08.0844

electric streamline　电流线　03.0165

electric susceptibility　极化率　03.0102

electric transition　电跃迁　09.0152

electric wind　电风　03.0066

electrification　起电　03.0071

electrification by friction　摩擦起电　03.0072

electrified body　带电体　03.0013

electrino　电[子型]中微子　09.0919

electro-acoustical reciprocity theorem　电声倒易定理
　　08.0874

electrocaloric effect　电热效应　08.0881

electrochemiluminescence　电化学发光　04.1458

electrode　电极　03.0147

electrodes for removing dust　除尘[用消静电]电极
　　03.0604

electrodynamics　电动力学　03.0327

electroelastic constant　电弹常量　08.0870

electrohydrodynamics　电流体力学　03.0559

electrokinetic potential　流动[起]电势　03.0572

electroluminescence　电致发光　04.1448

electrolysis　电解　03.0181

electrolyte　电解质　03.0171

electromagnet　电磁体　03.0225

electromagnetic damping　电磁阻尼　03.0287

electromagnetic decay　电磁衰变　09.0730

electromagnetic field　电磁场　03.0288

electromagnetic field tensor　电磁场张量
　　06.0143

electromagnetic induction　电磁感应　03.0269

electromagnetic instability　电磁不稳定性
　　10.0257

electromagnetic interaction　电磁相互作用
　　09.0139

electromagnetic mass　电磁质量　03.0394

electromagnetic momentum　电磁动量　03.0341

electromagnetic multipole radiation　电磁多极辐射
　　03.0372

electromagnetic radiation　电磁辐射　03.0371

electromagnetic radius　电磁半径　09.0731

electromagnetics　电磁学　03.0003

electromagnetic shower　电磁簇射　09.0732

electromagnetic stress tensor　电磁[场]应力张量
　　03.0344

electromagnetic theory of light　光的电磁理论
　　04.0031

electromagnetic wave　电磁波　03.0332

electromagnetic wave spectrum　电磁波谱　03.0383

electromagnetism　电磁学　03.0003

electromechanical coupling　电－力耦合　08.0868

electrometer 静电计 03.0405

electrometer of field strength 场强计，*电场强度计 03.0611

electromotive force 电动势 03.0133

electron 电子 03.0022

electron affinity 电子亲和势 08.0207

[electron] avalanche ionization [电子]雪崩电离 04.1865

electron beam 电子束 03.0176

electron-beam evaporation 电子束蒸发 08.0709

electron cloud 电子云 03.0023

electron compound 电子[性]化合物 08.0484

electron cyclotron wave 电子回旋波 10.0200

electron deficiency 电子欠缺 07.0112

electron diffraction technique 电子衍射技术 08.0573

electron diffractometer 电子衍射仪 09.0575

electron energy analyzer 电子能量分析器 08.1344

electron energy loss spectrometer 电子能耗谱仪 08.0577

electron energy loss spectroscopy 电子能耗谱学 08.1356

electroneutrality 电中性 03.0021

electron gas 电子气 03.0178

electron gun 电子枪 03.0479

electron-hole droplet 电子空穴[液]滴 08.0923

electronic degree of freedom 电子自由度 05.0367

electronic energy spectrum 电子能谱 08.0769

electronic localized state 电子定域态 08.1314

electronics 电子学 01.0012

electronic specific heat 电子比热 08.0895

electronic speckle interferometer 电子散斑干涉仪 04.1204

electronic stopping power 电子阻止本领 09.0478

electron microprobe 电子微探针 08.1351

electron microscope 电子显微镜 03.0219

electron-nuclear double resonance 电子－核双共振 08.1048

electron optics 电子光学 01.0013

electron paramagnetic resonance 电子顺磁共振 08.1050

electron phase transition 电子相变 08.1668

electron-phonon interaction 电子声子互作用 08.1520

electron-position pair creation 正负电子对产生 09.0494

electron-positron collider 正负电子对撞机 09.1085

electron-positron ring 正负电子[存储]环 09.1086

electron probe microanalysis 电子探针微区分析 08.0576

electron spectroscopy 电子能谱学 08.1349

electron spin 电子自旋 06.0449

electron spin resonance 电子自旋共振 08.1049

electron stimulated desorption 电子受激脱附 08.1290

electron synchrotron 电子同步加速器 09.1113

electrooptical coefficient 电光系数 04.0985

electrooptical deflection 电光偏转 04.0986

electrooptical effect 电光效应 04.1437

electrooptical modulation 电光调制 04.0987

electro-optics 电光学 04.0019

electroosmosis 电渗现象 03.0601

electrophile 亲电体 07.0113

electrophorus 起电盘 03.0399

electroproduction 电[致产]生 09.1171

electro-reflectance effect 电致反[射改]变效应 04.1443

electroscope 验电器 03.0404

electrostatic accumulation 静电积累 03.0560

electrostatic agglomeration in space 空间静电凝集 03.0569

electrostatic atomization 静电雾化 03.0570

electrostatic conductor 静电导体 03.0563

electrostatic dissipation 静电消散 03.0561

electrostatic [electrification] series 静电[起电]序列 03.0602

electrostatic energy 静电能 03.0047

electrostatic equilibrium 静电平衡 03.0070

electrostatic field 静电场 03.0026

electrostatic focusing 静电聚焦 03.0069

electrostatic force 静电力 03.0027

electrostatic hazard 静电灾害 03.0566

electrostatic induction　静电感应　03.0068

electrostatic instability　静电不稳定性　10.0256

electrostatic leakage　静电泄漏　03.0562

electrostatic lens　静电透镜　03.0408

electrostatic measuring device　静电测定装置　03.0605

electrostatic non-conductor　静电非导体　03.0564

electrostatic oscillation　静电振荡　10.0182

electrostatics　静电学　03.0025

electrostatic screening　静电屏蔽　03.0067

electrostatic secondary accident　静电二次事故　03.0567

electrostatic shielding　静电屏蔽　03.0067

electrostatic subconductor　静电亚导体　03.0565

electrostatic voltmeter　静电伏特计　03.0407

electrostatic wave　静电波　10.0183

electrostriction　电致伸缩　03.0122

electroviscous effect　电黏性效应　03.0571

electro-weak interaction　电弱[相互]作用　09.0839

electro-weak unified theory　电弱统一理论　09.1035

element　元件　01.0127，元素　09.0013

elementary beam　元光束　04.0346

elementary charge　[基]元电荷　03.0089

elementary cluster [graph]　元团图　05.0442

elementary excitation　元激发　05.0454

elementary excitation spectrum　元激发谱　08.1439

elementary hologram　基元全息图　04.1126

elementary particle　基本粒子　09.0892

elementary work　元功　02.0116

ellipsoidal cavity　椭球腔　04.1575

ellipsoidal mirror　椭[球]面镜　04.0408

ellipsoid of inertia　惯量椭球　02.0273

ellipsometer　椭[圆]偏[振]计　04.0988

ellipsometry　椭[圆]偏[振]测量术　04.0989

elliptical cylindrical cavity　椭圆柱面腔　04.1576

elliptic polarization　椭圆偏振　04.0718

elliptic umbilic　椭圆脐[型突变]　05.0821

embedding diagram　包容图　06.0219

embossed hologram　模压全息图　04.1149

emergence angle　出射角　04.0061

emf　电动势　03.0133

emission　发射　04.1239

emission line　发射[谱]线　04.1284

emission spectrum　发射光谱　04.1290

emissive power　发射本领　04.1241

emissivity　发射率　04.1240

emitter　发射极　03.0497

empirical equation of state　经验物态方程　05.0415

empty site　空座　05.0961

emulsion　[照相]乳胶　04.0572

emulsion chamber　乳胶室　09.1107

enantiomorphous form　对映单形　08.0056

enantiotropic liquid crystal　互变型液晶　08.1174

encoding mask　编码掩模　04.1059

end-loss　端漏失　10.0351

ENDOR　电子－核双共振　08.1048

endoscope　内窥镜　04.0389

endothermic reaction　吸能反应　09.0321

end plug　端塞　10.0354

end-stopper　端塞　10.0354

end-to-end length　端距长度　08.0408

energy　能量　01.0025

energy band　能带　06.0310

energy-band structure　能带结构　08.0809

[energy] band theory　能带论　08.0768

energy conservation　能量守恒　09.0314

energy density　能量密度　03.0048

energy dispersion X-ray diffraction　能[量色]散X射线衍射　08.0571

energy flux　能流　02.0389

energy flux density　能流密度　02.0390

energy gap　能隙　08.0601

energy landscape　能量景貌，＊能景　05.1017

energy level　能级　06.0309

energy level diagram　能级图　09.0171

energy loss　能量损失　09.0490

energy-momentum pseudotensor　能动赝张量　06.0167

energy-momentum tensor　能量动量张量，＊能动张量　06.0137

energy representation　能量表象　06.0391

energy resolution　能量分辨率　09.0523

energy spectrum　能谱　06.0311

enhanced line 增强谱线 04.1295

enhancement factor 增强因数 07.0114

ensemble 系综 05.0284

ensemble de catastrophes(法) 突变集合 05.0810

ensemble theory 系综理论 05.0301

enthalpy 焓 05.0149

entrance pupil 入[射光]瞳 04.0283

entrance window 入[射]窗 04.0285

entropy 熵 05.0150

entropy balance equation 熵平衡方程 05.0236

entropy criterion 熵判据 05.0172

entropy flux 熵流 05.0232

entropy functional 熵泛函 05.0547

entropy instability 熵不稳定性 10.0289

entropy production 熵产生 05.0233

entropy wave 熵波 10.0216

envelope instability 包络不稳定性 10.0323

envelope shock 包络击波 10.0236

Eötvös experiment 厄特沃什实验 06.0155

epitaxial deposition 外延沉积 08.0714

epitaxy 外延 08.0707

EPMA 电子探针微区分析 08.0576

EPR 电子顺磁共振 08.1050

equal inclination fringes 等倾条纹 04.0640

equal inclination interference 等倾干涉 04.0639

equal-spin-pairing state 同[向]自旋配对态 08.1461

equal thickness fringes 等厚条纹 04.0638

equal thickness interference 等厚干涉 04.0637

equation of state 物态方程 05.0045

equiconcave lens 等凹透镜 04.0140

equilibrium 平衡 02.0153

equilibrium condition 平衡条件 02.0156

equilibrium condition of phase transition 相变平衡条件 05.0177

equilibrium configuration 平衡位形 10.0344

equilibrium deformation 平衡形变 09.0258

equilibrium of forces 力的平衡 02.0154

equilibrium position 平衡位置 02.0155

equilibrium state 平衡态 05.0101

equipartition theorem 能量均分定理 05.0328

equipment 装置 01.0130

equipotential line 等势线 02.0124

equipotential surface 等势面 02.0123

equivalence principle 等效原理 06.0156

equivalent electron 等效电子，＊同科电子 07.0027

equivalent force system 等效力系 02.0297

erasable memory 可擦除存储[器] 04.1192

erect image 正象 04.0120

erecting prism 正象棱镜 04.0100

ergodic hypothesis 遍历假说 05.0303

ergodicity 遍历性 05.0304

ergosphere 能层 06.0247

Ernst equation 恩斯特方程 06.0176

Ernst potential 恩斯特势 06.0177

error 误差 01.0097

escape depth 逃逸深度 08.1338

ESP state 同[向]自旋配对态 08.1461

ESR 电子自旋共振 08.1049

estimation 估计 01.0061

etching 刻蚀 08.0698，侵蚀 08.0700

ether 以太 06.0013

ether drag 以太曳引 06.0018

ether drift 以太漂移 06.0014

ether wind 以太风 06.0015

Ettingshausen effect 埃廷斯豪森效应 08.0619

Euclidean dimension 欧几里得维数 05.0934

Euler equations for hydrodynamics 欧拉流体力学方程 02.0495

Eulerian angle 欧拉角 02.0256

Euler kinematical equations 欧拉运动学方程 02.0269

eutectic transformation 共晶转变 08.0494

evanescent wave 隐失波，＊倏逝波，＊衰逝波 04.0614

evaporation 蒸发 05.0196

evaporation model 蒸发模型 09.0384

evaporation spectrum 蒸发谱 09.0386

even-even nucleus 偶偶核 09.0049

event 事件 06.0022

event horizon 事件视界 06.0241

evolution 演化 09.0733

evolution operator 演化算符 06.0401

evolution rule 演化规则 05.1012

Ewald transformation 埃瓦尔德变换 08.0279

exactly solved model　严格解模型　05.0703

EXAFS　扩展 X 射线吸收精细结构　08.0341

excess entropy　逾熵　05.0253

excess entropy balance equation　逾熵平衡方程　05.0255

excess entropy production　逾熵产生　05.0254

excess flux　逾流　05.0252

excess force　逾力　05.0251

exchange energy　交换能　06.0478

exchange force　交换力　09.0058

exchange interaction　交换作用　08.0988

exchange symmetry　交换对称性　06.0406

excimer laser　激基分子激光器，*准分子激光器　04.1670

exciplex laser　激基分子激光器，*准分子激光器　04.1670

excitation　激发　06.0425

excitation curve　激发曲线　09.0339

excitation energy　激发能　09.0218

excitation function　激发函数　09.0338

excited state　激发态　06.0332

excite-probe experiment　激发探测实验　04.1859

exciton　激子　05.0456

exciton model　激子模型　09.0382

exciton spectrum　激子光谱　04.1412

excluded volume effect　体斥效应　08.0412

exclusive process　遍举过程　09.0709

exit pupil　出[射光]瞳　04.0284

exit window　出[射]窗　04.0286

exothermic reaction　放能反应　09.0320

exotic atom　奇特原子　09.0959

exotic molecule　奇特分子　07.0092

exotic state　奇特态　09.0958

expansion　膨胀　05.0050

1/n expansion　1/n 展开　05.0693

ε-expansion　ε 展开　05.0692

expansivity　膨胀率　05.0051

expectation value　期望值，*期待值　06.0365

experiment　实验　01.0053

experimental physics　实验物理[学]　01.0003

experimental Q-value　实验 Q 值　09.0319

explosive galaxy　爆发星系　09.1145

explosive instability　爆炸不稳定性　10.0259

explosive lens apparatus　炸药透镜装置　08.1649

exposure　曝光量　04.0371，曝光　04.0574，照射量　09.0191

extar　X 射线星　09.1146

extended chain　扩展链　08.0388

extended-range percolation　扩程逾渗　05.0976

extended source　扩展[光]源　04.0033

extended state　扩展态　08.0423

extended state regime　扩展态区　08.0431

extended X-ray absorption fine structure　扩展 X 射线吸收精细结构　08.0341

extensibility　延伸率　02.0437

extensive airshower　广延大气簇射　09.1105

extensive quantity　广延量　05.0098

external conical refraction　外锥折射　04.0973

external force　外力　02.0216

external galaxy　河外星系　09.1147

external reflection　外反射　04.0080

extinction　消光　04.0993

extinction coefficient　消光系数　04.0994

extinction correction　消光校正　08.0179

extinction index　*消光率　04.0994

extinction ratio　消光比　04.0995

extinction theorem　消光定理　04.0809

extraction potential　萃取势　07.0153

extraordinary light　非[寻]常光　04.0728

extraordinary refractive index　非[寻]常折射率　04.0730

extraordinary wave　非常波　10.0202

extrapolated range　外推射程　09.0483

extrapolation　外推　01.0091

extra-spectral color　*谱外色　04.0521

extra-spin magnetic moment　非自旋[的]磁矩　08.0956

extreme path　极端光程　04.0066

extreme ultraviolet　极端紫外　04.1302

extrinsic absorption　外赋吸收　04.1419

extrinsic curvature　外[延]曲率　06.0208

extrinsic semiconductor　外赋半导体　08.0581

eye lens　接目镜　04.0238

eyepiece　目镜　04.0230

eyepiece spectroscope　目镜分光镜　04.1321

F

Fabry-Perot etalon 法布里－珀罗标准具 04.0647

Fabry-Perot filter 法布里－珀罗滤波器 04.0648

Fabry-Perot interferometer 法布里－珀罗干涉仪 04.0646

Fabry-Perot resonator 法布里－珀罗共振腔 04.1533

face-centered lattice 面心格 08.0083

facet growth 小面生长 08.0266

faceting 小面化 08.1384

factor 因数 01.0043, 因子 01.0042

Γ-factor Γ因子 04.1351

factorization 因子化 09.0722

factorization condition 因子分解条件 04.1872

Fahrenheit thermometric scale 华氏温标 05.0009

false neutron 非聚变中子 10.0432

Faraday balance 法拉第磁秤 08.1081

Faraday cylinder 法拉第[圆]筒 03.0401

Faraday effect 法拉第效应 08.1080

Faraday law of electromagnetic induction 法拉第电磁感应定律 03.0274

Faraday rotation 法拉第旋转 04.0757

Farey sequence 法里序列 05.0913

Farey tree 法里树 05.0912

far field 远场 04.0925

far field condition 远场条件 04.0926

far field pattern 远场图样 04.0927

far infrared 远红外 04.1300

far sight 远视 04.0223

fast Alfvén wave 快阿尔文波 10.0190

fast axis 快轴 04.0961

fast Fourier transform 快速傅里叶变换 04.1213

fast ionic conductor 快离子导体 08.0230

fast mode 快模 10.0207

fast neutron 快中子 09.0430

fast process 快过程 05.0788

fast-slow coincidence assembly 快慢符合装置 09.0511

fast turn-off mode 速失方式 08.1240

fast variable 快变量 05.0790

fat fractal 胖分形 05.0932

fatigue 疲劳 08.0539

fatigue limit 疲劳限[度] 08.0540

fat torus 胖环 10.0388

f-d transition f-d 相变 08.1670

FED 场效应器件 08.0748

feedback 反馈 03.0502

Feigenbaum number 费根鲍姆数 05.0903

Feigenbaum [renormalization group] equation 费根鲍姆[重正化群]方程 05.0949

Feigenbaum scaling law 费根鲍姆标度律 05.0951

Felici instability 费利奇不稳定性 08.1241

Fermat principle 费马原理 04.0067

Fermi[-Dirac] distribution 费米[－狄拉克]分布 05.0347

Fermi-Dirac integral 费米－狄拉克积分 05.0348

Fermi[-Dirac] statistics 费米[－狄拉克]统计法 05.0346

Fermi function *费米函数 09.0143

Fermi interaction 费米相互作用 09.0145

Fermi level 费米能级 05.0349

Fermi-liquid theory 费米液体理论 08.1458

Fermi momentum 费米动量 05.0350

fermion 费米子 05.0355

fermionic string 费米[子]弦 09.0735

Fermi-Pasta-Ulam problem FPU 问题 05.0988

Fermi sea 费米海 05.0354

Fermi sphere 费米球 05.0352

Fermi surface 费米面 05.0353

Fermi temperature 费米温度 05.0351

Fermi-Walker transport 费米－沃克迁移 06.0196

Fermi-Yang model 费米－杨[振宁]模型 09.1040

ferrielectrics 亚铁电体 08.0841

ferrimagnetic material 亚铁磁材料 08.1070

ferrimagnetism 亚铁磁性 08.0930

ferrite 铁素体 08.0516, 铁氧体 08.1069

ferroelastic domain　铁弹畴　08.0859

ferroelasticity　铁弹性　08.0535

ferroelastics　铁弹体　08.0856

ferroelectric dimension model　铁电维度模型
　　08.0862

ferroelectric domain　铁电畴　08.0849

ferroelectric domain wall　铁电畴壁　08.0850

ferroelectric ferromagnet　铁电铁磁体　08.0860

ferroelectric hysteresis loop　[铁]电滞回线
　　08.0843

ferroelectricity　铁电性　03.0116

ferroelectric phase transition　铁电相变　08.0852

ferroelectrics　铁电体　03.0117

ferroelectric sensor　铁电传感器　08.1161

ferroelectric soft mode　铁电软模　08.0853

ferroelectric transducer　铁电传感器　08.1161

ferroelectric tunnel mode　铁电隧道模　08.0855

ferroic　铁性体　08.0863

ferromagnetic Curie point　铁磁居里点　08.0994

ferromagnetic glass　铁磁玻璃　08.0330

ferromagnetic phase transition　铁磁相变　05.0643

ferromagnetic resonance　铁磁共振　08.1051

ferromagnetism　铁磁性　03.0248

ferromagnon　铁磁波子　08.0972

FET　场效[应]管　08.0746

few-body problem　少体问题　09.0223

Feynman diagram　费恩曼图　05.0616

Feynman gauge　费恩曼规范　09.0736

Feynman rule　费恩曼规则　09.0737

Feynman scaling　费恩曼标度无关性　09.1046

FFT　快速傅里叶变换　04.1213

fiber bundle　纤维丛　06.0216

fiber laser　光纤激光器　04.1716

fiber light guide　纤维光导　04.0818

fiber optics　纤维光学　04.0820

fiber reinforced composite material　纤维增强复合
　　材料　08.0478

Fibonacci numbers　斐波那契数　05.0917

fibrescope　光纤[观察]镜　04.0824

Fick law　菲克定律　05.0494

fictitious charge　虚拟电荷　03.0573

fidelity　保真性　01.0122

field angle　视场角　04.0273

field charging　场致荷电　03.0574

field corrector　象场校正器　04.0334

field-current relation　场流关系　09.0741

field desorption spectroscopy　场脱附谱学
　　08.1372

field effect　场效应　08.0662

field effect device　场效应器件　08.0748

field effect transistor　场效[应]管　08.0746

field electron microscope　场电子显微镜
　　08.1360

field emission　场致发射　03.0088

field evaporation　场[致]蒸发　08.1329

field flattening lens　平[象]场透镜　04.0335

field ion microscope　场离子显微镜　08.1365

field lens　[向]场镜　04.0237

field of view　视场　04.0271

field operator　场算符　05.0449

field particle　场粒子　10.0129

field point　场点　03.0031,　05.0436

field source　场源　03.0033

field stop　视场光阑，＊场阑　04.0277

field theory　场论　09.1026

fifth-order aberration　五级象差　04.0327

fifth sound　第五声　08.1449

filament　丝极　03.0492

filamentary instability　丝状不稳定性
　　10.0296

filamentation instability　丝状不稳定性
　　10.0296

filled band　满带　08.0812

filled site　实座　05.0960

film boiling　膜沸腾　08.1605

film interference　薄膜干涉　04.0641

filter　滤波器　03.0505

final state　末态　05.0105

final velocity　末速[度]　02.0028

fine adjustment　细调　01.0085

fine-grained density　细粒密度　05.0285

finesse(法)　细度　04.0872

fine structure　精细结构　07.0030

fine structure constant　精细结构常数
　　07.0031

fingering　指进，＊爪进　05.1019

finite rotation 有限转动 02.0267

fireball model 火球模型 09.1058

[fire-]hose instability 水龙带不稳定性 10.0266

first-class current 第一类流 09.0742

first cosmic velocity 第一宇宙速度 02.0202

first integral 第一积分 02.0101

first law of thermodynamics 热力学第一定律
 05.0134

first-order phase transition 一级相变 05.0169

first principle 第一性原理 09.0740

first sound 第一声 08.1445

fish-eye [of Maxwell] [麦克斯韦]鱼眼 04.0207

fissile nucleus 可裂变核 09.0474

fissionable nucleus 可裂变核 09.0474

fission barrier 裂变势垒 09.0453

fission cross-section 裂变截面 09.0454

fission energy 裂变能 09.0467

fission fragment 裂变碎片 09.0455

fission neutron 裂变中子 09.0461

fission parameter 裂变参量 09.0464

fission product 裂变产物 09.0457

fission [product] chain 裂变[产物]链 09.0472

fission threshold 裂变阈 09.0456

fission yield 裂变产额 09.0458

fixed-axis rotation 定轴转动 02.0248

fixed index 固定指标 06.0115

fixed point 不动点 05.0847

fixed target 固定靶 09.1088

fixer 定影剂 04.0579

fixing 定影 04.0578

Fizeau experiment 菲佐实验 06.0064

Fizeau fringe 菲佐[干涉]条纹 04.0839

flame fusion method 焰熔法 08.0262

flame photometer 火焰光度计 04.0475

flat interferometer 平面干涉仪 04.0840

flatness of field 象场平度 04.0315

flat spacetime 平直时空 06.0161

flavor 味 09.0798

flavor space 味空间 09.0799

flavor symmetry 味对称性 09.0800

flexible chain configuration 柔链位形
 08.0407

flexoelectric effect 弯电效应 08.1215

flint glass 火石玻璃 04.0222

floating ring 浮环 10.0390

float-zone method 浮区法 08.0688

flotation balance 浮力秤 02.0516

flowmeter 流量计 02.0525

fluctuating force 涨落力 05.0527

fluctuation 涨落 05.0510

fluctuation chemistry 涨落化学 05.0805

fluctuation-dissipation theorem 涨落耗散定理
 05.0522

fluctuation field theory 涨落场论 05.0639

fluctuation term 涨落项 05.0533

fluid 流体 02.0457

fluid dynamics 流体动力学 02.0459

fluidity 流体性 08.0300

fluid mechanics 流体力学 02.0458

fluorescence 荧光 04.1452

fluorescence analysis 荧光分析 08.1107

fluoroscope 荧光镜 04.1454

fluoroscopy 荧光学 04.1455

flute instability 槽纹不稳定性 10.0264

flux adiabatic invariant 磁通浸渐不变量
 10.0078

flux creep 磁通蠕变 08.1512

flux-density vector 流密度矢量 05.0240

flux flow 磁通流动 08.1513

[flux] flow resistance [磁通]流阻 08.1514

flux-gate magnetometer 磁通门磁强计 08.1082

flux growth 熔盐生长 08.0259

flux jumping 磁通跳变 08.1515

fluxmeter 磁通计 03.0459

fluxoid 类磁通 08.1013

fluxoid conservation 类磁通守恒 08.1482

fluxon 磁通量子 08.1484

flux pinning 磁通钉扎 08.1510

flux trapping 磁通陷俘 08.1509

fly's-eye lens 蝇眼透镜 04.0439

FMR 铁磁共振 08.1051

f-number f 数 04.0256

foam insulation 泡沫材料隔热 08.1601

focal conic texture 焦锥织构 08.1207

focal length 焦距 04.0159

focal plane 焦面 04.0162

focal power [光]焦度 04.0167

focal tolerance 焦点容限 04.0330

Fock space 福克空间 05.0447

Fock state 福克态 04.1896

focometer 焦距计 04.0166

focus 焦点 04.0158, 05.0763

focusing 调焦 04.0163, 聚焦 04.0164

focus in image space 象方焦点, *第二焦点 04.0178

focus in object space 物方焦点, *第一焦点 04.0177

Fokker-Planck equation 福克尔－普朗克方程 05.0525

fold 折叠[型突变] 05.0815

folded cavity 折叠腔 04.1535

folded laser 折叠[腔]激光器 04.1711

folded potential 折叠势 09.0413

folded spectrum 折叠谱 04.1099

forbidden band 禁带 08.0813

forbidden emission 禁戒发射 04.1919

forbidden transition 禁戒跃迁 06.0433

force 力 02.0056

forced light scattering 受迫光散射 04.1815

forced mode-locking 强制锁模 04.1601

forced vibration 受迫振动 02.0173

force field 力场 02.0057

force-free field 无力场 10.0101

force screw 力螺旋 02.0306

fore-prism 前置棱镜 04.0858

formation factor 形成因子 09.0124

formation time 形成时间 09.0734

form birefringence 形序双折射 04.0980

form factor 形状因子 09.0280

formulation 表述 01.0066

Fortin barometer 福丁气压计 02.0527

forward scattering 前向散射 04.1801

Foucault pendulum 傅科摆 02.0135

fountain effect 喷泉效应 08.1453

four-acceleration 四维加速度 06.0108

four-axis coordinate system 四轴坐标系 08.0096

four-circle diffractometer 四圆衍射仪 08.0184

four-color image *四色图 04.1064

four-current [density] 四维流[密度] 06.0111

four-dimensional form of Maxwell equations 麦克斯韦方程的四维形式 06.0142

four dimensional spacetime 四维时空 06.0073

four-fermion interaction 四费米子相互作用 09.0801

four-force 四维力 06.0109

Fourier law 傅里叶定律 05.0497

Fourier optics 傅里叶光学 04.0761

Fourier synthesis 傅里叶综合[法] 08.0187

Fourier [transform] hologram 傅里叶[变换]全息图 04.1138

Fourier [transform] spectroscopy 傅里叶[变换]光谱学 04.1429

four-level system 四能级系统 04.1645

four-momentum 四维动量 06.0110

four-tensor 四维张量 06.0105

fourth sound 第四声 08.1448

four-vector 四维矢量 06.0104

four-velocity 四维速度 06.0107

four-wave mixing 四波混合 04.1808

FPU problem FPU 问题 05.0988

fractal 分形 05.0928, 分形体 05.0930

fractal dimension 分形维数, *分维 05.0939

fractal measure 分形测度 05.0940

fractional condensation on surface 表面分凝 08.1270

fractional [electric] charge 分数电荷 09.0618

fractional quantum Hall effect 分数量子霍尔效应 08.1409

fracton 分形子 05.0929

fracture strength 断裂强度 08.0548

fragmentation reaction 碎裂反应 09.0619

frame of axes 坐标系 01.0028

Franck-Hertz experiment 弗兰克－赫兹实验 07.0036

Frank-Read [dislocation] source 弗兰克－里德 [位错]源 08.0247

Fraunhofer diffraction 夫琅禾费衍射 04.0674

Fraunhofer hologram 夫琅禾费全息图 04.1136

Fraunhofer line 夫琅禾费谱线 04.1360

free charge 自由电荷 03.0111

Freedericksz transition 弗里德里克斯转变 08.1224

free electron 自由电子 03.0172

free-electron laser 自由电子激光器 04.1683

free-electron model 自由电子模型 08.0783

free energy criterion 自由能判据 05.0173

free enthalpy 自由焓 05.0153

free enthalpy criterion 自由焓判据 05.0174

free expansion 自由膨胀 05.0111

free index 自由指标 06.0116

free-induction decay 自由感应衰减 04.1852

free-ion model 自由离子模型 08.0232

free magnetic charge 自由磁荷 03.0199

free motion of rigid body 刚体自由运动 02.0251

free path 自由程 05.0473

free space 自由空间 03.0347

free surface approximation 自由表面近似 08.1655

free vector 自由矢[量] 02.0290

free-volume model 自由体积模型 08.0322

freezing of degree of freedom 自由度冻结 05.0369

freezing of orbital angular momentum 轨道角动量冻结 08.0965

Frenkel defect 弗仑克尔缺陷 08.0239

frequency 频率 01.0016

frequency domain 频域 04.1021

frequency doubling [二]倍频 04.1779

frequency downconversion 降频转换 04.1793

frequency four-vector 频率四维矢[量] 06.0112

frequency-locking 锁频 05.0910

frequency matching 频率匹配 10.0315

frequency meter 频率计 03.0443

frequency mixing 混频 04.1806

frequency modulation laser 调频激光器 04.1599

frequency of operation 工作频率 04.1653

frequency plane 频谱面 04.1029

frequency pulling 频率牵引 04.1610

frequency pushing 频率推斥 04.1611

frequency shift 频移 04.1374

frequency spectrum 频谱 04.1014

frequency stabilization 稳频 04.1626

frequency stabilized laser 稳频激光器 04.1627

frequency upconversion 升频转换 04.1791

Fresnel bimirror 菲涅耳双镜 04.0618

Fresnel biprism 菲涅耳双棱镜 04.0619

Fresnel diffraction 菲涅耳衍射 04.0673

Fresnel formula 菲涅耳公式 04.0605

Fresnel hologram 菲涅耳全息图 04.1137

Fresnel-Kirchhoff formula 菲涅耳－基尔霍夫公式 04.0691

Fresnel number 菲涅耳数 04.0924

Fresnel rhombus 菲涅耳菱体 04.0812

Fresnel zone [construction] 菲涅耳波带[法] 04.0923

friction force 摩擦力 02.0087

Friedmann universe 弗里德曼宇宙 06.0257

fringe contrast 条纹衬比度 04.0836

fringe visibility 条纹可见度 04.0837

frontier orbital 前沿轨函 07.0088

frosted glass 毛玻璃 04.0547

frozen-core approximation 冻结芯近似 07.0132

frozen[-in] field 冻结场 10.0095

frozen-in flux 冻结磁通 08.1610

frustrated total reflection 受抑全反射 04.0815

frustrating configuration 窘组位形 05.0987

frustration 窘组 05.0983

frustration function 窘组函数 05.0984

frustration network 窘组网络 05.0985

frustration plaquette 窘组嵌板 05.0986

fugacity 逸度 05.0345

full aperture 全孔径 04.0259

full coherence 完全相干性 04.0664

full-color image 全色图象 04.1064

full energy peak 全能峰 09.0546

full view 全景 04.0275

full view hologram 全景全息图 04.1158

full-wave plate 全波片 04.0971

full width at half maximum 半峰全宽 04.1389

fully ionized plasma 全电离等离[子]体 10.0017

fundamental length 基本长度 09.0739

fundamental mode 基模 04.1579

fundamental physical constant 基本物理常量 01.0036

fundamental series 基线系 04.1337

fundamental wave 基波 04.0775

Furry theorem 弗里定理 09.0890

fusion 熔化 05.0202

fusion reaction 熔合反应 09.0414

future 未来 06.0079

future pointing 指向未来的 06.0101

G

GaAs 砷化镓 08.0675

GaAs laser 砷化镓激光器 04.1696

Gabor hologram 伽博全息图 04.1119

Gabor method 伽博法 04.1116

gain 增益 03.0501

gain coefficient 增益系数 04.1497

gain narrowing 增益[谱线]变窄 04.1547

gain profile 增益[线]轮廓 04.1589

gain saturation 增益饱和 04.1585

galactic center 银心 09.1148

galactic plane 银道面 09.1149

galactic pole 银极 09.1150

Galactic System 银河系 09.1151

galaxoid 星系体 09.1153

galaxy 星系 09.1152

Galaxy 银河系 09.1151

Galilean invariance 伽利略不变性 02.0065

Galilean principle of relativity 伽利略相对性原理 02.0064

Galilean transformation 伽利略变换 02.0063

Galileo telescope 伽利略望远镜 04.0420

gallium arsenide 砷化镓 08.0675

gallium phosphide 磷化镓 08.0677

galvanomagnetic effect 磁场电流效应 08.0939

galvanometer 电流计 03.0429, 灵敏电流计, *检流计 03.0430

gamma-ray laser γ[射线]激光器 04.1726

Gamow factor 伽莫夫因子 09.0122

Gamow-Teller interaction 伽莫夫－特勒相互作用 09.0144

GaP 磷化镓 08.0677

gapless superconductivity 无能隙超导电性 08.1530

gap level 隙能级 08.0627

[garden-]hose instability 水龙带不稳定性 10.0266

gas 气体 05.0024

gas discharge 气体放电 10.0047

[gas] dynamic laser 气动激光器 04.1669

gas dynamics 气体动力学 02.0498

gas kinetics 气体动理[学理]论, *气体分子运动论 05.0470

gas laser 气体激光器 04.1505

gas-liquid continuity 气液连续性 05.0644

gas sensing device 气敏器件 08.0762

gas sensor 气敏器件 08.0762

gas thermometer 气体温度计 05.0069

gauge boson 规范玻色子 09.0896

gauge field 规范场 09.0620

gauge field theory 规范场论 09.1031

gauge interaction 规范相互作用 09.0841

gauge invariance 规范不变性 03.0364

gauge particle 规范粒子 09.0895

gauge potential 规范势 09.0621

gauge transformation 规范变换 03.0361

gaugino 规范微子 09.0994

Gauss eyepiece 高斯目镜 04.0232

Gaussian beam 高斯光束 04.1559

Gaussian curvature 高斯曲率 06.0205

Gaussian distribution 高斯分布 01.0133

Gaussian mapping 高斯映射 05.0901

Gaussian optics 高斯光学 04.0186

Gauss light 高斯光 04.1900

gaussmeter 高斯计 03.0460

Gauss model 高斯模型 05.0691

Gauss theorem 高斯定理 03.0041

Gay-Lussac law 盖吕萨克定律 05.0038

gedanken experiment 理想实验 01.0054

Geiger-Müller counter 盖革－米勒计数器 09.0503

Geiger-Nuttall law 盖革－努塔尔定律 09.0120

gel 凝胶 08.0416

gelation 凝胶化 08.0417

gelation point 凝胶化点 08.0418

Gell-Mann-Nishijima relation 盖尔曼－西岛关系式 09.0891

gel phase 凝胶相 08.1168

geminate recombination 孪生复合 08.1108

generalization 推广 01.0070

generalized coherent state 广义相干态 04.1902

generalized coordinate 广义坐标 02.0323

generalized Fokker-Planck equation 广义福克尔－普朗克方程 05.0539

generalized force 广义力 02.0324

generalized Laguerre polynomial ＊广义拉盖尔多项式 05.0480

generalized Langevin equation 广义朗之万方程 05.0526

generalized master equation 广义主方程 05.0531

generalized momentum 广义动量 02.0326

generalized Ohm law 广义欧姆定律 10.0087

generalized radiance 广义辐射亮度 04.0470

generalized Rayleigh wave 广义瑞利波 08.1294

generalized soft mode 广义软模 05.0673

[generalized] susceptibility 响应率 05.0558

generalized velocity 广义速度 02.0325

general physics 普通物理[学] 01.0002

general relativity 广义相对论 06.0146

generating-function method 生成函数法 05.0798

generation 代 09.0622

generation rate 产生率 08.0595

generator 发电机 03.0472

generic phase 类分相 05.0283

gentle-bump instability 缓隆不稳定性 10.0278

geodesic completeness 测地完备性 06.0226

geodesic line 测地线 06.0230

geodesics 测地线 06.0230

geometrical aberration 几何象差 04.0297

geometrical constraint ＊几何约束 02.0316

geometrical cross-section 几何截面 09.0387

geometrical crystallography 几何晶体学 08.0025

geometrical disorder 几何无序 08.0389

geometrical optics 几何光学 04.0002

geometrical short-range-order 几何短程序 08.0302

geometric neighbor 几何近邻 08.0347

geometrized units 几何化单位 06.0178

geophysics 地球物理[学] 01.0010

gerade state g 态 07.0073

germanium 锗 08.0674

germanium detector 锗探测器 09.0535

ghost image 鬼象 04.0446

ghost line 鬼线 04.1328

ghost state 鬼态 09.0623

ghost surface 鬼面 04.0549

ghost transition 鬼转变 08.1211

giant-pulse laser 巨脉冲激光器 04.1623

giant resonance 巨共振 09.0358

Gibbs-Duhem relation 吉布斯－杜安关系 05.0160

Gibbs free energy ＊吉布斯自由能 05.0153

Gibbs function ＊吉布斯函数 05.0153

Gibbs paradox 吉布斯佯谬 05.0143

[Gibbs] phase rule [吉布斯]相律 05.0165

GIM mechanism GIM 机理 09.0880

Ginzburg criterion 金兹堡判据 05.0674

Ginzburg-Landau equation 金兹堡－朗道方程 08.1494

Ginzburg-Landau model 金兹堡－朗道模型 05.0689

Ginzburg-Landau parameter 金兹堡－朗道参数 08.1495

glancing angle 掠射角 04.0077

glancing incidence 掠入射 04.0076

Glashow-Weinberg-Salam model 格拉肖－温伯格－萨拉姆模型 09.1044

glass 玻璃 08.0287

glass semiconductor 玻璃半导体 08.0670

glass transition 玻璃化转变 08.0288

glass transition temperature 玻璃化[转变]温度 08.0289

glide plane 滑移面 08.0127

glide reflection 滑移反射 08.0128

global bifurcation 全局分岔 05.0867

global coherent state 全[局]相干态 04.1904

global Fock state 全[局]福克态 04.1903

global instability 整体不稳定性 10.0254

global symmetry 整体对称[性] 09.0624

globe lens　球透镜　04.0147

glow　辉光　04.1942

glow curve　辉光曲线　08.1109

glow discharge　辉光放电　10.0048

glueball　胶球　09.0956

gluino　胶微子　09.0997

gluon　胶子　09.0961

Golay cell　戈莱盒　04.1944

golden mean　黄金分割数　05.0916

golden rule　黄金定则　09.0141

Goldstone mode　戈德斯通模　05.0672

Goldstone particle　戈德斯通粒子　09.1016

Goldstone theorem　戈德斯通定理　09.1065

good conductor　良导体　03.0169

good quantum number　好量子数　06.0300

Gor'kov equation　戈里科夫方程　08.1529

G-parity　G 宇称　09.0802

graded heterojunction　缓变异质结　08.0722

graded junction　缓变结　08.0653

graded [refractive] index　缓变折射率　04.0821

gradient B drift　磁场梯度漂移　10.0073

gradient expansion　梯度展开　05.0571

grain boundary　晶[粒间]界　08.0045

grand canonical distribution　巨正则分布　05.0311

grand canonical ensemble　巨正则系综　05.0310

Grandjean-Cano wedge　格朗让－喀诺劈　08.1200

Grandjean texture　格朗让织构　08.1202

grand partition function　巨配分函数　05.0315

grand potential　巨[热力学]势　05.0154

grand unification　大统一　09.1036

grand unified theory　大统一理论　09.1037

graphical expansion　图解展开　05.0614

graphical method　图解法　01.0149

graser　γ[射线]激光器　04.1726

graticle　分划板　04.0241

graticule　分划板　04.0241

grating　光栅　04.0692

grating constant　光栅常量　04.0693

grating-like hologram　类光栅全息图　04.1156

grating satellite　光栅伴线　04.1326

grating spectrograph　光栅摄谱仪　04.1275

gravitation　引力　02.0077

gravitational collapse　引力坍缩　06.0239

gravitational condensation　引力凝聚　09.1154

gravitational constant　引力常量　02.0079

gravitational drift　重力漂移　10.0075

gravitational field　引力场　02.0080

gravitational instability　重力不稳定性　10.0269

gravitational interaction　引力相互作用　09.0842

gravitational lens　引力透镜　06.0236

gravitational mass　引力质量　02.0052

gravitational potential　引力势　06.0153

gravitational radiation　引力辐射　06.0250

gravitational radius　引力半径　06.0277

gravitational redshift　引力红移　06.0234

gravitational time dilation　引力时间延缓　06.0237

gravitational wave　引力波　06.0249

gravitino　引力微子　09.0996

graviton　引力子　09.0963

gravity　重力　02.0085

gravity field　重力场　02.0086

gray group　灰[色]群　08.0157

gray level　灰阶　04.1223

grazing angular momentum　擦边角动量　09.0407

grazing collision　擦边碰撞　09.0406

Green function　格林函数　05.0594

Greenian　格林算符　05.0605

grid　栅极　03.0494

grid ionization chamber　屏栅电离室　09.0518

ground　接地　03.0063

ground state　基态　06.0331

ground-state depletion effect　基态满溢效应　05.0451

group of symmetry operations　对称操作群　08.0131

group velocity　群速　02.0385

growth kinetics　生长动理学　08.0265

growth of single crystal　单晶生长　08.0258

Grüneisen constant　格林艾森常数　08.0908

GSRO　几何短程序　08.0302

g-state　g 态　07.0073

guest-host effect　宾主效应　08.1216

guided wave　受导波　04.1663

guiding center　导[向中]心　10.0067

guiding laser beam　制导激光束　04.1742

Gunn effect　耿氏效应　08.0739

GUT 大统一理论 09.1037

gyroelectric effect 旋电效应 08.0888

gyromagnetic device 旋磁器件 08.1089

gyromagnetic effect 旋磁效应 08.1052

gyromagnetic material 旋磁材料 08.1071

gyromagnetic ratio 旋磁比 06.0324

gyroradius 回旋半径 10.0065

gyroscope 陀螺仪 02.0282

H

hadrodynamics 强子动力学 09.0803

hadron 强子 09.0901

hadron calorimeter 强子量能器 09.1111

hadronic decay 强子型衰变 09.0804

hadronization 强子化 09.0805

Haidinger brush 海丁格刷 04.0495

hair hygrometer 毛发湿度计 05.0082

half-concentric resonator 半共心[共振]腔 04.1570

half-confocal resonator 半共焦[共振]腔 04.1571

half life 半衰期 09.0094

half life period 半衰期 09.0094

half-peak width 半峰全宽 04.1389

half-period zone 半周期带 04.0688

half-shade device 半影器件 04.0970

half-silvered mirror 半镀银镜 04.0550

half-symmetric resonator 半对称[共振]腔 04.1572

half-tone 半色调 04.1092

half-value discharging time 泄电半值时间 03.0575

half-wave antenna 半波天线 03.0387

half-wave loss 半波损失 04.0613

half-wave plate 半波片 04.0742

half width at half maximum 半峰半宽 04.1390

Hall effect 霍尔效应 03.0216

Hamiltonian 哈密顿[量] 02.0340

Hamiltonian characteristic function 哈密顿特征函数 04.0404

Hamiltonian function 哈密顿函数 02.0341

Hamiltonian [operator] 哈密顿[算符] 06.0396

Hamilton-Jacobi equation 哈密顿－雅可比方程 02.0345

Hamilton principle 哈密顿原理 02.0342

Hanbury-Brown-Twiss effect HBT效应 04.1877

Hanle effect 汉勒效应 04.1858

hard axis [of magnetization] 难[磁化]轴 08.1011

hard direction [for magnetization] 难[磁化方]向 08.1010

hard ellipsoid of revolution type potential 硬旋转椭球势 05.0413

hard excitation 硬激发 05.0777

hard [magnetic] bubble 硬[磁]泡 08.1029

hard magnetic material 硬磁材料 03.0258

hard mode 硬模 05.0775

hardness 硬度 08.0542

hard photon 硬光子 09.0806

hard process 硬过程 09.0807

hard-sphere potential 硬球势 05.0410

hard-sphere scattering 硬球散射 09.0378

hard superconductor 硬超导体 08.1508

harmonic approximation 简谐近似 08.0270

harmonic coordinate system 谐和坐标系 06.0192

harmonic-generator laser 谐波激光器 04.1721

harmonic oscillator 谐振子 06.0422

harmonic-oscillator potential 谐振子势 09.0231

harmonic [sound] 谐音 02.0421

harmonic [wave] 谐波 02.0422

Hartmann diaphragm 哈特曼光阑 04.1317

Hartmann flow 哈特曼流 10.0110

Hartree approximation 哈特里近似 08.0793

Hartree-Fock approximation 哈特里－福克近似 08.0794

Hausdorff codimension 豪斯多夫余维 05.0938

Hausdorff dimension 豪斯多夫维数 05.0935

Hay bridge 海氏电桥 03.0452

HBT effect HBT效应 04.1877

HD curve *HD曲线 04.0584

head-on collision 对头碰撞 09.0405

heat 热学 05.0001, 热 05.0002, 热量

05.0003

heat barrier 热垒 10.0356

heat capacity 热容[量] 05.0062

heat conduction 热传导 05.0495

[heat] convection [热]对流 05.0499

heat death 热寂 05.0139

heat exchanger 热交换器 08.1577

heat of adsorption 吸附热 08.1286

heat of dissociation 离解热 05.0218

heat of evaporation 蒸发热 05.0213

heat of fusion 熔化热 05.0216

heat of solution 溶解热 05.0217

heat of sublimation 升华热 05.0215

heat of vaporization 汽化热 05.0214

heat radiation 热辐射 05.0498

heat reservoir 热库 05.0126

heat sink 热汇 08.1597

heat source 热源 05.0125

heat transfer 传热 05.0500

heavy-damped wave 高阻尼波 10.0217

heavy fermion 重费米子 08.1611

heavy flavor physics 重味物理[学] 09.0603

heavy ion 重离子 09.0625

heavy-ion accelerator 重离子加速器 09.0595

heavy-ion collision 重离子碰撞 09.0725

heavy-ion radioactivity 重离子放射性 09.0126

heavy-ion reaction 重离子反应 09.0297

heavy lepton 重轻子 09.0917

heavy nucleus 重核 09.0300

heavy photon 重光子 09.0964

heavy quark 重夸克 09.0974

HEED 高能电子衍射 08.1343

Heisenberg model 海森伯模型 05.0685

Heisenberg picture 海森伯绘景 06.0394

Helfrich deformation 黑尔弗里希形变 08.1210

Helfrich permeation mechanism 黑尔弗里希渗透机理 08.1234

helical instability 螺旋不稳定性 10.0265

helical motion 螺旋运动 02.0049

helicity 螺旋性 09.1172, 螺旋度 09.1173

helicon 螺旋振子 05.0458

helicon wave 螺旋波 10.0199

helimagnetism 螺[旋]磁性 08.0931

heliostat 定日镜 04.0551

helium-cadmium laser 氦镉激光器 04.1672

helium refrigerator 氦制冷机 08.1579

Hellmann-Feynman theorem 赫尔曼-费恩曼定理 08.0804

Helmholtz coils 亥姆霍兹线圈 03.0220

Helmholtz equation 亥姆霍兹方程 03.0331

[Helmholtz] free energy 自由能 05.0152

Helmholtz-Lagrange theorem 亥姆霍兹-拉格朗日定理 04.0193

Helmholtz reciprocity theorem 亥姆霍兹互易性定理 04.0917

Helmholtz reversion theorem 亥姆霍兹互易性定理 04.0917

hemiconcentric resonator 半共心[共振]腔 04.1570

hemiconfocal resonator 半共焦[共振]腔 04.1571

hemispherical analyzer 半球分析器 08.1347

hemispherical resonator 半球面[共振]腔 04.1573

He-Ne laser 氦氖激光器 04.1511

Hénon attractor 埃农吸引子 05.0851

Hénon mapping 埃农映射 05.0950

неосвобождающая связъ(俄) ＊不可解约束 02.0313

Hermite-Gauss beam 厄米-高斯光束 04.1560

Hermite-Gauss mode 厄米-高斯模 04.1555

Hermitian 厄米[的] 06.0367

Hermitian operator 厄米算符 06.0385

hermiticity 厄米性 06.0368

Hermitian conjugate 厄米共轭 06.0369

herpolhode 空间瞬心迹 02.0255

Herschel condition 赫歇尔条件 04.0302

Hertzian oscillator 赫兹振子 03.0375

heterocharge 异极电荷 08.0865

heterochromatic light 杂色光 04.0892

heteroclinic orbit 异宿轨道 05.0858

heteroclinic point 异宿点 05.0856

heterodyne hologram 外差全息图 04.1159

heteroepitaxy 异质外延 08.0716

heterogeneous light 杂色光 04.0892

heterojunction 异质结 08.0718

heterojunction laser 异质结激光器 04.1700

heterolaser 异质结激光器 04.1700

heterostructure　异质结结构　08.0719

hexagonal close packing　六角密[堆]积　08.0170

hexagonal system　六角晶系　08.0105

hexagon pattern　六角[形]图样　05.0825

hexahedral apparatus　六面体装置　08.1637

HF approximation　哈特里－福克近似　08.0794

hidden charm meson　隐粲介子　09.0907

hidden symmetry　隐对称[性]　09.0808

hidden variable　隐变量　09.0809

hierarchy problem　级列问题　09.0810

Higgs field　希格斯场　09.1060

Higgs mechanism　希格斯机理　09.1061

Higgs model　希格斯模型　09.1062

Higgs particle　希格斯粒子　09.1017

Higgs sector　希格斯区　09.1063

high-aperture lens　大孔径透镜　04.0436

high-beta torus　高压比环，＊高β环　10.0389

high-contrast film　高衬比[胶]片　04.0573

high-definition picture　高清晰度图象　04.0453

high-density percolation　高密度逾渗　05.0977

high-energy astrophysics　高能天体物理　09.0601

high-energy electron diffraction　高能电子衍射　08.1343

high-energy nuclear physics　高能核物理[学]　09.0600

high-energy nuclear reaction　高能核反应　09.0293

high-energy physics　高能物理[学]　09.0599

highest occupied molecular orbit　最高已占分子轨道　07.0144

high-frequency discharge　高频放电　10.0052

high-frequency plugging　高频堵漏　10.0355

high-loss resonator　高耗[共振]腔　04.1524

high order relaxation　高阶弛豫　08.1122

high-power laser　高功率激光器　04.1677

high pressure equation of state　高压物态方程　08.1659

high pressure physics　高压物理[学]　08.0011

high-reflecting film　高反射膜　04.0644

high-resolution spectroscopy　高分辨光谱学　04.1430

high-speed camera　高速照相机，＊高速摄影机　04.0454

high-spin state　高自旋态　09.0273

high Tc superconductor　高 Tc 超导体　08.1533

high-temperature plasma　高温等离[子]体　10.0009

high vacuum insulation　高真空隔热　08.1599

Hilbert space　希尔伯特空间　06.0374

hindrance factor　阻碍因子　09.0123

histogram　直方图　01.0136

HKS theorem　＊HKS 定理　08.0799

HNC equation　超网链方程　05.0432

HNDT　全息无损检验　04.1186

Hohenberg-Kohn-Sham theorem　霍恩伯格－科恩－沈[吕九]定理　08.0799

hole　空穴　06.0483

hole burning [effect]　烧孔[效应]　04.1608

hole state　空穴态　09.0246

hollow-cathode lamp　空心阴极灯　04.1309

hollow discharge　空心放电　10.0053

holofilm　全息胶片　04.1190

hologram　全息图　04.0764

holograph　全息照相　04.0763

holographic filter　全息滤波器　04.1181

holographic grating　全息光栅　04.1182

holographic interferometry　全息干涉测量术　04.1185

holographic lens　全息透镜　04.1183

holographic mask　＊全息掩模　04.1181

holographic memory　全息存储　04.1187

holographic microscopy　全息显微术　04.1180

holographic nondestructive testing　全息无损检验　04.1186

holographic optics　全息光学　04.1184

holographic storage　全息存储　04.1187

holography　全息术　04.0762

holohedral symmetry　全面体对称　08.0145

hololens　全息透镜　04.1183

holonomic constraint　完整约束　02.0316

holonomic system　完整系　02.0317

holophote　全聚反光装置　04.0552

holosymmetry　全面体对称　08.0145

homeotropic alignment　垂直[基片]排列　08.1226

HOMO　最高已占分子轨道　07.0144

homocentric beam　同心光束　04.0351

homocharge　同极电荷　08.0864

homoclinic orbit 同宿轨道 05.0857

homoclinic point 同宿点 05.0855

homoepitaxy 同质外延 08.0715

homogeneity 均匀性 08.0033

homogeneity of spacetime 时空均匀性 06.0010

homogeneous broadening 均匀[谱线]增宽 04.1396

homogeneous instability 均匀不稳定性 08.1242

homogeneous wave 均匀波 04.0782

homojunction 同质结 08.0717

homojunction laser 同质结激光器 04.1699

homologous pair 同系对 04.1365

homologous ray 同系光线 04.0350

homonuclear molecule 同核分子 07.0154

Hooke law 胡克定律 02.0075

Hopf bifurcation 霍普夫分岔 05.0861

hopping conductivity 跳跃电导性 08.0629

horizon 视界 06.0240

horizontal symmetry 水平对称性 09.0811

hot electron 过热电子 08.1111

hot luminescence 过热发光 08.1110

hot plasma 热等离[子]体 10.0012

hot shortness 热脆性 08.0561

Huang scattering 黄昆散射 08.0203

Hubble constant 哈勃常数 09.1126

Hubble law 哈勃定律 06.0260

Hugoniot equation 于戈尼奥方程 08.1645

Hume-Rothery rule 休姆-罗瑟里定则 08.0487

humidification 增湿 03.0576

humidity 湿度 05.0211

Hund case 洪德耦合方式 07.0155

Hund rule 洪德定则 07.0029

Hurter-Driffield curve 赫特-德里菲尔德曲线 04.0584

Huygens construction 惠更斯作图法 04.0801

Huygens eyepiece 惠更斯目镜 04.0233

Huygens-Fresnel principle 惠更斯-菲涅耳原理 04.0602

Huygens principle 惠更斯原理 02.0386

hybrid 混杂子 09.0957

hybrid instability 混杂不稳定性 10.0274

hybridization 杂化[作用] 08.0454

hybrid orbital 杂化轨函 07.0084

hybrid processing 混合处理 04.1100

hybrid reactor 混合堆 10.0396

hydrated crystal 含水晶体 08.0196

hydration energy 水合能 07.0133

hydraulic seal 液压密封 08.1629

hydrodynamics limit 流体[动]力学极限 05.0568

hydrodynamics stage 流体力学阶段 05.0578

hydrogen arc lamp 氢弧灯 04.1307

hydrogen atom 氢原子 07.0011

hydrogen bomb 氢弹 09.0447

hydrogen bond 氢键 08.0221

hydrogen embrittlement 氢脆 08.0563

hydrogen-like atom 类氢原子 07.0012

hydrogen-storage material 储氢材料 08.0480

hydrometer 液体比重计 02.0522

hydrophilic insulant 亲水性绝缘材料 03.0577

hydrostatic pressure 流体静压[强] 08.1621

hydrostatics 流体静力学 02.0460

hydrothermal growth 水热法生长 08.0260

hygrometer 湿度计 05.0080

hyperabrupt junction 超突变结 08.0654

hyperbolic form of Lorentz transformation 洛伦兹变换的双曲形式 06.0033

hyperbolic umbilic 双曲脐[型突变] 05.0820

hyperchaos 超混沌 05.0871

hypercharge 超荷 09.0812

hyperchromatic lens 多色差透镜 04.0318

hypercolor 超色 09.0813

hyperfine field 超精细场 08.1053

hyperfine interaction 超精细相互作用 09.0184

hyperfine splitting 超精细分裂 09.0183

hyperfine structure 超精细结构 07.0032

hypernetted chain equation 超网链方程 05.0432

hyperon 超子 09.0949

hyperpolarizability 超极化率 04.1765

hyper-Raman scattering 超拉曼散射 04.1930

hyperscaling law 强标度律 05.0715

hyperstereoscopic image 超体视象 04.0451

hypostereoscopic image 亚体视象 04.0452

hypothesis 假设 01.0076，假说 01.0078

hysteresis 滞后[效应] 05.0814

I

IBA　离子束分析　09.0557

IBFM　[相]互作用玻色子费米子模型
　09.0216

IBM　[相]互作用玻色子模型　09.0215

IC　集成电路　08.0765

ice condition　冰条件　05.0722

ice crystal　冰式晶[体]　05.0723

ice entropy　冰熵　05.0721

ice model　冰模型　05.0719

ice point　冰点　05.0018

ice rule　＊冰定则　05.0722

ice-type model　冰式模型　05.0720

ICF　惯性[约束]聚变　10.0398

icosahedral group　二十面体群　08.0144

ideal clock　理想钟　06.0049

ideal constraint　理想约束　02.0320

ideal crystal　理想晶体　08.0194

ideal fluid　理想流体　02.0469

ideal gas　理想气体　05.0032

ideal gas thermometric scale　理想气体温标
　05.0010

ideal glass　理想玻璃　08.0392

identical particles　全同粒子　06.0465

identification　证认　01.0064

identity operation　恒等操作　08.0132

identity principle [of microparticles]　[微观粒子]
　全同性原理　06.0466

idiochromatism　本质色性　04.1952

idler wave　闲波　10.0311

IGFET　绝缘栅场效[应]管　08.0752

ignition　点火　10.0338

ignition condition　点火条件　10.0339

ignition energy　点火能　03.0578

ignorable coordinates　可遗坐标　02.0334

illuminance　[光]照度　04.0369

illumination　[光]照度　04.0369,　照明　04.0456

illuminometer　照度计　04.0370

image　象　04.0119,　[映]象　05.0835

image blurring　图象模糊　04.1071

image construction　求象[作图]法　04.0218

image conversion　图象转换　04.1081

image deblurring　图象去模糊　04.1084

image definition　图象清晰度　04.1076

image degradation　图象劣化　04.1077

image digitization　图象数字化　04.1079

image distance　象距　04.0170

image element　象元　04.1063

image encoding　图象编码　04.1080

image enhancement　图象增强　04.1082

image field　象场　04.0313

image height　象高　04.0172

image intensifier　象增强器　04.1083

image plane　象平面　04.0174

image plane holography　象面全息术　04.1165

image processing　图象处理　04.1078

image quality　象质　04.1073

image quality criterion　象质判据　04.1074

image quality evaluation　象质评价　04.1075

image reconstruction　图象重建　04.1085

image restoration　图象复原　04.1086

imagery　成象　04.0116

image space　象[方]空间　04.0176

image storage　图象存储　04.1090

image subtraction　图象相减　04.1088

image synthesis　图象综合　04.1087

image transform　图象变换　04.1089

imaginary time Green function　＊虚时格林函数
　05.0598

imaging　成象　04.0116

immersion objective　浸没物镜　04.0358

impact broadening　碰撞[谱线]增宽　04.1399

impact ionization　碰撞电离　03.0180

impact parameter　碰撞参量　02.0200

impedance　阻抗　03.0302

impedance matching　阻抗匹配　03.0306

imperfect elastic collision　非完全弹性碰撞

02.0228

implantation 植入 08.0705

implosion 爆聚 10.0401

implosion heating 爆聚加热 10.0420

improper ferroelectrics 非本征铁电体 08.0839

impulse 冲量 02.0104

impulse approximation 冲激近似 07.0134

impulse of compression 压缩冲量 02.0229

impulse of restitution 恢复冲量 02.0230

impulse response 脉冲响应 04.1032

impurity 杂质 08.0605

impurity level 杂质能级 08.0606

impurity resistivity 杂质电阻率 08.0912

impurity state conduction 杂质态导电 08.0921

in-beam γ-spectroscopy 在束 γ 谱学 09.0568

incandescence 白炽 04.1943

incandescent lamp 白炽灯 04.1306

in-cavity 内[共振]腔 04.1538

incendiary source 点火源 03.0579

incident angle 入射角 04.0058

incident particle 入射粒子 09.0307

incident ray 入射线 04.0055

incident wave 入射波 04.0785

inclination factor 倾斜因子 04.0916

inclinometer 磁倾计 03.0462

inclusion 包裹体 08.0254

inclusive cross-section 单举[反应]截面 09.0626

inclusive process 单举过程 09.0706

incoherence 非相干性 04.0899

incoherent illumination 非相干照明 04.0940

incoherent imaging 非相干成象 04.0769

incoherent interface 非共格界面 08.0525

incoherent light 非相干光 04.0898

incoherent optical information processing 非相干光[学]信息处理 04.1054

incoherent production 非相干产生 09.0627

incoming beam 入射束 09.0308

incoming channel 入射道 09.0309

incoming wave 入[射]波 10.0307

incommensurate phase 无公度相 08.1402

incompatibility 不相容性 07.0048

incomplete fusion 非[完]全熔合 09.0416

incompressibility 不可压缩性 02.0468

incongruent melting 异成分熔化 08.0500

independence 无关性 09.0628

independent amplitude 独立振幅 09.0629

independent electron approximation 独立电子近似 08.0772

independent-particle model ＊独立粒子模型 09.0206

indexing 指标化 08.0174

index theorem 指数定理 09.0630

indices of crystal direction 晶向指数 08.0061

indices of crystal plane 晶面指数 08.0057

indifferent equilibrium 随遇平衡 02.0161

indirect absorption 间接吸收 04.1417

indirect band gap 间接带隙 08.0603

indirect exchange interaction 间接交换作用 08.0990

indirect measurement 间接测量 01.0096

indistinguishability 不可分辨性 06.0287

indium antimonide 锑化铟 08.0676

indium phosphide 磷化铟 08.0678

induced absorption 感生吸收 04.1917

induced anisotropy 感生各向异性 04.0978

induced charge 感生电荷 03.0009

induced electric field 感生电场 03.0277

induced electromotive force 感生电动势 03.0273

induced emission 感生发射 04.1916

induced fission 诱发裂变 09.0450

induced giant moment 感生巨磁矩 08.1612

inductance 电感 03.0300

induction coil 感应圈 03.0283

induction current 感应电流 03.0270

induction electromotive force 感应电动势 03.0271

inductive reactance 感抗 03.0305

inductor 电感器 03.0301

inelastic collision 非弹性碰撞 02.0226

inelastic energy loss interface 非弹性能量损耗界面 08.1258

inelasticity 非弹性 09.0631

inelastic scattering 非弹性散射 06.0437

inelastic scattering cross-section 非弹性散射截面 09.0327

inertia 惯性 02.0050

inertial centrifugal force 惯性离心力 02.0207

inertial confinement 惯性约束 10.0397

inertial-confinement fusion 惯性[约束]聚变 10.0398

inertial force 惯性力 02.0206

inertial mass 惯性质量 02.0051

inertial [reference] frame 惯性[参考]系 02.0062

inertial [reference] system 惯性[参考]系 02.0062

inertia tensor 惯量张量 02.0272

infinite momentum frame 无限大动量系 09.0814

infinitesimal rotation 无限小转动 02.0268

inflationary universe 暴胀宇宙 06.0253

information capacity 信息容量 04.1043

information channel 信[息通]道 04.1044

information dimension 信息维数 05.0941

information entropy 信息熵 05.0299

information optics 信息光学 04.0760

infranics 红外电子学 04.1939

infrared asymptotic freedom 红外渐近自由 05.0702

infrared divergence 红外发散 05.0634

infrared laser 红外激光器 04.1724

infrared ray 红外线 04.0028

infrared slavery 红外奴役 09.0815

infrared spectrophotometer 红外分光光度计 04.1318

infrared spectroscopy 红外光谱学 04.1433

infrared stimulated luminescence 红外受激发光 08.1095

infrasonic wave 次声波 02.0396

inhomogeneous broadening 非均匀[谱线]增宽 04.1397

inhomogeneous wave 非均匀波 04.0783

initial condition 初[始]条件 02.0026

initial state 初态 05.0104

initial velocity 初速[度] 02.0027

injection laser 注入式激光器 04.1698

injector 注入器 09.1119

in-line holography 同轴全息术 04.1118

inner screening 内屏蔽 07.0122

InP 磷化铟 08.0678

in-phase 同相[位] 04.0790

input 输入 03.0499

InSb 锑化铟 08.0676

insect-population model 虫口模型 05.0783

instability 不稳定性 10.0247

instantaneous axis [of rotation] [转动]瞬轴 02.0252

instantaneous center [of rotation] [转动]瞬心 02.0253

instantaneous screw axis 瞬时螺旋轴 02.0266

instantaneous velocity 瞬时速度 02.0019

instanton 瞬子 09.1014

instrument 仪器 01.0125

instrumental optics 仪器光学 04.0015

insulated conductor 绝缘导体 03.0017

insulated-gate field effect transistor 绝缘栅场效[应]管 08.0752

insulating medium 绝缘介质 03.0348

insulator 绝缘体 03.0019

insulator-metal phase transition 绝缘体～金属相变 08.1673

integrable system 可积系统 05.0996

integral hologram 合成全息图 04.1147

integral line-breadth 积分线宽 04.1388

integral of generalized energy 广义能量积分 02.0349

integral of generalized momentum 广义动量积分 02.0348

integrated circuit 集成电路 08.0765

integrated cross-section 积分截面 09.0332

integrated intensity 积分强度 08.0193

integrated optical circuit 集成光路 04.1662

integrated optics 集成光学 04.1661

integrating sphere 积分球 04.0473

intensity correlation 强度关联 04.0909

intensity interferometer 强度干涉仪 04.0910

intensity of a gravitational field 引力场强度 06.0152

intensity of light 光强 04.0604

intensity of sound 声强 02.0400

intensity reflectivity 强度反射率 04.0608

intensity spectrum 强度谱 04.1878

intensity transfer function 强度传递函数 04.1039

intensity transmissivity　强度透射率　04.0611

intensive quantity　强度量　05.0099

interacting system　[相]互作用系统　05.0393

interaction　[相]互作用　06.0426

interaction boson fermion model　[相]互作用玻色子费米子模型　09.0216

interaction boson model　[相]互作用玻色子模型　09.0215

interaction energy　[相]互作用能　03.0045

interaction length　[相]互作用长度　09.0712

interaction line　[相]互作用线　05.0618

interaction picture　[相]互作用绘景　06.0395

interatomic force　原子间力　08.0206

interband electron scattering mechanism　带间电子散射机理　08.1534

interband transition　带间跃迁　08.1115

intercalation　插层　08.1256

intercalation compound　插层化合物　08.1416

interchange instability　交换不稳定性　10.0262

interchange mode　交换模　10.0218

interchannel interaction　通道间[相]互作用　07.0123

intercombination line　态际组合线　04.1347

interface　界面　08.1248

interface state　界面态　08.1320

interfacial energy　界面能　08.1493

interference　干涉　04.0615

interference color　干涉色　04.0974

interference filter　干涉滤光片　04.0650

interference fringe　干涉条纹　04.0623

interference function　干涉函数　08.0338

interference microscope　干涉显微镜　04.0670

interference pattern　干涉图样　04.0669

interference term　干涉项　04.0668

interferometer　干涉仪　04.0629

interferometry　干涉测量术　04.0845

interior focusing　内调焦　04.0267

interior unsatisfied bond　内部未满足键　08.0394

intermediate bond　居间键　08.0211

intermediate boson　中间玻色子　09.0960

intermediate coupling　中等耦合　09.0285

intermediate-energy nuclear reaction　中能核反应　09.0292

intermediate image　居间象　04.0445

intermediate neutron　中能中子　09.0429

intermediate nucleus　中重核　09.0299

intermediate phase　居间相　08.0482

intermediate state　居间态　08.1492

intermediate structure　中间结构　09.0471

intermediate-valence compound　居间价化合物　08.0483

intermittency chaos　阵发混沌　05.0876

intermode beat　模间拍[频]　04.1655

intermolecular force　分子间力　07.0091

internal conical refraction　内锥折射　04.0972

internal conversion　内转换　09.0165

internal conversion coefficient　内转换系数　09.0166

internal conversion electron　内转换电子　09.0167

internal conversion pair　内转换电子对　09.0168

internal degree of freedom　内部自由度　05.0363

internal energy　内能　05.0148

internal force　内力　02.0215

internal friction　内耗　08.0536

internal photoelectric effect　*内光电效应　04.1463

internal reflection　内反射　04.0081

internal resistance　内阻　03.0134

internal similarity　内部相似性　05.0884

internal symmetry　内部对称性　09.0632

international [crystal] symbol　国际[晶体]符号　08.0147

international practical temperature scale 1968　国际实用温标(1968)　05.0011

international temperature scale 1990　国际温标(1990)　05.0012

International Union of Pure and Applied Physics　国际纯粹物理与应用物理联合会　01.0153

interpolation　内插　01.0090

intersecting storage ring　交叉存储环　09.1117

interstitial alloy　填隙式合金　08.0485

intervalley scattering　谷际散射　08.0614

interval of events　[事件]间隔　06.0027

intimate valence alternation pair　紧密变价对　08.0402

intonation　声调　02.0413

intra-cavity　内[共振]腔　04.1538

intracavity modulation　腔内调制　04.1597

intracavity scanning　腔内扫描　04.1632

intrachannel interaction　通道内[相]互作用
　07.0124

intravalley scattering　谷内散射　08.0615

intrinsic absorption　内禀吸收　04.1418

intrinsic angular momentum　内禀角动量　06.0451

intrinsic carrier　内禀载流子　08.0584

intrinsic carrier density　内禀载流子浓度　08.0598

intrinsic curvature　内[禀]曲率　06.0209

intrinsic degree of freedom　内禀自由度　09.0633

intrinsic electric quadrupole moment　内禀电四极矩
　09.0271

intrinsic equation　内禀方程　02.0039

intrinsic geometry　内禀几何　06.0182

intrinsic linewidth　内禀线宽　04.1392

intrinsic magnetization　内禀磁化强度　08.0969

intrinsic parity　内禀宇称　09.0162

intrinsic resistivity　内禀电阻率　08.0913

intrinsic semiconductor　内禀半导体　08.0580

intrinsic stochasticity　内禀随机性　05.0874

introscope　内窥镜　04.0389

invader　侵入物　05.0981

invariant amplitude　不变振幅　09.0634

invariant imbedding method　不变嵌入法　07.0125

invariant mass　不变质量　09.0635

invasion percolation　入侵逾渗　05.0980

inverse bremsstrahlung　轫致辐射逆过程　10.0171

inverse Compton scattering　逆康普顿散射
　04.1481

inverse filter　逆滤波器　04.1061

inverse magnetooptical effect　逆磁光效应　04.1773

inverse operation　逆操作　08.0134

inverse period-doubling bifurcation　倒倍周期分岔
　05.0864

inverse photoelectric spectroscopy　逆光电效应能谱
　学　08.1355

inverse Raman effect　逆拉曼效应　04.1774

inverse scattering method　逆散射法　05.0993

inverse Stark effect　逆斯塔克效应　04.1775

inverse synchrotron absorption　同步吸收逆过程
　10.0174

inverse temperature　温度倒数　05.0317

inverse Zeeman effect　逆塞曼效应　04.1776

inversion　反演　08.0122

inversion center　反演中心　08.0123

inversion layer　反型层　08.0661

inversion symmetry　反演对称性　08.0124

inversion temperature　反转温度　05.0022

inversion wall　反转壁　08.1209

inverted image　倒象　04.0121

inverted Lamb dip　倒兰姆凹陷　04.1631

inverted multiplet　倒多重线　07.0054，倒多重态
　07.0055

inverted spectral term　倒谱项　04.1350

inverting prism　倒象棱镜　04.0099

invisible light　不可见光　04.0026

iodine stabilized laser　碘稳频激光器　04.1629

Ioffe bar　约费棒　10.0359

ion-acoustic instability　离子声不稳定性　10.0270

ion-acoustic wave　离子声波　10.0186

ion beam　离子束　03.0177

ion-beam analysis　离子束分析　09.0557

ion-beam mixing　离子束混合　09.0567

ion cyclotron wave　离子回旋波　10.0197

ion exchange adsorption　离子交换吸附　08.1284

ionic bonding　离子键合　08.0210

ionic conductivity　离子电导率　08.0231

ionic crystal　离子晶体　08.0214

ionic device　离子器件　08.0233

ion implantation　离子植入，＊离子注入
　08.0706

ionization　电离　03.0179

ionization by collision　碰撞电离　03.0180

ionization chamber　电离室　09.0516

ionization current　电离电流　09.0515

ionization energy　电离能　07.0023

ionization spectroscopy　电离谱学　08.1363

ionization [vacuum] gauge　电离真空规　05.0086

ion microprobe　离子微探针　08.1368

ion neutralization spectroscopy　离子中和谱学
　08.1369

ionosphere　电离层　10.0433

ion scattering spectroscopy　离子散射谱学

08.1370

ion sound speed 离子声速 10.0187

ion sound wave 离子声波 10.0186

ion-wave instability 离子－波不稳定性 10.0271

IPS 逆光电效应能谱学 08.1355

IPTS-68 国际实用温标(1968) 05.0011

iraser 红外激光器 04.1724

iris 可变光阑 04.0269

iron loss 铁损 08.1025

irradiance 辐照度 04.0366

irradiation 光渗 04.0496, 辐照 09.0197

irradiation damage 辐照损伤 09.0198

irradiation effect 辐照效应 08.0565

irradiation growth 辐照生长 09.0199

irrational rotation number 无理转数 05.0907

irrational spin 无理数自旋 08.1404

irreducible cluster integral 不可约集团积分
    05.0403

irreducible graph 不可约图 05.0433

irreducible representation 不可约表示 06.0458

irreducible tensor operator 不可约张量算符
    06.0459

irrelevant parameter 无关参量 05.0697

irreversible process 不可逆过程 05.0109

irreversible thermodynamics 不可逆[过程]热力学
    05.0229

irrotational flow model 无旋流模型 09.0214

IR spectroscopy 红外光谱学 04.1433

IR stimulated luminescence 红外受激发光
    08.1095

isentropic compression 等熵压缩 08.1652

Ising model 伊辛模型 05.0683

island of isomerism 同核异能素岛 09.0170

island of stability 稳定岛 09.0041

isobar 等压线 05.0123, 同量异位素 09.0017

isobaric process 等压过程 05.0114

isobaric spin 同位旋 09.0070

isochore 等体[积]线, ＊等容线 05.0122

isochoric process 等体[积]过程, ＊等容过程
    05.0113

isochromate 等色线 04.0975

isochromatic line 等色线 04.0975

isochronous pendulum 等时摆 02.0134

isoelectronic sequence 等电子序 07.0147

isoelectron trap 等电子陷阱 08.1102

isogyre 同消色线 04.0976

isolated conductor 孤立导体 03.0016

isolated system 孤立系 02.0129

isolation table 防震台 04.1189

isomer [同]核异能素 09.0018

isomer shift 同质异能移位 08.1054

isometry 等度规 06.0229

isomorphous replacement 同形置换法 08.0190

isopach 等厚线 04.0977

isophote 等强度线, ＊等照度线 04.0937

isoplanatic condition 等晕条件 04.0460

isoplanatic region 等晕区 04.0461

isospin 同位旋 09.0070

isospin analog state 同位旋相似态 09.0073

isospin multiplet 同位旋多重态 09.0072

isospin space 同位旋空间 09.0071

isotherm[al] 等温线 05.0121

isothermal Hall effect 等温霍尔效应 08.0624

isothermal process 等温过程 05.0112

isotone 同中子[异位]素 09.0016

isotope 同位素 09.0015

isotope effect 同位素效应 08.1479

isotope shift 同位素移位 07.0064

isotopic abundance 同位素丰度 09.0225

isotopic spin 同位旋 09.0070

isotropic medium 各向同性介质 04.0731

isotropic plasma 各向同性等离[子]体 10.0022

isotropy 各向同性 02.0455

ISR 交叉存储环 09.1117

ISS 离子散射谱学 08.1370

itinerant electron 巡游电子 08.0974

itinerant electron magnetism 巡游电子磁性
    08.0975

ITS-90 国际温标(1990) 05.0012

IUPAP 国际纯粹物理与应用物理联合会
    01.0153

IVAP 紧密变价对 08.0402

J

Jahn-Teller effect　扬－特勒效应　08.0851

jellium model　凝胶模型　05.0466

jet　喷注　09.1104

jet electrification　喷注起电　03.0580

jet model　喷注模型　09.0817

jet shower　喷注簇射　09.0818

JFET　结型场效[应]管　08.0747

jog of dislocation　位错割阶　08.0244

Johnson noise　＊约翰孙噪声　05.0516

Jolly spring balance　约利弹簧秤　02.0515

Jones zone　琼斯区　08.0777

Josephson device　约瑟夫森器件　08.1554

Josephson effect　约瑟夫森效应　08.1553

Josephson [tunnel] junction　约瑟夫森[隧道]结
08.1552

Joule experiment　焦耳实验　05.0124

Joule heat　焦耳热　03.0144

Joule heating　焦耳加热　10.0407

Joule law　焦耳定律　05.0039

Joule-Thomson coefficient　焦耳－汤姆孙系数
05.0222

Joule-Thomson effect　焦耳－汤姆孙效应
05.0221

J/psi particle　J/ψ粒子　09.0954

Julia set　茹利亚集[合]　05.0894

jump　突跳　05.0813

junction field effect transistor　结型场效[应]管
08.0747

K

Kagomé lattice　笼目格　05.0710

Kamerlingh-Onnes equation　卡末林－昂内斯方程
05.0048

KAM theorem　KAM定理　05.0994

KAM torus　KAM环面　05.0995

kaon　K介子　09.0939

kaon factory　K介子工厂　09.0943

kaon[ic] atom　K介原子　09.0942

kaon regeneration　K介子再生　09.0941

Kapitza liquefier　卡皮查液化器　08.1574

Kapitza [thermal boundary] resistance　卡皮查[界
面]热阻　08.0905

Kaplan-Yorke conjecture　卡普兰－约克猜想
05.0945

Kasper [coordination] polyhedron　卡斯珀[配位]多
面体　08.0491

K-capture　K俘获　09.0134

KdV equation　KdV方程　05.0990

Keldysh diagram　凯尔迪什图　05.0638

Kelvin double bridge　开尔文双电桥　03.0450

Kelvin-Helmholtz instability　开尔文－亥姆霍兹不
稳定性　10.0268

K entropy　＊K熵　05.0892

Kepler law　开普勒定律　02.0195

kerma　比释动能　09.0190

kernel　核[函]　06.0338

Kerr cell　克尔盒　04.0759

Kerr effect　克尔效应　04.0758

Kerr solution　克尔解　06.0172

ket　右矢，＊刃　06.0370

Ke torsion pendulum　葛庭燧扭摆　08.0538

key　电键　03.0409

Khinchin number　欣钦数　05.0902

Kikuchi pattern　菊池图样　08.0574

Killing equation　基灵方程　06.0225

Killing vector field　基灵矢量场　06.0224

kinematical equation　运动学方程　02.0040

kinematics　运动学　02.0002

kinematic viscosity　运动黏度　02.0474

kinetic energy　动能　02.0112

kinetic energy released in matter　比释动能
09.0190

kinetic equation　动理[学]方程　05.0478

kinetic instability　动理学不稳定性　10.0250

kinetic mode　动理模　10.0208

kinetic potential　动理势　05.0796

kinetics　动理学，＊动力学　05.0469

kinetics of phase transition　相变动理学　05.0742

kinetics stage　动理学阶段　05.0576

kinetic temperature　动理温度　10.0113

kinetic theory of gases　气体动理[学理]论，＊气体分子运动论　05.0470

kinetic theory of plasma　等离[子]体动理论，＊等离子体动理学理论　10.0112

kinetic viscosity　动力黏度　02.0475

kink band　扭折带　08.0552

kink instability　扭曲不稳定性　10.0263

kink mode　扭曲模　10.0219

kink of dislocation　位错扭折　08.0245

kinoform　相[全]息图　04.1152

Kirchhoff diffraction theory　基尔霍夫衍射理论　04.0914

Kirchhoff equations　基尔霍夫方程组　03.0159

Kirchhoff formula　基尔霍夫公式　03.0390

Kirchhoff integral theorem　基尔霍夫积分定理　04.0690

Kirkwood equation　柯克伍德方程　05.0430

[Kirkwood] superposition approximation　[柯克伍德]叠加近似　05.0428

KK relation　＊KK关系　08.0832

KKR method　KKR法　08.0784

Klein-Gordon equation　克莱因－戈尔登方程　06.0364

Klein-Nishina formula　克莱因－仁科公式　09.0492

Klimontovich equation　克利蒙托维奇方程　10.0116

klystron　速调管　03.0530

kneading transformation　揉面变换　05.0924

knife-edge test　刀口检验　04.0390

knock-out reaction　敲出反应　09.0391

Knudsen effect　克努森效应，＊克努曾效应　05.0476

Knudsen number　克努森数　05.0482

Kobayashi-Masukawa mixing matrix　小林－利川混合矩阵　09.0819

Koch curve　科赫曲线　05.1000

Koch island　科赫岛　05.1001

Kohn anomaly　科恩反常　08.1390

Kolmogorov-Arnold-Moser theorem　KAM定理　05.0994

Kolmogorov-Chapman equation　科尔莫戈罗夫－查普曼方程　05.0795

Kolmogorov-Sinai entropy　KS熵　05.0892

Kondo effect　近藤效应　08.1005

Koopmans theorem　库普曼斯定理　08.0803

Korringa-Kohn-Rostoker method　KKR法　08.0784

Korteweg-de Vries equation　KdV方程　05.0990

Kosterlitz-Thouless phase transition　KT相变　08.1419

k·p method　**k·p**法　08.0785

Kramers-Kronig relation　克拉默斯－克勒尼希关系　08.0832

Kronecker symbol　克罗内克符号　06.0274

Kronig-Penney model　克勒尼希－彭尼模型　08.0806

Kruskal coordinates　克鲁斯卡尔坐标　06.0171

K-selection rule　K选择定则　09.0272

KS entropy　KS熵　05.0892

KT phase transition　KT相变　08.1419

Kubo formula　久保公式　05.0563

Kundt tube　孔特管　02.0545

Kurie plot　库里厄图　09.0146

L

laboratory [coordinate] system　实验室[坐标]系　02.0222

ladder approximation　梯图近似　09.0820

ladder diagram　梯图　05.0635

Lagrange equation　[第二类]拉格朗日方程　02.0331

Lagrange equation of the first kind　第一类拉格朗日方程　02.0332

Lagrange multiplier　拉格朗日乘子　02.0333

Lagrange multiplier function　拉格朗日乘函
05.0546

Lagrange turbulence　拉格朗日湍流　05.0826

Lagrangian　拉格朗日[量]　02.0329

Lagrangian function　拉格朗日函数　02.0330

Lamb dip　兰姆凹陷　04.1609

Lambert-Bouguer law　＊朗伯－布格定律
04.1256

Lambert cosine law　朗伯余弦定律　04.0086

Lamb semiclassical theory　兰姆半经典理论
04.1607

Lamb shift　兰姆移位　07.0033

laminar flow　层流　02.0483

laminar shock　层流击波　10.0238

Landau criterion [of superfluidity]　朗道[超流]
判据　08.1441

Landau damping　朗道阻尼　10.0122

Landau-de Gennes model　朗道－德让纳模型
08.1245

Landau diamagnetism　朗道抗磁性　08.0929

Landau level　朗道能级　08.0805

Landau theory of superfluidity　朗道超流理论
08.1442

Landé g-factor　朗德 g 因子　07.0039

Landé interval rule　朗德间隔定则　07.0066

Landen mechanism　兰登机理　05.0879

Lander vacancy model　兰德空位模型　08.1380

Langevin-Debye formula　朗之万－德拜公式
08.0961

Langevin equation　朗之万方程　05.0521

Langevin function　朗之万函数　08.0962

Langevin paramagnetism　朗之万顺磁性　08.0925

Langmuir adsorption　朗缪尔吸附　08.1283

Langmuir oscillation　朗缪尔振荡　10.0184

Langmuir probe　朗缪尔探针　10.0428

Langmuir wave　朗缪尔波　10.0185

LAPW method　＊LAPW 法　08.0790

large scale integrated circuit　大规模集成电路
08.0766

Larmor frequency　拉莫尔频率　02.0284

Larmor precession　拉莫尔进动，＊拉莫尔旋进
02.0283

Larmor radius　拉莫尔半径　03.0268

laser　激光　04.1503，　激光器　04.1504

laser accelerator　激光加速器　04.1750

laser aligning　激光校直　04.1743

laser amplifier　激光放大器　04.1549

laser annealing　激光退火　08.0712

laser array　激光[器]阵列　04.1755

laser beam　激光束　04.1558

laser [beam information] scanning　激光[束信息]扫
描　04.1195

laser bonding　激光焊接　04.1735

laser boring　激光打孔　04.1733

laser cavity　激光[共振]腔　04.1513

lasercom　激光通信　04.1738

laser communication　激光通信　04.1738

laser cooling　激光致冷　04.1736

laser cutting　激光切割　04.1734

laser diode　激光二极管　08.0738

laser display　激光显示　04.1737

laser energy meter　激光能量计　04.1641

laser excitation　激光激发　04.1745

laser fission　激光裂变　04.1748

laser fusion　激光聚变　04.1749

laser glazing method　激光玻璃化法　08.0295

laser guidance　激光制导　04.1741

laser gyroscope　激光陀螺[仪]　04.1740

laser host　激光[器]基质　04.1647

laser induced fluorescence　激光感生荧光
04.1746

laser isotope separation　激光同位素分离
04.1747

laser length standard　激光长度基准　04.1753

laser material　激光材料　08.1136

laser [oscillation] condition　激光[振荡]条件
04.1532

laser oscillator　激光振荡器　04.1550

laser physics　激光物理[学]　04.1642

laser powermeter　激光功率计　04.1640

laser process　激光过程　04.1648

laser-produced plasma　激光致等离[子]体
10.0029

laser pumping　激光抽运　04.1744

laser range finder　激光测距仪　04.1752

laser resonator 激光[共振]腔 04.1513

[laser] speckle [激光]散斑 04.1729

laser spectroscopy 激光光谱学 04.1732

laser spectrum 激光光谱 04.1654

laser spiking 激光尖峰 04.1658

latent heat 潜热 05.0212

latent image 潜象 04.0575

lateral aberration 横[向]象差 04.0292

lateral coherence 横向相干性 04.0900

lateral magnification 横向放大率 04.0180

lateral mode 横模 04.1581

lateral shearing interferometer 横向剪切干涉仪 04.0852

lattice 格[点] 05.0645

lattice animal 格点动物 05.0647

lattice constant 晶格常量 08.0089

lattice dynamics 晶格动力学 08.0269

lattice gas model 格气模型 05.0646

lattice gauge 格点规范 09.0821

lattice heat capacity 晶格热容 08.0889

lattice mismatch 晶格失配 08.0695

lattice plane 格面 08.0074

lattice plane net 格面网 08.0075

lattice point 格点 08.0072

lattice [point] row 格点行 08.0077

lattice relaxation 晶格弛豫 08.0281

lattice scattering 晶格散射 08.0613

lattice site 格座 08.0311

lattice soliton 格孤子 08.1425

lattice sum 格点和 08.0227

lattice thermal conductivity 晶格热导率 08.0282

lattice vector 格矢 08.0073

lattice vibrational absorption 晶格振动吸收 08.1143

lattice wave 格波 08.0274

lattice wave momentum 格波动量 08.0275

Laue method 劳厄法 08.0181

Laue-symmetry group 劳厄对称群 08.0141

law 定律 01.0072

law of conservation of angular momentum 角动量守恒定律 02.0111

law of conservation of charge 电荷守恒定律 03.0131

law of conservation of energy 能量守恒定律, *能量守恒与转化定律 02.0125

law of conservation of mass 质量守恒定律 02.0053

law of conservation of mechanical energy 机械能守恒定律 02.0126

law of conservation of moment of momentum *动量矩守恒定律 02.0111

law of conservation of momentum 动量守恒定律 02.0106

law of constancy of interfacial angles 面间角恒定[定]律 08.0063

law of corresponding states 对应态[定]律 05.0224

law of inertia *惯性定律 02.0058

law of rational indices 有理指数[定]律 08.0064

law of symmetry 对称定律 08.0065

law of universal gravitation 万有引力定律 02.0078

Lawson criterion 劳森判据 10.0340

layered compound 分层化合物 08.1415

layered ultrathin coherent structure 多层超薄共格结构 08.1265

layer material 层状材料 08.0696

layer structure 层状结构 08.1388

LCAO method LCAO法 08.0779

LDF 局域密度泛函 08.0802

leader stroke 先导电击 03.0581

leading logarithm 主导对数项 09.0822

leading particle 主导粒子 09.0823

leading pole 主导极点 09.0824

leading term 主导项 09.0825

leading wave 前导波 10.0220

leakage factor 漏泄因子 08.1026

leakage flux 漏磁通 03.0470

leakage resistance 漏电阻 03.0582

least square method 最小二乘法 01.0144

Le Chatelier principle 勒夏特列原理 05.0227

LED 发光二极管 08.1101

ledge structure 台阶结构 08.1268

ledge surface 台阶表面 08.1267

LEED 低能电子衍射 08.1342

Lee model 李[政道]模型 09.1064

Lee-Yorke chaos 李[天岩]－约克混沌 05.0947

Lee-Yorke theorem 李[天岩]－约克定理 05.0946

left-hand circular polarization 左[旋]圆偏振 04.0802

left-handed crystal 左旋晶体 04.0754

left-handed current 左手流 09.0826

left-hand rule 左手定则 03.0208

left neutrino 左[旋]中微子 09.0922

Legendre transformation 勒让德变换 05.0158

Lehmann representation 莱曼表示 05.0606

Lehmann rotation 莱曼转动 08.1233

Leith-Upatnieks hologram 利思－乌帕特尼克斯全息图 04.1123

length 长度 01.0020

length contraction 长度收缩 06.0062

Lennard-Jones potential 伦纳德－琼斯势 05.0412

lens 透镜 04.0130

lens center 透镜中心 04.0156

lens combination 透镜组 04.0185

lens formula 透镜公式 04.0157

lensless Fourier hologram 无透镜傅里叶全息图 04.1139

lenslet 小透镜 04.0440

lens-like medium 类透镜介质 04.1221

lens spectrometer 透镜谱仪 09.0581

lenticular screen 微透镜屏 04.1219

Lenz law 楞次定律 03.0275

lepton 轻子 09.0914

leptonic charge 轻子数 09.0923

leptonic decay 轻子型衰变 09.0924

leptonic number 轻子数 09.0923

leptoquark 轻夸[玻色]子 09.0966

Le Système International d'Unités(法) 国际单位制 01.0046

lethargy 勒 09.0434

level 级别 01.0129, 水准器 02.0524

level-crossing effect 能级交叉效应 07.0067

level density 能级密度 09.0385

lever rule 杠杆定则 08.0493

Levi-Civita parallel displacement 莱维－齐维塔平移 06.0195

Levi-Civita tensor 莱维－齐维塔张量 06.0275

levitation of air bubble 气泡浮置 03.0583

Leyden jar 莱顿瓶 03.0402

lidar [激]光雷达 04.1754

Lie derivative 李导数 06.0215

Lienard-Wiechert potential 李纳－维谢尔势 03.0391

lift force 升力 02.0500

light 光 04.0022

light activated switch 光启[动]开关 04.1198

light amplification 光放大 04.1548

[light] beam 光束 04.0345

light beat 光拍 04.1656

light beating spectroscopy 光拍光谱术 04.1423

[light] chopper 斩光器 04.0546

light cone 光锥 06.0077

light-cone [current] algebra 光锥[流]代数 09.0776

light detection and ranging [激]光雷达 04.1754

light emitting diode 发光二极管 08.1101

light field 光场 04.0039

light-gas gun 轻气炮 08.1651

light gate 光闸 04.1056

light-gathering power 聚光本领 04.0257

light gating 光选通 04.1197

light guide 光导 04.1207

lighting device 照明装置 04.0457

lightlike 类光[的] 06.0085

lightlike event 类光事件 06.0089

lightlike interval 类光间隔 06.0088

lightlike line 类光线 06.0086

lightlike vector 类光矢量 06.0087

lightning rod 避雷针 03.0403

light nucleus 轻核 09.0298

light pencil 光[线]锥 04.0433

light pipe [导]光管 04.0553

light pressure 光压 04.1482

light pulse 光脉冲 04.0042

light pulse compression 光脉冲压缩 04.1862

light pump 光泵 04.1494

light quantum 光量子 04.0041

light quark 轻夸克 09.0972

light ray 光线 04.0051

light-sensitive cathode　光敏阴极　04.1469

light sensor　光敏传感器　04.1945

light shift　光致频移　04.1380

light signal　光信号　06.0007

light source　光源　04.0023

light trap　光阱　04.1842

light valve　光阀　04.1639

light velocity　光速　04.0024

light wave　光波　04.0343

light year　光年　09.1155

limit cycle　极限环　05.0768

limited space-charge accumulation diode　限累二极
管　08.0737

limiting fragmentation　极限碎裂　09.0827

limiting group　极限群　08.0142

limiting velocity　极限速度　02.0142

linac　直线加速器　09.1087

Linde cycle　林德循环　08.1572

Linde liquefier　林德液化机　05.0078

linear accelerator　直线加速器　09.1087

linear amplifier　线性放大器　03.0512

linear charge density　线电荷密度　03.0012

linear combination of atomic orbital method　＊原子
轨函线性组合法　08.0779

linear element　线性元件　03.0484

linear expansivity　线膨胀率　05.0053

linearized augmented plane wave method　线性[化]
增广平面波法　08.0790

linearized muffin-tin orbital method　线性[化]糕模轨
函法　08.0791

linearized stability analysis　线性[化]稳定性分析
05.0757

linear [nonequilibrium] thermodynamics　线性[非平
衡]热力学　05.0242

linear optics　线性光学　04.0009

linear pinch　直线箍缩　10.0103

linear polarization　线偏振　04.0716

linear resolution　线分辨率　04.0711

linear response　线性响应　05.0557

linear space-invariant system　线性空间不变系统
04.1055

linear transport theory　线性输运理论　05.0556

line breadth　谱线宽度，＊线宽　04.1387

line broadening　谱线增宽　04.1393

line cusp　线会切　10.0364

line disclination　线向错　08.1191

line element　线元　06.0028

line of sight　视线　04.0270

line profile　＊谱线轮廓　04.1384

[line] satellite　伴线　04.1289

line series　[谱]线系　04.1332

line shape　线形，＊谱线形状　04.1384

line shape function　线形函数　04.1386

line shift　谱线移位　04.1373

line spectrum　线状谱　04.1277

line spread function　线扩展函数　04.1033

line strength　谱线强度　04.1383

line voltage　线电压　03.0322

line width　谱线宽度，＊线宽　04.1387

Liouville equation　刘维尔方程　05.0581

Liouville operator　刘维尔算符　05.0582

Liouville theorem　刘维尔定理　05.0302

Lippmann-Bragg hologram　李普曼－布拉格全息图
04.1140

liquefaction　液化　05.0199

liquefaction point　液化点　05.0207

liquefied fraction　液化率　08.1571

liquefier　液化器　08.1569

liquid　液体　05.0025

liquid crystal　液晶　08.1162

liquid crystal cell　液晶盒　08.1187

liquid crystal display　液晶显示　08.1188

liquid crystal phase　液晶相　08.1163

liquid crystal wedge　液晶劈　08.1199

liquid-drop model　液滴模型　09.0204

[liquid] He I　[液]氦 I　08.1430

[liquid] He II　[液]氦 II　08.1431

liquid helium　液氦　08.1429

liquid helium temperature　液氦温度　08.1584

liquid hydrogen temperature　液氢温度　08.1583

liquid laser　液体激光器　04.1507

liquidlike cell　类液元胞　08.0447

liquidlike cluster　类液集团　08.0448

liquid nitrogen temperature　液氮温度　08.1582

liquid phase epitaxy　液相外延　08.0690

liquid scintillator　液体闪烁体　09.0527

liquid semiconductor 液态半导体 08.0671

liquidus [line] 液[相]线 08.0501

lithium drift detector 锂漂移探测器 09.0534

Littrow monochromator 利特罗单色仪 04.1313

LJ potential ＊LJ 势 05.0412

Lloyd mirror 劳埃德镜 04.0617

LMTO method ＊LMTO 法 08.0791

load 负载 03.0142

local close packing 局域密堆积 08.0351

local density functional 局域密度泛函 08.0802

local density of states 局域态密度 08.1322

local electron magnetism 局域电子磁性 08.0976

local equilibrium 局域平衡 05.0234

local equilibrium theory 局域平衡理论 05.0548

local exchange potential 局域交换势 07.0148

local field theory 定域场论 09.0828

local frame of reference 局域参考系 06.0154

local instability 局域不稳定性 10.0255

locality 定域性 09.0829

localization 定域化 08.0424

localization length 定域长度 08.0440

localized band-tail state 定域带尾态 08.0434

localized fringe 定域条纹 04.0635

localized mode 定域模 08.0280

localized state 定域态 08.0422

localized state regime 定域态区 08.0430

localized system 定域系 05.0321

locally conserved quantity 局域守恒量 05.0580

local mode 局域模 10.0221

local order 局域有序 08.0451

locator 定域子 08.0436

lock-in amplifier 锁定放大器 03.0513

lock-in transition 锁定转变 08.1400

logistic map[ping] 逻辑斯谛映射 05.0837

Lohmann hologram 勒曼全息图 04.1155

London equation 伦敦方程 08.1480

London penetration depth 伦敦穿透深度 08.1481

London rigidity 伦敦刚性 08.1487

London rule 伦敦定则 08.1436

London theory of superfluidity 伦敦超流理论 08.1437

lone-pair electron 孤对电子 08.0459

long-after-glow phosphor 长余辉磷光体 08.1105

longitudinal aberration 纵[向]象差 04.0291

longitudinal adiabatic invariant 纵向渐渐不变量 10.0077

longitudinal field 纵场 03.0367

longitudinal magnification 纵向放大率 04.0181

longitudinal mass 纵质量 06.0133

longitudinal mode 纵模 04.1580

longitudinal mode spacing 纵模间距 04.1582

longitudinal momentum 纵[向]动量 09.0636

longitudinal phonon 纵声子 08.0917

longitudinal relaxation 纵向弛豫 04.1769

longitudinal wave 纵波 02.0361

long-lived particle 长寿命粒子 09.0637

long persistence screen 长余辉荧光屏 04.1456

long-range connectivity 长程连通性 05.0964

long-range correlation 长程关联 09.0638

long-range density 长程密度 08.0353

long-range force 长程力 09.0056

long-range order 长程序 05.0658

long time tail 长时尾 05.0542

long wave fluctuation 长波涨落 05.0740

long wave pass filter 长波通滤光片 04.0886

loop 回路 03.0152

loop [diagram] 圈[图] 09.0639

Lorentz broadening 洛伦兹[谱线]增宽 04.1398

Lorentz condition 洛伦兹条件 03.0365

Lorentz covariance 洛伦兹协变性 06.0039

Lorentz covariant 洛伦兹协变量 06.0035, 洛伦兹协变式 06.0037

Lorentz factor 洛伦兹因子 06.0031

Lorentz field 洛伦兹场 08.0830

Lorentz force 洛伦兹力 03.0203

Lorentz gauge 洛伦兹规范 03.0362

Lorentz group 洛伦兹群 06.0030

Lorentz invariance 洛伦兹不变性 06.0045

Lorentz invariant 洛伦兹不变量 06.0041, 洛伦兹不变式 06.0043

Lorentz-Lorenz formula 洛伦兹－洛伦茨公式 04.1227

Lorentz metric 洛伦兹度规 06.0032

Lorentz transformation 洛伦兹变换 06.0029

Lorenz attractor 洛伦茨吸引子 05.0850

Lorenz constant 洛伦茨常量 05.0509

Lorenz model 洛伦茨模型 05.0838

Lorenz number 洛伦茨常量 05.0509

Loschmidt constant 洛施密特常量 05.0043

Loschmidt number 洛施密特常量 05.0043

[Loschmidt] reversibility paradox [洛施密特]可逆性佯谬 05.0268

loss cone 漏失锥 10.0352

loss cone angle 漏失[锥]角 10.0353

loss cone instability 漏失锥不稳定性 10.0275

lossy cavity 有耗腔 04.1521

Lotka-Volterra equation 洛特卡-沃尔泰拉方程 05.0782

Lotka-Volterra model *洛特卡-沃尔泰拉模型 05.0781

low dimensional physics 低维物理[学] 08.0015

low dimensional solid 低维固体 08.1386

low-energy electron diffraction 低能电子衍射 08.1342

low-energy nuclear reaction 低能核反应 09.0291

low-light-level imaging 微光成象 04.0447

low-loss resonator 低耗[共振]腔 04.1522

lower bound 下界 09.0640

lower critical [magnetic] field 下临界[磁]场 08.1502

lower hybrid frequency 低混杂频率 10.0204

lower hybrid wave 低混杂波 10.0203

lower limit 下限 09.0641

lower marginal dimension 下边缘维数 05.0731

lowest unoccupied molecular orbit 最低未占分子轨道 07.0145

low temperature physics 低温物理[学] 08.0010

low-temperature plasma 低温等离[子]体 10.0008

low temperature thermometer 低温[温度]计 08.1614

LPE 液相外延 08.0690

LRO 长程序 05.0658

LSA 限累二极管 08.0737

LSI 大规模集成电路 08.0766

LUCS 多层超薄共格结构 08.1265

luminance 亮度 04.0374

luminescence 发光 04.1445, 发光学 08.0014

luminescence efficiency 发光效率 08.1121

luminescent center 发光中心 08.1103

luminiferous ether 光以太 06.0017

luminophor 发光体 08.1104

luminosity 亮度 09.0714

luminous efficacy 光视效能 04.0379

luminous efficiency 光视效率 04.0378

luminous emissivity 光发射率 04.0043

luminous emittance 光发射度 04.0373

luminous energy 光能 04.0040

luminous flux 光通量 04.0368

luminous intensity 发光强度 04.0372

Lummer-Brodhun photometer 陆末-布洛洪光度计 04.0380

Lummer-Gehrcke plate 陆末-格尔克板 04.0870

LUMO 最低未占分子轨道 07.0145

luxmeter 照度计 04.0370

ly 光年 09.1155

Lyapunov dimension 李雅普诺夫维数 05.0943

Lyapunov exponent 李雅普诺夫指数 05.0870

Lyapunov function 李雅普诺夫函数 05.0751

Lyapunov functional 李雅普诺夫泛函 05.0752

Lyapunov stability 李雅普诺夫稳定性 05.0753

Lyman series 莱曼系 07.0013

lyoluminescence 晶溶发光 08.1096

lyophase 溶致相 08.1169

lyotropic liquid crystal 溶致液晶 08.1167

M

Mach number 马赫数 02.0504

Mach principle 马赫原理 06.0159

Mach-Zehnder interferometer 马赫-曾德尔干涉仪 04.0850

macrocausality 宏观因果性 09.0642

macrocrystal 宏晶[体] 08.0041

macroinstability 宏观不稳定性 10.0249

macroscopic cross-section 宏观截面 09.0336

macroscopic irreversibility 宏观不可逆性 05.0266

macroscopic polarization 宏观极化 07.0149

macroscopic quantity 宏观量 05.0264

macroscopic quantum phenomenon 宏观量子现象 08.1488

macroscopic state 宏观态 05.0263

macrostructure 宏[观]结构 08.0022

macrosystem 宏观系统 09.0646

Madelung constant 马德隆常数 08.0217

Madelung energy 马德隆能[量] 08.0215

magic nucleus 幻核 09.0227

magic number 幻数 09.0226

magnet 磁体 03.0223

magnetic aftereffect 磁后效 08.1027

magnetic anisotropy 磁各向异性 08.0980

magnetic axis 磁轴 10.0375

magnetic birefringence 磁致双折射 08.1212

magnetic bottle 磁瓶 10.0347

magnetic bubble 磁泡 08.1028

magnetic charge 磁荷 03.0230

magnetic circuit 磁路 03.0260

magnetic circuit law 磁路定律 03.0261

magnetic coherence length 磁相干长度 08.1228

magnetic compression 磁[场]压缩 08.1653

magnetic configuration 磁场位形 10.0343

magnetic confinement 磁约束 10.0342

magnetic constant ＊磁常量 03.0245

magnetic Coulomb law 磁库仑定律 03.0259

magnetic deflection 磁偏转 03.0482

magnetic diffusion coefficient 磁扩散系数 10.0098

magnetic dipole 磁偶极子 03.0235

magnetic dipole moment 磁偶极矩 03.0236

magnetic dipole radiation 磁偶极辐射 03.0377

magnetic domain 磁畴 03.0255

magnetic energy 磁能 03.0214

magnetic energy density 磁能密度 03.0215

magnetic field 磁场 03.0192

magnetic field freezing 磁场冻结 10.0094

magnetic field intensity 磁场强度 03.0195

magnetic field line 磁场线 03.0196

magnetic field strength 磁场强度 03.0195

magnetic fluid 磁[性]流体 08.1077

magnetic flux 磁通量 03.0197

magnetic flux linkage 磁链 03.0198

[magnetic] flux quantization 磁通量子化 08.1483

[magnetic] flux quantum 磁通量子 08.1484

magnetic focusing 磁聚焦 03.0217

magnetic group 磁群 08.0154

[magnetic] hysteresis 磁滞 08.1030

[magnetic] hysteresis loop 磁滞回线 03.0250

[magnetic] hysteresis loss 磁滞损耗 03.0251

magnetic induction 磁感[应]强度 03.0193

magnetic induction line 磁感[应]线 03.0194

magnetic information material 磁信息材料 08.1076

magnetic lattice 磁格点 08.0981

magnetic lens 磁透镜 03.0218

magnetic line of force ＊磁力线 03.0194

magnetic material 磁性材料 03.0222

magnetic material with rectangular hysteresis loop 矩磁材料 08.1074

magnetic medium 磁介质 03.0221

magnetic mirror 磁镜 10.0348

magnetic moment 磁矩 03.0233

[magnetic] monopole [磁]单极子 09.1000

magnetic needle 磁针 03.0229

magnetic opticity 磁致旋光 04.0756

[magnetic] permeability 磁导率 03.0243

magnetic phase transition 磁相变 08.0982

magnetic polarization 磁极化强度 03.0239

magnetic polaron 磁极化子 08.0985

magnetic pole 磁极 03.0226

magnetic pressure 磁压 10.0092

magnetic probe 磁探针 10.0427

magnetic pumping 磁抽运 10.0412

magnetic quadrupole radiation 磁四极辐射 09.0155

magnetic quantum number 磁量子数 06.0297

magnetic recording 磁记录 08.1031

magnetic refrigeration 磁致冷 08.1595

magnetic relaxation 磁弛豫 07.0150

[magnetic] reluctance 磁阻 03.0262

magnetic resistance 磁阻 03.0262

magnetic resonance 磁共振 08.1055

magnetic Reynolds number 磁雷诺数 10.0100

magnetic rigidity 磁刚度 09.0248

magnetic rotation 磁致旋光 04.0756

magnetics 磁学 03.0190

magnetic scalar potential 磁标势 03.0212

magnetic semiconductor 磁性半导体 08.0672

magnetic shell 磁壳 03.0266

magnetic shielding 磁屏蔽 03.0267

magnetic specific heat 磁比热 08.0897

magnetic spectrometer 磁谱仪 09.0578

magnetic spectrum 磁谱 08.1033

magnetic storage 磁存储 08.1032

magnetic structure 磁结构 08.0986

magnetic surface 磁面 10.0376

[magnetic] susceptibility 磁化率 03.0242

magnetic symmetry 磁对称性 08.0987

magnetic tail 磁[层]尾 10.0438

magnetic thermometer 磁低温计 08.1617

magnetic transition 磁跃迁 09.0153

magnetic trap 磁阱 10.0346

magnetic tuning laser 磁调谐激光器 04.1682

magnetic viscosity 磁黏性 08.1034

magnetic viscosity coefficient 磁黏性系数
    10.0099

magnetic well 磁阱 10.0346

magnetism 磁学 03.0190, 磁性 08.0924

magnetization 磁化 03.0237

magnetization current 磁化电流 03.0241

magnetization curve 磁化曲线 03.0249

magnetization [intensity] 磁化强度 03.0238

magnetized plasma 磁化等离[子]体 10.0023

magnetoacoustic effect 磁声效应 08.0944

magneto-acoustic transfer device 磁声转换器件
    08.1090

magneto-acoustic wave 磁声波 10.0192

magnetoactive plasma 磁旋等离[子]体 10.0024

magneto-bremsstrahlung 磁轫致辐射 10.0170

magnetocaloric effect 磁[致]变温效应 08.0950

magneto-crystalline anisotropy 磁晶各向异性
    08.1007

magnetoelastic effect 磁弹效应 08.0945

magnetoelastic wave 磁弹波 08.1056

magnetoelectric effect 磁电效应 08.0947

magnetogyric ratio 磁旋比 06.0325

magnetohydrodynamic generation 磁流体发电
    10.0111

magnetohydrodynamics 磁流[体动]力学 10.0086

magnetomechanical effect 磁－力效应 08.0946

magnetomotive force 磁通势，＊磁动势 03.0265

magneton 磁子 06.0320

magnetopause 磁层顶 10.0435

magneto-optic effect 磁光效应 04.1439

magneto-optics 磁光学 04.0020

magnetoresistance effect 磁[致]电阻效应，
    ＊磁阻效应 08.0948

magnetosensitive sensor 磁敏器件 08.0760

magnetosonic wave 磁声波 10.0192

magnetosphere 磁层 10.0434

magnetostatics 静磁学 03.0191

magnetostatic wave 静磁波 08.1057

magnetostriction 磁致伸缩 08.1012

magnetothermal effect 磁热效应 08.0949

magnet quenching 磁体失超 08.1545

magnetron 磁控管 03.0531

magnetron sputtering 磁控溅射 08.1689

magnification 放大率 04.0179

magnifier 放大镜 04.0228

magnon 磁波子 08.0970

Maier-Saupe mean field theory 梅尔－绍珀平均
    场理论 08.1246

main flux 主磁通 03.0469

Majorana particle 马约拉纳粒子 09.0647

majority carrier 多[数载流]子 08.0586

majority carrier density 多子浓度 08.0592

majority rule 多数规则 05.0681

Malus law 马吕斯定律 04.0723

Mandelbrot set 芒德布罗集[合] 05.0893

manometer 流体压强计 02.0529

many-body theory 多体理论 05.0392

many-electron effect 多电子效应 08.0815

many valley model 多谷模型 08.0617

mapping 映射 05.0834

marginal dimension 边缘维数 05.0729

marginal instability 边缘不稳定性 10.0260

marginal parameter 边缘参量 05.0698

marginal ray 边缘光线 04.0202

Markovian approximation 马尔可夫近似 05.0530

Markovian process 马尔可夫过程 05.0794

martensite 马氏体 08.0511

maser 微波激射 08.1137, 微波激射器 08.1138

mask 掩模 04.1057

mass 质量 01.0024

mass action law 质量作用[定]律 05.0225

mass-attenuation coefficient 质量衰减系数 09.0188

mass defect 质量亏损 09.0027

mass-energy equivalence 质能等价性 06.0135

mass-energy relation 质能关系 06.0134

mass excess 质量过剩 09.0028

mass formula 质量公式 09.0052

Massieu-Planck function 马休－普朗克函数 05.0155

massive particle 有质量粒子 09.0648

massive support principle 大质量支撑原理 08.1633

massless particle 无质量粒子 09.0649

mass number 质量数 09.0010

mass-number conservation 质量数守恒 09.0313

mass operator 质量算符 09.0650

mass oscillation 集体振荡 05.0535

mass point 质点 02.0007

mass resolution 质量分辨率 09.1089

mass shell 质壳 09.0652

mass spectrometer 质谱仪 09.0577

mass stopping power 质量阻止本领 09.0477

mass thickness 质量厚度 09.0342

mass transfer 传质 05.0501

master equation 主方程 05.0524

master grating 母光栅 04.0875

matched filter 匹配滤波器 04.1060

matching angle 匹配角 04.1783

material point 质点 02.0007

material science 材料科学 08.0017

mathematical pendulum ＊数学摆 02.0131

mathematical physics 数理物理[学] 01.0008

γ-matrix γ矩阵 06.0482

matrix display 矩阵显示 08.1129

matrix mechanics 矩阵力学 06.0327

Matsubara function ＊松原函数 05.0598

matter 物质 01.0023

matter wave 物质波 07.0056

Matthias rules 马蒂亚斯定则 08.1474

Matthiessen rules 马西森定则 08.0910

Maximak 最大马克 10.0393

maximally covalent bond 最大共价键 08.0377

maximum deviation 最大偏差 01.0113

maximum error 最大误差 01.0110

maximum likelihood method 最大似然法 01.0145

maximum magnetic energy product 最大磁能积 08.1035

[Maxwell-]Boltzmann distribution [麦克斯韦－]玻尔兹曼分布 05.0341

[Maxwell-]Boltzmann statistics [麦克斯韦－]玻尔兹曼统计法 05.0340

Maxwell bridge 麦克斯韦电桥 03.0453

Maxwell demon 麦克斯韦妖 05.0144

Maxwell equations 麦克斯韦方程组 03.0329

Maxwell relation 麦克斯韦关系 05.0159

Maxwell speed distribution 麦克斯韦速率分布 05.0334

Maxwell stress tensor 电磁[场]应力张量 03.0344

Maxwell velocity distribution 麦克斯韦速度分布 05.0333

Mayer function 迈耶函数 05.0394

MBE 分子束外延 08.0713

McLeod vacuum gauge 麦克劳德真空规 05.0085

MD method ＊MD法 05.0592

mean deviation 平均偏差 01.0114

mean error 平均误差 01.0105

mean field 平均场 09.0228

mean field approximation 平均场近似 09.0229

mean field theory 平均场理论 05.0662

mean free path 平均自由程 05.0474

mean ionization potential 平均电离势 09.0486

mean lifetime 平均寿命 09.0095

mean range 平均射程 09.0482

mean speed 平均速率 05.0335

mean square displacement 方均位移 05.0514

mean velocity 平均速度 02.0018

measurement 测量 01.0094

mechanical energy　机械能　02.0122

mechanical equilibrium condition　力学平衡条件　05.0176

mechanical equivalent of heat　热功当量　05.0061

mechanical equivalent of light　光功当量　04.0381

mechanical mass　力学质量　03.0395

mechanical motion　机械运动，*力学运动　02.0008

mechanical quality factor　力学品质因数　08.0869

mechanical system　力学系[统]　02.0127

mechanical vibration　机械振动　02.0165

mechanical wave　机械波　02.0367

mechanical work　机械功　02.0115

mechanics　力学　02.0001

mechanics stage　力学阶段　05.0574

mechanism　机理　09.0653

mechanocaloric effect　力热效应　08.1451

mechanoluminescence　力致发光　08.1099

medium　介质　03.0092

medium-range-order　中程序　08.0301

megohmmeter　兆欧计　03.0438

Meissner effect　迈斯纳效应　08.1470

Mel'nikov integral　梅利尼科夫积分　05.0881

melting　熔化　05.0202

melting heat　熔化热　05.0216

melting point　熔点　05.0208

melt-quenching method　熔态淬火法　08.0293

melt-spinning method　熔态旋凝法　08.0292

memory function　记忆函数　05.0538

meniscus lens　弯月[形]透镜　04.0139

mercury vapor lamp　汞[汽]灯　04.1304

meridional focal line　子午焦线　04.0306

meridional ray　子午光线　04.0198

meron　半子　09.1007

mesomorphism　介晶性　08.1164

meson　介子　09.0902

mesophase　*中介相　08.1163

mesoscopic physics　介观物理[学]　08.0012

mesoscopic structure　介观结构　08.0023

mesostructure　介观结构　08.0023

metagalaxy　总星系　09.1136

metal　金属　08.0465

metal-insulator-semiconductor structure　*金属－绝缘体－半导体结构　08.0751

metal-insulator transition　金属绝缘体转变　08.0442

metallic bonding　金属键合　08.0220

metallic ceramics　金属陶瓷　08.0479

metallic glass　金属玻璃　08.0329

metallic hydrogen　金属氢　08.1680

metallographic technique　金相技术　08.0567

metal-oxide-semiconductor structure　*金属－氧化物－半导体结构　08.0749

metal physics　金属物理[学]　08.0005

metal-semiconductor contact　金属－半导体接触　08.0663

metal-vapor laser　金属蒸气激光器　04.1671

metastability　亚稳定性　05.0802

metastable equilibrium　亚稳平衡　05.0186

metastable phase　亚稳相　08.0492

metastable resonator　亚稳[共振]腔　04.1526

metastable state　亚稳态　05.0187

meter rule　米尺　02.0506

metglass　金属玻璃　08.0329

methane-stabilized laser　甲烷稳频激光器　04.1630

method of images　镜象法，*电象法　03.0085

method of partial waves　分波法　06.0444

method of pseudopotential　赝势法　05.0444

metric　度规　09.0654

metric entropy　*测度熵　05.0892

metric field　度规场　06.0160

metric tensor　度规张量　06.0117

metric transitivity　度规传递性　05.1002

Metropolis-Stein-Stein sequence　MSS 序列　05.0883

MHD　磁流[体动]力学　10.0086

MHD generation　磁流体发电　10.0111

MHD instability　磁流力学不稳定性　10.0248

MHD shock　磁流力学击波　10.0234

MHD wave　磁流力学波　10.0178

Michelson interferometer　迈克耳孙干涉仪　04.0630

Michelson-Morley experiment　迈克耳孙－莫雷实

验 04.1483

Michelson stellar interferometer 迈克耳孙测星干涉仪 04.0849

microcanonical distribution 微正则分布 05.0307

microcanonical ensemble 微正则系综 05.0306

microcausality 微观因果性 09.0643

microchannel plate 微通道板 09.0554

microcrack initiation 微裂纹萌生 08.0560

microcrystal 微晶[体] 08.0040

microcrystalline model 微晶模型 08.0320

microdefect 微缺陷 08.0692

microelectronics 微电子学 08.0730

microfusion 微聚变 10.0403

microimage storage 缩微象存储 04.1098

microinstability 微观不稳定性 10.0251

micromagnetics 微磁学 08.1036

micrometer caliper 螺旋测微器 02.0509

micrometer eyepiece 测微目镜 04.0231

micro[photo]densitometer 测微[光]密度计 04.0581

microphoto[graph] 显微照片 04.1096, 缩微照片 04.1097

micro[photo]graphy 显微照相术 04.1094, 缩微照相术 04.1095

microphotometer 测微光度计 04.0478

microplasticity 微塑性 08.0544

microprocess 微观过程 09.0644

microscope 显微镜 04.0242

microscopic cross-section 微观截面 09.0337

microscopic holography 显微全息术 04.1179

microscopic particle 微观粒子 06.0283

microscopic quantity 微观量 05.0261

microscopic reversibility 微观可逆性 05.0265

microscopic state 微观态 05.0260

microspectrophotometer 测微分光光度计 04.1319

microstructure 微结构 08.0021

microwave 微波 03.0333

microwave background radiation 微波背景辐射 06.0254

microwave diagnostics 微波诊断 10.0423

microwave-induced step 微波感生台阶 08.1555

microworld 微观世界 09.0645

mictomagnetism 混磁性 08.1037

[Mie-]Grüneisen equation of state [米-]格林艾森物态方程 08.1660

Mie scattering 米氏散射 04.0947

Miesowicz principal viscosity coefficient 梅索维奇主黏性系数 08.1231

Miller indices 米勒指数 08.0058

Millikan oil-drop experiment 密立根油滴实验 07.0038

min-B configuration 最小磁场位形 10.0358

minimum ignition energy 最小点火能 03.0584

Minkowski coordinate system 闵可夫斯基坐标系 06.0069

Minkowski diagram 闵可夫斯基图 06.0076

Minkowski geometry 闵可夫斯基几何 06.0067

Minkowski map 闵可夫斯基图 06.0076

Minkowski metric 闵可夫斯基度规 06.0070

Minkowski space 闵可夫斯基空间 06.0066

Minkowski world 闵可夫斯基空间 06.0066

minority carrier 少[数载流]子 08.0587

minority carrier density 少子浓度 08.0593

mirage 蜃景, *海市蜃楼 04.0554

mirror [反射]镜 04.0087

mirror image 镜象 04.0442

mirror instability 磁镜不稳定性 10.0276

mirror nuclei 镜象核 09.0074

mirror ratio 磁镜比 10.0350

mirror reflection 镜[面]反射 04.0082

[mirror] reflection 镜象反射 06.0387

missing mass 丢失质量 09.0651

missing order 缺级 04.1325

MIS structure MIS 结构 08.0751

mixability 可混性 08.1205

mixability rule 可混定则 08.1206

mixed crystal 混晶 08.0307

mixed gas 混合气体 05.0035

mixed-order correlation function 混合级关联函数 04.0912

mixed state 混合态 06.0335

mixed tensor 混变张量 06.0186

mixed valence 混合价 08.0977

mixing 混合性 05.1003

mixing angle 混合角 09.0655

mixing entropy 混合熵 05.0162

mixing ratio 混合比 09.0177

mobile defect 可动缺陷 08.0240

mobile equilibrium 可动平衡 08.1690

mobility 迁移率 03.0182

mobility edge 迁移率边 08.0432

mobility gap 迁移率隙 08.0433

modal dispersion 模色散 04.0829

modality 模态 04.0830

mode 模[式] 04.0826

mode competition 模竞争 04.1604

mode configuration 模结构 04.1553

mode coupling 模耦合 05.0569

mode density 模密度 04.1912

φ^4-model φ^4模型 05.0687

mode locking 锁模 04.1600

mode matching 模匹配 04.1665

mode number 模数 04.1557

mode of laser 激光模[式] 04.1578

mode of vibration 振动模[式] 02.0354

mode pattern 模图样 04.1554

mode pulling effect 模牵引效应 04.1605

mode pushing effect 模推斥效应 04.1606

modern physics 近代物理[学] 01.0007

mode selection 选模 04.1593

mode sequence 模序列 04.1556

mode suppression 模抑制 04.1594

modified Tait equation 修正泰特方程 08.1664

modulational instability 调制不稳定性 10.0322

modulation doping 调制掺杂 08.0711

modulation phase 调制相 08.1414

modulation spectroscopy 调制[光]谱学 04.1431

modulation transfer function 调制传递函数 04.1040

modulus 模量 01.0041

modulus of elasticity 弹性模量 08.0528

moiré fringe 叠栅条纹，＊莫阿条纹 04.0705

molar heat capacity 摩尔热容 05.0063

molar volume 摩尔体积 05.0028

molecular beam epitaxy 分子束外延 08.0713

molecular chaos hypothesis 分子混沌拟设 05.0485

molecular crystal 分子晶体 08.0213

molecular current 分子电流 03.0231

molecular dynamics method 分子动力学法 05.0592

molecular field theory 分子场理论 08.0992

molecular magnetic moment 分子磁矩 03.0234

molecular optics 分子光学 04.0014

molecular physics 分子物理[学] 07.0002

molecular refraction 分子折射度 04.1228

molecular scattering 分子散射 04.1230

molecular solid 分子固体 08.0376

molecular spectroscopy 分子光谱学 04.1432

molecular spectrum 分子光谱 07.0080

molecular structure 分子结构 07.0079

moment equation 矩方程 05.0799

moment of couple 力偶矩 02.0301

moment of distribution function 分布函数矩量 05.0579

moment of force 力矩 02.0110

moment of inertia 转动惯量 02.0271

moment of momentum ＊动量矩 02.0108

momentum 动量 02.0102

momentum conservation 动量守恒 09.0315

momentum density 动量密度 03.0342

momentum flow density 动量流密度 03.0343

momentum representation 动量表象 06.0390

momentum-space ordering 动量空间成序 05.0450

monad group 单轴群 08.0137

monochromatic light 单色光 04.0044

monochromatic source 单色光源 04.0598

monochromatic wave 单色波 03.0339

monochromator 单色仪 04.1310

monoclinic system 单斜晶系 08.0101

monocrystal 单晶[体] 08.0035

monolayer 单层 08.1249

monopole transition 单极跃迁 09.0154

monotectic transformation 偏晶转变 08.0496

monotropic liquid crystal 单变型液晶 08.1173

Monte-Carlo method 蒙特卡罗法 05.0593

Morin transition 莫林相变 08.1001

Morse potential 莫尔斯势 07.0097

mosaic crystal 嵌镶晶体 08.0201

Moseley diagram 莫塞莱图 07.0047

Moseley law　莫塞莱定律　07.0046

MOSFET　MOS 场效管，＊金属－氧化物－半导体场效应晶体管　08.0750

MOS field effect transistor　MOS 场效管，＊金属－氧化物－半导体场效应晶体管　08.0750

Mössbauer effect　穆斯堡尔效应　09.0182

Mössbauer spectrometer　穆斯堡尔谱仪　09.0576

Mössbauer spectrum　穆斯堡尔谱　08.1058

MOS structure　MOS 结构　08.0749

most probable distribution　最概然分布　05.0331

most probable speed　最概然速率　05.0337

most probable value　最概然值　01.0116

motional electromotive force　动生电动势　03.0272

motor　电动机　03.0473

Mott barrier　莫特势垒　08.0656

Mott-Hubbard phase transition　莫特－哈伯德相变　08.1674

Mott insulator　莫特绝缘体　08.0439

Mott scattering　莫特散射　09.0399

Mott transition　莫特转变　08.0438

mounting for grating　光栅装置[法]　04.0860

mousetrap apparatus　鼠夹装置　08.1648

MRO　中程序　08.0301

MSS sequence　MSS 序列　05.0883

muffin-tin approximation　糕模近似　08.0798

muffin-tin potential　糕模势　08.0797

multichannel analyzer　多道分析器　09.0514

multichannel holography　多道全息术　04.1174

multichannel laser system　多路激光[器]系统　04.1717

multichannel spectrometer　多道分光计　04.1274

multicolor holography　多色全息术　04.1166

multicolor image　多色象　04.1167

multicolor laser　多色激光器　04.1673

multicomponent plasma　多组分等离[子]体　10.0020

multicore structure　多芯结构　09.1090

multicritical point　多相临界点　05.0661

multicusp　多会切　10.0365

multielement lens　多元透镜　04.0437

multiexposure　多次曝光　04.0592

multifilamentary composite superconductor　多芯复合超导体　08.1538

multifractal　多重分形　05.0931

multigrid probe　多栅探头　10.0431

multilayer adsorption　多层吸附　08.1282

multilayer dielectric film　多层介电膜，＊多层介质膜　04.0884

multilayer insulation　多层隔热　08.1602

multilevel laser　多能级激光器　04.1646

multilevel system　多能级系统　07.0136

multimeter　多用[电]表　03.0439

multimode cavity　多模腔　04.1591

multimode laser　多模激光器　04.1718

multimode optical fiber　多模光纤　04.0828

multimode oscillation　多模振荡　04.1592

multiparticle distribution function　多粒子分布函数　05.0575

multiparticle tunneling　多粒子隧穿　08.1550

multiperipheral chain　多重边缘链　09.0656

multiphonon absorption　多声子吸收　08.1145

multiphonon process　多声子过程　08.0283

multiphoton dissociation　多光子离解　04.1835

multiphoton excitation　多光子激发　04.1834

multiphoton process　多光子过程　08.1112

multiphoton spectroscopy　多光子光谱学　04.1836

multiple-anvil apparatus　多砧装置　08.1635

multiple-beam interference　多光束干涉　04.0645

multiple diffraction　多次衍射　04.0948

multiple exposure　多次曝光　04.0592

multiple grating　复[式]光栅　04.0868

multiple imaging　多重成象　04.1066

multiple scattering　多重散射　08.1326

multiple singularity　多重奇点　05.0767

multiple star　聚星　09.1156

multiple steady state　多重定态　05.0784

multiplet　多重线　04.1346，多重态　09.0785

multiple-wave interference　多波干涉　04.0854

multiple-wire chamber　多丝室　09.0544

multiplex hologram　多重全息图　04.1145

multiplication factor　增殖因数　09.0436

multiplicity　多重性　09.0200，多重数　09.0657

multipolarity　多极性　09.0157

multipole configuration　多极位形　10.0395

multipole expansion　多极展开　03.0060

multipole order　多极级　09.0156

multipole radiation 多极辐射 09.0158

multipole transition 多极跃迁 09.0159

multiproduction 多重产生 09.0705

multi-rotation 变异旋光 04.1003

multislit interference 多缝干涉 04.0855

multivariate master equation 多变量主方程 05.0800

multiwire proportional chamber 多丝正比室 09.1108

Munsell color system 芒塞尔色系 04.0519

muon μ[轻]子 09.0925

muon capture μ俘获 09.0931

muonic atom μ原子 09.0929

muon[ic] number μ子数 09.0930

muonium μ子素 09.0927

muon spin precession μ子自旋旋进 08.1083

muon spin rotation μ子自旋旋进 08.1083

Murnaghan equation 默纳汉方程 08.1662

musical quality 音色 02.0416

mutà-rotation 变异旋光 04.1003

mutrino μ[子型]中微子 09.0710

mutual coherence 互相干[性] 04.0894

mutual correlation 互关联 04.0902

mutual energy 互能 03.0046

mutual inductance 互感[系数] 03.0282

mutual induction 互感[应] 03.0281

mutual inductor 互感器 03.0284

mutual intensity 互强度 04.0908

mutual spectral density 互谱密度 04.0905

N

NAA 中子活化分析 09.0556

naked singularity 裸奇异性 06.0232

nano-crystal 纳米晶体 08.0042

narrow band noise 窄带噪声 08.1407

natural broadening 固有[谱线]增宽 04.1394

natural coordinates 自然坐标 02.0221

natural frequency 固有频率 02.0176

natural light 自然光 04.0713

natural [line] width 固有线宽, *自然线宽 04.1391

natural magnetic resonance 自然磁共振 08.1038

natural radioactivity 天然放射性 09.0078

natural unit 自然单位 09.0607

Navier-Stokes equation 纳维－斯托克斯方程 02.0497

NC 中性流 09.0876

Nd[-doped] glass laser [掺]钕玻璃激光器 04.1689

Nd:YAG laser Nd:YAG激光器, *掺钕的钇铝石榴石激光器 04.1688

near axial ray *近轴光线 04.0190

near edge X-ray absorption fine structure X射线近吸收边精细结构 08.1373

near field 近场 04.0921

near field pattern 近场图样 04.0922

near infrared 近红外 04.1298

nearly integrable system 近可积系统 05.0997

nearly perfect crystal 近完美晶体 08.0195

near ultraviolet 近紫外 04.1299

Néel temperature 奈尔温度 08.1002

Néel wall 奈尔[畴]壁 08.1039

negative absorption 负吸收 04.1529

negative charge 负电荷 03.0007

negative crystal 负晶体 04.0736

negative dispersion 负色散 04.1530

negative energy wave 负能波 10.0181

negative feedback 负反馈 03.0503

negative ion 负离子 03.0175

negative metric 负度规 09.0658

negative plate 负极板 03.0151

negative temperature 负[绝对]温度 05.0017

neighbouring mode 相邻模 10.0222

nematic phase 丝状相, *向列相 08.1175

neoclassical theory 新经典理论 10.0150

neoclassical transport 新经典输运 10.0151

neptunium series 镎系 09.0116

Nernst effect 能斯特效应 08.0620

Nernst theorem 能斯特定理 05.0137

Nernst vacuum calorimeter 能斯特真空量热器

05.0076

net gain 净增益 04.1546

network 网络 03.0162

network dimensionality 网络维数 08.0378

network former 网络形成物 08.0390

network modifier 网络调节物 08.0391

neutral beam current drive 中性束电流驱动 10.0405

neutral current 中性流 09.0876

neutral equilibrium 中性平衡 02.0160

neutral impurity 中性杂质 08.0609

neutral injection 中性[粒子]注入 10.0410

neutralino 中性微子 09.0998

neutralization 中和 03.0073

neutral line 中[性]线 03.0323

neutral mirror 中性反射镜 04.0555

neutral step filter 中性阶梯滤光器 04.0556

neutrino 中微子 09.0129

neutrino induced production ν[致产]生 09.0660

neutrino oscillation 中微子振荡 09.0659

neutron 中子 09.0005

neutron activation analysis 中子活化分析 09.0556

neutron-deficient nuclide 缺中子核素 09.0036

neutron detector 中子探测器 09.0538

neutron diffraction 中子衍射 08.1084

neutron diffusion 中子扩散 09.0433

neutron fluence 中子注量 09.0432

neutron generator 中子发生器 09.0587

neutron [induced] reaction 中子反应 09.0295

neutron number 中子数 09.0008

neutron-proton ratio 中子质子比, *中质比 09.0033

neutron-rich nuclide 丰中子核素 09.0034

neutron source 中子源 09.0425

neutron star 中子星 09.1157

neutron topography 中子形貌术 08.1086

neutron transmutation doping 中子嬗变掺杂 08.0693

neutron width 中子宽度 09.0365

Newton first law 牛顿第一定律 02.0058

Newton ring 牛顿环 04.0621

Newton second law 牛顿第二定律 02.0059

Newton third law 牛顿第三定律 02.0060

NEXAFS X射线近吸收边精细结构 08.1373

n-fold axis n重轴 08.0117

Nicol prism 尼科耳棱镜 04.0745

Nilsson energy level 尼尔逊能级 09.0267

NMR 核磁共振 09.0185

NMR frequency shift 核磁共振频移 08.1466

NMR tomography *NMR层析术 09.0565

noble metal 贵金属 08.0468

nodal point 节点 04.0214

nodal slide 测节器 04.0215

node 节点 03.0154, 结点 05.0760

nodule 球粒 08.0405

no-hair theorem 无毛定理 06.0245

noise 噪声 05.0515

noise thermometer 噪声温度计 08.1565

nonabelian gauge field 非阿贝耳规范场 09.0749

nonadditivity correction 非加性修正 05.0409

nonbonding electron 非[成]键电子 08.0458

non-central force 非有心力 09.0057

non-circular plasma 非圆截面等离[子]体, *非圆等离体 10.0391

noncoherence 非相干性 04.0899

noncoherent radiation 非相干辐射 04.1871

noncommutability 不可对易性 06.0358

non-crossing rule 不相交定则 07.0137

noncrystal 非晶体 08.0286

noncrystallographic symmetry 非晶体学对称 08.0108

nondimensionalization 无量纲化 01.0049

nonelastic scattering cross-section 去弹[性散射]截面 09.0328

nonequilibrium carrier 非平衡载流子 08.0588

nonequilibrium phase transition 非平衡相变 05.0737

nonequilibrium state 非平衡态 05.0102

nonequilibrium stationary state 非平衡定态 05.0246

nonequilibrium statistical mechanics 非平衡统计力学 05.0544

nonequilibrium statistical operator 非平衡统计算符 05.0588

nonequilibrium thermodynamics　非平衡热力学　05.0228

nonholonomic constraint　非完整约束　02.0318

nonholonomic system　非完整系　02.0319

noninertial system　非惯性系　02.0205

non-leakage probability　不漏失概率　10.0357

nonleptonic decay　非轻子衰变　09.0661

nonlinear effect　非线性效应　10.0302

nonlinear element　非线性元件　03.0485

nonlinear elementary excitation　非线性元激发　05.0734

nonlinear field theory　非线性场论　09.1038

nonlinear Landau damping　非线性朗道阻尼　10.0316

nonlinear master equation　非线性主方程　05.0801

nonlinear medium　非线性介质·04.1758

nonlinear [optical] susceptibility　非线性[光学]极化率　04.1760

nonlinear optics　非线性光学　04.0010

nonlinear response　非线性响应　05.0559

nonlinear Schrödinger equation　非线性薛定谔方程　05.0992

nonlinear thermodynamics　非线性热力学　05.0249

nonlinear vibration　非线性振动　05.1005

nonlocal field theory　非定域场论　09.1039

nonlocalized fringe　非定域条纹　04.0636

nonlocalized system　非定域系　05.0322

nonlocal response　非局域响应　07.0118

non-metric theories　非度规理论　06.0270

nonmonochromatic light　非单色光　04.0597

nonmonochromatic wave　非单色波　04.0596

nonneutral plasma　非中性等离[子]体　10.0026

non-ohmic heating　非欧姆加热　10.0408

nonphysical particle　非物理粒子　09.0662

nonpolarized light　非偏振光　04.0805

nonpolar molecule　无极分子　03.0099

non-relativistic limit　非相对论性极限　06.0139

non-spectral color　非谱色　04.0521

non-spherical lens　非球面透镜　04.0411

non-static process　非静态过程　05.0107

nonstationary state　非定态　07.0057

nonthermal radiation　非热辐射　10.0172

normal acceleration　法向加速度　02.0033

normal coordinate　简正坐标　02.0355

normal dispersion　正常色散　04.1261

normal distribution　＊正态分布　01.0133

normal electron tunneling　正常电子隧穿　08.1546

normal frequency　简正频率　02.0359

normal incidence　正入射　04.0075

normalization　归一化　06.0342

normalizing condition　归一[化]条件　06.0343

normalizing factor　归一[化]因子　06.0344

normal magnetic moment　正常磁矩　09.0691

normal mode　简正模[式]　02.0356

normal mode of vibration　简正振动　02.0357

normal ordering　正规编序　05.0611

normal process　＊正常过程　08.0901

normal product　正规[乘]积　05.0612

normal shock　正击波　10.0241

normal state　正常态　08.1467

normal stress　法向应力　02.0433

normal vibration　简正振动　02.0357

normal Zeeman effect　正常塞曼效应　04.1366

north pole　[指]北极　03.0227

nova　新星　09.1158

nova outburst　新星爆发　09.1159

N pole　[指]北极　03.0227

N-process　N过程　08.0901

N product　正规[乘]积　05.0612

NQR　核四极[矩]共振　08.1059

8-n rule　8-n定则　08.0393

NTD　中子嬗变掺杂　08.0693

n-type semiconductor　n型半导体　08.0579

n-vector model　n维矢量模型　05.0726

nuclear [adiabatic] demagnetization　核[绝热]退磁　08.1590

nuclear boiling　核沸腾　08.1604

nuclear charge　核电荷　09.0021

nuclear charge number　核电荷数　09.0022

nuclear composition　核成分　09.0023

nuclear cooling　核冷却　08.1593

nuclear deformation　核形变　09.0252

nuclear emulsion　核乳胶　09.0540

nuclear energy　核能　09.0437

nuclear fireball model 核火球模型 09.0424
nuclear fission 核裂变 09.0448
nuclear force 核力 09.0054
nuclear fuel 核燃料 09.0475
nuclear fusion 核聚变 09.0445
nuclear magnetic moment 核磁矩 08.0955
nuclear magnetic resonance 核磁共振 09.0185
nuclear magnetic resonance frequency shift 核磁共振频移 08.1466
nuclear magnetic resonance imaging 核磁共振成象 09.0186
nuclear magnetic resonance tomography 核磁共振层析术 09.0565
nuclear magnetism 核磁性 08.0954
nuclear magneton 核磁子 08.0954
nuclear mass 核质量 09.0043
nuclear matter 核物质 09.0020
nuclear model 核模型 09.0203
nuclear orientation 核取向 08.1592
nuclear physics *核物理[学] 09.0001
nuclear power 核动力 09.0442
nuclear power station 核电站 09.0443
nuclear quadrupole resonance 核四极[矩]共振 08.1059
nuclear radius 核半径 09.0019
nuclear reaction 核反应 09.0290
nuclear reaction analysis 核反应分析 09.0558
nuclear reaction threshold 核反应阈 09.0323
nuclear reactor 核反应堆 09.0596
nuclear refrigeration 核致冷 08.1594

nuclear scattering 核散射 09.0301
nuclear shell model 原子核壳模型 09.0206
nuclear spectroscopy 核谱学 09.0172
nuclear spin 核自旋 09.0024
nuclear spin temperature 核自旋温度 08.1591
nuclear statistics 核统计法 09.0026
nuclear stopping power 核阻止本领 09.0479
nuclear structure 核结构 09.0202
nuclear temperature 核温度 09.0369
nuclear theory 原子核理论 09.0002
nuclear weapon 核武器 09.0444
nucleated domain 有核畴 08.1235
nucleation 成核 08.0267
nucleon 核子 09.0006
nucleonium 核子偶素 09.0913
nucleon number 核子数 09.0009
nucleon separation energy 核子分离能 09.0029
nucleor 裸核子 09.0912
nucleus of condensation 凝结核 05.0201
nuclide 核素 09.0014
null 类光[的] 06.0085
null cone *零锥 06.0077
null-force system 零力系 02.0296
null indicator 示零器 03.0456
null tetrad 类光四维标架 06.0223
null vector *零[模]矢 06.0087
number state [光子]数态 04.1895
numerical aperture 数值孔径 04.0255
nutation 章动 02.0258

O

OBEP 单玻色子交换势 09.0076
object 物 04.0118
object beam 物光束 04.1107
object distance 物距 04.0169
object height 物高 04.0171
objective 物镜 04.0229
object plane 物平面 04.0173
object space 物[方]空间 04.0175
object wave 物波 04.1106
oblique Alfvén wave 斜阿尔文波 10.0195

oblique impact 斜碰 02.0233
oblique ray 斜光线 04.0199
освобождающая связь(俄) *可解约束 02.0312
observable 可观察量 06.0348
observation 观察 01.0056
occupation number 占有数 05.0445
occupation number representation 占有数表象 05.0446
octahedral group 八面体群 08.0140
octopole vibration 八极振动 09.0262

ocular 目镜 04.0230

odd-A nucleus 奇A核 09.0050

odd-even effect 奇偶效应 08.1217

odd-odd nucleus 奇奇核 09.0051

off-axis aberration 轴外象差 04.0293

off-axis angle 偏轴角 04.0200

off-axis ellipsoidal mirror 离轴椭球面镜 04.0410

off-axis holography 离轴全息术 04.1122

off-diagonal element 非对角元 06.0441

off-line analysis 离线分析 09.1091

off mass shell particle 离[质]壳粒子 09.1072

off-resonant heating [偏]离共振加热 10.0415

Oguchi theory 小口理论 08.0995

ohmic contact 欧姆接触 08.0743

Ohm law 欧姆定律 03.0143

ohmmeter 欧姆计 03.0437

oil immersion objective 油浸物镜 04.0359

old quantum theory 前期量子论 06.0281

one-boson exchange potential 单玻色子交换势 09.0076

one-component plasma 单组分等离[子]体 10.0019

one-dimensional network solid 一维网络固体 08.0380

one-fluid description 单流体理论 10.0088

one-particle distribution function 单粒子分布函数 05.0420

one-particle distribution functional 单粒子分布泛函 05.0577

one-phonon absorption 单声子吸收 08.1144

one-pion exchange potential 单π[介子]交换势 09.0075

one-tangent node 单切结点 05.0761

on-line analysis 在线分析 09.1092

Onsager molecular field theory 昂萨格分子场理论 08.1244

Onsager reciprocal relation 昂萨格倒易关系 05.0245

onset 初现 09.1093

opacity 不透明性 04.1252, 不透明度 04.1253

opalescence 乳光 04.1236

opaque body 不透明体 04.1254

open cavity 开[共振]腔 04.1514

open circuit 开路 03.0160

open cluster 疏散星团 09.1160

open-ended geometry 开端几何位形 10.0345

open form 开形 08.0054

open pipe 开管 02.0542

open resonator 开[共振]腔 04.1514

open system 开系 05.0231

OPEP 单π[介子]交换势 09.0075

operator 算符 06.0351

operator algebra 算符代数 09.0830

ophthalmic optics 眼科光学 04.0017

opposed anvils 对顶砧 08.1631

optical active substance 旋光物质 04.0996

optical activity 旋光性 04.0751

optical alignment 光学校直 04.0388

optical analogue computer 光学模拟计算机 04.1222

optical antimer 旋光对映体 04.1000

optical antipode 旋光对映体 04.1000

optical arm 光[学]臂 04.0848

optical axis 光轴 04.0739

optical band gap 光学带隙 08.1146

optical bench 光具座 04.0219

optical bistability 光[学]双稳性 04.1820, 光[学]双稳态 04.1821, 光[学]双稳器 04.1822

optical breakdown 光学击穿 04.1864

optical cable 光缆 04.0819

optical cavity 光[学]腔 04.1516

optical cement 光胶 04.0548

optical center 光心 04.0155

optical coating 光学敷层 04.0879

optical communication 光[学]通信 04.1208

optical constant 光学常数 04.0047

optical contact 光学接触 04.0843

optical cooling 光学致冷 04.1840

optical damage 光损伤 08.0885

optical data processing 光学数据处理 04.1049

optical delay line 光延迟线 04.0557

[optical] density [光]密度 04.0580

optical design 光学设计 04.0337

optical device 光学器件 04.0049

optical diagnostics 光学诊断 10.0422

optical disc 光盘 04.1756

optical element 光学元件 04.0048

[optical] fiber 光导纤维，＊光纤 04.0816

optical fiber communication 光纤通信 04.1739

[optical fiber] face plate ［光纤]面板 04.0825

optical field 光场 04.0039

[optical] filter 滤光片 04.0649

optical flat 光学平面，＊平晶 04.0841

optical flatness 光学平面度 04.0842

optical Fourier transform 光学傅里叶变换 04.0929

optical frequency 光频 04.0771

optical gate 光闸 04.1056

optical glass 光学玻璃 04.0220

[optical] goniometer ［光学]测角计 04.0387

optical guidance 光制导 04.0558

optical heterodyne 光[学]外差 04.1216

optical holography 光[学]全息术 04.1105

optical homodyne 光[学]零差 04.1217

optical information processing 光学信息处理 04.1050

optical instrument 光学仪器 04.0050

optical integration 光学集成 04.0559

optical invariant 光学不变量 04.0191

[optical] isolator ［光]隔离器 04.1635

optical isomer 旋光异构体 04.1001

optical Kerr effect 光场克尔效应 04.1819

optical length 光学长度 04.0069

optical lever 光杠杆 02.0520

optical levitation 光[学]浮[置] 04.1843

optical logic 光学逻辑 04.1196

optically denser medium 光密介质 04.0074

optically thinner medium 光疏介质 04.0073

optical mask 光学掩模 04.1058

optical medium 光学介质 04.0046

optical memory 光学存储 04.1091

optical mixing 光混频 04.1807

optical mode 光学模 08.0273

optical model 光学模型 09.0209

optical modulation 光调制 04.1008

optical molasses 光频饴 07.0157

optical multichannel analysis 光学多道分析 04.1199

optical multiplexing 光[学]多路传输 04.1200

optical multistability 光[学]多稳性 04.1825, 光[学]多稳态 04.1826

optical nutation 光学章动 04.1850

optical parallelism 光学平行性 04.0774

optical parametric amplification 光学参变放大 04.1788

optical parametric oscillation 光学参变振荡 04.1789

optical path 光程 04.0064

optical path difference 光程差 04.0065

optical phase conjugation 光学相位共轭 04.1810

optical phonon 光频声子 05.0462

optical potential 光学势 07.0158

optical processing 光学处理 04.1051

optical pulse 光脉冲 04.0042

optical pumping 光抽运 04.1493

optical pyrometer 光测高温计 04.1970

optical quenching 光猝灭 04.1730

optical radiation 光辐射 04.0036

optical range finder 光学测距仪 04.0560

optical rectification 光学整流 04.1777

optical resonant cavity 光学共振腔 04.1499

optical resonator 光学共振腔 04.1499

optical rotation 旋光性 04.0751

optical sensor 光学传感器 04.1218

optical shutter 光闸 04.1056

optical soliton 光孤子 04.1863

[optical] spectrum 光谱 04.1276

optical Stark effect ＊光场斯塔克效应 04.1922

optical storage 光学存储 04.1091

optical system 光学系统 04.0203, 光具组 04.0383

optical thickness 光学厚度 04.0627

optical thin-film 光学薄膜 04.0880

optical-to-electrical transducer 光电变换器 04.1475

optical tolerance 光学容限 04.0331

optical transfer function 光学传递函数 04.1036

optical transform　光学变换　04.1030

optical trapping　光[学]陷俘　04.1841

optical wave　光波　04.0343

optical waveguide　光波导　04.1660

[optical] wedge　光劈　04.0838

opticity　旋光性　04.0751

optics　光学　04.0001

optimization　优化　08.1691

optoacoustic effect　光声效应　04.1478

optoacoustic modulation　光声调制　04.1479

optoacoustic spectroscopy　光声光谱学　04.1435

optoelectronic device　光电子器件　08.0759

optoelectronics　光电子学　04.1938

optogalvanic effect　光[致]电流效应　04.1474

optronics　光电子学　04.1938

OPW method　＊OPW 法　08.0780

orbit　轨道　02.0014

orbital　轨函[数]，＊轨道　07.0061

orbital angular momentum　轨道角动量　06.0455

orbital electron　轨道电子　09.0132

orbital electron capture　轨道电子俘获　09.0135

orbital magnetic moment　轨道磁矩　06.0322

orbital quantum number　轨道量子数　06.0294

orbital stability　轨道稳定性　05.0755

order　有序　05.0648

order-disorder transition　有序无序转变　05.0650

ordering effect　成序效应　08.0918

ordering of events　事件排序　06.0026

ordering operator　编序算符　04.1875

order of diffraction　衍射级　04.0686

order of interference　干涉级　04.0628

order parameter　序参量　05.0652

order parameter relaxation　序参量弛豫　05.0741

ordinary light　寻常光　04.0727

ordinary Rayleigh wave　寻常瑞利波　08.1293

ordinary refractive index　寻常折射率　04.0729

ordinary wave　寻常波　10.0201

Oregonator　俄勒冈模型　05.0804

organic glass　有机玻璃　08.0324

organic polymer　有机聚合物　08.0325

organic semiconductor　有机半导体　08.0667

orientation　取向　01.0019

orientational disorder　取向无序　08.0310

orientation birefringence　取向双折射　04.0981

orientation fluctuation　取向涨落　08.1203

orientation polarization　取向极化　03.0101

Ornstein-Zernike relation　奥恩斯坦－策尼克关系　05.0423

orthocharmonium　正粲偶素　09.0952

orthogonalized plane wave method　正交化平面波法　08.0780

orthogonalized tight-binding method　正交紧束缚法　08.0782

orthohydrogen　正氢　07.0081

orthonormal system　正交归一系　06.0346

orthopanchromatic film　正全色[胶]片　04.0570

ortho-para conversion　正仲转换　05.0376

ortho-para equilibrium　正仲平衡　05.0377

ortho-para ratio　正仲比　05.0378

orthopositronium　正态电子偶素　09.0920

orthorhombic system　正交晶系　08.0102

orthoscopic eyepiece　无畸变目镜　04.0339

orthoscopic image　无畸变象　04.0338，凹凸正常象　04.1124

ortho state　正态　05.0374

oscillation　振动　02.0164，振荡　03.0514

oscillation photograph　回摆照相　08.0182

oscillation threshold　振荡阈值　04.1502

oscillator　振荡器　03.0515，振子　06.0421

oscillator strength　振子强度　07.0146

oscillograph　示波器　03.0478

oscilloscope　示波器　03.0478

osmosis　渗透　05.0503

osmotic pressure　渗透压[强]　05.0504

OTB method　＊OTB 法　08.0782

outer halo　外晕　09.0720

outgoing angle　出射角　09.0311

outgoing channel　出射道　09.0310

outgoing particle　出射粒子　09.0305

outgoing wave　出射波　04.0787，出[射]波　10.0308

out-of-focus image　离焦象　04.0443

out-of-phase　异相[位]　04.0792

output　输出　03.0500

overdamping　过阻尼　02.0188

overexposure 过度曝光，*过曝 04.0589

overlapping coil 交叠线团 08.0411

overlapping of orders 级的交叠 04.0857

overlayer 覆盖层 08.1253

overstability 过稳定性 10.0300

overtone 泛音 02.0415

overweight 超重 02.0211

Owen bridge 奥温电桥 03.0455

oxide glass 氧化物玻璃 08.0323

oxide semiconductor 氧化物半导体 08.0666

oxygen concentration of inflammability limit 着火氧浓度限 03.0585

OZ relation *OZ关系 05.0423

P

PAC 关联衰减原理 05.0590

packet of electrons 电子包 08.0646

packet of holes 空穴包 08.0647

Padé approximant 帕德逼近式 05.0418

pair coupling 对耦合 07.0159

pair creation 对产生 09.0493

pair distribution function 对分布函数 05.0421

pairing correlation 对关联 09.0242

pairing effect 对效应 09.0241

pairing energy 对能 09.0048

pairing force 对力 09.0239

pairing gap 对能隙 09.0240

pair production 对产生 09.0493

pairwise additivity 按对相加性 05.0408

panchromatic film 全色[胶]片 04.0569

panoramic view 全景 04.0275

parabola approximation 抛物线近似 09.0408

parabolic index fiber 抛物型折射率光纤 04.0822

parabolic mirror 抛物柱面镜 04.0409

parabolic umbilic 抛物脐[型突变] 05.0822

paraboloidal mirror 抛物面镜 04.0093

paraboson 仲玻色子 05.0380

paracharmonium 仲粲偶素 09.0953

paradox 佯谬 01.0081

paraelectricity 顺电性 08.0837

paraelectric resonance 顺电共振 08.0838

parafermion 仲费米子 05.0381

parahydrogen 仲氢 07.0082

parallax 视差 04.0382

parallel axis theorem 平行轴定理 02.0277

parallel beam 平行光束 04.0349

parallel connection 并联 03.0081

parallelogram rule 平行四边形定则 02.0061

parallel processing 并行处理 04.1052

parallel resonance 并联共振 03.0318

paramagnetic adiabatic demagnetization 顺磁绝热退磁 08.1589

paramagnetic relaxation 顺磁弛豫 08.1060

paramagnetic susceptibility 顺磁磁化率 08.0937

paramagnetism 顺磁性 03.0246

paramagnon 顺磁波子 08.0971

parameter 参量 01.0039

parameter space 参量空间 05.0694

parametric coupling 参变耦合 10.0318

parametric decay 参变衰减 10.0319

parametric downconversion 参变下转换 04.1792

parametric excitation 参变激发 10.0320

parametric fluorescence 参变荧光 08.1130

parametric instability 参变不稳定性 10.0321

parametric mixing 参变混合 07.0160

parametric process 参变过程 10.0317

parametric upconversion 参变上转换 04.1790

parametrization 参量化 09.0721

parapositronium 仲电子偶素 09.0921

parasitic image *寄生象 04.0446

parasitic light 杂光 04.0561

para state 仲态 05.0375

parastatistics 仲统计法 05.0379

paraxial approximation 傍轴近似 04.0187

paraxial condition 傍轴条件 04.0189

paraxial ray 傍轴光线 04.0190

paraxial region 傍轴区 04.0188

parentage 祖源 07.0161

parent nucleus 母核 09.0118

parent wave 母波 10.0309

parity 宇称 06.0462

parity conservation 宇称守恒 06.0463

parity nonconservation 宇称不守恒 06.0464

parity operator 宇称算符 06.0381

parity violation 宇称破坏 09.0831

Parodi relation 帕罗迪关系 08.1232

partial coherence 部分相干性 04.0663

partial conserved axial current 部分守恒轴矢流 09.0873

partial cross-section 分截面 09.0330

partial interference function [部]分干涉函数 08.0339

partially coherent light 部分相干光 04.0897

partial polarization 部分偏振 04.0719

partial radial distribution function [部]分径向分布函数 08.0340

partial RDF [部]分径向分布函数 08.0340

partial summation of diagrams 图形部分求和 05.0628

partial-wave analysis 分波分析 09.0350

partial-wave cross-section 分波截面 09.0351

partial width 分宽度 09.0366

partial yield spectroscopy 部分产额谱学 08.1375

particle 质点 02.0007, 粒子 06.0282

α-particle α粒子 09.0083

particle horizon 粒子视界 06.0242

particle identification 粒子鉴别 09.0550

particle induced X-ray emission 粒子诱发X[射线]发射 09.0562

particle line 粒子线 05.0617

[particle] number operator 粒子数算符 05.0448

particle orbit theory 粒子轨道理论 10.0064

particle physics 粒子物理[学] 09.0598

partition function 配分函数 05.0314

partition functional 配分泛函 05.0545

partitive color mixing 分部混色 04.0531

partner 配偶子 09.0986

parton 部分子 09.0987

parton model 部分子模型 09.1043

Pascal law 帕斯卡定律 02.0492

Paschen-Back effect 帕邢－巴克效应 07.0044

Paschen series 帕邢系 07.0015

passive cavity 无源腔 04.1541

passive imaging system 无源成象系统 04.0396

passive mode-locking 被动锁模 04.1603

passive Q-switching 被动[式]Q开关 04.1615

past 过去 06.0081

past pointing 指向过去的 06.0102

path 路程 02.0012, 路径 02.0013

path integral 路径积分 05.0316

path length 程长 09.1094

path line 迹线 02.0462

path probability method 路径概率法 08.0234

Patterson method 帕特森法 08.0189

Pauli equation 泡利方程 06.0457

Pauli exclusion principle 泡利不相容原理 06.0315

Pauli matrix 泡利矩阵 06.0456

Pauli paramagnetism 泡利顺磁性 08.0926

PCAC 部分守恒轴矢流 09.0873

peak [value] 峰值, *巅值 03.0298

pearlite 珠光体 08.0512

peculiar wave 特异波 10.0223

Peierls phase transition 派尔斯相变 08.1389

pellet 靶丸 10.0400

Peltier effect 佩尔捷效应 08.1157

pencil of rays 光[线]锥 04.0433

pendant 链悬环 08.0403

pendulum 摆 02.0130

penetration depth 穿透深度 03.0358

Penning ionization 彭宁电离 07.0162

Penning ionization spectroscopy 彭宁电离谱学 08.1364

Penrose diagram 彭罗斯图 06.0218

penumbra 半影 04.0129

percolation 逾渗, *渗流 05.0957

percolation model 逾渗模型 08.0413

percolation path 逾渗通路 05.0969

percolation probability 逾渗概率 05.0970

percolation threshold 逾渗阈值 05.0966

percolation transition 逾渗转变 05.0965

percoloration 多色逾渗 05.0974

Percus-Yevick integral equation 珀卡斯－耶维克积分方程 05.0431

perfect conductor 理想导体 03.0350

perfect diamagnetism 完全抗磁性 08.1471

perfect gas 完全气体 05.0033

perfect imaging 理想成象 04.0206

perfect inelastic collision 完全非弹性碰撞 02.0227

perfect optical system 理想光学系统 04.0204

period 周期 01.0017

period doubling bifurcation 倍周期分岔 05.0863

periodic arrangement 周期性排列 08.0032

periodicity 周期性 02.0168

period-n-tupling bifurcation n 倍周期分岔 05.0862

periscope 潜望镜 04.0094

peritectic transformation 包晶转变 08.0497

permalloy 坡莫合金, *高导磁合金 08.0474

permanent 积和式 05.0320

permanent dipole 永偶极子 08.0831

permanent magnet 永磁体 03.0224

permanent magnetic material 永磁材料 08.1072

permeability of vacuum 真空磁导率 03.0245

permeameter 磁导计 03.0458

permittivity 电容率 03.0104

permittivity of vacuum 真空电容率 03.0106

permittivity tensor 电容率张量 03.0107

permutation group 置换群 06.0404

permutation operator 置换算符 06.0382

permutation symmetry 置换对称 04.1763

perpendicular axis theorem 垂直轴定理 02.0278

perpendicular disclination *垂向向错 08.1193

perpetual motion machine of the first kind 第一类永动机 05.0141

perpetual motion machine of the second kind 第二类永动机 05.0142

persistence of vision 视觉暂留 04.0497

persistent current 持续电流 08.1486

persistent line 滞留谱线 04.1362

perturbation 摄动 02.0163, 微扰 06.0412

perturbation theory 微扰论 06.0413

perturbed angular correlation 受扰角关联 09.0176

perturbing potential 微扰势 06.0416

PET 正电子[发射]层析术 09.0564

Petrov classification 彼得罗夫分类 06.0181

Petzval condition 佩茨瓦尔条件 04.0316

Pfund series 普丰德系 07.0017

phase 相[位], *位相 02.0179, 相 05.0164

phase aberrator 相[位]板 04.0943

phase advance 相位超前 04.0795

phase angle 相角 02.0180

phase cell 相格 05.0281

phase constant 相位常量 03.0354

phase contrast 相[位]衬 04.0770

phase convention 相位约定 07.0163

phase delay 相位延迟 04.0796

phase diagram 相图 05.0166

phase difference 相[位]差 02.0182

phase equilibrium 相平衡 05.0167

phase factor 相[位]因子 06.0345

phase fluctuation 相位涨落 05.0732

phase grating 相[位型]光栅 04.0702

phase hologram 相位[型]全息图 04.1134

phase jump 相位跃变 04.0612

phase lag 相位滞后 04.0797

phase-locking 锁相 05.0909

phase-locking laser 锁相激光器 04.1628

phase matching 相位匹配 04.1781

phase mismatch 相位失配 04.1784

phase mixing 相混合 10.0305

phase modulation 调相 04.1010

phase object 相[位型]物体 04.1013

phase plate 相[位]板 04.0943

phaser 激声 08.1139

phase retardation 相位延迟 04.0796

phase retrieval method 相位恢复法 04.1215

phase shift 相移 06.0445

phase shifter 移相器 03.0506

phase slowness 相[位]慢度 04.0800

phase space 相空间 05.0275

phase subspace 子相空间 05.0276

phase transfer function 相位传递函数 04.1038

phase transition 相变 05.0168

phase vector 相矢量 02.0181

phase velocity 相速 02.0384

phase voltage 相电压 03.0321

phase volume 相体积 05.0279

phasing 定相 04.1845

phason 相[位]子 08.1398

phasor 相矢量 02.0181

phasotron 稳相加速器 09.1115

phenomenological relation 唯象关系 05.0243

phenomenological theory 唯象理论 01.0052

phenomenological transport equation 唯象输运方程 05.0244

phenomenon 现象 01.0051

phonometer 声强计 02.0401

phonon 声子 05.0459

phonon-assisted transition 声[子]助跃迁 08.1126

phonon-assisted tunneling 声[子]助隧穿 08.1548

phonon echo 声子回波 08.0315

phonon lifetime 声子寿命 08.1609

phonon maser 激声 08.1139

phonon spectrum 声子谱 05.0460

phosphor 磷光体 04.1457

phosphorescence 磷光 04.1453

photino 光微子 09.0995

photoacoustic effect 光声效应 04.1478

photoacoustic spectroscopy 光声光谱学 04.1435

photo-beat 光拍 04.1656

photobiology 光生物学 04.1966

photobleaching 光致褪色 04.1962

photocarrier 光生载流子 08.0585

photocathode 光阴极 09.0524

photocell 光电管 04.1467, 光电池 04.1466

photochemical action 光化作用 04.1951

photochemical effect 光化[学]效应 08.1134

photochromic effect 光[赋]色效应 04.1957

photochromic material 光色材料 04.1220

photochromism 光[赋]色性 04.1958

photo-conductive effect 光电导效应 04.1463

photoconductivity 光电导[性] 08.0664

photoconductor 光电导体 04.1473

photocounting 光子计数 04.1883

photocrystallization 光致结晶 08.0386

photocurrent 光电流 04.1465

photodetachment 光致分离 04.1837

photodetection 光[电]探测 04.1881

photodichroism 光致二向色性 04.1959

photodielectric effect 光致介电效应 08.0883

photodiode 光电二极管 04.1476

photodissociation 光致离解 04.1838

photoelastic effect 光弹效应 08.0882

photoelasticity 光[测]弹性 04.0750

photoelectric cell 光电池 04.1466

photoelectric detection 光[电]探测 04.1881

photoelectric effect 光电效应 04.1461

photoelectric tube 光电管 04.1467

photoelectroluminescence 光控电致发光 04.1477

photoelectromagnetic effect 光磁[致]电效应 08.1132

photoelectron 光电子 04.1464

photoelectron spectroscopy 光电子能谱学 08.1354

photoemission 光电[子]发射 08.1336

photoferroelectrics 光致铁电体 08.0884

photofission 光致裂变 09.0395

photogalvanic effect 光[致]电流效应 04.1474

photographic layer [照相]感光层 04.0571

photographic lens 照相镜头 04.0247

photographic plate 照相底板 04.0568

photography 照相术 04.0340

photoionization 光致电离 08.1340

photolithography 光刻[术] 08.0703

photoluminescence 光致发光 04.1449

photolysis 光解作用 04.1963

photomagnetic effect 光磁效应 08.1131

photomagnetoelectric effect 光磁[致]电效应 08.1132

photometer 光度计 04.0361

photometry 光度学 04.0360

photomicrography 显微照相术 04.1094

photomicrometer 测微光度计 04.0478

photomixing 光混频 04.1807

photomultiplier 光电倍增管 04.1468

photon 光子 04.1462

photon antibunching 光子反群聚 04.1888

photon-assisted tunneling 光[子]助隧穿 08.1547

photon avalanche 光子雪崩 04.1920

photon bunching 光子群聚 04.1887

photon coincidence 光子符合 04.1884

photon counting 光子计数 04.1883

photon degeneracy　光子简并度　04.1892

photon detector　光子探测器　04.1882

photon echo　光子回波　04.1849

photonegative effect　负光电效应　04.1472

photon fluctuation　光子涨落　04.1932

photon flux　光子通量　04.1893

photonic device　光子器件　08.0758

photonics　光子学　04.1940

photon noise　光子噪声　04.1933

photon number　光子数　04.1891

photon number squeezed state　光子数压缩态
　04.1908

photon state　光子态　04.1894

photon statistics　光子统计学　04.1880

photonuclear reaction　光[致]核反应　09.0296

photo-optics　照相光学　04.0018

photopeak　光电峰　09.0547

photophoresis　光泳　04.1969

photopia　光适应　04.0498

photopic vision　适亮视觉　04.0499

photoplastic effect　光塑效应　04.1964

photoplate　照相底板　04.0568

photopolymerization　光[致]聚合作用　04.1965

photopredissociation　光致预离解　04.1839

photoreceptor　光感受体　04.0501

photorefractive effect　光折变效应　04.1818

photoresistance　光敏电阻　04.1946

photosensitive device　光敏器件　08.0763

photosensitivity　光敏性　04.1947

photosurface　光敏面　04.1948

photosynthesis　光合作用　04.1967

phototropic material　光色材料　04.1220

photovoltaic effect　光生伏打效应　04.1440

physical balance　物理天平　02.0512

physical optics　物理光学　04.0003

physical pendulum　＊物理摆　02.0132

physical quantity　物理量　01.0029

physical region　物理区域　09.0703

physics　物理[学]　01.0001

physics of amorphous matter　非晶体物理[学]
　08.0004

physics of dielectrics　介电体物理[学]　08.0007

physics of liquid crystals　液晶物理[学]
08.0008

physiological optics　生理光学　04.0016

physisorption　物理吸附　08.1279

pick-up coil　拾波线圈　03.0464

pick-up reaction　拾取反应　09.0390

picture element　象元　04.1063

piezobirefringence　应力双折射　04.0979

piezocaloric effect　压热效应　08.0878

piezocrystal　压电晶体　08.0631

piezoelectric ceramics　压电陶瓷　08.0886

piezoelectric constant　压电常量　08.0867

piezoelectric crystal　压电晶体　08.0631

piezoelectric effect　压电效应　03.0118

piezoelectrics　压电体　03.0119

piezoelectric sensor　压电传感器　08.0873

piezoelectric stiffened velocity　压电增劲速度
　08.0875

piezoelectric transducer　压电换能器　08.0872

piezoelectric vibrator　压电振子　08.0871

piezoluminescence　压致发光　08.1100

piezomagnetic effect　压磁效应　08.0953

piezomagnetic material　压磁材料　08.1075

piezometer　压强计　02.0528

piezo-optic effect　压光效应　08.1152

piezoreflectance　压致反[射改]变　04.1444

piezoresistive effect　压致电阻效应，＊压阻效应
　08.0879

pile-of-plate polarizer　片堆起偏器　04.0810

pile-up of dislocations　位错堆积　08.0243

pinch　箍缩　10.0102

θ-pinch　＊θ 箍缩　10.0105

pinch off effect　箍断效应　08.0741

pincushion distortion　枕形畸变　04.0311

pinhole camera　针孔照相机　04.0384

pinhole filter　针孔滤波器　04.1028

pinhole imaging　针孔成象　04.0117

pinning　钉扎　08.1022

pion　π 介子　09.0934

pion factory　π 介子工厂　09.0938

pionic atom　π 原子　09.0936

pionium　π 介子素　09.0935

pionization　π 介子化　09.0937

Pippard coherent length　皮帕德相干长度

08.1490

Pippard kernel 皮帕德核函 08.1491

Pippard [nonlocal] theory 皮帕德[非定域]理论
08.1489

Pirani gauge 皮拉尼真空规 05.0084

piston-cylinder apparatus 活塞圆筒装置
08.1630

pitch 音调 02.0414

pitch-angle scattering [投]掷角散射 10.0138

pitchfork bifurcation 叉式分岔 05.0859

PIX 质子诱发 X 射线 08.1341

PIXE 粒子诱发 X[射线]发射 09.0562

pixel 象元 04.1063

planar alignment 平行[基片]排列 08.1225

planar technology 平面工艺 08.0704

planar type detector 平面型探测器 09.0537

Planck constant 普朗克常量 06.0288

Planck length 普朗克长度 06.0180

Planck mass 普朗克质量 09.0738

Planck [radiation] formula 普朗克[辐射]公式
05.0387

Planck unit 普朗克单位 06.0179

plane-concave lens 平凹透镜 04.0137

plane-convex lens 平凸透镜 04.0138

plane grating 平面光栅 04.0856

plane hologram 平面全息图 04.1127

plane of polarization 偏振面 04.0715

plane of symmetry 对称面 08.0121

plane-parallel motion 平面平行运动 02.0249

[plane] parallel plate [光学]平行平面板
04.0844

plane-parallel resonator 平行平面[共振]腔
04.1518

plane polarization *平面偏振 04.0716

plane [shock] wave generator 平面[击]波发生器
08.1647

plane wave 平面波 02.0365

plane wave Born approximation 平面波玻恩近似
09.0393

plane wave lens *平面波透镜 08.1647

plasma 等离[子]体 10.0002

plasma accelerator 等离[子]体加速器 10.0040

plasma confinement 等离[子]体约束 10.0336

plasma diagnostics 等离[子]体诊断 10.0421

plasma dispersion function 等离[子]体色散函数
10.0120

plasma eater 等离[子]体吞食器 10.0424

plasma echo 等离[子]体回波 10.0304

plasma focus 等离[子]体焦点 10.0042

plasma frequency 等离[子]体频率 10.0032

plasma generator 等离[子]体发电机 10.0039

plasmaguide 等离[子]体波导 10.0035

plasma gun 等离[子]体枪 10.0036

plasma heating 等离[子]体加热 10.0406

plasma laser 等离[子]体激光器 04.1684

plasma oscillation 等离[子]体振荡 10.0031

plasma parameter 等离[子]体参量 10.0007

plasmapause 等离[子]体层顶 10.0437

plasma physics 等离[子]体物理学 10.0001

plasma plume 等离[子]体羽 10.0044

plasma radiation 等离[子]体辐射 10.0168

plasma sheath 等离[子]体鞘 10.0043

plasmasphere 等离[子]体层 10.0436

plasma theory 等离[子]体理论 10.0063

plasma torch 等离[子]体炬 10.0046

plasma transport 等离[子]体输运 10.0127

plasma turbulence 等离[子]体湍动 10.0325

plasma wave 等离[子]体波 10.0034

plasmoid 等离[子]体团 10.0041

plasmon 等离体子 10.0033

plastic crystal 塑性晶体 08.0309

plastic deformation 塑性形变 02.0428

plasticity 塑性 02.0427

plate 板极 03.0493

plateau 坪区 10.0159

plateau diffusion 坪区扩散 10.0160

PME 最大熵原理 05.0300

p-n junction pn 结 08.0651

p-n junction laser pn 结激光器 04.1697

Pockels effect 泡克耳斯效应 04.1442

Poincaré group 庞加莱群 06.0047

Poincaré mapping 庞加莱映射 05.0843

Poincaré recurrence 庞加莱复现 05.0267

Poincaré section 庞加莱截面 05.0844

Poincaré sphere 庞加莱球 04.0806

Poincaré transformation 庞加莱变换 06.0046

Poinsot motion 潘索运动 02.0280

λ-point λ点 08.1432

point characteristic function 点特征函数 04.0405

point charge 点电荷 03.0008

point contact junction 点接触结 08.1557

point cusp 点会切 10.0363

point defect 点缺陷 08.0237

point discharge 尖端放电 03.0064

point disclination 点向错 08.1190

point group 点群 08.0135

point[-like] particle [类]点粒子 09.0663

point source 点光源 04.0032

point spread function 点扩展函数 04.0930

point symmetry 点对称 08.0109

point symmetry operation 点对称操作 08.0115

Poiseuille law 泊肃叶定律 02.0493

Poisson bracket 泊松括号 02.0351

Poisson distribution 泊松分布 01.0132

Poisson ratio 泊松比 02.0439

polar dielectrics 极性介电体 08.0817

polarimeter 偏振计 04.0999

polariscope 偏[振]光镜 04.0725

polariton 电磁耦[合波]子 08.0983

polarizability 极化率 03.0102

polarization 极化 03.0094，极化度 09.0163

polarization charge 极化电荷 03.0109

polarization correlation 极化关联 09.0175

polarization current 极化电流 03.0110

polarization drift 极化漂移 10.0076

polarization Green function 极化格林函数 05.0602

polarization labeling spectroscopy 偏振标记光谱术 04.1805

polarization reversal 极化反转 08.0848

polarization spectroscopy 偏振光谱学 04.1804

polarized light 偏振光 04.0714

polarized neutron technique 极化中子技术 08.1085

polarizer 起偏器 04.0721

polarizing angle *起偏角 04.0724

polarizing microscope 偏光显微镜 04.0748

polarizing prism [起]偏振棱镜 04.0963

polar molecule 有极分子 03.0098

polaroid 偏振片 04.0744

polaron 极化子 08.0984

polar vector 极矢[量] 02.0265

polhode 本体瞬心迹 02.0254

Polk model 波尔克模型 08.0367

poloidal magnetic field 角向磁场 10.0374

poloidal pinch heating 角向箍缩加热 10.0413

polychromatic light 多色光 04.0891

polychromatic percolation 多色逾渗 05.0974

polycide 多硅结构 08.0687

polycrystal 多晶[体] 08.0037

polygonization 多边形化 08.0553

polymer-configuration model 聚合物位形模型 08.0321

polymer liquid crystal 聚合物液晶 08.1172

polymer physics 高分子物理[学] 08.0016

polymer semiconductor 聚合物半导体 08.0668

polytropic exponent 多方指数 05.0116

polytropic process 多方过程 05.0115

polytype 多型体 08.0486

polytypism 多型性 08.0039

Pomeranchuk refrigeration 波梅兰丘克致冷 08.1587

pomeron 坡密子 09.1018

poor conductor 不良导体 03.0170

population inversion 粒子数布居反转，*粒子数反转，*布居反转 04.1495

position representation 位置表象 06.0389

position vector 位置矢量，*位矢 02.0009

positive charge 正电荷 03.0006

positive crystal 正晶体 04.0735

positive energy theorem 正能定理 06.0221

positive energy wave 正能波 10.0180

positive feedback 正反馈 03.0504

positive ion 正离子 03.0174

positive plate 正极板 03.0150

positron 正电子 06.0484

positron-annihilation apparatus 正电子湮没装置 09.0582

positron-annihilation technique 正电子湮没技术 08.1376

positron-emission tomography　正电子[发射]层析术　09.0564

positronium　电子偶素　09.0918

post-Newtonian approximation　后牛顿近似　06.0265

postulate of equal *a priori* probabilities　等概率假设　05.0292

postulate of random *a priori* phases　无规相位假设　05.0293

potential　势　02.0118

ζ-potential　＊ζ电势　03.0572

potential barrier　势垒　06.0418

potential drop　电势降[落]　03.0146

potential energy　势能　02.0120

potential energy surface　势能面　09.0465

potential force　有势力　02.0072

potential function　势函数　02.0121

potential ridge　势脊　07.0164

potential scattering　势散射　09.0354

potential well　势阱　06.0417

potentiometer　电势差计　03.0446

Potts model　波茨模型　05.0725

powder diffractometer　粉末衍射仪　08.0183

powder insulation　粉末隔热　08.1600

power　功率　02.0117，　[光]焦度　04.0167

power broadening　功率[谱线]增宽　04.1400

power factor　功率因数　03.0312

power semiconductor device　功率半导体器件　08.0757

power source　电源　03.0132

power supply　电源　03.0132

power [density] spectrum　功率[密度]谱　05.0888

Poynting vector　坡印亭矢量　03.0340

Prandtl number　普朗特数　05.0830

precession　进动，＊旋进　02.0260

pre-chromodynamics　前色动力学　09.1034

precipitation　脱溶[作用]　08.0507

precision　精密度　01.0121

precision optics　精密光学[系统]　04.0466

precursor　前驱核　09.0463

precursor radiation　前驱辐射　10.0173

predator-prey model　猎食模型　05.0781

pre-equilibration emission　平衡前发射　09.0381

pre-equilibration process　平衡前过程　09.0380

preferential partition　择尤分凝　08.0517

preferred frame　从尤参考系　06.0193

preimage　原象　05.0836

preinjector　预注入器　09.1120

premonochromator　前置单色仪　04.1311

preon　前子　09.1008

P-representation　P表象　04.1897

prequark　前夸克　09.1009

present　现在　06.0080

pressure　压强　02.0476，　压力　02.0477

pressure broadening　压致[谱线]增宽　04.1401

pressure calibration　压强标定　08.1639

pressure effect of critical behavior　临界行为压强效应　08.1677

pressure ensemble　压强系综　05.0312

pressure gradient drift　压强梯度漂移　10.0074

pressure-induced crystallization　压致结晶　08.1667

pressure-induced magnetic phase transition　压致磁[性]相变　08.1671

pressure-induced soft mode phase transition　压致软模相变　08.1666

pressure-induced superconducting phase transition　压致超导相变　08.1672

pressure quenching　压淬　08.0443

pressure seal　压力密封　08.1625

pressure shift　压致频移　04.1379

pressure-temperature phase diagram　压[强]温[度]相图　08.1676

pressure transducer　压力传感器　08.1657

pressure transmitting medium　传压介质　08.1624

pretransition effect　相变前效应　08.1218

primary aberration　＊初级象差　04.0290

primary image　原象　04.0444

primary mirror　主镜　04.0418

primary pressure standard　初级压标　08.1640

primary radiation　原辐射　04.0037

primary rainbow　虹　04.0566

primary source　原光源　04.0035

primary spectrum　一级光谱　04.1324

primitive cell　原胞　08.0086

primitive lattice　初基格　08.0080

primordial nucleosynthesis　原初核合成　06.0262

principal axis　主轴　08.0166

principal axis of inertia　惯量主轴　02.0276

principal maximum　主极大　04.0624

principal moment　主矩　02.0303

principal moment of inertia　主转动惯量　02.0274

[principal] optical axis　[主]光轴　04.0153

principal plane　主面　04.0217

principal plane of crystal　晶体主平面　04.0741

principal point　主点　04.0213

principal quantum number　主量子数　06.0299

principal ray　主光线　04.0435

principal refractive index　主折射率　04.0958

principal section of crystal　晶体主截面　04.0740

principal series　主线系　04.1335

principal vector　主矢[量]　02.0291

principle　原理　01.0071

principle of attenuation of correlation　关联衰减原理　05.0590

principle of constancy of light velocity　光速不变原理　06.0008

principle of entropy increase　熵增加原理　05.0161

principle of general covariance　广义协变[性]原理　06.0149

principle of general relativity　广义相对性原理　06.0148

principle of least action　最小作用[量]原理　02.0344

principle of maximum entropy　最大熵原理　05.0300

principle of maximum work　最大功原理　05.0163

principle of removal of constraint　解除约束原理　02.0321

principle of rigidization　刚化原理　02.0287

principle of special relativity　狭义相对性原理　06.0006

principle of superposition of states　态叠加原理　06.0347

principle of virtual displacement　＊虚位移原理　02.0309

principle of virtual work　虚功原理　02.0309

prism　棱镜　04.0097

prismatic spectrum　棱镜光谱　04.1270

prism spectrograph　棱镜摄谱仪　04.0114

probabilistic rule　概率性规则　05.1013

probability　概率，＊几率　05.0291

probability amplitude　概率幅　06.0340

probability current　概率流　06.0341

probability density　概率密度　06.0339

probable error　概然误差　01.0104

probe technique　探针技术　08.1656

probing wave　探测波　04.1796

procedure　步骤　01.0082

product of inertia　惯量积　02.0275

progressive wave　前进波　02.0368

projectile　抛体　02.0140

projectile motion　抛体运动　02.0141

projection　投影　04.0462

projection image　投影象　04.0463

projection objective　投影物镜　04.0464

projection operator　投影算符　05.0532

projective transformation　射影变换　04.0209

projector　投影仪　04.0261

prompt neutron　瞬发中子　09.0462

propagation constant　传播常量　03.0353

propagation of error　误差传递　01.0148

propagation vector　＊传播矢量　02.0380

propagator　传播函数　06.0446

proper acceleration　固有加速度　06.0120

proper length　固有长度　06.0063

proper mass　固有质量　06.0129

proper polarization　真极化　05.0624

proper self energy　真自能　05.0623

properties of matter　物性　05.0023,　物性学　08.0013

proper time　固有时　06.0054

proper time interval　固有时间隔　06.0055

proper velocity　固有速度　06.0119

proper vertex　真顶角　05.0625

proportional counter　正比计数器　09.0500

proton　质子　09.0004

proton-deficient nuclide　缺质子核素　09.0037

proton-induced X-ray　质子诱发 X 射线　08.1341

protonium　质子偶素　09.0945

proton number　质子数　09.0007

proton radioactivity 质子放射性 09.0125

proton-rich nuclide 丰质子核素 09.0035

proton synchrotron 质子同步加速器 09.1114

proximity effect 邻近效应 08.1518

pseudoclassical transport 赝经典输运 10.0167

pseudocolor image processing 假彩色图象处理 04.1093

pseudoelasticity 赝弹性 08.0532

pseudopotential 赝势 09.0700

pseudorapidity 赝快度 09.0702

pseudoregular precession 赝规则进动 02.0263

pseudoscalar 赝标量 09.0701

pseudoscalar meson 赝标介子 09.0903

pseudoscope 幻视镜 04.0449

pseudoscopic image 幻视象 04.0450, 凹凸反转象 04.1125

pseudospin mechanism 赝自旋机理 08.0854

pseudostochastic motion 赝随机运动 05.0875

pseudosurface wave 赝表面波 08.1295

pseudosymmetry 赝对称性 08.1405

pseudotensor 赝张量 06.0189

pseudothermal light *赝热光 04.1899

psychrometer 干湿球湿度计 05.0081

p-type semiconductor p 型半导体 08.0578

pulley 滑轮 02.0530

pulley blocks 滑轮组 02.0531

pulsar 脉冲星 09.1162

pulsating current 脉动电流 03.0296

pulsed laser 脉冲激光器 04.1675

pulse ionization chamber 脉冲电离室 09.0517

pulse reflection mode 脉冲反射模 04.1618

pulse-shape discrimination 脉冲形状甄别 09.0551

pulse transmission mode 脉冲透射模 04.1619

pulse xenon lamp 脉冲氙灯 04.1636

pump depletion 抽运消耗 04.1798

pumping 抽运 04.1491

pumping lamp 抽运灯 04.1637

pumping light 抽运光 04.1649

pumping process 抽运过程 04.1492

pumping wave 抽运波 04.1795

pump power 抽运功率 04.1797

punch-through effect 穿通效应 08.0740

pupil 光瞳 04.0282, 瞳孔 04.0480

pupil function [光]瞳函数 04.0931

purely imaginary time 纯虚时间 06.0068

pure state 纯态 06.0334

puzzle 疑难 01.0080

PWBA 平面波玻恩近似 09.0393

pycnometer 比重瓶 02.0523

PY equation *PY 方程 05.0431

pyroelectric effect 热释电效应 08.0877

pyromagnetism 热释磁效应 08.0952

pyrometer 高温计 05.0070

Q

QCD 量子色动力学 09.1029

QED 量子电动力学 09.1030

QFD 量子味动力学 09.1032

QGD 量子引力动力学 09.1033

Q-modulation 调 Q 04.1598

QND measurement 量子非破坏性测量 04.1937

q-number q 数 06.0350

Q-plasma 宁静等离[子]体 10.0025

Q-spoiling Q 突变 04.1613

Q-switching Q 开关 04.1612

quadrant electrometer 象限静电计 03.0406

quadratic electrooptical tensor 二次电光张量 04.1438

quadrature [shift] 90 度相移 04.0793

quadrupole 四极子 03.0051

quadrupole mass spectroscope 四极质谱仪 08.1366

quadrupole moment 四极矩 03.0052

quadrupole radiation 四极辐射 04.1487

quadrupole vibration 四极振动 09.0261

quality factor 品质因数 02.0191

quantization 量子化 06.0301

quantization of circulation 环流量子化 08.1454

quantum 量子 06.0292

quantum beat 量子拍 04.1921

quantum chaos 量子混沌 05.0955

quantum chromodynamics 量子色动力学 09.1029

quantum clustering 量子集团化 05.0400

quantum coherence 量子相干性 04.1868

quantum collapse 量子坍缩 04.1923

quantum corral 量子围栏 08.0725

quantum correction 量子修正 05.0419

quantum cosmology 量子宇宙学 06.0252

quantum defect 量子数亏损 04.1353

quantum dot 量子点 08.0726

quantum electrodynamics 量子电动力学 09.1030

quantum electronics 量子电子学 04.1867

quantum field theory 量子场论 09.1027

quantum flavor dynamics 量子味动力学 09.1032

quantum fluid 量子流体 08.1427

quantum gravitational dynamics 量子引力动力学 09.1033

quantum gravity 量子引力 06.0269

quantum Hall effect 量子霍尔效应 08.1408

quantum line 量子线 08.0724

quantum liquid 量子液体 08.1428

quantum mechanics 量子力学 06.0280

quantum nondemolition measurement 量子非破坏性测量 04.1937

quantum number 量子数 06.0293

quantum optics 量子光学 04.0006

quantum revival 量子恢复 04.1924

quantum size effect 量子尺寸效应 08.1421

quantum solid 量子固体 05.0465

[quantum] state [量子]态 06.0328

quantum statistics 量子统计法 05.0339

quantum theory 量子理论 06.0279

quantum well 量子阱 08.0723

quark 夸克 09.0967

quark confinement 夸克禁闭 09.0832

quark model 夸克模型 09.1042

quarkonium 夸克偶素 09.0969

quarter-wave plate 1/4 波片 04.0743

quartz 石英 08.1682

quasar 类星体 09.1161

quasi-boson 准玻色子 09.0833

quasi-chemical approximation 准化学近似 05.0657

quasi-classical approximation 准经典近似 06.0428

quasi-confocal resonator 准共焦[共振]腔 04.1574

quasi-crystal 准晶 08.0031

quasi-crystalline state 准晶态 08.0030

quasi-elastic scattering 准弹性散射 09.0401

quasi-electron 准电子 05.0457

quasi-equilibrium 准平衡 09.0834

quasi Fermi level 准费米能级 08.0742

quasi-fission 准裂变 09.0422

quasi-fluxon 准磁通量子 08.1485

quasi-hydrostatic pressure 准静压强 08.1622

quasi-linear theory 准线性理论 10.0301

quasi-long range order 准长程序 05.0733

quasi-mode 准模 10.0224

quasi-molecular state 准分子态 09.0420

quasi-molecule 准分子 07.0165

quasi-monochromatic field 准单色场 04.0600

quasi-monochromatic light 准单色光 04.0599

quasi-neutrality 准中性 10.0003

quasi-oscillation 准周期振动 05.1007

quasi-particle 准粒子 05.0455

quasi-particle excitation 准粒子激发 09.0222

quasi-particle lifetime 准粒子寿命 05.0468

quasi-particle pair 准粒子对 09.0245

quasi-particle spectrum 准粒子谱 05.0453

quasi-shock 准击波 10.0242

quasi-static process 准静态过程 05.0106

quasi-thermal light 准热光 04.1899

quenched disorder 淬致无序 08.0314

quenching 淬火 08.0519

quenching of luminescence 发光猝灭 08.1113

quiescent plasma 宁静等离[子]体 10.0025

quiet light 寂静光 04.1889

R

Rabi frequency 拉比频率 04.1848

racemism 消旋性 08.1133

radial acceleration 径向加速度 02.0030

radial disclination *轴向向错 08.1192

radial distribution function 径向分布函数 05.0422

radial momentum 径向动量 02.0103

radial quantum number 径量子数 06.0296

radial-shearing interferometer 径向剪切干涉仪 04.0853

radial structure function 径向结构函数 08.0570

radial velocity 径向速度 02.0020

radiance 辐射亮度 04.0469

radiant emittance 辐射发射度 04.0471

radiant energy density 辐射能密度 05.0384

radiant exitance 辐射出射度 04.0472

radiation 辐射 03.0376

radiation angular distribution 辐射角分布 03.0379

radiation damage 辐射损伤 09.0539

radiation damping 辐射阻尼 03.0397

radiation dose 辐射剂量 09.0189

radiation field 辐射场 03.0393

radiation flux 辐射通量 04.0365

radiation frequency spectrum 辐射频谱 03.0382

radiation hazard 辐射危害 09.0195

radiation impedance 辐射阻抗 03.0385

radiation intensity 辐射强度 03.0381

radiation length 辐射长度 09.1106

radiationless transition 无辐射跃迁 07.0167

radiation modification 辐射改性 09.0566

radiation pattern 辐射[方向]图 03.0378

radiation power 辐射功率 03.0380

radiation pressure 辐射压[强] 05.0391

radiation protection 辐射防护 09.0193

radiation resistance 辐射电阻 03.0384

radiation safety 辐射安全 09.0196

radiation shield 辐射屏蔽 08.1603

radiation source 辐射源 09.0112

radiation therapy 放射治疗 09.0194

radiation width 辐射宽度 09.0364

radiative absorption 辐射吸收 09.0397

radiative capture 辐射俘获 09.0396

radioactive dating 放射性鉴年法 09.0117

radioactive equilibrium 放射性平衡 09.0101

radioactive isotope 放射性同位素 09.0108

radioactive nuclide 放射性核素 09.0107

radioactive series 放射系 09.0109

radioactive source 放射源 09.0496

radioactivity 放射性 09.0077, 放射性活度 09.0104

α-radioactivity α放射性 09.0080

β-radioactivity β放射性 09.0081

γ-radioactivity γ放射性 09.0082

radio-frequency current drive 射频电流驱动 10.0404

radio-frequency heating 射频加热 10.0416

radio-frequency oscillator 射频振荡器 03.0517

radio-frequency spectrum 射频[波]谱 07.0168

radioluminescence 辐射[致]发光 08.1092

radiometry 辐射度量学 04.0364

radio nebula 射电星云 09.1163

radio nova 射电新星 09.1164

radiotherapy 放射治疗 09.0194

radius of gyration 回旋半径 02.0279

radius vector 径矢 02.0011

rainbow 虹霓 04.0565

rainbow holography 彩虹全息术 04.1169

rainbow model 虹模型 09.0421

Raman laser 拉曼激光器 04.1694

Raman scattering 拉曼散射 04.1233

Raman spectrum 拉曼[光]谱 04.1370

Ramsden eyepiece 拉姆斯登目镜 04.0234

random close packing 无规密堆积 08.0334

random coil model 无规线团模型 08.0335

random mixing approximation 无规混合近似

05.0655

random moiré fringe 无规叠栅条纹 04.0874

random motion 无规运动 05.0259

random network 无规网络 08.0332

random optical access 随机光学存取 04.1194

random phase 无规相位 04.0794

random phase approximation 无规相[位]近似 05.0632

random resistor network 无规电阻网络 08.0414

random walk 无规行走 05.0513

range 量程 01.0128,射程 09.0481

range-energy relation 射程能量关系,＊能程关系 09.0485

range straggling 射程歧离 09.0484

rapid cooling 急冷 08.0291

rapidity 快度 09.0664

rare-earth metal 稀土金属 08.0471

rare-earth permanent magnet 稀土永磁体 08.1073

rarefaction wave 稀疏波 10.0225

rarefied plasma 稀薄等离[子]体 10.0013

rare metal 稀有金属 08.0470

rated voltage 额定电压 03.0475

rate equation 变[化]率方程 07.0169

rate of entropy production 熵产生率 05.0237

rate process 变率过程 05.0566

rational magnetic surface 有理磁面 10.0377

rational rotation number 有理转数 05.0906

α-ray α射线 09.0084

β-ray β射线 09.0085

γ-ray γ射线 09.0086

Rayleigh-Bénard instability 瑞利－贝纳尔不稳定性 05.0824

Rayleigh criterion 瑞利判据 04.0708

Rayleigh-Jeans formula 瑞利－金斯公式 05.0388

Rayleigh limit 瑞利限 04.0208

Rayleigh number 瑞利数 05.0829

Rayleigh scattering 瑞利散射 04.1231

Rayleigh-Sommerfeld formula 瑞利－索末菲[衍射]公式 04.0915

[Rayleigh] surface wave [瑞利]表面波 08.1292

Rayleigh-Taylor instability 瑞利－泰勒不稳定性 10.0267

Rayleigh-wing scattering 瑞利翼散射 04.1232

ray tracing 光线追迹 04.0197

RCP 无规密堆积 08.0334

reactance 电抗 03.0303

reacting force 反作用力 02.0067

reaction channel 反应道 09.0302

reaction cross-section 反应截面 09.0325

reaction-diffusion equation 反应扩散方程 05.0749

reaction energy 反应能 09.0317

reaction field 反应场 08.0463

reaction matrix 反应矩阵 07.0170

reaction product 反应产物 09.0346

reaction Q-value 反应 Q 值 09.0318

reaction rate 反应率 09.0344

reaction yield 反应产额 09.0347

reactive current 无功电流 03.0314

reactive power 无功功率 03.0316

reading optical beam 读出光束 04.1193

real gas 真实气体 05.0034

real image 实象 04.0124

real object 实物 04.0123

real-time holography 实时全息术 04.1171

reasoning 推理 01.0067

reciprocal lattice 倒[易]格 08.0162

reciprocal-lattice point 倒格点 08.0165

reciprocal-lattice vector 倒格矢 08.0164

reciprocal space 倒易空间 08.0161

reciprocal [unit] cell 倒易[单]胞 08.0163

reciprocity theorem ＊倒易定理 09.0355

recoil 反冲 02.0235

recombination 复合 10.0058

recombination center 复合中心 08.0635

recombination cross-section 复合截面 10.0059

recombination laser 复合激光器 04.1705

recombination rate 复合率 08.0594

reconnection of magnetic field lines 磁力线重联 10.0096

reconstructed image 重建象 04.1114

reconstructing wave 重建波 04.1113

reconstruction 重构 08.0345

recrystallization 再结晶 08.0554

rectangular aperture diffraction 矩孔衍射

04.0681

rectangular waveguide 矩形波导 03.0524

rectangular-well potential 矩阱势 09.0232

rectification 整流 03.0507

rectifier 整流器 03.0508

rectilinear motion 直线运动 02.0046

red shift 红移 04.1375

red shortness 热脆性 08.0561

reduced cell 约化胞 08.0092

reduced density matrix 约化密度矩阵 05.0583

reduced distribution function 约化分布函数
10.0117

reduced mass 约化质量 02.0223

reduced matrix element 约化矩阵元 06.0460

reduced statistical operator 约化统计算符
05.0584

reduced transition probability 约化跃迁概率
09.0160

reduced wavelength 约化波长 04.0772

redundance 冗余度 04.1224

redundancy 冗余度 04.1224

redundant information 冗余信息 04.1225

reentrant nematic phase 再入丝状相 08.1178

reference angle 参考角 04.1110

reference beam 参考光束 04.1109

reference frame 参考系 01.0027

reference system 参考系 01.0027

reference wave 参考波 04.1108

reflectance 反射比 04.0467

reflected ray 反射线 04.0056

reflecting telescope 反射望远镜 04.0417

reflection 反射 04.0052, 反映 08.0119

reflection angle 反射角 04.0059

reflection coefficient 反射系数 03.0351

reflection grating 反射光栅 04.0694

reflection hologram 反射全息图 04.1129

reflection law 反射定律 04.0062

reflection plane 反映面 08.0120

reflectivity 反射率 04.0606

refracted ray 折射线 04.0057

refraction 折射 04.0053

refraction angle 折射角 04.0060

refraction coefficient 折射系数 03.0352

refraction law 折射定律 04.0063

refractive index 折射率 04.0070

[refractive] index ellipsoid 折射率椭球
04.0733

refractometer 折射计 04.0813

regenerative laser 再生激光器 04.1706

regenerator 蓄冷器 08.1578

Regge cut 雷杰割线 09.0835

Regge poles 雷杰极点 09.0836

Regge trajectory 雷杰轨迹 09.0837

regression of fluctuation 涨落回归 05.0570

regular precession 规则进动 02.0262

rejection of data 数据舍弃 01.0140

relative acceleration 相对加速度 02.0037

relative aperture 相对孔径 04.0253

relative dielectric constant ＊相对介电常量
03.0105

relative error 相对误差 01.0109

relative fluctuation 相对涨落 05.0511

relative index of refraction 相对折射率
04.0071

relative motion 相对运动 02.0045

relative permeability 相对磁导率 03.0244

relative permittivity 相对电容率 03.0105

relative velocity 相对速度 02.0025

relativistic 相对论性[的] 06.0003

relativistic correction 相对论[性]校正
06.0138

relativistic covariance 相对论性协变性 06.0038

relativistic covariant 相对论性协变量 06.0034,
相对论性协变式 06.0036

relativistic dynamics 相对论[性]动力学
06.0125

relativistic effect 相对论[性]效应 06.0140

relativistic field equation 相对论性场方程
06.0141

relativistic hydrodynamics 相对论[性]流体力学
06.0145

relativistic invariance 相对论性不变性 06.0044

relativistic invariant 相对论性不变量 06.0040,
相对论性不变式 06.0042

relativistic kinematics 相对论[性]运动学 06.0126

relativistic mass 相对论[性]质量 06.0131

relativistic mechanics 相对论[性]力学 06.0124

relativistic particle 相对论性粒子 06.0128

relativistic physics 相对论[性]物理学 06.0123

relativistic quantum mechanics 相对论[性]量子力学 06.0480

relativistic thermodynamics 相对论[性]热力学 06.0144

relativistic velocity addition formula 相对论[性]速度加法公式 06.0121

relativity 相对性 06.0002

relativity of simultaneity 同时性的相对性 06.0058

relativity principle 相对性原理 06.0005

relativity [theory] 相对论 06.0001

relaxation 弛豫 05.0505

relaxation function 弛豫函数 05.0555

relaxation time 弛豫时间 05.0506

relaxation time approximation 弛豫时间近似 05.0507

relevant parameter 有关参量 05.0696

reliability 可靠性 08.0464

relief image 浮雕象 04.1067

relief telescope 体视望远镜 04.0421

reluctivity 磁阻率 03.0263

remanent magnetization 剩余磁化强度, *剩磁 03.0253

remanent polarization 剩余极化强度 08.0846

remote optical sensing 光学遥感 04.1205

renormalization 重正化 09.0883

renormalization group 重正化群 05.0675

Renyi entropy 雷尼熵 05.0890

Renyi information 雷尼信息 05.0889

reorientation effect 重取向效应 09.0411

repeated index 重复指标 06.0106

repellor 排斥子 05.0846

repetition frequency 重复频率 04.1676

replica grating 复制光栅 04.0876

replica technique 复型技术 08.0572

representation 表示 06.0392, 表象 06.0388

representative point 代表点 05.0280

reproducibility 可重复性 05.0270

repulsive core 排斥芯 09.0064

repulsive exponential potential 排斥指数势 05.0411

rescaling 重标度 05.0695

residual aberration 剩余象差 04.0325

residual image 余留象 04.0486

residual interaction 剩余相互作用 09.0238

residual loss 剩余损耗 08.1042

residual nucleus 剩余核 09.0306

residual polarization 剩余极化 03.0586

residual ray 剩余射线 04.1420

residual resistivity 剩余电阻率 08.0911

resistance 电阻 03.0138

resistance box 电阻箱 03.0424

resistance thermometer 电阻温度计 05.0068

resistive diffusion [电]阻性扩散 10.0140

resistively shunted junction model 电阻分路结模型 08.1564

resistive tearing instability [电]阻性撕裂不稳定性 10.0291

resistivity 电阻率 03.0139

resistor 电阻[器] 03.0422

resolution 分辨率 01.0124

resolution limit 分辨[率极]限 04.0933

resolution of force 力的分解 02.0152

resolution of velocity 速度[的]分解 02.0147

resolvent 预解式 06.0447

resolving power 分辨本领 04.0709

resolving time 分辨时间 09.0522

resonance 共振 02.0183, 共鸣 02.0411

resonance absorption 共振吸收 08.1149

resonance cross-section 共振截面 09.0362

resonance energy 共振能量 09.0361

resonance excitation 共振激发 08.1150

resonance fluorescence 共振荧光 08.1125

resonance integral 共振积分 09.0363

resonance line 共振线 04.1363

resonance line-width 共振线宽 08.1062

resonance peak 共振峰 09.0360

resonance pumping 共振抽运 04.1650

resonance Raman spectroscopy 共振拉曼光谱学 04.1434

resonance scattering 共振散射 09.0353

resonance state 共振态 05.0464

resonance tube 共鸣管 02.0544

resonance width 共振宽度 09.0665

resonant cavity 共振腔 03.0519

resonant frequency 共振频率 02.0184

resonant mode 共振[波]模 03.0520

resonant particle 共振粒子 10.0126

resonating valence bond theory 共振价键理论 08.1535

resonator 共振器 03.0518

response function 响应函数 05.0553

response functional 响应泛函 05.0554

rest mass 静质量 06.0130

rest [mass] energy 静[质]能 06.0136

rest of eutectic 共晶停点 08.0495

rest of peritectic 包晶停点 08.0498

reststrahlen 剩余射线 04.1420

resultant couple 合力偶 02.0302

resultant force 合力 02.0151

resultant velocity 合速度 02.0146

retardation plate [相位]延迟板 04.0990

retarded effect 推迟效应 03.0370

retarded Green function 推迟格林函数 05.0595

retarded potential 推迟势 03.0369

retarding potential analyzer 减速电势分析器 08.1348

reticule 分划板 04.0241

retina 视网膜 04.0481

retroreflection 返射 04.0415

reversal magnetization 反磁化 08.1040

reversal of spectral line [光]谱线自蚀 04.1403

reversed-field configuration 反场位形 10.0370

reversed image 反象 04.0122

reversed line 自蚀[光谱]线 04.1404

reversibility of optical path 光路可逆性 04.0068

reversible process 可逆过程 05.0108

reversing prism 反象棱镜 04.0101

Reynolds number 雷诺数 02.0486

rf current drive 射频电流驱动 10.0404

rf heating 射频加热 10.0416

rheonomic constraint 非定常约束 02.0315

rheostat 变阻器 03.0423

rhombohedral lattice 菱面体格 08.0084

Ricci [curvature] tensor 里奇[曲率]张量 06.0203

Riemannian [curvature] tensor 黎曼[曲率]张量 06.0202

Righi-Leduc effect 里吉－勒迪克效应 08.0623

right-hand circular polarization 右[旋]圆偏振 04.0803

right-handed crystal 右旋晶体 04.0753

right-handed current 右手流 09.0666

right-handed screw rule 右手螺旋定则 03.0209

right-hand rule 右手定则 03.0207

rigid band model 刚[能]带模型 08.0489

rigid body 刚体 02.0239

rigidity *刚度系数 02.0076， 刚度 08.0543

rigid rod 刚性杆 06.0061

ring cavity 环形腔 04.1534

ring laser 环形激光器 04.1715

ring mode 环形模 04.1583

ring statistics 环统计[分布] 08.0366

rippling mode 涟[波]模 10.0226

ripplon 涟[波]子 08.1413

rishon 初子 09.1010

RKKY model RKKY 模型 08.0998

Robertson-Walker metric 罗伯逊－沃克度规 06.0264

rocket 火箭 02.0238

rodic liquid crystal 棒形分子液晶 08.1186

Rogowsky coil 罗戈夫斯基线圈 10.0426

rolling friction 滚动摩擦 02.0089

roll instability 滚流不稳定性 08.1243

roll pattern 卷筒图样 05.0828

Ronchi grating 龙基光栅 04.0864

root-mean-square error 方均根误差 01.0107

root-mean-square speed 方均根速率 05.0336

roof prism 屋脊棱镜 04.0104

root point 根点 05.0435

Rose metal 罗斯合金 08.0475

Rössler equation 勒斯勒尔方程 05.0948

rotary pump 旋转泵 05.0090

rotating magnetic field 旋转磁场 03.0474

rotating mirror 旋[转]镜 04.0562

rotating wave approximation 旋[转]波近似 04.1847

rotation 转动 02.0244, 自转 02.0246

rotational band 转动[谱]带 04.1356

rotational degree of freedom 转动自由度 05.0365

rotational electrometer 旋转静电计 03.0608

rotational energy level 转动能级 09.0265

rotational line 转动[谱]线 04.1355

rotational transform 旋转变换 10.0378

rotational transform angle 旋转变换角 10.0379

rotation around a fixed point 定点转动 02.0250

rotation axis 转动轴 08.0116

rotation hysteresis 转动磁滞 08.1041

rotation number 转数 05.0905

rotation operator 转动算符 06.0380

rotation power 旋光本领 04.0752

rotation-vibration band 转振[谱]带, *振转[谱]带 04.1358

rotation-vibration coupling 转振耦合 09.0286

rotatory dispersion 旋光色散 04.1004

roton 旋子 08.1443

roto-optic effect 旋光效应 08.1135

rotor-type electrometer 转子式静电计 03.0609

round-trip gain 往返增益 04.1544, 环行增益 04.1545

route to the chaos 通向混沌之路 05.0877

Rowland circle 罗兰圆 04.1327

Rowland ring *罗兰环 03.0202

RPA 无规相[位]近似 05.0632

r-rooted star graph r 根点星图 05.0439

RSJ model 电阻分路结模型 08.1564

ruby laser 红宝石激光器 04.1510

Ruderman-Kittel-Kasuya-Yosida model RKKY 模型 08.0998

Ruelle-Takens route 吕埃勒－塔肯斯道路 05.0878

rule 定则 01.0075

ruling grating 刻划光栅 04.0862

runaway electron 脱逸电子 10.0137

running coupling constant 巡行耦合常数 09.0838

running index 巡标 06.0114

running term 巡项 04.1341

Rutherford backscattering 卢瑟福背散射 08.1325

Rutherford [α-particle scattering] experiment 卢瑟福[α散射]实验 09.0066

Rutherford scattering 卢瑟福散射 09.0065

Rydberg atom 里德伯原子 07.0062

Rydberg constant 里德伯常量 07.0022

Rydberg molecule 里德伯分子 07.0098

Rydberg series 里德伯[线]系 04.1333

S

saccharimeter [旋光]糖量计 04.0755

saddle-node bifurcation 鞍结分岔 05.0860

saddle point 鞍点 05.0762

safety factor 安全因数 10.0380

sagittal focal line 弧矢焦线 04.0307

Saha equation 萨哈方程 05.0416

Sakata model 坂田模型 09.1068

Salam-Weinberg model 萨拉姆－温伯格模型 09.1069

sandwich hologram 夹层[式]全息图 04.1153

Sargent law 萨金特定律 09.0149

SARW 自回避无规行走 08.0406

satellite line 伴线 04.1289

satellite structure 伴线结构 08.1383

satellite wave 伴波 10.0312

saturable absorber [可]饱和吸收器 04.1625

saturated absorption 饱和吸收 04.1624

saturated color 彰色 04.0522

saturated gain 饱和增益 04.1586

saturated inversion 饱和反转 04.1651

saturated polarization 饱和极化强度 08.0845

saturation 彰度, *[色]饱和度 04.0524

saturation 饱和 05.0188

saturation dip 饱和凹陷 04.1590

saturation intensity 饱和强度 04.1588

saturation magnetization 饱和磁化强度

self-steepening 自陡化 04.1830

self-sustained discharge 自持放电 10.0056

self-trapping 自陷俘 04.1831

SEM 扫描电子显微镜 08.1361

semicircular spectrometer 半圆谱仪 09.0579

semiclassical approach 半经典方法 09.0844

semiclassical approximation 半经典近似 05.0323

semicoherent interface 半共格界面 08.0526

semiconductor 半导体 03.0020

semiconductor ceramics 半导体陶瓷 08.0669

semiconductor detector 半导体探测器 09.0532

semiconductor electronics 半导体电子学 08.0729

semiconductor laser 半导体激光器 04.1509

semiconductor material 半导体材料 08.0665

semiconductor physics 半导体物理[学] 08.0006

semi-crystalline state 半晶态 08.0038

semigroup 半群 05.0677

semi-inclusive process 半举过程 09.0707

semi-inclusive reaction 半举[的]反应 09.0845

semileptonic decay 半轻子型衰变 09.0719

semi-transparent film 半透[明]膜 04.0642

seniority 高位数 09.0247

sensitivity 灵敏度 01.0087

sensitivity to initial state 初态敏感性 05.0872

sensitometer 感光计 04.0385

sensitometric characteristic 感光特性 04.0583

sensor 传感器 03.0465

separate-atom limit 原子分离极限 07.0102

separatrix 分界线 05.0764

serial decay 系列衰变 09.0110

series connection 串联 03.0080

series limit 线系极限 07.0021

series resonance 串联共振 03.0319

SERS 表面增强拉曼谱仪 08.1377

SEXAFS 表面扩展 X 射线吸收精细结构 08.1374

shadow 影 04.0127

shadow effect 阴影效应 08.1339

shadow photometer 比影光度计 04.0474

shadow scattering 核影散射 09.0423

shake-off 震离 07.0105

shake-up 震激 07.0104

shallow level 浅能级 08.0642

shape coexistence 形状共存 09.0282

shape correction factor 形状修正因子 09.0148

shape-elastic scattering 形状弹性散射 09.0375

shape factor 形状因子 09.0280

shape isomer 形状同核异能素 09.0169

shape-memory alloy 形状记忆合金 08.0476

shape resonance 势形共振 07.0103

shape transition 形状跃迁 09.0281

Sharkovskii sequence 沙尔科夫斯基序列 05.0885

sharp cut-off model 锐截止模型 09.0417

sharpness 锐度 04.0871

sharp resonance reaction 锐共振反应 09.0560

sharp series 锐线系 04.1334

shear 剪切 02.0444

shear Alfvén wave 剪切阿尔文波 10.0194

shearing field 剪切[磁]场 10.0381

shearing interferometer 剪切干涉仪 04.0851

shearing strain 剪应变 02.0446

shear mode 剪切模 10.0227

shear modulus 剪[切]模量 02.0448

shear stress 剪应力 02.0445

shell correction 壳修正 09.0468

shell electron 壳层电子 09.0133

shell implosion 壳[层]爆聚 10.0402

shell model 壳[层]模型 07.0009

Sherring bridge 谢林电桥 03.0454

SHM 简谐运动 02.0166

shock front [冲]击波前 02.0503

Shockley [surface] energy level 肖克利[表面]能级 08.1316

shock pressure 击波压强 08.1643

shock temperature 击波温度 08.1644

shock tube 击波管 08.1654

shock wave [冲]击波 02.0502

shock wave heating 击波加热 10.0417

short circuit 短路 03.0161

short-range density 短程密度 08.0352

short-range force 短程力 09.0055

short-range order 短程序 05.0659

short sight 近视 04.0224

short wave pass filter 短波通滤光片 04.0887

shot noise 散粒噪声 05.0517

shower 簇射 10.0060

shower counter 簇射计数器 09.1095

Shubnikov-de Haas effect 舒布尼科夫－德哈斯效应 08.1156

Shubnikov group ＊舒布尼科夫群 08.0155

shunt 分路 03.0155，分流器 03.0157

side feeding 旁馈 09.0289

Sierpinski gasket 谢尔平斯基镂垫 05.0922

Sierpinski sponge 谢尔平斯基海绵 05.0921

sigma model σ模型 09.0846

signal-to-noise ratio 信噪比 01.0152

signature 符号差 06.0187，旋称 09.0270

significant figure 有效数字 01.0137

silica gel 硅胶 08.0420

silicon 硅 08.0673

silicon controlled rectifier 可控硅整流器 08.0731

silicon surface barrier detector 硅面垒探测器 09.0533

Silsbee rule 西尔斯比定则 08.1478

Simon equation 西蒙方程 08.1665

simple form 单形 08.0052

simple harmonic motion 简谐运动 02.0166

simple harmonic wave 简谐波 02.0369

simple pendulum 单摆 02.0131

simple singularity 简单奇点 05.0766

simplicial graph 单纯图 08.0354

SIMS 次级离子质谱学 08.1367

simulation 模拟 01.0062

simultaneity 同时性 06.0057

simultaneous events 同时事件 06.0056

sine-Gordon equation 正弦戈登方程 05.0991

single-arm spectrometer 单臂谱仪 09.1112

single-channel analyzer 单道分析器 09.0513

single-component plasma 单组分等离[子]体 10.0019

single crystal 单晶[体] 08.0035

single domain 单[磁]畴 08.1043

single-escape peak 单逃逸峰 09.0548

single exposure 单次曝光 04.0591

single-fluid theory 单流体理论 10.0088

single-frequency 单频 04.1596

single-hump mapping 单峰映射 05.0839

single layer 单层膜 04.0883

single-loop [diagram] approximation 单圈图近似 05.0633

single mode 单模 04.1595

single-mode fiber 单模光纤 04.0827

single-particle excitation 单粒子激发 09.0220

single-particle model 单粒子模型 09.0205

single-particle state 单粒子态 09.0233

single-pass gain 单程增益 04.1543

single-slit diffraction 单缝衍射 04.0676

singlet 单线 04.1343

singlet state 单态 07.0040

singular boundary 奇异边界 06.0222

singularity 奇异性 05.0758，奇点 05.0759

singular perturbation 奇异扰动 05.0787

sintering 烧结 08.0504

sinusoidal current 正弦式电流 03.0297

siphon 虹吸 02.0501

site-bond percolation 座键逾渗 05.0972

site disorder 座无序 08.0312

site percolation 座逾渗 05.0958

six-vertex model 六顶点模型 05.0718

size effect 尺寸效应 08.0297

skeleton diagram 骨架图 05.0724

skeleton of bifurcation graph 分岔图骨架 05.0898

skew ray 斜错光线，＊不交轴光线 04.0201

skin depth 趋肤深度 03.0357

skin effect 趋肤效应 03.0356

skin resistivity 表层电阻率 08.0920

Slater determinant 斯莱特行列式 06.0469

slaving principle 奴役原理 05.0956

slepton 标量轻子 09.0990

sliding friction 滑动摩擦 02.0088

sliding vector 滑移矢[量] 02.0289

slip band 滑移带 08.0551

slip of dislocation 位错滑移 08.0252

slit 狭缝 04.0675

slow Alfvén wave 慢阿尔文波 10.0193

slow axis 慢轴 04.0962

slow clock synchronization 慢移钟同步 06.0053

slowing-down 慢化 09.0435

slowly varying amplitude approximation 缓变幅近

似 04.1766

slow mode 慢模 05.0739

slow neutron 慢中子 09.0428

slow process 慢过程 05.0789

slow variable 慢变量 05.0791

Smale horseshoe 斯梅尔马蹄 05.0880

small angle scattering 小角散射 08.0204

small-signal gain 小信号增益 04.1542

small vibration 小振动 02.0352

S-matrix S矩阵 06.0439

smectic A phase 层状A相 08.1182

smectic C phase 层状C相 08.1183

smectic phase 层状相, *近晶相, *脂状相
    08.1181

smuon 标量μ子 09.0991

snap-through 突弹跳变 05.0812

Snell law *斯涅耳定律 04.0063

sneutrino 标量中微子 09.0992

SnO₂ 氧化锡 08.0682

snow-plow model 雪耙模型 10.0246

SNS junction SNS结 08.1560

sodium lamp 钠灯 04.1305

soft excitation 软激发 05.0776

soft lattice 软晶格 05.0670

soft magnetic material 软磁材料 03.0257

soft mode 软模 05.0774

soft process 软过程 09.0667

sol 溶胶 08.0415

solar cell 太阳能电池 03.0416

solar wind 太阳风 10.0440

solder drop junction 焊滴结 08.1559

solenoid 螺线管 03.0201

sol-gel transition 溶胶凝胶转变 08.0419

solid 固体 05.0026

solidification 凝固 05.0203

solidifying point 凝固点 05.0209

solidity 固体性 08.0299

solidlike cell 类固元胞 08.0446

solid phase epitaxy 固相外延 08.0689

solid solution 固溶体 08.0481

solid state counter 固体计数器 09.0501

solid state electronics 固体电子学 08.0728

solid state ionics 固体离子学 08.0229

solid state laser 固体激光器 04.1506

solid state molecular-hydrogen 固态分子氢
    08.1681

solid state physics 固体物理[学], *固态物理[学]
    08.0002

solid state plasma 固态等离[子]体 10.0027

solid state spectrum 固体光谱 04.1414

solid state track detector 固体径迹探测器
    09.0543

solid tesselation 固态镶嵌 08.0342

solidus [line] 固[相]线 08.0502

solitary wave 孤[立]波 08.1392

soliton 孤[立]子 08.1393

soliton laser 孤子激光器 04.1693

solubility curve 溶线 08.0503

solute segregation 溶质分凝 08.0263

solvation 溶解 05.0204

solvus 溶线 08.0503

Sommerfeld elliptic orbit 索末菲椭圆轨道
    06.0314

Sommerfeld parameter 索末菲参量 09.0412

sonar 声呐 02.0410

Sonine polynomial 索宁多项式 05.0480

sonoluminescence 声致发光 04.1450

sonometer 弦音计 02.0541

sound 声[音] 02.0392

sound drag 声曳引 08.1158

sound level 声级 02.0402

sound pressure 声压[强] 02.0403

sound source 声源 02.0393

sound velocity 声速 02.0397

sound wave 声波 02.0394

source point 源点 03.0032

south pole [指]南极 03.0228

space 空间 01.0018

Γ-space Γ空间 05.0277

μ-space μ空间 05.0278

space-bandwidth product 空间－带宽积 04.1024

space charge 空间电荷 03.0589

space charge cloud 空间电荷云 03.0590

space charge effect 空间电荷效应 03.0591

space-charge-limited current 空间电荷置限电流·
    08.0745

space charge region　空间电荷区　08.0657
space correlation　空间关联　05.0561
space dimensionality　空间维数　05.0728
space domain　空[间]域　04.1022
space group　空间群　08.0152
space invariance　空间不变性　04.1025
space inversion　空间反演　06.0278
space lattice　空间格点　08.0078
spacelike　类空　06.0095
spacelike event　类空事件　06.0098
spacelike interval　类空间隔　06.0099
spacelike line　类空线　06.0097
spacelike region　类空区　09.0668
spacelike section　类空截面　06.0103
spacelike vector　类空矢量　06.0096
space plasma　空间等离[子]体　10.0030
space quantization　空间量子化　06.0303
space reflection　空间反射　09.0847
space symmetry　空间对称　08.0110
space symmetry operation　空间对称操作　08.0125
spacetime　时空　06.0009
spacetime continuum　时空连续统　06.0071
spacetime coordinates　时空坐标　06.0074
spacetime correlation　时空关联　05.0562
spacetime diagram　时空图　06.0075
spacetime geometry　时空几何　06.0183
spacetime inversion　时空反演　09.0848
spacetime manifolds　时空流形　06.0072
spacetime optics　时空光学　04.0021
spacetime point　时空点　06.0023
spacetime reversal　时空反演　09.0848
spacetime symmetry　时空对称性　09.0878
spanning cluster　跨越集团　05.0968
spanning length　跨越长度　05.0971
spark chamber　火花室　09.0521
spark discharge　火花放电　10.0050
spark spectrum　火花光谱　04.1294
spark timer　火花计时器　02.0538
sparticle　超[对称]粒子　09.0988
spatial carrier　空间载波　04.1026
spatial coherence　空间相干性　04.0658
spatial domain　空[间]域　04.1022
spatial filtering　空间滤波　04.1027

spatial frequency　空间频率　04.0767
spatial frequency spectrum　空间频谱　04.1023
spatial rotation　空间转动　06.0377
spatial translation　空间平移　06.0376
special relativity　狭义相对论　06.0004
specific activity　比活度　09.0105
specific binding energy　比结合能　09.0031
specific charge　比荷　03.0204
specific gravity　比重　02.0055
specific heat anomaly　比热反常　08.0896
specific heat at constant pressure　定压比热
　　05.0066
specific heat at constant volume　定体[积]比热
　　05.0065
specific heat [capacity]　比热[容]　05.0064
specific ionization　比电离[度]　09.0487
specific phase　特定相　05.0282
specific rotation　旋光率　04.0998
specific volume　比体积，＊比容　05.0027
specific weight　比重　02.0055
spectacles　眼镜　04.0226
spectral analysis　光谱分析　04.1364
spectral band　[光]谱带　04.1281
spectral characteristic　光谱特性　04.1359
spectral color　[光]谱色　04.0520
spectral decomposition　频谱分解　04.0903
spectral density　[频]谱密度　04.0904
spectral distribution　光谱[强度]分布
　　04.1381
spectral function　谱函数　05.0627
spectral intensity　光谱强度　04.1382
spectral line　[光]谱线　04.1280
spectral order　光谱级　04.1323
spectral purity　光谱纯度　04.1409
spectral range　光谱范围　04.1296
spectral series　[光]谱线系　04.1331
spectral term　谱项　07.0020
spectral theory　谱理论　09.0888
spectrofluorophotometer　荧光分光光度计　04.1320
spectrogram　光谱图　04.1406
spectrograph　摄谱仪　04.1272
spectrography　摄谱学　04.1271
spectrometer　[光]谱仪　04.0113

spectrophotometer 分光光度计 04.1273

spectroscope 分光镜 04.0096

spectroscopic factor 谱因子 09.0357

spectroscopy 光谱学 04.1329, 光谱术 04.1330

spectrum 谱 07.0019

spectrum of first order 一级光谱 04.1324

specular reflection 镜[面]反射 04.0082

speculum metal 镜用合金 04.0563

speed 速率 02.0017

sperimagnetism 散亚铁磁性 08.0935

speromagnetism 散磁性 08.0933, 散反铁磁性 08.0936

spherical aberration 球[面象]差 04.0298

spherical lens 球面透镜 04.0141

spherical mirror 球面镜 04.0088

spherical mirror resonator 球面镜[共振]腔 04.1519

spherical model 球模型 05.0686

spherical nucleus 球形核 09.0255

spherical pendulum 球面摆 02.0133

spherical projection 球面投影 08.0158

spherical resonator *球面[共振]腔 04.1568

spherical wave 球面波 02.0366

sphericity 一次球度 09.0849

spherocity 二次球度 09.0850

spheromak 球型马克 10.0392

spherometer 球径计 02.0510

spike 激光尖峰 04.1658

spin 自旋 06.0448

spin angular momentum 自旋角动量 06.0452

spin degeneracy 自旋简并性 08.0607

spin density wave 自旋密度波 08.1397

spin dependent force 自旋有关力 09.0059

spindle cusp 纺锤[形]会切 10.0368

spin echo 自旋回波 08.1063

spin-flip Raman laser 自旋反转拉曼激光器 04.1695

spin fluctuation exchange 自旋涨落交换 08.1459

spin fluctuation feedback 自旋涨落反馈 08.1465

spin freezing 自旋冻结 08.0966

spin glass 自旋玻璃 08.0999

spin-lattice relaxation 自旋－晶格弛豫 08.1061

spin magnetic moment 自旋磁矩 06.0323

spinodal decomposition 失稳分解 08.0509

spinodal decomposition point 失稳[分解]点 08.0510

spinor 旋量 06.0450

spin-orbit coupling 自旋轨道耦合 06.0454

spin-orbit splitting 自旋轨道分裂 06.0453

spin-polarized functional 自旋极化泛函 08.0801

spin quantum number 自旋量子数 06.0298

spin temperature 自旋温度 08.1064

spin triplet pairing 自旋三重配对 08.1460

spin wave 自旋波 08.1003

spin wave resonance 自旋波共振 08.1066

spin wave scattering 自旋波散射 08.1065

splash electrification 喷溅起电 03.0592

splat-quenching method 冷底板淬火法 08.0294

splay 展曲 08.1221

split-sphere apparatus 分割球装置 08.1638

S pole [指]南极 03.0228

spontaneous emission 自发发射 06.0318

spontaneous fission 自发裂变 09.0449

spontaneous magnetization 自发磁化 08.0967, 自发磁化强度 08.0968

spontaneous polarization 自发极化 08.0842

spontaneous process 自发过程 05.0110

spontaneous radiation 自发辐射 04.1488

spontaneous strain 自发应变 08.0857

spontaneous symmetry breaking 对称[性]自发破缺 09.0889

spot size 光斑大小 04.0932

spray electrification 喷雾起电 03.0593

spring balance 弹簧秤 02.0514

spurion 乱真子 09.0851

spurious count 寄生计数 04.1890

spurious image *伪象 04.0446

spurious line *伪线 04.1328

spurious state *伪态 09.0623

sputtering 溅射 09.0570

square grid pattern 方格栅图样 08.1213

squark 标量夸克 09.0993

s-quark　s夸克，＊奇异夸克　09.0980

squeezed coherent state　压缩相干态　04.1909

squeezed state　压缩态　04.1907

SQUID　超导量子干涉器件　08.1563

SQUID magnetometer　SQUID磁强计　08.1087

SRO　短程序　05.0659

stability　稳定性　02.0157

stability criterion　稳定性判据　02.0162

stability diagram　稳定性图　04.1527

β-stability line　β稳定线　09.0032

stability theory　稳定性理论　05.0750

stabilization　稳定化　10.0298

stabilization ratio　稳定比　04.1531

stabilized current supply　稳流电源　03.0421

stabilized voltage supply　稳压电源　03.0420

stable equilibrium　稳定平衡　02.0158

stable nucleus　稳定核　09.0111

stable particle　稳定粒子　09.0894

stable resonator　稳定[共振]腔　04.1525

stacking fault　堆垛层错　08.0250

staged laser　级联激光器　04.1709

staggered [bond] configuration　交错[键]位形　08.0370

staircase structure　阶梯结构　05.0918

standard atmospheric pressure　标准大气压　05.0031

standard cell　标准电池　03.0415

standard clock　标准钟　06.0048

standard deviation　标准偏差　01.0112

standard error　标准误差　01.0106

standard [light] source　标准[光]源　04.0034

standard mapping　标准映射　05.0904

standard wavelength　标准波长　04.1408

standing wave　驻波　02.0364

star connection　星形接法　03.0326

star graph　星[形]图　05.0438

Stark broadening　斯塔克[谱线]增宽　04.1402

Stark effect　斯塔克效应　07.0042

Stark splitting　斯塔克分裂　04.1369

state　态　05.0095

state function　态函数　05.0146

state in gap　隙[内]态　08.0628

state parameter　[物]态参量　05.0097

state property　[物]态参量　05.0097

state space　态空间　05.0832

state variable　态变量　05.0096

statically determinate problem　静定问题　02.0285

statically indeterminate problem　静不定问题，＊超静定问题　02.0286

static conductivity　静电导率　03.0594

static electricity on human body　人体静电　03.0568

static field　静[态]场　06.0173

static friction　静摩擦　02.0090

static pressure　静压　02.0478

statics　静力学　02.0004

stationary ensemble　定态系综　05.0567

stationary field　定态场　06.0174

stationary Schrödinger equation　定态薛定谔方程　06.0410

stationary state　定态　06.0330

stationary wave　＊定态波　03.0338

statistical average　统计平均　05.0294

statistical equilibrium　统计平衡　05.0272

statistical error　统计误差　01.0101

statistical honeycomb [lattice]　统计蜂房[格]　08.0346

statistical mechanics　统计力学　05.0257

statistical operator　统计算符　05.0298

statistical optics　统计光学　04.0007

statistical physics　统计物理[学]　05.0256

statistical potential　统计势　05.0324

statistical regularity　统计规律性　05.0271

statistical weight　统计权重　05.0273

steady constraint　定常约束　02.0314

steady current　恒定电流　03.0127

steady flow　定常流[动]　02.0464

steady state　定常态　03.0289

steady-state theory of the universe　定态宇宙理论　06.0263

steam point　汽点　05.0019

Stefan-Boltzmann law　斯特藩－玻尔兹曼定律　05.0385

Stefan constant　斯特藩常量　05.0386

stellarator　仿星器　10.0384

step-index fiber 阶跃折射率光纤 04.0823

stepped attenuator 阶式减光板 04.1006

stereographic projection 极射赤面投影 08.0159

stereoptics 立体光学 04.0564

stereoscope 体视镜 04.0448

stereoscopic effect 体视效应 04.0503

stereo-telescope 体视望远镜 04.0421

Stern-Gerlach experiment 施特恩-格拉赫实验 07.0037

sticking coefficient 粘附系数 08.1287

stigmatic imaging 消[象]散成象，*共点成象 04.0205

stimulated absorption 受激吸收 06.0317

stimulated Brillouin scattering 受激布里渊散射 04.1800

stimulated conduction 受激导电 10.0055

stimulated emission 受激发射 06.0316

stimulated radiation 受激辐射 04.1489

stimulated Raman scattering 受激拉曼散射 04.1799

Stirling cycle 斯特林循环 08.1576

stishovite 斯氏石英 08.1684

STM 扫描隧穿显微镜 08.1362

stochastic error 随机误差 01.0099

stochastic geometry 随机几何学 08.0336

stochastic matrix 随机矩阵 05.0793

stochastic quantization 随机量子化 09.0852

Stockmayer potential 斯托克迈耶势 05.0414

Stokes line 斯托克斯线 04.1371

Stokes shift 斯托克斯频移 04.1377

stop 光阑 04.0268

stopping power 阻止本领 09.0476

stop watch 停表 02.0536

[storage] battery 蓄电池 03.0418

storage medium 存储介质 04.1191

storage ring 存储环 09.1096

stosszahlansatz 分子混沌拟设 05.0485

straight edge diffraction 直边衍射 04.0682

strain 应变 02.0435

strain gauge 应变规 02.0539

strange attractor 奇怪吸引子 05.0849

strangeness number 奇异数 09.0694

strange particle 奇异粒子 09.0947

strange quark s夸克，*奇异夸克 09.0980

stratified medium 分层介质 04.0881

straton 层子 09.0977

straton model 层子模型 09.1070

stray light 杂光 04.0561

streak camera 高速扫描照相机，*高速扫描摄影机 04.0455

streamer chamber 流光室 09.1098

streaming electrification 冲流起电 03.0595

streaming instability 冲流不稳定性 10.0279

streaming potential 冲流电压 03.0600

streamline 流线 02.0461

stream tube 流管 02.0463

strength function 强度函数 09.0367

stress 应力 02.0431

stress birefringence 应力双折射 04.0979

stress tensor 应力张量 02.0434

string model 弦模型 09.1071

stripped plasma 全剥等离[子]体 10.0018

stripping electrification 剥离起电 03.0596

stripping reaction 削裂反应 09.0389

stroboscope 频闪仪 02.0532

strobotach 频闪测速计 02.0533

strong coupling 强耦合 09.0283

strong-coupling superconductor 强耦合超导体 08.1531

strong decay 强[作用]衰变 09.0669

strong equivalence principle 强等效原理 06.0158

strong focusing 强聚焦 09.1097

strong interaction 强相互作用 09.0140

strong scaling law 强标度律 05.0715

strong turbulence 强湍动 10.0328

structural crystallography 结构晶体学 08.0026

structural disorder 结构无序 08.0305

structural phase transition 结构相变 05.0669

structural relaxation 结构弛豫 08.0569

structural stability 结构稳定性 05.0756

structural symmetry 结构[性]对称 04.1764

structure analysis 结构分析 08.0185

structure factor 结构因子 08.0186

structure function 结构函数 09.0853

superheating phenomenon 过热现象 08.1498

superheavy atom 超重原子 09.0042

superheavy element 超重元素 09.0039

superheavy nucleus 超重核 09.0040

superinjection 超注入 08.0727

superlattice 超晶格 08.0093, 超格点 08.1391

superleak 超漏 08.1456

superluminescence 超发光 04.1928

supernova 超新星 09.1167

superparamagnetism 超顺磁性 08.0928

superplasticity 超塑性 08.0546

super-Poisson light 超泊松光 04.1911

superposition principle 叠加原理 03.0040

superradiance 超辐射 04.1929

superradiant state 超辐射态 04.1931

superradiation 超辐射 04.1929

super-resolution 超分辨率 04.0936

supersaturation 过饱和 05.0189

supersaturation vapor pressure 过饱和蒸气压 05.0192

superselection rule 超选择定则 09.0859

supersonic speed 超声速 02.0399

supersonic wave 超声波 02.0395

superspace 超空间 09.0860

superspace group 超空间群 08.1406

superstring 超弦 09.0861

superstring theory 超弦理论 09.1066

superstrong interaction 超强相互作用 09.0863

superstructure 超结构 08.0490

supersymmetry 超对称[性] 09.0855

superunification 超统一 09.0856

superweak interaction 超弱相互作用 09.0864

suppressed total reflection 受抑全反射 04.0815

surface 表面 08.1247

surface accumulation layer 表面积累层 08.0658

surface adsorption 表面吸附 08.1281

surface alloy 表面合金 08.1269

surface back bond 表面背键 08.1312

surface barrier 表面势垒 08.1303

surface breakdown 表面击穿 08.1330

surface bridge bond energy level 表面桥键能级 08.1318

surface catalysis 表面催化 08.1328

surface charge 表面电荷 08.1311

surface charge density 面电荷密度 03.0011

surface chemistry 表面化学 08.1379

surface cleaning 表面净化 08.1272

surface color 表面色 04.0534

surface conductance 表面电导 08.1331

surface current density 面电流密度 03.0126

surface dangling bond energy level 表面悬键能级 08.1317

surface density of states 表面态密度 08.1321

surface depletion layer 表面耗尽层 08.0659

surface electromagnetic coupled oscillation 表面电磁耦合振荡 08.1297

surface electronic state 表面电子态 08.1313

surface energy 表面能 09.0045

surface enhanced Raman spectroscope 表面增强拉曼谱仪 08.1377

surface entropy 表面熵 08.1309

surface extended X-ray absorption fine structure 表面扩展 X 射线吸收精细结构 08.1374

surface free energy 表面自由能 08.1310

surface lattice wave 表面格波 08.1291

surface mobility 表面迁移率 08.1332

surface of constant phase 等相面 04.0773

surface optics 表面光学 08.1378

surface phase 表面相 08.1305

surface phonon 表面声子 08.1298

surface photovoltage 表面光电压 08.1304

surface physics 表面物理[学] 08.0009

surface plasmon 表面等离波子 08.1299

surface polariton 表面电磁耦子 08.1300

surface polaron 表面极化子 08.1301

surface potential 表面势 08.1302

surface recombination 表面复合 08.0660

surface reconstruction 表面重构 08.1260

surface relaxation 表面弛豫 08.1261

surface resistance 表面电阻 03.0359

surface resonance state 表面共振态 08.1319

surface scattering 表面散射 08.1323

surface segregation 表面偏析 08.1271

surface sheath 表面鞘 08.1517

surface state 表面态 08.1307

surface stress 表面应力 08.1308

surface structure 表面结构 08.1259

surface subband 表面子能带 08.1410

surface superconductivity 表面超导电性 08.1516

surface tension 表面张力 05.0054

surface tension coefficient 表面张力系数 05.0055

surface topography 表面形貌学 08.1262

surface vibration 表面振动 09.0260

surface wave 表面波 04.0788

susceptance 电纳 03.0310

susceptibility jump 响应率跳变 08.0437

suspended ring experiment 浮环实验 03.0293

sustained wave 持续波 04.0789

swallow tail 燕尾[型突变] 05.0818

sweep laser 频扫激光器 04.1722

switch 开关 03.0410

switching time 开关时间 08.1000

swollen coil 溶胀线团 08.0410

SWR 自旋波共振 08.1066

symbolic dynamics 符号动力学 05.0882

symmetrical fission 对称裂变 09.0459

symmetric group 置换群 06.0404

symmetric wave function 对称波函数 06.0467

symmetry 对称[性] 06.0402

symmetry-adapted coefficient 对称适化系数 07.0106

symmetry-adapted wave function 对称适化波函数 07.0107

symmetry-broken 对称破缺 05.0668

symmetry element 对称元素 08.0114

symmetry energy 对称能 09.0047

symmetry group 对称性群 06.0403

symmetry operation 对称操作 08.0113

synchrocyclotron 同步回旋加速器 09.0592

synchronism 同步[性] 06.0050

synchronization 同步 05.0908

synchronization of clocks 钟的同步 06.0051

synchronous pulsed holography 同步脉冲全息术 04.1176

synchrophasotron 同步稳相加速器 09.0593

synchrotron 同步加速器 09.0590

synchrotron radiation 同步[加速器]辐射 09.0591

synchrotron radiation topography 同步辐射形貌术 08.0200

synergetics 协同学 05.0808

syngony 晶系 08.0099

synthesis plasma 合成等离[子]体 10.0021

synthetic aperture 综合孔径 04.1210

synthetic hologram 综合全息图 04.1148

syphon 虹吸 02.0501

systematic error 系统误差 01.0100

system of concurrent forces 共点力系 02.0293

system of coplanar forces 共面力系 02.0295

system of couples 力偶系 02.0300

system of forces 力系 02.0288

system of parallel forces 平行力系 02.0298

system of particles 质点系 02.0212

system of units 单位制 01.0045

Szilard-Chalmers effect 齐拉－却尔曼斯效应 09.0398

T

tachyon 快子 09.1015

tadpole diagram 蝌蚪图 05.0636

Talbot effect 塔尔博特效应 04.0865

Tamm [surface] energy level 塔姆[表面]能级 08.1315

tandem accelerator 串列[式]加速器 09.0586

tandem mirror 串级磁镜 10.0349

tangential acceleration 切向加速度 02.0032

tangential bifurcation 切分岔 05.0865

tangential stress 切向应力 02.0432

target 靶 09.1122

target chamber 靶室 09.0497

target nucleus 靶核 09.0303

tau lepton τ轻子 09.0932

tau neutrino τ[子型]中微子 09.0933

TBA 紧束缚近似 08.0781

3T diagram *3T图 08.0290

TDS 热脱附谱学 08.1371

TEA CO_2 laser TEA CO_2 激光器 04.1668

tearing instability 撕裂不稳定性 10.0290

tearing mode　撕裂模　10.0229

technical magnetization　技术磁化　08.1044

technicolor　彩[色]　09.0698

technicolor symmetry　彩对称性　09.0865

telecentric beam　远心光束　04.0354

telecentric stop　焦阑,＊远心光阑　04.0278

telecentric system　焦阑系统　04.0279

telephoto lens　摄远镜头　04.0249

telescope　望远镜　04.0245

telescope detector　望远镜探测器　09.0553

telescopic transformation　远焦变换　04.0211

telestereoscope　体视望远镜　04.0421

temperature　温度　05.0005

temperature Green function　温度格林函数　05.0598

temperature-ordered product　温序[乘]积　05.0626

temperature sensor　温度敏感器件　08.0761

tempering　回火　08.0520

temporal coherence　时间相干性　04.0657

TEM wave　横电磁波　03.0335

tensile strain　拉伸应变　02.0436

tension　张力　02.0098

tensor　张量　01.0034

tensor density　张量密度　06.0190

tensor force　张量力　09.0060

tensor permeability　张量磁导率　08.1067

tent mapping　帐篷[形]映射　05.0842

terminal velocity　终极速度　02.0143

terminal voltage　端[电]压　03.0135

ternary collision　三体碰撞　10.0133

ternary fission　三分裂变　09.0451

terrace-ledge-kink structure　台面台阶扭折结构　08.1266

terrestrial refraction　地面[大气]折射　04.1007

terrestrial telescope　地面望远镜　04.0422

teslameter　特斯拉计　03.0461

test particle　试探粒子　10.0128

tetragonal system　四角晶系　08.0104

tetrahedral apparatus　四面体装置　08.1636

tetrahedral group　四面体群　08.0139

TE wave　横电波　03.0336

texture　织构　08.0555

TFD model　＊TFD 模型　08.0796

TF model　＊TF 模型　08.0795

theorem　定理　01.0073

theorem of angular momentum　角动量定理　02.0109

theorem of impulse　＊冲量定理　02.0105

theorem of kinetic energy　动能定理　02.0113

theorem of minimum entropy production　最小熵产生定理　05.0247

theorem of momentum　动量定理　02.0105

theorem of topological degree　拓扑度定理　05.0915

theoretical error　理论误差　01.0102

theoretical physics　理论物理[学]　01.0004

theoretical strength　理论强度　08.0550

theory　理论　01.0055

theory of dynamic system　动力系统理论　05.0998

thermal acoustic oscillation　热声振荡　08.1607

thermal anchoring　热汇　08.1597

thermal conductance　热导　08.0898

thermal conductivity　热导率　05.0496

thermal desorption spectroscopy　热脱附谱学　08.1371

thermal diffuse scattering　热漫散射　08.0202

thermal diffusion　热扩散　05.0491

thermal equilibrium　热平衡　05.0004

thermal equilibrium condition　热平衡条件　05.0175

thermal excitation　热激发　04.1451

thermal expansion　热膨胀　08.0906

thermal expansion anomaly　热膨胀反常　08.0909

thermalization　热能化　08.1124

thermal lensing effect　热透镜效应　04.1659

thermal light　热光　04.1898

thermally engraved hologram　热塑全息图　04.1154

thermally stimulated current　热激电流　08.0876

thermal motion　热运动　05.0258

thermal neutron　热中子　09.0427

thermal radiation　热辐射　05.0498

thermal resistance　热阻　08.0900

thermal resistivity　热阻率　08.0899

thermal switch　热开关　08.0904

thermal transmission　传热　05.0500

thermal wavelength　热波长　05.0325

thermionic emission　热电子发射　03.0491

thermistor 热敏电阻 03.0426

thermochromatism 热色性 04.1968

thermocouple 温差电偶 03.0186

thermocouple [vacuum] gauge 温差电偶真空规 05.0087

thermodynamical Green function 热力学格林函数 05.0599

thermodynamic branch 热力学分支 05.0746

thermodynamic criterion 热力学判据 05.0171

[thermodynamic] cycle [热力学]循环 05.0127

thermodynamic equilibrium 热力学平衡 05.0100

[thermodynamic] flux [热力学]流 05.0238

[thermodynamic] force [热力学]力 05.0239

thermodynamic function 热力学函数 05.0145

thermodynamic limit 热力学极限 05.0326

thermodynamic perturbation 热力学扰动 05.0551

thermodynamic potential 热力学势 05.0157

thermodynamic probability 热力学概率 05.0330

[thermodynamic] process [热力学]过程 05.0103

thermodynamics 热力学 05.0092

thermodynamic scale [of temperature] 热力学温标 05.0013

thermodynamic stability 热力学稳定性 05.0179

thermodynamic system 热力学系统 05.0093

thermodynamic temperature 热力学温度 05.0014

thermodynamic threshold 热力学阈 05.0747

thermoelastic effect 热弹效应 08.0880

thermoelectric effect 温差电效应 03.0185

thermo-field dynamics 热场动力学 05.0640

thermoluminescence 热致发光 04.1447

thermoluminescent dosimeter 热释光剂量仪 09.0545

thermomagnetic effect 磁场热流效应 08.0951

thermometer 温度计 05.0067

thermometric property 测温性质 05.0006

thermometric scale 温标 05.0007

thermomolecular pressure effect 热分子压强效应 08.1452

thermo-noise 热噪声 05.0516

thermonuclear fusion 热核聚变 10.0334

thermonuclear plasma 热核等离[子]体 10.0010

thermonuclear reaction 热核反应 09.0446

thermopile 温差电堆 03.0187

thermoplastic hologram 热塑全息图 04.1154

thermosensitive device 热敏器件 08.0764

thermostat 恒温器 05.0072

thermotropic liquid crystal 热致液晶 08.1165

theta-tau puzzle $\theta-\tau$ 疑难 09.0866

Thevenin theorem 戴维南定理 03.0164

thick lens 厚透镜 04.0144

thick target 厚靶 09.0341

thin film 薄膜 08.1254

[thin] film optics 薄膜光学 04.0013

thin lens 薄透镜 04.0143

thin target 薄靶 09.0340

third cosmic velocity 第三宇宙速度 02.0204

third critical [magnetic] field 第三临界[磁]场 08.1503

third harmonic 三次谐波 04.1787

third law of thermodynamics 热力学第三定律 05.0136

third order aberration 三级象差 04.0290

third-order nonlinearity 三级非线性 04.1761

third-order nonlinear susceptibility 三级非线性极化率 04.1762

third sound 第三声 08.1447

Thomas-Fermi-Dirac model 托马斯-费米-狄拉克模型 08.0796

Thomas-Fermi model 托马斯-费米模型 08.0795

[Thom] catastrophe theory [托姆]突变论 05.0809

Thomson effect 汤姆孙效应 08.0622

Thomson scattering 汤姆孙散射 10.0176

thorium series 钍系 09.0113

three-axis coordinate system 三轴坐标系 08.0095

three-body problem 三体问题 02.0214

three-center bond 三心键 07.0108

three dimensional diffraction 三维衍射 04.0697

three dimensional grating 三维光栅 04.0696

three-dimensional network solid 三维网络固体 08.0382

threefold branch point 三重分支点 08.0400

three jet 三喷注 09.0816

three-level laser 三能级激光器 04.1644

three-phase alternating current 三相[交变]电流 03.0320

three primary colors 三原色 04.0526

three-spin model 三自旋模型 05.0727

three stages of Bogoliubov 博戈留波夫三阶段 05.0573

three wave process 三波过程 10.0306

threshold condition 阈值条件 04.1501

threshold energy 阈能 09.0322

threshold frequency 阈频[率] 08.1335

threshold power 阈值功率 04.1652

throttling process 节流过程 05.0220

thyristor 晶闸管 08.0754

tight-binding approximation 紧束缚近似 08.0781

time 时间 01.0015

time-averaged holography 时间平均全息术 04.1170

time-bandwidth product 时间带宽积 04.1020

time constant 时间常量 03.0291

time correlation 时间关联 05.0560

time-dependent perturbation 含时微扰 06.0415

time-dependent Schrödinger equation 含时薛定谔方程 06.0411

time dilation 时间延缓 06.0059

time direction 时间方向性 05.0572

time displacement 时间平移 06.0378

time-harmonic light wave 时谐光波 04.0344

time-harmonic wave 时谐波 03.0338

time-independent perturbation 不含时微扰 06.0414

[time] integrated intensity [时间]积分强度 04.1879

timelike 类时 06.0090

timelike event 类时事件 06.0093

timelike interval 类时间隔 06.0094

timelike line 类时线 06.0092

timelike region 类时区 09.0670

timelike vector 类时矢量 06.0091

time-of-flight method 飞行时间法 09.0552

time of repose 静置时间 03.0598

time orientation 时间方向 06.0100

timer 定时器 02.0534, 计时器 02.0535

time response 时间响应 04.1759

time-resolved spectroscopy 时间分辨[光]谱学 04.1436

time reversal 时间反演 06.0386

time-sharing laser 分时激光器 04.1720

time-temperature-transformation diagram 时温转变图 08.0290

time translation 时间平移 06.0378

tin oxide 氧化锡 08.0682

TiO_2 氧化钛 08.0684

tissue 组织 08.0720

titanium dioxide 氧化钛 08.0684

TLK structure 台面台阶扭折结构 08.1266

T-matrix T 矩阵 09.0671

TM wave 横磁波 03.0337

Toda chain 户田链 08.1424

Toda lattice 户田格[点] 08.1423

tokamak 托卡马克 10.0383

tolerance 容限, *公差 04.0328

tolerance for aberration 象差容限 04.0329

Tolman-Oppenheimer-Volkoff equation TOV 方程 06.0266

top 陀螺 02.0281

topography 形貌术 08.0198

topological charge 拓扑荷 09.0867

topological conjugate mapping 拓扑共轭映射 05.0841

topological cross-section 拓扑截面 09.0672

topological defect 拓扑缺陷 08.0395

topological degree 拓扑度 05.0914

topological dimension 拓扑维数 05.0936

topological disorder 拓扑无序 08.0306

topological elementary excitation 拓扑[性]元激发 05.0735

topological entropy 拓扑熵 05.0891

topological order 拓扑序 08.1420

topological phase transition 拓扑[性]相变 05.0736

topological singularity 拓扑奇点 08.0401

topological soliton 拓扑孤子 09.0868

topological transformation 拓扑变换 08.0398

topology of spacetime 时空拓扑 06.0217

topponium 顶偶素 09.0985

top quark t 夸克, *顶夸克 09.0984

toric lens 环面透镜 04.0438

toroidal drift 环漂移 10.0084

toroidal effect 环效应 10.0083

toroidal geometry 环[状]几何位形 10.0371

toroidal magnetic field 环向磁场 10.0373

toroidal pinch 环形箍缩 10.0104

torque 转矩 02.0304

torsion 扭转 02.0449

torsional mode 扭转模 10.0230

torsional moment 扭矩 02.0450

torsional pendulum 扭摆 02.0451

torsional rigidity 抗扭劲度 02.0453

torsion balance 扭秤 02.0452

torsion tensor 挠率张量 06.0210

torus 螺绕环 03.0202

total correlation 总关联 05.0424

total cross-section 总截面 09.0329

total quantum number 主量子数 06.0299

total reflection 全反射 04.0079

TOV equation TOV 方程 06.0266

t-quark t夸克, *顶夸克 09.0984

trace 迹 06.0400

track 径迹 09.1123

track chamber 径迹室 09.1099

track reconstruction 径迹重建 09.1100

trailing wave 尾迹波 10.0231

trajectory 轨道 02.0014

transcritical bifurcation 跨临界分岔 05.0866

transfer matrix 传递矩阵 05.0711

transfer reaction 转移反应 09.0400

transformer 变压器 03.0467

transform optics 变换光学 04.1031

transient chaos 暂态混沌 05.0899

transient coherent optical effect 暂态相干光学效应 04.1844

transient equilibrium 暂态平衡 09.0102

transient holography 暂态全息术 04.1172

transient motion 暂态运动, *瞬态运动 02.0190

transient state process 暂态过程 03.0290

transistor 晶体管 03.0488

transit banana 通行香蕉[形轨道] 10.0166

transition 跃迁 06.0431

γ-transition γ跃迁 09.0091

λ-transition λ相变 05.0642

transition matrix 跃迁矩阵 09.0142

transition metal 过渡金属 08.0469

transition nucleus 过渡核 09.0259

transition probability 跃迁概率 06.0434

transition radiation 渡越辐射 09.1101

transition radiation detector 渡越辐射探测器 09.1110

transit particle 通行粒子 10.0164

transit time 渡越时间 09.1102

translation 平移 02.0243

translational degree of freedom 平动自由度 05.0364

translation group 平移群 08.0150

translation operator 平移算符 06.0379

translation symmetry 平移对称 08.0111

translation vector 平移矢[量] 08.0126

translucent glass 半透明玻璃 04.1255

transmission 透射 04.0807

transmission coefficient 透射系数 04.0808

transmission grating 透射光栅 04.0695

transmission hologram 透射全息图 04.1128

transmission line 传输线 03.0525

transmissivity 透射率 04.0609

transmittance 透射比 04.0468

transmittance-exposure curve 透射比曝光量曲线 04.0586

transmutation 嬗变 09.0201

transparency 透明性 04.1250, 透明度 04.1251

transport equation 输运方程 05.0487

transport phenomenon 输运现象 05.0488

transuranic element 铀后元素 09.0038

transverse acceleration 横向加速度 02.0031

transverse coherence 横向相干性 04.0900

transverse Doppler effect 横向多普勒效应 06.0127

transverse electric wave 横电波 03.0336

transverse electromagnetic wave 横电磁波 03.0335

transverse energy 横能量 09.0711

transverse field 横场 03.0366

transversely excited atmospheric pressure CO_2 laser

05.0601

two particle tunneling 双粒子隧穿 08.1549

two-photon absorption 双光子吸收 04.1802

two photon coherent state * 双光子相干态
04.1909

two-stream instability 双流不稳定性 10.0280

two-terminal network 二端网络 03.0163

type Ⅰ superconductor 第一类超导体 08.1499

type Ⅱ superconductor 第二类超导体 08.1500

U

ubiquitous mode 遍布模 10.0232

ultimate strength 极限强度 08.0549

ultrafast neutron 特快中子 09.0431

ultrafast process 超快过程 04.1860

ultrafine particle 超微颗粒 08.0477

ultralow temperature 超低温 08.1585

ultrarelativistic particle 极端相对论性粒子
09.0723

ultrashort laser pulse 超短激光脉冲 04.1620

ultrasonic attenuation 超声衰减 08.1160

ultrasonic grating 超声光栅 04.0951

ultrasonic holography 超声全息术 04.1178

ultrasonic Q-switching 超声 Q 开关 04.1617

ultrasound holography 超声全息术 04.1178

ultrasound wave 超声波 02.0395

ultraviolet photoelectron spectroscopy 紫外光电子
能谱学 08.1352

ultraviolet ray 紫外线 04.0027

umbra 本影 04.0128

umklapp process * 倒逆过程 08.0902

Umweganregung(德) 迂回激发 08.1151

unblocked bond 连通键 05.0962

unbounded space 无界空间 03.0345

uncertainty 不确定度 01.0123

uncertainty principle 不确定[性]原理, * 测不准原
理 06.0408

uncertainty relation 不确定[度]关系, * 测不准关
系 06.0407

undercorrected lens 欠校[正]透镜 04.0441

underdamping 欠阻尼 02.0189

underdevelopment 欠显[影] 04.0590

underexposure 欠曝[光] 04.0588

undulatory property 波动性 06.0285

undulatory theory 波动说 04.0029

unexcited degree of freedom 未激发自由度

05.0368

unfolding 开折[型突变] 05.0816

ungerade state u 态 07.0072

uniaxial crystal 单轴晶体 04.0737

unified field theory 统一场论 09.1028

unified model 综合模型 09.0210

uniform dielectric 均匀电介质 03.0093

uniform illumination 均匀照明 04.0459

uniformity of spacetime 时空均匀性 06.0010

uniform motion 匀速运动 02.0041

unilateral constraint 单侧约束 02.0312

unique forbidden transition 唯一型禁戒跃迁
09.0151

uniqueness theorem 唯一性定理 03.0084

unit 单位 01.0044

unitarity 幺正性 09.0884

unitarity limit 幺正极限 09.0675

unitary 幺正[的] 06.0366

unitary operator 幺正算符 06.0383

unitary spin 幺旋 09.0676

unitary transformation 幺正变换 06.0384

unit cell 单胞 08.0087

united-atom limit 原子联合极限 07.0138

unit operation 单位操作 08.0133

universal constant 普适常量 01.0037

universal evolution criterion 普适演化判据
05.0250

[universal] gas constant [普适]气体常量
05.0044

universal gravitation 万有引力 06.0151

universal instability 普适不稳定性 10.0287

universality 普适性 05.0666

universality class 普适[性]类 05.0667

universal meter 多用[电]表 03.0439

universal periodic orbit sequence 普适周期轨道序

列，＊U 序列　05.0886

universal time constant　普适时间常量　09.0161

universe abundance　宇宙丰度　09.1139

universe age　宇宙年龄　06.0259

universe evolution　宇宙演化　06.0258

unphysical particle　非物理粒子　09.0662

unpolarized light　非偏振光　04.0805

unpredictability　不可预测性　05.1016

unsaturated color　非彩色，＊不饱和色　04.0523

unsaturated gain　不饱和增益　04.1587

unstability　不稳定性　10.0247

unstable cavity　不稳定腔　04.1528

unstable equilibrium　不稳定平衡　02.0159

unsteady constraint　非定常约束　02.0315

unsupported-area principle　无支撑面积原理 08.1626

unsupported-area seal　无支撑面积密封 08.1627

upconversion phosphor　升频转换磷光体　08.1106

up-down asymmetry　上下不对称性　09.0677

up-down symmetry　上下对称性　09.0678

upper bound　上界　09.0679

upper critical [magnetic] field　上临界[磁]场 08.1501

upper hybrid frequency　高混杂频率　10.0206

upper hybrid wave　高混杂波　10.0205

upper marginal dimension　上边缘维数　05.0730

up quark　上夸克　09.0978

U-process　U 过程　08.0902

U-process resistivity　U 过程电阻率　08.0916

UPS　紫外光电子能谱学　08.1352

upshift　上频移　10.0313

u-quark　上夸克　09.0978

uranium series　铀系　09.0114

Ursell algorithm　乌泽尔算法　05.0405

u-state　u 态　07.0072

V

vacancy cluster　空位团　08.0648

vacuum　真空　01.0026

θ-vacuum　θ 真空　09.0887

vacuum coating　真空镀膜　09.0571

vacuum evaporation　真空蒸发　08.0708

vacuum field　真空场　04.1905

vacuum fluctuation　真空涨落　09.0680

vacuum gauge　真空规　05.0083

vacuum polarization　真空极化　09.0881

vacuum spectrograph　真空摄谱仪　04.1322

vacuum stability　真空稳定性　04.1906

vacuum state　真空态　09.0681

vacuum tube　真空管　03.0487

vacuum ultraviolet　真空紫外　04.1301

vague attractor [of Kolmogorov]　含混吸引子 05.0853

valence alternation　变价　08.0396

valence alternation pair　变价对　08.0397

valence band　价带　08.0811

valence electron　价电子　07.0026

valence fluctuation　价涨落　08.0978

valence instability　价不稳定性　08.0979

valence nucleon　价核子　09.0948

valence quark　价夸克　09.0971

valley splitting　谷分裂　08.0618

Van Allen belt　范艾仑带　10.0439

Van Cittert-Zernike theorem　范西泰特－策尼克定理 04.0913

Van de Graaff accelerator　范德格拉夫加速器，＊静电加速器　09.0585

Van de Graaff generator　范德格拉夫起电机 03.0400

van der Pol equation　范德波尔方程　05.1008

van der Waals equation　范德瓦耳斯方程　05.0046

van der Waals interaction　范德瓦耳斯互作用 08.0212

Van Vleck paramagnetism　范弗莱克顺磁性 08.0927

VAP　变价对　08.0397

vapor　蒸气，＊汽　05.0190

vapor-deposition method　气相沉积法　08.0296

vaporization　汽化　05.0195

vapor pressure　蒸气压　05.0191

vapor pressure thermometer　蒸气压低温计

08.1615

varactor 变容二极管 08.0735

variable 变量 01.0038

variable-mass system 变质量系 02.0237

variable-range hopping 变程跳跃 08.0460

variational principle 变分原理 06.0427

VCA 虚晶[体]近似 08.0316

vector 矢量 01.0032

vector boson 矢量玻色子 09.0899

vector coupling 矢量耦合 09.0684

vector current 矢量流 09.0683

vector d 矢量 d 08.1462

vector field 矢量场 09.0682

vector meson 矢量介子 09.0904

vector model 矢量模型 06.0302

vector potential 矢势 03.0213

vector product 矢积 01.0033

Vegard law 费伽德定律 08.0488

velocity 速度 02.0016

velocity of escape 逃逸速度 02.0201

velocity of light 光速 04.0024

velocity resonance 速度共振 02.0186

velocity space 速度空间 05.0332

Verdet constant 韦尔代常数 04.1005

verification 验证 01.0069

vernier 游标 02.0507

vernier caliper 游标卡尺 02.0508

vertical magnetic field 垂直磁场 10.0382

Verwey effect 费尔韦效应 08.0941

very large scale integrated circuit 超大规模集成
电路 08.0767

vibrating electrometer 振动静电计 03.0606

vibrating sample magnetometer 振动样品磁强计
08.1088

vibrating-reed electrometer 振簧静电计 03.0607

vibration 振动 02.0164

β-vibration β 振动 09.0263

γ-vibration γ 振动 09.0264

vibrational band 振动能带 07.0139

vibrational degree of freedom 振动自由度 05.0366

vibrational energy level 振动能级 09.0266

vibrational excitation 振动激发 07.0140

vibrational line 振动[谱]线 04.1357

video bandwidth 视频带宽 04.1203

video disk 录象盘 04.1201

viewing angle 视角 04.0272

viewing field 视场 04.0271

view stop 视场光阑，*场阑 04.0277

view window 观察窗 04.0287

vignetting effect 渐晕效应 04.0281

vignetting stop 渐晕光阑 04.0280

virial 均位力积，*位力，*维里 02.0346

virial coefficient 位力系数，*维里系数 05.0049

virial expansion 位力展开 05.0407

virial theorem 位力定理，*维里定理 02.0347

virtual bound state 虚束缚态 05.0463

virtual crystal approximation 虚晶[体]近似
08.0316

virtual displacement 虚位移 02.0307

virtual image 虚象 04.0126

virtual level 虚能级 09.0377

virtual object 虚物 04.0125

virtual transition 虚跃迁 07.0141

virtual value 有效值 03.0299

virtual work 虚功 02.0308

viscoelasticity 黏弹性 08.0534

viscoplasticity 黏塑性 08.0545

visco[si]meter 黏度计 02.0546

viscosity 黏性 02.0471，黏度 02.0473

viscous fingering 黏性指进 05.1020

viscous fluid 黏性流体 02.0470

viscous force 黏[性]力 02.0472

visibility 可见度 04.0667

visible light 可见光 04.0025

visible range 可见[光谱]区 04.1297

visible region 可见[光谱]区 04.1297

vision 视觉 04.0479

vision function 视觉函数 04.0367

[visual] acuity 视觉敏锐度 04.0483

visual diameter 视直径 04.0288

visual persistence 视觉暂留 04.0497

visual photometer 目测光度计 04.0477

visual system 目视[光学]系统 04.0465

vitrification 玻璃化转变 08.0288

Vlasov equation 弗拉索夫方程 10.0114

VLSI 超大规模集成电路 08.0767

voltage　电压　03.0038

voltage divider　分压器　03.0158

voltage stabilizing diode　稳压二极管　08.0734

voltaic cell　伏打电池　03.0413

volt-ampere characteristics　伏安特性曲线　03.0486

Volterra process　沃尔泰拉过程　08.1189

voltmeter　伏特计　03.0435

voltmeter-ammeter method　伏安法　03.0433

volume　体积　01.0022

volume charge density　体电荷密度　03.0010

volume energy　体积能　09.0044

volume expansion coefficient　*体胀系数　05.0052

volume expansivity　体膨胀率　05.0052

volume hologram　体全息图　04.0765

volume of coherence　相干体积　04.0662

Voronoi division　沃罗努瓦分割　08.0356

Voronoi froth　沃罗努瓦泡沫　08.0344

Voronoi polyhedron　沃罗努瓦多面体　08.0343

vortex　涡旋　02.0488

vortex line　涡线　02.0489

vortex pair　涡线对　08.1417

vortex structure　涡旋结构　08.1507

vorticity　涡度　08.1418

VSM　振动样品磁强计　08.1088

W

waist radius　[光]束腰半径　04.1563

walk-off angle　离分角　04.0960

Walsh transform　沃尔什变换　04.1214

Wannier function　万尼尔函数　08.0807

watthour meter　瓦时计　03.0442

wattmeter　瓦特计　03.0441

wave　波　02.0360

[wave]·crest　波峰　02.0371

wave equation　波动方程　03.0330

wave front　波前　02.0375，波阵面　02.0376

wavefront reconstruction　波前重建　04.1112

wavefront reversal　波前反转　04.1811

wave function　波函数　06.0337

wave group　波群　04.0798

waveguide　波导　03.0523

wavelength　波长　02.0378

wavelength in vacuum　*真空波长　04.0772

wavelet　子波　02.0381

[wave] loop　波腹　02.0373

wave mechanics　波动力学　06.0326

wave mode　波模　03.0334

[wave] node　波节　02.0374

wave number　波数　02.0379

wave optics　波动光学　04.0004

wave packet　波包　02.0383

wave-particle dualism　波粒二象性　06.0286

wave-particle resonance　波粒共振　10.0123

wave surface　波面　02.0377

wave theory　波动说　04.0029

wave train　波列　04.0799

[wave] trough　波谷　02.0372

wave vector　波矢[量]　02.0380

wave vector group　波矢群　08.0786

wave vector matching　波矢匹配　04.1782

W-boson　W玻色子　09.0965

weak coupling　弱耦合　09.0284

weak decay　弱[作用]衰变　09.0685

weak equivalence principle　弱等效原理　06.0157

weak focusing　弱聚焦　09.1103

weak hypercharge　弱超荷　09.0689

weak interaction　弱相互作用　09.0138

weak [interaction] current　弱[作用]流　09.0686

weak isospin　弱同位旋　09.0696

weak link [junction]　弱连结　08.1556

weakly ionized plasma　弱电离等离[子]体　10.0016

weak mixing　弱混[合]性　05.1004

weak neutral current　弱中性流　09.0687

weak turbulence　弱湍动　10.0327

wedge disclination　劈形向错　08.1192

wedge film　劈形膜　04.0622

wee quark　微夸克　09.0975

weight　权[重]　01.0118，重量　02.0083

weighted mean　加权平均　01.0119

weight function 权[重]函数 05.0688

weightlessness 失重 02.0210

Weisskopf unit 韦斯科普夫单位 09.0234

Weiss molecular field 外斯分子场 08.0993

Wells family tree 韦尔斯家族树 05.0707

Weyl tensor 外尔张量 06.0207

Wheatstone bridge 惠斯通电桥 03.0449

whistler 哨声 10.0198

whistler instability 哨声不稳定性 10.0273

white dwarf 白矮星 09.1169

white hole 白洞 09.1170

white light 白光 04.0045

white-light hologram 白光全息图 04.1150

white noise 白噪声 05.0897

white spectrum 白谱 05.0896

whole-wave plate 全波片 04.0971

Wick theorem 威克定理 05.0607

wide-angle lens 广角镜头 04.0248

wide-aperture lens 大孔径透镜 04.0436

width of energy level 能级宽度 07.0058

width of transition 转变宽度 08.1475

Wiedemann-Franz law 维德曼－弗兰兹定律 05.0508

Wien displacement law 维恩位移律 05.0390

Wien formula 维恩公式 05.0389

Wigner distribution function 维格纳分布函数 05.0587

Wigner lattice 维格纳格[点] 08.1412

Wigner-Seitz unit cell 维格纳－塞茨单胞 08.0090

Wigner threshold law 维格纳阈值定律 07.0142

Wilson cloud chamber 威耳逊云室 09.0542

wire 导线 03.0018

wire grating 线[光]栅 04.0859

WKB approximation WKB近似 06.0429

Wollaston prism 沃拉斯顿棱镜 04.0746

Woods-Saxon potential 伍兹－萨克森势 09.0230

work 功 02.0114

work function 逸出功 03.0184

work hardening 加工硬化 08.0556

working point 工作点 08.1692

world line 世界线 06.0024

world tube 世界管 06.0025

wriggling instability 扭曲不稳定性 10.0263

Wulff net 乌尔夫网 08.0160

X

xaser X射线激光器 04.1725

XPS X射线光电子能谱学 08.1353

X-ray X射线 07.0045

X-ray crystallography X射线晶体学 08.0027

X-ray diffraction X射线衍射 04.0698

X-ray diffraction topography X射线衍射形貌术 08.0199

X-ray diffractometer X射线衍射仪 09.0574

X-ray edge problem X射线边问题 08.0816

X-ray fluorescence analysis X射线荧光分析 09.0561

X-ray laser X射线激光器 04.1725

X-ray photoelectron spectroscopy X射线光电子能谱学 08.1353

X-ray spectrograph X射线摄谱仪 09.0573

XY model XY模型 05.0684

Y

YAG laser YAG激光器，＊钇铝石榴石激光器 04.1687

Yang-Mills field 杨[振宁]－米尔斯场 09.1041

yield 屈服 02.0429

yield point 屈服点 02.0430

yield strength 屈服强度 08.0547

yin-yang coil 阴阳线圈 10.0361

Young experiment 杨[氏]实验 04.0616

Young modulus 杨氏模量 02.0438

yrare level 次转晕能级 09.0277

yrast level 转晕能级 09.0276

yrast line 转晕线 09.0275

Yukawa interaction 汤川相互作用 09.0869

Yukawa potential 汤川势 09.0067

Z

Zabusky equation　扎布斯基方程　05.0989

Zeeman effect　塞曼效应　07.0043

Zeeman splitting　塞曼分裂　04.1368

Zeeman-tuned laser　塞曼调谐激光器　04.1681

Zener breakdown　齐纳击穿　08.0732

Zener diode　齐纳二极管　08.0733

[Zermelo] recurrence paradox　[策梅洛]复现佯谬　05.0269

zero-dimensional network solid　零维网络固体　08.0379

zero-dimensional system　零维系统　08.1422

zero-field electronic splitting　零场电子[性]分裂　08.0938

zero-field energy　零场能　08.1693

zero frequency　零频　05.0671

zero line　零线　03.0324

zero-point energy　零点能　06.0424

zero-point vibration　零点振动　08.0284

zero-range approximation　零程近似　07.0143

zero-resistance phenomenon　零电阻现象　08.1469

zero sound　零声　08.1444

zero-temperature equation of state　零温物态方程　08.1658

zeroth law of thermodynamics　热力学第零定律　05.0133

zinc sulphide　硫化锌　08.0681

zitterbewegung　颤动　06.0485

Z-mode　Z模　10.0233

ZnS　硫化锌　08.0681

Z-pinch　Z箍缩　10.0106

zone axis　晶带轴　08.0067

zone index　晶带指数　08.0068

zone law　晶带定律　08.0069

zone plate　波带片　04.0689

zone refining　区域精炼　08.0691

zooming　变焦　04.0250

zoom [lens]　变焦镜头　04.0251

Zubarev statistical operator　祖巴列夫统计算符　05.0543

汉 英 索 引

A

阿贝不变量　Abbe invariant　04.0192

阿贝成象原理　Abbe principle of image formation　04.0766

阿贝尔规范场　Abelian gauge field　09.0748

阿贝折射计　Abbe refractometer　04.0095

阿贝正弦条件　Abbe sine condition　04.0301

阿布里科索夫理论　Abrikosov theory　08.1506

阿德勒反常　Adler anomaly　09.0886

阿尔文波　Alfvén wave　10.0188

阿尔文速度　Alfvén velocity　10.0189

阿伏伽德罗常量　Avogadro constant, Avogadro number　05.0042

阿伏伽德罗定律　Avogadro law　05.0041

阿基米德原理　Archimedes principle　02.0491

阿诺德舌[头]　Arnol'd tongue　05.0911

阿什金－特勒模型　Ashkin-Teller model　05.0716

阿特伍德机　Atwood machine　02.0138

阿兹贝尔－卡纳共振　Azbel-Kaner resonance　08.1159

锕系　actinium series　09.0115

锕系金属　actinide metals　08.0472

埃农吸引子　Hénon attractor　05.0851

埃农映射　Hénon mapping　05.0950

埃廷斯豪森效应　Ettingshausen effect　08.0619

埃瓦尔德变换　Ewald transformation　08.0279

艾里斑　Airy disk　04.0684

爱因斯坦场方程　Einstein field equation　06.0150

爱因斯坦－德哈斯效应　Einstein-de Haas effect　08.0942

爱因斯坦等效原理　Einstein equivalence principle　06.0147

爱因斯坦关系　Einstein relation　05.0520

爱因斯坦静态宇宙　Einstein static universe　06.0256

爱因斯坦－麦克斯韦方程　Einstein-Maxwell equation　06.0175

爱因斯坦模型　Einstein model　08.0276

爱因斯坦频率　Einstein frequency　08.0890

爱因斯坦求和约定　Einstein summation convention　06.0118

爱因斯坦[曲率]张量　Einstein [curvature] tensor　06.0204

爱因斯坦－斯莫卢霍夫斯基理论　Einstein-Smoluchowski theory　05.0519

爱因斯坦同步　Einstein synchronization　06.0052

爱因斯坦温度　Einstein temperature　08.0891

爱因斯坦系数　Einstein coefficient　04.1490

鞍点　saddle point　05.0762

鞍结分岔　saddle-node bifurcation　05.0860

安德森定域　Anderson localization　08.0428

安德森模型　Anderson model　08.0435

安德森判据　Anderson criterion　08.0429

安德森转变　Anderson transition　08.0426

安培定律　Ampère law　03.0205

安培[分子电流]假说　Ampère hypothesis　03.0232

安培环路定理　Ampère circuital theorem　03.0211

安培计　ammeter　03.0434

安培力　Ampère force　03.0206

安培天平　Ampère balance　03.0240

安[培]匝数　ampere-turns　03.0264

安全因数　safety factor　10.0380

按对相加性　pairwise additivity　05.0408

暗带　dark band　04.1286

暗[视]场　dark field　04.0427

暗物质　dark matter　06.0273

暗线　dark line　04.1283

暗噪声　dark noise　08.0649

昂萨格倒易关系　Onsager reciprocal relation

05.0245

昂萨格分子场理论　Onsager molecular field theory　08.1244

凹面光栅　concave grating　04.0704

凹面镜　concave mirror　04.0090

凹透镜　concave lens　04.0134

凹凸反转象　pseudoscopic image　04.1125

凹凸正常象　orthoscopic image　04.1124

奥恩斯坦－策尼克关系　Ornstein-Zernike relation　05.0423

奥氏体　austenite　08.0514

奥温电桥　Owen bridge　03.0455

B

八顶点模型　eight-vertex model　05.0717

八极振动　octopole vibration　09.0262

八面体群　octahedral group　08.0140

八正法　eightfold way　09.0796

巴比涅补偿器　Babinet compensator　04.0749

巴比涅原理　Babinet principle　04.0919

巴丁－赫林[位错]源　Bardeen-Herring [dislocation] source　08.0248

巴耳末系　Balmer series　07.0014

巴格曼－维格纳方程　Bargmann-Wigner equation　09.1067

巴克豪森跳变　Barkhausen jump　08.1015

巴列斯库－莱纳尔碰撞项　Balescu-Lenard collision term　10.0115

巴尼特效应　Barnett effect　08.0940

靶　target　09.1122

靶核　target nucleus　09.0303

靶室　target chamber　09.0497

靶丸　pellet　10.0400

白矮星　white dwarf　09.1169

白炽　incandescence　04.1943

白炽灯　incandescent lamp　04.1306

白洞　white hole　09.1170

白光　white light　04.0045

白光全息图　white-light hologram　04.1150

白谱　white spectrum　05.0896

白噪声　white noise　05.0897

摆　pendulum　02.0130

坂田模型　Sakata model　09.1068

板极　plate　03.0493

伴波　satellite wave　10.0312

伴线　satellite line, [line] satellite　04.1289

伴线结构　satellite structure　08.1383

伴星　companion star　09.1134

伴星系　companion galaxy　09.1135

半波片　half-wave plate　04.0742

半波损失　half-wave loss　04.0613

半波天线　half-wave antenna　03.0387

半导体　semiconductor　03.0020

半导体材料　semiconductor material　08.0665

半导体电子学　semiconductor electronics　08.0729

半导体激光器　semiconductor laser　04.1509

半导体探测器　semiconductor detector　09.0532

半导体陶瓷　semiconductor ceramics　08.0669

半导体物理[学]　semiconductor physics　08.0006

半镀银镜　half-silvered mirror　04.0550

半对称[共振]腔　half-symmetric resonator　04.1572

半峰半宽　half width at half maximum　04.1390

半峰全宽　full width at half maximum, half-peak width　04.1389

半共格界面　semicoherent interface　08.0526

半共焦[共振]腔　half-confocal resonator, hemiconfocal resonator　04.1571

半共心[共振]腔　half-concentric resonator, hemiconcentric resonator　04.1570

半晶态　semi-crystalline state　08.0038

半经典方法　semiclassical approach　09.0844

半经典近似　semiclassical approximation　05.0323

半举[的]反应　semi-inclusive reaction　09.0845

半举过程　semi-inclusive process　09.0707

半轻子型衰变　semileptonic decay　09.0719

半球分析器　hemispherical analyzer　08.1347

半球面[共振]腔　hemispherical resonator　04.1573

半群　semigroup　05.0677

半人马事例　Centauro event　09.1127

半色调　half-tone　04.1092

半衰期　half life, half life period　09.0094

半透明玻璃　translucent glass　04.1255
半透[明]膜　semi-transparent film　04.0642
半影　penumbra　04.0129
半影器件　half-shade device　04.0970
半圆谱仪　semicircular spectrometer　09.0579
半周期带　half-period zone　04.0688
半子　meron　09.1007
棒球[缝线型]线圈　baseball [-seam] coil　10.0360
棒形分子液晶　rodic liquid crystal　08.1186
傍轴光线　paraxial ray　04.0190
傍轴近似　paraxial approximation　04.0187
傍轴区　paraxial region　04.0188
傍轴条件　paraxial condition　04.0189
包层光纤　clad[ded] optical fiber　04.0817
包裹体　inclusion　08.0254
包晶停点　rest of peritectic　08.0498
包晶转变　peritectic transformation　08.0497
包络不稳定性　envelope instability　10.0323
包络击波　envelope shock　10.0236
包容图　embedding diagram　06.0219
包辛格效应　Bauschinger effect　08.0541
剥离起电　stripping electrification　03.0596
薄靶　thin target　09.0340
薄膜　thin film　08.1254
薄膜干涉　film interference　04.0641
薄膜光学　[thin] film optics　04.0013
薄透镜　thin lens　04.0143
保护气体　blanket gas　08.1685
保守力　conservative force　02.0071
保守流　conservative flow　05.0528
保守系　conservative system　02.0128
保守振荡　conservative oscillation　05.0780
保真性　fidelity　01.0122
饱和　saturation　05.0188
饱和凹陷　saturation dip　04.1590
饱和磁化强度　saturation magnetization　03.0252
饱和反转　saturated inversion　04.1651
饱和光谱学　saturation spectroscopy　04.1803
饱和极化强度　saturated polarization　08.0845
饱和强度　saturation intensity　04.1588
饱和吸收　saturated absorption　04.1624
饱和增益　saturated gain　04.1586
暴胀宇宙　inflationary universe　06.0253

爆发星系　explosive galaxy　09.1145
爆聚　implosion　10.0401
爆聚加热　implosion heating　10.0420
爆炸波　blast wave　10.0214
爆炸不稳定性　explosive instability　10.0259
爆震波　detonation wave　10.0245
背成键　back bonding　07.0085
背反射　backreflection　04.0416
背景波　background wave　04.1117
背散射　backward scattering, backscattering　08.1324
背散射分析　backscattering analysis, BSA　09.0563
背散射光　backscattered light　04.0952
贝纳尔对流　Bénard convection　05.0823
贝氏体　bainite　08.0513
贝特方程　Bethe equation　09.0491
贝特格[点]　Bethe lattice　05.0706
贝特近似　Bethe approximation　05.0656
贝特拟设　Bethe ansatz　05.0705
贝特－萨佩特方程　Bethe-Salpeter equation　05.0637
倍周期分岔　period doubling bifurcation　05.0863
n倍周期分岔　period-n-tupling bifurcation　05.0862
被动[式]Q开关　passive Q-switching　04.1615
被动锁模　passive mode-locking　04.1603
本底　background　01.0151
本底灰雾　background fog　04.0594
本底[灰雾]密度　background density　04.0595
本体瞬心迹　polhode　02.0254
本影　umbra　04.0128
本征函数　eigenfunction　06.0362
本征模　eigenmode　10.0177
本征频率　eigenfrequency　03.0522
本征矢[量]　eigenvector　02.0358
本征态　eigenstate　06.0329
本征态全集　complete set of eigenstates　07.0052
本征通道　eigenchannel　07.0111
本征振荡　eigen oscillation　03.0521
本征振动　eigenvibration　02.0353
本征值　eigenvalue　06.0359
本征[值]方程　eigen[value] equation　06.0363

本质色性　idiochromatism　04.1952

崩裂不稳定性　breakup instability　10.0293

比安基恒等式　Bianchi identity　06.0165

比长仪　comparator　04.0386

比电离[度]　specific ionization　09.0487

比恩模型　Bean model　08.1511

比尔－朗伯[吸收]定律　Beer-Lambert law
　04.1257

比荷　specific charge　03.0204

比活度　specific activity　09.0105

比较半衰期　comparative half-life　09.0147

比较光谱　comparison spectrum　04.1407

比结合能　specific binding energy　09.0031

比内曼不稳定性　Buneman instability　10.0281

比热反常　specific heat anomaly　08.0896

比热[容]　specific heat [capacity]　05.0064

＊比容　specific volume　05.0027

比色高温计　colorimetric pyrometer　05.0071

比释动能　kerma, kinetic energy released in matter
　09.0190

比特粉纹图样　Bitter powder pattern　08.1079

比体积　specific volume　05.0027

比耶对切透镜　Billet split lens　04.0620

比影光度计　shadow photometer　04.0474

比重　specific gravity, specific weight　02.0055

比重瓶　pycnometer　02.0523

彼得罗夫分类　Petrov classification　06.0181

毕奥－萨伐尔定律　Biot-Savart law　03.0210

闭[共振]腔　closed resonator　04.1515

闭管　closed pipe　02.0543

闭[合]回路　closed loop　05.0619

闭[时]路格林函数　close [time] path Green function
　05.0604

闭锁键　blocked bond　05.0963

闭系　closed system　05.0230

闭形　closed form　08.0055

闭宇宙　closed universe　09.1129

避雷针　lightning rod　03.0403

边发射　edge emission　08.1127

边界散射　boundary scattering　08.0903

边界条件　boundary condition　03.0083

边界[衍射]波　boundary [diffraction] wave
　04.0945

边缘不稳定性　marginal instability　10.0260

边缘参量　marginal parameter　05.0698

边缘光线　marginal ray　04.0202

边缘维数　marginal dimension　05.0729

边缘效应　edge effect　03.0090

边缘增强效应　edge enhancement　04.0494

边值关系　boundary relation　03.0082

边值问题　boundary-value problem　03.0087

编码孔径　coded aperture　04.1209

编码图象　coded image　04.1069

编码掩模　encoding mask　04.1059

编时算符　chronological operator　05.0608

编时条件　chronology condition　06.0220

编时序　chronological order　05.0609

编序算符　ordering operator　04.1875

编址全息图　address hologram　04.1141

变[化]率方程　rate equation　07.0169

变程跳跃　variable-range hopping　08.0460

变分原理　variational principle　06.0427

变换光学　transform optics　04.1031

变价　valence alternation　08.0396

变价对　valence alternation pair, VAP　08.0397

变焦　zooming　04.0250

变焦镜头　zoom [lens]　04.0251

变量　variable　01.0038

变率过程　rate process　05.0566

变容二极管　varactor　08.0735

变形[光学]系统　anamorphic [optical] system
　04.0398

变形核　deformed nucleus　09.0256

变形镜头　anamorphote lens　04.0401

变形壳模型　deformed shell model　09.0211

变压器　transformer　03.0467

变异旋光　multi-rotation, muta-rotation　04.1003

变质量系　variable-mass system　02.0237

变阻器　rheostat　03.0423

遍布模　ubiquitous mode　10.0232

遍举过程　exclusive process　09.0709

遍历假说　ergodic hypothesis　05.0303

遍历性　ergodicity　05.0304

标定　scaling　01.0089

标度变换　scale transformation　05.0772

标度不变性　scaling invariance　05.0690

标度假设　scaling hypothesis　05.0663

标度律　scaling law　05.0664

标度维数　scaling dimensionality　05.0665

标度无关变量　scaling variable　09.1049

标度无关律　scaling law　09.1045

标度无关行为　scaling behavior　09.1048

标度无关性　scaling　09.1047

标度无关性破坏　scaling violation　09.1050

标度指数　scaling exponent　05.0933

标积　scalar product　01.0031

标量　scalar　01.0030

标量波理论　scalar wave theory　04.0603

标量电子　scalar electron, selectron　09.0989

标量光子　scalar photon　09.0962

标量介子　scalar meson　09.0905

标量夸克　scalar quark, squark　09.0993

标量轻子　scalar lepton, slepton　09.0990

标量衍射理论　scalar diffraction theory　03.0389

标量中微子　scalar neutrino, sneutrino　09.0992

标量 μ 子　scalar muon, smuon　09.0991

标势　scalar potential　03.0360

标准波长　standard wavelength　04.1408

标准大气压　standard atmospheric pressure　05.0031

标准电池　standard cell　03.0415

标准[光]源　standard [light] source　04.0034

标准偏差　standard deviation　01.0112

标准误差　standard error　01.0106

标准映射　standard mapping　05.0904

标准钟　standard clock　06.0048

表层电阻率　skin resistivity　08.0920

表观功率　apparent power　03.0317

表观形状　apparent shape　06.0122

表面　surface　08.1247

表面背键　surface back bond　08.1312

表面波　surface wave　04.0788

表面超导电性　surface superconductivity　08.1516

表面弛豫　surface relaxation　08.1261

表面重构　surface reconstruction　08.1260

表面畴　domain on surface　08.1306

表面催化　surface catalysis　08.1328

表面等离波子　surface plasmon　08.1299

表面电磁耦合振荡　surface electromagnetic coupled oscillation　08.1297

表面电磁耦子　surface polariton　08.1300

表面电导　surface conductance　08.1331

表面电荷　surface charge　08.1311

表面电子态　surface electronic state　08.1313

表面电阻　surface resistance　03.0359

表面分凝　fractional condensation on surface　08.1270

表面复合　surface recombination　08.0660

表面格波　surface lattice wave　08.1291

表面共振态　surface resonance state　08.1319

表面光电压　surface photovoltage　08.1304

表面光学　surface optics　08.1378

表面耗尽层　surface depletion layer　08.0659

表面合金　surface alloy　08.1269

表面化学　surface chemistry　08.1379

表面击穿　surface breakdown　08.1330

表面积累层　surface accumulation layer　08.0658

表面极化子　surface polaron　08.1301

表面结构　surface structure　08.1259

表面净化　surface cleaning　08.1272

表面扩展 X 射线吸收精细结构　surface extended X-ray absorption fine structure, SEXAFS　08.1374

表面离解　dissociation on surface　08.1333

表面能　surface energy　09.0045

表面偏析　surface segregation　08.1271

表面迁移率　surface mobility　08.1332

表面桥键能级　surface bridge bond energy level　08.1318

表面鞘　surface sheath　08.1517

表面散射　surface scattering　08.1323

表面色　surface color　04.0534

表面熵　surface entropy　08.1309

表面声子　surface phonon　08.1298

表面势　surface potential　08.1302

表面势垒　surface barrier　08.1303

表面态　surface state　08.1307

表面态密度　surface density of states　08.1321

表面物理[学]　surface physics　08.0009

表面吸附　surface adsorption　08.1281

表面相　surface phase　08.1305

表面形貌学　surface topography　08.1262

表面悬键能级　surface dangling bond energy level

08.1317

表面应力　surface stress　08.1308

表面增强拉曼谱仪　surface enhanced Raman spectroscope, SERS　08.1377

表面张力　surface tension　05.0054

表面张力波　capillary wave　02.0370

表面张力系数　surface tension coefficient　05.0055

表面振动　surface vibration　09.0260

表面子能带　surface subband　08.1410

表面自由能　surface free energy　08.1310

表示　representation　06.0392

表述　formulation　01.0066

表象　representation　06.0388

P 表象　P-representation　04.1897

宾主效应　guest-host effect　08.1216

冰点　ice point　05.0018

＊冰定则　ice rule　05.0722

冰模型　ice model　05.0719

冰式晶[体]　ice crystal　05.0723

冰式模型　ice-type model　05.0720

冰条件　ice condition　05.0722

冰熵　ice entropy　05.0721

并联　connection in parallel, parallel connection　03.0081

并联共振　parallel resonance　03.0318

＊并协原理　complementary principle　06.0306

并行处理　parallel processing　04.1052

玻恩－奥本海默近似　Born-Oppenheimer approximation　08.0771

玻恩－冯卡门边界条件　Born-von Karman boundary condition　08.0774

玻恩－格林方程　Born-Green equation　05.0429

玻恩－哈伯循环　Born-Haber cycle　08.0218

玻恩近似　Born approximation　06.0438

玻恩－迈耶势　Born-Mayer potential　08.0216

玻尔半径　Bohr radius　06.0319

玻尔磁子　Bohr magneton　06.0321

玻尔单位　Bohr unit　07.0034

玻尔对应原理　Bohr correspondence principle　07.0035

玻尔－范莱文定理　Bohr-Van Leeuwin theorem　08.0958

玻尔量子化条件　Bohr quantization condition　06.0313

玻尔－莫特尔松模型　Bohr-Mottelson model　09.0208

玻尔频率条件　Bohr frequency condition　07.0010

玻尔原子模型　Bohr atom model　06.0312

[玻尔兹曼]H 定理　[Boltzmann] H-theorem　05.0484

[玻尔兹曼]H 函数　[Boltzmann] H-function　05.0483

玻尔兹曼常量　Boltzmann constant　05.0344

玻尔兹曼关系　Boltzmann relation　05.0343

玻尔兹曼[积分微分]方程　Boltzmann [integro-differential] equation　05.0477

玻尔兹曼因子　Boltzmann factor　05.0342

玻璃　glass　08.0287

玻璃半导体　glass semiconductor　08.0670

玻璃化转变　glass transition, vitrification　08.0288

玻璃化[转变]温度　glass transition temperature　08.0289

玻色[－爱因斯坦]分布　Bose[-Einstein] distribution　05.0357

玻色－爱因斯坦积分　Bose-Einstein integral　05.0358

玻色－爱因斯坦凝聚　Bose-Einstein condensation　05.0359

玻色[－爱因斯坦]统计法　Bose[-Einstein] statistics　05.0356

玻色子　boson　05.0360

W 玻色子　W-boson　09.0965

玻色[子]弦　bosonic string　09.0778

玻意耳定律　Boyle law　05.0036

波　wave　02.0360

波包　wave packet　02.0383

波长　wavelength　02.0378

波茨模型　Potts model　05.0725

波带片　zone plate　04.0689

波导　waveguide　03.0523

波动方程　wave equation　03.0330

波动光学　wave optics　04.0004

波动力学　wave mechanics　06.0326

波动说　undulatory theory, wave theory　04.0029

波动性　undulatory property　06.0285

波尔克模型　Polk model　08.0367

波峰　[wave] crest　02.0371

波腹　[wave] loop　02.0373

波谷　[wave] trough　02.0372

波函数　wave function　06.0337

波节　[wave] node　02.0374

波粒二象性　wave-particle dualism　06.0286

波粒共振　wave-particle resonance　10.0123

波列　wave train　04.0799

波梅兰丘克致冷　Pomeranchuk refrigeration
　08.1587

波面　wave surface　02.0377

波模　wave mode　03.0334

1/4 波片　quarter-wave plate　04.0743

波前　wave front　02.0375

波前重建　wavefront reconstruction　04.1112

波前反转　wavefront reversal　04.1811

波群　wave group　04.0798

波矢[量]　wave vector　02.0380

波矢匹配　wave vector matching　04.1782

波矢群　wave vector group　08.0786

波数　wave number　02.0379

波纹环　bumpy torus　10.0385

波阵面　wave front　02.0376

波阵面分割　division of wavefront　04.0633

博戈留波夫变换　Bogoliubov transformation
　06.0267

博戈留波夫三阶段　three stages of Bogoliubov
　05.0573

博戈留波夫－瓦拉京变换　Bogoliubov-Valatin
　transformation　08.1527

博戈子　Bogolon　05.0452

博姆扩散　Bohm diffusion　10.0147

伯恩斯坦波　Bernstein wave　10.0209

伯格斯矢[量]　Burgers vector　08.0246

伯克霍夫定理　Birkhoff theorem　05.0999

伯努利方程　Bernoulli equation　02.0494

伯奇方程　Birch equation　08.1663

泊松比　Poisson ratio　02.0439

泊松分布　Poisson distribution　01.0132

泊松括号　Poisson bracket　02.0351

泊肃叶定律　Poiseuille law　02.0493

补偿板　compensating plate　04.0632

补色　complementary color　04.0651

* 不饱和色　unsaturated color　04.0523

不饱和增益　unsaturated gain　04.1587

C 不变性　C-invariance　09.0760

CP 不变性　CP invariance　09.0761

CPT 不变性　CPT invariance　09.0764

不变嵌入法　invariant imbedding method　07.0125

不变振幅　invariant amplitude　09.0634

不变质量　invariant mass　09.0635

不动点　fixed point　05.0847

不对称裂变　asymmetrical fission　09.0460

不含时微扰　time-independent perturbation
　06.0414

* 不交轴光线　skew ray　04.0201

不可对易性　noncommutability　06.0358

不可分辨性　indistinguishability　06.0287

不可见光　invisible light　04.0026

* 不可解约束　неосвобождающая связъ(俄)
　02.0313

不可逆过程　irreversible process　05.0109

不可逆[过程]热力学　irreversible thermodynamics
　05.0229

不可压缩性　incompressibility　02.0468

不可预测性　unpredictability　05.1016

不可约表示　irreducible representation　06.0458

不可约集团积分　irreducible cluster integral
　05.0403

不可约图　irreducible graph　05.0433

不可约张量算符　irreducible tensor operator
　06.0459

不良导体　poor conductor　03.0170

不漏失概率　non-leakage probability　10.0357

不确定度　uncertainty　01.0123

不确定[度]关系　uncertainty relation　06.0407

不确定[性]原理　uncertainty principle　06.0408

不透明度　opacity　04.1253

不透明体　opaque body　04.1254

不透明性　opacity　04.1252

不稳定平衡　unstable equilibrium　02.0159

不稳定腔　unstable cavity　04.1528

不稳定性　instability, unstability　10.0247

不相交定则　non-crossing rule　07.0137

不相容性　incompatibility　07.0048

* 不晕镜　aplanat　04.0304

布格定律　Bouguer law　04.1256

*布居反转　population inversion　04.1495

布拉格定律　Bragg law　04.0699

布拉格矢量　Bragg vector　08.0173

布拉格条件　Bragg condition　04.0700

布拉格－威廉斯近似　Bragg-Williams approximation 05.0654

布拉格[效应]全息图　Bragg[-effect] hologram 04.1135

布拉格衍射　Bragg diffraction　04.0950

布拉开系　Brackett series　07.0016

布拉维格　Bravais lattice　08.0079

布拉维群　Bravais group　08.0151

布朗运动　Brown[ian] motion　05.0512

布勒斯坦－古利亚耶夫波　Bleustein-Gulyaev wave 08.1296

布雷特－维格纳公式　Breit-Wigner formula 09.0368

布里奇曼密封　Bridgman seal　08.1628

布里奇曼[物态]方程　Bridgman equation [of state] 08.1661

布里奇曼[压]砧　Bridgman anvil　08.1632

布里渊函数　Brillouin function　08.0963

布里渊频移　Brillouin shift　04.1378

布里渊区　Brillouin zone　08.0776

布里渊散射　Brillouin scattering　04.1234

布鲁塞尔模型　Brusselator　05.0771

布罗塞尔－比特实验　Brossel-Bitter experiment 04.1935

布洛赫波函数　Bloch wave function　08.0773

布洛赫[畴]壁　Bloch [domain] wall　08.1017

布洛赫方程　Bloch equation　05.0313

布洛赫线　Bloch line　08.1016

布洛赫转变　Bloch transition　08.0441

布儒斯特窗　Brewster window　04.1523

布儒斯特角　Brewster angle　04.0724

步骤　procedure　01.0082

部分产额谱学　partial yield spectroscopy　08.1375

[部]分干涉函数　partial interference function 08.0339

[部]分径向分布函数　partial radial distribution function, partial RDF　08.0340

部分偏振　partial polarization　04.0719

部分守恒轴矢流　partial conserved axial current, PCAC　09.0873

部分相干光　partially coherent light　04.0897

部分相干性　partial coherence　04.0663

部分子　parton　09.0987

部分子模型　parton model　09.1043

C

擦边角动量　grazing angular momentum　09.0407

擦边碰撞　grazing collision　09.0406

猜想　conjecture　09.0606

材料科学　material science　08.0017

彩对称性　technicolor symmetry　09.0865

彩虹全息术　rainbow holography　04.1169

彩[色]　technicolor　09.0698

彩色全息术　color holography　04.1168

参变不稳定性　parametric instability　10.0321

参变过程　parametric process　10.0317

参变混合　parametric mixing　07.0160

参变激发　parametric excitation　10.0320

参变耦合　parametric coupling　10.0318

参变上转换　parametric upconversion　04.1790

参变衰减　parametric decay　10.0319

参变下转换　parametric downconversion　04.1792

参变荧光　parametric fluorescence　08.1130

参考波　reference wave　04.1108

参考光束　reference beam　04.1109

参考角　reference angle　04.1110

参考系　reference frame, reference system　01.0027

参考圆　circle of reference　02.0178

参量　parameter　01.0039

参量化　parametrization　09.0721

参量空间　parameter space　05.0694

*粲夸克　charm quark, c-quark　09.0981

粲粒子　charmed particle　09.0950

粲粒子物理[学]　charmphysics　09.0602

粲偶素　charmonium　09.0951

粲数改变流　charm changing current　09.0688

槽纹不稳定性 flute instability 10.0264

[策梅洛]复现佯谬 [Zermelo] recurrence paradox 05.0269

*测不准关系 uncertainty relation 06.0407

*测不准原理 uncertainty principle 06.0408

测地完备性 geodesic completeness 06.0226

测地线 geodesic line, geodesics 06.0230

测定 determination 01.0057

*测度熵 metric entropy 05.0892

测高仪 altimeter 02.0519

测节器 nodal slide 04.0215

测量 measurement 01.0094

测微分光光度计 microspectrophotometer 04.1319

测微光度计 microphotometer, photomicrometer 04.0478

测微[光]密度计 micro[photo]densitometer 04.0581

测微目镜 micrometer eyepiece 04.0231

测温性质 thermometric property 05.0006

层流 laminar flow 02.0483

层流击波 laminar shock 10.0238

*NMR 层析术 NMR tomography 09.0565

层状材料 layer material 08.0696

层状结构 layer structure 08.1388

层状相 smectic phase 08.1181

层状 A 相 smectic A phase 08.1182

层状 C 相 smectic C phase 08.1183

层子 straton 09.0977

层子模型 straton model 09.1070

插层 intercalation 08.1256

插层化合物 intercalation compound 08.1416

叉式分岔 pitchfork bifurcation 05.0859

叉丝 cross-hairs 04.0240

查迪模型 Chadi model 08.1381

查理定律 Charles law 05.0037

查普曼-恩斯库格展开法 Chapman-Enskog expansion method 05.0481

差分傅里叶综合[法] difference Fourier synthesis 08.0188

差分干涉测量术 differential interferometry 04.0846

差拍模 beat mode 10.0213

差频 difference frequency 04.1786

差示光度术 differential photometry 04.0476

差作用探针 differential probe 10.0430

掺质色性 allochromatism 04.1953

[掺]钕玻璃激光器 Nd[-doped] glass laser 04.1689

*掺钕的钇铝石榴石激光器 Nd：YAG laser 04.1688

产生 creation 06.0471

产生率 generation rate 08.0595

产生算符 creation operator 06.0473

颤动 zitterbewegung 06.0485

场点 field point 03.0031, 05.0436

场电子显微镜 field electron microscope 08.1360

*场阑 field stop, view stop 04.0277

场离子显微镜 field ion microscope 08.1365

场粒子 field particle 10.0129

场流关系 field-current relation 09.0741

场论 field theory 09.1026

场强计 electrometer of field strength 03.0611

*场曲 curvature of field 04.0314

场算符 field operator 05.0449

场脱附谱学 field desorption spectroscopy 08.1372

MOS 场效管 MOS field effect transistor, MOSFET 08.0750

场效应 field effect 08.0662

场效[应]管 field effect transistor, FET 08.0746

场效应器件 field effect device, FED 08.0748

场源 field source 03.0033

场致发射 field emission 03.0088

场致荷电 field charging 03.0574

场[致]蒸发 field evaporation 08.1329

尝试法 trial-and-error method 01.0083

常量 constant 01.0035

*常数 constant 01.0035

长波通滤光片 long wave pass filter 04.0886

长波涨落 long wave fluctuation 05.0740

长程关联 long-range correlation 09.0638

长程力 long-range force 09.0056

长程连通性 long-range connectivity 05.0964

长程密度 long-range density 08.0353

长程序 long-range order, LRO 05.0658

长度 length 01.0020

长度收缩 length contraction 06.0062

长期平衡 secular equilibrium 09.0103

长时尾 long time tail 05.0542

长寿命粒子 long-lived particle 09.0637

长余辉磷光体 long-after-glow phosphor 08.1105

长余辉荧光屏 long persistence screen 04.1456

超泊松光 super-Poisson light 04.1911

超场 superfield 09.0854

超大规模集成电路 very large scale integrated circuit, VLSI 08.0767

超导磁浮 superconducting magnetic levitation 08.1542

超导磁屏蔽 superconducting magnetic shielding 08.1541

超导磁体 superconducting magnet 08.1540

超导[电]玻璃 superconducting glass 08.0331

超导[电]性 superconductivity 03.0189

超导海绵[模型] superconducting sponge 08.1504

超导加速器 superconducting accelerator 09.1116

超导[量子]电子学 superconducting [quantum] electronics 08.1561

*超导量子干涉磁强计 superconducting quantum interference magnetometer 08.1087

超导量子干涉器件 superconducting quantum interference device, SQUID 08.1563

超导量子干涉现象 superconducting quantum interference phenomenon 08.1562

超导膜 superconducting film 08.1539

[超导]能隙 [superconducting] energy gap 08.1525

[超导]凝聚能 [superconducting] condensation energy 08.1524

超导判据 criterion for superconductivity 08.1526

超导鞘 superconductive sheath 08.1505

*超导鞘临界[磁]场 superconductive sheath critical field 08.1503

超导热开关 superconductor thermal switch 08.1567

超导态 superconducting state 08.1468

超导体 superconductor 03.0188

A-15超导体 A-15 superconductor 08.1536

超导微桥 superconducting microbridge 08.1558

超导－正常相变 superconducting-normal transition 08.1472

[超导]转变温度 [superconducting] transition temperature 08.1473

超低温 ultralow temperature 08.1585

超短激光脉冲 ultrashort laser pulse 04.1620

超[对称]粒子 sparticle 09.0988

超对称[性] supersymmetry 09.0855

超发光 superluminescence 04.1928

超分辨率 super-resolution 04.0936

超辐射 superradiance, superradiation 04.1929

超辐射态 superradiant state 04.1931

超格点 superlattice 08.1391

超规范 supergauge 09.0857

超荷 hypercharge 09.0812

超混沌 hyperchaos 05.0871

超极化率 hyperpolarizability 04.1765

超交换作用 superexchange interaction 08.0991

超结构 superstructure 08.0490

超晶格 superlattice 08.0093

超精细场 hyperfine field 08.1053

超精细分裂 hyperfine splitting 09.0183

超精细结构 hyperfine structure 07.0032

超精细相互作用 hyperfine interaction 09.0184

*超静定问题 statically indeterminate problem 02.0286

超巨星 supergiant 09.1165

超距作用 action at a distance 02.0095

超空间 superspace 09.0860

超空间群 superspace group 08.1406

超快过程 ultrafast process 04.1860

超拉曼散射 hyper-Raman scattering 04.1930

超临界氦 supercritical helium 08.1606

超流[动]性 superfluidity 08.1435

超流模型 superfluid model 09.0213

超流体 superfluid 08.1434

超流湍态 superfluid turbulent state 08.1455

超流相 superfluid phase 08.1433

超流液体 superfluid liquid 09.0862

超漏 superleak 08.1456

超密[恒]星 superdense star 09.1166

超前格林函数 advanced Green function 05.0596

超强相互作用 superstrong interaction 09.0863

超容许跃迁 superallowed transition 09.0150

超弱相互作用　superweak interaction　09.0864

超色　hypercolor　09.0813

超声波　supersonic wave, ultrasound wave　02.0395

超声光栅　ultrasonic grating　04.0951

超声 Q 开关　ultrasonic Q-switching　04.1617

超声全息术　ultrasonic holography, ultrasound holography　04.1178

超声衰减　ultrasonic attenuation　08.1160

超声速　supersonic speed　02.0399

超顺磁性　superparamagnetism　08.0928

超塑性　superplasticity　08.0546

超体视象　hyperstereoscopic image　04.0451

超统一　superunification　09.0856

超突变结　hyperabrupt junction　08.0654

超网链方程　hypernetted chain equation, HNC equation　05.0432

超微颗粒　ultrafine particle　08.0477

超弦　superstring　09.0861

超弦理论　superstring theory　09.1066

超香蕉[形轨道]　superbanana　10.0158

超新星　supernova　09.1167

超星系　supergalaxy　09.1168

超选择定则　superselection rule　09.0859

超引力　supergravity　09.0858

超荧光　superfluorescence　04.1927

超阈电离　above threshold ionization　04.1866

超重　overweight　02.0211

超重核　superheavy nucleus　09.0040

超重元素　superheavy element　09.0039

超重原子　superheavy atom　09.0042

超注入　superinjection　08.0727

超子　hyperon　09.0949

[彻]体力　body force　02.0480

沉积　deposition　08.0701

衬比度　contrast　04.0666

成分无序　compositional disorder　08.0308

成分自由度　compositional [degree of] freedom　08.0387

成核　nucleation　08.0267

成键　bonding　08.0455

成键电子　bonding electron　08.0224

成键态　bonding state　08.0222

成象　imagery, imaging　04.0116

成序效应　ordering effect　08.0918

程长　path length　09.1094

程函　eikonal [function]　04.0402

程函模型　eikonal model　09.0797

持续波　sustained wave　04.0789

持续电流　persistent current　08.1486

弛豫　relaxation　05.0505

弛豫函数　relaxation function　05.0555

弛豫时间　relaxation time　05.0506

弛豫时间近似　relaxation time approximation　05.0507

尺寸效应　size effect　08.0297

尺度共振　dimensional resonance　08.1688

充电　charging　03.0062

冲击摆　ballistic pendulum　02.0136

[冲]击波　shock wave　02.0502

[冲]击波前　shock front　02.0503

冲击电流计　ballistic galvanometer　03.0431

冲激近似　impulse approximation　07.0134

冲量　impulse　02.0104

*冲量定理　theorem of impulse　02.0105

冲流不稳定性　streaming instability　10.0279

冲流电压　streaming potential　03.0600

冲流起电　streaming electrification　03.0595

虫口模型　insect-population model　05.0783

重标度　rescaling　05.0695

重复频率　repetition frequency　04.1676

重复指标　repeated index　06.0106

重构　reconstruction　08.0345

重建波　reconstructing wave　04.1113

重建象　reconstructed image　04.1114

重取向效应　reorientation effect　09.0411

重正化　renormalization　09.0883

重正化群　renormalization group　05.0675

n 重轴　n-fold axis　08.0117

*抽气泵　air pump　05.0088

抽气机　air pump　05.0088

抽取规则　decimation rule　05.0682

抽运　pumping　04.1491

抽运波　pumping wave　04.1795

抽运灯　pumping lamp　04.1637

抽运功率　pump power　04.1797

抽运光　pumping light　04.1649

抽运过程　pumping process　04.1492

抽运消耗　pump depletion　04.1798

畴壁　domain wall　08.1006

畴壁钉扎　domain wall pinning　08.1023

畴壁共振　domain wall resonance　08.1024

畴壁能　domain wall energy　08.1021

畴转过程　domain rotation process　08.1020

稠密相　dense phase　08.0445

初基格　primitive lattice　08.0080

*初级象差　primary aberration　04.0290

初级压标　primary pressure standard　08.1640

初[始]条件　initial condition　02.0026

初速[度]　initial velocity　02.0027

初态　initial state　05.0104

初态敏感性　sensitivity to initial state　05.0872

初现　onset　09.1093

初子　rishon　09.1010

出射波　outgoing wave　04.0787

出[射]波　outgoing wave　10.0308

出[射]窗　exit window　04.0286

出射道　outgoing channel　09.0310

出[射光]瞳　exit pupil　04.0284

出射角　emergence angle　04.0061, outgoing angle　09.0311

出射粒子　outgoing particle　09.0305

除尘[用消静电]电极　electrodes for removing dust　03.0604

除杂区　denuded zone　08.0611

储氢材料　hydrogen-storage material　08.0480

触发　trigger　09.1121

触发器　trigger　03.0466

氚核　triton　09.0063

穿通效应　punch-through effect　08.0740

穿透深度　penetration depth　03.0358

传播常量　propagation constant　03.0353

传播函数　propagator　06.0446

*传播矢量　propagation vector　02.0380

传导　conduction　05.0502

传导电流　conduction current　03.0166

传递矩阵　transfer matrix　05.0711

传感器　sensor　03.0465

传热　heat transfer, thermal transmission　05.0500

传输线　transmission line　03.0525

传压介质　pressure transmitting medium　08.1624

传质　mass transfer　05.0501

船位形　boat configuration　08.0372

串级磁镜　tandem mirror　10.0349

串联　connection in series, series connection　03.0080

串联共振　series resonance　03.0319

串列[式]加速器　tandem accelerator　09.0586

*垂向向错　perpendicular disclination　08.1193

垂直磁场　vertical magnetic field　10.0382

垂直[基片]排列　homeotropic alignment　08.1226

垂直轴定理　perpendicular axis theorem　02.0278

纯态　pure state　06.0334

纯虚时间　purely imaginary time　06.0068

磁比热　magnetic specific heat　08.0897

磁标势　magnetic scalar potential　03.0212

磁波子　magnon　08.0970

磁层　magnetosphere　10.0434

磁层顶　magnetopause　10.0435

磁[层]尾　magnetic tail　10.0438

磁场　magnetic field　03.0192

磁场电流效应　galvanomagnetic effect　08.0939

磁场冻结　magnetic field freezing　10.0094

磁场扩散　diffusion of magnetic field　10.0097

磁场强度　magnetic field intensity, magnetic field strength　03.0195

磁场热流效应　thermomagnetic effect　08.0951

磁场梯度漂移　gradient B drift　10.0073

磁场位形　magnetic configuration　10.0343

磁场线　magnetic field line　03.0196

磁[场]压缩　magnetic compression　08.1653

*磁常量　magnetic constant　03.0245

磁弛豫　magnetic relaxation　07.0150

磁抽运　magnetic pumping　10.0412

磁畴　magnetic domain　03.0255

磁存储　magnetic storage　08.1032

[磁]单极子　[magnetic] monopole　09.1000

磁导计　permeameter　03.0458

磁导率　[magnetic] permeability　03.0243

磁低温计　magnetic thermometer　08.1617

磁电效应　magnetoelectric effect　08.0947

*磁动势　magnetomotive force　03.0265

磁对称性　magnetic symmetry　08.0987

磁感[应]强度　magnetic induction　03.0193

磁感[应]线　magnetic induction line　03.0194

磁刚度　magnetic rigidity　09.0248

磁格点　magnetic lattice　08.0981

磁各向异性　magnetic anisotropy　08.0980

磁共振　magnetic resonance　08.1055

磁光效应　magneto-optic effect　04.1439

磁光学　magneto-optics　04.0020

磁荷　magnetic charge　03.0230

磁后效　magnetic aftereffect　08.1027

磁化　magnetization　03.0237

磁化等离[子]体　magnetized plasma　10.0023

磁化电流　magnetization current　03.0241

磁化率　[magnetic] susceptibility　03.0242

磁化强度　magnetization [intensity]　03.0238

磁化曲线　magnetization curve　03.0249

磁极　magnetic pole　03.0226

磁极化强度　magnetic polarization　03.0239

磁极化子　magnetic polaron　08.0985

磁记录　magnetic recording　08.1031

磁结构　magnetic structure　08.0986

磁介质　magnetic medium　03.0221

磁晶各向异性　magneto-crystalline anisotropy　08.1007

磁阱　magnetic well, magnetic trap　10.0346

磁镜　magnetic mirror　10.0348

磁镜比　mirror ratio　10.0350

磁镜不稳定性　mirror instability　10.0276

磁矩　magnetic moment　03.0233

磁聚焦　magnetic focusing　03.0217

磁壳　magnetic shell　03.0266

磁控管　magnetron　03.0531

磁控溅射　magnetron sputtering　08.1689

磁库仑定律　magnetic Coulomb law　03.0259

磁扩散系数　magnetic diffusion coefficient　10.0098

磁雷诺数　magnetic Reynolds number　10.0100

*磁力线　magnetic line of force　03.0194

磁力线重联　reconnection of magnetic field lines　10.0096

[磁力线]曲率漂移　curvature drift　10.0072

磁－力效应　magnetomechanical effect　08.0946

磁链　magnetic flux linkage　03.0198

磁量子数　magnetic quantum number　06.0297

磁流力学波　MHD wave　10.0178

磁流力学不稳定性　MHD instability　10.0248

磁流力学击波　MHD shock　10.0234

磁流[体动]力学　magnetohydrodynamics, MHD　10.0086

磁流体发电　magnetohydrodynamic generation, MHD generation　10.0111

磁路　magnetic circuit　03.0260

磁路定律　magnetic circuit law　03.0261

磁面　magnetic surface　10.0376

磁敏器件　magnetosensitive sensor　08.0760

磁能　magnetic energy　03.0214

磁能密度　magnetic energy density　03.0215

磁黏性　magnetic viscosity　08.1034

磁黏性系数　magnetic viscosity coefficient　10.0099

磁偶极辐射　magnetic dipole radiation　03.0377

磁偶极矩　magnetic dipole moment　03.0236

磁偶极子　magnetic dipole　03.0235

磁泡　magnetic bubble　08.1028

磁偏转　magnetic deflection　03.0482

磁瓶　magnetic bottle　10.0347

磁屏蔽　magnetic shielding　03.0267

磁谱　magnetic spectrum　08.1033

磁谱仪　magnetic spectrometer　09.0578

SQUID 磁强计　SQUID magnetometer　08.1087

磁倾计　inclinometer　03.0462

磁群　magnetic group　08.0154

磁热效应　magnetothermal effect　08.0949

磁轫致辐射　magneto-bremsstrahlung　10.0170

磁声波　magneto-acoustic wave, magnetosonic wave　10.0192

磁声效应　magnetoacoustic effect　08.0944

磁声转换器件　magneto-acoustic transfer device　08.1090

磁四极辐射　magnetic quadrupole radiation　09.0155

磁弹波　magnetoelastic wave　08.1056

磁弹效应　magnetoelastic effect　08.0945

磁探针　magnetic probe　10.0427

磁体　magnet　03.0223

磁体失超　magnet quenching　08.1545

磁体退降　degradation of magnet　08.1544

磁调谐激光器　magnetic tuning laser　04.1682

磁通钉扎　flux pinning　08.1510

磁通计　fluxmeter　03.0459

磁通浸渐不变量　flux adiabatic invariant　10.0078

磁通量　magnetic flux　03.0197

磁通量子　fluxon, [magnetic] flux quantum
　　08.1484

磁通量子化　[magnetic] flux quantization
　　08.1483

磁通流动　flux flow　08.1513

[磁通]流阻　[flux] flow resistance　08.1514

磁通门磁强计　flux-gate magnetometer　08.1082

磁通蠕变　flux creep　08.1512

磁通势　magnetomotive force　03.0265

磁通跳变　flux jumping　08.1515

磁通陷俘　flux trapping　08.1509

磁透镜　magnetic lens　03.0218

磁相变　magnetic phase transition　08.0982

磁相干长度　magnetic coherence length　08.1228

[磁]芯损耗　core loss　08.1046

磁信息材料　magnetic information material
　　08.1076

磁性　magnetism　08.0924

磁性半导体　magnetic semiconductor　08.0672

磁性材料　magnetic material　03.0222

磁[性]流体　magnetic fluid　08.1077

磁旋比　magnetogyric ratio　06.0325

磁旋等离[子]体　magnetoactive plasma　10.0024

磁学　magnetism, magnetics　03.0190

磁压　magnetic pressure　10.0092

磁约束　magnetic confinement　10.0342

磁跃迁　magnetic transition　09.0153

磁针　magnetic needle　03.0229

磁[致]变温效应　magnetocaloric effect　08.0950

磁[致]电阻效应　magnetoresistance effect
　　08.0948

磁致冷　magnetic refrigeration　08.1595

磁致伸缩　magnetostriction　08.1012

磁致双折射　magnetic birefringence　08.1212

磁致旋光　magnetic opticity, magnetic rotation

　　04.0756

磁滞　[magnetic] hysteresis　08.1030

磁滞回线　[magnetic] hysteresis loop　03.0250

磁滞损耗　[magnetic] hysteresis loss　03.0251

磁轴　magnetic axis　10.0375

磁撞加热　collisional heating　10.0418

磁子　magneton　06.0320

磁阻　[magnetic] reluctance, magnetic resistance
　　03.0262

磁阻率　reluctivity　03.0263

＊磁阻效应　magnetoresistance effect　08.0948

次表面原子　subsurface atom　08.1257

次极大　secondary maximum　04.0626

次级分岔　secondary bifurcation　05.0778

次级辐射　secondary radiation　04.0038

次级光电效应　secondary photoelectric effect
　　04.1471

次级离子质谱学　secondary ion mass spectroscopy,
　　SIMS　08.1367

＊次级象差　secondary aberration　04.0327

次级压标　secondary pressure standard　08.1641

次级子波　secondary wavelet　02.0382

次声波　infrasonic wave　02.0396

次转晕能级　yrare level　09.0277

从头计算　ab initio calculation　09.0743

从尤参考系　preferred frame　06.0193

丛图　bundle [graph]　05.0441

＊辏力　central force　02.0192

＊辏力场　central field　02.0193

粗粒化　coarse-graining　05.0287

粗粒密度　coarse-grained density　05.0286

粗粒统计算符　coarse-grained statistical operator
　　05.0589

粗调　coarse adjustment　01.0086

簇射　shower　10.0060

簇射计数器　shower counter　09.1095

脆[性断]裂　brittle fracture　08.0558

萃取势　extraction potential　07.0153

淬火　quenching　08.0519

淬致无序　quenched disorder　08.0314

存储环　storage ring　09.1096

存储介质　storage medium　04.1191

D

达尔文－福勒方法 Darwin-Fowler method 05.0290

达芬方程 Duffing equation 05.1009

达朗贝尔方程 d'Alembert equation 03.0368

达朗贝尔惯性力 d'Alembert inertial force 02.0328

达朗贝尔原理 d'Alembert principle 02.0327

大爆炸 big bang 06.0255

大爆炸宇宙论 big-bang cosmology 09.1128

大规模集成电路 large scale integrated circuit, LSI 08.0766

大孔径透镜 high-aperture lens, wide-aperture lens 04.0436

大气 atmosphere 05.0029

大气光学 atmospheric optics 04.0012

*大气辉光 airglow 04.1459

大气压 atmosphere 05.0030

大统一 grand unification 09.1036

大统一理论 grand unified theory, GUT 09.1037

大质量支撑原理 massive support principle 08.1633

戴森方程 Dyson equation 05.0622

戴维南定理 Thevenin theorem 03.0164

带边跃迁 band edge transition 08.1142

带导电 band conduction 08.0922

带电粒子 charged particle 03.0014

带电粒子反应 charged particle reaction 09.0294

带电粒子束聚变 charged particle beam fusion 10.0399

带电体 electrified body, charged body 03.0013

带电微子 chargino 09.0999

带间电子散射机理 interband electron scattering mechanism 08.1534

带间跃迁 interband transition, band-to-band transition 08.1115

带交叉 band crossing 09.0278

带结构 band structure 09.0279

带宽 bandwidth 04.1016

带宽置限脉冲 bandwidth-limited pulse 04.1017

带通滤光片 band filter, bandpass filter 04.0888

带尾 band tail 08.0626

带隙 band gap 08.0814

带限信号 bandlimited signal 04.1018

带状箍缩 belt pinch 10.0107

带状谱 band spectrum 04.1278

殆周期振荡 almost periodic oscillation 05.0786

代 generation 09.0622

代表点 representative point 05.0280

丹聂耳电池 Daniell cell 03.0414

单摆 simple pendulum 02.0131

单胞 unit cell 08.0087

单臂谱仪 single-arm spectrometer 09.1112

单变型液晶 monotropic liquid crystal 08.1173

单玻色子交换势 one-boson exchange potential, OBEP 09.0076

单侧约束 unilateral constraint 02.0312

单层 monolayer 08.1249

单层膜 single layer 04.0883

单程增益 single-pass gain 04.1543

单纯图 simplicial graph 08.0354

单[磁]畴 single domain 08.1043

单次曝光 single exposure 04.0591

单道分析器 single-channel analyzer 09.0513

单峰映射 single-hump mapping 05.0839

单缝衍射 single-slit diffraction 04.0676

单极跃迁 monopole transition 09.0154

单π[介子]交换势 one-pion exchange potential, OPEP 09.0075

单晶生长 growth of single crystal 08.0258

单晶[体] single crystal, monocrystal 08.0035

单举[反应]截面 inclusive cross-section 09.0626

单举过程 inclusive process 09.0706

单粒子分布泛函 one-particle distribution functional 05.0577

单粒子分布函数 one-particle distribution function 05.0420

单粒子激发 single-particle excitation 09.0220
单粒子模型 single-particle model 09.0205
单粒子态 single-particle state 09.0233
单流体理论 one-fluid description, single-fluid theory 10.0088
单模 single mode 04.1595
单模光纤 single-mode fiber 04.0827
单频 single-frequency 04.1596
单切结点 one-tangent node 05.0761
单圈图近似 single-loop [diagram] approximation 05.0633
单色波 monochromatic wave 03.0339
单色光 monochromatic light 04.0044
单色光源 monochromatic source 04.0598
单色仪 monochromator 04.1310
单声子吸收 one-phonon absorption 08.1144
单态 singlet state 07.0040
单逃逸峰 single-escape peak 09.0548
单位 unit 01.0044
单位操作 unit operation 08.0133
单位制 system of units 01.0045
单线 singlet 04.1343
单斜晶系 monoclinic system 08.0101
单形 simple form 08.0052
单轴晶体 uniaxial crystal 04.0737
单轴群 monad group 08.0137
单组分等离[子]体 one-component plasma, single-component plasma 10.0019
*胆甾相 cholesteric phase 08.1179
弹道 ballistic curve 02.0015
弹道群聚 ballistic bunching 10.0331
刀口检验 knife-edge test 04.0390
氘核 deuteron 09.0062
倒倍周期分岔 inverse period-doubling bifurcation 05.0864
倒多重态 inverted multiplet 07.0055
倒多重线 inverted multiplet 07.0054
倒格点 reciprocal-lattice point 08.0165
倒格矢 reciprocal-lattice vector 08.0164
倒兰姆凹陷 inverted Lamb dip 04.1631
*倒逆过程 umklapp process 08.0902
倒谱项 inverted spectral term 04.1350
倒象 inverted image 04.0121

倒象棱镜 inverting prism 04.0099
倒易[单]胞 reciprocal [unit] cell 08.0163
*倒易定理 reciprocity theorem 09.0355
倒[易]格 reciprocal lattice 08.0162
倒易空间 reciprocal space 08.0161
导带 conduction band 08.0810
导电方式区 conduction regime 08.1237
导电介质 conducting medium 03.0349
导电纤维 conductive fiber 03.0549
[导]光管 light pipe 04.0553
导纳 admittance 03.0309
导体 conductor 03.0015
导线 wire 03.0018
导[向中]心 guiding center 10.0067
道 channel 09.0715
道尔顿[分压]定律 Dalton law [of partial pressure] 05.0040
道自旋 channel spin 09.0370
德拜 T^3 律 Debye cube law, Debye T^3 law 08.0894
德拜半径 Debye radius 10.0005
*德拜长度 Debye length 10.0005
德拜弛豫 Debye relaxation 08.0829
德拜模型 Debye model 08.0277
德拜频率 Debye frequency 08.0892
德拜屏蔽 Debye shielding 10.0004
德拜球 Debye sphere 10.0006
德拜温度 Debye temperature 08.0893
德拜－沃勒因子 Debye-Waller factor 08.0180
德拜－谢勒法 Debye-Scherrer method 09.0572
德拜－休克尔方程 Debye-Hückel equation 05.0417
德布罗意波 de Broglie wave 06.0290
德布罗意波长 de Broglie wavelength 06.0291
德布罗意关系 de Broglie relation 06.0289
德哈斯－范阿尔芬效应 de Haas-van Alphen effect 08.0943
德洛奈分割 Delaunay division 08.0357
得失相当 break-even 10.0341
等凹透镜 equiconcave lens 04.0140
等电子陷阱 isoelectron trap 08.1102
等电子序 isoelectronic sequence 07.0147
等度规 isometry 06.0229

等概率假设 postulate of equal *a priori* probabilities 05.0292

等厚干涉 equal thickness interference 04.0637

等厚条纹 equal thickness fringes 04.0638

等厚线 isopach 04.0977

等离体子 plasmon 10.0033

等离[子]体 plasma 10.0002

等离[子]体波 plasma wave 10.0034

等离[子]体波导 plasmaguide 10.0035

等离[子]体参量 plasma parameter 10.0007

等离[子]体层 plasmasphere 10.0436

等离[子]体层顶 plasmapause 10.0437

等离[子]体动理论 kinetic theory of plasma 10.0112

* 等离子体动理学理论 kinetic theory of plasma 10.0112

等离[子]体发电机 plasma generator 10.0039

等离[子]体辐射 plasma radiation 10.0168

等离[子]体回波 plasma echo 10.0304

等离[子]体激光器 plasma laser 04.1684

等离[子]体加热 plasma heating 10.0406

等离[子]体加速器 plasma accelerator 10.0040

等离[子]体焦点 plasma focus 10.0042

等离[子]体炬 plasma torch 10.0046

等离[子]体理论 plasma theory 10.0063

等离[子]体频率 plasma frequency 10.0032

等离[子]体枪 plasma gun 10.0036

等离[子]体鞘 plasma sheath 10.0043

等离[子]体色散函数 plasma dispersion function 10.0120

等离[子]体输运 plasma transport 10.0127

等离[子]体团 plasmoid 10.0041

等离[子]体湍动 plasma turbulence 10.0325

等离[子]体吞食器 plasma eater 10.0424

等离[子]体物理学 plasma physics 10.0001

等离[子]体羽 plasma plume 10.0044

等离[子]体约束 plasma confinement 10.0336

等离[子]体诊断 plasma diagnostics 10.0421

等离[子]体振荡 plasma oscillation 10.0031

等强度线 isophote 04.0937

等倾干涉 equal inclination interference 04.0639

等倾条纹 equal inclination fringes 04.0640

* 等容过程 isochoric process 05.0113

* 等容线 isochore 05.0122

等色线 isochromatic line, isochromate 04.0975

等熵压缩 isentropic compression 08.1652

等时摆 isochronous pendulum 02.0134

等势面 equipotential surface 02.0123

等势线 equipotential line 02.0124

等体[积]过程 isochoric process 05.0113

等体[积]线 isochore 05.0122

等温过程 isothermal process 05.0112

等温霍尔效应 isothermal Hall effect 08.0624

等温线 isotherm[al] 05.0121

等相面 cophasal surface, surface of constant phase 04.0773

等效电子 equivalent electron 07.0027

等效力系 equivalent force system 02.0297

等效原理 equivalence principle 06.0156

等压过程 isobaric process 05.0114

等压线 isobar 05.0123

等晕区 isoplanatic region 04.0461

等晕条件 isoplanatic condition 04.0460

* 等照度线 isophote 04.0937

低耗[共振]腔 low-loss resonator 04.1522

低混杂波 lower hybrid wave 10.0203

低混杂频率 lower hybrid frequency 10.0204

低能电子衍射 low-energy electron diffraction, LEED 08.1342

低能核反应 low-energy nuclear reaction 09.0291

低维固体 low dimensional solid 08.1386

低维物理[学] low dimensional physics 08.0015

低温泵 cryopump 08.1598

低温磁体 cryogenic magnet 08.1543

低温等离[子]体 low-temperature plasma 10.0008

低温电子学 cryo[elec]tronics 08.1618

低温工程 cryogenic engineering 08.1568

低温恒温器 cryostat 05.0073

低温晶体管 cryosistor 08.1620

低温实验法 cryogenics 08.1580

低温[温度]计 cryometer, low temperature thermometer 08.1614

低温物理[学] low temperature physics 08.0010

低温吸附 cryosorption 08.1613

低温雪崩开关 cryosar 08.1619

迪潘四次圆纹曲面 Dupin cyclide 08.1208

狄拉克方程　Dirac equation　06.0481

[狄拉克]δ函数　[Dirac] δ-function　06.0375

狄特里奇方程　Dieterici equation　05.0047

抵消点　compensation point　08.0973

*底夸克　bottom quark, b-quark　09.0982

底偶素　bottonium　09.0983

底数　bottom number　09.0695

底心格　base-centered lattice　08.0081

地面[大气]折射　terrestrial refraction　04.1007

地面望远镜　terrestrial telescope　04.0422

地球物理[学]　geophysics　01.0010

*第二焦点　focus in image space　04.0178

第二类超导体　type Ⅱ superconductor　08.1500

[第二类]拉格朗日方程　Lagrange equation　02.0331

第二类永动机　perpetual motion machine of the second kind　05.0142

第二声　second sound　08.1446

第二宇宙速度　second cosmic velocity　02.0203

第三临界[磁]场　third critical [magnetic] field　08.1503

第三声　third sound　08.1447

第三宇宙速度　third cosmic velocity　02.0204

第四声　fourth sound　08.1448

第五声　fifth sound　08.1449

第一积分　first integral　02.0101

*第一焦点　focus in object space　04.0177

第一类超导体　type Ⅰ superconductor　08.1499

第一类拉格朗日方程　Lagrange equation of the first kind　02.0332

第一类流　first-class current　09.0742

第一类永动机　perpetual motion machine of the first kind　05.0141

第一声　first sound　08.1445

第一性原理　first principle　09.0740

第一宇宙速度　first cosmic velocity　02.0202

递升　boost　06.0271

碲化镉　cadmium telluride, CdTe　08.0680

*巅值　peak [value]　03.0298

碘稳频激光器　iodine stabilized laser　04.1629

λ点　λ-point　08.1432

点电荷　point charge　03.0008

点对称　point symmetry　08.0109

点对称操作　point symmetry operation　08.0115

点光源　point source　04.0032

点会切　point cusp　10.0363

点火　ignition　10.0338

点火能　ignition energy　03.0578

点火条件　ignition condition　10.0339

点火源　incendiary source　03.0579

点接触结　point contact junction　08.1557

点扩展函数　point spread function　04.0930

点缺陷　point defect　08.0237

点群　point group　08.0135

点特征函数　point characteristic function　04.0405

点向错　point disclination　08.1190

电　electricity　03.0002

电饱和　electric saturation　08.0844

电场　electric field　03.0024

电场强度　electric field intensity, electric field strength　03.0030

*电场强度计　electrometer of field strength　03.0611

电场线　electric field line　03.0035

电池　cell　03.0411

电池充电器　battery charger　03.0419

电池[组]　battery　03.0417

电磁半径　electromagnetic radius　09.0731

电磁波　electromagnetic wave　03.0332

电磁波谱　electromagnetic wave spectrum　03.0383

电磁不稳定性　electromagnetic instability　10.0257

电磁场　electromagnetic field　03.0288

电磁[场]应力张量　electromagnetic stress tensor, Maxwell stress tensor　03.0344

电磁场张量　electromagnetic field tensor　06.0143

电磁簇射　electromagnetic shower　09.0732

电磁动量　electromagnetic momentum　03.0341

电磁多极辐射　electromagnetic multipole radiation　03.0372

电磁辐射　electromagnetic radiation　03.0371

电磁感应　electromagnetic induction　03.0269

电磁衰变　electromagnetic decay　09.0730

电磁体　electromagnet　03.0225

电磁相互作用　electromagnetic interaction　09.0139

电磁学　electromagnetics, electromagnetism

03.0003

电磁质量　electromagnetic mass　03.0394

电磁阻尼　electromagnetic damping　03.0287

电磁耦[合波]子　polariton　08.0983

电导　conductance　03.0140

电导率　conductivity　03.0141

电动机　motor　03.0473

电动力学　electrodynamics　03.0327

电动势　electromotive force, emf　03.0133

电多极矩　electric multipole moment　03.0059

电多极子　electric multipole　03.0058

电风　electric wind　03.0066

电感　inductance　03.0300

电感器　inductor　03.0301

电功率　electric power　03.0145

电光偏转　electrooptical deflection　04.0986

电光调制　electrooptical modulation　04.0987

电光系数　electrooptical coefficient　04.0985

电光效应　electrooptical effect　04.1437

电光学　electro-optics　04.0019

电荷　electric charge　03.0004

电荷半径　charge radius　09.0611

电荷补偿　charge compensation　08.1117

电荷不对称性　charge asymmetry　09.0612

电荷对称性　charge symmetry　09.0069

电荷分离　charge separation　10.0085

电荷交换　charge exchange　10.0062

电荷交换反应　charge exchange reaction　09.0392

电荷密度波　charge density wave, CDW　08.1396

电荷耦合器件　charge-coupled device, CCD　08.0744

电荷守恒　charge conservation　09.0312

电荷守恒定律　law of conservation of charge　03.0131

电荷算符　charge operator　09.0610

电荷无关性　charge independence　09.0068

电荷注入器件　charge injection device, CID　08.0756

电荷转移过程　charge transfer process　07.0119

电荷转移器件　charge transfer device, CTD　08.0755

电荷转移态　charge transfer state　08.1118

电化学发光　electrochemiluminescence　04.1458

电极　electrode　03.0147

[电]极化强度　[electric] polarization　03.0097

电键　key　03.0409

电解　electrolysis　03.0181

电解质　electrolyte　03.0171

＊电介质　dielectric　03.0091

电抗　reactance　03.0303

电离　ionization　03.0179

电离层　ionosphere　10.0433

电离电流　ionization current　09.0515

电离度　degree of ionization　10.0057

电离能　ionization energy　07.0023

电离谱学　ionization spectroscopy　08.1363

电离室　ionization chamber　09.0516

电离真空规　ionization [vacuum] gauge　05.0086

＊电力线　electric line of force　03.0035

电－力耦合　electromechanical coupling　08.0868

电帘　electric curtain　03.0557

电量　electric quantity　03.0005

电流　electric current　03.0123

电流电离室　current ionization chamber　09.0519

电流计　galvanometer　03.0429

电流密度　current density　03.0125

电流谱　current spectrum　08.0462

电流[强度]　electric current [strength]　03.0124

电流体力学　electrohydrodynamics, EHD　03.0559

电流天平　current balance　03.0457

电流线　electric streamline　03.0165

电流元　current element　03.0130

电路　electric circuit　03.0129

电纳　susceptance　03.0310

电能　electric energy　03.0043

电黏性效应　electroviscous effect　03.0571

电偶层　electric double layer　03.0055

电偶极辐射　electric dipole radiation　03.0373

电[偶极]矩　electric [dipole] moment　03.0054

电偶极跃迁　electric dipole transition　07.0166

电偶极子　electric dipole　03.0053

电偏转　electric deflection　03.0481

电漂移　electric drift　10.0071

电桥　[electric] bridge　03.0447

电热效应　electrocaloric effect　08.0881

电容　capacitance, capacity　03.0078

电容率　permittivity　03.0104

电容率张量　permittivity tensor　03.0107

电容器　capacitor, condenser　03.0079

电弱统一理论　electro-weak unified theory　09.1035

电弱[相互]作用　electro-weak interaction　09.0839

电渗现象　electroosmosis　03.0601

电声倒易定理　electro-acoustical reciprocity theorem　08.0874

电势　electric potential　03.0036

*ζ电势　ζ-potential　03.0572

电势差　electric potential difference　03.0037

电势差计　potentiometer　03.0446

电势降[落]　potential drop　03.0146

电四极辐射　electric quadrupole radiation　03.0374

电四极矩　electric quadrupole moment　03.0057

电四极子　electric quadrupole　03.0056

电弹常量　electroelastic constant　08.0870

电通量　electric flux　03.0034

电位移　electric displacement　03.0113

电位移线　electric displacement line　03.0114

电象　electric image　03.0086

*电象法　method of images　03.0085

电性流　CC, charged current　09.0690

电学　electricity　03.0001

电压　voltage　03.0038

电影全息术　cineholography　04.1175

电源　power source, power supply　03.0132

电跃迁　electric transition　09.0152

电晕　corona　03.0065

电晕放电　corona discharge　10.0051

电晕猝灭效应　corona quenching effect　03.0550

电[致产]生　electroproduction　09.1171

电致发光　electroluminescence　04.1448

电致反[射改]变效应　electro-reflectance effect　04.1443

电致伸缩　electrostriction　03.0122

电致双折射　electric birefringence　04.0982

电滞效应　electric hysteresis effect　03.0121

电中性　electric neutrality, electroneutrality　03.0021

电子　electron　03.0022

δ电子　delta electron　09.1079

电子包　packet of electrons　08.0646

电子比热　electronic specific heat　08.0895

电子定域态　electronic localized state　08.1314

电子感应加速器　betatron　09.0588

电子光学　electron optics　01.0013

电子-核双共振　electron-nuclear double resonance, ENDOR　08.1048

电子回旋波　electron cyclotron wave　10.0200

电子空穴[液]滴　electron-hole droplet　08.0923

电子能耗谱学　electron energy loss spectroscopy　08.1356

电子能耗谱仪　electron energy loss spectrometer, EELS　08.0577

电子能量分析器　electron energy analyzer　08.1344

电子能谱　electronic energy spectrum　08.0769

电子能谱学　electron spectroscopy　08.1349

电子偶素　positronium　09.0918

电子气　electron gas　03.0178

电子欠缺　electron deficiency　07.0112

电子枪　electron gun　03.0479

电子亲和势　electron affinity　08.0207

电子散斑干涉仪　electronic speckle interferometer　04.1204

电子声子互作用　electron-phonon interaction　08.1520

电子受激脱附　electron stimulated desorption　08.1290

电子束　electron beam　03.0176

电子束蒸发　electron-beam evaporation　08.0709

δ电子损失　delta loss　09.1080

电子顺磁共振　electron paramagnetic resonance, EPR　08.1050

电子探针微区分析　electron probe microanalysis, EPMA　08.0576

电子同步加速器　electron synchrotron　09.1113

电子微探针　electron microprobe　08.1351

电子显微镜　electron microscope　03.0219

电子相变　electron phase transition　08.1668

电[子型]中微子　electrino　09.0919

电子[性]化合物　electron compound　08.0484

电子学　electronics　01.0012

[电子]雪崩电离 [electron] avalanche ionization 04.1865

电子衍射技术 electron diffraction technique 08.0573

电子衍射仪 electron diffractometer 09.0575

电子云 electron cloud 03.0023

电子自旋 electron spin 06.0449

电子自旋共振 electron spin resonance, ESR 08.1049

电子自由度 electronic degree of freedom 05.0367

电子阻止本领 electronic stopping power 09.0478

电自由焓 electric free enthalpy 08.0834

电阻 resistance 03.0138

电阻分路结模型 resistively shunted junction model, RSJ model 08.1564

电阻率 resistivity 03.0139

T^2电阻率 T^2 resistivity [law] 08.0915

T^5电阻率 T^5 resistivity [law] 08.0914

电阻[器] resistor 03.0422

电阻温度计 resistance thermometer 05.0068

电阻箱 resistance box 03.0424

[电]阻性扩散 resistive diffusion 10.0140

[电]阻性撕裂不稳定性 resistive tearing instability 10.0291

电阻压强计 electrical resistance gauge 08.1642

淀积电势差 sedimentation potential [difference] 03.0588

淀积起电 sedimentation electrification 03.0587

*刁 bra 06.0371

叠加原理 superposition principle 03.0040

叠片激光器 disk laser 04.1713

叠象测距仪 coincidence range finder 04.0391

叠象棱镜 coincidence prism 04.0103

叠栅条纹 moiré fringe 04.0705

钉扎 pinning 08.1022

*顶夸克 top quark, t-quark 09.0984

顶偶素 topponium 09.0985

定标器 scaler 09.0498

定常流[动] steady flow 02.0464

定常态 steady state 03.0289

定常约束 scleronomic constraint, steady constraint 02.0314

定点转动 rotation around a fixed point 02.0250

定理 theorem 01.0073

CPT定理 CPT theorem 09.0717

*HKS定理 HKS theorem 08.0799

KAM定理 KAM theorem, Kolmogorov-Arnold-Moser theorem 05.0994

定律 law 01.0072

定日镜 heliostat 04.0551

定时器 timer 02.0534

定态 stationary state 06.0330

*定态波 stationary wave 03.0338

定态场 stationary field 06.0174

定态系综 stationary ensemble 05.0567

定态薛定谔方程 stationary Schrödinger equation 06.0410

定态宇宙理论 steady-state theory of the universe 06.0263

定体[积]比热 specific heat at constant volume 05.0065

定相 phasing 04.1845

定向发射体 directional emitter 04.0376

定向光束 directed-beam 04.0353

定压比热 specific heat at constant pressure 05.0066

定影 fixing 04.0578

定影剂 fixer 04.0579

定域场论 local field theory 09.0828

定域长度 localization length 08.0440

定域带尾态 localized band-tail state 08.0434

定域化 localization 08.0424

定域模 localized mode 08.0280

定域态 localized state 08.0422

定域态区 localized state regime 08.0430

定域条纹 localized fringe 04.0635

定域系 localized system 05.0321

定域性 locality 09.0829

定域子 locator 08.0436

定则 rule 01.0075

8-n定则 eight-minus-n rule, 8-n rule 08.0393

定轴转动 fixed-axis rotation 02.0248

丢失质量 missing mass 09.0651

动理模 kinetic mode 10.0208

动理势 kinetic potential 05.0796

动理温度 kinetic temperature 10.0113

动理学　kinetics　05.0469

动理学不稳定性　kinetic instability　10.0250

动理[学]方程　kinetic equation　05.0478

动理学阶段　kinetics stage　05.0576

动力阿尔文波　dynamic Alivén wave　10.0196

动力黏度　kinetic viscosity　02.0475

动力系统理论　theory of dynamic system　05.0998

动力学　dynamics　02.0003

＊动力学　kinetics　05.0469

动力学变量　dynamical variable　05.0262

动力学对称　dynamical symmetry　07.0063

动力学对称破缺　dynamical symmetry breaking　09.0879

动力学矩阵　dynamical matrix　08.0278

动力学扰动　dynamical perturbation　05.0550

动力学系统　dynamical system　05.0831

动力学响应理论　dynamical response theory　05.0549

动量　momentum　02.0102

动量表象　momentum representation　06.0390

动量定理　theorem of momentum　02.0105

＊动量矩　moment of momentum　02.0108

＊动量矩守恒定律　law of conservation of moment of momentum　02.0111

动量空间成序　momentum-space ordering　05.0450

动量流密度　momentum flow density　03.0343

动量密度　momentum density　03.0342

动量守恒　momentum conservation　09.0315

动量守恒定律　law of conservation of momentum　02.0106

动能　kinetic energy　02.0112

动能定理　theorem of kinetic energy　02.0113

动生电动势　motional electromotive force　03.0272

动态范围　dynamic range　04.0587

动态模　dynamic mode　04.1584

动态散射　dynamic scattering　08.1236

动态斯塔克分裂　dynamic Stark splitting　04.1922

＊动态系统　dynamical system　05.0831

动压　dynamical pressure　02.0479

冻结场　frozen[-in] field　10.0095

冻结磁通　frozen-in flux　08.1610

冻结芯近似　frozen-core approximation　07.0132

独立电子近似　independent electron approximation　08.0772

＊独立粒子模型　independent-particle model　09.0206

独立振幅　independent amplitude　09.0629

读出光束　reading optical beam　04.1193

＊读数显微镜　travelling microscope　04.0243

堵缝会切　caulked cusp, stuffed cusp　10.0366

杜隆－珀蒂定律　Dulong-Petit law　05.0329

杜瓦瓶　Dewar flask　08.1581

镀膜　coating　08.0702

镀膜透镜　coated lens　04.0152

度规　metric　09.0654

度规场　metric field　06.0160

度规传递性　metric transitivity　05.1002

度规张量　metric tensor　06.0117

90 度相移　quadrature [shift]　04.0793

渡越辐射　transition radiation　09.1101

渡越辐射探测器　transition radiation detector　09.1110

渡越时间　transit time　09.1102

端[电]压　terminal voltage　03.0135

端距长度　end-to-end length　08.0408

端漏失　end-loss　10.0351

端塞　end plug, end-stopper　10.0354

短波通滤光片　short wave pass filter　04.0887

短程力　short-range force　09.0055

短程密度　short-range density　08.0352

短程序　short-range order, SRO　05.0659

短路　short circuit　03.0161

断点　scission point　09.0466

断裂强度　fracture strength　08.0548

断续调谐红外激光器　discretely tunable infrared laser　04.1685

堆垛层错　stacking fault　08.0250

对产生　pair creation, pair production　09.0493

CP 对称　CP symmetry　09.0762

对称波函数　symmetric wave function　06.0467

对称操作　symmetry operation　08.0113

对称操作群　group of symmetry operations　08.0131

对称定律　law of symmetry　08.0065

对称裂变　symmetrical fission　09.0459

对称面　plane of symmetry　08.0121

对称能　symmetry energy　09.0047

对称破缺　symmetry-broken　05.0668

对称适化波函数　symmetry-adapted wave function　07.0107

对称适化系数　symmetry-adapted coefficient　07.0106

对称[性]　symmetry　06.0402

C 对称性　C-symmetry　09.0759

对称性群　symmetry group　06.0403

对称[性]自发破缺　spontaneous symmetry breaking　09.0889

对称元素　symmetry element　08.0114

对称轴　axis of symmetry　08.0118

对传波　counterpropagating waves　04.0778

对顶砧　opposed anvils　08.1631

对分布函数　pair distribution function　05.0421

对关联　pairing correlation　09.0242

对力　pairing force　09.0239

对流不稳定性　convective instability　10.0252

对能　pairing energy　09.0048

对能隙　pairing gap　09.0240

对偶场　dual field　09.0792

对偶格[点]　dual lattice　05.0714

对偶空间　dual space　09.0794

对偶图　dual graph　08.0355

对偶性　duality　05.0712

对偶张量　dual tensor　09.0795

对耦合　pair coupling　07.0159

对头碰撞　head-on collision　09.0405

对效应　pairing effect　09.0241

对易　commutation　06.0352

对易关系　commutation relation　06.0354

对易式　commutator　06.0353

对应态　corresponding state　05.0223

对应态[定]律　law of corresponding states　05.0224

对应原理　correspondence principle　06.0305

对映单形　enantiomorphous form　08.0056

对撞环　collision ring　09.1078

对撞机　collider　09.1076

对撞束　colliding beam　09.1077

多边形化　polygonization　08.0553

多变量主方程　multivariate master equation　05.0800

多波干涉　multiple-wave interference　04.0854

多层超薄共格结构　layered ultrathin coherent structure, LUCS　08.1265

多层隔热　multilayer insulation　08.1602

多层介电膜　multilayer dielectric film　04.0884

*多层介质膜　multilayer dielectric film　04.0884

多层吸附　multilayer adsorption　08.1282

多掺激光器　alphabet laser　04.1691

多次曝光　multiexposure, multiple exposure　04.0592

多次衍射　multiple diffraction　04.0948

多重边缘链　multiperipheral chain　09.0656

多重产生　multiproduction　09.0705

多重成象　multiple imaging　04.1066

多重定态　multiple steady state　05.0784

多重分形　multifractal　05.0931

多重奇点　multiple singularity　05.0767

多重全息图　multiplex hologram　04.1145

多重散射　multiple scattering　08.1326

多重数　multiplicity　09.0657

多重态　multiplet　09.0785

多重线　multiplet　04.1346

多重性　multiplicity　09.0200

多道分光计　multichannel spectrometer　04.1274

多道分析器　multichannel analyzer　09.0514

多道全息术　multichannel holography　04.1174

多电子效应　many-electron effect　08.0815

多方过程　polytropic process　05.0115

多方指数　polytropic exponent　05.0116

多缝干涉　multislit interference　04.0855

多谷模型　many valley model　08.0617

多光束干涉　multiple-beam interference　04.0645

多光子光谱学　multiphoton spectroscopy　04.1836

多光子过程　multiphoton process　08.1112

多光子激发　multiphoton excitation　04.1834

多光子离解　multiphoton dissociation　04.1835

多硅结构　polycide　08.0687

多会切　multicusp　10.0365

多极辐射　multipole radiation　09.0158

多极级　multipole order　09.0156

多极位形　multipole configuration　10.0395

多极性　multipolarity　09.0157

多极跃迁　multipole transition　09.0159

多极展开　multipole expansion　03.0060

多晶[体]　polycrystal　08.0037

多粒子分布函数　multiparticle distribution function　05.0575

多粒子隧穿　multiparticle tunneling　08.1550

多路激光[器]系统　multichannel laser system　04.1717

多模光纤　multimode optical fiber　04.0828

多模激光器　multimode laser　04.1718

多模腔　multimode cavity　04.1591

多模振荡　multimode oscillation　04.1592

多能级激光器　multilevel laser　04.1646

多能级系统　multilevel system　07.0136

多普勒频移　Doppler shift　02.0388

多普勒频移衰减法　Doppler shift attenuation method, DSAM　09.0555

多普勒[谱线]增宽　Doppler broadening　04.1395

多普勒速度计　Doppler velocimeter　04.1751

多普勒线形　Doppler profile　04.1385

多普勒效应　Doppler effect　02.0387

多色差透镜　hyperchromatic lens　04.0318

多色光　polychromatic light　04.0891

多色激光器　multicolor laser　04.1673

多色全息术　multicolor holography　04.1166

多色象　multicolor image　04.1167

多色逾渗　percoloration, polychromatic percolation　05.0974

多声子过程　multiphonon process　08.0283

多声子吸收　multiphonon absorption　08.1145

多数规则　majority rule　05.0681

多[数载流]子　majority carrier　08.0586

多丝室　multiple-wire chamber　09.0544

多丝正比室　multiwire proportional chamber　09.1108

多体理论　many-body theory　05.0392

多体问题　many-body problem　09.0224

多相临界点　multicritical point　05.0661

多芯复合超导体　multifilamentary composite super conductor　08.1538

多芯结构　multicore structure　09.1090

多型体　polytype　08.0486

多型性　polytypism　08.0039

多用[电]表　multimeter, universal meter　03.0439

多元透镜　multielement lens　04.0437

多栅探头　multigrid probe　10.0431

多砧装置　multiple-anvil apparatus　08.1635

多子浓度　majority carrier density　08.0592

多组分等离[子]体　multicomponent plasma　10.0020

E

俄勒冈模型　Oregonator　05.0804

俄歇电子　Auger electron　09.0137

俄歇电子[能]谱学　Auger electron spectroscopy, AES　08.1350

俄歇中和　Auger neutralization　08.1334

额定电压　rated voltage　03.0475

厄米[的]　Hermitian　06.0367

厄米 - 高斯光束　Hermite-Gauss beam　04.1560

厄米 - 高斯模　Hermite-Gauss mode　04.1555

厄米共轭　Hermitian conjugate　06.0369

厄米算符　Hermitian operator　06.0385

厄米性　hermiticity　06.0368

厄特沃什实验　Eötvös experiment　06.0155

扼流[线]圈　choking coil　03.0428

恩斯特方程　Ernst equation　06.0176

恩斯特势　Ernst potential　06.0177

[二]倍频　frequency doubling　04.1779

二次电光张量　quadratic electrooptical tensor　04.1438

二次量子化　second quantization　06.0470

二次球度　spherocity　09.0850

二次谐波　second harmonic　04.1780

二端网络　two-terminal network　03.0163

二分量中微子理论　two-component neutrino theory　09.0164

二分裂变　binary fission　09.0452

二极管　diode　03.0489

二级相变　second-order phase transition　05.0170

二级相干性　second-order coherence　04.0911
二流体描述　two-fluid description　10.0089
二流体模型　two-fluid model　08.1438
二面角统计[分布]　dihedral angle statistics　08.0368
二面体群　dihedral group　08.0138
二能级激光器　two-level laser　04.1643
二能级系统　two-level system　07.0109
二色全息图　two-color hologram　04.1160
二色性　dichromatism　04.1956
二十面体群　icosahedral group　08.0144
二体碰撞　binary collision　10.0132
二体问题　two-body problem　02.0213

二维电子气　two-dimensional electron gas　08.1411
二维格　two-dimensional lattice　08.0076
＊二维光栅　two-dimensional grating　04.0861
二维网络固体　two-dimensional network solid　08.0381
二项分布　binomial distribution　01.0131
二向色[反射]镜　dichroic mirror　04.0969
二向色性　dichroism　04.0734
二向色性偏振器　dichroic polarizer　04.0968
二形性　dimorphism　08.0053
二氧化碳激光器　carbon dioxide laser　04.1667
二元全息图　binary hologram　04.1162

F

发电机　generator　03.0472
发电机不稳定性　dynamo instability　10.0284
发光　luminescence　04.1445
发光二极管　light emitting diode, LED　08.1101
发光强度　luminous intensity　04.0372
发光体　luminophor　08.1104
发光体劣化　deterioration of luminophor　08.1120
发光效率　luminescence efficiency　08.1121
发光学　luminescence　08.0014
发光中心　luminescent center　08.1103
发光猝灭　quenching of luminescence　08.1113
发散波　divergent wave　04.0348
发散角　angle of divergence　04.0928
发散困难　divergence difficulty　09.0882
发散透镜　divergent lens　04.0132
发色团　chromophore　04.1954
发射　emission　04.1239
发射本领　emissive power　04.1241
发射光谱　emission spectrum　04.1290
发射极　emitter　03.0497
发射率　emissivity　04.1240
发射[谱]线　emission line　04.1284
＊APW法　APW method　08.0787
＊ASW法　ASW method　08.0788
KKR法　KKR method, Korringa-Kohn-Rostoker method　08.0784
k·p法　k·p method　08.0785

＊LAPW法　LAPW method　08.0790
LCAO法　LCAO method　08.0779
＊LMTO法　LMTO method　08.0791
＊MD法　MD method　05.0592
＊OPW法　OPW method　08.0780
＊OTB法　OTB method　08.0782
法布里－珀罗标准具　Fabry-Perot etalon　04.0647
法布里－珀罗干涉仪　Fabry-Perot interferometer　04.0646
法布里－珀罗共振腔　Fabry-Perot resonator　04.1533
法布里－珀罗滤波器　Fabry-Perot filter　04.0648
法拉第磁秤　Faraday balance　08.1081
法拉第电磁感应定律　Faraday law of electromagnetic induction　03.0274
法拉第效应　Faraday effect　08.1080
法拉第旋转　Faraday rotation　04.0757
法拉第[圆]筒　Faraday cylinder　03.0401
法里树　Farey tree　05.0912
法里序列　Farey sequence　05.0913
法向加速度　normal acceleration　02.0033
法向应力　normal stress　02.0433
反变张量　contravariant tensor　06.0185
反玻色子　antiboson　09.0900
＊反差　contrast　04.0666
反场位形　reversed-field configuration　10.0370
ABJ反常　ABJ anomaly, Adler-Bell-Jackiw anomaly

09.0870

反常磁矩　anomalous magnetic moment, abnormal magnetic moment　09.0692

反常电阻　anomalous resistance　10.0148

反常格林函数　anomalous Green function　05.0603

反常霍尔效应　anomalous Hall effect　08.0630

反常扩散　anomalous diffusion　10.0146

反常量纲　anomalous dimension　09.0751

反常流　abnormal current　09.0750

反常趋肤效应　anomalous skin effect　08.0919

反常热导率　anomalous thermal conductivity　10.0149

反常塞曼效应　anomalous Zeeman effect　04.1367

反常散射　anomalous scattering　04.1235

反常色散　anomalous dispersion　04.1262

反常输运　anomalous transport　10.0145

反常吸收　anomalous absorption　04.1246, abnormal absorption　10.0175

反[成]键　antibonding　08.0456

反冲　recoil　02.0235

反磁化　reversal magnetization　08.1040

反单极子　antimonopole　09.1001

反氘核　antideuteron　09.1019

反电动势　back electromotive force　03.0292

反对称[性]　antisymmetry　06.0405

反对称波函数　antisymmetric wave function　06.0468

反对称化　antisymmetrization　09.0746

反对称群　antisymmetry group　08.0153

反对易关系　anticommutation relation　06.0356

反对易式　anticommutator　06.0355

反厄米算符　antihermitian operator　09.0745

反费米子　antifermion　09.0898

反符合　anticoincidence　09.0507

反符合电路　anticoincidence circuit　09.0510

反关联　anticorrelation　04.1873

反核　antinucleus　09.1020

反键成键分裂　antibonding-bonding splitting　08.0457

反键态　antibonding state　08.0223

反K介子　antikaon　09.0940

反康普顿屏蔽　anti-Compton shield　09.0569

反夸克　antiquark　09.0968

反馈　feedback　03.0502

反扩散　antidiffusion　10.0143

反粒子　antiparticle　09.0893

反轻子　antilepton　09.0915

反群聚　antibunch　10.0332

反射　reflection　04.0052

反射比　reflectance　04.0467

反射成象　catoptric imaging　04.0430

反射定律　reflection law　04.0062

反射光学　catoptrics　04.0431

反射光栅　reflection grating　04.0694

反射角　reflection angle　04.0059

[反射]镜　mirror　04.0087

反射率　reflectivity　04.0606

反射全息图　reflection hologram　04.1129

反射望远镜　reflecting telescope　04.0417

反射系数　reflection coefficient　03.0351

反射线　reflected ray　04.0056

反射折射光学系统　catadioptric system　04.0429

反双荷子　antidyon　09.1003

反斯托克斯线　anti-Stokes line　04.1372

反弹　bounce　02.0236

反铁磁性　antiferromagnetism　08.0932

反铁电体　antiferroelectrics　08.0840

反位缺陷　antistructure defect　08.0241

反物质　antimatter　09.1022

反[物质]世界　antiworld　09.1024

反[物质]星系　antigalaxy　09.1023

反[物质]元素　antielement　09.1021

反相畴　antiphase domain　08.0249

反相[位]　antiphase　04.0791

反向波　backward wave, back wave　04.0786

反向扩散　back diffusion　08.1155

反象　reversed image　04.0122

反象棱镜　reversing prism　04.0101

反型层　inversion layer　08.0661

反演　inversion　08.0122

反演对称性　inversion symmetry　08.0124

反演中心　inversion center　08.0123

反幺正性　antiunitarity　09.0747

BZ反应　BZ reaction, Belousov-Zhabotinski reaction　05.0803

反应产额　reaction yield　09.0347

反应产物　reaction product　09.0346
反应场　reaction field　08.0463
反应道　reaction channel　09.0302
反应截面　reaction cross-section　09.0325
反应矩阵　reaction matrix　07.0170
反应扩散方程　reaction-diffusion equation
　　05.0749
反应率　reaction rate　09.0344
反应能　reaction energy　09.0317
反应 Q 值　reaction Q-value　09.0318
反映　reflection　08.0119
反映面　reflection plane　08.0120
*反折系统　catadioptric system　04.0429
反正规编序　antinormal ordering　04.1876
反质子　antiproton　09.0944
反中微子　antineutrino　09.0130
反中子　antineutron　09.0946
反重子　antibaryon　09.0909
反转壁　inversion wall　08.1209
反转温度　inversion temperature　05.0022
反 μ 子　antimuon　09.0926
反作用力　reacting force　02.0067
返射　retroreflection　04.0415
范艾仑带　Van Allen belt　10.0439
范德波尔方程　van der Pol equation　05.1008
范德格拉夫加速器　Van de Graaff accelerator
　　09.0585
范德格拉夫起电机　Van de Graaff generator
　　03.0400
范德瓦耳斯方程　van der Waals equation　05.0046
范德瓦耳斯互作用　van der Waals interaction
　　08.0212
范弗莱克顺磁性　Van Vleck paramagnetism
　　08.0927
范西泰特－策尼克定理　Van Cittert-Zernike theo-
　　rem　04.0913
泛音　overtone　02.0415
CGL 方程　CGL equation, Chew-Goldberger-Low
　　equation　10.0091
KdV 方程　KdV equation, Korteweg-de Vries equa-
　　tion　05.0990
*PY 方程　PY equation　05.0431
TOV 方程　TOV equation, Tolman-Oppenheimer-

Volkoff equation　06.0266
BPW 方法　BPW method, Bethe-Peierls-Weiss met-
　　hod　08.0996
方格栅图样　square grid pattern　08.1213
方均根速率　root-mean-square speed　05.0336
方均根误差　root-mean-square error　01.0107
方均位移　mean square displacement　05.0514
方块棱镜　block prism　04.0105
防［光］晕衬底　antihalation backing　04.0593
防静电材料　antistatic material　03.0535
防静电措施　antistatic countermeasure　03.0534
防静电剂　antistatic agent　03.0533
防静电纤维　antistatic fiber　03.0536
防震台　isolation table　04.1189
*仿射变换　affine transformation　04.0211
仿射参量　affine parameter　06.0214
仿射空间　affine space　06.0212
仿射联络　affine connection　06.0213
仿星器　stellarator　10.0384
纺锤［形］会切　spindle cusp　10.0368
放大　amplification　03.0510
放大镜　magnifier　04.0228
放大率　magnification　04.0179
放大率色差　chromatism of magnification　04.0319
放大器　amplifier　03.0511
放大系数　amplification coefficient　04.1498
放大自发发射　amplified spontaneous emission, ASE
　　04.1926
放电　discharge　03.0061
放电电阻　discharge resistance　03.0555
放电管　discharge tube　04.1303
放电清洗　discharge cleaning　10.0054
放电时间常量　discharge time constant　03.0554
放能反应　exothermic reaction　09.0320
放射系　radioactive series　09.0109
放射性　radioactivity　09.0077
α 放射性　α-radioactivity　09.0080
β 放射性　β-radioactivity　09.0081
γ 放射性　γ-radioactivity　09.0082
放射性核素　radioactive nuclide　09.0107
放射性活度　activity, radioactivity　09.0104
放射性鉴年法　radioactive dating　09.0117
放射性平衡　radioactive equilibrium　09.0101

放射性同位素　radioactive isotope　09.0108

放射源　radioactive source　09.0496

放射治疗　radiation therapy, radiotherapy　09.0194

菲克定律　Fick law　05.0494

非涅耳波带［法］　Fresnel zone［construction］
04.0923

非涅耳公式　Fresnel formula　04.0605

非涅耳－基尔霍夫公式　Fresnel-Kirchhoff formula
04.0691

非涅耳菱体　Fresnel rhombus　04.0812

非涅耳全息图　Fresnel hologram　04.1137

非涅耳数　Fresnel number　04.0924

非涅耳双镜　Fresnel bimirror　04.0618

非涅耳双棱镜　Fresnel biprism　04.0619

非涅耳衍射　Fresnel diffraction　04.0673

菲佐［干涉］条纹　Fizeau fringe　04.0839

菲佐实验　Fizeau experiment　06.0064

非阿贝耳规范场　nonabelian gauge field　09.0749

非本征铁电体　improper ferroelectrics　08.0839

非常波　extraordinary wave　10.0202

非［成］键电子　nonbonding electron　08.0458

非单色波　nonmonochromatic wave　04.0596

非单色光　nonmonochromatic light　04.0597

非定常约束　rheonomic constraint, nonsteady cons-
traint　02.0315

非定态　nonstationary state　07.0057

非定域场论　nonlocal field theory　09.1039

非定域条纹　nonlocalized fringe　04.0636

非定域系　nonlocalized system　05.0322

非度规理论　non-metric theories　06.0270

非对称摩擦　asymmetrical friction　03.0537

非对角元　off-diagonal element　06.0441

非共格界面　incoherent interface　08.0525

非惯性系　noninertial system　02.0205

非加性修正　nonadditivity correction　05.0409

非［简］谐性　anharmonicity　08.0907

非晶半导体　amorphous semiconductor　08.0327

非晶磁性材料　amorphous magnetic material
08.1068

非晶硅　amorphous silicon　08.0328

非晶介电体　amorphous dielectrics　08.0861

非晶态　amorphous state　08.0285

非晶体　amorphous matter, noncrystal　08.0286

非晶体物理［学］　physics of amorphous matter
08.0004

非晶体学对称　noncrystallographic symmetry
08.0108

非静态过程　non-static process　05.0107

非局域响应　nonlocal response　07.0118

非聚变中子　false neutron　10.0432

非均匀波　inhomogeneous wave　04.0783

非均匀［谱线］增宽　inhomogeneous broadening
04.1397

非欧姆加热　non-ohmic heating　10.0408

非偏振光　nonpolarized light, unpolarized light
04.0805

非平衡定态　nonequilibrium stationary state
05.0246

非平衡热力学　nonequilibrium thermodynamics
05.0228

非平衡态　nonequilibrium state　05.0102

非平衡统计力学　nonequilibrium statistical mecha-
nics　05.0544

非平衡统计算符　nonequilibrium statistical operator
05.0588

非平衡相变　nonequilibrium phase transition
05.0737

非平衡载流子　nonequilibrium carrier　08.0588

非谱色　non-spectral color　04.0521

非轻子衰变　nonleptonic decay　09.0661

非球面［反射］镜　aspheric mirror　04.0407

非球面透镜　non-spherical lens　04.0411

非热辐射　nonthermal radiation　10.0172

非弹性　inelasticity　09.0631

非弹性能量损耗界面　inelastic energy loss interface
08.1258

非弹性碰撞　inelastic collision　02.0226

非弹性散射　inelastic scattering　06.0437

非弹性散射截面　inelastic scattering cross-section
09.0327

非完全弹性碰撞　imperfect elastic collision
02.0228

非［完］全熔合　incomplete fusion　09.0416

非完整系　nonholonomic system　02.0319

非完整约束　nonholonomic constraint　02.0318

非物理粒子　nonphysical particle, unphysical particle

09.0662

非线性场论 nonlinear field theory 09.1038

非线性光学 nonlinear optics 04.0010

非线性[光学]极化率 nonlinear [optical] susceptibility 04.1760

非线性介质 nonlinear medium 04.1758

非线性朗道阻尼 nonlinear Landau damping 10.0316

非线性热力学 nonlinear thermodynamics 05.0249

非线性响应 nonlinear response 05.0559

非线性效应 nonlinear effect 10.0302

非线性薛定谔方程 nonlinear Schrödinger equation 05.0992

非线性元激发 nonlinear elementary excitation 05.0734

非线性元件 nonlinear element 03.0485

非线性振动 nonlinear vibration 05.1005

非线性主方程 nonlinear master equation 05.0801

非相对论性极限 non-relativistic limit 06.0139

非相干产生 incoherent production 09.0627

非相干成象 incoherent imaging 04.0769

非相干辐射 noncoherent radiation 04.1871

非相干光 incoherent light 04.0898

非相干光[学]信息处理 incoherent optical information processing 04.1054

非相干性 incoherence, noncoherence 04.0899

非相干照明 incoherent illumination 04.0940

非谐校正 anharmonic correction 07.0095

非谐力 anharmonic force 08.0271

非谐振动 anharmonic vibration 02.0167

非谐振子 anharmonic oscillator 06.0423

非[寻]常光 extraordinary light 04.0728

非[寻]常折射率 extraordinary refractive index 04.0730

非有心力 non-central force 09.0057

*非圆等离体 non-circular plasma 10.0391

非圆截面等离[子]体 non-circular plasma 10.0391

非彩色 unsaturated color 04.0523

非中性等离[子]体 nonneutral plasma 10.0026

非周期性 aperiodicity 02.0169

非自旋[的]磁矩 extra-spin magnetic moment

08.0956

飞片增压装置 driver plate apparatus 08.1650

飞行时间法 time-of-flight method 09.0552

斐波那契数 Fibonacci numbers 05.0917

沸点 boiling point 05.0206

沸腾 boiling 05.0197

费恩曼标度无关性 Feynman scaling 09.1046

费恩曼规范 Feynman gauge 09.0736

费恩曼规则 Feynman rule 09.0737

费恩曼图 Feynman diagram 05.0616

费尔韦效应 Verwey effect 08.0941

费根鲍姆标度律 Feigenbaum scaling law 05.0951

费根鲍姆[重正化群]方程 Feigenbaum [renormalization group] equation 05.0949

费根鲍姆数 Feigenbaum number 05.0903

费利奇不稳定性 Felici instability 08.1241

费马原理 Fermat principle 04.0067

费米[－狄拉克]分布 Fermi[-Dirac] distribution 05.0347

费米－狄拉克积分 Fermi-Dirac integral 05.0348

费米[－狄拉克]统计法 Fermi[-Dirac] statistics 05.0346

费米动量 Fermi momentum 05.0350

费米海 Fermi sea 05.0354

*费米函数 Fermi function 09.0143

费米面 Fermi surface 05.0353

费米能级 Fermi level 05.0349

费米球 Fermi sphere 05.0352

费米温度 Fermi temperature 05.0351

费米－沃克迁移 Fermi-Walker transport 06.0196

费米相互作用 Fermi interaction 09.0145

费米－杨[振宁]模型 Fermi-Yang model 09.1040

费米液体理论 Fermi-liquid theory 08.1458

费米子 fermion 05.0355

费米[子]弦 fermionic string 09.0735

费伽德定律 Vegard law 08.0488

分辨本领 resolving power 04.0709

分辨率 resolution 01.0124

分辨[率极]限 resolution limit 04.0933

分辨时间 resolving time 09.0522

分波法 method of partial waves 06.0444

分波分析 partial-wave analysis 09.0350

分波截面 partial-wave cross-section 09.0351

分布 distribution 05.0295

χ^2 分布 chi square distribution 01.0134

t 分布 Student's t distribution 01.0135

分布反馈激光器 DFB laser, distributed-feedback laser 04.1701

分布函数 distribution function 05.0296

分布函数矩量 moment of distribution function 05.0579

分布力 distributed force 02.0097

分部混色 partitive color mixing 04.0531

分层化合物 layered compound 08.1415

分层介质 stratified medium 04.0881

分岔 bifurcation 05.0769

分岔集 bifurcation set 05.0868

分岔理论 bifurcation theory 05.0770

分岔图骨架 skeleton of bifurcation graph 05.0898

分割球装置 split-sphere apparatus 08.1638

分光光度计 spectrophotometer 04.1273

分光镜 spectroscope 04.0096

分划板 graticle, graticule, reticule 04.0241

分截面 partial cross-section 09.0330

分节棒激光器 segmented rod laser 04.1710

分界能级 demarcation level 08.0644

分界线 separatrix 05.0764

分块全息存储 block-organized holographic memory 04.1188

分宽度 partial width 09.0366

分离过程 detachment process 07.0127

*分立本征值 discrete eigen value 06.0360

*分立谱 discrete spectrum 07.0018

分力 component force 02.0149

分量 component 02.0150

分流器 shunt 03.0157

分路 shunt 03.0155

*分色镜 dichroic mirror 04.0969

分时激光器 time-sharing laser 04.1720

分束器 beam splitter 04.0631

分数电荷 fractional [electric] charge 09.0618

分数量子霍尔效应 fractional quantum Hall effect 08.1409

分速度 component velocity 02.0145

*分维 fractal dimension 05.0939

分析力学 analytical mechanics 02.0006

分析天平 analytical balance 02.0513

分谐波发生[效应] subharmonic generation 04.1794

分形 fractal 05.0928

分形测度 fractal measure 05.0940

分形体 fractal 05.0930

分形维数 fractal dimension 05.0939

分形子 fracton 05.0929

分压器 voltage divider 03.0158

分支比 branching ratio 09.0100

分子场理论 molecular field theory 08.0992

分子磁矩 molecular magnetic moment 03.0234

分子电流 molecular current 03.0231

分子动力学法 molecular dynamics method 05.0592

分子固体 molecular solid 08.0376

分子光谱 molecular spectrum 07.0080

分子光谱学 molecular spectroscopy 04.1432

分子光学 molecular optics 04.0014

分子混沌拟设 molecular chaos hypothesis, stosszahlansatz 05.0485

分子间力 intermolecular force 07.0091

分子结构 molecular structure 07.0079

分子晶体 molecular crystal 08.0213

分子散射 molecular scattering 04.1230

分子束外延 molecular beam epitaxy, MBE 08.0713

分子物理[学] molecular physics 07.0002

分子折射度 molecular refraction 04.1228

粉末隔热 powder insulation 08.1600

粉末衍射仪 powder diffractometer 08.0183

丰质子核素 proton-rich nuclide 09.0035

丰中子核素 neutron-rich nuclide 09.0034

峰值 peak [value] 03.0298

夫琅禾费谱线 Fraunhofer line 04.1360

夫琅禾费全息图 Fraunhofer hologram 04.1136

夫琅禾费衍射 Fraunhofer diffraction 04.0674

敷霜 blooming 04.0877

辐射 radiation 03.0376

辐射安全 radiation safety 09.0196

辐射场 radiation field 03.0393

辐射长度 radiation length 09.1106

辐射出射度 radiant exitance 04.0472

辐射电阻　radiation resistance　03.0384

辐射度量学　radiometry　04.0364

辐射发射度　radiant emittance　04.0471

辐射[方向]图　radiation pattern　03.0378

辐射防护　radiation protection　09.0193

辐射俘获　radiative capture　09.0396

辐射改性　radiation modification　09.0566

辐射功率　radiation power　03.0380

辐射剂量　radiation dose　09.0189

辐射角分布　radiation angular distribution　03.0379

辐射宽度　radiation width　09.0364

辐射亮度　radiance　04.0469

辐射能密度　radiant energy density　05.0384

辐射频谱　radiation frequency spectrum　03.0382

辐射屏蔽　radiation shield　08.1603

辐射强度　radiation intensity　03.0381

辐射热计　bolometer　05.0077

辐射损伤　radiation damage　09.0539

辐射通量　radiation flux　04.0365

辐射危害　radiation hazard　09.0195

辐射吸收　radiative absorption　09.0397

辐射压[强]　radiation pressure　05.0391

辐射源　radiation source　09.0112

辐射[致]发光　radioluminescence　08.1092

辐射阻抗　radiation impedance　03.0385

辐射阻尼　radiation damping　03.0397

辐照　irradiation　09.0197

辐照度　irradiance　04.0366

辐照生长　irradiation growth　09.0199

辐照损伤　irradiation damage　09.0198

辐照效应　irradiation effect　08.0565

幅光栅　amplitude grating　04.0703

幅物体　amplitude object　04.1012

幅子　amplituton　08.1399

符号、单位、术语、原子质量和基本常量委员会
　Commission on Symbols, Units, Nomenclature,
　Atomic Masses and Fundamental Constants;
　SUNAMCO Commission　01.0154

符号差　signature　06.0187

符号动力学　symbolic dynamics　05.0882

符合电路　coincidence circuit　09.0509

符合法　coincidence method　09.0506

符合光谱　coincidence spectrum　04.1411

符合计数　coincidence counting　04.1885

符合结构　coincidence structure　08.1263

符合率　coincidence rate　04.1886

伏安法　voltmeter-ammeter method　03.0433

伏安特性曲线　volt-ampere characteristics　03.0486

伏打电池　voltaic cell　03.0413

伏特计　voltmeter　03.0435

μ俘获　muon capture　09.0931

K俘获　K-capture　09.0134

俘获截面　capture cross-section　08.0636

浮雕象　relief image　04.1067

浮环　floating ring　10.0390

浮环实验　suspended ring experiment　03.0293

浮力　buoyancy force　02.0490

浮力秤　flotation balance　02.0516

浮区法　float-zone method　08.0688

福丁气压计　Fortin barometer　02.0527

福克尔－普朗克方程　Fokker-Planck equation　05.0525

福克空间　Fock space　05.0447

福克态　Fock state　04.1896

弗拉索夫方程　Vlasov equation　10.0114

弗兰克－赫兹实验　Franck-Hertz experiment　07.0036

弗兰克－里德[位错]源　Frank-Read [dislocation] source　08.0247

弗里德里克斯转变　Freedericksz transition　08.1224

弗里德曼宇宙　Friedmann universe　06.0257

弗里定理　Furry theorem　09.0890

弗仑克尔缺陷　Frenkel defect　08.0239

辅模　subsidiary mode　10.0228

辅线系　subordinate series　04.1338

辅助加热　auxiliary heating　10.0409

腐蚀　corrosion　08.0508

副[光]轴　secondary [optical] axis　04.0154

副镜　secondary mirror　04.0419

副色　secondary color　04.0528

覆盖层　overlayer　08.1253

覆盖维数　covering dimension　05.0944

复摆　compound pendulum　02.0132

复磁导率　complex permeability　08.1045

复电容率　complex permittivity　08.0820

复光谱　complex spectrum　04.1348

复光束参量　complex beam parameter　04.1561

复合　recombination　10.0058

复[合]波　complex wave　04.0776

复[合]共振腔　complex resonator　04.1536

复合核　compound nucleus　09.0372

复合核理论　compound-nucleus theory　09.0371

复合核衰变　compound-nucleus decay　09.0374

复合[核]弹性散射　compound-elastic scattering　09.0376

复合激光器　recombination laser　04.1705

复合截面　recombination cross-section　10.0059

复合粒子　composite particle　09.1056

复合粒子模型　composite model　09.1055

复合率　recombination rate　08.0594

复合滤波器　complex filter　04.1062

复合全息图　composite hologram　04.1142

复合透镜　compound lens　04.0148

复合系统　compound system　09.0373

复合性　compositeness　09.1057

复合中心　recombination center　08.0635

复式法布里－珀罗干涉仪　compound Fabry-Perot interferometer　04.0869

复[式]光栅　multiple grating　04.0868

复势　complex potential　09.0359

复显微镜　compound microscope　04.0244

复相干度　complex degree of coherence　04.0895

复消色差透镜　apochromat, apochromatic lens　04.0322

复型技术　replica technique　08.0572

复眼　compound eye　04.0492

复折射率　complex index of refraction　04.1243

复振幅　complex amplitude　04.0601

复制光栅　replica grating　04.0876

复阻抗　complex impedance　03.0311

傅科摆　Foucault pendulum　02.0135

傅里叶[变换]光谱学　Fourier [transform] spectroscopy　04.1429

傅里叶[变换]全息图　Fourier [transform] hologram　04.1138

傅里叶定律　Fourier law　05.0497

傅里叶光学　Fourier optics　04.0761

傅里叶综合[法]　Fourier synthesis　08.0187

负电荷　negative charge　03.0007

负度规　negative metric　09.0658

负反馈　negative feedback　03.0503

负光电效应　photonegative effect　04.1472

负极板　negative plate　03.0151

负晶体　negative crystal　04.0736

负[绝对]温度　negative temperature　05.0017

负离子　negative ion, anion　03.0175

负能波　negative energy wave　10.0181

负色散　negative dispersion　04.1530

负吸收　negative absorption　04.1529

负效电晕　back corona　03.0538

负效放电　back discharge　03.0539

负效放电蔓延　back discharge propagation　03.0543

负效放电消失电压　back discharge extinguishing voltage　03.0542

负效放电消失温度　back discharge vanishing temperature　03.0540

负效放电再散　back discharge reentrant　03.0541

负载　load　03.0142

附着　adhesion　08.1275

附着力　adhesion　05.0059

G

伽博法　Gabor method　04.1116

伽博全息图　Gabor hologram　04.1119

伽利略变换　Galilean transformation　02.0063

伽利略不变性　Galilean invariance　02.0065

伽利略望远镜　Galileo telescope　04.0420

伽利略相对性原理　Galilean principle of relativity　02.0064

伽莫夫－特勒相互作用　Gamow-Teller interaction　09.0144

伽莫夫因子　Gamow factor　09.0122

概率　probability　05.0291

概率幅　probability amplitude　06.0340

概率流　probability current　06.0341

概率密度　probability density　06.0339

概率性规则　probabilistic rule　05.1013

概然误差　probable error　01.0104

盖尔曼－西岛关系式　Gell-Mann-Nishijima relation　09.0891

盖革－米勒计数器　Geiger-Müller counter　09.0503

盖革－努塔尔定律　Geiger-Nuttall law　09.0120

盖吕萨克定律　Gay-Lussac law　05.0038

干电池　dry cell　03.0412

干涉　interference　04.0615

干涉测量术　interferometry　04.0845

干涉函数　interference function　08.0338

干涉级　order of interference　04.0628

干涉滤光片　interference filter　04.0650

干涉色　interference color　04.0974

干涉条纹　interference fringe　04.0623

干涉图样　interference pattern　04.0669

干涉显微镜　interference microscope　04.0670

干涉项　interference term　04.0668

干涉仪　interferometer　04.0629

干湿球湿度计　psychrometer　05.0081

感光计　sensitometer　04.0385

[感光]密度计　densitometer　04.0582

感光特性　sensitometric characteristic　04.0583

感抗　inductive reactance　03.0305

感生电场　induced electric field　03.0277

感生电动势　induced electromotive force　03.0273

感生电荷　induced charge　03.0009

感生发射　induced emission　04.1916

感生各向异性　induced anisotropy　04.0978

感生巨磁矩　induced giant moment　08.1612

感生吸收　induced absorption　04.1917

感应电动势　induction electromotive force　03.0271

感应电流　induction current　03.0270

感应圈　induction coil　03.0283

刚度　rigidity　08.0543

*刚度系数　rigidity　02.0076

刚化原理　principle of rigidization　02.0287

刚[能]带模型　rigid band model　08.0489

刚体　rigid body　02.0239

刚体自由运动　free motion of rigid body　02.0251

刚性杆　rigid rod　06.0061

杠杆定则　lever rule　08.0493

高 Tc 超导体　high Tc superconductor　08.1533

高衬比[胶]片　high-contrast film　04.0573

*高导磁合金　permalloy　08.0474

高反射膜　high-reflecting film　04.0644

高分辨光谱学　high-resolution spectroscopy　04.1430

高分子物理[学]　polymer physics　08.0016

高功率激光器　high-power laser　04.1677

*高β环　high-beta torus　10.0389

高耗[共振]腔　high-loss resonator　04.1524

高混杂波　upper hybrid wave　10.0205

高混杂频率　upper hybrid frequency　10.0206

高阶弛豫　high order relaxation　08.1122

高密度逾渗　high-density percolation　05.0977

高能电子衍射　high-energy electron diffraction, HEED　08.1343

高能核反应　high-energy nuclear reaction　09.0293

高能核物理[学]　high-energy nuclear physics　09.0600

高能天体物理　high-energy astrophysics　09.0601

高能物理[学]　high-energy physics　09.0599

高频堵漏　high-frequency plugging　10.0355

高频放电　high-frequency discharge　10.0052

高清晰度图象　high-definition picture　04.0453

高斯定理　Gauss theorem　03.0041

高斯分布　Gaussian distribution　01.0133

高斯光　Gauss light　04.1900

高斯光束　Gaussian beam　04.1559

高斯光学　Gaussian optics　04.0186

高斯计　gaussmeter　03.0460

高斯模型　Gauss model　05.0691

高斯目镜　Gauss eyepiece　04.0232

高斯曲率　Gaussian curvature　06.0205

高斯映射　Gaussian mapping　05.0901

*高速扫描摄影机　streak camera　04.0455

高速扫描照相机　streak camera　04.0455

*高速摄影机　high-speed camera　04.0454

高速照相机　high-speed camera　04.0454

高位数　seniority　09.0247

高温等离[子]体　high-temperature plasma　10.0009

高温计 pyrometer 05.0070

高压倍加器 Cockcroft-Walton accelerator 09.0584

高压比环 high-beta torus 10.0389

高压物理[学] high pressure physics 08.0011

高压物态方程 high pressure equation of state 08.1659

高真空隔热 high vacuum insulation 08.1599

高自旋态 high-spin state 09.0273

高阻尼波 heavy-damped wave 10.0217

糕模近似 muffin-tin approximation 08.0798

糕模势 muffin-tin potential 08.0797

戈德斯通定理 Goldstone theorem 09.1065

戈德斯通粒子 Goldstone particle 09.1016

戈德斯通模 Goldstone mode 05.0672

戈莱盒 Golay cell 04.1944

戈里科夫方程 Gor'kov equation 08.1529

葛庭燧扭摆 Ke torsion pendulum 08.0538

格波 lattice wave 08.0274

格波动量 lattice wave momentum, crystal momentum 08.0275

格[点] lattice 05.0645

格点 lattice point 08.0072

格点动物 lattice animal 05.0647

格点规范 lattice gauge 09.0821

格点行 lattice [point] row 08.0077

格点和 lattice sum 08.0227

格孤子 lattice soliton 08.1425

格拉肖-温伯格-萨拉姆模型 Glashow-Weinberg-Salam model 09.1044

格朗让-喀诺劈 Grandjean-Cano wedge 08.1200

格朗让织构 Grandjean texture 08.1202

格林艾森常数 Grüneisen constant 08.0908

格林函数 Green function 05.0594

格林算符 Greenian 05.0605

格面 lattice plane 08.0074

格面网 lattice plane net 08.0075

格气模型 lattice gas model 05.0646

格矢 lattice vector 08.0073

格座 lattice site 08.0311

各向同性 isotropy 02.0455

各向同性等离[子]体 isotropic plasma 10.0022

各向同性介质 isotropic medium 04.0731

各向异性 anisotropy 02.0456

各向异性超流体 anisotropic superfluid 08.1457

各向异性度 anisotropy 09.0181

各向异性介质 anisotropic medium 04.0732

根点 root point 05.0435

r根点星图 r-rooted star graph 05.0439

耿氏效应 Gunn effect 08.0739

工作点 working point 08.1692

工作频率 frequency of operation 04.1653

功 work 02.0114

功率 power 02.0117

功率半导体器件 power semiconductor device 08.0757

功率[密度]谱 power [density] spectrum 05.0888

功率[谱线]增宽 power broadening 04.1400

功率因数 power factor 03.0312

*公差 tolerance 04.0328

公度错 discommensuration 08.1426

公度有无转变 commensurate-incommensurate transition 08.1403

公有熵 communal entropy 08.0449

汞[汽]灯 mercury vapor lamp 04.1304

*共点成象 stigmatic imaging 04.0205

共点力 concurrent force 02.0292

共点力系 system of concurrent forces 02.0293

共动参考系 comoving reference frame 06.0191

共轭波 conjugate wave 04.1812

共轭场 conjugate field 09.0768

共轭分数 conjugation fraction 04.1813

共轭光线 conjugate ray 04.0194

共轭面 conjugate plane 04.0195

共轭缺陷 conjugate defect 08.0399

共轭象 conjugate image 04.0196

共格界面 coherent interface 08.0524

共价玻璃 covalent glass 08.0361

共价键合 covalent bonding 08.0208

共价键网络 covalent[ly bonded] network 08.0358

共价晶体 covalent crystal 08.0219

共价图 covalent graph 08.0359

共焦[共振]腔 confocal resonator 04.1569

共晶停点 rest of eutectic 08.0495

共晶转变 eutectic transformation 08.0494

共面力 coplanar force 02.0294

共面力系 system of coplanar forces 02.0295

共鸣　resonance　02.0411

共鸣管　resonance tube　02.0544

共吸附　co-adsorption　08.1285

共心[共振]腔　concentric resonator　04.1568

共形变换　conformal transformation　06.0228

共形不变性　conformal invariance　06.0227

*共形张量　conformal tensor　06.0207

共振　resonance　02.0183

共振[波]模　resonant mode　03.0520

共振抽运　resonance pumping　04.1650

共振峰　resonance peak　09.0360

共振积分　resonance integral　09.0363

共振激发　resonance excitation　08.1150

共振价键理论　resonating valence bond theory
　　08.1535

共振截面　resonance cross-section　09.0362

共振宽度　resonance width　09.0665

共振拉曼光谱学　resonance Raman spectroscopy
　　04.1434

共振粒子　resonant particle　10.0126

共振能量　resonance energy　09.0361

共振频率　resonant frequency　02.0184

共振器　resonator　03.0518

共振腔　resonant cavity　03.0519

共振散射　resonance scattering　09.0353

共振态　resonance state　05.0464

共振吸收　resonance absorption　08.1149

共振线　resonance line　04.1363

共振线宽　resonance line-width　08.1062

共振荧光　resonance fluorescence　08.1125

共轴性　coaxiality　04.0184

沟槽光谱　channeled spectrum　04.1410

沟道效应　channel[ing] effect　08.0566

构型分析　conformational analysis　08.1264

箍断效应　pinch off effect　08.0741

箍缩　pinch　10.0102

*θ箍缩　θ-pinch　10.0105

Z箍缩　Z-pinch　10.0106

估计　estimation　01.0061

孤对电子　lone-pair electron　08.0459

孤[立]波　solitary wave　08.1392

孤立导体　isolated conductor　03.0016

孤立系　isolated system　02.0129

孤[立]子　soliton　08.1393

孤子激光器　soliton laser　04.1693

骨架图　skeleton diagram　05.0724

谷分裂　valley splitting　08.0618

谷际散射　intervalley scattering　08.0614

谷内散射　intravalley scattering　08.0615

固定靶　fixed target　09.1088

固定指标　fixed index　06.0115

固溶体　solid solution　08.0481

固态等离[子]体　solid state plasma　10.0027

固态分子氢　solid state molecular-hydrogen
　　08.1681

*固态物理[学]　solid state physics　08.0002

固态镶嵌　solid tesselation　08.0342

固体　solid　05.0026

固体电子学　solid state electronics　08.0728

固体光谱　solid state spectrum　04.1414

固体激光器　solid state laser　04.1506

固体计数器　solid state counter　09.0501

固体径迹探测器　solid state track detector
　　09.0543

固体离子学　solid state ionics　08.0229

固体物理[学]　solid state physics　08.0002

固体性　solidity　08.0299

固相外延　solid phase epitaxy　08.0689

固[相]线　solidus [line]　08.0502

固有长度　proper length　06.0063

固有加速度　proper acceleration　06.0120

固有频率　natural frequency　02.0176

固有[谱线]增宽　natural broadening　04.1394

固有时　proper time　06.0054

固有时间隔　proper time interval　06.0055

固有速度　proper velocity　06.0119

固有线宽　natural [line] width　04.1391

固有质量　proper mass　06.0129

关节点　articulation point　05.0434

关联　correlation　04.1101

关联长度　correlation length　05.0427

关联函数　correlation function　05.0523

关联能　correlation energy　06.0479

关联谱　correlation spectrum　04.1102

关联衰减原理　principle of attenuation of correla-
　　tion, PAC　05.0590

光具座 optical bench 04.0219

光刻[术] photolithography 08.0703

光控电致发光 photoelectroluminescence 04.1477

光阑 diaphragm, stop 04.0268

光缆 optical cable 04.0819

光量子 light quantum 04.0041

光路可逆性 reversibility of optical path 04.0068

光脉冲 light pulse, optical pulse 04.0042

光脉冲压缩 light pulse compression 04.1862

[光]密度 [optical] density 04.0580

光密介质 optically denser medium 04.0074

光敏传感器 light sensor 04.1945

光敏电阻 photoresistance 04.1946

光敏面 photosurface 04.1948

光敏器件 photosensitive device 08.0763

光敏性 photosensitivity 04.1947

光敏阴极 light-sensitive cathode 04.1469

光能 luminous energy 04.0040

光年 light year, ly 09.1155

光拍 light beat, photo-beat 04.1656

光拍光谱术 light beating spectroscopy 04.1423

光盘 optical disc 04.1756

光劈 [optical] wedge 04.0838

光频 optical frequency 04.0771

光频声子 optical phonon 05.0462

光频饴 optical molasses 07.0157

光谱 [optical] spectrum 04.1276

光谱纯度 spectral purity 04.1409

[光]谱带 spectral band 04.1281

光谱范围 spectral range 04.1296

光谱分析 spectral analysis 04.1364

光谱级 spectral order 04.1323

光谱强度 spectral intensity 04.1382

光谱[强度]分布 spectral distribution 04.1381

[光]谱色 spectral color 04.0520

光谱术 spectroscopy 04.1330

光谱特性 spectral characteristic 04.1359

光谱图 spectrogram 04.1406

[光]谱线 spectral line 04.1280

[光]谱线系 spectral series 04.1331

[光]谱线自蚀 reversal of spectral line 04.1403

光谱学 spectroscopy 04.1329

[光]谱仪 spectrometer 04.0113

光启[动]开关 light activated switch 04.1198

光强 intensity of light 04.0604

光色材料 photochromic material, phototropic material 04.1220

光渗 irradiation 04.0496

光声光谱学 photoacoustic spectroscopy, optoacoustic spectroscopy 04.1435

光声调制 optoacoustic modulation 04.1479

光声效应 optoacoustic effect, photoacoustic effect 04.1478

光生伏打效应 photovoltaic effect 04.1440

光生物学 photobiology 04.1966

光生载流子 photocarrier 08.0585

光适应 photopia 04.0498

光视效率 luminous efficiency 04.0378

光视效能 luminous efficacy 04.0379

光疏介质 optically thinner medium 04.0073

光束 [light] beam 04.0345

[光]束斑 beam spot 04.1564

[光]束半径 beam radius 04.1565

光束波导 beam waveguide 04.1520

[光]束发散角 beam divergence angle 04.1567

光束[飞点]扫描 beam [flying-spot] scanning 04.0357

光束孔径角 beam angle 04.0355

[光]束腰 beam waist 04.1562

[光]束腰半径 waist radius 04.1563

光速 velocity of light, light velocity 04.0024

光速不变原理 principle of constancy of light velocity 06.0008

光塑效应 photoplastic effect 04.1964

光损伤 optical damage 08.0885

光弹效应 photoelastic effect 08.0882

光调制 optical modulation 04.1008

光通量 luminous flux 04.0368

光瞳 pupil 04.0282

[光]瞳函数 pupil function 04.0931

光微子 photino 09.0995

*光纤 [optical] fiber 04.0816

光纤[观察]镜 fibrescope 04.0824

光纤激光器 fiber laser 04.1716

[光纤]面板 [optical fiber] face plate 04.0825

光纤通信 optical fiber communication 04.1739

光线　light ray　04.0051

光[线]锥　light pencil, pencil of rays　04.0433

光线追迹　ray tracing　04.0197

光心　optical center　04.0155

光信号　light signal　06.0007

光行差　aberration　06.0065

光选通　light gating　04.1197

光学　optics　04.0001

光学薄膜　optical thin-film　04.0880

光[学]臂　optical arm　04.0848

光学变换　optical transform　04.1030

光学玻璃　optical glass　04.0220

光学不变量　optical invariant　04.0191

光学参变放大　optical parametric amplification
　　04.1788

光学参变振荡　optical parametric oscillation
　　04.1789

[光学]测角计　[optical] goniometer　04.0387

光学测距仪　optical range finder　04.0560

光学常数　optical constant　04.0047

光学长度　optical length　04.0069

光学处理　optical processing　04.1051

光学传递函数　optical transfer function　04.1036

光学传感器　optical sensor　04.1218

光学存储　optical memory, optical storage　04.1091

光学带隙　optical band gap　08.1146

光学多道分析　optical multichannel analysis
　　04.1199

光[学]多路传输　optical multiplexing　04.1200

光[学]多稳态　optical multistability　04.1826

光[学]多稳性　optical multistability　04.1825

光学敷层　optical coating　04.0879

光[学]浮[置]　optical levitation　04.1843

光学傅里叶变换　optical Fourier transform
　　04.0929

光学共振腔　optical resonant cavity, optical resonator
　　04.1499

光学厚度　optical thickness　04.0627

光学击穿　optical breakdown　04.1864

光学集成　optical integration　04.0559

光学校直　optical alignment　04.0388

光学接触　optical contact　04.0843

光学介质　optical medium　04.0046

光[学]零差　optical homodyne　04.1217

光学逻辑　optical logic　04.1196

光学模　optical mode　08.0273

光学模拟计算机　optical analogue computer
　　04.1222

光学模型　optical model　09.0209

光学平面　optical flat　04.0841

光学平面度　optical flatness　04.0842

[光学]平行平面板　[plane] parallel plate　04.0844

光学平行性　optical parallelism　04.0774

光学器件　optical device　04.0049

光[学]腔　optical cavity　04.1516

光[学]全息术　optical holography　04.1105

光学容限　optical tolerance　04.0331

光学设计　optical design　04.0337

光学势　optical potential　07.0158

光学数据处理　optical data processing　04.1049

光[学]双稳器　optical bistability　04.1822

光[学]双稳态　optical bistability　04.1821

光[学]双稳性　optical bistability　04.1820

光[学]通信　optical communication　04.1208

光[学]外差　optical heterodyne　04.1216

光学系统　optical system　04.0203

光[学]陷俘　optical trapping　04.1841

光学相位共轭　optical phase conjugation　04.1810

光学信息处理　optical information processing
　　04.1050

光学掩模　optical mask　04.1058

光学遥感　remote optical sensing　04.1205

光学仪器　optical instrument　04.0050

光学元件　optical element　04.0048

光学章动　optical nutation　04.1850

光学诊断　optical diagnostics　10.0422

光学整流　optical rectification　04.1777

光学致冷　optical cooling　04.1840

光压　light pressure　04.1482

光延迟线　optical delay line　04.0557

光以太　luminiferous ether　06.0017

光阴极　photocathode　09.0524

光泳　photophoresis　04.1969

光源　light source　04.0023

光闸　light gate, optical gate, optical shutter
　　04.1056

光栅 grating 04.0692

光栅伴线 grating satellite 04.1326

光栅常量 grating constant 04.0693

光栅摄谱仪 grating spectrograph 04.1275

光栅装置[法] mounting for grating 04.0860

[光]照度 illuminance, illumination 04.0369

光折变效应 photorefractive effect 04.1818

光致电离 photoionization 08.1340

光[致]电流效应 optogalvanic effect, photogalvanic effect 04.1474

光致二向色性 photodichroism 04.1959

光致发光 photoluminescence 04.1449

光致分离 photodetachment 04.1837

光[致]核反应 photonuclear reaction 09.0296

光致结晶 photocrystallization 08.0386

光致介电效应 photodielectric effect 08.0883

光[致]聚合作用 photopolymerization 04.1965

光致离解 photodissociation 04.1838

光致裂变 photofission 09.0395

光致频移 light shift 04.1380

光致铁电体 photoferroelectrics 08.0884

光致褪色 photobleaching 04.1962

光致预离解 photopredissociation 04.1839

光制导 optical guidance 04.0558

光轴 optical axis 04.0739

光锥 light cone 06.0077

光锥[流]代数 light-cone [current] algebra 09.0776

光子 photon 04.1462

光子反群聚 photon antibunching 04.1888

光子符合 photon coincidence 04.1884

光子回波 photon echo 04.1849

光子计数 photocounting, photon counting 04.1883

光子简并度 photon degeneracy 04.1892

光子器件 photonic device 08.0758

光子群聚 photon bunching 04.1887

光子数 photon number 04.1891

[光子]数态 number state 04.1895

光子数压缩态 photon number squeezed state 04.1908

光子态 photon state 04.1894

光子探测器 photon detector 04.1882

光子通量 photon flux 04.1893

光子统计学 photon statistics 04.1880

光子学 photonics 04.1940

光子雪崩 photon avalanche 04.1920

光子噪声 photon noise 04.1933

光子涨落 photon fluctuation 04.1932

光[子]助隧穿 photon-assisted tunneling 08.1547

广角镜头 wide-angle lens 04.0248

广延大气簇射 extensive airshower 09.1105

广延量 extensive quantity 05.0098

广义动量 generalized momentum 02.0326

广义动量积分 integral of generalized momentum 02.0348

广义辐射亮度 generalized radiance 04.0470

广义福克尔－普朗克方程 generalized Fokker-Planck equation 05.0539

*广义拉盖尔多项式 generalized Laguerre polynomial 05.0480

广义朗之万方程 generalized Langevin equation 05.0526

广义力 generalized force 02.0324

广义能量积分 integral of generalized energy 02.0349

广义欧姆定律 generalized Ohm law 10.0087

广义软模 generalized soft mode 05.0673

广义瑞利波 generalized Rayleigh wave 08.1294

广义速度 generalized velocity 02.0325

广义相对论 general relativity 06.0146

广义相对性原理 principle of general relativity 06.0148

广义相干态 generalized coherent state 04.1902

广义协变[性]原理 principle of general covariance 06.0149

广义主方程 generalized master equation 05.0531

广义坐标 generalized coordinate 02.0323

规范变换 gauge transformation 03.0361

规范玻色子 gauge boson 09.0896

规范不变性 gauge invariance 03.0364

规范场 gauge field 09.0620

规范场论 gauge field theory 09.1031

规范粒子 gauge particle 09.0895

规范势 gauge potential 09.0621

规范微子 gaugino 09.0994

规范相互作用　gauge interaction　09.0841

规则进动　regular precession　02.0262

硅　silicon　08.0673

硅胶　silica gel　08.0420

硅面垒探测器　silicon surface barrier detector
　09.0533

归一化　normalization　06.0342

归一[化]条件　normalizing condition　06.0343

归一[化]因子　normalizing factor　06.0344

轨道　orbit, trajectory　02.0014

＊轨道　orbital　07.0061

轨道磁矩　orbital magnetic moment　06.0322

轨道电子　orbital electron　09.0132

轨道电子俘获　orbital electron capture　09.0135

轨道角动量　orbital angular momentum　06.0455

轨道角动量冻结　freezing of orbital angular momen-
　tum　08.0965

轨道量子数　orbital quantum number　06.0294

轨道稳定性　orbital stability　05.0755

轨函[数]　orbital　07.0061

鬼面　ghost surface　04.0549

鬼态　ghost state　09.0623

鬼线　ghost line　04.1328

鬼象　ghost image　04.0446

鬼转变　ghost transition　08.1211

贵金属　noble metal　08.0468

滚动摩擦　rolling friction　02.0089

滚流不稳定性　roll instability　08.1243

国际纯粹物理与应用物理联合会　International
Union of Pure and Applied Physics, IUPAP
01.0153

国际单位制　SI(法)，Le Système International
d'Unités(法)　01.0046

国际[晶体]符号　international [crystal] symbol
08.0147

国际实用温标(1968)　international practical tempe-
rature scale 1968, IPTS-68　05.0011

国际温标(1990)　international temperature scale
1990，ITS-90　05.0012

过饱和　supersaturation　05.0189

过饱和蒸气压　supersaturation vapor pressure
05.0192

N 过程　N-process　08.0901

U 过程　U-process　08.0902

U 过程电阻率　U-process resistivity　08.0916

过度曝光　overexposure　04.0589

过渡核　transition nucleus　09.0259

过渡金属　transition metal　08.0469

过冷现象　supercooling phenomenon　08.1497

过冷蒸气　supercooled vapor　05.0194

＊过曝　overexposure　04.0589

过去　past　06.0081

过热电子　hot electron　08.1111

过热发光　hot luminescence　08.1110

过热现象　superheating phenomenon　08.1498

过热液体　superheated liquid　05.0193

过稳定性　overstability　10.0300

过阻尼　overdamping　02.0188

H

哈勃常数　Hubble constant　09.1126

哈勃定律　Hubble law　06.0260

哈密顿函数　Hamiltonian function　02.0341

哈密顿[量]　Hamiltonian　02.0340

哈密顿[算符]　Hamiltonian [operator]　06.0396

哈密顿特征函数　Hamiltonian characteristic function
04.0404

哈密顿－雅可比方程　Hamilton-Jacobi equation
02.0345

哈密顿原理　Hamilton principle　02.0342

哈特里－福克近似　Hartree-Fock approximation,
HF approximation　08.0794

哈特里近似　Hartree approximation　08.0793

哈特曼光阑　Hartmann diaphragm　04.1317

哈特曼流　Hartmann flow　10.0110

海丁格刷　Haidinger brush　04.0495

海夸克　sea quark　09.0973

海鸥效应　sea gull effect　09.0840

海森伯绘景　Heisenberg picture　06.0394

海森伯模型　Heisenberg model　05.0685

海氏电桥　Hay bridge　03.0452

＊海市蜃楼　mirage　04.0554

氦氖激光器　He-Ne laser　04.1511

氦制冷机　helium refrigerator　08.1579

氦镉激光器　helium-cadmium laser　04.1672

亥姆霍兹方程　Helmholtz equation　03.0331

亥姆霍兹互易性定理　Helmholtz reciprocity theo-
rem, Helmholtz reversion theorem　04.0917

亥姆霍兹－拉格朗日定理　Helmholtz-Lagrange
theorem　04.0193

亥姆霍兹线圈　Helmholtz coils　03.0220

含混[度]函数　ambiguity function　04.1048

含混吸引子　vague attractor [of Kolmogorov]
05.0853

含时微扰　time-dependent perturbation　06.0415

含时薛定谔方程　time-dependent Schrödinger equa-
tion　06.0411

含水晶体　hydrated crystal　08.0196

焓　enthalpy　05.0149

焊滴结　solder drop junction　08.1559

汉勒效应　Hanle effect　04.1858

豪斯多夫维数　Hausdorff dimension　05.0935

豪斯多夫余维　Hausdorff codimension　05.0938

好量子数　good quantum number　06.0300

耗散　dissipation　04.1934

耗散击波　dissipative shock　10.0240

耗散结构　dissipative structure　05.0743

耗散力　dissipative force　02.0073

耗散流　dissipative flow　05.0529

耗散算符　dissipative operator　05.0773

耗散系统　dissipative system　05.0748

荷　charge　09.0609

荷电时间常量　charging time constant　03.0547

*荷质比　charge-mass ratio　03.0204

核半径　nuclear radius　09.0019

核成分　nuclear composition　09.0023

核磁共振　nuclear magnetic resonance, NMR
09.0185

核磁共振层析术　nuclear magnetic resonance tomo-
graphy　09.0565

核磁共振成象　nuclear magnetic resonance imaging
09.0186

核磁共振频移　nuclear magnetic resonance frequency
shift, NMR frequency shift　08.1466

核磁矩　nuclear magnetic moment　08.0955

核磁性　nuclear magnetism　08.0954

核磁子　nuclear magneton　09.0025

核电荷　nuclear charge　09.0021

核电荷数　nuclear charge number　09.0022

核电站　nuclear power station　09.0443

核动力　nuclear power　09.0442

核反应　nuclear reaction　09.0290

核反应堆　nuclear reactor　09.0596

核反应分析　nuclear reaction analysis　09.0558

核反应阈　nuclear reaction threshold　09.0323

核沸腾　nuclear boiling　08.1604

核[函]　kernel　06.0338

核火球模型　nuclear fireball model　09.0424

核结构　nuclear structure　09.0202

核聚变　nuclear fusion　09.0445

核[绝热]退磁　nuclear [adiabatic] demagnetization
08.1590

核冷却　nuclear cooling　08.1593

核力　nuclear force　09.0054

核裂变　nuclear fission　09.0448

核模型　nuclear model　09.0203

核能　nuclear energy　09.0437

核谱学　nuclear spectroscopy　09.0172

核取向　nuclear orientation　08.1592

核燃料　nuclear fuel　09.0475

核乳胶　nuclear emulsion　09.0540

核散射　nuclear scattering　09.0301

核四极[矩]共振　nuclear quadrupole resonance,
NQR　08.1059

核素　nuclide　09.0014

核素图　chart of nuclides　09.0053

核统计法　nuclear statistics　09.0026

核温度　nuclear temperature　09.0369

核武器　nuclear weapon　09.0444

*核物理[学]　nuclear physics　09.0001

核物质　nuclear matter　09.0020

核形变　nuclear deformation　09.0252

核影散射　shadow scattering　09.0423

核致冷　nuclear refrigeration　08.1594

核质量　nuclear mass　09.0043

核子　nucleon　09.0006

核子分离能　nucleon separation energy　09.0029

核子偶素　nucleonium　09.0913

核子数 nucleon number 09.0009

核自旋 nuclear spin 09.0024

核自旋温度 nuclear spin temperature 08.1591

核阻止本领 nuclear stopping power 09.0479

和频 sum frequency 04.1778

合成等离[子]体 synthesis plasma 10.0021

合成全息图 integral hologram 04.1147

合金 alloy 08.0473

合力 resultant force 02.0151

合力偶 resultant couple 02.0302

合速度 resultant velocity 02.0146

合轴组 centered system 04.0183

合作发光 cooperative luminescence 08.1119

合作发射 cooperative emission 04.1727

合作现象 cooperative phenomenon 05.0651

合作[性]扬－特勒相变 cooperative Jahn-Teller phase transition 08.1675

河外星系 external galaxy 09.1147

赫尔曼－费恩曼定理 Hellmann-Feynman theorem 08.0804

赫特－德里菲尔德曲线 Hurter-Driffield curve 04.0584

赫歇尔条件 Herschel condition 04.0302

赫兹振子 Hertzian oscillator 03.0375

黑白群 black-and-white group 08.0156

黑洞 black hole 06.0238

黑洞辐射 black hole radiation 06.0248

黑尔弗里希渗透机理 Helfrich permeation mechanism 08.1234

黑尔弗里希形变 Helfrich deformation 08.1210

黑体 black body 05.0382

黑体辐射 black-body radiation 05.0383

横波 transverse wave 02.0362·

横场 transverse field 03.0366

横磁波 transverse magnetic wave, TM wave 03.0337

横电波 transverse electric wave, TE wave 03.0336

横电磁波 transverse electromagnetic wave, TEM wave 03.0335

横动量 transverse momentum 09.0673

横模 transverse mode, lateral mode 04.1581

横能量 transverse energy 09.0711

横向弛豫 transverse relaxation 04.1770

横向多普勒效应 transverse Doppler effect 06.0127

横向放大率 lateral magnification 04.0180

*横向激发大气压二氧化碳气体激光器 transversely exited atmospheric pressure CO_2 laser 04.1668

横向加速度 transverse acceleration 02.0031

横向剪切干涉仪 lateral shearing interferometer 04.0852

横向速度 transverse velocity 02.0021

横向相干性 lateral coherence, transverse coherence 04.0900

横[向]象差 lateral aberration 04.0292

横越磁场扩散 cross-field diffusion 10.0141

横质量 transverse mass 06.0132

恒等操作 identity operation 08.0132

恒定电流 steady current 03.0127

恒力 constant force 02.0099

恒流源 [constant] current source 03.0137

恒耦近似 constant coupling approximation 08.0997

恒偏[向]棱镜 constant deviation prism 04.0109

恒温器 thermostat 05.0072

恒压源 [constant] voltage source 03.0136

轰击粒子 bombarding particle 09.0304

虹 primary rainbow 04.0566

虹模型 rainbow model 09.0421

虹霓 rainbow 04.0565

虹吸 siphon, syphon 02.0501

洪德定则 Hund rule 07.0029

洪德耦合方式 Hund case 07.0155

宏观不可逆性 macroscopic irreversibility 05.0266

宏观不稳定性 macroinstability 10.0249

宏观极化 macroscopic polarization 07.0149

宏观截面 macroscopic cross-section 09.0336

宏[观]结构 macrostructure 08.0022

宏观量 macroscopic quantity 05.0264

宏观量子现象 macroscopic quantum phenomenon 08.1488

宏观态 macroscopic state 05.0263

宏观系统 macrosystem 09.0646

宏观因果性 macrocausality 09.0642

宏晶[体]　macrocrystal　08.0041

红宝石激光器　ruby laser　04.1510

红外电子学　infranics　04.1939

红外发散　infrared divergence　05.0634

红外分光光度计　infrared spectrophotometer 04.1318

红外光谱学　infrared spectroscopy, IR spectroscopy 04.1433

*红外光栅　echelette grating　04.0866

红外激光器　infrared laser, iraser　04.1724

红外渐近自由　infrared asymptotic freedom 05.0702

红外奴役　infrared slavery　09.0815

红外受激发光　infrared stimulated luminescence, IR stimulated luminescence　08.1095

红外线　infrared ray　04.0028

红移　red shift　04.1375

厚靶　thick target　09.0341

厚透镜　thick lens　04.0144

后处理　aftertreatment　04.1212

后牛顿近似　post-Newtonian approximation 06.0265

后效　after effect　04.0485

后效函数　after-effect function　05.0537

呼吸子　breather　08.1395

胡克定律　Hooke law　02.0075

蝴蝶效应　butterfly effect　05.0873

蝴蝶[型突变]　butterfly　05.0819

弧光灯　arc lamp　04.0544

弧光放电　arc discharge　10.0049

弧光谱　arc spectrum　04.1293

弧矢焦线　sagittal focal line　04.0307

互变型液晶　enantiotropic liquid crystal　08.1174

互补色　complementary colors　04.0517

互补性　complementarity　07.0050

互补[衍射]屏　complementary [diffracting] screens 04.0918

互补原理　complementary principle　06.0306

互感器　mutual inductor　03.0284

互感[系数]　mutual inductance　03.0282

互感[应]　mutual induction　03.0281

互关联　mutual correlation　04.0902

互能　mutual energy　03.0046

互谱密度　mutual spectral density　04.0905

互强度　mutual intensity　04.0908

互相干[性]　mutual coherence　04.0894

户田格[点]　Toda lattice　08.1423

户田链　Toda chain　08.1424

华氏温标　Fahrenheit thermometric scale　05.0009

滑动摩擦　sliding friction　02.0088

滑动摩擦系数　coefficient of sliding friction 02.0091

滑轮　pulley　02.0530

滑轮组　pulley blocks　02.0531

滑移带　slip band　08.0551

滑移反射　glide reflection　08.0128

滑移面　glide plane　08.0127

滑移矢[量]　sliding vector　02.0289

化学波　chemical wave　05.0807

化学成键　chemical bonding　08.0453

化学电离　chemi-ionization　07.0093

化学短程序　chemical short-range-order, CSRO 08.0303

化学发光　chemiluminescence　08.1093

化学激光器　chemical laser　04.1703

[化学]平衡常量　[chemical] equilibrium constant 05.0226

化学平衡条件　chemical equilibrium condition 05.0178

化学气相沉积　chemical vapor deposition, CVD 08.0710

化学亲和势　chemical affinity　05.0241

化学势　chemical potential　05.0156

化学物理[学]　chemical physics　01.0011

化学吸附　chemisorption　08.1280

化学钟　chemical clock　05.0806

环孔径　annular aperture　04.0260

环流　circulation　02.0482

环流量子化　quantization of circulation　08.1454

KAM 环面　KAM torus　05.0995

环面透镜　toric lens　04.0438

环漂移　toroidal drift　10.0084

环统计[分布]　ring statistics　08.0366

环向磁场　toroidal magnetic field　10.0373

环效应　toroidal effect　10.0083

环形箍缩　toroidal pinch　10.0104

环形激光器 ring laser 04.1715

环形模 ring mode 04.1583

环形腔 ring cavity 04.1534

环行增益 round-trip gain 04.1545

环[状]几何位形 toroidal geometry 10.0371

缓变幅近似 slowly varying amplitude approximation 04.1766

缓变结 graded junction 08.0653

缓变异质结 graded heterojunction 08.0722

缓变折射率 graded [refractive] index 04.0821

缓发质子 delayed proton 09.0128

缓发中子 delayed neutron 09.0127

缓隆不稳定性 gentle-bump instability 10.0278

幻核 magic nucleus 09.0227

幻视镜 pseudoscope 04.0449

幻视象 pseudoscopic image 04.0450

幻数 magic number 09.0226

黄金定则 golden rule 09.0141

黄金分割数 golden mean 05.0916

黄昆散射 Huang scattering 08.0203

灰阶 gray level 04.1223

灰[色]群 gray group 08.0157

辉光 glow 04.1942

辉光放电 glow discharge 10.0048

辉光曲线 glow curve 08.1109

恢复冲量 impulse of restitution 02.0230

恢复系数 coefficient of restitution 02.0231

回摆照相 oscillation photograph 08.0182

回避交叉 avoided crossing 07.0156

回波 echo 02.0419

回火 tempering 08.0520

回路 loop 03.0152

回声 echo 02.0420

回弯 backbending 09.0274

回旋半径 radius of gyration 02.0279, cyclotron radius, gyroradius 10.0065

回旋不稳定性 cyclotron instability 10.0272

回旋辐射 cyclotron radiation 10.0169

回旋共振 cyclotron resonance 08.0616

回旋共振加热 cyclotron-resonance heating 10.0414

回旋加速器 cyclotron 09.0589

回旋频率 cyclotron frequency 10.0066

彗[形象]差 coma, comatic aberration 04.0300

惠更斯－菲涅耳原理 Huygens-Fresnel principle 04.0602

惠更斯目镜 Huygens eyepiece 04.0233

惠更斯原理 Huygens principle 02.0386

惠更斯作图法 Huygens construction 04.0801

惠斯通电桥 Wheatstone bridge 03.0449

会聚波 convergent wave 04.0347

会聚透镜 convergent lens 04.0131

会切[磁]场 cusp field 10.0362

会切漏失 cusp loss 10.0369

混变张量 mixed tensor 06.0186

混磁性 mictomagnetism 08.1037

混沌 chaos 05.0305

混沌测度 chaotic measure 05.0895

混沌场 chaotic field 04.1901

混沌激光 chaotic laser light 04.1728

混沌吸引子 chaotic attractor 05.0852

混沌运动 chaotic motion 05.0869

混合比 mixing ratio 09.0177

混合处理 hybrid processing 04.1100

混合堆 hybrid reactor 10.0396

混合级关联函数 mixed-order correlation function 04.0912

混合价 mixed valence 08.0977

混合角 mixing angle 09.0655

混合量热法 calorimetric method of mixture 05.0074

混合气体 mixed gas 05.0035

混合熵 mixing entropy 05.0162

混合色 color mixture 04.0533

混合态 mixed state 06.0335

混合性 mixing 05.1003

混晶 mixed crystal 08.0307

混频 frequency mixing 04.1806

混色 color mixing 04.0510

混淆误差 aliasing error 04.1047

混杂不稳定性 hybrid instability 10.0274

混杂子 hybrid 09.0957

混浊介质 turbid medium 04.1237

活度 activity 05.0318

活塞圆筒装置 piston-cylinder apparatus 08.1630

活性 activity 09.0106

火花放电 spark discharge 10.0050
火花光谱 spark spectrum 04.1294
火花计时器 spark timer 02.0538
火花室 spark chamber 09.0521
火箭 rocket 02.0238
火球模型 fireball model 09.1058

火石玻璃 flint glass 04.0222
火焰光度计 flame photometer 04.0475
霍恩伯格-科恩-沈[吕九]定理 Hohenberg-
　Kohn-Sham theorem 08.0799
霍尔效应 Hall effect 03.0216
霍普夫分岔 Hopf bifurcation 05.0861

J

击波管 shock tube 08.1654
击波加热 shock wave heating 10.0417
击波温度 shock temperature 08.1644
击波压强 shock pressure 08.1643
击穿 breakdown 03.0074
击穿场强 breakdown field strength 03.0077
奇 A 核 odd-A nucleus 09.0050
奇奇核 odd-odd nucleus 09.0051
奇偶效应 odd-even effect 08.1217
基本长度 fundamental length 09.0739
基本粒子 elementary particle 09.0892
基本物理常量 fundamental physical constant
　01.0036
基波 fundamental wave 04.0775
基点 base point 02.0257, cardinal point
　04.0212
基尔霍夫方程组 Kirchhoff equations 03.0159
基尔霍夫公式 Kirchhoff formula 03.0390
基尔霍夫积分定理 Kirchhoff integral theorem
　04.0690
基尔霍夫衍射理论 Kirchhoff diffraction theory
　04.0914
基函数 basis function 07.0051
基极 base 03.0495
基灵方程 Killing equation 06.0225
基灵矢量场 Killing vector field 06.0224
基面 cardinal plane 04.0216
基模 fundamental mode 04.1579
基区掺杂 base doping 08.0612
基态 ground state 06.0331
BCS 基态 BCS ground state 08.1523
基态满溢效应 ground-state depletion effect
　05.0451
基线系 fundamental series 04.1337

基右矢 base ket 06.0372
[基]元电荷 elementary charge 03.0089
基元全息图 elementary hologram 04.1126
基准压[强] base pressure 08.1623
基左矢 base bra 06.0373
机理 mechanism 09.0653
GIM 机理 GIM mechanism 09.0880
机械波 mechanical wave 02.0367
机械功 mechanical work 02.0115
机械能 mechanical energy 02.0122
机械能守恒定律 law of conservation of mechanical
　energy 02.0126
机械运动 mechanical motion 02.0008
机械振动 mechanical vibration 02.0165
畸变 distortion 04.0310
畸变波 distorted wave 04.0784
积分截面 integrated cross-section 09.0332
积分强度 integrated intensity 08.0193
积分球 integrating sphere 04.0473
积分线宽 integral line-breadth 04.1388
积和式 permanent 05.0320
迹 trace 06.0400
迹线 path line 02.0462
激发 excitation 06.0425
激发函数 excitation function 09.0338
激发能 excitation energy 09.0218
激发曲线 excitation curve 09.0339
激发态 excited state 06.0332
激发探测实验 excite-probe experiment 04.1859
激光 laser 04.1503
激光玻璃化法 laser glazing method 08.0295
激光材料 laser material 08.1136
激光测距仪 laser range finder 04.1752
激光长度基准 laser length standard 04.1753

激光抽运　laser pumping　04.1744

激光打孔　laser boring　04.1733

激光二极管　laser diode　08.0738

激光放大器　laser amplifier　04.1549

激光感生荧光　laser induced fluorescence　04.1746

激光功率计　laser powermeter　04.1640

激光[共振]腔　laser resonator, laser cavity　04.1513

激光光谱　laser spectrum　04.1654

激光光谱学　laser spectroscopy　04.1732

激光过程　laser process　04.1648

激光焊接　laser bonding　04.1735

激光激发　laser excitation　04.1745

激光加速器　laser accelerator　04.1750

激光校直　laser aligning　04.1743

激光尖峰　laser spiking, spike　04.1658

激光聚变　laser fusion　04.1749

[激]光雷达　lidar, light detection and ranging　04.1754

激光裂变　laser fission　04.1748

激光模[式]　mode of laser　04.1578

激光能量计　laser energy meter　04.1641

激光器　laser　04.1504

Nd:YAG 激光器　Nd:YAG laser　04.1688

TEA CO₂ 激光器　TEA CO₂ laser　04.1668

YAG 激光器　YAG laser　04.1687

激光[器]基质　laser host　04.1647

激光[器]阵列　laser array　04.1755

激光切割　laser cutting　04.1734

[激光]散斑　[laser] speckle　04.1729

激光束　laser beam　04.1558

激光[束信息]扫描　laser [beam information] scanning　04.1195

激光通信　lasercom, laser communication　04.1738

激光同位素分离　laser isotope separation　04.1747

激光退火　laser annealing　08.0712

激光陀螺[仪]　laser gyroscope　04.1740

激光物理[学]　laser physics　04.1642

激光显示　laser display　04.1737

激光振荡器　laser oscillator　04.1550

激光[振荡]条件　laser [oscillation] condition　04.1532

激光致等离[子]体　laser-produced plasma　10.0029

激光致冷　laser cooling　04.1736

激光制导　laser guidance　04.1741

激活电子　active electron　07.0116

激活光纤　active optical fiber　04.1861

激活剂　activator　08.1128

激活介质　active medium　04.1496

激活能　activation energy　08.0604

激活腔　active cavity　04.1539

激基分子激光器　excimer laser, exciplex laser　04.1670

激声　phaser, phonon maser　08.1139

激子　exciton　05.0456

激子光谱　exciton spectrum　04.1412

激子模型　exciton model　09.0382

吉布斯 - 杜安关系　Gibbs-Duhem relation　05.0160

* 吉布斯函数　Gibbs function　05.0153

[吉布斯]相律　[Gibbs] phase rule　05.0165

吉布斯佯谬　Gibbs paradox　05.0143

* 吉布斯自由能　Gibbs free energy　05.0153

极端光程　extreme path　04.0066

极端相对论性粒子　ultrarelativistic particle　09.0723

极端紫外　extreme ultraviolet　04.1302

极光　aurora, auroral light　04.1460

极化　polarization　03.0094

极化电荷　polarization charge　03.0109

极化电流　polarization current　03.0110

极化度　polarization　09.0163

极化反转　polarization reversal　08.0848

极化格林函数　polarization Green function　05.0602

极化关联　polarization correlation　09.0175

极化率　polarizability, electric susceptibility　03.0102

极化漂移　polarization drift　10.0076

极化中子技术　polarized neutron technique　08.1085

极化子　polaron　08.0984

极射赤面投影　stereographic projection　08.0159

极矢[量]　polar vector　02.0265

极限环　limit cycle　05.0768

极限强度 ultimate strength 08.0549

极限群 limiting group 08.0142

极限速度 limiting velocity 02.0142

极限碎裂 limiting fragmentation 09.0827

极性介电体 polar dielectrics 08.0817

集成电路 integrated circuit, IC 08.0765

集成光路 integrated optical circuit 04.1662

集成光学 integrated optics 04.1661

集电极 collector 03.0496

集电[式]静电计 collector-type electrometer 03.0610

集体激发 collective excitation 09.0221

集体模型 collective model 09.0207

集体拍 collective beating 04.1657

集体频率 collective frequency 05.0536

集体相互作用 collective interaction 09.0251

集体振荡 collective oscillation, mass oscillation 05.0535

集体振动 collective vibration 09.0250

集体转动 collective rotation 09.0249

集团 cluster 05.0397

集团函数 cluster function 05.0404

集团积分 cluster integral 05.0402

集团模型 cluster model 09.0212

集团图 cluster graph 05.0437

集团展开 cluster expansion 05.0398

集中力 concentrated force 02.0096

急冷 rapid cooling 08.0291

疾[速]交叉 diabatic crossing 07.0130

级别 level 01.0129

级的交叠 overlapping of orders 04.0857

级联簇射 cascade shower 10.0061

级联发射 cascade emission 04.1918

级联辐射 cascade radiation 09.0178

级联过程 cascade process 05.0708

级联激光器 cascade laser, staged laser 04.1709

级联冷却 cascade cooling 08.1596

级联衰变 cascade decay 09.0180

级联跃迁 cascade transition 09.0179

BBGKY 级列[方程] BBGKY hierarchy, Bogo-liubov-Born-Green-Kirkwood-Yvon hierarchy 05.0585

级列问题 hierarchy problem 09.0810

几何短程序 geometrical short-range-order, GSRO 08.0302

几何光学 geometrical optics 04.0002

几何化单位 geometrized units 06.0178

几何截面 geometrical cross-section 09.0387

几何近邻 geometric neighbor 08.0347

几何晶体学 geometrical crystallography 08.0025

几何无序 geometrical disorder 08.0389

几何象差 geometrical aberration 04.0297

*几何约束 geometrical constraint 02.0316

*几率 probability 05.0291

技术磁化 technical magnetization 08.1044

剂量当量 dose equivalent 09.0192

寄生计数 spurious count 04.1890

*寄生象 parasitic image 04.0446

寂静光 quiet light 04.1889

计时器 timer 02.0535

计数定则 counting rule 09.0780

计数器 counter 09.0499

计算机全息术 computer holography 04.1177

计算机[制作]全息图 computer-generated hologram 04.1161

计算物理[学] computational physics 09.1025

记忆函数 memory function 05.0538

夹层[式]全息图 sandwich hologram 04.1153

加法混色 additive color mixing 04.0529

加工硬化 work hardening 08.0556

加拿大胶 Canada balsam 04.0966

加权平均 weighted mean 01.0119

加速度 acceleration 02.0029

加速度计 accelerometer 02.0139

加速机理 acceleration mechanism 09.1073

加速器 accelerator 09.0583

加速运动 accelerated motion 02.0042

加性定律 additivity law 04.0535

甲烷稳频激光器 methane-stabilized laser 04.1630

假彩色图象处理 pseudocolor image processing 04.1093

假设 assumption, hypothesis 01.0076

假说 hypothesis 01.0078

价不稳定性 valence instability 08.0979

价带 valence band 08.0811

价电子 valence electron 07.0026

价核子　valence nucleon　09.0948

价夸克　valence quark　09.0971

价涨落　valence fluctuation　08.0978

尖端放电　point discharge　03.0064

尖拐[型突变]　cusp　05.0817

间接测量　indirect measurement　01.0096

间接带隙　indirect band gap　08.0603

间接交换作用　indirect exchange interaction　08.0990

间接吸收　indirect absorption　04.1417

检测　detection　01.0058

* 检流计　galvanometer　03.0430)

检偏器　analyzer　04.0722

χ^2 检验　chi square test　01.0146

t 检验　Student's t test　01.0147

碱金属　alkaline metal　08.0466

碱金属原子　alkali-metal atom　07.0024

碱土金属　alkali-earth metal　08.0467

简并半导体　degeneracy semiconductor　08.0582

简并等离[子]体　degenerate plasma　10.0028

简并度　degeneracy　06.0398

简并量子气体　degenerate quantum gas　05.0371

简并能级　degenerate energy level　09.0268

简并四波混合　degenerate four-wave mixing　04.1809

简并温度　degeneracy temperature　05.0373

简并系统　degenerate system　05.0370

简并性　degeneracy　06.0397

简并性判据　degeneracy criterion　05.0372

简单奇点　simple singularity　05.0766

简谐波　simple harmonic wave　02.0369

简谐近似　harmonic approximation　08.0270

简谐运动　simple harmonic motion, SHM　02.0166

简正模[式]　normal mode　02.0356

简正频率　normal frequency　02.0359

简正振动　normal mode of vibration, normal vibration　02.0357

简正坐标　normal coordinate　02.0355

剪切　shear　02.0444

剪切阿尔文波　shear Alfvén wave　10.0194

剪切[磁]场　shearing field　10.0381

剪切干涉仪　shearing interferometer　04.0851

剪切角　angle of shear　02.0447

剪切模　shear mode　10.0227

剪[切]模量　shear modulus　02.0448

剪应变　shearing strain　02.0446

剪应力　shear stress　02.0445

减法混色　substractive color mixing　04.0530

减反射　antireflection　04.0878

减反射膜　antireflecting film　04.0643

减落　disaccommodation　08.1019

减速电势分析器　retarding potential analyzer　08.1348

鉴别　discrimination　01.0065

键长　bond distance　07.0086

键重构　bond reconstruction　08.0385

键结构　bond structure　08.0452

键开关　bond switching　08.0384

键能　bond energy　07.0087

键伸[振动]模　bond-stretching [vibration] mode　08.0374

键弯[振动]模　bond-bending [vibration] mode　08.0373

键无序　bond disorder　08.0313

键序　bond order　07.0089

键逾渗　bond percolation　05.0959

键杂化[作用]　bond hybridization　08.0209

渐近简并性　asymptotic degeneracy　05.0704

渐近量子数　asymptotic quantum number　09.0269

渐近平时空　asymptotically flat spacetime　06.0231

渐近稳定性　asymptotic stability　05.0754

渐近行为　asymptotic behavior　09.1051

渐近自由　asymptotic freedom　09.1052

渐晕光阑　vignetting stop　04.0280

渐晕效应　vignetting effect　04.0281

溅射　sputtering　09.0570

降频转换　frequency downconversion　04.1793

焦点　focus　04.0158, 05.0763

焦点容限　focal tolerance　04.0330

焦耳定律　Joule law　05.0039

焦耳加热　Joule heating　10.0407

焦耳热　Joule heat　03.0144

焦耳实验　Joule experiment　05.0124

焦耳－汤姆孙系数　Joule-Thomson coefficient　05.0222

焦耳－汤姆孙效应　Joule-Thomson effect

05.0221

焦距　focal length　04.0159

焦距计　focometer　04.0166

焦阑　telecentric stop　04.0278

焦阑系统　telecentric system　04.0279

焦面　focal plane　04.0162

焦散点　diacaustic point, diapoint　04.0161

焦散线　caustics　04.0160

焦深　depth of focus　04.0342

焦锥织构　focal conic texture　08.1207

胶合双透镜　cemented doublet　04.0151

胶球　glueball　09.0956

胶微子　gluino　09.0997

胶子　gluon　09.0961

交[变电]流　alternating current, ac　03.0294

交叉场不稳定性　cross-field instability　10.0285

交叉弛豫　cross relaxation　08.1123

交叉存储环　intersecting storage ring, ISR
　09.1117

交叉道　cross channel　09.0781

交叉对称条件　cross-symmetry condition　04.0907

交叉对称[性]　crossing symmetry　09.0783

交叉关联　cross correlation　04.1874

交叉光栅　crossed grating　04.0861

交叉流不稳定性　cross-stream instability　10.0283

交叉谱纯　cross-spectral purity　04.0906

*交叉谱密度　cross-spectral density　04.0905

交叉束　crossing beam　09.0782

*交叉相干[性]　cross coherence　04.0894

交错[键]位形　staggered [bond] configuration
　08.0370

交叠线团　overlapping coil　08.0411

交换不稳定性　interchange instability　10.0262

交换对称性　exchange symmetry　06.0406

交换力　exchange force　09.0058

交换模　interchange mode　10.0218

交换能　exchange energy　06.0478

交换作用　exchange interaction　08.0988

交流电路　alternating circuit　03.0295

交流电桥　alternating current bridge　03.0451

矫顽电场　coercive electric field　08.0847

矫顽力　coercive force　03.0254

矫顽应力　coercive stress　08.0858

角[向]运动　angular motion　02.0107

角程函　angle eikonal　04.0403

角动量　angular momentum　02.0108

角动量定理　theorem of angular momentum
　02.0109

角动量守恒　angular-momentum conservation
　09.0316

角动量守恒定律　law of conservation of angular momentum　02.0111

角[反射]镜　angle mirror　04.0092

角放大率　angular magnification　04.0182

角分辨光电发射　angular resolved photoemission
　08.1337

角分辨率　angular resolution　04.0710

角分布　angular distribution　09.0173

角关联　angular correlation　09.0174

角规　angle gauge　04.0107

角加速度　angular acceleration　02.0242

*角孔径　angular aperture　04.0254

角量子数　azimuthal quantum number, angular quantum number　06.0295

角频率　angular frequency　02.0177

角谱　angular spectrum　04.0938

角色散　angular dispersion　04.0112

*角视场　angular field　04.0273

角速度　angular velocity　02.0241

角特征函数　angular characteristic function
　04.0406

角位移　angular displacement　02.0240

角向磁场　poloidal magnetic field, azimuthal magnetic field　10.0374

角向箍缩　azimuthal pinch　10.0105

角向箍缩加热　poloidal pinch heating　10.0413

角因数　angular factor　07.0100

校正　correction　01.0060

校正板　correction plate, corrector plate　04.0332

校正场　correcting field　09.0779

校正透镜　correcting lens　04.0336

校准　calibration　01.0088

接触电势差　contact potential difference　03.0183

接触力　contact force　02.0094

接触相互作用　contact interaction　09.0608

接地　earth, ground　03.0063

接目镜 eye lens 04.0238

接收角 acceptance angle 04.0274

阶式减光板 stepped attenuator 04.1006

阶梯光栅 echelon grating 04.0701

阶梯结构 staircase structure 05.0918

阶跃折射率光纤 step-index fiber 04.0823

截断 cut 09.0784

截面 cross section 06.0442

截止波长 cutoff wavelength 03.0528

截止近似 cutoff approximation 05.0586

截止滤光片 cutoff filter 04.0889

截止频率 cutoff frequency 03.0527

节点 node 03.0154, nodal point 04.0214

节流过程 throttling process 05.0220

洁净表面 clean surface 08.1274

pn 结 p-n junction 08.0651

SNS 结 SNS junction 08.1560

结点 node 05.0760

MIS 结构 MIS structure 08.0751

MOS 结构 MOS structure 08.0749

结构弛豫 structural relaxation 08.0569

结构分析 structure analysis 08.0185

结构函数 structure function 09.0853

[结构]基元 basis 08.0091

结构晶体学 structural crystallography 08.0026

结构稳定性 structural stability 05.0756

结构无序 structural disorder 08.0305

结构细化 structure refinement 08.0192

结构相变 structural phase transition 05.0669

结构[性]对称 structural symmetry 04.1764

结构因子 structure factor 08.0186

pn 结激光器 p-n junction laser 04.1697

结合能 binding energy 09.0030

结型场效[应]管 junction field effect transistor, JFET 08.0747

解除约束原理 principle of removal of constraint 02.0321

解卷积 deconvolution 04.1103

解理 cleavage 08.0557

解析信号 analytic signal 04.0893

界面 interface 08.1248

界面能 interfacial energy 08.1493

界面态 interface state 08.1320

*介电常量 dielectric constant 03.0104

介电弛豫 dielectric relaxation 08.0828

介电电泳 dielectrophoresis 03.0551

介电电泳力 dielectrophoresis force 03.0552

介电方式区 dielectric regime 08.1238

介电各向异性 dielectric anisotropy 08.1214

介电极化 dielectric polarization 08.0818

介电极化率 dielectric susceptibility 08.0819

介电老化 dielectric aging 08.0836

介电膜 dielectric film 04.0882

介电频散 dielectric dispersion 08.0826

介电谱学 dielectric spectroscopy 08.0827*

介电强度 dielectric strength 03.0115

介电顺度 dielectric compliance 08.0824

介电损耗 dielectric loss 08.0823

介电陶瓷 dielectric ceramics 08.0887

介电体 dielectric 03.0091

介电体击穿 dielectric breakdown 08.0835

介电体物理[学] physics of dielectrics 08.0007

介电吸收 dielectric absorption 08.0822

*介电张量 dielectric tensor 03.0107

介电阻隔率 dielectric impermeability 08.0825

介观结构 mesoscopic structure, mesostructure 08.0023

介观物理[学] mesoscopic physics 08.0012

介晶性 mesomorphism 08.1164

K 介原子 kaon[ic] atom 09.0942

介质 medium 03.0092

*介质膜 dielectric film 04.0882

介子 meson 09.0902

π 介子 pion 09.0934

χ 介子 chi meson 09.0955

K 介子 kaon 09.0939

π 介子工厂 pion factory 09.0938

K 介子工厂 kaon factory 09.0943

π 介子化 pionization 09.0937

π 介子素 pionium 09.0935

K 介子再生 kaon regeneration 09.0941

金刚石[压]砧室 diamond anvil cell, DAC 08.1634

金属 metal 08.0465

金属－半导体接触 metal-semiconductor contact 08.0663

金属玻璃　metallic glass, metglass　08.0329

金属键合　metallic bonding　08.0220

*金属－绝缘体－半导体结构　metal-insulator-semiconductor structure　08.0751

金属绝缘体转变　metal-insulator transition　08.0442

金属氢　metallic hydrogen　08.1680

金属陶瓷　metallic ceramics　08.0479

金属物理[学]　metal physics　08.0005

*金属－氧化物－半导体场效应晶体管　MOS field effect transistor, MOSFET　08.0750

*金属－氧化物－半导体结构　metal-oxide-semiconductor structure　08.0749

金属蒸气激光器　metal-vapor laser　04.1671

金相技术　metallographic technique　08.0567

金兹堡－朗道参数　Ginzburg-Landau parameter　08.1495

金兹堡－朗道方程　Ginzburg-Landau equation　08.1494

金兹堡－朗道模型　Ginzburg-Landau model　05.0689

金兹堡判据　Ginzburg criterion　05.0674

紧凑环　compact torus　10.0386

紧密变价对　intimate valence alternation pair, IVAP　08.0402

紧束缚近似　tight-binding approximation, TBA　08.0781

进动　precession　02.0260

进动角　angle of precession　02.0261

禁带　forbidden band　08.0813

禁戒发射　forbidden emission　04.1919

禁戒跃迁　forbidden transition　06.0433

近场　near field　04.0921

近场图样　near field pattern　04.0922

近代物理[学]　modern physics　01.0007

近红外　near infrared　04.1298

*近晶相　smectic phase　08.1181

近可积系统　nearly integrable system　05.0997

近视　short sight　04.0224

近藤效应　Kondo effect　08.1005

WKB近似　WKB approximation　06.0429

近完美晶体　nearly perfect crystal　08.0195

*近轴光线　near axial ray　04.0190

近紫外　near ultraviolet　04.1299

浸渐不变量　adiabatic invariant　02.0350

浸渐反转　adiabatic inversion　04.1854

浸渐跟随　adiabatic following　04.1853

浸渐近似　adiabatic approximation　06.0430

浸渐绝热近似　double adiabatic approximation　10.0090

浸渐启闭　adiabatic switching　05.0552

浸渐条件　adiabatic condition　07.0117

浸渐消去法　adiabatic elimination　05.0792

浸渐演化　adiabatic evolution　07.0099

浸没物镜　immersion objective　04.0358

劲度[系数]　[coefficient of] stiffness　02.0076

晶胞　cell　08.0085

晶胞参量　crystal cell parameter　08.0088

晶带　crystal zone　08.0066

晶带定律　zone law　08.0069

晶带指数　zone index　08.0068

晶带轴　zone axis　08.0067

晶格　[crystal] lattice　08.0071

晶格常量　lattice constant　08.0089

晶格弛豫　lattice relaxation　08.0281

晶格动力学　lattice dynamics　08.0269

晶格热导率　lattice thermal conductivity　08.0282

晶格热容　lattice heat capacity　08.0889

晶格散射　lattice scattering　08.0613

晶格失配　lattice mismatch　08.0695

晶格振动吸收　lattice vibrational absorption　08.1143

晶核　crystal nucleus　08.0268

晶类　crystal class　08.0136

晶棱　crystal edge　08.0048

晶粒　[crystalline] grain　08.0043

晶[粒间]界　grain boundary　08.0045

晶列　crystal column　08.0049

晶面　crystal face, crystallographic plane　08.0050

晶面矢　crystal plane vector　08.0059

晶面指数　indices of crystal plane　08.0057

晶溶发光　lyoluminescence　08.1096

晶态　crystalline state　08.0028

晶体　crystal　08.0029

晶[体]场　crystal field　08.0964

晶体多面体　crystal polyhedron　08.0047

晶体管　transistor　03.0488

晶体光谱　crystal spectrum　04.1413

晶体光学　crystal optics　04.0957

晶体结构　crystal structure　08.0070

晶体结合　crystal binding　08.0205

晶体球　crystal ball　09.1109

晶体缺陷　crystal defect　08.0236

晶体生长　crystal growth　08.0257

晶体物理［学］　crystal physics　08.0003

晶体学　crystallography　08.0024

晶体学对称　crystallographic symmetry　08.0107

晶体主截面　principal section of crystal　04.0740

晶体主平面　principal plane of crystal　04.0741

晶系　crystal system, syngony　08.0099

晶向　crystal direction　08.0060

晶向矢　crystal direction vector　08.0062

晶向指数　indices of crystal direction　08.0061

晶形　crystal form　08.0051

晶性　crystallinity　08.0298

晶须　［crystal］whisker　08.0197

晶闸管　thyristor　08.0754

晶轴　crystallographic axis　08.0097

晶轴角　crystallographic axial angle　08.0098

晶状体　crystalline lens　04.0493

精密度　precision　01.0121

精密光学［系统］　precision optics　04.0466

精细结构　fine structure　07.0030

精细结构常数　fine structure constant　07.0031

经典电动力学　classical electrodynamics　03.0328

经典电子半径　classical electron radius　03.0396

经典光学　classical optics　04.0005

经典极限　classical limit　05.0361

经典集团化　classical clustering　05.0399

经典金属电子论　classical electron theory of metal
　03.0168

经典力学　classical mechanics　02.0005

经典输运　classical transport　10.0144

经典统计法　classical statistics　05.0338

经典物理［学］　classical physics　01.0006

经典相干性　classical coherence　04.0890

经典自旋模型　classical spin model　05.0678

经典自由度　classical degree of freedom　05.0362

经验物态方程　empirical equation of state　05.0415

景深　depth of field　04.0341

静不定问题　statically indeterminate problem
　02.0286

静磁波　magnetostatic wave　08.1057

静磁学　magnetostatics　03.0191

静电波　electrostatic wave　10.0183

静电不稳定性　electrostatic instability　10.0256

静电测定装置　electrostatic measuring device
　03.0605

静电场　electrostatic field　03.0026

静电场的环路定理　circuital theorem of electrostatic
　field　03.0042

静电导率　static conductivity　03.0594

静电导体　electrostatic conductor　03.0563

静电二次事故　electrostatic secondary accident
　03.0567

静电非导体　electrostatic non-conductor　03.0564

静电伏特计　electrostatic voltmeter　03.0407

静电感应　electrostatic induction　03.0068

静电积累　electrostatic accumulation　03.0560

静电计　electrometer　03.0405

*静电加速器　Van de Graaff accelerator　09.0585

静电聚焦　electrostatic focusing　03.0069

静电力　electrostatic force　03.0027

静电能　electrostatic energy　03.0047

静电平衡　electrostatic equilibrium　03.0070

静电屏蔽　electrostatic screening, electrostatic shiel-
　ding　03.0067

静电［起电］序列　electrostatic［electrification］series
　03.0602

静电透镜　electrostatic lens　03.0408

静电雾化　electrostatic atomization　03.0570

静电消散　electrostatic dissipation　03.0561

静电泄漏　electrostatic leakage　03.0562

静电泄漏通道　channel of electrostatic leakage
　03.0546

静电学　electrostatics　03.0025

静电亚导体　electrostatic subconductor　03.0565

静电灾害　electrostatic hazard　03.0566

静电振荡　electrostatic oscillation　10.0182

静定问题　statically determinate problem　02.0285

静力学　statics　02.0004

静摩擦　static friction　02.0090

静摩擦系数　coefficient of static friction　02.0092

静[态]场　static field　06.0173

静压　static pressure　02.0478

静置时间　time of repose　03.0598

静质量　rest mass　06.0130

静[质]能　rest [mass] energy　06.0136

镜[面]反射　mirror reflection, specular reflection
　　04.0082

镜象　mirror image　04.0442

镜象法　method of images　03.0085

镜象反射　[mirror] reflection　06.0387

镜象核　mirror nuclei　09.0074

镜用合金　speculum metal　04.0563

径迹　track　09.1123

径迹重建　track reconstruction　09.1100

径迹室　track chamber　09.1099

径量子数　radial quantum number　06.0296

径矢　radius vector　02.0011

径向动量　radial momentum　02.0103

径向分布函数　radial distribution function
　　05.0422

径向加速度　radial acceleration　02.0030

径向剪切干涉仪　radial-shearing interferometer
　　04.0853

径向结构函数　radial structure function　08.0570

径向速度　radial velocity　02.0020

净化　cleaning　08.0697

净增益　net gain　04.1546

窘组　frustration　05.0983

窘组函数　frustration function　05.0984

窘组嵌板　frustration plaquette　05.0986

窘组网络　frustration network　05.0985

窘组位形　frustrating configuration　05.0987

久保公式　Kubo formula　05.0563

久期方程　secular equation　06.0399

久期项　secular term　09.0597

居间价化合物　intermediate-valence compound
　　08.0483

居间键　intermediate bond　08.0211

居间态　intermediate state　08.1492

居间相　intermediate phase　08.0482

居间象　intermediate image　04.0445

居里点　Curie point　03.0256

居里定律　Curie law　08.0959

居里－外斯定律　Curie-Weiss law　08.0960

菊池图样　Kikuchi pattern　08.0574

局域不稳定性　local instability　10.0255

局域参考系　local frame of reference　06.0154

局域电子磁性　local electron magnetism　08.0976

局域交换势　local exchange potential　07.0148

局域密度泛函　local density functional, LDF
　　08.0802

局域密堆积　local close packing　08.0351

局域模　local mode　10.0221

局域平衡　local equilibrium　05.0234

局域平衡理论　local equilibrium theory　05.0548

局域守恒量　locally conserved quantity　05.0580

局域态密度　local density of states　08.1322

局域有序　local order　08.0451

矩磁材料　magnetic material with rectangular hys-
　　teresis loop　08.1074

矩方程　moment equation　05.0799

矩孔衍射　rectangular aperture diffraction　04.0681

矩形波导　rectangular waveguide　03.0524

矩阵力学　matrix mechanics　06.0327

矩阵显示　matrix display　08.1129

矩阱势　rectangular-well potential　09.0232

γ 矩阵　γ-matrix　06.0482

S 矩阵　S-matrix　06.0439

T 矩阵　T-matrix　09.0671

聚光本领　light-gathering power　04.0257

聚光器　condenser　04.0262

聚光[透]镜　condenser [lens]　04.0263

聚合度　degree of polymerization　08.0383

聚合物半导体　polymer semiconductor　08.0668

聚合物位形模型　polymer-configuration model
　　08.0321

聚合物液晶　polymer liquid crystal　08.1172

聚焦　focusing　04.0164

聚星　multiple star　09.1156

巨共振　giant resonance　09.0358

巨脉冲激光器　giant-pulse laser　04.1623

巨配分函数　grand partition function　05.0315

巨[热力学]势　grand potential　05.0154

巨正则分布　grand canonical distribution　05.0311

巨正则系综　grand canonical ensemble　05.0310

卷筒图样　roll pattern　05.0828

* 倔强系数　[coefficient of] stiffness　02.0076

决定论　determinism　01.0050

决定论性规则　deterministic rule　05.1014

绝对不稳定性　absolute instability　10.0253

绝对参考系　absolute reference frame　06.0021

绝对产额　absolute yield　09.0349

绝对过去　absolute past　06.0083

绝对活度　absolute activity　05.0319

绝对加速度　absolute acceleration　02.0035

绝对截面　absolute cross-section　09.0348

绝对空间　absolute space　06.0011

绝对零度　absolute zero　05.0016

绝对时间　absolute time　06.0012

绝对速度　absolute velocity　02.0023

绝对未来　absolute future　06.0082

绝对温度　absolute temperature　05.0015

绝对误差　absolute error　01.0108

绝对异地　[absolute] elsewhere　06.0084

绝对运动　absolute motion　02.0043

绝对折射率　absolute index of refraction　04.0072

绝对熵　absolute entropy　05.0151

绝热方程　adiabatic equation　05.0118

绝热过程　adiabatic process　05.0117

绝热霍尔效应　adiabatic Hall effect　08.0625

* 绝热式不变量　adiabatic invariant　02.0350

* 绝热式近似　adiabatic approximation　06.0430

绝热退磁　adiabatic demagnetization　08.1588

绝热线　adiabat　05.0120

绝热压缩　adiabatic compression　08.1646

绝热压缩加热　adiabatic compression heating　10.0411

绝热指数　adiabatic exponent　05.0119

绝缘导体　insulated conductor　03.0017

绝缘介质　insulating medium　03.0348

绝缘体　insulator　03.0019

绝缘体－金属相变　insulator-metal phase transition　08.1673

绝缘栅场效[应]管　insulated-gate field effect transistor, IGFET　08.0752

均位力积　virial　02.0346

均匀波　homogeneous wave　04.0782

均匀不稳定性　homogeneous instability　08.1242

均匀电介质　uniform dielectric　03.0093

均匀[谱线]增宽　homogeneous broadening　04.1396

均匀性　homogeneity　08.0033

均匀照明　uniform illumination　04.0459

K

喀拉氏定理　Caratheodory theorem　05.0138

喀诺条纹　Cano fringe　08.1201

卡末林－昂内斯方程　Kamerlingh-Onnes equation　05.0048

卡诺定理　Carnot theorem　05.0129

卡诺循环　Carnot cycle　05.0128

卡皮查[界面]热阻　Kapitza [thermal boundary] resistance　08.0905

卡皮查液化器　Kapitza liquefier　08.1574

卡普兰－约克猜想　Kaplan-Yorke conjecture　05.0945

卡斯珀[配位]多面体　Kasper [coordination] polyhedron　08.0491

卡西米尔效应　Casimir effect　06.0268

开端几何位形　open-ended geometry　10.0345

开尔文－亥姆霍兹不稳定性　Kelvin-Helmholtz instability　10.0268

开尔文双电桥　Kelvin double bridge　03.0450

开[共振]腔　open cavity, open resonator　04.1514

开关　switch　03.0410

Q 开关　Q-switching　04.1612

开关时间　switching time　08.1000

开管　open pipe　02.0542

开路　open circuit　03.0160

开普勒定律　Kepler law　02.0195

开系　open system　05.0231

开形　open form　08.0054

开折[型突变]　unfolding　05.0816

凯尔迪什图　Keldysh diagram　05.0638

凯莱树　Cayley tree　05.0709

康普顿波长　Compton wavelength　06.0308

康普顿电子　Compton electron　09.0489

康普顿散射　Compton scattering　06.0307

康普顿效应　Compton effect　04.1480

康托尔环面　Cantorus　05.0953

康托尔集[合]　Cantor set　05.0920

抗磁共振　diamagnetic resonance, DMR　10.0125

抗磁回路　diamagnetic loop　10.0425

抗磁性　diamagnetism　03.0247

抗交叉效应　anti-crossing effect　07.0068

抗扭劲度　torsional rigidity　02.0453

抗弯强度　bending strength　02.0443

考纽螺线　Cornu spiral　04.0677

[柯克伍德]叠加近似　[Kirkwood] superposition
　approximation　05.0428

柯克伍德方程　Kirkwood equation　05.0430

柯林斯液化器　Collins liquefier　08.1575

柯西色散公式　Cauchy dispersion formula　04.1267

科顿－穆顿效应　Cotton-Mouton effect　04.0992

科顿效应　Cotton effect　04.0991

科恩反常　Kohn anomaly　08.1390

科尔－科尔图　Cole-Cole plot　08.0821

科尔莫戈罗夫－查普曼方程　Kolmogorov-Chapman
　equation　05.0795

科赫岛　Koch island　05.1001

科赫曲线　Koch curve　05.1000

科里奥利加速度　Coriolis acceleration　02.0038

科里奥利力　Coriolis force　02.0208

科氏石英　coesite　08.1683

蝌蚪图　tadpole diagram　05.0636

[可]饱和吸收器　saturable absorber　04.1625

可变光阑　iris　04.0269

[可]变形体　deformable body　02.0424

可擦除存储[器]　erasable memory　04.1192

可重复性　reproducibility　05.0270

可动平衡　mobile equilibrium　08.1690

可动缺陷　mobile defect　08.0240

可对易性　commutability　06.0357

可观察量　observable　06.0348

可混定则　mixability rule　08.1206

可混性　mixability　08.1205

可积系统　integrable system　05.0996

可及态　accessible state　05.0288

可见度　visibility　04.0667

可见光　visible light　04.0025

可见[光谱]区　visible range, visible region
　04.1297

*可解约束　освобождающая связъ(俄)　02.0312

可靠性　reliability　08.0464

可控硅整流器　silicon controlled rectifier, SCR
　08.0731

可裂变核　fissile nucleus, fissionable nucleus
　09.0474

可逆过程　reversible process　05.0108

可调谐激光器　tunable laser　04.1680

可压缩性　compressibility　02.0467

可遗坐标　ignorable coordinates　02.0334

克尔盒　Kerr cell　04.0759

克尔解　Kerr solution　06.0172

克尔效应　Kerr effect　04.0758

克拉默斯－克勒尼希关系　Kramers-Kronig relation
　08.0832

克莱因－戈尔登方程　Klein-Gordon equation
　06.0364

克莱因－仁科公式　Klein-Nishina formula
　09.0492

克劳修斯不等式　Clausius inequality　05.0132

克劳修斯等式　Clausius equality　05.0131

[克劳修斯－]克拉珀龙方程　[Clausius-]Clapeyron
　equation　05.0219

克劳修斯－莫索提方程　Clausius-Mossotti equation
　03.0108

克勒尼希－彭尼模型　Kronig-Penney model
　08.0806

克里斯托费尔符号　Christoffel symbol　06.0199

克利蒙托维奇方程　Klimontovich equation
　10.0116

克鲁斯卡尔坐标　Kruskal coordinates　06.0171

克罗内克符号　Kronecker symbol　06.0274

克洛德循环　Claude cycle　08.1573

克努森数　Knudsen number　05.0482

克努森效应　Knudsen effect　05.0476

*克努曾效应　Knudsen effect　05.0476

刻划光栅　ruling grating　04.0862

刻蚀　etching　08.0698

空间　space　01.0018

Γ空间　Γ-space　05.0277

μ空间　μ-space　05.0278

空间不变性　space invariance　04.1025

空间－带宽积　space-bandwidth product　04.1024

空间等离[子]体　space plasma　10.0030

空间电荷　space charge　03.0589

空间电荷区　space charge region　08.0657

空间电荷效应　space charge effect　03.0591

空间电荷云　space charge cloud　03.0590

空间电荷置限电流　space-charge-limited current, SCLC　08.0745

空间对称　space symmetry　08.0110

空间对称操作　space symmetry operation　08.0125

空间反射　space reflection　09.0847

空间反演　space inversion　06.0278

空间格点　space lattics　08.0078

空间关联　space correlation　05.0561

空间静电凝集　electrostatic agglomeration in space　03.0569

空间量子化　space quantization　06.0303

空间滤波　spatial filtering　04.1027

空间凝集　agglomeration in space　03.0532

空间频率　spatial frequency　04.0767

空间频谱　spatial frequency spectrum　04.1023

空间平移　spatial translation　06.0376

空间群　space group　08.0152

空间瞬心迹　herpolhode　02.0255

空间维数　space dimensionality　05.0728

空间相干性　spatial coherence　04.0658

空[间]域　space domain, spatial domain　04.1022

空间载波　spatial carrier　04.1026

空间转动　spatial rotation　06.0377

空气阻力　air resistance　02.0499

[空]腔　cavity　04.1517

空位团　vacancy cluster　08.0648

空吸式法拉第筒　suction-type Faraday cylinder　03.0597

空心放电　hollow discharge　10.0053

空心阴极灯　hollow-cathode lamp　04.1309

空穴　hole　06.0483

空穴包　packet of holes　08.0647

空穴态　hole state　09.0246

空座　empty site　05.0961

孔径　aperture　04.0252

孔[径光]阑　aperture stop　04.0276

孔径角　aperture angle　04.0254

孔径综合　aperture synthesis　04.1211

孔特管　Kundt tube　02.0545

控制参量　control parameter　05.0833

[口]袋模型　bag model　09.1053

库里厄图　Kurie plot　09.0146

库仑场　Coulomb field　03.0029

库仑定律　Coulomb law　03.0039

库仑对数　Coulomb logarithm　10.0136

库仑规范　Coulomb gauge　03.0363

库仑激发　Coulomb excitation　09.0410

库仑计　coulombmeter　03.0445

库仑力　Coulomb force　03.0028

库仑能　Coulomb energy　09.0046

库仑碰撞　Coulomb collision　10.0135

库仑势垒　Coulomb barrier　09.0121

库仑修正因子　Coulomb correction factor　09.0143

库仑赝势　Coulomb pseudopotential　08.1532

库普曼斯定理　Koopmans theorem　08.0803

库珀不稳定性　Cooper instability　08.1522

库珀对　Cooper pair　08.1521

库珀最小　Cooper minimum　08.1382

夸克　quark　09.0967

b夸克　bottom quark, b-quark　09.0982

c夸克　charm quark, c-quark　09.0981

d夸克　down quark, d-quark　09.0979

s夸克　strange quark, s-quark　09.0980

t夸克　top quark, t-quark　09.0984

夸克禁闭　quark confinement　09.0832

夸克模型　quark model　09.1042

夸克偶素　quarkonium　09.0969

跨接临界指数　crossover critical exponent　05.0701

跨接效应　crossover [effect]　05.0700

跨临界分岔　transcritical bifurcation　05.0866

跨越长度　spanning length　05.0971

跨越集团　spanning cluster　05.0968

块区自旋　block spin　05.0680

快阿尔文波　fast Alfvén wave　10.0190

快变量　fast variable　05.0790

快度　rapidity　09.0664

快过程　fast process　05.0788

快离子导体　fast ionic conductor　08.0230

快慢符合装置　fast-slow coincidence assembly

09.0511

快模　fast mode　10.0207

快速傅里叶变换　fast Fourier transform, FFT
04.1213

快中子　fast neutron　09.0430

快轴　fast axis　04.0961

快子　tachyon　09.1015

宽带信号　broadband signal　04.1019

宽[谱]带　broadband　04.1288

*宽限脉冲　bandwidth-limited pulse　04.1017

傀标　dummy index　06.0113

扩程逾渗　extended-range percolation　05.0976

扩散　diffusion　05.0489

扩散泵　diffusion pump　05.0089

扩散长度　diffusion length　08.0638

扩散荷电　diffusional charging　03.0553

扩散核函　diffusion kernel　05.0541

扩散率　diffusivity　05.0492

扩散系数　coefficient of diffusion　05.0493

扩散游移　diffusive excursion　08.0444

扩散置限聚集　diffusion-limited aggregation, DLA
05.1018

扩束器　beam expander　04.0356

扩展 X 射线吸收精细结构　extended X-ray absorp-
tion fine structure, EXAFS　08.0341

扩展[光]源　extended source　04.0033

扩展链　extended chain　08.0388

扩展态　extended state　08.0423

扩展态区　extended state regime　08.0431

L

拉比频率　Rabi frequency　04.1848

拉格朗日乘函　Lagrange multiplier function
05.0546

拉格朗日乘子　Lagrange multiplier　02.0333

拉格朗日函数　Lagrangian function　02.0330

拉格朗日[量]　Lagrangian　02.0329

拉格朗日湍流　Lagrange turbulence　05.0826

拉曼[光]谱　Raman spectrum　04.1370

拉曼激光器　Raman laser　04.1694

拉曼散射　Raman scattering　04.1233

拉莫尔半径　Larmor radius　03.0268

拉莫尔进动　Larmor precession　02.0283

拉莫尔频率　Larmor frequency　02.0284

*拉莫尔旋进　Larmor precession　02.0283

拉姆斯登目镜　Ramsden eyepiece　04.0234

拉伸应变　tensile strain　02.0436

腊肠[形]不稳定性　bulge instability, sausage insta-
bility　10.0261

莱顿瓶　Leyden jar　03.0402

莱曼表示　Lehmann representation　05.0606

莱曼系　Lyman series　07.0013

莱曼转动　Lehmann rotation　08.1233

莱维－齐维塔平移　Levi-Civita parallel displacement
06.0195

莱维－齐维塔张量　Levi-Civita tensor　06.0275

蓝相　blue phase　08.1180

蓝相液晶　blue phase liquid crystal　08.1204

蓝移　blue shift　04.1376

兰德空位模型　Lander vacancy model　08.1380

兰登机理　Landen mechanism　05.0879

兰姆凹陷　Lamb dip　04.1609

兰姆半经典理论　Lamb semiclassical theory
04.1607

兰姆移位　Lamb shift　07.0033

*朗伯－布格定律　Lambert-Bouguer law
04.1256

朗伯余弦定律　Lambert cosine law　04.0086

朗道超流理论　Landau theory of superfluidity
08.1442

朗道[超流]判据　Landau criterion [of superfluidity]
08.1441

朗道－德让纳模型　Landau-de Gennes model
08.1245

朗道抗磁性　Landau diamagnetism　08.0929

朗道能级　Landau level　08.0805

朗道阻尼　Landau damping　10.0122

朗德间隔定则　Landé interval rule　07.0066

朗德 g 因子　Landé g-factor　07.0039

朗之万－德拜公式　Langevin-Debye formula
08.0961

朗之万方程　Langevin equation　05.0521

朗之万函数　Langevin function　08.0962

朗之万顺磁性　Langevin paramagnetism　08.0925

朗缪尔波　Langmuir wave　10.0185

朗缪尔探针　Langmuir probe　10.0428

朗缪尔吸附　Langmuir adsorption　08.1283

朗缪尔振荡　Langmuir oscillation　10.0184

劳埃德镜　Lloyd mirror　04.0617

劳厄对称群　Laue-symmetry group　08.0141

劳厄法　Laue method　08.0181

劳森判据　Lawson criterion　10.0340

老化　aging　08.0521

勒　lethargy　09.0434

勒曼全息图　Lohmann hologram　04.1155

勒让德变换　Legendre transformation　05.0158

勒斯勒尔方程　Rössler equation　05.0948

勒夏特列原理　Le Chatelier principle　05.0227

雷杰割线　Regge cut　09.0835

雷杰轨迹　Regge trajectory　09.0837

雷杰极点　Regge poles　09.0836

雷尼信息　Renyi information　05.0889

雷尼熵　Renyi entropy　05.0890

雷诺数　Reynolds number　02.0486

累积[量]展开　cumulant expansion　05.0401

类比　analogy　01.0063

类磁通　fluxoid　08.1013

类磁通守恒　fluxoid conservation　08.1482

[类]点粒子　point[-like] particle　09.0663

类分相　generic phase　05.0283

类固元胞　solidlike cell　08.0446

类光[的]　lightlike, null　06.0085

类光间隔　lightlike interval　06.0088

类光矢量　lightlike vector　06.0087

类光事件　lightlike event　06.0089

类光四维标架　null tetrad　06.0223

类光线　lightlike line　06.0086

类光栅全息图　grating-like hologram　04.1156

类空　spacelike　06.0095

类空间隔　spacelike interval　06.0099

类空截面　spacelike section　06.0103

类空区　spacelike region　09.0668

类空矢量　spacelike vector　06.0096

类空事件　spacelike event　06.0098

类空线　spacelike line　06.0097

类氢原子　hydrogen-like atom　07.0012

类时　timelike　06.0090

类时间隔　timelike interval　06.0094

类时区　timelike region　09.0670

类时矢量　timelike vector　06.0091

类时事件　timelike event　06.0093

类时线　timelike line　06.0092

类体结构　bulklike structure　08.1686

类透镜介质　lens-like medium　04.1221

类星体　quasar　09.1161

类液集团　liquidlike cluster　08.0448

类液元胞　liquidlike cell　08.0447

棱[边]波　edge wave　04.0944

棱镜　prism　04.0097

棱镜光谱　prismatic spectrum　04.1270

棱镜摄谱仪　prism spectrograph　04.0114

楞次定律　Lenz law　03.0275

冷等离[子]体　cold plasma　10.0011

冷底板淬火法　splat-quenching method　08.0294

冷光　cold light　04.1941

冷剂　cryogen　08.1570

冷阱　cold trap　05.0091

冷中子　cold neutron　09.0426

冷子管　cryotron　08.1566

黎曼[曲率]张量　Riemannian [curvature] tensor　06.0202

离分角　walk-off angle　04.0960

离焦象　defocused image, out-of-focus image　04.0443

离解　dissociation　05.0205

离解复合[过程]　dissociative recombination　07.0120

离解激光器　dissociative laser　04.1704

离解热　heat of dissociation　05.0218

离解态　dissociative state　07.0121

离去边喷注　away side jet　09.1074

离散本征值　discrete eigenvalue　06.0360

离散流体[模型]　discrete fluid [model]　05.1010

离散谱　discrete spectrum　07.0018

离散图象　discrete picture　04.1068

离散载体全息图　discrete-carrier hologram　04.1143

离线分析 off-line analysis 09.1091

离心力 centrifugal force 02.0068

离心势垒 centrifugal barrier 09.0356

离[质]壳粒子 off mass shell particle 09.1072

离轴全息术 off-axis holography 04.1122

离轴椭球面镜 off-axis ellipsoidal mirror 04.0410

离子-波不稳定性 ion-wave instability 10.0271

离子电导率 ionic conductivity 08.0231

离子回旋波 ion cyclotron wave 10.0197

离子键合 ionic bonding 08.0210

离子交换吸附 ion exchange adsorption 08.1284

离子晶体 ionic crystal 08.0214

离子器件 ionic device 08.0233

离子散射谱学 ion scattering spectroscopy, ISS 08.1370

离子声波 ion-acoustic wave, ion sound wave 10.0186

离子声不稳定性 ion-acoustic instability 10.0270

离子声速 ion sound speed 10.0187

离子束 ion beam 03.0177

离子束分析 ion-beam analysis, IBA 09.0557

离子束混合 ion-beam mixing 09.0567

离子微探针 ion microprobe 08.1368

离子植入 ion implantation 08.0706

离子中和谱学 ion neutralization spectroscopy 08.1369

* 离子注入 ion implantation 08.0706

理论 theory 01.0055

BCS理论 Bardeen-Cooper-Schrieffer theory, BCS theory 08.1519

理论强度 theoretical strength 08.0550

理论物理[学] theoretical physics 01.0004

理论误差 theoretical error 01.0102

理想玻璃 ideal glass 08.0392

理想成象 perfect imaging 04.0206

理想导体 perfect conductor 03.0350

理想光学系统 perfect optical system 04.0204

理想晶体 ideal crystal 08.0194

理想流体 ideal fluid 02.0469

理想气体 ideal gas 05.0032

理想气体温标 ideal gas thermometric scale 05.0010

理想实验 gedanken experiment 01.0054

理想约束 ideal constraint 02.0320

理想钟 ideal clock 06.0049

李[天岩]-约克定理 Lee-Yorke theorem 05.0946

李[天岩]-约克混沌 Lee-Yorke chaos 05.0947

李导数 Lie derivative 06.0215

李纳-维谢尔势 Lienard-Wiechert potential 03.0391

李普曼-布拉格全息图 Lippmann-Bragg hologram 04.1140

李雅普诺夫泛函 Lyapunov functional 05.0752

李雅普诺夫函数 Lyapunov function 05.0751

李雅普诺夫维数 Lyapunov dimension 05.0943

李雅普诺夫稳定性 Lyapunov stability 05.0753

李雅普诺夫指数 Lyapunov exponent 05.0870

李[政道]模型 Lee model 09.1064

[李政道-杨振宁]二体碰撞法 binary collision method [of Lee and Yang] 05.0443

里德伯常量 Rydberg constant 07.0022

里德伯分子 Rydberg molecule 07.0098

里德伯[线]系 Rydberg series 04.1333

里德伯原子 Rydberg atom 07.0062

里吉-勒迪克效应 Righi-Leduc effect 08.0623

里奇[曲率]张量 Ricci [curvature] tensor 06.0203

锂漂移探测器 lithium drift detector 09.0534

利思-乌帕特尼克斯全息图 Leith-Upatnieks hologram 04.1123

利特罗单色仪 Littrow monochromator 04.1313

立方晶系 cubic system 08.0106

立方密[堆]积 cubic close packing 08.0169

立体光学 stereoptics 04.0564

粒子 particle 06.0282

α粒子 α-particle 09.0083

J/ψ粒子 J/psi particle 09.0954

粒子轨道理论 particle orbit theory 10.0064

粒子鉴别 particle identification 09.0550

粒子视界 particle horizon 06.0242

粒子数布居反转 population inversion 04.1495

* 粒子数反转 population inversion 04.1495

粒子数算符 [particle] number operator 05.0448

粒子物理[学] particle physics 09.0598

粒子线 particle line 05.0617

粒子性 corpuscular property 06.0284

粒子诱发 X[射线]发射 particle induced X-ray emission, PIXE 09.0562

力 force 02.0056

力场 force field 02.0057

力的分解 resolution of force 02.0152

力的合成 composition of forces 02.0148

力的平衡 equilibrium of forces 02.0154

力矩 moment of force 02.0110

力螺旋 force screw 02.0306

力偶 couple 02.0299

力偶矩 moment of couple 02.0301

力偶系 system of couples 02.0300

力热效应 mechanocaloric effect 08.1451

力系 system of forces 02.0288

力心 center of force 02.0194

力学 mechanics 02.0001

力学阶段 mechanics stage 05.0574

*力学量 dynamical variable 05.0262

力学品质因数 mechanical quality factor 08.0869

力学平衡条件 mechanical equilibrium condition 05.0176

力学系[统] mechanical system 02.0127

*力学运动 mechanical motion 02.0008

力学质量 mechanical mass 03.0395

力致发光 mechanoluminescence 08.1099

连带存储 associative storage 04.1131

连带电离[作用] associative ionization 07.0096

连通键 connected bond, unblocked bond 05.0962

连续本征值 continuous eigenvalue 06.0361

连续波 continuous wave, CW 04.0777

连续波激光器 continuous wave laser, CW laser 04.1666

连续介质 continuous medium 02.0454

连续谱 continuous spectrum 04.1279

连续区 continuum 04.1339

连续区逾渗 continuum percolation 05.0973

连续无规网络 continuous-random network, CRN 08.0333

连续相变 continuous phase transition 05.0641

连续[性]方程 continuity equation 02.0496

涟[波]模 rippling mode 10.0226

涟[波]子 ripplon 08.1413

链式反应 chain reaction 09.0473

链图 chain [graph] 05.0440

链悬环 pendant 08.0403

链状结构 chain structure 08.1387

良导体 good conductor 03.0169

两次曝光全息术 double-exposure holography 04.1173

两亲分子 amphiphile, amphiphilic molecule 08.1170

量程 range 01.0128

量纲 dimension 01.0047

量纲分析 dimensional analysis 01.0048

量纲计数规则 dimensional counting rule 09.0789

量能器 calorimeter 09.1124

量热器 calorimeter 05.0075

量热学 calorimetry 05.0060

量子 quantum 06.0292

量子场论 quantum field theory 09.1027

量子尺寸效应 quantum size effect 08.1421

量子点 quantum dot 08.0726

量子电动力学 quantum electrodynamics, QED 09.1030

量子电子学 quantum electronics 04.1867

量子非破坏性测量 quantum nondemolition measurement, QND measurement 04.1937

量子固体 quantum solid 05.0465

量子光学 quantum optics 04.0006

量子化 quantization 06.0301

量子恢复 quantum revival 04.1924

量子混沌 quantum chaos 05.0955

量子霍尔效应 quantum Hall effect 08.1408

量子集团化 quantum clustering 05.0400

量子阱 quantum well 08.0723

量子理论 quantum theory 06.0279

量子力学 quantum mechanics 06.0280

量子流体 quantum fluid 08.1427

量子拍 quantum beat 04.1921

量子色动力学 quantum chromodynamics, QCD 09.1029

量子数 quantum number 06.0293

量子数亏损 quantum defect 04.1353

[量子]态 [quantum] state 06.0328

量子坍缩 quantum collapse 04.1923

量子统计法　quantum statistics　05.0339

量子围栏　quantum corral　08.0725

量子味动力学　quantum flavor dynamics, QFD　09.1032

量子线　quantum line　08.0724

量子相干性　quantum coherence　04.1868

量子修正　quantum correction　05.0419

量子液体　quantum liquid　08.1428

量子引力　quantum gravity　06.0269

量子引力动力学　quantum gravitational dynamics, QGD　09.1033

量子宇宙学　quantum cosmology　06.0252

亮度　brightness, luminance　04.0374, luminosity　09.0714

裂变参量　fission parameter　09.0464

裂变产额　fission yield　09.0458

裂变产物　fission product　09.0457

裂变[产物]链　fission [product] chain　09.0472

裂变截面　fission cross-section　09.0454

裂变能　fission energy　09.0467

裂变势垒　fission barrier　09.0453

裂变碎片　fission fragment　09.0455

裂变阈　fission threshold　09.0456

裂变中子　fission neutron　09.0461

裂纹扩展　crack propagation　08.0564

猎食模型　predator-prey model　05.0781

林德循环　Linde cycle　08.1572

林德液化机　Linde liquefier　05.0078

磷光　phosphorescence　04.1453

磷光体　phosphor　04.1457

磷化铟　indium phosphide, InP　08.0678

磷化镓　gallium phosphide, GaP　08.0677

临界参量　critical parameter　05.0184

临界长度　critical length　05.0779

临界磁场　critical magnetic field　08.1476

临界点　critical point　05.0182

临界电流[密度]　critical current [density]　08.1477

临界角　critical angle　04.0078

临界角动量　critical angular momentum　09.0418

临界距离　critical distance　09.0419

临界慢化　critical slowing-down　05.0738

临界面　critical surface　05.0699

临界乳光　critical opalescence　05.0181

临界速度　critical velocity　08.1440

临界态　critical state　05.0183

临界体积　critical volume　09.0439

临界体积分数　critical volume fraction　05.0975

临界温度　critical temperature　05.0021

临界现象　critical phenomenon　05.0180

临界行为压强效应　pressure effect of critical behavior　08.1677

临界压强　critical pressure　05.0185

临界涨落　critical fluctuation　08.1004

临界指数　critical exponent　05.0653

临界质量　critical mass　09.0438

临界阻尼　critical damping　02.0187

临界[阻尼]电阻　critical [damping] resistance　03.0432

邻接　contiguity　08.0348

邻接对　contiguous pair　08.0349

邻接数　contiguity number　08.0350

邻近效应　proximity effect　08.1518

菱面体格　rhombohedral lattice　08.0084

零场电子[性]分裂　zero-field electronic splitting　08.0938

零场能　zero-field energy　08.1693

零程近似　zero-range approximation　07.0143

零点能　zero-point energy　06.0424

零点振动　zero-point vibration　08.0284

零电阻现象　zero-resistance phenomenon　08.1469

零力系　null-force system　02.0296

＊零[模]矢　null vector　06.0087

零频　zero frequency　05.0671

零声　zero sound　08.1444

零维网络固体　zero-dimensional network solid　08.0379

零维系统　zero-dimensional system　08.1422

零温物态方程　zero-temperature equation of state　08.1658

零线　zero line　03.0324

＊零锥　null cone　06.0077

灵敏电流计　galvanometer　03.0430

灵敏度　sensitivity　01.0087

硫化锌　zinc sulphide, ZnS　08.0681

硫化镉　cadmium sulfide, CdS　08.0679

硫属玻璃　chalcogenide glass　08.0326

刘维尔定理　Liouville theorem　05.0302

刘维尔方程　Liouville equation　05.0581

刘维尔算符　Liouville operator　05.0582

流代数　current algebra　09.0775

流动[起]电势　electrokinetic potential　03.0572

流对易式　current commutator　09.0774

流管　stream tube　02.0463

流光室　streamer chamber　09.1098

流夸克　current quark　09.0772

流量计　flowmeter　02.0525

流－流耦合　current-current coupling　09.0773

流密度矢量　flux-density vector　05.0240

流体　fluid　02.0457

流体动力学　fluid dynamics　02.0459

流体[动]力学极限　hydrodynamics limit　05.0568

流体静力学　hydrostatics　02.0460

流体静压[强]　hydrostatic pressure　08.1621

流体力学　fluid mechanics　02.0458

流体力学阶段　hydrodynamics stage　05.0578

流体性　fluidity　08.0300

流体压强计　manometer　02.0529

流线　streamline　02.0461

流质量　current mass　09.0718

六顶点模型　six-vertex model　05.0718

六角晶系　hexagonal system　08.0105

六角密[堆]积　hexagonal close packing　08.0170

六角[形]图样　hexagon pattern　05.0825

六面体装置　hexahedral apparatus　08.1637

龙基光栅　Ronchi grating　04.0864

笼目格　Kagomé lattice　05.0710

漏磁通　leakage flux　03.0470

漏电　electric leakage　03.0075

漏电阻　leakage resistance　03.0582

漏失[锥]角　loss cone angle　10.0353

漏失锥　loss cone　10.0352

漏失锥不稳定性　loss cone instability　10.0275

漏泄因子　leakage factor　08.1026

卢瑟福[α散射]实验　Rutherford [α-particle scattering] experiment　09.0066

卢瑟福背散射　Rutherford backscattering　08.1325

卢瑟福散射　Rutherford scattering　09.0065

露点　dew point　05.0210

路程　path　02.0012

路径　path　02.0013

路径概率法　path probability method　08.0234

路径积分　path integral　05.0316

录象盘　video disk　04.1201

陆末－布洛洪光度计　Lummer-Brodhun photometer　04.0380

陆末－格尔克板　Lummer-Gehrcke plate　04.0870

吕埃勒－塔肯斯道路　Ruelle-Takens route　05.0878

滤波器　filter　03.0505

滤光片　[optical] filter　04.0649

滤色片　color filter　04.0537

滤色器　color filter　04.0538

孪激光器　twin laser　04.1714

孪晶律　twin law　08.0167

孪晶[体]　twin[crystal], bicrystal　08.0036

孪生复合　geminate recombination　08.1108

孪[生]象　twin image　04.1115

乱真子　spurion　09.0851

掠面速度　areal velocity　02.0022

掠入射　glancing incidence　04.0076

掠射角　glancing angle　04.0077

伦敦超流理论　London theory of superfluidity　08.1437

伦敦穿透深度　London penetration depth　08.1481

伦敦定则　London rule　08.1436

伦敦方程　London equation　08.1480

伦敦刚性　London rigidity　08.1487

伦纳德－琼斯势　Lennard-Jones potential　05.0412

论证　argumentation　01.0068

螺绕环　torus　03.0202

螺线管　solenoid　03.0201

螺旋波　helicon wave　10.0199

螺旋不稳定性　helical instability, screw instability　10.0265

螺旋测微器　micrometer caliper　02.0509

螺[旋]磁性　helimagnetism　08.0931

螺旋度　helicity　09.1173

螺旋箍缩　screw pinch　10.0108

螺旋性　helicity　09.1172

螺旋[旋转]　screw [rotation]　08.0129

螺旋运动　helical motion　02.0049
螺旋振子　helicon　05.0458
螺旋轴　screw axis　08.0130
螺状相　cholesteric phase　08.1179
罗伯逊－沃克度规　Robertson-Walker metric　06.0264
罗戈夫斯基线圈　Rogowsky coil　10.0426
＊罗兰环　Rowland ring　03.0202
罗兰圆　Rowland circle　04.1327
罗斯合金　Rose metal　08.0475
逻辑斯谛映射　logistic map[ping]　05.0837
裸电荷　bare charge　09.0753
裸核子　nucleor　09.0912
裸耦合　bare coupling　09.0754
裸奇异性　naked singularity　06.0232
洛伦茨常量　Lorenz constant, Lorenz number　05.0509
洛伦茨模型　Lorenz model　05.0838
洛伦茨吸引子　Lorenz attractor　05.0850
洛伦兹变换　Lorentz transformation　06.0029
洛伦兹变换的双曲形式　hyperbolic form of Lorentz transformation　06.0033
洛伦兹不变量　Lorentz invariant　06.0041

洛伦兹不变式　Lorentz invariant　06.0043
洛伦兹不变性　Lorentz invariance　06.0045
洛伦兹场　Lorentz field　08.0830
洛伦兹度规　Lorentz metric　06.0032
洛伦兹规范　Lorentz gauge　03.0362
洛伦兹力　Lorentz force　03.0203
洛伦兹－洛伦茨公式　Lorentz-Lorenz formula　04.1227
洛伦兹[谱线]增宽　Lorentz broadening　04.1398
洛伦兹群　Lorentz group　06.0030
洛伦兹条件　Lorentz condition　03.0365
洛伦兹协变量　Lorentz covariant　06.0035
洛伦兹协变式　Lorentz covariant　06.0037
洛伦兹协变性　Lorentz covariance　06.0039
洛伦兹因子　Lorentz factor　06.0031
洛施密特常量　Loschmidt constant, Loschmidt number　05.0043
[洛施密特]可逆性佯谬　[Loschmidt] reversibility paradox　05.0268
洛特卡－沃尔泰拉方程　Lotka-Volterra equation　05.0782
＊洛特卡－沃尔泰拉模型　Lotka-Volterra model　05.0781

M

马德隆常数　Madelung constant　08.0217
马德隆能[量]　Madelung energy　08.0215
马蒂亚斯定则　Matthias rules　08.1474
马尔可夫过程　Markovian process　05.0794
马尔可夫近似　Markovian approximation　05.0530
马赫数　Mach number　02.0504
马赫原理　Mach principle　06.0159
马赫－曾德尔干涉仪　Mach-Zehnder interferometer　04.0850
马吕斯定律　Malus law　04.0723
马氏体　martensite　08.0511
马西森定则　Matthiessen rules　08.0910
马休－普朗克函数　Massieu-Planck function　05.0155
马约拉纳粒子　Majorana particle　09.0647
埋置面　buried surface　04.1702
麦克劳德真空规　McLeod vacuum gauge　05.0085

[麦克斯韦－]玻尔兹曼分布　[Maxwell-]Boltzmann distribution　05.0341
[麦克斯韦－]玻尔兹曼统计法　[Maxwell-]Boltzmann statistics　05.0340
麦克斯韦电桥　Maxwell bridge　03.0453
麦克斯韦方程的四维形式　four-dimensional form of Maxwell equations　06.0142
麦克斯韦方程组　Maxwell equations　03.0329
麦克斯韦关系　Maxwell relation　05.0159
麦克斯韦速度分布　Maxwell velocity distribution　05.0333
麦克斯韦速率分布　Maxwell speed distribution　05.0334
麦克斯韦妖　Maxwell demon　05.0144
[麦克斯韦]鱼眼　fish-eye [of Maxwell]　04.0207
迈克耳孙测星干涉仪　Michelson stellar interferometer　04.0849

迈克耳孙干涉仪　Michelson interferometer 04.0630

迈克耳孙－莫雷实验　Michelson-Morley experiment 04.1483

迈斯纳效应　Meissner effect 08.1470

迈耶函数　Mayer function 05.0394

脉冲电离室　pulse ionization chamber 09.0517

脉冲反射模　pulse reflection mode 04.1618

脉冲激光器　pulsed laser 04.1675

脉冲透射模　pulse transmission mode 04.1619

脉冲氙灯　pulse xenon lamp 04.1636

脉冲响应　impulse response 04.1032

脉冲星　pulsar 09.1162

脉冲形状甄别　pulse-shape discrimination 09.0551

脉动电流　pulsating current 03.0296

满带　filled band 08.0812

慢阿尔文波　slow Alfvén wave 10.0193

慢变量　slow variable 05.0791

慢过程　slow process 05.0789

慢化　slowing-down 09.0435

慢模　slow mode 05.0739

慢移钟同步　slow clock synchronization 06.0053

慢中子　slow neutron 09.0428

慢轴　slow axis 04.0962

漫反射　diffuse reflection 04.0085

漫射　diffusion 04.0083

漫射光　diffused light 04.0084

漫射体　diffuser 04.0956

漫线系　diffuse series 04.1336

芒德布罗集[合]　Mandelbrot set 05.0893

芒塞尔色系　Munsell color system 04.0519

盲点　blind spot 04.0489

猫脸映射　cat map [of Arnosov] 05.0954

锚泊　anchoring 08.1230

毛玻璃　frosted glass 04.0547

毛发湿度计　hair hygrometer 05.0082

毛细管　capillary tube 05.0057

毛细现象　capillarity 05.0056

梅尔－绍珀平均场理论　Maier-Saupe mean field theory 08.1246

梅利尼科夫积分　Mel'nikov integral 05.0881

梅索维奇主黏性系数　Miesowicz principal viscosity coefficient 08.1231

＊美夸克　beauth quark 09.0982

门态　doorway state 09.0383

蒙特卡罗法　Monte-Carlo method 05.0593

弥散箍缩　diffuse pinch 10.0109

弥散输运　dispersive transport 08.0461

米尺　meter rule 02.0506

[米－]格林艾森物态方程　[Mie-]Grüneisen equation of state 08.1660

米勒指数　Miller indices 08.0058

米氏散射　Mie scattering 04.0947

密度　density 02.0054

密度泛函法　density functional method, DF method 08.0800

密度矩阵　density matrix 05.0297

密度曝光量曲线　density-exposure curve 04.0585

密度涨落　density fluctuation 05.0518

密堆积　close packing 08.0168

密立根油滴实验　Millikan oil-drop experiment 07.0038

密耦[合]近似　close-coupling approximation 08.0319

冕牌玻璃　crown glass 04.0221

面包师变换　baker's transformation 05.0923

面电荷密度　surface charge density 03.0011

面电流密度　surface current density 03.0126

面积　area 01.0021

面积定理　area theorem 06.0244

面间角恒定[定]律　law of constancy of interfacial angles 08.0063

面心格　face-centered lattice 08.0083

闵可夫斯基度规　Minkowski metric 06.0070

闵可夫斯基几何　Minkowski geometry 06.0067

闵可夫斯基空间　Minkowski space, Minkowski world 06.0066

闵可夫斯基图　Minkowski diagram, Minkowski map 06.0076

闵可夫斯基坐标系　Minkowski coordinate system 06.0069

明[视]场　bright field 04.0426

明视距离　distance of distinct vision 04.0225

明线　bright line 04.1282

BGK模　BGK mode, Bernstein-Greene-Kruskal mode 10.0211

Z模　Z-mode　10.0233

模糊图象　blurred image　04.1070

模间拍[频]　intermode beat　04.1655

模结构　mode configuration　04.1553

模竞争　mode competition　04.1604

模量　modulus　01.0041

模密度　mode density　04.1912

模拟　simulation　01.0062

模匹配　mode matching　04.1665

模牵引效应　mode pulling effect　04.1605

模色散　modal dispersion　04.0829

模[式]　mode　04.0826

模数　mode number　04.1557

模态　modality　04.0830

模图样　mode pattern　04.1554

模推斥效应　mode pushing effect　04.1606

模序列　mode sequence　04.1556

模压全息图　embossed hologram　04.1149

模抑制　mode suppression　04.1594

模耦合　mode coupling　05.0569

σ模型　sigma model　09.0846

φ⁴模型　φ^4-model　05.0687

RKKY模型　RKKY model, Ruderman-Kittel-Kasuya-Yosida model　08.0998

＊TF模型　TF model　08.0795

＊TFD模型　TFD model　08.0796

XY模型　XY model　05.0684

膜沸腾　film boiling　08.1605

摩擦电　triboelectricity　08.0866

摩擦发光　triboluminescence　08.1098

摩擦角　angle of friction　02.0093

摩擦力　friction force　02.0087

摩擦起电　electrification by friction　03.0072

摩尔热容　molar heat capacity　05.0063

摩尔体积　molar volume　05.0028

魔[鬼楼]梯　devil's staircase　05.0919

末速[度]　final velocity　02.0028

末态　final state　05.0105

＊莫阿条纹　moiré fringe　04.0705

莫尔斯势　Morse potential　07.0097

莫林相变　Morin transition　08.1001

莫塞莱定律　Moseley law　07.0046

莫塞莱图　Moseley diagram　07.0047

莫特－哈伯德相变　Mott-Hubbard phase transition　08.1674

莫特绝缘体　Mott insulator　08.0439

莫特散射　Mott scattering　09.0399

莫特势垒　Mott barrier　08.0656

莫特转变　Mott transition　08.0438

默纳汉方程　Murnaghan equation　08.1662

母波　parent wave　10.0309

母光栅　master grating　04.0875

母核　parent nucleus　09.0118

目测光度计　visual photometer　04.0477

目镜　eyepiece, ocular　04.0230

目镜分光镜　eyepiece spectroscope　04.1321

目视[光学]系统　visual system　04.0465

穆斯堡尔谱　Mössbauer spectrum　08.1058

穆斯堡尔谱仪　Mössbauer spectrometer　09.0576

穆斯堡尔效应　Mössbauer effect　09.0182

N

镎系　neptunium series　09.0116

钠灯　sodium lamp　04.1305

纳米晶体　nano-crystal　08.0042

纳维－斯托克斯方程　Navier-Stokes equation　02.0497

奈尔[畴]壁　Néel wall　08.1039

奈尔温度　Néel temperature　08.1002

难[磁化方]向　hard direction [for magnetization]　08.1010

难[磁化]轴　hard axis [of magnetization]　08.1011

挠率张量　torsion tensor　06.0210

内禀半导体　intrinsic semiconductor　08.0580

内禀磁化强度　intrinsic magnetization　08.0969

内禀电四极矩　intrinsic electric quadrupole moment　09.0271

内禀电阻率　intrinsic resistivity　08.0913

内禀方程　intrinsic equation　02.0039

内禀几何　intrinsic geometry　06.0182

内禀角动量　intrinsic angular momentum　06.0451

内[禀]曲率 intrinsic curvature 06.0209

内禀随机性 intrinsic stochasticity 05.0874

内禀吸收 intrinsic absorption 04.1418

内禀线宽 intrinsic linewidth 04.1392

内禀宇称 intrinsic parity 09.0162

内禀载流子 intrinsic carrier 08.0584

内禀载流子浓度 intrinsic carrier density 08.0598

内禀自由度 intrinsic degree of freedom 09.0633

内部对称性 internal symmetry 09.0632

内部未满足键 interior unsatisfied bond 08.0394

内部相似性 internal similarity 05.0884

内部自由度 internal degree of freedom 05.0363

内插 interpolation 01.0090

内反射 internal reflection 04.0081

内[共振]腔 in-cavity, intra-cavity 04.1538

*内光电效应 internal photoelectric effect 04.1463

内耗 internal friction 08.0536

内建场 built-in field 08.0589

内聚力 cohesion 05.0058

内聚能 cohesive energy 08.0225

内窥镜 endoscope, introscope 04.0389

内力 internal force 02.0215

内能 internal energy 05.0148

内屏蔽 inner screening 07.0122

内调焦 interior focusing 04.0267

内转换 internal conversion 09.0165

内转换电子 internal conversion electron 09.0167

内转换电子对 internal conversion pair 09.0168

内转换系数 internal conversion coefficient 09.0166

内锥折射 internal conical refraction 04.0972

内阻 internal resistance 03.0134

能层 ergosphere 06.0247

*能程关系 range-energy relation 09.0485

能带 energy band 06.0310

能带变窄 band narrowing 08.0650

能带结构 energy-band structure 08.0809

能带论 [energy] band theory 08.0768

能动赝张量 energy-momentum pseudotensor 06.0167

*能动张量 energy-momentum tensor 06.0137

能级 energy level 06.0309

能级交叉效应 level-crossiong effect 07.0067

能级宽度 width of energy level 07.0058

能级密度 level density 09.0385

能级图 energy level diagram 09.0171

*能景 energy landscape 05.1017

能量 energy 01.0025

能量表象 energy representation 06.0391

能量动量张量 energy-momentum tensor 06.0137

能量分辨率 energy resolution 09.0523

能量景貌 energy landscape 05.1017

能量均分定理 equipartition theorem 05.0328

能量密度 energy density 03.0048

能[量色]散 X 射线衍射 energy dispersion X-ray diffraction, EDXD 08.0571

能量守恒 energy conservation 09.0314

能量守恒定律 law of conservation of energy 02.0125

*能量守恒与转化定律 law of conservation of energy 02.0125

能量损失 energy loss 09.0490

能流 energy flux 02.0389

能流密度 energy flux density 02.0390

能谱 energy spectrum 06.0311

能斯特定理 Nernst theorem 05.0137

能斯特效应 Nernst effect 08.0620

能斯特真空量热器 Nernst vacuum calorimeter 05.0076

能隙 energy gap 08.0601

霓 secondary rainbow 04.0567

尼尔逊能级 Nilsson energy level 09.0267

尼科耳棱镜 Nicol prism 04.0745

拟设 ansatz 01.0077

逆操作 inverse operation 08.0134

逆磁光效应 inverse magnetooptical effect 04.1773

逆光电效应能谱学 inverse photoelectric spectroscopy, IPS 08.1355

逆康普顿散射 inverse Compton scattering 04.1481

逆拉曼效应 inverse Raman effect 04.1774

逆滤波器 inverse filter 04.1061

逆塞曼效应 inverse Zeeman effect 04.1776

逆散射法 inverse scattering method 05.0993

逆斯塔克效应 inverse Stark effect 04.1775

逆弹性 dielasticity 08.0530

黏度 viscosity 02.0473

黏度计 visco[si]meter 02.0546

黏塑性 viscoplasticity 08.0545

黏性 viscosity 02.0471

黏[性]力 viscous force 02.0472

黏性流体 viscous fluid 02.0470

＊黏性系数 coefficient of viscosity 02.0473

黏性指进 viscous fingering 05.1020

黏弹性 viscoelasticity 08.0534

凝固 solidification 05.0203

凝固点 solidifying point 05.0209

凝胶 gel 08.0416

凝胶化 gelation 08.0417

凝胶化点 gelation point 08.0418

凝胶模型 jellium model 05.0466

凝胶相 gel phase 08.1168

凝结 condensation 05.0200

凝结核 nucleus of condensation 05.0201

凝聚态 condensed state 08.0019

＊凝聚态物理[学] condensed matter physics 08.0001

凝聚体 condensed matter 08.0018

凝聚体物理[学] condensed matter physics 08.0001

凝团 clump 10.0333

宁静等离[子]体 Q-plasma, quiescent plasma 10.0025

牛顿第二定律 Newton second law 02.0059

牛顿第三定律 Newton third law 02.0060

牛顿第一定律 Newton first law 02.0058

牛顿环 Newton ring 04.0621

扭摆 torsional pendulum 02.0451

扭秤 torsion balance 02.0452

扭矩 torsional moment 02.0450

扭量 twistor 06.0211

扭曲 twist 08.1222

扭曲波[玻恩]近似 distorted wave Born approximation, DWBA 09.0394

扭曲不稳定性 kink instability, wriggling instability 10.0263

扭曲模 kink mode 10.0219

扭曲丝状液晶盒 twisted nematic cell 08.1229

扭曲向错 twist disclination 08.1193

扭曲映射 twist mapping 05.0952

扭折带 kink band 08.0552

扭转 torsion 02.0449

扭转模 torsional mode 10.0230

奴役原理 slaving principle 05.0956

O

欧几里得维数 Euclidean dimension 05.0934

欧拉角 Eulerian angle 02.0256

欧拉流体力学方程 Euler equations for hydrodynamics 02.0495

欧拉运动学方程 Euler kinematical equations 02.0269

欧姆定律 Ohm law 03.0143

欧姆计 ohmmeter 03.0437

欧姆接触 ohmic contact 08.0743

偶极层 dipole layer 08.1252

偶极辐射 dipole radiation 04.1486

偶极近似 dipole approximation 04.1913

偶极矩 dipole moment 03.0050

偶极子 dipole 03.0049

偶偶核 even-even nucleus 09.0049

偶然简并性 accidental degeneracy 08.0770

偶然误差 accidental error 01.0098

耦合摆 coupled pendulums 02.0137

耦合波 coupled waves 04.1767

耦合波理论 coupled wave theory 04.1768

耦合常数 coupling constant 09.0704

耦合方式 coupling scheme 07.0065

耦合[共振]腔 coupled resonators 04.1537

耦合模 coupled modes 04.1664

耦合系数 coupling coefficient 03.0471

P

爬膜效应　creeping film effect　08.1450

帕德逼近式　Padé approximant　05.0418

帕罗迪关系　Parodi relation　08.1232

帕斯卡定律　Pascal law　02.0492

帕特森法　Patterson method　08.0189

帕邢－巴克效应　Paschen-Back effect　07.0044

帕邢系　Paschen series　07.0015

拍　beat　02.0417

拍频　beat frequency　02.0418

拍谱　beat spectrum　04.1422

排斥芯　repulsive core　09.0064

排斥指数势　repulsive exponential potential　05.0411

排斥子　repellor　05.0846

派尔斯相变　Peierls phase transition　08.1389

潘索运动　Poinsot motion　02.0280

盘形分子液晶　discotic liquid crystal　08.1184

判据　criterion　01.0079

庞加莱变换　Poincaré transformation　06.0046

庞加莱复现　Poincaré recurrence　05.0267

庞加莱截面　Poincaré section　05.0844

庞加莱球　Poincaré sphere　04.0806

庞加莱群　Poincaré group　06.0047

庞加莱映射　Poincaré mapping　05.0843

旁馈　side feeding　09.0289

旁路　by-pass　03.0156

胖分形　fat fractal　05.0932

胖环　fat torus　10.0388

抛体　projectile　02.0140

抛体运动　projectile motion　02.0141

抛物面镜　paraboloidal mirror　04.0093

抛物脐[型突变]　parabolic umbilic　05.0822

抛物线近似　parabola approximation　09.0408

抛物型折射率光纤　parabolic index fiber　04.0822

抛物柱面镜　parabolic mirror　04.0409

泡克耳斯效应　Pockels effect　04.1442

泡利不相容原理　Pauli exclusion principle　06.0315

泡利方程　Pauli equation　06.0457

泡利矩阵　Pauli matrix　06.0456

泡利顺磁性　Pauli paramagnetism　08.0926

泡沫材料隔热　foam insulation　08.1601

泡胀击穿　bubbling breakdown　03.0545

配分泛函　partition functional　05.0545

配分函数　partition function　05.0314

配偶子　partner　09.0986

配容　complexion　05.0289

配色　color matching　04.0509

配位层　coordination shell　08.0337

配位多面体　coordination polyhedron　08.0171

配位数　coordination number　08.0172

佩茨瓦尔条件　Petzval condition　04.0316

佩尔捷效应　Peltier effect　08.1157

喷溅起电　splash electrification　03.0592

喷泉效应　fountain effect　08.1453

喷雾起电　spray electrification　03.0593

喷注　jet　09.1104

喷注簇射　jet shower　09.0818

喷注模型　jet model　09.0817

喷注起电　jet electrification　03.0580

彭罗斯图　Penrose diagram　06.0218

彭宁电离　Penning ionization　07.0162

彭宁电离谱学　Penning ionization spectroscopy　08.1364

膨胀　expansion　05.0050

膨胀率　expansivity　05.0051

碰撞　collision　02.0224

碰撞参量　impact parameter　02.0200

碰撞弛豫　collision relaxation　04.1771

碰撞电离　impact ionization, ionization by collision　03.0180

碰撞过程　collision process　07.0074

碰撞积分　collision integral　10.0130

碰撞截面　collision cross-section　10.0131

碰撞频率　collision frequency　05.0471

碰撞[谱线]增宽　collision broadening, impact broadening　04.1399

碰撞起电　collision electrification　03.0548

碰撞强度　collision strength　07.0075

碰撞时间　collision time　05.0472

碰撞守恒量　collisionally conserved quantity　05.0479

碰撞[为主]区　collision[-dominated] regime　10.0162

碰[撞]致排列　collision-induced alignment　04.1855

碰[撞]致相干性　collision-induced coherence　04.1856

劈形膜　wedge film　04.0622

劈形向错　wedge disclination　08.1192

疲劳　fatigue　08.0539

疲劳限[度]　fatigue limit　08.0540

皮拉尼真空规　Pirani gange　05.0084

皮帕德[非定域]理论　Pippard [nonlocal] theory　08.1489

皮帕德核函　Pippard kernel　08.1491

皮帕德相干长度　Pippard coherent length　08.1490

匹配角　matching angle　04.1783

匹配滤波器　matched filter　04.1060

偏差　deviation　01.0111

偏光显微镜　polarizing microscope　04.0748

偏晶转变　monotectic transformation　08.0496

[偏]离共振加热　off-resonant heating　10.0415

偏滤器　divertor　10.0394

偏析　segregation　08.0505

偏析系数　segregation coefficient　08.0506

偏向角　angle of deviation　04.0110

偏向棱镜　deviating prism　04.0108

偏振标记光谱术　polarization labeling spectroscopy　04.1805

偏振度　degree of polarization　04.0720

偏振光　polarized light　04.0714

偏[振]光镜　polariscope　04.0725

偏振光谱学　polarization spectroscopy　04.1804

偏振计　polarimeter　04.0999

偏振面　plane of polarization　04.0715

偏振片　polaroid　04.0744

偏置　bias　03.0498

偏置全息术　biasing holography　04.1121

偏轴角　off-axis angle　04.0200

偏转　deflection　04.0054

偏转板　deflecting plate　03.0480

偏转函数　deflection function　09.0409

片堆起偏器　pile-of-plate polarizer　04.0810

漂白全息图　bleached hologram　04.1151

漂移　drift　10.0068

漂移波　drift wave　10.0210

漂移不稳定性　drift instability　10.0286

漂移动理方程　drift kinetic equation　10.0070

漂移近似　drift approximation　10.0069

漂移迁移率　drift mobility　08.0639

漂移矢量　drift vector　05.0540

漂移室　drift chamber　09.1084

漂移速度　drift velocity　06.0016

漂移项　drift term　05.0534

[频]带　band　04.1015

频率　frequency　01.0016

频率计　frequency meter　03.0443

频率匹配　frequency matching　10.0315

频率牵引　frequency pulling　04.1610

频率四维矢[量]　frequency four-vector　06.0112

频率推斥　frequency pushing　04.1611

频谱　frequency spectrum　04.1014

频谱分解　spectral decomposition　04.0903

[频]谱密度　spectral density　04.0904

频谱面　frequency plane　04.1029

频扫激光器　sweep laser　04.1722

频闪测速计　strobotach　02.0533

频闪仪　stroboscope　02.0532

频移　frequency shift　04.1374

频域　frequency domain　04.1021

品质因数　quality factor　02.0191

坪区　plateau　10.0159

坪区扩散　plateau diffusion　10.0160

平凹透镜　plane-concave lens　04.0137

平动自由度　translational degree of freedom　05.0364

平衡　equilibrium　02.0153

平衡方程　balance equation　05.0235

平衡前发射　pre-equilibration emission　09.0381

平衡前过程　pre-equilibration process　09.0380

平衡态　equilibrium state　05.0101

平衡条件　equilibrium condition　02.0156

平衡位形　equilibrium configuration　10.0344

平衡位置　equilibrium position　02.0155

平衡形变　equilibrium deformation　09.0258

*平晶　optical flat　04.0841

平均t矩阵近似　average t-matrix approximation, ATA　08.0317

平均场　mean field　09.0228

平均场近似　mean field approximation　09.0229

平均场理论　mean field theory　05.0662

平均电离势　mean ionization potential　09.0486

平均截面　average cross-section　09.0335

平均偏差　mean deviation　01.0114

平均射程　mean range　09.0482

平均寿命　mean lifetime　09.0095

平均速度　average velocity, mean velocity　02.0018

平均速率　mean speed　05.0335

平均误差　average error, mean error　01.0105

平均自由程　mean free path　05.0474

平面波　plane wave　02.0365

平面波玻恩近似　plane wave Born approximation, PWBA　09.0393

*平面波透镜　plane wave lens　08.1647

平面干涉仪　flat interfcrometer　04.0840

平面工艺　planar technology　08.0704

平面光栅　plane grating　04.0856

平面[击]波发生器　plane [shock] wave generator　08.1647

*平面偏振　plane polarization　04.0716

平面平行运动　plane-parallel motion　02.0249

平面全息图　plane hologram　04.1127

平面型探测器　planar type detector　09.0537

平凸透镜　plane-convex lens　04.0138

平[象]场透镜　field flattening lens　04.0335

平行光束　parallel beam　04.0349

平行[基片]排列　planar alignment　08.1225

平行力系　system of parallel forces　02.0298

平行平面[共振]腔　plane-parallel resonator　04.1518

平行四边形定则　parallelogram rule　02.0061

平行轴定理　parallel axis theorem　02.0277

平移　translation　02.0243

平移对称　translation symmetry　08.0111

平移群　translation group　08.0150

平移矢[量]　translation vector　08.0126

平移算符　translation operator　06.0379

平直时空　flat spacetime　06.0161

屏蔽势　screened potential　07.0101

屏函数　screen function　04.0920

屏栅电离室　grid ionization chamber　09.0518

坡密子　pomeron　09.1018

坡莫合金　permalloy　08.0474

坡印亭矢量　Poynting vector　03.0340

珀卡斯－耶维克积分方程　Percus-Yevick integral equation　05.0431

CP破坏　CP violation　09.0763

破裂不稳定性　disruptive instability　10.0294

破裂起电　break electrification　03.0544

普丰德系　Pfund series　07.0017

普朗克常量　Planck constant　06.0288

普朗克长度　Planck length　06.0180

普朗克单位　Planck unit　06.0179

普朗克[辐射]公式　Planck [radiation] formula　05.0387

普朗克质量　Planck mass　09.0738

普朗特数　Prandtl number　05.0830

普适不稳定性　universal instability　10.0287

普适常量　universal constant　01.0037

[普适]气体常量　[universal] gas constant　05.0044

普适时间常量　universal time constant　09.0161

普适性　universality　05.0666

普[性]类　universality class　05.0667

普适演化判据　universal evolution criterion　05.0250

普适周期轨道序列　universal periodic orbit sequence　05.0886

普通物理[学]　general physics　01.0002

谱　spectrum　07.0019

谱函数　spectral function　05.0627

谱理论　spectral theory　09.0888

*谱外色　extra-spectral color　04.0521

谱线宽度　line width, line breadth　04.1387

*谱线轮廓　line profile　04.1384

谱线强度　line strength　04.1383

[谱]线系　line series　04.1332

*谱线形状　line shape　04.1384

谱线移位 line shift 04.1373
谱线增宽 line broadening 04.1393
谱项 spectral term 07.0020

谱因子 spectroscopic factor 09.0357
曝光 exposure 04.0574
曝光量 exposure 04.0371

Q

*期待值 expectation value 06.0365
期望值 expectation value 06.0365
奇点 singularity 05.0759
奇怪吸引子 strange attractor 05.0849
奇特分子 exotic molecule 07.0092
奇特态 exotic state 09.0958
奇特原子 exotic atom 09.0959
奇异边界 singular boundary 06.0222
*奇异夸克 s-quark, strange quark 09.0980
奇异粒子 strange particle 09.0947
奇异扰动 singular perturbation 05.0787
奇异数 strangeness number 09.0694
奇异性 singularity 05.0758
齐拉－却尔曼斯效应 Szilard-Chalmers effect
 09.0398
齐明点 aplanatic point 04.0303
齐明镜 aplanat 04.0304
齐纳二极管 Zener diode 08.0733
齐纳击穿 Zener breakdown 08.0732
起电 electrification 03.0071
起电盘 electrophorus 03.0399
*起偏角 polarizing angle 04.0724
起偏器 polarizer 04.0721
[起]偏振棱镜 polarizing prism 04.0963
器件 device 01.0126
气垫导轨 air track 02.0517
气垫桌 air table 02.0518
气动激光器 [gas] dynamic laser 04.1669
气辉 airglow 04.1459
气敏器件 gas sensing device, gas sensor 08.0762
气泡浮置 levitation of air bubble 03.0583
[气]泡室 bubble chamber 09.0520
气球不稳定性 ballooning instability 10.0295
气球模 ballooning mode 10.0212
气体 gas 05.0024
气体比重计 aerometer 02.0521
气体动理[学理]论 kinetic theory of gases, gas ki-

netics 05.0470
气体动力学 gas dynamics 02.0498
气体放电 gas discharge 10.0047
*气体分子运动论 kinetic theory of gases, gas ki-
 netics 05.0470
气体激光器 gas laser 04.1505
气体温度计 gas thermometer 05.0069
气相沉积法 vapor-deposition method 08.0296
气压计 barometer 02.0505
气液连续性 gas-liquid continuity 05.0644
*汽 vapor 05.0190
汽点 steam point 05.0019
汽化 vaporization 05.0195
汽化热 heat of vaporization 05.0214
牵连惯性力 convected inertial force 02.0209
牵连加速度 convected acceleration 02.0036
牵连速度 convected velocity 02.0024
牵连运动 convected motion 02.0044
迁移率 mobility 03.0182
迁移率边 mobility edge 08.0432
迁移率隙 mobility gap 08.0433
前导波 leading wave 10.0220
前进波 advancing wave, progressive wave
 02.0368
前夸克 prequark 09.1009
前期量子论 old quantum theory 06.0281
前驱辐射 precursor radiation 10.0173
前驱核 precursor 09.0463
前色动力学 pre-chromodynamics 09.1034
前向散射 forward scattering 04.1801
前沿轨函 frontier orbital 07.0088
前置单色仪 premonochromator 04.1311
前置棱镜 fore-prism 04.0858
前子 preon 09.1008
潜热 latent heat 05.0212
潜望镜 periscope 04.0094
潜象 latent image 04.0575

浅能级　shallow level　08.0642

嵌镶晶体　mosaic crystal　08.0201

欠曝[光]　underexposure　04.0588

欠显[影]　underdevelopment　04.0590

欠校[正]透镜　undercorrected lens　04.0441

欠阻尼　underdamping　02.0189

腔模　cavity mode　04.1552

腔内调制　intracavity modulation　04.1597

腔内扫描　intracavity scanning　04.1632

腔振荡　cavity oscillation　04.1551

腔子　caviton　10.0303

强标度律　hyperscaling law, strong scaling law　05.0715

强等效原理　strong equivalence principle　06.0158

强度传递函数　intensity transfer function　04.1039

强度反射率　intensity reflectivity　04.0608

强度干涉仪　intensity interferometer　04.0910

强度关联　intensity correlation　04.0909

强度函数　strength function　09.0367

强度量　intensive quantity　05.0099

强度谱　intensity spectrum　04.1878

强度透射率　intensity transmissivity　04.0611

强聚焦　strong focusing　09.1097

强耦合　strong coupling　09.0283

强耦合超导体　strong-coupling superconductor　08.1531

强湍动　strong turbulence　10.0328

强相互作用　strong interaction　09.0140

强制锁模　forced-mode locking　04.1601

强子　hadron　09.0901

强子动力学　hadrodynamics　09.0803

强子化　hadronization　09.0805

强子量能器　hadron calorimeter　09.1111

强子型衰变　hadronic decay　09.0804

强[作用]衰变　strong decay　09.0669

敲出反应　knock-out reaction　09.0391

桥键　bridge bond　07.0090

桥接原子　bridging atom　08.0375

桥式整流器　bridge rectifier　03.0509

切分岔　tangential bifurcation　05.0865

切连科夫辐射　Cherenkov radiation　04.1484

切连科夫共振　Cherenkov resonance　10.0124

切连科夫计数器　Cherenkov counter　09.0502

切向加速度　tangential acceleration　02.0032

切向应力　tangential stress　02.0432

切趾[法]　apodisation　04.0935

侵入物　invader　05.0981

侵蚀　etching　08.0700

亲电体　electrophile　07.0113

亲水性绝缘材料　hydrophilic insulant　03.0577

轻核　light nucleus　09.0298

轻夸[玻色]子　leptoquark　09.0966

轻夸克　light quark　09.0972

轻气炮　light-gas gun　08.1651

轻子　lepton　09.0914

μ[轻]子　muon　09.0925

τ轻子　tau lepton　09.0932

轻子数　leptonic charge, leptonic number　09.0923

轻子型衰变　leptonic decay　09.0924

氢脆　hydrogen embrittlement　08.0563

氢弹　hydrogen bomb　09.0447

氢弧灯　hydrogen arc lamp　04.1307

氢键　hydrogen bond　08.0221

氢原子　hydrogen atom　07.0011

倾腔激光器　cavity dumped laser　04.1622

倾腔器　[cavity] dumper　04.1621

倾斜因子　inclination factor　04.0916

*清洁处理　cleaning　08.0697

清亮点　cleaning point　08.1166

氰激光器　cyanic laser　04.1686

琼斯区　Jones zone　08.0777

球径计　spherometer　02.0510

球粒　nodule　08.0405

球面摆　spherical pendulum　02.0133

球面波　spherical wave　02.0366

*球面[共振]腔　spherical resonator　04.1568

球面镜　spherical mirror　04.0088

球面镜[共振]腔　spherical mirror resonator　04.1519

球面投影　spherical projection　08.0158

球面透镜　spherical lens　04.0141

球[面象]差　spherical aberration　04.0298

球模型　spherical model　05.0686

球透镜　globe lens　04.0147

球型马克　spheromak　10.0392

球形核　spherical nucleus　09.0255

求和定则 sum rule 04.1352
求象[作图]法 image construction 04.0218
趋肤深度 skin depth 03.0357
趋肤效应 skin effect 03.0356
区域精炼 zone refining 08.0691
曲率标量 curvature scalar 06.0206
曲率弹性理论 curvature elasticity theory 08.1220
曲率张量 curvature tensor 06.0201
* HD 曲线 HD curve 04.0584
曲线拟合 curve fitting 01.0142
曲线运动 curvilinear motion 02.0047
屈服 yield 02.0429
屈服点 yield point 02.0430
屈服强度 yield strength 08.0547
屈光度 diopter 04.0168
驱动力 driving force 02.0174
取向 orientation 01.0019
取向极化 orientation polarization 03.0101
取向双折射 orientation birefringence 04.0981
取向无序 orientational disorder 08.0310
取向涨落 orientation fluctuation 08.1203
取向致流[效应] backflow [effect] 08.1227
去激活[作用] deactivation 04.1731
去弹[性散射]截面 nonelastic scattering cross-section 09.0328
圈[图] loop [diagram] 09.0639
权[重] weight 01.0118
权[重]函数 weight function 05.0688
全剥等离[子]体 stripped plasma 10.0018
全波片 whole-wave plate, full-wave plate 04.0971
全电离等离[子]体 fully ionized plasma 10.0017
全对称 complete symmetry 09.0771
全反对称 complete antisymmetry 09.0770
全反射 total reflection 04.0079
全或无跃迁 all-or-none transition 05.0785
全景 full view, panoramic view 04.0275
全景全息图 full view hologram 04.1158

全局分岔 global bifurcation 05.0867
全[局]福克态 global Fock state 04.1903
全[局]相干态 global coherent state 04.1904
全聚反光装置 holophote 04.0552
全孔径 full aperture 04.0259
全面体对称 holosymmetry, holohedral symmetry 08.0145
全能峰 full energy peak 09.0546
全色[胶]片 panchromatic film 04.0569
全色图象 full-color image 04.1064
全通滤光片 all-pass [optical] filter 04.0885
全同粒子 identical particles 06.0465
全息存储 holographic memory, holographic storage 04.1187
全息干涉测量术 holographic interferometry 04.1185
全息光学 holographic optics 04.1184
全息光栅 holographic grating 04.1182
全息胶片 holofilm 04.1190
全息滤波器 holographic filter 04.1181
全息术 holography 04.0762
全息透镜 holographic lens, hololens 04.1183
全息图 hologram 04.0764
全息无损检验 holographic nondestructive testing, HNDT 04.1186
全息显微术 holographic microscopy 04.1180
* 全息掩模 holographic mask 04.1181
全息照相 holograph 04.0763
缺级 missing order 04.1325
缺陷 defect 08.0235
缺陷定域态 defect localized state 08.0427
缺质子核素 proton-deficient nuclide 09.0037
缺中子核素 neutron-deficient nuclide 09.0036
群聚 bunch 10.0329
群聚压缩 bunch compression 10.0330
群速 group velocity 02.0385

R

染料激光器 dye laser 04.1508
染料 Q 开关 dye Q-switching 04.1616
热 heat 05.0002

热波长 thermal wavelength 05.0325
热场动力学 thermo-field dynamics 05.0640
热传导 heat conduction 05.0495

热脆性　hot shortness, red shortness　08.0561

热导　thermal conductance　08.0898

热导率　thermal conductivity　05.0496

热等离[子]体　hot plasma　10.0012

热电子发射　thermionic emission　03.0491

[热]对流　[heat] convection　05.0499

热分子压强效应　thermomolecular pressure effect
　　08.1452

热辐射　heat radiation, thermal radiation　05.0498

热功当量　mechanical equivalent of heat　05.0061

热光　thermal light　04.1898

热核等离[子]体　thermonuclear plasma　10.0010

热核反应　thermonuclear reaction　09.0446

热核聚变　thermonuclear fusion　10.0334

热汇　heat sink, thermal anchoring　08.1597

热机效率　efficiency of heat engine　05.0130

热激电流　thermally stimulated current, TSC
　　08.0876

热激发　thermal excitation　04.1451

热寂　heat death　05.0139

热交换器　heat exchanger　08.1577

热开关　thermal switch　08.0904

热库　heat reservoir　05.0126

热扩散　thermal diffusion　05.0491

热垒　heat barrier　10.0356

热力学　thermodynamics　05.0092

热力学第零定律　zeroth law of thermodynamics
　　05.0133

热力学第一定律　first law of thermodynamics
　　05.0134

热力学第二定律　second law of thermodynamics
　　05.0135

热力学第三定律　third law of thermodynamics
　　05.0136

热力学分支　thermodynamic branch　05.0746

热力学概率　thermodynamic probability　05.0330

热力学格林函数　thermodynamical Green function
　　05.0599

[热力学]过程　[thermodynamic] process　05.0103

热力学函数　thermodynamic function　05.0145

热力学极限　thermodynamic limit　05.0326

[热力学]力　[thermodynamic] force　05.0239

[热力学]流　[thermodynamic] flux　05.0238

热力学判据　thermodynamic criterion　05.0171

热力学平衡　thermodynamic equilibrium　05.0100

热力学扰动　thermodynamic perturbation　05.0551

热力学势　thermodynamic potential　05.0157

热力学温标　thermodynamic scale [of temperature]
　　05.0013

热力学温度　thermodynamic temperature　05.0014

热力学稳定性　thermodynamic stability　05.0179

热力学系统　thermodynamic system　05.0093

[热力学]循环　[thermodynamic] cycle　05.0127

热力学阈　thermodynamic threshold　05.0747

热量　heat　05.0003

热漫散射　thermal diffuse scattering　08.0202

热敏电阻　thermistor　03.0426

热敏器件　thermosensitive device　08.0764

热能化　thermalization　08.1124

热膨胀　thermal expansion　08.0906

热膨胀反常　thermal expansion anomaly　08.0909

热平衡　thermal equilibrium　05.0004

热平衡条件　thermal equilibrium condition
　　05.0175

热容[量]　heat capacity　05.0062

热色性　thermochromatism　04.1968

热声振荡　thermal acoustic oscillation　08.1607

热释磁效应　pyromagnetism　08.0952

热释电效应　pyroelectric effect　08.0877

热释光剂量仪　thermoluminescent dosimeter
　　09.0545

热塑全息图　thermally engraved hologram, thermo-
　　plastic hologram　04.1154

热弹效应　thermoelastic effect　08.0880

热透镜效应　thermal lensing effect　04.1659

热脱附谱学　thermal desorption spectroscopy, TDS
　　08.1371

热学　heat　05.0001

热源　heat source　05.0125

热运动　thermal motion　05.0258

热噪声　thermo-noise　05.0516

热致发光　thermoluminescence　04.1447

热致液晶　thermotropic liquid crystal　08.1165

热质说　caloric theory of heat　05.0140

热中子　thermal neutron　09.0427

热阻　thermal resistance　08.0900

热阻率　thermal resistivity　08.0899
人存原理　anthropic principle　06.0272
人工放射性　artificial radioactivity　09.0079
人工金刚石　artificial diamond　08.1679
人构材料　artificially structured material　08.1678
人体静电　static electricity on human body　03.0568
人字形图样　chevron pattern　08.1239
任意子　anyon　09.1005
*刃　ket　06.0370
韧致辐射　bremsstrahlung　04.1485
韧致辐射逆过程　inverse bremsstrahlung　10.0171
熔点　melting point　05.0208
熔合反应　fusion reaction　09.0414
熔化　melting, fusion　05.0202
熔化热　melting heat, heat of fusion　05.0216
熔态淬火法　melt-quenching method　08.0293
熔态旋凝法　melt-spinning method　08.0292
熔盐生长　flux growth　08.0259
溶胶　sol　08.0415
溶胶凝胶转变　sol-gel transition　08.0419
溶解　solvation　05.0204
溶解热　heat of solution　05.0217
溶线　solubility curve, solvus　08.0503
溶胀线团　swollen coil　08.0410
溶致相　lyophase　08.1169
溶致液晶　lyotropic liquid crystal　08.1167
溶质分凝　solute segregation　08.0263
容抗　capacitive reactance　03.0304
容量速率积　capacity-speed product　04.1041
容限　tolerance　04.0328
容许跃迁　allowed transition　06.0432
冗余度　redundance, redundancy　04.1224
冗余信息　redundant information　04.1225
揉面变换　kneading transformation　05.0924
柔链位形　flexible chain configuration　08.0407
茹利亚集[合]　Julia set　05.0894
蠕变　creep　08.0537
乳光　opalescence　04.1236
乳胶室　emulsion chamber　09.1107
入侵逾渗　invasion percolation　05.0980
入射波　incident wave　04.0785
入[射]波　incoming wave　10.0307

入[射]窗　entrance window　04.0285
入射道　incoming channel　09.0309
入[射光]瞳　entrance pupil　04.0283
入射角　incident angle　04.0058
入射粒子　incident particle　09.0307
入射束　incoming beam　09.0308
入射线　incident ray　04.0055
软磁材料　soft magnetic material　03.0257
软过程　soft process　09.0667
软激发　soft excitation　05.0776
软晶格　soft lattice　05.0670
软模　soft mode　05.0774
瑞利－贝纳尔不稳定性　Rayleigh-Bénard instability　05.0824
[瑞利]表面波　[Rayleigh] surface wave　08.1292
瑞利－金斯公式　Rayleigh-Jeans formula　05.0388
瑞利判据　Rayleigh criterion　04.0708
瑞利散射　Rayleigh scattering　04.1231
瑞利数　Rayleigh number　05.0829
瑞利－索末菲[衍射]公式　Rayleigh-Sommerfeld formula　04.0915
瑞利－泰勒不稳定性　Rayleigh-Taylor instability　10.0267
瑞利限　Rayleigh limit　04.0208
瑞利翼散射　Rayleigh-wing scattering　04.1232
锐度　sharpness　04.0871
锐共振反应　sharp resonance reaction　09.0560
锐截止模型　sharp cut-off model　09.0417
锐线系　sharp series　04.1334
弱超荷　weak hypercharge　09.0689
弱等效原理　weak equivalence principle　06.0157
弱电离等离[子]体　weakly ionized plasma　10.0016
弱混[合]性　weak mixing　05.1004
弱聚焦　weak focusing　09.1103
弱连结　weak link [junction]　08.1556
弱耦合　weak coupling　09.0284
弱同位旋　weak isospin　09.0696
弱湍动　weak turbulence　10.0327
弱相互作用　weak interaction　09.0138
弱中性流　weak neutral current　09.0687
弱[作用]流　weak [interaction] current　09.0686
弱[作用]衰变　weak decay　09.0685

S

萨哈方程　Saha equation　05.0416

萨金特定律　Sargent law　09.0149

萨拉姆-温伯格模型　Salam-Weinberg model
　09.1069

塞曼调谐激光器　Zeeman-tuned laser　04.1681

塞曼分裂　Zeeman splitting　04.1368

塞曼效应　Zeeman effect　07.0043

赛德尔变量　Seidel variable　04.0296

赛德尔光学　Seidel optics　04.0295

*赛德尔象差　Seidel aberration　04.0290

三波过程　three wave process　10.0306

三重分支点　threefold branch point　08.0400

三重态　triplet[state]　07.0041

三重线　triplet　04.1345

三次谐波　third harmonic　04.1787

三等离[子]体源　triplasmatron　10.0038

三分裂变　ternary fission　09.0451

*三分子模型　trimolecular model　05.0771

三合透镜　triplet[lens]　04.0150

三极管　triode　03.0490

三级非线性　third-order nonlinearity　04.1761

三级非线性极化率　third-order nonlinear susceptibil-
　ity　04.1762

三级象差　third order aberration　04.0290

三角晶系　trigonal system　08.0103

三角[形]接法　delta connection　03.0325

三能级激光器　three-level laser　04.1644

三喷注　three jet　09.0816

三色视觉　trichromatic vision　04.0504

三体碰撞　ternary collision, triple collision　10.0133

三体问题　three-body problem　02.0214

三维光栅　three dimensional grating　04.0696

三维网络固体　three-dimensional network solid
　08.0382

三维衍射　three dimensional diffraction　04.0697

三相点　triple point　05.0020

三相[交变]电流　three-phase alternating current
　03.0320

三相临界点　tricritical point　05.0660

三斜晶系　triclinic system　08.0100

三心键　three-center bond　07.0108

三原色　three primary colors　04.0526

三[原]色系统　trichromatic system　04.0527

三轴坐标系　three-axis coordinate system　08.0095

三自旋模型　three-spin model　05.0727

散磁性　speromagnetism　08.0933

散反铁磁性　speromagnetism　08.0936

散光　astigmia　04.0487

散光镜　astigmatoscope　04.0227

散焦　defocusing　04.0165

散焦光束　defocused beam　04.0352

散粒噪声　shot noise　05.0517

散射　scattering　02.0196

散射长度　scattering length　07.0076

散射光　scattered light　04.1229

散射角　scattering angle　02.0197

散射截面　scattering cross-section　02.0198

散射矩阵　scattering matrix　06.0440

散射体　scatterer　06.0443

散射振幅　scattering amplitude　09.0352

散铁磁性　asperomagnetism　08.0934

散亚铁磁性　sperimagnetism　08.0935

扫描成象　scanned imagery　04.1065

扫描电子显微镜　scanning electron microscpope,
　SEM　08.1361

扫描干涉仪　scanning interferometer　04.1638

扫描激光器　scanned laser　04.1679

扫描器　scanner　03.0483

扫描隧穿显微镜　scanning tunnelling microscope,
　STM　08.1362

瑟尔热导仪　Searle conduction apparatus　05.0079

色　color　09.0697

*[色]饱和度　saturation　04.0524

色标　color scale　04.0511

色[层]谱法　chromatography　04.0541

色[层]谱图　chromatogram　04.0539

· 443 ·

色[层]谱仪　chromatograph　04.0540

[色差]补偿目镜　compensating eyepiece　04.0235

色调　color tone　04.0514

色度　chrominance　04.0513

色度计　colorimeter, chromometer, chromatometer　04.0362

色度学　colorimetry　04.0363

色对称　color symmetry　08.0112

色光　colored light　04.0505

色荷　color charge　09.0766

色空间　color space　09.0767

色夸克　colored quark　09.0976

色粒子　colored particle　09.0897

色盲　anopia, color blindness　04.0502

色模糊　color blurring　04.1072

* 色盘　color disc·　04.0491

色偏振　chromatic polarization　04.0747

色品　chromaticity　04.0506

色品图　chromaticity diagram　04.0507

色品坐标　chromaticity coordinates　04.0508

色群　color group　08.0155

色散　dispersion　04.1260

色散本领　dispersion power　04.1264

色散方程　dispersion equation　04.1266

色散关系　dispersion relation　09.0885

色散击波　dispersion shock　10.0237

色散介质　dispersive medium　04.1268

色散棱镜　dispersing prism　04.1269

色散曲线　dispersion curve　04.1265

色散[型]光双稳器　dispersive optical bistability　04.1824

色[视]觉　color vision　04.0490

色[视]觉仪　chromatometer　04.0491

色温　color temperature　04.0512

色[象]差　chromatic.aberration　04.0317

色心　color center　08.0228

色心激光器　color center laser　04.1692

色原　chromogen　04.0515

沙尔科夫斯基序列　Sharkovskii sequence　05.0885

沙特－黑尔弗里希效应　Schadt-Helfrich effect　08.1219

闪烁　scintillation　04.1226

闪烁计数器　scintillation counter　09.0505

闪烁晶体　scintillation crystal　09.0525

闪烁谱仪　scintillation spectrometer　09.0526

闪耀波长　blaze wavelength　04.0863

闪耀光栅　blazed grating　04.0706

闪耀角　blazing angle　04.0707

闪耀全息图　blazed hologram　04.1157

扇形聚焦加速器　sector-focusing accelerator　09.0594

* 扇形速度　sector velocity　02.0022

嬗变　transmutation　09.0201

熵　entropy　05.0150

* K 熵　K entropy　05.0892

KS 熵　KS entropy, Kolmogorov-Sinai entropy　05.0892

熵波　entropy wave　10.0216

熵不稳定性　entropy instability　10.0289

熵产生　entropy production　05.0233

熵产生率　rate of entropy production　05.0237

熵泛函　entropy functional　05.0547

熵流　entropy flux　05.0232

熵判据　entropy criterion　05.0172

熵平衡方程　entropy balance equation　05.0236

熵增加原理　principle of entropy increase　05.0161

上边缘维数　upper marginal dimension　05.0730

上界　upper bound　09.0679

上夸克　up quark, u-quark　09.0978

上临界[磁]场　upper critical [magnetic] field　08.1501

上频移　upshift　10.0313

上下不对称性　up-down asymmetry　09.0677

上下对称性　up-down symmetry　09.0678

烧结　sintering　08.0504

烧孔[效应]　hole burning [effect]　04.1608

少[数载流]子　minority carrier　08.0587

少体问题　few-body problem　09.0223

少子浓度　minority carrier density　08.0593

哨声　whistler　10.0198

哨声不稳定性　whistler instability　10.0273

摄动　perturbation　02.0163

摄谱学　spectrography　04.1271

摄谱仪　spectrograph　04.1272

摄氏温标　Celsius thermometric scale　05.0008

摄象管　camera tube　04.1202

摄远镜头 telephoto lens 04.0249

射程 range 09.0481

射程能量关系 range-energy relation 09.0485

射程歧离 range straggling 09.0484

射电新星 radio nova 09.1164

射电星云 radio nebula 09.1163

射频[波]谱 radio-frequency spectrum 07.0168

射频电流驱动 radio-frequency current drive, rf current drive 10.0404

射频加热 radio-frequency heating, rf heating 10.0416

射频振荡器 radio-frequency oscillator 03.0517

α射线 α-ray 09.0084

β射线 β-ray 09.0085

γ射线 γ-ray 09.0086

X射线 X-ray 07.0045

X射线边问题 X-ray edge problem 08.0816

X射线光电子能谱学 X-ray photoelectron spectroscopy, XPS 08.1353

γ[射线]激光器 gamma-ray laser, graser 04.1726

X射线激光器 xaser, X-ray laser 04.1725

X射线近吸收边精细结构 near edge X-ray absorption fine structure, NEXAFS 08.1373

X射线晶体学 X-ray crystallography 08.0027

X射线摄谱仪 X-ray spectrograph 09.0573

X射线星 extar 09.1146

X射线衍射 X-ray diffraction 04.0698

X射线衍射形貌术 X-ray diffraction topography 08.0199

X射线衍射仪 X-ray diffractometer 09.0574

X射线荧光分析 X-ray fluorescence analysis 09.0561

射影变换 projective transformation 04.0209

砷化镓 gallium arsenide, GaAs 08.0675

砷化镓激光器 GaAs laser 04.1696

申夫利斯符号 Schönflies symbol 08.0146

深度非弹性碰撞 deep inelastic collision 09.0403

深度非弹性散射 deep inelastic scattering 09.0402

深度剖析 depth profiling 09.0559

深能级 deep level 08.0643

深能级暂态谱学 deep level transient spectroscopy, DLTS 08.0645

*渗流 percolation 05.0957

渗炭体 cementite 08.0515

渗透 osmosis 05.0503

渗透压[强] osmotic pressure 05.0504

蜃景 mirage 04.0554

声波 sound wave 02.0394

声导 acoustic conductance 02.0408

声导纳 acoustic admittance 02.0407

声电效应 acoustoelectric effect 08.0632

声调 intonation 02.0413

声发射 acoustic emission 08.0568

声共振 acoustic resonance 02.0412

声光偏转 acoustooptic deflection 04.0953

声光偏转器 acoustooptic deflector 04.1634

声光腔 acoustooptic cavity 04.1633

声光调制 acoustooptic modulation 04.0954

声光效应 acoustooptic effect 04.1441

声光学 acoustooptics 04.0955

声级 sound level 02.0402

声抗 acoustic reactance 02.0406

声呐 sonar 02.0410

声纳 acoustic susceptance 02.0409

声频声子 acoustic phonon 05.0461

声频振荡器 audio oscillator 03.0516

声强 intensity of sound 02.0400

声强计 phonometer 02.0401

声速 sound velocity 02.0397

声学 acoustics 02.0391

声学低温计 acoustic thermometer 08.1616

声学模 acoustic mode 08.0272

声压[强] sound pressure 02.0403

声曳引 sound drag 08.1158

声[音] sound 02.0392

声源 sound source 02.0393

声致发光 sonoluminescence 04.1450

声致双折射 acoustic birefringence 04.0983

声子 phonon 05.0459

声子回波 phonon echo 08.0315

声子谱 phonon spectrum 05.0460

声子寿命 phonon lifetime 08.1609

声[子]助隧穿 phonon-assisted tunneling 08.1548

声[子]助跃迁 phonon-assisted transition 08.1126

声阻 acoustic resistance 02.0405

声阻抗 acoustic impedance 02.0404

生长动理学 growth kinetics 08.0265

生成函数法 generating-function method 05.0798

生理光学 physiological optics 04.0016

生灭过程 birth-and-death process 05.0797

生物发光 bioluminescence 08.1094

生物物理[学] biophysics 01.0014

生物显微镜 biological microscope 04.0425

升华 sublimation 05.0198

升华热 heat of sublimation 05.0215

升力 ascensional force, lift force 02.0500

升频转换 frequency upconversion 04.1791

升频转换磷光体 upconversion phosphor 08.1106

*剩磁 remanent magnetization 03.0253

剩余磁化强度 remanent magnetization 03.0253

剩余电阻率 residual resistivity 08.0911

剩余核 residual nucleus 09.0306

剩余极化 residual polarization 03.0586

剩余极化强度 remanent polarization 08.0846

剩余射线 residual ray, reststrahlen 04.1420

剩余损耗 residual loss 08.1042

剩余相互作用 residual interaction 09.0238

剩余象差 aberration residuals, residual aberration 04.0325

失稳分解 spinodal decomposition 08.0509

失稳[分解]点 spinodal decomposition point 08.0510

失重 weightlessness 02.0210

施密特线 Schmidt lines 09.0237

施密特校正板 Schmidt corrector [plate] 04.0333

施特恩－格拉赫实验 Stern-Gerlach experiment 07.0037

施瓦茨导数 Schwarz derivative 05.0887

施瓦氏半径 Schwarzschild radius 06.0170

施瓦氏解 Schwarzschild solution 06.0168

施瓦氏坐标 Schwarzschild coordinates 06.0169

施主 donor 08.0591

施主电离能 donor ionization energy 08.0599

施主浓度 donor density 08.0596

施主－受主对发光 donor-acceptor pair luminescence 08.1097

湿度 humidity 05.0211

湿度计 hygrometer 05.0080

十重态 decimet, decuplet 09.0786

十二面体群 dodecahedral group 08.0143

十进电阻箱 decade resistance box 03.0425

石英 quartz 08.1682

拾波线圈 pick-up coil 03.0464

拾取反应 pick-up reaction 09.0390

时间 time 01.0015

时间常量 time constant 03.0291

时间带宽积 time-bandwidth product 04.1020

时间反演 time reversal 06.0386

时间方向 time orientation 06.0100

时间方向性 time direction 05.0572

时间分辨[光]谱学 time-resolved spectroscopy 04.1436

时间关联 time correlation 05.0560

[时间]积分强度 [time] integrated intensity 04.1879

时间平均全息术 time-averaged holography 04.1170

时间平移 time displacement, time translation 06.0378

时间相干性 temporal coherence 04.0657

时间响应 time response 04.1759

时间延缓 time dilation 06.0059

时空 spacetime 06.0009

时空点 spacetime point 06.0023

时空对称性 spacetime symmetry 09.0878

时空反演 spacetime inversion, spacetime reversal 09.0848

时空关联 spacetime correlation 05.0562

时空光学 spacetime optics 04.0021

时空几何 spacetime geometry 06.0183

时空均匀性 homogeneity of spacetime, uniformity of spacetime 06.0010

时空连续统 spacetime continuum 06.0071

时空流形 spacetime manifolds 06.0072

时空曲率 curvature of spacetime 06.0200

时空图 spacetime diagram 06.0075

时空拓扑 topology of spacetime 06.0217

时空坐标 spacetime coordinates 06.0074

时温转变图 time-temperature-transformation diagram 08.0290

时效沉积 age-deposition 08.0523

时效硬化 age-hardening 08.0522

时谐波　time-harmonic wave　03.0338

时谐光波　time-harmonic light wave　04.0344

时序[乘]积　chronological product　05.0610

实时全息术　real-time holography　04.1171

实物　real object　04.0123

实象　real image　04.0124

实验　experiment　01.0053

实验室[坐标]系　laboratory [coordinate] system　02.0222

实验物理[学]　experimental physics　01.0003

实验 Q 值　experimental Q-value　09.0319

实座　filled site　05.0960

矢积　vector product　01.0033

矢量　vector　01.0032

矢量 d　vector d　08.1462

矢量玻色子　vector boson　09.0899

矢量场　vector field　09.0682

矢量介子　vector meson　09.0904

矢量流　vector current　09.0683

矢量模型　vector model　06.0302

矢量耦合　vector coupling　09.0684

CG 矢量耦合系数　Clebsch-Gordan vector coupling coefficient　06.0461

*CG[矢耦]系数　Clebsch-Gordan vector coupling coefficient　06.0461

矢势　vector potential　03.0213

始现电势　appearence potential　08.1357

始现电势谱学　appearence potential spectroscopy, APS　08.1358

示波器　oscillograph, oscilloscope　03.0478

示零器　null indicator　03.0456

世界管　world tube　06.0025

世界线　world line　06.0024

事件　event　06.0022

[事件]间隔　interval of events　06.0027

事件排序　ordering of events　06.0026

事件视界　event horizon　06.0241

势　potential　02.0118

*LJ 势　LJ potential　05.0412

势函数　potential function　02.0121

势脊　potential ridge　07.0164

势阱　potential well　06.0417

势垒　potential barrier　06.0418

势垒穿透　barrier penetration　06.0419

势能　potential energy　02.0120

势能面　potential energy surface　09.0465

势散射　potential scattering　09.0354

势形共振　shape resonance　07.0103

适暗视觉　scotopic vision　04.0500

适亮视觉　photopic vision　04.0499

适应[能力]　adaptation　04.0484

视差　parallax　04.0382

视场　viewing field, field of view　04.0271

视场光阑　field stop, view stop　04.0277

视场角　field angle　04.0273

视角　viewing angle　04.0272

视界　horizon　06.0240

视界面积　area of horizon　06.0243

视觉　vision　04.0479

视觉函数　vision function　04.0367

视觉敏锐度　[visual] acuity　04.0483

视觉暂留　persistence of vision, visual persistence　04.0497

视频带宽　video bandwidth　04.1203

视网膜　retina　04.0481

视线　line of sight　04.0270

视直径　visual diameter　04.0288

试探粒子　test particle　10.0128

收敛限　convergence limit　04.1342

收缩模型　contracting model　09.1138

*手性　chirality　08.1176

手征场　chiral field　09.0613

手征对称性　chiral symmetry　09.0617

手征荷　chiral charge　09.0614

手征化合物　chiral compound　07.0094

手征粒子　chiral particle　09.0616

手征流　chiral current　09.0615

手征丝状相　chiral nematic phase　08.1177

手征性　chirality　08.1176

守恒律　conservation law　01.0074

守恒矢量流　conserved vector current, CVC　09.0871

舳[击]波　bow shock　10.0441

守恒轴矢流　conserved axial current, CAC　09.0872

受导波　guided wave　04.1663

受激布里渊散射　stimulated Brillouin scattering
04.1800

受激导电　stimulated conduction　10.0055

受激发射　stimulated emission　06.0316

受激辐射　stimulated radiation　04.1489

受激拉曼散射　stimulated Raman scattering
04.1799

受激吸收　stimulated absorption　06.0317

受控热核聚变　controlled thermonuclear fusion
10.0335

受迫光散射　forced light scattering　04.1815

受迫振动　forced vibration　02.0173

受驱振荡　driven oscillation　07.0115

受驱阻尼振子　driven damped oscillator　04.1915

受扰角关联　perturbed angular correlation　09.0176

受抑全反射　frustrated total reflection, suppressed
total reflection　04.0815

受主　acceptor　08.0590

受主电离能　acceptor ionization energy　08.0600

受主浓度　acceptor density　08.0597

* 倏逝波　evanescent wave　04.0614

输出　output　03.0500

输入　input　03.0499

输运方程　transport equation　05.0487

输运现象　transport phenomenon　05.0488

舒布尼科夫－德哈斯效应　Shubnikov-de Haas effect
08.1156

* 舒布尼科夫群　Shubnikov group　08.0155

疏散星团　open cluster　09.1160

疏失误差　blunder error　01.0103

鼠夹装置　mousetrap apparatus　08.1648

树[图]　tree [diagram]　09.0744

树图近似　tree [diagram] approximation　09.0674

束箔光谱学　beam-foil spectroscopy　04.1427

束－等离[子]体不稳定性　beam-plasma instability
10.0282

束缚波　bound wave　10.0215

束缚电荷　bound charge　03.0112

束缚电子　bound electron　03.0173

束缚－束缚激光器　bound-bound laser　04.1707

束缚态　bound state　06.0333

束缚－自由激光器　bound-free laser　04.1708

束宽[度]　beam width　04.1566

束流冷却　beam cooling　09.1075

束流强度　beam intensity　09.0343

束强比　beam ratio　04.1111

束助脱附　beam-assisted desorption　08.1289

c 数　c-number　06.0349

f 数　f-number　04.0256

q 数　q-number　06.0350

数据　data　01.0092

数据采集　data acquisition　04.1045

数据处理　data processing　01.0093

数据光滑[化]　data smoothing　01.0143

数据容量　data capacity　04.1046

数据舍弃　rejection of data　01.0140

数理物理[学]　mathematical physics　01.0008

* 数学摆　mathematical pendulum　02.0131

数值孔径　numerical aperture　04.0255

数字多用表　digital multimeter　03.0440

数字伏特计　digital voltmeter　03.0436

数字计时器　digital timer　02.0537

数字频率计　digital frequency meter　03.0444

数字全息图　digital hologram　04.1163

衰变　decay　09.0087

α 衰变　α-decay　09.0088

β 衰变　β-decay　09.0089

γ 衰变　γ-decay　09.0090

衰变不稳定性　decay instability　10.0324

衰变产物　decay product　09.0345

衰变常量　decay constant　09.0096

衰变定律　decay law　09.0093

衰变方式　decay modes　09.0699

衰变分支比　decay fraction　09.0726

衰变纲图　decay scheme　09.0098

衰变宽度　decay width　09.0727

衰变链　decay chain　09.0097

衰变率　decay rate　09.0092

衰变能　decay energy　09.0099

衰减波　decaying wave　04.0781

衰减常量　attenuation constant　03.0355

衰减器　attenuator　03.0529

衰减全反射　attenuated total reflection, ATR
04.0814

衰减系数　attenuation coefficient　09.0187

* 衰逝波　evanescent wave　04.0614

双凹透镜　biconcave lens, double concave lens　04.0135

双臂谱仪　double-arm spectrometer　09.1082

双侧约束　bilateral constraint　02.0313

双层　double layer　08.1251

双掺[杂]激光器　double-doped laser　04.1690

双程单色仪　double-pass monochromator　04.1312

双重线　doublet　04.1344

双重星系　double galaxy　09.1144

双等离[子]体源　douplasmatron　10.0037

双电子复合　dielectronic recombination　07.0131

双分子复合　bimolecular recombination　08.1116

双峰势垒　double-humped barrier　09.0470

双缝干涉　double-slit interference　04.0834

双缝衍射　double-slit diffraction　04.0678

双共振　double-resonance　04.1936

双关共振　dual resonance　09.0793

双关模型　dual model　09.1059

双[光]束干涉　double-beam interference　04.0833

双[光]束干涉测量术　two-beam interferometry　04.0847

双光栅摄谱仪　dual-grating spectrograph　04.1314

双光子吸收　two-photon absorption　04.1802

*双光子相干态　two photon coherent state　04.1909

双荷子　dyon　09.1002

双荷子偶素　dyonium　09.1004

双合透镜　doublet　04.0149

双幻核　double-magic nucleus　09.0235

双极化子　bipolaron　08.1394

双极扩散　ambipolar diffusion　10.0139

双极扩散系数　ambipolar diffusion coefficient　08.0640

双极[漂移]迁移率　ambipolar [drift] mobility　08.0641

双焦透镜　bifocal lens　04.0145

双局域算符　bilocal operator　09.0756

双举过程　double inclusive process　09.0708

双聚焦谱仪　double-focusing.spectrometer　09.0580

双夸克　diquark　09.0970

双粒子格林函数　two-particle Green function　05.0601

双粒子隧穿　two particle tunneling　08.1549

双流不稳定性　two-stream instability　10.0280

双麦克斯韦分布　bi-Maxwellian distribution　10.0118

双目视觉　binocular vision　04.0488

双目望远镜　binocular telescope　04.0424

双频激光器　two-frequency laser　04.1723

双腔激光器　dual-cavity laser　04.1712

双轻子　bilepton　09.0916

双曲脐[型突变]　hyperbolic umbilic　05.0820

双生子伴谬　twin paradox　06.0060

双时格林函数　double-time Green function　05.0600

双束分光光度计　double-beam spectrophotometer　04.1315

双 β 衰变　double β-decay　09.0131

双探针　twin probe　10.0429

双逃逸峰　double-escape peak　09.0549

双凸透镜　biconvex lens, double convex lens　04.0136

双椭圆腔　double-elliptical cavity　04.1577

双微分截面　double-differential cross-section　09.0334

双稳性　bistability　07.0152

双线性耦合　bilinear coupling　09.0755

双象棱镜　double-image prism　04.0102

双芯簇射　double-core shower　09.1083

双性杂质　amphoteric impurity　08.0608

双异旋光　bi-rotation　04.1002

双栅场效[应]管　double-gate field effect transistor, double-gate FET　08.0753

双折射　birefringence　04.0726

双轴晶体　biaxial crystal　04.0738

双锥[形]会切　biconical cusp　10.0367

双 μ[子]　dimuon　09.0928

双重子　dibaryon　09.0911

水合能　hydration energy　07.0133

水龙带不稳定性　[fire-]hose instability, [garden-]hose instability　10.0266

水平对称性　horizontal symmetry　09.0811

水热法生长　hydrothermal growth　08.0260

水溶液生长　aqueous solution growth　08.0261

水准器　level　02.0524

瞬发中子　prompt neutron　09.0462

瞬时螺旋轴　instantaneous screw axis　02.0266

瞬时速度　instantaneous velocity　02.0019

*瞬态运动　transient motion　02.0190

瞬子　instanton　09.1014

顺磁波子　paramagnon　08.0971

顺磁弛豫　paramagnetic relaxation　08.1060

顺磁磁化率　paramagnetic susceptibility　08.0937

顺磁绝热退磁　paramagnetic adiabatic demagnetization　08.1589

顺磁性　paramagnetism　03.0246

顺电共振　paraelectric resonance　08.0838

顺电性　paraelectricity　08.0837

斯莱特行列式　Slater determinant　06.0469

斯梅尔马蹄　Smale horseshoe　05.0880

*斯涅耳定律　Snell law　04.0063

斯氏石英　stishovite　08.1684

斯塔克分裂　Stark splitting　04.1369

斯塔克[谱线]增宽　Stark broadening　04.1402

斯塔克效应　Stark effect　07.0042

斯特藩－玻尔兹曼定律　Stefan-Boltzmann law　05.0385

斯特藩常量　Stefan constant　05.0386

斯特林循环　Stirling cycle　08.1576

斯特鲁金斯基方法　Strutinsky method　09.0469

斯托克迈耶势　Stockmayer potential　05.0414

斯托克斯频移　Stokes shift　04.1377

斯托克斯线　Stokes line　04.1371

撕裂不稳定性　tearing instability　10.0290

撕裂模　tearing mode　10.0229

丝极　filament　03.0492

丝状不稳定性　filamentary instability, filamentation instability　10.0296

丝状相　nematic phase　08.1175

死层　dead layer　08.1255

死时间　dead time　09.0512

四波混合　four-wave mixing　04.1808

四费米子相互作用　four-fermion interaction　09.0801

四极辐射　quadrupole radiation　04.1487

四极矩　quadrupole moment　03.0052

四极振动　quadrupole vibration　09.0261

四极质谱仪　quadrupole mass spectroscope　08.1366

四极子　quadrupole　03.0051

四角晶系　tetragonal system　08.0104

四面体群　tetrahedral group　08.0139

四面体装置　tetrahedral apparatus　08.1636

四能级系统　four-level system　04.1645

*四色图　four-color image　04.1064

四维动量　four-momentum　06.0110

四维加速度　four-acceleration　06.0108

四维力　four-force　06.0109

四维流[密度]　four-current [density]　06.0111

四维时空　four dimensional spacetime　06.0073

四维矢量　four-vector　06.0104

四维速度　four-velocity　06.0107

四维张量　four-tensor　06.0105

四圆衍射仪　four-circle diffractometer　08.0184

四轴坐标系　four-axis coordinate system　08.0096

*松原函数　Matsubara function　05.0598

速度　velocity　02.0016

速度[的]分解　resolution of velocity　02.0147

速度[的]合成　composition of velocities　02.0144

速度共振　velocity resonance　02.0186

速度空间　velocity space　05.0332

*速度约束　constraint of velocity　02.0318

速率　speed　02.0017

速失方式　fast turn-off mode　08.1240

速调管　klystron　03.0530

塑性　plasticity　02.0427

塑性晶体　plastic crystal　08.0309

塑性形变　plastic deformation　02.0428

算法复杂性　algorithm complexity　05.1015

算符　operator　06.0351

算符代数　operator algebra　09.0830

算符缩并　contraction of operators　05.0613

算术平均　arithmetic mean　01.0117

随机光学存取　random optical access　04.1194

随机几何学　stochastic geometry　08.0336

随机矩阵　stochastic matrix　05.0793

随机量子化　stochastic quantization　09.0852

随机误差　stochastic error　01.0099

随遇平衡　indifferent equilibrium　02.0161

碎裂反应　fragmentation reaction　09.0619

隧道二极管　tunnel diode　08.0736

隧道结　tunnel junction　08.1551

隧道效应 tunnel effect 06.0420

缩并 contraction 06.0188

缩微象存储 microimage storage 04.1098

缩微照片 microphoto[graph] 04.1097

缩微照相术 micro[photo]graphy 04.1095

索末菲参量 Sommerfeld parameter 09.0412

索末菲椭圆轨道 Sommerfeld elliptic orbit 06.0314

索宁多项式 Sonine polynomial 05.0480

锁定放大器 lock-in amplifier 03.0513

锁定转变 lock-in transition 08.1400

锁模 mode locking 04.1600

锁频 frequency-locking 05.0910

锁相 phase-locking 05.0909

锁相激光器 phase-locking laser 04.1628

T

塔尔博特效应 Talbot effect 04.0865

塔姆[表面]能级 Tamm [surface] energy level 08.1315

台阶表面 ledge surface 08.1267

台阶结构 ledge structure 08.1268

台面台阶扭折结构 terrace-ledge-kink structure, TLK structure 08.1266

台球问题 billiard ball problem 05.0927

太阳风 solar wind 10.0440

太阳能电池 solar cell 03.0416

态 state 05.0095

ABM 态 Anderson-Brinkman-Morel state, ABM state 08.1463

BW 态 Balian-Werthamer state, BW state 08.1464

g 态 gerade state, g-state 07.0073

u 态 ungerade state, u-state 07.0072

态变量 state variable 05.0096

态叠加原理 principle of superposition of states 06.0347

态函数 state function 05.0146

态际组合线 intercombination line 04.1347

态空间 state space 05.0832

态密度 density of states 05.0327

坍缩 collapse 09.1131

坍[缩恢]复现象 collapses-revivals 04.1925

坍缩星 collapsar 09.1130

弹光系数 elasto-optic coefficient 04.0984

弹光效应 elasto-optic effect 08.1153

弹簧秤 spring balance 02.0514

弹跳 bounce 10.0081

弹跳频率 bounce frequency 10.0082

弹性 elasticity 02.0425

弹性道 elastic channel 09.0729

弹性后效 elastic after-effect 08.0531

弹[性]力 elastic force 02.0074

弹性模量 elastic modulus, modulus of elasticity 08.0528

弹性能 elastic energy 08.0529

弹性碰撞 elastic collision 02.0225

弹性散射 elastic scattering 06.0436

弹性散射截面 elastic scattering cross-section 09.0326

弹性体 elastic body 02.0426

弹性应力 elastic stress 08.0527

弹性转矩密度 elastic torque density 08.1223

弹性自由焓 elastic free enthalpy 08.0833

碳弧灯 carbon arc lamp 04.1308

探测 detection 09.0528

探测波 probing wave 04.1796

探测灵敏度 detection sensitivity 09.0531

探测器 detector 09.0529

探测器分辨率 detector resolution 09.1081

探测效率 detection efficiency 09.0530

探察线圈 search coil 03.0463

探针技术 probe technique 08.1656

汤川势 Yukawa potential 09.0067

汤川相互作用 Yukawa interaction 09.0869

汤姆孙散射 Thomson scattering 10.0176

汤姆孙效应 Thomson effect 08.0622

逃逸深度 escape depth 08.1338

逃逸速度 velocity of escape 02.0201

特定相 specific phase 05.0282

特快中子 ultrafast neutron 09.0431

特斯拉计 teslameter 03.0461

特性函数 characteristic function 05.0147

特异波 peculiar wave 10.0223

特征标 character 08.0148

特征标表 character table 08.0149

特征光谱 characteristic spectrum 04.1361

特征 X 射线 characteristic X-ray 09.0136

梯度展开 gradient expansion 05.0571

梯图 ladder diagram 05.0635

梯图近似 ladder approximation 09.0820

锑化铟 indium antimonide, InSb 08.0676

体斥效应 excluded volume effect 08.0412

体电荷密度 volume charge density 03.0010

体积 volume 01.0022

体积弹性模量 bulk modulus 08.0226

体积能 volume energy 09.0044

体膨胀率 volume expansivity 05.0052

体全息图 volume hologram 04.0765

体色 body color 04.0536

体视镜 stereoscope 04.0448

体视望远镜 relief telescope, stereo-telescope, tele-stereoscope 04.0421

体视效应 stereoscopic effect 04.0503

*体弹模量 bulk modulus 08.0226

体吸收 bulk absorption 04.1245

体心格 body-centered lattice 08.0082

*体胀系数 volume expansion coefficient 05.0052

替代[式]无序 substitutional disorder 08.0304

天平 balance 02.0511

天然放射性 natural radioactivity 09.0078

*天体等离体 astrophysical plasma 10.0045

天体光谱学 astrospectroscopy 04.1424

天体物理[学] astrophysics 01.0009

天体物理学等离[子]体 astrophysical plasma 10.0045

天体照相术 celestial photography 04.0428

天文单位 astronomical unit, AU 09.1125

天文光学 astronomical optics 04.0011

天文望远镜 astronomical telescope 04.0423

天线 antenna 03.0386

天线阵 antenna array 03.0388

填隙式合金 interstitial alloy 08.0485

条纹衬比度 fringe contrast 04.0836

条纹可见度 fringe visibility 04.0837

调 Q Q-modulation 04.1598

调幅 amplitude modulation 04.1009

调幅光 amplitude modulated light 04.1011

调焦 focusing 04.0163, accommodation 04.0482

调节 adjustment 01.0084

调频激光器 frequency modulation laser 04.1599

调相 phase modulation 04.1010

调制不稳定性 modulational instability 10.0322

调制掺杂 modulation doping 08.0711

调制传递函数 modulation transfer function 04.1040

调制[光]谱学 modulation spectroscopy 04.1431

调制相 modulation phase 08.1414

跳跃电导性 hopping conductivity 08.0629

铁磁玻璃 ferromagnetic glass 08.0330

铁磁波子 ferromagnon 08.0972

铁磁共振 ferromagnetic resonance, FMR 08.1051

铁磁居里点 ferromagnetic Curie point 08.0994

铁磁相变 ferromagnetic phase transition 05.0643

铁磁性 ferromagnetism 03.0248

铁电畴 ferroelectric domain 08.0849

铁电畴壁 ferroelectric domain wall 08.0850

铁电传感器 ferroelectric sensor, ferroelectric transducer 08.1161

铁电软模 ferroelectric soft mode 08.0853

铁电隧道模 ferroelectric tunnel mode 08.0855

铁电体 ferroelectrics 03.0117

铁电铁磁体 ferroelectric ferromagnet 08.0860

铁电维度模型 ferroelectric dimension model 08.0862

铁电相变 ferroelectric phase transition 08.0852

铁电性 ferroelectricity 03.0116

[铁]电滞回线 ferroelectric hysteresis loop 08.0843

铁素体 ferrite 08.0516

铁损 iron loss 08.1025

铁弹畴 ferroelastic domain 08.0859

铁弹体 ferroelastics 08.0856

铁弹性 ferroelasticity 08.0535

铁性体 ferroic 08.0863

铁氧体 ferrite 08.1069

停表 stop watch 02.0536

通道间［相］互作用 interchannel interaction 07.0123

通道内［相］互作用 intrachannel interaction 07.0124

通向混沌之路 route to the chaos 05.0877

通行粒子 transit particle 10.0164

通行香蕉［形轨道］ transit banana 10.0166

瞳孔 pupil 04.0480

同步 synchronization 05.0908

同步辐射形貌术 synchrotron radiation topography 08.0200

同步回旋加速器 synchrocyclotron 09.0592

同步加速器 synchrotron 09.0590

同步［加速器］辐射 synchrotron radiation 09.0591

同步脉冲全息术 synchronous pulsed holography 04.1176

同步稳相加速器 synchrophasotron 09.0593

同步吸收逆过程 inverse synchrotron absorption 10.0174

同步［性］ synchronism 06.0050

同成分熔化 congruent melting 08.0499

同传波 copropagating waves 04.0779

同核分子 homonuclear molecule 07.0154

［同］核异能素 isomer 09.0018

同核异能素岛 island of isomerism 09.0170

同极电荷 homocharge 08.0864

*同科电子 equivalent electron 07.0027

同量异位素 isobar 09.0017

同时事件 simultaneous events 06.0056

同时性 simultaneity 06.0057

同时性的相对性 relativity of simultaneity 06.0058

同宿点 homoclinic point 05.0855

同宿轨道 homoclinic orbit 05.0857

同位素 isotope 09.0015

同位素丰度 isotopic abundance 09.0225

同位素效应 isotope effect 08.1479

同位素移位 isotope shift 07.0064

同位旋 isobaric spin, isospin, isotopic spin 09.0070

同位旋多重态 isospin multiplet 09.0072

同位旋空间 isospin space 09.0071

同位旋相似态 isospin analog state 09.0073

同系对 homologous pair 04.1365

同系光线 homologous ray 04.0350

同相［位］ in-phase 04.0790

同［向］自旋配对态 equal-spin-pairing state，ESP state 08.1461

同消色线 isogyre 04.0976

同心光束 concentric beam, homocentric beam 04.0351

同心透镜 concentric lens 04.0146

同形置换法 isomorphous replacement 08.0190

同质结 homojunction 08.0717

同质结激光器 homojunction laser 04.1699

同质外延 homoepitaxy 08.0715

同质异能移位 isomer shift 08.1054

同中子［异位］素 isotone 09.0016

同轴全息术 in-line holography 04.1118

同轴线 coaxial cable 03.0526

同轴型探测器 coaxial type detector 09.0536

桶形畸变 barrel distortion 04.0312

筒镜分析器 cylindrical mirror analyzer 08.1346

统计蜂房［格］ statistical honeycomb [lattice] 08.0346

统计光学 statistical optics 04.0007

统计规律性 statistical regularity 05.0271

统计力学 statistical mechanics 05.0257

统计平衡 statistical equilibrium 05.0272

统计平均 statistical average 05.0294

统计权重 statistical weight 05.0273

统计势 statistical potential 05.0324

统计算符 statistical operator 05.0298

统计物理［学］ statistical physics 05.0256

统计误差 statistical error 01.0101

统一场论 unified field theory 09.1028

投影 projection 04.0462

投影算符 projection operator 05.0532

投影物镜 projection objective 04.0464

投影象 projection image 04.0463

投影仪 projector 04.0261

［投］掷角散射 pitch-angle scattering 10.0138

透镜 lens 04.0130

透镜公式 lens formula 04.0157

透镜谱仪　lens spectrometer　09.0581

透镜中心　lens center　04.0156

透镜组　lens combination, combination of lenses　04.0185

透明度　transparency　04.1251

透明性　transparency　04.1250

透射　transmission　04.0807

透射比　transmittance　04.0468

透射比曝光量曲线　transmittance-exposure curve　04.0586

透射光栅　transmission grating　04.0695

透射率　transmissivity　04.0609

透射全息图　transmission hologram　04.1128

透射系数　transmission coefficient　04.0808

凸面镜　convex mirror　04.0089

凸透镜　convex lens　04.0133

突变　catastrophe　05.0811

Q 突变　Q-spoiling　04.1613

突变集合　ensemble de catastrophes(法)　05.0810

突变结　abrupt junction　08.0652

突变异质结　abrupt heterojunction　08.0721

突弹跳变　snap-through　05.0812

突跳　jump　05.0813

CMA 图　CMA diagram, Clemmov-Mullaly-Allis diagram　10.0179

*3T 图　3T diagram　08.0290

图解法　graphical method　01.0149

图解规则　diagram rule　05.0615

图解展开　graphical expansion　05.0614

图象编码　image encoding　04.1080

图象变换　image transform　04.1089

图象变形　anamorphose　04.0399

图象变形法　anamorphosis　04.0400

图象重建　image reconstruction　04.1085

图象处理　image processing　04.1078

图象存储　image storage　04.1090

图象复原　image restoration　04.1086

图象劣化　image degradation　04.1077

图象模糊　image blurring　04.1071

图象清晰度　image definition　04.1076

图象去模糊　image deblurring　04.1084

图象数字化　image digitization　04.1079

图象相减　image subtraction　04.1088

图象增强　image enhancement　04.1082

图象转换　image conversion　04.1081

图象综合　image synthesis　04.1087

图形部分求和　partial summation of diagrams　05.0628

钍系　thorium series　09.0113

湍动击波　turbulent shock　10.0239

湍动加热　turbulent heating　10.0419

湍动谱　turbulent spectrum　10.0326

湍流　turbulence, turbulent flow　02.0484

湍流阻力　turbulent resistance　02.0485

推迟格林函数　retarded Green function　05.0595

推迟势　retarded potential　03.0369

推迟效应　retarded effect　03.0370

推广　generalization　01.0070

推理　reasoning　01.0067

推转模型　cranking model　09.0217

*蜕变　disintegration　09.0087

褪色　discoloration　04.1961

退磁　demagnetization　08.1014

退磁因数　demagnetization factor　08.1018

退[定]相　dephasing　04.1846

退[定]相时间　dephasing time　04.1772

退定域　delocalization　08.0425

退定域键　delocalized bond　07.0126

退火　annealing　08.0518

退激[发]　deexcitation　09.0219

退极化　depolarization　03.0095

退极化因子　depolarization factor　03.0096

退禁闭　deconfinement　09.0787

退耦参量　decoupling parameter　09.0288

退耦带　decoupled band　09.0287

退偏振　depolarization　04.0949

退守物　defender　05.0982

退稳　destabilization　10.0297

托卡马克　tokamak　10.0383

托马斯－费米－狄拉克模型　Thomas-Fermi-Dirac model　08.0796

托马斯－费米模型　Thomas-Fermi model　08.0795

[托姆]突变论　[Thom] catastrophe theory　05.0809

脱附　desorption　08.1288

脱溶[作用] precipitation 08.0507

脱色 decoloration 04.1960

脱逸电子 runaway electron 10.0137

陀螺 top 02.0281

陀螺仪 gyroscope 02.0282

椭[球]面镜 ellipsoidal mirror 04.0408

椭球腔 ellipsoidal cavity 04.1575

椭圆偏振 elliptic polarization 04.0718

椭[圆]偏[振]测量术 ellipsometry 04.0989

椭[圆]偏[振]计 ellipsometer 04.0988

椭圆脐[型突变] elliptic umbilic 05.0821

椭圆余弦波 cnoidal wave 05.0827

椭圆柱面腔 elliptical cylindrical cavity 04.1576

拓扑变换 topological transformation 08.0398

拓扑度 topological degree 05.0914

拓扑度定理 theorem of topological degree 05.0915

拓扑共轭映射 topological conjugate mapping 05.0841

拓扑孤子 topological soliton 09.0868

拓扑荷 topological charge 09.0867

拓扑截面 topological cross-section 09.0672

拓扑奇点 topological singularity 08.0401

拓扑缺陷 topological defect 08.0395

拓扑熵 topological entropy 05.0891

拓扑维数 topological dimension 05.0936

拓扑无序 topological disorder 08.0306

拓扑[性]相变 topological phase transition 05.0736

拓扑[性]元激发 topological elementary excitation 05.0735

拓扑序 topological order 08.1420

W

瓦时计 watthour meter 03.0442

瓦特计 wattmeter 03.0441

外差全息图 heterodyne hologram 04.1159

外尔张量 Weyl tensor 06.0207

外反射 external reflection 04.0080

外赋半导体 extrinsic semiconductor 08.0581

外赋吸收 extrinsic absorption 04.1419

外力 external force 02.0216

外斯分子场 Weiss molecular field 08.0993

外推 extrapolation 01.0091

外推射程 extrapolated range 09.0483

外延 epitaxy 08.0707

外延沉积 epitaxial deposition 08.0714

外[延]曲率 extrinsic curvature 06.0208

外晕 outer halo 09.0720

外锥折射 external conical refraction 04.0973

弯电效应 flexoelectric effect 08.1215

弯键 bent bond 07.0083

弯曲 bending 02.0440

弯曲时空 curved spacetime 06.0162

弯[曲]应变 bending strain 02.0442

弯[曲]应力 bending stress 02.0441

弯月[形]透镜 meniscus lens 04.0139

完全非弹性碰撞 perfect inelastic collision 02.0227

完全抗磁性 perfect diamagnetism 08.1471

完全气体 perfect gas 05.0033

[完]全熔合 complete fusion 09.0415

完全相干光 completely coherent light 04.0896

完全相干性 full coherence 04.0664

完全性关系 completeness relation 07.0053

完整系 holonomic system 02.0317

完整约束 holonomic constraint 02.0316

碗形分子液晶 bowlic liquid crystal 08.1185

万尼尔函数 Wannier function 08.0807

万有引力 universal gravitation 06.0151

万有引力定律 law of universal gravitation 02.0078

网络 network 03.0162

网络调节物 network modifier 08.0391

网络维数 network dimensionality 08.0378

网络形成物 network former 08.0390

往返增益 round-trip gain 04.1544

望远镜 telescope 04.0245

望远镜探测器 telescope detector 09.0553

威耳逊云室 Wilson cloud chamber 09.0542

威克定理 Wick theorem 05.0607

微波 microwave 03.0333

微波背景辐射 microwave background radiation

06.0254

微波感生台阶　microwave-induced step　08.1555

微波激射　maser　08.1137

微波激射器　maser　08.1138

微波诊断　microwave diagnostics　10.0423

微磁学　micromagnetics　08.1036

微电子学　microelectronics　08.0730

微分截面　differential cross-section　09.0333

微分散射截面　differential scattering cross-section
　02.0199

*微分约束　differential constraint　02.0318

微观不稳定性　microinstability　10.0251

微观过程　microprocess　09.0644

微观截面　microscopic cross-section　09.0337

微观可逆性　microscopic reversibility　05.0265

微观粒子　microscopic particle　06.0283

[微观粒子]全同性原理　identity principle [of micro-
　particles]　06.0466

微观量　microscopic quantity　05.0261

微观世界　microworld　09.0645

微观态　microscopic state　05.0260

微观因果性　microcausality　09.0643

微光成象　low-light-level imaging　04.0447

微结构　microstructure　08.0021

微晶模型　microcrystalline model　08.0320

微晶[体]　microcrystal, crystallite　08.0040

微聚变　microfusion　10.0403

微夸克　wee quark　09.0975

微粒说　corpuscular theory　04.0030

微裂纹萌生　microcrack initiation　08.0560

微缺陷　microdefect　08.0692

微扰　perturbation　06.0412

微扰论　perturbation theory　06.0413

微扰势　perturbing potential　06.0416

微塑性　microplasticity　08.0544

微通道板　microchannel plate　09.0554

微透镜屏　lenticular screen　04.1219

微正则分布　microcanonical distribution　05.0307

微正则系综　microcanonical ensemble　05.0306

危机　crisis　05.0900

韦尔代常数　Verdet constant　04.1005

韦尔斯家族树　Wells family tree　05.0707

韦斯科普夫单位　Weisskopf unit　09.0234

唯象关系　phenomenological relation　05.0243

唯象理论　phenomenological theory　01.0052

唯象输运方程　phenomenological transport equation
　05.0244

唯一型禁戒跃迁　unique forbidden transition
　09.0151

唯一性定理　uniqueness theorem　03.0084

维德曼－弗兰兹定律　Wiedemann-Franz law
　05.0508

维恩公式　Wien formula　05.0389

维恩位移律　Wien displacement law　05.0390

维格纳分布函数　Wigner distribution function
　05.0587

维格纳格[点]　Wigner lattice　08.1412

维格纳－塞茨单胞　Wigner-Seitz unit cell
　08.0090

维格纳阈值定律　Wigner threshold law　07.0142

维间跨接　dimension crossover　05.0978

*维里　virial　02.0346

*维里定理　virial theorem　02.0347

*维里系数　virial coefficient　05.0049

n维矢量模型　n-vector model　05.0726

维数不变量　dimensionality invariant　05.0979

维数约化　dimensional reduction　09.0790

维数正规化　dimensional regularization　09.0791

*伪态　spurious state　09.0623

*伪线　spurious line　04.1328

*伪象　spurious image　04.0446

尾迹波　trailing wave　10.0231

尾隆不稳定性　bump-in-tail instability　10.0277

未激发自由度　unexcited degree of freedom
　05.0368

未来　future　06.0079

味　flavor　09.0798

味对称性　flavor symmetry　09.0800

味空间　flavor space　09.0799

位错　dislocation　08.0242

位错堆积　pile-up of dislocations　08.0243

位错割阶　jog of dislocation　08.0244

位错滑移　slip of dislocation　08.0252

位错扭折　kink of dislocation　08.0245

位错攀移　climb of dislocation　08.0253

*位力　virial　02.0346

位力定理 virial theorem 02.0347
位力系数 virial coefficient 05.0049
位力展开 virial expansion 05.0407
* 位矢 position vector 02.0009
* 位相 phase 02.0179
位形 configuration 05.0395
位形积分 configuration integral 05.0396
位形空间 configuration space 05.0274
位形熵 configuration entropy 08.0450
位移 displacement 02.0010
位移电流 displacement current 03.0276
位移共振 displacement resonance 02.0185
位移极化 displacement polarization 03.0100
位移律 displacement law 04.1349
位置表象 position representation 06.0389
位置色差 chromatism of position 04.0320
位置矢量 position vector 02.0009
* 位置约束 constraint of position 02.0316
温标 thermometric scale 05.0007
温差电堆 thermopile 03.0187
温差电偶 thermocouple 03.0186
温差电偶真空规 thermocouple [vacuum] gauge 05.0087
温差电效应 thermoelectric effect 03.0185
温度 temperature 05.0005
温度倒数 inverse temperature 05.0317
温度格林函数 temperature Green function 05.0598
温度计 thermometer 05.0067
温度敏感器件 temperature sensor 08.0761
温序[乘]积 temperature-ordered product 05.0626
纹影法 schlieren method 04.0942
纹影织构 schlieren texture 08.1197
稳定比 stabilization ratio 04.1531
稳定岛 island of stability 09.0041
稳定[共振]腔 stable resonator 04.1525
稳定核 stable nucleus 09.0111
稳定化 stabilization 10.0298
稳定粒子 stable particle 09.0894
稳定平衡 stable equilibrium 02.0158
β稳定线 β-stability line 09.0032
稳定性 stability 02.0157
稳定性理论 stability theory 05.0750

稳定性判据 stability criterion 02.0162
稳定性图 stability diagram 04.1527
稳流电源 stabilized current supply 03.0421
稳频 frequency stabilization 04.1626
稳频激光器 frequency stabilized laser 04.1627
稳相加速器 phasotron 09.1115
稳压电源 stabilized voltage supply 03.0420
稳压二极管 voltage stabilizing diode 08.0734
FPU 问题 FPU problem, Fermi-Pasta-Ulam problem 05.0988
涡[电]流 eddy current 03.0285
涡度 vorticity 08.1418
涡流 eddy current 02.0487
涡流损耗 eddy current loss 03.0286
涡线 vortex line 02.0489
涡线对 vortex pair 08.1417
涡旋 vortex 02.0488
涡旋结构 vortex structure 08.1507
沃尔什变换 Walsh transform 04.1214
沃尔泰拉过程 Volterra process 08.1189
沃拉斯顿棱镜 Wollaston prism 04.0746
沃罗努瓦多面体 Voronoi polyhedron 08.0343
沃罗努瓦分割 Voronoi division 08.0356
沃罗努瓦泡沫 Voronoi froth 08.0344
乌尔夫网 Wulff net 08.0160
乌泽尔算法 Ursell algorithm 05.0405
屋脊棱镜 roof prism 04.0104
无定向磁强计 astatic magnetometer 08.1078
无辐射跃迁 radiationless transition 07.0167
无功电流 reactive current 03.0314
无功功率 reactive power 03.0316
无公度相 incommensurate phase 08.1402
无关参量 irrelevant parameter 05.0697
无关性 independence 09.0628
无规电阻网络 random resistor network 08.0414
无规叠栅条纹 random moiré fringe 04.0874
无规混合近似 random mixing approximation 05.0655
无规密堆积 dense random packing, random close packing, RCP 08.0334
无规网络 random network 08.0332
无规线团模型 random coil model 08.0335
无规相位 random phase 04.0794

X

吸收长度　absorption length　09.0713

吸收带　absorption band　04.1287

吸收度　absorbance　04.1248

吸收峰　absorption peak　04.1292

吸收光谱　absorption spectrum　04.1291

吸收盒　absorption cell　04.1316

吸收截面　absorption cross-section　09.0379

吸收率　absorptivity　04.1247

吸收损耗　absorption loss　04.1500

吸收系数　absorption coefficient　04.1249

吸收限　absorption edge, absorption limit　04.1415

吸收线　absorption line　04.1285

吸收校正　absorption correction　08.0178

吸收[型]光双稳器　absorptive optical bistability　04.1823

吸收[型]全息图　absorption hologram　04.1132

吸引　attraction　02.0081

吸引力　attractive force, attraction　02.0082

吸引域　basin of attraction　05.0845

吸引子　attractor　05.0848

稀薄等离[子]体　rarefied plasma　10.0013

稀释致冷　dilution refrigeration　08.1586

稀疏波　rarefaction wave　10.0225

稀土金属　rare-earth metal　08.0471

稀土永磁体　rare-earth permanent magnet　08.1073

稀有金属　rare metal　08.0470

希尔伯特空间　Hilbert space　06.0374

希格斯场　Higgs field　09.1060

希格斯机理　Higgs mechanism　09.1061

希格斯粒子　Higgs particle　09.1017

希格斯模型　Higgs model　09.1062

希格斯区　Higgs sector　09.1063

系列衰变　serial decay　09.0110

系数　coefficient　01.0040

系统误差　systematic error　01.0100

系综　ensemble　05.0284

系综理论　ensemble theory　05.0301

隙[内]态　state in gap　08.0628

隙能级　gap level　08.0627

细度　finesse(法)　04.0872

细粒密度　fine-grained density　05.0285

细调　fine adjustment　01.0085

细致平衡　detailed balancing　05.0486

细致平衡原理　detailed balance principle　09.0355

狭缝　slit　04.0675

狭义相对论　special relativity　06.0004

狭义相对性原理　principle of special relativity　06.0006

下边缘维数　lower marginal dimension　05.0731

下界　lower bound　09.0640

*下夸克　down quark, d-quark　09.0979

下临界[磁]场　lower critical [magnetic] field　08.1502

下频移　downshift　10.0314

下限　lower limit　09.0641

先导电击　leader stroke　03.0581

纤维丛　fiber bundle　06.0216

纤维光导　fiber light guide　04.0818

纤维光学　fiber optics　04.0820

纤维增强复合材料　fiber reinforced composite material　08.0478

闲波　idler wave　10.0311

弦模型　string model　09.1071

弦音计　sonometer　02.0541

显微镜　microscope　04.0242

显微全息术　microscopic holography　04.1179

显微照片　microphoto[graph]　04.1096

显微照相术　micro[photo]graphy, photomicrography　04.1094

显影　development　04.0576

显影剂　developer　04.0577

现象　phenomenon　01.0051

现在　present　06.0080

陷俘　trapping　10.0079

陷俘粒子　trapped particle　10.0163

陷俘粒子不稳定性　trapped particle instability　10.0288

陷俘面　trapped surface　06.0246

陷俘香蕉[形轨道]　trapped banana　10.0165

陷阱　trap　08.0637

限累二极管　limited space-charge accumulation diode, LSA　08.0737

线电荷密度　linear charge density　03.0012

线电压　line voltage　03.0322

线分辨率　linear resolution　04.0711

线[光]栅 wire grating 04.0859

线会切 line cusp 10.0364

*线宽 line width, line breadth 04.1387

线扩展函数 line spread function 04.1033

线膨胀率 linear expansivity 05.0053

线偏振 linear polarization 04.0716

线圈 coil 03.0200

线系极限 series limit 07.0021

线向错 line disclination 08.1191

线形 line shape 04.1384

线形函数 line shape function 04.1386

线性[化]稳定性分析 linearized stability analysis 05.0757

线性放大器 linear amplifier 03.0512

线性[非平衡]热力学 linear [nonequilibrium] thermodynamics 05.0242

线性光学 linear optics 04.0009

线性[化]糕模轨函法 linearized muffin-tin orbital method 08.0791

线性[化]增广平面波法 linearized augmented plane wave method 08.0790

线性空间不变系统 linear space-invariant system 04.1055

线性输运理论 linear transport theory 05.0556

线性响应 linear response 05.0557

线性元件 linear element 03.0484

线元 line element 06.0028

线状谱 line spectrum 04.1277

相 phase 05.0164

相变 phase transition 05.0168

f-d 相变 f-d transition 08.1670

KT 相变 Kosterlitz-Thouless phase transition, KT phase transition 08.1419

s-d 相变 s-d transition 08.1669

λ 相变 λ-transition 05.0642

相变动理学 kinetics of phase transition 05.0742

相变平衡条件 equilibrium condition of phase transition 05.0177

相变前效应 pretransition effect 08.1218

相长干涉 constructive interference 04.0831

相电压 phase voltage 03.0321

相对磁导率 relative permeability 03.0244

相对电容率 relative permittivity 03.0105

相对加速度 relative acceleration 02.0037

*相对介电常量 relative dielectricconstant 03.0105

相对孔径 relative aperture 04.0253

相对论 relativity [theory] 06.0001

相对论性不变量 relativistic invariant 06.0040

相对论性不变式 relativistic invariant 06.0042

相对论性不变性 relativistic invariance 06.0044

相对论性场方程 relativistic field equation 06.0141

相对论性[的] relativistic 06.0003

相对论[性]动力学 relativistic dynamics 06.0125

相对论[性]校正 relativistic correction 06.0138

相对论性粒子 relativistic particle 06.0128

相对论[性]力学 relativistic mechanics 06.0124

相对论[性]量子力学 relativistic quantum mechanics 06.0480

相对论[性]流体力学 relativistic hydrodynamics 06.0145

相对论[性]热力学 relativistic thermodynamics 06.0144

相对论[性]速度加法公式 relativistic velocity addition formula 06.0121

相对论[性]物理学 relativistic physics 06.0123

相对论[性]效应 relativistic effect 06.0140

相对论性协变量 relativistic covariant 06.0034

相对论性协变式 relativistic covariant 06.0036

相对论性协变性 relativistic covariance 06.0038

相对论[性]运动学 relativistic kinematics 06.0126

相对论[性]质量 relativistic mass 06.0131

相对速度 relative velocity 02.0025

相对误差 relative error 01.0109

相对性 relativity 06.0002

相对性原理 relativity principle 06.0005

相对运动 relative motion 02.0045

相对涨落 relative fluctuation 05.0511

相对折射率 relative index of refraction 04.0071

相干波 coherent wave 04.0653

相干产生 coherent generation 09.0765

相干长度 coherent length 04.0660

相干成象 coherent imaging 04.0768

相干度 degree of coherence 04.0665

相干反斯托克斯－拉曼散射 CARS, coherent anti-

λ 向错　λ-disclination　08.1194

τ 向错　τ-disclination　08.1195

χ 向错　χ-disclination　08.1196

向错回线　disclination loop　08.1198

* 向列相　nematic phase　08.1175

向位错　dispiration　08.0256

向心加速度　centripetal acceleration　02.0034

向心力　centripetal force　02.0069

象　image　04.0119

象差　aberration　04.0289

象差校正　aberration correction　04.0326

象差曲线　aberration curve　04.0294

象差容限　tolerance for aberration　04.0329

象场　image field　04.0313

象场校正器　field corrector　04.0334

象场平度　flatness of field　04.0315

象场弯曲　curvature of field　04.0314

象方焦点　focus in image space　04.0178

象[方]空间　image space　04.0176

象高　image height　04.0172

象距　image distance　04.0170

象面全息术　image plane holography　04.1165

象平面　image plane　04.0174

象散　astigmatism　04.0305

象限静电计　quadrant electrometer　03.0406

象元　image element, picture element, pixel　04.1063

象增强器　image intensifier　04.1083

象质　image quality　04.1073

象质判据　image quality criterion　04.1074

象质评价　image quality evaluation　04.1075

削裂反应　stripping reaction　09.0389

消除点　cancellation point　07.0151

消多普勒[增宽]光谱学　Doppler-free spectroscopy　04.1428

消光　extinction　04.0993

消光比　extinction ratio　04.0995

消光定理　extinction theorem　04.0809

* 消光率　extinction index　04.0994

消光系数　extinction coefficient　04.0994

消光校正　extinction correction　08.0179

消静电电极　charge removing electrodes　03.0603

* 消灭算符　destruction operator　06.0474

消球差透镜　aplanat　04.0299

消色差棱镜　achromatic prism　04.0323

消色差透镜　achromat　04.0321

消失电势谱学　disappearence potential spectroscopy　08.1359

消陷俘　detrapping　10.0080

消象差系统　aberration-free system　04.0324

消[象]散成象　stigmatic imaging　04.0205

消象散透镜　anastigmat　04.0309

消旋性　racemism　08.1133

小角散射　small angle scattering　08.0204

小阶梯光栅　echelette grating　04.0866

小口理论　Oguchi theory　08.0995

小林－利川混合矩阵　Kobayashi-Masukawa mixing matrix　09.0819

小面化　faceting　08.1384

小面生长　facet growth　08.0266

小透镜　lenslet　04.0440

小信号增益　small-signal gain　04.1542

小振动　small vibration　02.0352

肖克利[表面]能级　Shockley [surface] energy level　08.1316

肖特基缺陷　Schottky defect　08.0238

肖特基势垒　Schottky barrier　08.0655

* 肖特基噪声　Schottky noise　05.0517

肖维涅舍弃判据　Chauvenet criterion for rejection　01.0141

HBT 效应　HBT effect, Hanbury-Brown-Twiss effect　04.1877

协变导数　covariant derivative　06.0197

协变微分　covariant differential　06.0198

协变张量　covariant tensor　06.0184

协同学　synergetics　05.0808

斜阿尔文波　oblique Alfvén wave　10.0195

斜错光线　skew ray　04.0201

斜光线　oblique ray　04.0199

斜碰　oblique impact　02.0233

谐波　harmonic [wave]　02.0422

谐波激光器　harmonic-generator laser　04.1721

谐和坐标系　harmonic coordinate system　06.0192

谐音　harmonic [sound]　02.0421

谐振子　harmonic oscillator　06.0422

谐振子势　harmonic-oscillator potential　09.0231

泄电半值时间 half-value discharging time 03.0575

泄漏扩散 drain diffusion 10.0142

泻流 effusion 05.0475

谢尔平斯基海绵 Sierpinski sponge 05.0921

谢尔平斯基镂垫 Sierpinski gasket 05.0922

谢弗雷尔相 Chevrel phase 08.1537

谢林电桥 Sherring bridge 03.0454

芯电子 core electron 07.0129

芯激发 core excitation 09.0243

芯极化 core polarization 09.0244

芯态 core state 08.0808

欣钦数 Khinchin number 05.0902

新经典理论 neoclassical theory 10.0150

新经典输运 neoclassical transport 10.0151

新星 nova 09.1158

新星爆发 nova outburst 09.1159

信道容量 channel capacity 04.1042

信息光学 information optics 04.0760

信息容量 information capacity 04.1043

信息熵 information entropy 05.0299

信[息通]道 information channel 04.1044

信息维数 information dimension 05.0941

信噪比 signal-to-noise ratio 01.0152

星系 galaxy 09.1152

星系体 galaxoid 09.1153

星形接法 star connection 03.0326

星[形]图 star graph 05.0438

形变 deformation 02.0423

形变参量 deformation parameter 09.0253

形变能 deformation energy 09.0254

形成时间 formation time 09.0734

形成因子 formation factor 09.0124

形貌术 topography 08.0198

形序双折射 form birefringence 04.0980

形状共存 shape coexistence 09.0282

形状记忆合金 shape-memory alloy 08.0476

形状弹性散射 shape-elastic scattering 09.0375

形状同核异能素 shape isomer 09.0169

形状修正因子 shape correction factor 09.0148

形状因子 form factor, shape factor 09.0280

形状跃迁 shape transition 09.0281

行波 travelling wave 02.0363

行波电帘 electric curtain of travelling wave 03.0599

行波激光器 travelling-wave laser 04.1719

n 型半导体 n-type semiconductor 08.0579

p 型半导体 p-type semiconductor 08.0578

* 熊夫利符号 Schönflies symbol 08.0146

休姆－罗瑟里定则 Hume-Rothery rule 08.0487

修正 correction 01.0059

修正泰特方程 modified Tait equation 08.1664

虚功 virtual work 02.0308

虚功原理 principle of virtual work 02.0309

虚晶[体]近似 virtual crystal approximation, VCA 08.0316

虚能级 virtual level 09.0377

虚拟电荷 fictitious charge 03.0573

* 虚时格林函数 imaginary time Green function 05.0598

虚束缚态 virtual bound state 05.0463

虚位移 virtual displacement 02.0307

* 虚位移原理 principle of virtual displacement 02.0309

虚物 virtual object 04.0125

虚象 virtual image 04.0126

虚跃迁 virtual transition 07.0141

蓄电池 accumulator, [storage] battery 03.0418

蓄冷器 regenerator 08.1578

序参量 order parameter 05.0652

序参量弛豫 order parameter relaxation 05.0741

MSS 序列 Metropolis-Stein-Stein sequence, MSS sequence 05.0883

* U 序列 universal periodic orbit sequence 05.0886

悬键 dangling bond 08.0365

旋称 signature 09.0270

旋磁比 gyromagnetic ratio 06.0324

旋磁材料 gyromagnetic material 08.1071

旋磁器件 gyromagnetic device 08.1089

旋磁效应 gyromagnetic effect 08.1052

旋电效应 gyroelectric effect 08.0888

旋光本领 rotation power 04.0752

旋光对映体 optical antimer, optical antipode 04.1000

旋光率 specific rotation 04.0998

旋光色散　rotatory dispersion　04.1004

[旋光]糖量计　saccharimeter　04.0755

旋光物质　optical active substance　04.0996

旋光效应　roto-optic effect　08.1135

旋光性　optical activity, optical rotation, opticity　04.0751

旋光异构体　optical isomer　04.1001

*旋进　precession　02.0260

旋量　spinor　06.0450

旋声性　acoustical activity　08.1154

旋转泵　rotary pump　05.0090

旋转变换　rotational transform　10.0378

旋转变换角　rotational transform angle　10.0379

旋[转]波近似　rotating wave approximation　04.1847

旋转磁场　rotating magnetic field　03.0474

旋转静电计　rotational electrometer　03.0608

旋[转]镜　rotating mirror　04.0562

旋子　roton　08.1443

选模　mode selection　04.1593

选择定则　selection rule　06.0435

K 选择定则　K-selection rule　09.0272

选择反射　selective reflection　04.1421

选择激发　selective excitation　08.1148

选择吸收　selective absorption　04.1244

靴袢模型　bootstrap model　09.1054

薛定谔方程　Schrödinger equation　06.0409

薛定谔绘景　Schrödinger picture　06.0393

雪耙模型　snow-plow model　10.0246

雪崩击穿　avalanche breakdown　03.0076

*循环坐标　cyclic coordinates　02.0334

循链长度　contour length　08.0404

寻常波　ordinary wave　10.0201

寻常光　ordinary light　04.0727

寻常瑞利波　ordinary Rayleigh wave　08.1293

寻常折射率　ordinary refractive index　04.0729

巡标　running index　06.0114

巡项　running term　04.1341

巡行耦合常数　running coupling constant　09.0838

巡游电子　itinerant electron　08.0974

巡游电子磁性　itinerant electron magnetism　08.0975

Y

压比[值]　beta [value]　10.0093

压磁材料　piezomagnetic material　08.1075

压磁效应　piezomagnetic effect　08.0953

压淬　pressure quenching　08.0443

压电常量　piezoelectric constant　08.0867

压电传感器　piezoelectric sensor　08.0873

压电换能器　piezoelectric transducer　08.0872

压电晶体　piezoelectric crystal, piezocrystal　08.0631

压电陶瓷　piezoelectric ceramics　08.0886

压电体　piezoelectrics　03.0119

压电效应　piezoelectric effect　03.0118

压电增劲速度　piezoelectric stiffened velocity　08.0875

压电振子　piezoelectric vibrator　08.0871

压光效应　piezo-optic effect　08.1152

压力　pressure　02.0477

压力传感器　pressure transducer　08.1657

压力密封　pressure seal　08.1625

压强　pressure　02.0476

压强标定　pressure calibration　08.1639

压强计　piezometer　02.0528

压强梯度漂移　pressure gradient drift　10.0074

压[强]温[度]相图　pressure-temperature phase diagram　08.1676

压强系综　pressure ensemble　05.0312

压热效应　piezocaloric effect　08.0878

压缩　compression　02.0465

压缩阿尔文波　compressional Alfvén wave　10.0191

压缩冲量　impulse of compression　02.0229

压缩率　compressibility　02.0466

压缩态　squeezed state　04.1907

压缩相干态　squeezed coherent state　04.1909

压致超导相变　pressure-induced superconducting phase transition　08.1672

压致磁[性]相变　pressure-induced magnetic phase transition　08.1671

压致电阻效应 piezoresistive effect 08.0879

压致发光 piezoluminescence 08.1100

压致反[射改]变 piezoreflectance 04.1444

压致结晶 pressure-induced crystallization 08.1667

压致频移 pressure shift 04.1379

压致[谱线]增宽 pressure broadening 04.1401

压致软模相变 pressure-induced soft mode phase transition 08.1666

× 压阻效应 piezoresistive effect 08.0879

亚泊松光 sub-Poisson light 04.1910

亚场 subfield 09.1011

亚击波 sub-shock 10.0243

亚晶格 sublattice 08.0094

亚晶界 sub-boundary 08.0046

亚晶粒 subgrain 08.0044

亚夸克 subquark 09.1013

亚轻子 sublepton 09.1012

亚声速 subsonic speed 02.0398

亚体视象 hypostereoscopic image 04.0452

亚铁磁材料 ferrimagnetic material 08.1070

亚铁磁性 ferrimagnetism 08.0930

亚铁电体 ferrielectrics 08.0841

亚稳定性 metastability 05.0802

亚稳[共振]腔 metastable resonator 04.1526

亚稳平衡 metastable equilibrium 05.0186

亚稳态 metastable state 05.0187

亚稳相 metastable phase 08.0492

氩 Z 箍缩激光器 argon Z-pinch laser 04.1674

氩[离子]激光器 argon [ion] laser 04.1512

氩离子溅射净化 argon ion sputtering cleaning 08.1273

氩离子刻蚀 argon ion etching 08.1385

氩气闪光灯 argon flash 04.0545

湮没 annihilation 06.0472

湮没辐射 annihilation radiation 09.0495

湮没算符 annihilation operator 06.0474

严格解模型 exactly solved model 05.0703

延脆转变 ductile-brittle transition 08.0562

延伸率 extensibility 02.0437

延时符合 delayed coincidence 09.0508

延性[断]裂 ductile fracture 08.0559

掩模 mask 04.1057

眼点距 eye-point distance, eye relief 04.0239

眼镜 spectacles 04.0226

眼科光学 ophthalmic optics 04.0017

衍[射置]限透镜 diffraction-limited lens 04.0934

衍射 diffraction 04.0671

衍射衬比度 diffraction contrast 08.0575

衍射分解 diffractive dissociation 09.0788

衍射级 order of diffraction 04.0686

衍射角 angle of diffraction, diffraction angle 04.0685

衍射屏 diffraction screen 04.0687

衍射图样 diffraction pattern 04.0672

衍射效率 diffraction efficiency 04.0873

衍射仪 diffractometer 04.0683

衍射晕 diffraction halo 04.0946

演化 evolution 09.0733

演化规则 evolution rule 05.1012

演化算符 evolution operator 06.0401

赝标介子 pseudoscalar meson 09.0903

赝标量 pseudoscalar 09.0701

赝表面波 pseudosurface wave 08.1295

赝对称性 pseudosymmetry 08.1405

赝规则进动 pseudoregular precession 02.0263

赝经典输运 pseudoclassical transport 10.0167

赝快度 pseudorapidity 09.0702

* 赝热光 pseudothermal light 04.1899

赝势 pseudopotential 09.0700

赝势法 method of pseudopotential 05.0444

赝随机运动 pseudostochastic motion 05.0875

赝弹性 pseudoelasticity 08.0532

赝张量 pseudotensor 06.0189

赝自旋机理 pseudospin mechanism 08.0854

燕尾[型突变] swallow tail 05.0818

焰熔法 flame fusion method 08.0262

验电器 electroscope 03.0404

验证 verification 01.0069

杨氏模量 Young modulus 02.0438

杨[氏]实验 Young experiment 04.0616

杨[振宁]－米尔斯场 Yang-Mills field 09.1041

扬－特勒效应 Jahn-Teller effect 08.0851

佯谬 paradox 01.0081

阳极 anode 03.0149

氧化物半导体 oxide semiconductor 08.0666

氧化物玻璃 oxide glass 08.0323

氧化锡　tin oxide, SnO　08.0682

氧化亚铜　cuprous oxide, Cu_2O　08.0683

氧化钛　titanium dioxide, TiO_2　08.0684

幺旋　unitary spin　09.0676

幺正变换　unitary transformation　06.0384

幺正[的]　unitary　06.0366

幺正极限　unitarity limit　09.0675

幺正算符　unitary operator　06.0383

幺正性　unitarity　09.0884

耀度　brilliance　04.0525

曳引系数　drag coefficient　06.0020

曳引效应　drag effect　06.0019

液氮温度　liquid nitrogen temperature　08.1582

液滴模型　liquid-drop model　09.0204

液氦　liquid helium　08.1429

[液]氦Ⅰ　[liquid] He Ⅰ　08.1430

[液]氦Ⅱ　[liquid] He Ⅱ　08.1431

液氦温度　liquid helium temperature　08.1584

液化　liquefaction　05.0199

液化点　liquefaction point　05.0207

液化率　liquefied fraction　08.1571

液化器　liquefier　08.1569

液晶　liquid crystal　08.1162

液晶盒　liquid crystal cell　08.1187

液晶劈　liquid crystal wedge　08.1199

液晶物理[学]　physics of liquid crystals　08.0008

液晶显示　liquid crystal display　08.1188

液晶相　liquid crystal phase　08.1163

液氢温度　liquid hydrogen temperature　08.1583

液态半导体　liquid semiconductor　08.0671

液体　liquid　05.0025

液体比重计　areometer, hydrometer　02.0522

液体激光器　liquid laser　04.1507

液体闪烁体　liquid scintillator　09.0527

液相外延　liquid phase epitaxy, LPE　08.0690

液[相]线　liquidus [line]　08.0501

液压密封　hydraulic seal　08.1629

一次球度　sphericity　09.0849

一级光谱　primary spectrum, spectrum of first order　04.1324

一级相变　first-order phase transition　05.0169

一维网络固体　one-dimensional network solid　08.0380

伊辛模型　Ising model　05.0683

移测显微镜　travelling microscope　04.0243

移相器　phase shifter　03.0506

仪器　apparatus, instrument　01.0125

仪器光学　instrumental optics　04.0015

疑难　puzzle　01.0080

θ-τ 疑难　theta-tau puzzle　09.0866

椅位形　chair configuration　08.0371

以太　ether　06.0013

以太风　ether wind　06.0015

以太漂移　ether drift　06.0014

以太曳引　ether drag　06.0018

*钇铝石榴石激光器　YAG laser　04.1687

易[磁化方]向　easy direction [for magnetization]　08.1008

易[磁化]轴　easy axis [of magnetization]　08.1009

逸出功　work function　03.0184

逸度　fugacity　05.0345

异成分熔化　incongruent melting　08.0500

异极电荷　heterocharge　08.0865

异宿点　heteroclinic point　05.0856

异宿轨道　heteroclinic orbit　05.0858

异相[位]　out-of-phase　04.0792

异质结　heterojunction　08.0718

异质结激光器　heterojunction laser, heterolaser　04.1700

异质结结构　heterostructure　08.0719

异质外延　heteroepitaxy　08.0716

因果变换　causal transform　05.0565

因果格林函数　causal Green function　05.0597

*因果过去　causal past　06.0083

因果函数　causal function　05.0564

*因果未来　causal future　06.0082

因果性　causality　06.0078

因数　factor　01.0043

因子　factor　01.0042

Γ因子　Γ-factor　04.1351

因子分解条件　factorization condition　04.1872

因子化　factorization　09.0722

音叉　tuning fork　02.0540

音调　pitch　02.0414

音色　musical quality　02.0416

阴极　cathode　03.0148

阴极射线　cathode ray　03.0476

阴极射线管　cathode-ray tube　03.0477

阴极射线[致]发光　cathodoluminescence　08.1091

阴阳线圈　yin-yang coil　10.0361

阴影效应　shadow effect　08.1339

银道面　galactic plane　09.1149

银河系　Galactic System, Galaxy　09.1151

银极　galactic pole　09.1150

银心　galactic center　09.1148

引力　gravitation　02.0077

引力半径　gravitational radius　06.0277

引力波　gravitational wave　06.0249

引力场　gravitational field　02.0080

引力场强度　intensity of a gravitational field　06.0152

引力常量　gravitational constant　02.0079

引力辐射　gravitational radiation　06.0250

引力红移　gravitational redshift　06.0234

引力凝聚　gravitational condensation　09.1154

引力时间延缓　gravitational time dilation　06.0237

引力势　gravitational potential　06.0153

引力坍缩　gravitational collapse　06.0239

引力透镜　gravitational lens　06.0236

引力微子　gravitino　09.0996

引力相互作用　gravitational interaction　09.0842

引力质量　gravitational mass　02.0052

引力子　graviton　09.0963

隐变量　hidden variable　09.0809

隐粲介子　hidden charm meson　09.0907

隐对称[性]　hidden symmetry　09.0808

隐失波　evanescent wave　04.0614

应变　strain　02.0435

应变规　strain gauge　02.0539

应力　stress　02.0431

应力双折射　piezobirefringence, stress birefringence　04.0979

应力张量　stress tensor　02.0434

应用光学　applied optics　04.0008

应用物理[学]　applied physics　01.0005

荧光　fluorescence　04.1452

荧光分光光度计　spectrofluorophotometer　04.1320

荧光分析　fluorescence analysis　08.1107

荧光镜　fluoroscope　04.1454

荧光学　fluoroscopy　04.1455

蝇眼透镜　fly's-eye lens　04.0439

影　shadow　04.0127

硬超导体　hard superconductor　08.1508

硬磁材料　hard magnetic material　03.0258

硬[磁]泡　hard [magnetic] bubble　08.1029

硬度　hardness　08.0542

硬光子　hard photon　09.0806

硬过程　hard process　09.0807

硬激发　hard excitation　05.0777

硬模　hard mode　05.0775

硬球散射　hard-sphere scattering　09.0378

硬球势　hard-sphere potential　05.0410

硬旋转椭球势　hard ellipsoid of revolution type potential　05.0413

映射　mapping　05.0834

[映]象　image　05.0835

永磁材料　permanent magnetic material　08.1072

永磁体　permanent magnet　03.0224

永电体　electret　03.0120

永偶极子　permanent dipole　08.0831

优化　optimization　08.1691

铀后元素　transuranic element　09.0038

铀系　uranium series　09.0114

油浸物镜　oil immersion objective　04.0359

游标　vernier　02.0507

游标卡尺　vernier caliper　02.0508

有功电流　active current　03.0313

有功功率　active power　03.0315

有公度相　commensurate phase　08.1401

有关参量　relevant parameter　05.0696

有耗腔　lossy cavity　04.1521

有核畴　nucleated domain　08.1235

有机半导体　organic semiconductor　08.0667

有机玻璃　organic glass　08.0324

有机聚合物　organic polymer　08.0325

有极分子　polar molecule　03.0098

有界等离[子]体　bounded plasma　10.0015

有界空间　bounded space　03.0346

有理磁面　rational magnetic surface　10.0377

有理指数[定]律　law of rational indices　08.0064

有理转数　rational rotation number　05.0906

有势力　potential force　02.0072

有限转动　finite rotation　02.0267
有象差光学部件　aberrated optics　04.0392
有效半径　effective radius　09.0728
有效电导率　effective conductivity　03.0556
有效电荷　effective charge　09.0488
有效互作用　effective interaction　05.0630
有效截面　effective cross-section　09.0331
有效孔径　effective aperture　04.0258
有效力程　effective range　09.0061
有效声子谱　effective phonon spectrum　08.1608
有效势　effective potential　02.0119
有效数字　significant figure　01.0137
有效算符　effective operator　07.0110
有效线宽　effective line width　08.1047
有效值　effective value, virtual value　03.0299
有效质量　effective mass　08.0792
有心力　central force　02.0192
有心力场　central field　02.0193
有序　order　05.0648
有序无序转变　order-disorder transition　05.0650
有旋电场　curl electric field　03.0278
有源成象系统　active imaging system　04.0395
有源腔　active cavity　04.1540
有质动力　ponderomotive force　10.0119
有质量粒子　massive particle　09.0648
右矢　ket　06.0370
右手定则　right-hand rule　03.0207
右手流　right-handed current　09.0666
右手螺旋定则　right-handed screw rule　03.0209
右旋晶体　right-handed crystal　04.0753
右[旋]圆偏振　right-hand circular polarization　04.0803
诱发裂变　induced fission　09.0450
迂回激发　Umweganregung(德)　08.1151
于戈尼奥方程　Hugoniot equation　08.1645
余辉　after glow　08.1114
余留象　after image, residual image　04.0486
余维[数]　codimension　05.0937
余弦发射体　cosine emitter　04.0375
逾力　excess force　05.0251
逾流　excess flux　05.0252
逾熵　excess entropy　05.0253
逾熵产生　excess entropy production　05.0254

逾熵平衡方程　excess entropy balance equation　05.0255
逾渗　percolation　05.0957
逾渗概率　percolation probability　05.0970
逾渗模型　percolation model　08.0413
逾渗通路　percolation path　05.0969
逾渗团主干　backbone of percolation cluster　05.0967
逾渗阈值　percolation threshold　05.0966
逾渗转变　percolation transition　05.0965
隔角棱镜　corner cube, corner prism　04.0106
宇称　parity　06.0462
C字称　C-parity　09.0758
CP字称　CP parity　09.0877
G字称　G-parity　09.0802
宇称不守恒　parity nonconservation　06.0464
宇称破坏　parity violation　09.0831
宇称守恒　parity conservation　06.0463
宇称算符　parity operator　06.0381
宇宙尘　cosmic dust　09.1140
宇宙丰度　cosmic abundance, universe abundance　09.1139
宇宙监督假设　cosmic censorship hypothesis　06.0233
宇宙年龄　universe age　06.0259
宇宙物理[学]　cosmophysics　09.0604
宇宙线　cosmic ray　09.0724
宇宙项　cosmological term　06.0166
宇宙学　cosmology　06.0251
宇宙学红移　cosmological redshift　06.0235
宇宙学原理　cosmological principle　06.0261
宇宙演化　universe evolution　06.0258
宇宙[演化]论　cosmism　09.1143
宇宙噪声　cosmic noise　09.1142
宇宙中微子　cosmic neutrino　09.1141
预解式　resolvent　06.0447
预注入器　preinjector　09.1120
阈能　threshold energy　09.0322
阈频[率]　threshold frequency　08.1335
阈值功率　threshold power　04.1652
阈值条件　threshold condition　04.1501
元胞法　cellular method　08.0778
元胞自动机　cellular automaton　05.1011

元胞自旋　cell spin　05.0679

元功　elementary work　02.0116

元光束　elementary beam　04.0346

元激发　elementary excitation　05.0454

元激发谱　elementary excitation spectrum　08.1439

元件　element　01.0127

元素　element　09.0013

元团图　elementary cluster［graph］05.0442

原胞　primitive cell　08.0086

原初核合成　primordial nucleosynthesis　06.0262

原辐射　primary radiation　04.0037

原光源　primary source　04.0035

原理　principle　01.0071

［原］色三角　color triangle　04.0516

原象　primary image　04.0444，preimage
05.0836

原子　atom　07.0003

μ原子　muonic atom　09.0929

π原子　pionic atom　09.0936

原子磁矩　atomic magnetic moment　08.0957

原子单层　atomic monolayer　08.1250

原子单位　atomic unit　07.0007

原子弹　atomic bomb　09.0441

原子分离极限　separate-atom limit　07.0102

原子光谱　atomic spectrum　07.0006

＊原子轨函线性组合法　linear combination of atomic orbital method　08.0779

原子核　atomic nucleus　09.0003

原子核壳模型　nuclear shell model　09.0206

原子核理论　nuclear theory　09.0002

原子核物理［学］　atomic nuclear physics　09.0001

原子极化率　atomic polarizability　03.0103

原子间力　interatomic force　08.0206

原子结构　atomic structure　07.0005

原子力显微镜　atomic force microscope　08.0699

原子联合极限　united-atom limit　07.0138

原子模型　atomic model　07.0008

原子能　atomic energy　09.0440

原子碰撞　atomic collision　07.0078

原子谱线　atomic spectral line　04.1354

原子球近似　atomic sphere approximation, ASA
08.0789

原子散射因子　atomic scattering factor　08.0175

原子实　atomic kernel　07.0025

原子束　atomic beam　07.0077

原子物理［学］　atomic physics　07.0001

原子吸收光谱学　atomic absorption spectroscopy
04.1425

原子序数　atomic number　07.0004

原子质量　atomic mass　09.0011

原子质量单位　atomic mass unit　09.0012

原子阻止截面　atomic stopping cross-section
09.0480

圆孔衍射　circular hole diffraction　04.0679

圆盘衍射　circular disk diffraction　04.0680

圆偏振　circular polarization　04.0717

＊圆频率　circular frequency　02.0177

圆双折射　circular birefringence　04.0997

圆［周］映射　circle mapping　05.0840

圆周运动　circular motion　02.0048

圆锥发射　cone emission　04.1857

圆锥效应　cone effect　09.0324

源点　source point　03.0032

远场　far field　04.0925

远场条件　far field condition　04.0926

远场图样　far field pattern　04.0927

远红外　far infrared　04.1300

远焦变换　telescopic transformation　04.0211

远碰撞　distant collision　10.0134

远视　far sight　04.0223

＊远心光阑　telecentric stop　04.0278

远心光束　telecentric beam　04.0354

约费棒　Ioffe bar　10.0359

＊约翰孙噪声　Johnson noise　05.0516

约化胞　reduced cell　08.0092

约化波长　reduced wavelength　04.0772

约化分布函数　reduced distribution function
10.0117

约化矩阵元　reduced matrix element　06.0460

约化密度矩阵　reduced density matrix　05.0583

约化统计算符　reduced statistical operator
05.0584

约化跃迁概率　reduced transition probability
09.0160

约化质量　reduced mass　02.0223

约化中心　center of reduction　02.0305

约利弹簧秤　Jolly spring balance　02.0515
约瑟夫森器件　Josephson device　08.1554
约瑟夫森［隧道］结　Josephson ［tunnel］ junction　08.1552
约瑟夫森效应　Josephson effect　08.1553
约束　constraint　02.0310
约束力　constraining force　02.0070
约束时间　confinement time　10.0337
约束运动　constrained motion　02.0311
跃迁　transition　06.0431
γ跃迁　γ-transition　09.0091

跃迁概率　transition probability　06.0434
跃迁矩阵　transition matrix　09.0142
云室　cloud chamber　09.0541
匀速运动　uniform motion　02.0041
运动常量　constant of motion　02.0100
运动黏度　kinematic viscosity　02.0474
运动学　kinematics　02.0002
运动学方程　kinematical equation　02.0040
运流　convection　02.0481
运流电流　convection current　03.0167
运送电子　convey electron　07.0128

Z

杂光　parasitic light, stray light　04.0561
杂化轨函　hybrid orbital　07.0084
杂化［作用］　hybridization　08.0454
杂色光　heterochromatic light, heterogeneous light　04.0892
杂质　impurity　08.0605
杂质电阻率　impurity resistivity　08.0912
杂质能级　impurity level　08.0606
杂质态导电　impurity state conduction　08.0921
灾变性激光损伤阈　catastrophic laser-damage threshold　04.1757
载流子　charge carrier, ［current］ carrier　08.0583
载流子复合　carrier recombination　08.0634
载流子注入　carrier injection　08.0633
载频全息图　carrier-frequency hologram　04.1120
再结晶　recrystallization　08.0554
再入丝状相　reentrant nematic phase　08.1178
再生激光器　regenerative laser　04.1706
在束γ谱学　in-beam γ-spectroscopy　09.0568
在线分析　on-line analysis　09.1092
粘附系数　sticking coefficient　08.1287
暂态过程　transient state process　03.0290
暂态混沌　transient chaos　05.0899
暂态平衡　transient equilibrium　09.0102
暂态全息术　transient holography　04.1172
暂态相干光学效应　transient coherent optical effect　04.1844
暂态运动　transient motion　02.0190
脏超导体　dirty superconductor　08.1496

噪声　noise　05.0515
噪声温度计　noise thermometer　08.1565
择尤分凝　preferential partition　08.0517
泽贝克效应　Seebeck effect　08.0621
增广平面波法　augmented plane wave method　08.0787
增广球面波法　augmented spherical wave method　08.0788
增强谱线　enhanced line　04.1295
增强器　booster　09.1118
增强因数　enhancement factor　07.0114
增湿　humidification　03.0576
增益　gain　03.0501
增益饱和　gain saturation　04.1585
增益［谱线］变窄　gain narrowing　04.1547
增益系数　gain coefficient　04.1497
增益［线］轮廓　gain profile　04.1589
增殖因数　multiplication factor　09.0436
扎布斯基方程　Zabusky equation　05.0989
栅极　grid　03.0494
炸药透镜装置　explosive lens apparatus　08.1649
窄带噪声　narrow band noise　08.1407
斩光器　［light］ chopper　04.0546
ε展开　ε-expansion　05.0692
1/n展开　1/n expansion　05.0693
展曲　splay　08.1221
占有数　occupation number　05.0445
占有数表象　occupation number representation　05.0446

章动　nutation　02.0258

章动角　angle of nutation　02.0259

彰度　saturation　04.0524

彰色　saturated color　04.0522

张力　tension　02.0098

张量　tensor　01.0034

张量磁导率　tensor permeability　08.1067

张量力　tensor force　09.0060

张量密度　tensor density　06.0190

涨落　fluctuation　05.0510

涨落场论　fluctuation field theory　05.0639

涨落耗散定理　fluctuation-dissipation theorem　05.0522

涨落化学　fluctuation chemistry　05.0805

涨落回归　regression of fluctuation　05.0570

涨落力　fluctuating force　05.0527

涨落项　fluctuation term　05.0533

帐篷[形]映射　tent mapping　05.0842

照度计　illuminometer, luxmeter　04.0370

照明　illumination　04.0456

照明装置　lighting device　04.0457

照射量　exposure　09.0191

照相底板　photoplate, photographic ptate　04.0568

[照相]感光层　photographic layer　04.0571

照相光学　photo-optics　04.0018

照相机　camera　04.0246

照相镜头　photographic lens　04.0247

[照相]乳胶　emulsion　04.0572

照相术　photography　04.0340

兆欧计　megohmmeter　03.0438

遮掩[键]位形　eclipsed [bond] configuration　08.0369

折叠谱　folded spectrum　04.1099

折叠腔　folded cavity　04.1535

折叠[腔]激光器　folded laser　04.1711

折叠势　folded potential　09.0413

折叠[型突变]　fold　05.0815

折射　refraction　04.0053

折射定律　refraction law　04.0063

折射光学　dioptrics　04.0432

折射计　refractometer　04.0813

折射角　refraction angle　04.0060

折射率　refractive index　04.0070

折射率椭球　[refractive] index ellipsoid　04.0733

折射系数　refraction coefficient　03.0352

折射线　refracted ray　04.0057

锗　germanium　08.0674

锗探测器　germanium detector　09.0535

真顶角　proper vertex　05.0625

真极化　proper polarization　05.0624

真空　vacuum　01.0026

θ真空　θ-vacuum　09.0887

*真空波长　wavelength in vacuum　04.0772

真空场　vacuum field　04.1905

真空磁导率　permeability of vacuum　03.0245

真空电容率　permittivity of vacuum　03.0106

真空镀膜　vacuum coating　09.0571

真空管　vacuum tube　03.0487

真空规　vacuum gauge　05.0083

真空极化　vacuum polarization　09.0881

*真空介电常量　dielectric constant of vacuum　03.0106

真空摄谱仪　vacuum spectrograph　04.1322

真空态　vacuum state　09.0681

真空稳定性　vacuum stability　04.1906

真空涨落　vacuum fluctuation　09.0680

真空蒸发　vacuum evaporation　08.0708

真空紫外　vacuum ultraviolet　04.1301

真实气体　real gas　05.0034

真值　true value　01.0115

真自能　proper self energy　05.0623

针孔成象　pinhole imaging　04.0117

针孔滤波器　pinhole filter　04.1028

针孔照相机　pinhole camera　04.0384

枕形畸变　pincushion distortion　04.0311

震激　shake-up　07.0104

震离　shake-off　07.0105

振荡　oscillation　03.0514

振荡器　oscillator　03.0515

振荡阈值　oscillation threshold　04.1502

振动　vibration, oscillation　02.0164

β振动　β-vibration　09.0263

γ振动　γ-vibration　09.0264

振动激发　vibrational excitation　07.0140

振动静电计　vibrating electrometer　03.0606

振动模[式]　mode of vibration　02.0354

振动能带　vibrational band　07.0139

振动能级　vibrational energy level　09.0266

振动[谱]线　vibrational line　04.1357

振动样品磁强计　vibrating sample magnetometer, VSM　08.1088

振动自由度　vibrational degree of freedom　05.0366

振幅　amplitude　02.0175

振幅传递函数　amplitude transfer function　04.1037

振幅反射率　amplitude reflectivity　04.0607

振幅分割　division of amplitude　04.0634

振幅扩展函数　amplitude spread function　04.1034

振幅脉冲响应　amplitude impulse response　04.1035

振幅透射率　amplitude transmissivity　04.0610

*振幅型光栅　amplitude grating　04.0703

振幅[型]全息图　amplitude hologram　04.1133

*振幅型物体　amplitude object　04.1012

振簧静电计　vibrating-reed electrometer　03.0607

*振转[谱]带　rotation-vibration band　04.1358

振子　oscillator　06.0421

振子强度　oscillator strength　07.0146

镇流[电阻]器　ballast resistor, barretter　03.0427

阵发混沌　intermittency chaos　05.0876

蒸发　evaporation　05.0193

蒸发模型　evaporation model　09.0384

蒸发谱　evaporation spectrum　09.0386

蒸发热　heat of evaporation　05.0213

蒸气　vapor　05.0190

蒸气压　vapor pressure　05.0191

蒸气压低温计　vapor pressure thermometer　08.1615

整流　rectification　03.0507

整流器　rectifier　03.0508

整体不稳定性　global instability　10.0254

整体对称[性]　global symmetry　09.0624

正比计数器　proportional counter　09.0500

正粲偶素　orthocharmonium　09.0952

正常磁矩　normal magnetic moment　09.0691

正常电子隧穿　normal electron tunneling　08.1546

*正常过程　normal process　08.0901

正常塞曼效应　normal Zeeman effect　04.1366

正常色散　normal dispersion　04.1261

正常态　normal state　08.1467

正电荷　positive charge　03.0006

正电子　positron　06.0484

正电子[发射]层析术　positron-emission tomography, PET　09.0564

正电子湮没技术　positron-annihilation technique　08.1376

正电子湮没装置　positron-annihilation apparatus　09.0582

正反共轭　charge conjugation　09.0757

*正反共轭不变性　C-invariance　09.0760

*正反共轭对称性　C-symmetry　09.0759

正反共轭和空间反射　charge conjugation-parity, CP　09.0874

正反共轭时空反演　charge conjugation-parity-time reversal, CPT　09.0875

*正反共轭宇称　C-parity　09.0758

正反馈　positive feedback　03.0504

正负电子[存储]环　electron-positron ring　09.1086

正负电子对产生　electron-position pair creation　09.0494

正负电子对撞机　electron-positron collider　09.1085

正规编序　normal ordering　05.0611

正规[乘]积　normal product, N product　05.0612

正击波　normal shock　10.0241

正极板　positive plate　03.0150

正交归一系　orthonormal system　06.0346

正交化平面波法　orthogonalized plane wave method　08.0780

正交紧束缚法　orthogonalized tight-binding method　08.0782

正交晶系　orthorhombic system　08.0102

正交棱镜　cross prisms　04.1263

正交尼科耳[棱镜]　cross Nicols　04.0965

正交偏振　cross polarization　04.0804

正交偏振器　crossed polarizers　04.0964

正晶体　positive crystal　04.0735

正离子　positive ion, cation　03.0174

正能波　positive energy wave　10.0180

正能定理　positive energy theorem　06.0221

正碰　direct impact　02.0232

正氢　orthohydrogen　07.0081

正全色［胶］片　orthopanchromatic film　04.0570

正入射　normal incidence　04.0075

正态　ortho state　05.0374

正态电子偶素　orthopositronium　09.0920

＊正态分布　normal distribution　01.0133

正弦戈登方程　sine-Gordon equation　05.0991

正弦式电流　sinusoidal current　03.0297

正象　erect image　04.0120

正象棱镜　erecting prism　04.0100

正则变换　canonical transformation　02.0339

正则动量　canonical momentum　02.0336

正则方程　canonical equation　02.0337

正则分布　canonical distribution　05.0309

正则共轭变量　canonical conjugate variable
　02.0338

正则量子化　canonical quantization　09.0605

正则系综　canonical ensemble　05.0308

正则坐标　canonical coordinates　02.0335

正仲比　ortho-para ratio　05.0378

正仲平衡　ortho-para equilibrium　05.0377

正仲转换　ortho-para conversion　05.0376

证认　identification　01.0064

枝晶生长　dendritic growth　08.0264

枝状聚合　dendritic polymerization　08.0421

支路　branch　03.0153

＊脂状相　smectic phase　08.1181

织构　texture　08.0555

＊β值　beta［value］　10.0093

直边衍射　straight edge diffraction　04.0682

直方图　histogram　01.0136

直接测量　direct measurement　01.0095

直接带隙　direct band gap　08.0602

直接法　direct method　08.0191

直接反应　direct reaction　09.0388

直接关联　direct correlation　05.0425

直接交换作用　direct exchange interaction
　08.0989

直接吸收　direct absorption　04.1416

直流　direct current, dc　03.0128

直流电桥　direct current bridge　03.0448

直射变换　collinear transformation, collineation
　04.0210

直视棱镜　direct vision prism　04.0098

直线箍缩　linear pinch　10.0103

直线加速器　linac, linear accelerator　09.1087

直线运动　rectilinear motion　02.0046

植入　implantation　08.0705

［指］北极　north pole, N pole　03.0227

指标化　indexing　08.0174

指进　fingering　05.1019

［指］南极　south pole, S pole　03.0228

指数定理　index theorem　09.0630

指向过去的　past pointing　06.0102

指向矢　director　08.1171

指向未来的　future pointing　06.0101

υ［致产］生　neutrino induced production　09.0660

［致］畸变介质　distorting medium　04.0394

致密化　densification　08.1687

致密天体　compact object　09.1133

致密星系　compact galaxy　09.1132

致命杂质　deathnium　08.0610

致象差介质　aberrating medium　04.0393

置换对称　permutation symmetry　04.1763

置换群　permutation group, symmetric group
　06.0404

置换算符　permutation operator　06.0382

置信水平　confidence level　01.0138

置信限　confidence limit　01.0139

制导激光束　guiding laser beam　04.1742

质点　mass point, material point, particle　02.0007

质点系　system of particles　02.0212

质壳　mass shell　09.0652

质量　mass　01.0024

质量分辨率　mass resolution　09.1089

质量公式　mass formula　09.0052

质量过剩　mass excess　09.0028

质量厚度　mass thickness　09.0342

质量亏损　mass defect　09.0027

质量守恒定律　law of conservation of mass
　02.0053

质量数　mass number　09.0010

质量数守恒　mass-number conservation　09.0313

质量衰减系数　mass-attenuation coefficient
　09.0188

质量算符　mass operator　09.0650

质量阻止本领　mass stopping power　09.0477

质量作用[定]律 mass action law 05.0225
质能等价性 mass-energy equivalence 06.0135
质能关系 mass-energy relation 06.0134
质谱仪 mass spectrometer 09.0577
质心 center of mass 02.0218
质心系 center-of-mass system, CMS 02.0219
质子 proton 09.0004
质子放射性 proton radioactivity 09.0125
质子偶素 protonium 09.0945
质子数 proton number 09.0007
质子同步加速器 proton synchrotron 09.1114
质子诱发 X 射线 proton-induced X-ray, PIX 08.1341
滞后[效应] hysteresis 05.0814
滞留谱线 persistent line 04.1362
滞弹性 anelasticity 08.0533
中程序 medium-range-order, MRO 08.0301
中等耦合 intermediate coupling 09.0285
中国物理学会 Chinese Physical Society, CPS 01.0155
中和 neutralization 03.0073
中间玻色子 intermediate boson 09.0960
中间结构 intermediate structure 09.0471
中阶梯光栅 echelle grating 04.0867
*中介相 mesophase 08.1163
中肯照明[方式] critical illumination 04.0458
中能核反应 intermediate-energy nuclear reaction 09.0292
中能中子 intermediate neutron 09.0429
中微子 neutrino 09.0129
中微子振荡 neutrino oscillation 09.0659
中心 center 02.0217
中心[点] center 05.0765
中心暗场法 central dark ground method 04.0941
中性反射镜 neutral mirror 04.0555
中性阶梯滤光器 neutral step filter 04.0556
中性[粒子]注入 neutral injection 10.0410
中性流 neutral current, NC 09.0876
中性平衡 neutral equilibrium 02.0160
中性束电流驱动 neutral beam current drive 10.0405
中性微子 neutralino 09.0998
中[性]线 neutral line 03.0323

中性杂质 neutral impurity 08.0609
中央光线 central ray 04.0434
中央极大 central maximum 04.0625
中央条纹 central fringe 04.0835
*中质比 neutron-proton ratio 09.0033
中重核 intermediate nucleus 09.0299
中子 neutron 09.0005
中子发生器 neutron generator 09.0587
中子反应 neutron [induced] reaction 09.0295
中子活化分析 neutron activation analysis, NAA 09.0556
中子宽度 neutron width 09.0365
中子扩散 neutron diffusion 09.0433
中子嬗变掺杂 neutron transmutation doping, NTD 08.0693
中子数 neutron number 09.0008
中子探测器 neutron detector 09.0538
中子星 neutron star 09.1157
中子形貌术 neutron topography 08.1086
中子衍射 neutron diffraction 08.1084
中子源 neutron source 09.0425
中子质子比 neutron-proton ratio 09.0033
中子注量 neutron fluence 09.0432
钟的同步 synchronization of clocks 06.0051
终极速度 terminal velocity 02.0143
重费米子 heavy fermion 08.1611
重光子 heavy photon 09.0964
重核 heavy nucleus 09.0300
重夸克 heavy quark 09.0974
重离子 heavy ion 09.0625
重离子反应 heavy-ion reaction 09.0297
重离子放射性 heavy-ion radioactivity 09.0126
重离子加速器 heavy-ion accelerator 09.0595
重离子碰撞 heavy-ion collision 09.0725
重力 gravity 02.0085
重力不稳定性 gravitational instability 10.0269
重力场 gravity field 02.0086
重力加速度 acceleration of gravity 02.0084
重力漂移 gravitational drift 10.0075
重量 weight 02.0083
重轻子 heavy lepton 09.0917
重味物理[学] heavy flavor physics 09.0603
重心 center of gravity 02.0220

重子　baryon　09.0908

重子产生　baryongenesis　06.0276

重子偶素　baryonium　09.0910

重子数　baryon number　09.0693

仲玻色子　paraboson　05.0380

仲粲偶素　paracharmonium　09.0953

仲电子偶素　parapositronium　09.0921

仲费米子　parafermion　05.0381

仲氢　parahydrogen　07.0082

仲态　para state　05.0375

仲统计法　parastatistics　05.0379

周期　period　01.0017

周期性　periodicity　02.0168

周期性排列　periodic arrangement　08.0032

轴的色散　dispersion of axes　04.0959

轴对称变形核　axially symmetric deformed nucleus 09.0257

＊轴模　axial mode　04.1580

＊轴模间距　axial mode spacing　04.1582

轴矢介子　axial-vector meson　09.0906

轴矢[量]　axial vector　02.0264

轴矢流　axial current, axial-vector current　09.0752

轴外象差　off-axis aberration　04.0293

＊轴向放大率　axial magnification　04.0181

轴向加速度　axial acceleration　02.0270

＊轴向向错　radial disclination　08.1192

＊轴向象差　axial aberration　04.0291

轴子　axion　09.1006

皱折环　corrugated torus　10.0387

珠光体　pearlite　08.0512

主磁通　main flux　03.0469

主导对数项　leading logarithm　09.0822

主导极点　leading pole　09.0824

主导粒子　leading particle　09.0823

主导项　leading term　09.0825

主点　principal point　04.0213

主动[式]Q开关　active Q-switching　04.1614

主动输运　active transport　05.0248

主动锁模　active mode-locking　04.1602

土方程　master equation　05.0524

主观亮度　subjective luminance　04.0377

主光线　chief ray, principal ray　04.0435

[主]光轴　[principal] optical axis　04.0153

主极大　principal maximum　04.0624

主镜　primary mirror　04.0418

主矩　principal moment　02.0303

主量子数　total quantum number, principal quantum number　06.0299

主面　principal plane　04.0217

主矢[量]　principal vector　02.0291

主线系　principal series　04.1335

主折射率　principal refractive index　04.0958

主轴　principal axis　08.0166

主转动惯量　principal moment of inertia　02.0274

柱面波　cylindrical wave　04.0780

柱面分析器　cylinder analyzer　08.1345

柱面镜　cylindrical mirror　04.0091

柱面全息立体图　cylindrical holographic stereograms 04.1146

柱面全息图　cylindrical hologram　04.1144

柱面透镜　cylindrical lens　04.0142

助色团　auxochrome　04.1955

注入器　injector　09.1119

注入式激光器　injection laser　04.1698

驻波　standing wave　02.0364

驻波电帘　electric curtain of standing wave 03.0558

＊驻极体　electret　03.0120

＊爪进　fingering　05.1019

转变宽度　width of transition　08.1475

转动　rotation　02.0244

转动磁滞　rotation hysteresis　08.1041

转动惯量　moment of inertia　02.0271

转动角　angle of rotation　02.0245

转动能级　rotational energy level　09.0265

转动[谱]带　rotational band　04.1356

转动[谱]线　rotational line　04.1355

[转动]瞬心　instantaneous center [of rotation] 02.0253

[转动]瞬轴　instantaneous axis [of rotation] 02.0252

转动算符　rotation operator　06.0380

转动轴　rotation axis　08.0116

转动自由度　rotational degree of freedom　05.0365

转换效率　conversion efficiency　04.1785

转矩　torque　02.0304

转数　rotation number　05.0905

转向目镜　cranked eyepiece　04.0236

转移反应　transfer reaction　09.0400

转晕能级　yrast level　09.0276

转晕线　yrast line　09.0275

转振耦合　rotation-vibration coupling　09.0286

转振[谱]带　rotation-vibration band　04.1358

转子式静电计　rotor-type electrometer　03.0609

装置　equipment　01.0130

撞击中心　center of percussion　02.0234

锥光偏振仪　conoscope　04.0967

锥形击波　cone shock　10.0244

缀饰变换　decoration transformation　08.0362

缀饰法　decoration　08.0255

缀饰蜂房[格]　decorated honeycomb [lattice]　08.0364

缀饰格　decorated lattice　08.0363

准玻色子　quasi-boson　09.0833

准长程序　quasi-long range order　05.0733

准磁通量子　quasi-fluxon　08.1485

准单色场　quasi-monochromatic field　04.0600

准单色光　quasi-monochromatic light　04.0599

准弹性散射　quasi-elastic scattering　09 0401

准电子　quasi-electron　05.0457

准费米能级　quasi Fermi level　08.0742

准分子　quasi-molecule　07.0165

*准分子激光器　excimer laser, exciplex laser　04.1670

准分子态　quasi-molecular state　09.0420

准共焦[共振]腔　quasi-confocal resonator　04.1574

准化学近似　quasi-chemical approximation　05.0657

准击波　quasi-shock　10.0242

准晶　quasi-crystal　08.0031

准晶态　quasi-crystalline state　08.0030

准经典近似　quasi-classical approximation　06.0428

准静态过程　quasi-static process　05.0106

准静压强　quasi-hydrostatic pressure　08.1622

准粒子　quasi-particle　05.0455

准粒子对　quasi-particle pair　09.0245

准粒子激发　quasi-particle excitation　09.0222

准粒子谱　quasi-particle spectrum　05.0453

准粒子寿命　quasi-particle lifetime　05.0468

准裂变　quasi-fission　09.0422

准模　quasi-mode　10.0224

准平衡　quasi-equilibrium　09.0834

准确度　accuracy　01.0120

准热光　quasi-thermal light　04.1899

准线性理论　quasi-linear theory　10.0301

准直　collimation　04.0264

准直管　collimator　04.0266

准直[光]束　collimated beam　04.0265

准中性　quasi-neutrality　10.0003

准周期振动　quasi-oscillation　05.1007

着火氧浓度限　oxygen concentration of inflammability limit　03.0585

着衣电子　dressed electron　07.0060

着衣态　dressed state　07.0059

浊度　turbidity　04.1238

紫外光电子能谱学　ultraviolet photoelectron spectroscopy, UPS　08.1352

紫外线　ultraviolet ray　04.0027

子波　wavelet　02.0381,　daughter wave　10.0310

子动力学　subdynamics　05.0591

子核　daughter nucleus　09.0119

子全息图　subhologram　04.1164

子图　subgraph　08.0360

μ子数　muon[ic]number　09.0930

μ子素　muonium　09.0927

子午光线　meridional ray　04.0198

子午焦线　meridional focal line　04.0306

子相空间　phase subspace　05.0276

μ[子型]中微子　mutrino　09.0710

τ[子型]中微子　tau neutrino　09.0933

μ子自旋旋进　muon spin rotation, muon spin precession　08.1083

自掺杂　autodoping　08.0694

自场　self-field　03.0392

自持放电　self-maintained discharge, self-sustained discharge　10.0056

自抽运　self-pumping　04.1814

自猝灭计数器　self-quenching counter　09.0504

自电离　autoionization　07.0135

自电离光谱学　autoionization spectroscopy　04.1426

自电离态 autoionization state 07.0069

自[动]调焦 autofocusing 04.0413

自陡化 self-steepening 04.1830

自对偶性 self-duality 05.0713

自发磁化 spontaneous magnetization 08.0967

自发磁化强度 spontaneous magnetization 08.0968

自发发射 spontaneous emission 06.0318

自发辐射 spontaneous radiation 04.1488

自发光 self-luminescence 04.1446

自发过程 spontaneous process 05.0110

自发极化 spontaneous polarization 08.0842

自发裂变 spontaneous fission 09.0449

自发应变 spontaneous strain 08.0857

自反[作用]力 self-reaction force 03.0398

自返反射 autoreflection 04.0414

自分离[过程] autodetachment 07.0070

自感生透明 self-induced transparency 04.1851

自感[系数] self-inductance 03.0280

自感[应] self-induction 03.0279

自关联 auto correlation 05.0426

自回避无规行走 self-avoiding random walk, SARW 08.0406

自激振动 autovibration, self-excited oscillation 05.1006

自举电流 bootstrap current 10.0161

自聚焦 self-focusing 04.1827

自聚焦[光]丝 self-focused filament 04.1828

自扩散 self-diffusion 05.0490

自脉冲激光器 self-pulsing laser 04.1678

自能 self-energy 03.0044

自能修正 self-energy correction 05.0629

自耦变压器 autotransformer 03.0468

* 自洽 HF 近似 SCHF approximation 05.0631

自洽场 self-consistent field 06.0476

自洽哈特里－福克近似 self-consistent HartreeFock approximation 05.0631

自洽解 self-consistent solution 06.0477

自洽性 self-consistency 06.0475

自洽重正化 self-consistent renormalization，SCR 05.0467

自然磁共振 natural magnetic resonance 08.1038

自然单位 natural unit 09.0607

自然光 natural light 04.0713

* 自然线宽 natural [line] width 04.1391

自然坐标 natural coordinates 02.0221

自散焦 self-defocusing 04.1833

自蚀 self-reversal 04.1405

自蚀[光谱]线 reversed line 04.1404

[自]适应光学 adaptive optics 04.0542

[自]适应光学系统 adaptive optical system, adaptive optics 04.0543

自调相 self-phase modulation 04.1829

自稳定性 autostability 10.0299

自吸收 self-absorption 08.1147

自陷俘 self-trapping 04.1831

自限性 self-limitation 08.0034

自相干[函数] self-coherence [function] 04.0901

自相互作用 self-interaction 09.0843

自相似变换 self-similarity transformation 05.0676

自相似解 self-similar solution 05.0925

自相似性 self-similarity 05.0926

自旋 spin 06.0448

自旋玻璃 spin glass 08.0999

自旋波 spin wave 08.1003

自旋波共振 spin wave resonance, SWR 08.1066

自旋波散射 spin wave scattering 08.1065

自旋磁矩 spin magnetic moment 06.0323

自旋冻结 spin freezing 08.0966

自旋反转拉曼激光器 spin-flip Raman laser 04.1695

自旋轨道分裂 spin-orbit splitting 06.0453

自旋轨道耦合 spin-orbit coupling 06.0454

自旋回波 spin echo 08.1063

自旋极化泛函 spin-polarized functional 08.0801

自旋简并性 spin degeneracy 08.0607

自旋角动量 spin angular momentum 06.0452

自旋－晶格弛豫 spin-lattice relaxation 08.1061

自旋量子数 spin quantum number 06.0298

自旋密度波 spin density wave, SDW 08.1397

自旋三重配对 spin triplet pairing 08.1460

自旋温度 spin temperature 08.1064

自旋有关力 spin dependent force 09.0059

自旋涨落反馈 spin fluctuation feedback 08.1465

自旋涨落交换 spin fluctuation exchange 08.1459

自衍射 self-diffraction 04.1832

自由表面近似 free surface approximation

08.1655

自由程　free path　05.0473

自由磁荷　free magnetic charge　03.0199

自由电荷　free charge　03.0111

自由电子　free electron　03.0172

自由电子激光器　free-electron laser　04.1683

自由电子模型　free-electron model　08.0783

自由度　degree of freedom　02.0322

自由度冻结　freezing of degree of freedom　05.0369

自由感应衰减　free-induction decay　04.1852

自由焓　free enthalpy　05.0153

自由焓判据　free enthalpy criterion　05.0174

自由空间　free space　03.0347

自由离子模型　free-ion model　08.0232

自由能　[Helmholtz] free energy　05.0152

自由能判据　free energy criterion　05.0173

自由膨胀　free expansion　05.0111

自由矢[量]　free vector　02.0290

自由体积模型　free-volume model　08.0322

自由指标　free index　06.0116

自治系统　autonomous system　05.0854

自转　rotation　02.0246

自转角　angle of rotation　02.0247

自准直　autocollimation　04.0412

自准直谱仪　autocollimating spectrometer　04.0115

自组织　self-organization　05.0744

字符识别　character recognition　04.1104

综合孔径　synthetic aperture　04.1210

综合模型　unified model　09.0210

综合全息图　synthetic hologram　04.1148

总关联　total correlation　05.0424

总截面　total cross-section　09.0329

总星系　metagalaxy　09.1136

纵波　longitudinal wave　02.0361

纵场　longitudinal field　03.0367

纵横比　aspect ratio　10.0372

纵模　longitudinal mode　04.1580

纵模间距　longitudinal mode spacing　04.1582

纵深[记录]全息术　deep holography　04.1130

纵声子　longitudinal phonon　08.0917

纵向弛豫　longitudinal relaxation　04.1769

纵[向]动量　longitudinal momentum　09.0636

纵向放大率　longitudinal magnification　04.0181

纵向浸渐不变量　longitudinal adiabatic invariant　10.0077

纵[向]象差　longitudinal aberration　04.0291

纵质量　longitudinal mass　06.0133

祖巴列夫统计算符　Zubarev statistical operator　05.0543

祖源　parentage　07.0161

阻碍因子　hindrance factor　09.0123

阻抗　impedance　03.0302

阻抗角　angle of impedance　03.0307

阻抗匹配　impedance matching　03.0306

阻抗三角形　triangle of impedance　03.0308

阻尼　damping　02.0170

阻尼力　damping force　02.0172

阻尼碰撞　damped collision　09.0404

阻尼振动　damped vibration　02.0171

阻尼振子　damped oscillator　04.1914

阻塞效应　blocking effect　08.1327

阻止本领　stopping power　09.0476

组分　component　05.0094

组分夸克　constituent quark　09.0769

组分色　component color　04.0518

组分质量　constituent mass　09.0716

组合[谱]线　combination line　04.1340

组合宇称　combined parity　09.0777

组合原理　combination principle　06.0304

组态　configuration　07.0028

组态混合　configuration mixing　09.0236

组织　tissue　08.0720

Ⅱ－Ⅳ族化合物半导体　Ⅱ-Ⅳ compound semiconductor　08.0686

Ⅲ－Ⅴ族化合物半导体　Ⅲ-Ⅴ compound semiconductor　08.0685

醉鸟飞行　drunken bird flight　08.0409

最大磁能积　maximum magnetic energy product　08.1035

最大功原理　principle of maximum work　05.0163

最大共价键　maximally covalent bond　08.0377

最大马克　Maximak　10.0393

最大偏差　maximum deviation　01.0113

最大熵原理　principle of maximum entropy，PME　05.0300

最大似然法　maximum likelihood method　01.0145

· 478 ·

最大误差 maximum error 01.0110

最低未占分子轨道 lowest unoccupied molecular orbit, LUMO 07.0145

最概然分布 most probable distribution 05.0331

最概然速率 most probable speed 05.0337

最概然值 most probable value 01.0116

最高已占分子轨道 highest occupied molecular orbit, HOMO 07.0144

最小磁场位形 min-B configuration 10.0358

最小点火能 minimum ignition energy 03.0584

最小二乘法 least square method 01.0144

最小分辨角 angle of minimum resolution 04.0712

最小模糊圆 circle of least confusion 04.0308

最小偏向角 angle of minimum deviation 04.0111

最小熵产生定理 theorem of minimum entropy production 05.0247

最小作用[量]原理 principle of least action 02.0344

左矢 bra 06.0371

左手定则 left-hand rule 03.0208

左手流 left-handed current 09.0826

左旋晶体 left-handed crystal 04.0754

左[旋]圆偏振 left-hand circular polarization 04.0802

左[旋]中微子 left neutrino 09.0922

作用力 acting force 02.0066

作用量 action 02.0343

坐标时 coordinate time 06.0164

坐标条件 coordinate condition 06.0194

坐标系 coordinate system, frame of axes 01.0028

坐标钟 coordinate clock 06.0163

座键逾渗 site-bond percolation 05.0972

座无序 site disorder 08.0312

座逾渗 site percolation 05.0958